Einführung in die Mathematische Behandlung der Naturwissenschaften

Kurzgefaßtes Lehrbuch der Differential- und Integralrechnung
mit besonderer Berücksichtigung der Chemie

von

W. Nernst

o. Professor an der Universität
Berlin

A. Schoenflies †

o. ö. Professor der Mathematik
an der Universität Frankfurt a. M.

Elfte, von W. Nernst und Dr. W. Orthmann
neubearbeitete Auflage

Mit 108 Figuren

MÜNCHEN UND BERLIN 1931
VERLAG VON R. OLDENBOURG

Druck von R. Oldenbourg, München.

HERRN PROFESSOR DR. WILHELM OSTWALD

IN LEIPZIG

FREUNDLICHST ZUGEEIGNET

VON DEN VERFASSERN

Vorwort zur ersten Auflage.

Zweck des vorliegenden Buches ist es, Jüngern der Naturwissenschaften das Studium der höheren Mathematik zu erleichtern; wir haben versucht, in knapper Form die für naturwissenschaftliche Rechnungen wichtigsten Kapitel der Infinitesimalrechnung zusammenzustellen und durch fortwährende Anwendung der mathematischen Lehrsätze auf naturwissenschaftliche Probleme dem Verständnis nach Möglichkeit entgegenzukommen.

Allgemein kann man sagen, daß eine naturwissenschaftliche Disziplin die Methoden der höheren Mathematik zur Erweiterung und Vertiefung der durch direkte Beobachtungen gewonnenen Ergebnisse um so häufiger zu Rate zieht, je weitere Fortschritte die theoretische Bearbeitung der unmittelbaren Versuchsresultate macht. Im besonderen beginnt gerade die neuere Entwicklung der theoretischen Chemie sich die Methoden der höheren Mathematik nutzbar zu machen. So bemerkt z. B. Herr H. Jahn in der Vorrede zu dem soeben erschienenen Grundriß der Elektrochemie: »Auch die Chemiker müssen sich allmählich an den Gedanken gewöhnen, daß ihnen die theoretische Chemie ohne die Beherrschung der Elemente der höheren Analysis ein Buch mit sieben Siegeln bleiben wird. Ein Differential- oder Integralzeichen muß aufhören, für den Chemiker eine unverständliche Hieroglyphe zu sein, ... wenn er sich nicht der Gefahr aussetzen will, für die Entwicklung der theoretischen Chemie jedes Verständnis zu verlieren. Denn es ist ein fruchtloses Bemühen, in seitenlangen Auseinandersetzungen halb klar machen zu wollen, was eine Gleichung dem Eingeweihten in einer Zeile sagt.«

Die Auswahl des Stoffes geschah hauptsächlich nach dem Gesichtspunkte, durch das Gebotene das Studium der physikalischen Chemie wie auch der Elemente der theoretischen Physik zu erschließen. Allein auch der Physiologe, Botaniker, Mineraloge etc. wird sich für die mathematischen Bedürfnisse seines Faches daraus hinreichend orientieren können .....

Göttingen, im August 1895.

Die Verfasser.

Vorwort zur elften Auflage.

Seit der 1. Auflage des vorliegenden Werkes im Jahre 1895 haben sich die Verhältnisse natürlich weitgehend geändert, indem die grundlegende Bedeutung der Differential- und Integralrechnung für die Chemie und andere der Mathematik früher fernstehende Naturwissenschaften immer mehr anerkannt und auch praktisch gewürdigt wird. Auch die neue Auflage hat unverändert dieselben Ziele, nämlich dem der Mathematik ferner Stehenden die Anwendung ihres Rüstzeugs möglichst zu erleichtern. Es ist daher selbstverständlich, aber sei zur Vermeidung gelegentlicher Mißverständnisse nochmals ausdrücklich betont, daß das Buch nicht für Mathematiker von Fach geschrieben wurde, kaum auch dem Physiker oder Astronomen viel helfen kann, weil diese von jeher sich eindringlich mit der höheren Mathematik haben beschäftigen müssen. Für den Chemiker und andere Naturforscher aber sind häufig die üblichen mathematischen Vorlesungen, etwa analytische Geometrie, Differentialrechnung, Integralrechnung, Differentialgleichungen usw. (je etwa 4stündig) zu zeitraubend, so daß eine Zusammenfassung dieser Vorlesungen in knappster Form, aber durch zahlreiche praktische Anwendungen erläutert, von Nutzen sein und sogar zu einem eingehenderen Studium der Mathematik gelegentlich anregen kann.

Die Auswahl der praktischen Beispiele ist natürlich nicht frei von Willkür, und insbesondere darf man nicht erwarten, daß unser Lehrbuch etwa ein Kompendium der theoretischen Physik irgendwie ersetzen kann; wenn die gewählten Beispiele einen Einblick in die ungeheure Vertiefung, die einzelne Probleme der Naturwissenschaften durch Einführung mathematischer Methoden gewinnen, zu geben imstande sind, so haben sie ihren Zweck vollkommen erfüllt.

Leider ist Prof. Schönflies am 27. Mai 1928 verstorben, seine Mitarbeit ist unersetzlich. Die beiden Unterzeichneten haben die vorliegende Neubearbeitung, die der Natur der Sache nach mit tiefgreifenden Änderungen nicht verbunden sein konnte, unternommen, und sich dabei auf gelegentliche Kürzungen einerseits, und auf einzelne Zusätze, insbesondere im Kapitel über Differentialgleichungen, andererseits beschränkt, wobei das Bestreben dahin ging, den Umfang des Werkes, was zeitgemäß erschien, etwas zu verkleinern.

Wer durch die Lektüre dieser Schrift sich zur Vertiefung oder Erweiterung seiner mathematischen Kenntnisse angeregt fühlt,

den möchten wir auf die folgenden ausführlicheren Werke hinweisen:

L. Kiepert, Grundriß der Differentialrechnung und Integralrechnung, 4 Bde, 13.—15. Aufl., 1922—1923, (Hellwing,
Hannover).

H. v. Mangoldt, Einführung in die höhere Mathematik, 3 Bde,
4.—5. Aufl., 1923—1930 (Hirzel, Leipzig).

Serret-Scheffers, Lehrbuch der Differential- und Integralrechnung, 3 Bde, 6.—8. Aufl., 1921—1924 (Teubner, Leipzig).

Nernst. Orthmann.

Inhaltsverzeichnis.

Drittes Kapitel.

Differentiation der einfachen Funktionen.

Viertes Kapitel.

Die Integralrechnung.

Fünftes Kapitel.

Anwendungen der Integralrechnung.

Sechstes Kapitel.

Bestimmte Integrale.

Siebentes Kapitel.

Die höheren Differentialquotienten und die Funktionen mehrerer Variablen.

Achtes Kapitel.

Unendliche Reihen und Taylorscher Satz.

Neuntes Kapitel.

Theorie der Maxima und Minima.

Zehntes Kapitel.

Auflösung numerischer Gleichungen.

Elftes Kapitel.

Differentiation und Integration empirisch festgestellter Funktionen.

Zwölftes Kapitel.

Beispiele aus der Mechanik und Thermodynamik.

Dreizehntes Kapitel.

Einleitung in die Theorie der Kristallgitter.

Vierzehntes Kapitel.

Aufgaben, die auf partielle Differentialgleichungen führen.

Übungsaufgaben.

Anhang. — Formelsammlung.

ERSTES KAPITEL

Die Elemente der analytischen Geometrie.

§ 1. Die graphische Darstellung.

Gesetze und Vorgänge, die an Zahlenwerte gebunden sind, lassen sich am anschaulichsten graphisch darstellen. Die graphische Darstellung ersetzt das Ziffernmaterial einer Tabelle durch ein geometrisches Bild und bringt dadurch den Zusammenhang der Zahlen unmittelbar zur Anschauung.

Fig. 1 gibt ein Bild der Temperaturen eines Oktobertages. Die Zahlen von 0 bis 24 beziehen sich auf seine vierundzwanzig Stunden.

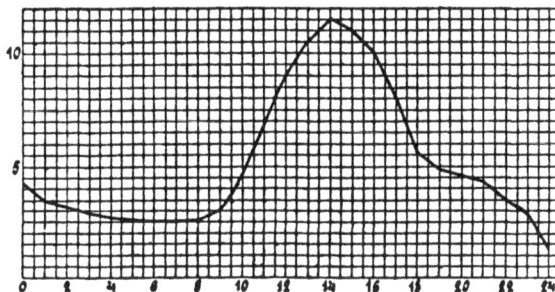

Fig. 1.

Die Längen der in ihnen errichteten Lote messen die zugehörigen Temperaturen; die Endpunkte der Lote sind durch gerade Linien miteinander verbunden. Die Figur zeigt, daß um

| 0 | 1 | 2 | 3 | 4 | 5 | 6 | 7 | 8 | 9 | 10 | 11 | 12 | usw. |

Uhr die Temperatur

| 4,2 | 3,5 | 3,2 | 2,9 | 2,7 | 2,6 | 2,5 | 2,5 | 2,7 | 3,0 | 4,7 | 6,8 | 9,0 | usw. |

Grad betrug. Annäherungsweise kann man die wahrscheinliche Tagestemperatur auch für einen andern Zeitpunkt ablesen oder abschätzen, indem man sie gleich der Länge des in ihm errichteten, bis zum Linienzug gemessenen Lotes setzt.

Das Bild des Temperaturverlaufs läßt sich dadurch verschärfen, daß man die Temperatur jede halbe Stunde beobachtet, in den Halbierungspunkten der Strecken $\overline{01}$, $\overline{12}$, $\overline{23}$ . . . die entsprechenden Lote errichtet und wiederum alle Endpunkte durch einen gebrochenen

Linienzug verbindet. Trägt man die Temperaturen für noch kürzere Zeitintervalle in die Zeichnung ein, so wird der Linienzug mehr und mehr in ein Kurvenbild übergehen; dieses Kurvenbild gibt die Darstellung des Temperaturverlaufs. Technisch erreicht man dies bekanntlich dadurch, daß man die zeichnende Person durch einen automatisch wirkenden Apparat ersetzt, der in jedem Augenblick selbsttätig die vorhandene Temperatur nach dem oben auseinandergesetzten Prinzip aufzeichnet.

Fig. 2 gibt uns das Bild zweier Löslichkeitskurven. Man hat experimentell gefunden, daß bei den Temperaturen

$$0,05 \quad 4,32, \quad 11,41, \quad 18,38^{\circ} \text{ usw.}$$

100 Teile Wasser folgende Gewichtsmengen Kaliumsulfat lösen:

$$7,36, \quad 8,16, \quad 9,49, \quad 10,81 \quad \text{usw.}$$

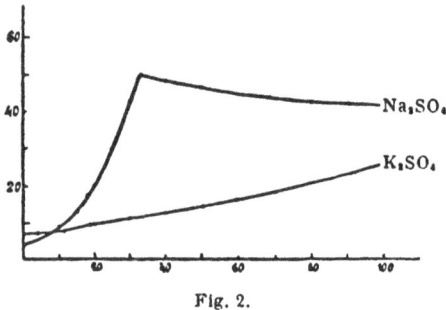

Fig. 2.

Trägt man hier die Temperaturen auf der horizontalen Geraden und die Gewichtsmengen als Lote auf, so erhält man die Löslichkeitskurve des Kaliumsulfats (K_2SO_4), aus der man nunmehr für jede zwischen den Beobachtungen liegende Temperatur die Löslichkeit direkt ablesen kann. — Auf dieselbe Weise erhält man die gleichfalls in Fig. 2 verzeichnete, höchst charakteristische Kurve für Natriumsulfat (Na_2SO_4).

In den vorstehenden Fällen wurde ein empirisch gegebenes Zahlenmaterial durch eine Kurve veranschaulicht. Die graphischen Methoden sind aber auch dienlich, um bekannte, durch Formeln gegebene Gesetze in einem Bilde darzustellen.

Es sei z. B. die graphische Darstellung des Boyle-Mariotteschen Gesetzes zu geben. Das Mariottesche Gesetz gibt an, in welchem Verhältnis Druck und Volumen eines Gases sich ändern, wenn alle übrigen Eigenschaften desselben konstant erhalten werden. Befindet sich ein und dieselbe Gasmenge einmal unter dem Druck p, ein andermal unter dem Druck p_1, und sind v und v_1 die entsprechenden Volumina, so besteht bekanntlich die Proportion

$$1) \quad v : v_1 = p_1 : p,$$

also die Gleichung:

$$2) \quad pv = p_1 v_1.$$

Auf Grund dieser Gleichung erhält man die gesuchte graphische Darstellung folgendermaßen.

Wir bestimmen zunächst eine Reihe zusammengehöriger Werte von Druck und Volumen. Setzen wir im besonderen fest, daß das Volumen v_1, das dem Druck $p_1 = 1$ entspricht, die Größe $v_1 = 1$ besitze, so geht die Gleichung 2) in

$$pv = 1$$

über, und wir erhalten aus ihr folgende Tabelle entsprechender Werte von p und v:

$$p = 0,1 \quad 0,2 \quad 0,5 \quad 1 \quad 2 \quad 4 \quad \text{usw.}$$
$$v = 10 \quad 5 \quad 2 \quad 1 \quad 05, \quad 0,25 \quad \text{usw.}$$

Wir tragen nun auf einer horizontalen Geraden (Fig. 3) von einem Punkte O aus Strecken ab, deren Längen gleich den bezüglichen Werten von p sind, also gleich 0,1, 0,2, 0,5, 1, 2, 4 usw. und errichten in ihren Endpunkten Lote, gleich den zugehörigen Werten von v. Verbinden wir die Endpunkte der Lote durch einen Kurvenzug, so ist die so erhaltene Kurve das graphische Bild des Mariotteschen Gesetzes. Es versteht sich von selbst, daß wir, um den genauen Verlauf der Kurve zu erhalten, eine große Reihe von Punkten konstruieren müssen, die auf ihr liegen. Wie später gezeigt wird (S. 32), ist unsere Kurve ein Stück einer Hyperbel[1]). Sie zeigt unmittelbar, daß, wenn der Druck sehr klein wird, das Volumen unverhältnismäßig schnell wächst, daß umgekehrt, wenn der Druck sehr gesteigert wird, die Abnahme des Volumens sehr langsam vor sich geht usw.

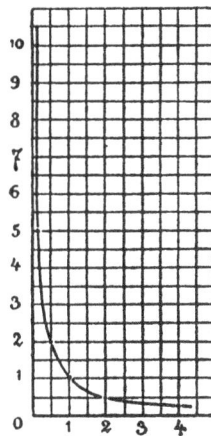

Fig. 3.

Das eben erörterte Verfahren, die Kurve des Boyle-Mariotteschen Gesetzes zu erhalten, ist, wenn wir ein genaues Bild von

[1]) Für Kurvenzeichnungen bedient man sich zweckmäßig des im Handel käuflichen Millimeter- oder Koordinatenpapiers. Um möglichste Genauigkeit zu erzielen, hat Regnault die von ihm beobachteten Dampfdruckkurven des Wassers auf Kupfertafeln aufgezeichnet. Vgl. darüber die Mémoires der Pariser Akademie, Bd. 21, S. 476 (1847).

ihr haben wollen, ziemlich mühsam. Wir bedürfen dazu einer großen
Reihe zusammengehöriger Werte von p und v. Es gibt aber noch
eine zweite einfachere Methode. In der analytischen Geometrie
wird direkt gezeigt (vgl. § 15), daß das Gesetz, welches die zuein-
andergehörigen Zahlenwerte von Druck und Volumen verbindet,
durch das Bild einer Hyperbel dargestellt wird; sie lehrt uns mit
einem Schlage und in voller Allgemeinheit, was wir
empirisch nur durch ein langwieriges Verfahren erhalten.

§ 2. Der Koordinatenbegriff.

Der einfache Gedanke, auf den sich die graphische Darstellung
aufbaut, ist zugleich der Grundgedanke der analytischen Geometrie.
Methodisch läuft er auf den Kunstgriff hinaus,
Zahlengruppen geometrisch durch Punkte
darzustellen. Diesen Kunstgriff erdacht und
darauf ein konsequentes Lehrgebäude errichtet
zu haben, ist das Verdienst von René Des-
cartes (1596—1650). In einer kleinen Schrift,
die den einfachen Titel »Géométrie« führt,
hat er seine Methoden zum erstenmal zu-
sammengestellt und im Jahre 1637 veröffentlicht[1]. Mit diesen Methoden müssen wir uns nunmehr bekannt machen.

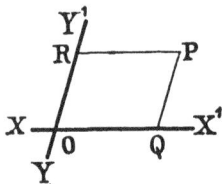

Fig. 4.

Wir ziehen in der Ebene zwei gerade unbegrenzte Linien, die
zunächst einen beliebigen Winkel miteinander einschließen mögen
(Fig. 4). Ihren Schnittpunkt nennen wir O, die Linien selbst sollen
durch XOX' und YOY' bezeichnet werden. Ferner nehmen wir einen
Punkt P in der Ebene der Zeichnung beliebig an und ziehen durch
P je eine Parallele zu den Geraden XX' und YY', die auf ihnen die
Strecken OQ und OR abschneiden. Die Längen dieser Strecken
mögen 7 und 5 Einheiten betragen. Wir bezeichnen die Strecke OQ
resp. die Zahl 7 als die Abszisse des Punktes P und die Strecke OR
resp. deren Länge 5 als die Ordinate. Wenn es sich nicht darum
handelt, Abszisse und Ordinate voneinander zu unterscheiden, bezeichnen wir beide mit einem gemeinsamen Namen als Koordinaten
des Punktes P.

Die nämliche Konstruktion können wir für jeden anderen Punkt

---

[1]) Sie ist im Jahre 1886 neu herausgegeben worden (Paris, Hermann), im
Jahre 1894 in deutscher Übersetzung von L. Schlesinger.

der Ebene ausführen. Wir erhalten dadurch zu jedem Punkt eine bestimmte Abszisse und Ordinate oder, wie wir auch sagen können, ein bestimmtes Zahlenpaar. Umgekehrt ent-
spricht auch jedem Zahlenpaar auf Grund der obigen Konstruktion ein bestimmter Punkt. Um z. B. den Punkt P' zu zeichnen (Fig. 5), der dem Zahlenpaar 2,5 und 3,5 entspricht, haben wir auf der Geraden OX' eine Strecke $OQ' = 2,5$ und auf OY' eine Strecke $OR' = 3,5$ abzutragen und durch die Endpunkte Parallelen zu ziehen; der Schnittpunkt dieser Parallelen ist P'.

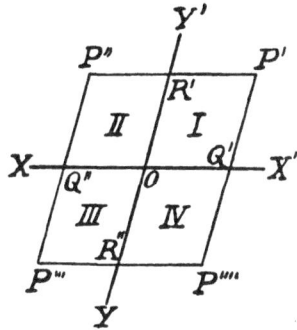

Da wir an und für sich die Strecken von der Länge 2,5 und 3,5 von O aus nach beiden Seiten der Geraden XX' und YY' auftragen können, so könnte es scheinen, daß wir nicht einen, sondern vier Punkte erhalten, nämlich P', P'', P''', P''''. Um dem zu entgehen, treffen wir die auch sonst übliche Festsetzung, die Abstände solcher Punkte, die von O aus nach entgegengesetzten Seiten liegen, mit entgegengesetzten Vorzeichen zu versehen. Rechnen wir daher wie bisher OQ' und OR' als positiv, so haben wir OQ'' und OR'' als negativ anzusehen, und nun gehören die Punkte P', P'', P''', P'''' zu verschiedenen Zahlenpaaren, nämlich zu

$$+ 2,5, + 3,5; - 2,5, + 3,5; - 2,5, - 3,5; + 2,5, - 3,5.$$

Die Beziehung zwischen den Punkten und Zahlenpaaren ist daher eine solche, daß jedem Punkt ein Zahlenpaar, aber auch umgekehrt jedem Zahlenpaar ein Punkt entspricht.

Man nennt die beiden Geraden, von denen wir ausgingen, die Koordinatenachsen; im besonderen die Gerade XOX' die Abszissenachse und YOY' die Ordinatenachse. Jede von ihnen hat eine positive und eine negative Hälfte. Die Achsen teilen die Ebene in vier Teile, die man in der Reihenfolge, wie die römischen Zahlen in der Fig. 5 zeigen, als die vier Quadranten bezeichnet. Ferner heißt der Punkt O, d. h. der Schnittpunkt der Koordinatenachsen, der Anfangspunkt oder der Ursprung des Koordinatensystems und der Winkel $Y'OX'$ der Koordinatenwinkel; ist er ein rechter, wie dies in den Anwendungen meist mit Vorteil angenommen wird, so spricht man von rechtwinkligen Koordinatenachsen.

Da die Koordinaten des Punktes P (Fig. 4) nichts anderes sind als die Zahlen, die die Längen der Strecken OQ und OR angeben, so folgt, daß auch die Strecken PR resp. PQ in ihrer Länge die Abszisse und Ordinate von P darstellen. Es genügt daher, eine der von P ausgehenden Parallelen zu ziehen, um die Koordinaten von P zu erhalten.

Die Abszissenachse enthält augenscheinlich alle diejenigen Punkte, deren Ordinate den Wert Null hat, ebenso ist die Ordinatenachse der geometrische Ort aller Punkte, deren Abszisse Null ist. Endlich ist der Anfangspunkt derjenige Punkt, dessen Koordinaten beide gleich Null sind, der also dem Zahlenpaar 0,0 entspricht.

Wir behandeln noch zwei Aufgaben unter Annahme eines rechtwinkligen Koordinatensystems.

1. Den Abstand eines Punktes P vom Anfangspunkt durch seine Koordinaten auszudrücken. Der gesuchte Abstand sei r.

Die Koordinaten von P seien a und b, so daß also (Fig. 6)

$$OQ = a \text{ und } QP = b$$

ist; so findet man gemäß dem pythagoreischen Lehrsatz sofort

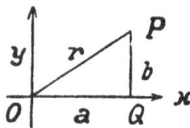

$$OP^2 = OQ^2 + QP^2 \text{ oder}$$

$$1)\ r^2 = a^2 + b^2.$$

Wird noch der Winkel $POQ = \varphi$ gesetzt, so ist

$$2)\ \cos\varphi = \frac{OQ}{OP} = \frac{a}{r} \text{ und } \sin\varphi = \frac{QP}{OQ} = \frac{b}{r}.$$

Fig. 6.

Bekanntlich nennt man die Strecken OQ und OR die Projektionen von OP auf die Achsen; im rechtwinkligen Koordinatensystem sind daher die Koordinaten auch als die Längen dieser Projektionen definierbar.

2. Die Koordinaten von zwei Punkten seien gegeben; man soll ihren Abstand r berechnen sowie den Winkel φ, den ihre Verbindungslinie mit der x-Achse einschließt.

P_1 und P_2 seien (Fig. 7) die gegebenen Punkte und

$$OQ_1 = a_1,\ OR_1 = b_1,\ OQ_2 = a_2,\ OR_2 = b_2$$

ihre Koordinaten. Dann folgt aus dem Dreieck P_1P_2S gemäß dem pythagoreischen Lehrsatz

$$1)\ P_1P_2{}^2 = P_1S^2 + P_2S^2.$$

der Parabel, F der feste Punkt, d die feste Gerade und PD der Abstand des Punktes P von d, so ist die definierende Eigenschaft der Parabel durch

$$1)\ PF = PD$$

ausgedrückt. Um die Parabelgleichung in möglichst einfacher Gestalt zu erhalten, wählen wir das Koordinatensystem in folgender Weise. Wir nehmen es rechtwinklig, wählen das von F auf d gefällte Lot FL als x-Achse und die Mitte zwischen F und L als Anfangspunkt des Koordinatensystems. Die Entfernung FL bezeichnen wir durch p und nennen sie den **Parameter** der Parabel. Sind wieder x und y die Koordinaten von P, so ist

$$PD = OQ + OL = x + \frac{p}{2},$$

$$PF^2 = FQ^2 + PQ^2 = \left(x - \frac{p}{2}\right)^2 + y^2,$$

und demnach erhalten wir durch Einsetzen in Gleichung 1)

$$\left(x - \frac{p}{2}\right)^2 + y^2 = \left(x + \frac{p}{2}\right)^2, \text{ also}$$

$$x^2 - px + \frac{p^2}{4} + y^2 = x^2 + px + \frac{p^2}{4},$$

und daraus schließlich

$$2)\ y^2 = 2px.$$

Dies ist die Gleichung, die für die Koordinaten eines jeden Parabelpunktes besteht, also die gesuchte **Gleichung der Parabel**[1]. Wir sehen hieraus, daß die in § 3 (S. 8) konstruierte Kurve wirklich eine Parabel ist, und zwar eine solche, deren Parameter gleich der Einheit ist. Wir bemerken noch, daß der Punkt F **Brennpunkt** (Focus) heißt und die Gerade d **Leitlinie** (**Direktrix**).

Es fragt sich, wie wir die Gestalt der Parabel aus ihrer Gleichung entnehmen können. Wenn x einen negativen Wert erhält, tritt auch für y^2 ein negativer Wert auf. Es gibt aber keine reellen Zahlen, deren Quadrat negativ ist, und daraus folgt, daß die Punkte der Parabel nur auf der rechten Seite der y-Achse liegen können. Ist $x = 0$, so ist auch $y = 0$, die Parabel geht also durch den Anfangspunkt.

---

[1]) Die Gleichung erhält eine andere Gestalt, wenn wir das Koordinatensystem ändern. Vgl. § 15.

Gibt man x irgendeinen positiven Wert, z. B. $x = OQ'$, so ergeben sich aus Gleichung 2) zwei Werte von y, nämlich

$$y = + \sqrt{2px} \text{ und } y = - \sqrt{2px},$$

also zwei Werte, die sich nur im Vorzeichen unterscheiden; ihnen entsprechen daher zwei Punkte P' und P'', die in gleichen Abständen von Q' senkrecht oberhalb und unterhalb der x-Achse liegen. Die Parabel enthält also lauter Punktepaare, die symmetrisch zur x-Achse liegen; man nennt die x-Achse deshalb eine Symmetrieachse der Parabel.

Wenn man für x immer größere Werte setzt, nehmen auch die Werte von y unbegrenzt zu; je weiter die Parabel verläuft, um so mehr entfernt sie sich also von der x-Achse. Damit hätten wir uns eine erste vorläufige Vorstellung von der Gestalt der Parabel gebildet. Wir kommen hierauf in Kap. VII zurück.

§ 6. Die Gleichung der geraden Linie.

Die Gleichung der geraden Linie ist naturgemäß von der Lage abhängig, die sie zu den Achsen hat. Wir fassen der Reihe nach die verschiedenen Lagen ins Auge und setzen das Koordinatensystem der Einfachheit halber rechtwinklig voraus.

1. Die Gerade sei einer der beiden Koordinatenachsen parallel. Ist dies die x-Achse, so haben alle Punkte der Geraden den gleichen Abstand von der x-Achse; er sei b[1]). Die Ordinate jedes ihrer Punkte hat daher die Länge b, mithin ist

$$\text{1) } y = b$$

die Gleichung, die für jeden Punkt der Geraden besteht; dies ist also bereits die Gleichung unserer Geraden. Läuft die Gerade der y-Achse im Abstand a parallel, so hat die Abszisse jedes ihrer Punkte den Wert a; die Gleichung dieser Geraden ist daher

$$\text{2) } x = a.$$

Beispiele: Die Gleichung der Abszissenachse ist $y = 0$, diejenige der Ordinatenachse $x = 0$; vgl. auch § 2.

2. Die Gerade g gehe durch den Anfangspunkt (Fig. 13). Ihre Lage ist alsdann durch den Winkel bestimmt, den sie mit der x-Achse bildet.

---

[1]) Der Leser wolle sich die Figuren selbst zeichnen.

Diesen Winkel haben wir genauer zu definieren, und zwar deshalb, weil zwei Geraden miteinander zwei verschiedene Winkel einschließen. Dies tun wir folgendermaßen: Die
positive x-Achse gelangt durch Drehung um
90° in einem Sinn, der dem des Uhrzeigers entgegengesetzt ist, in die Lage der positiven
y-Achse. Diese Drehungsrichtung bezeichnet
man als die positive und versteht nunmehr
unter dem Winkel der Geraden g mit der x-Achse
denjenigen Winkel um den man die positive
x-Achse im positiven Sinn um O drehen muß,
bis sie mit g zusammenfällt; in Fig. 13 ist dies der Winkel α. Diejenige Richtung der Geraden, mit der die positive x-Achse hierdurch
zusammenfällt, bezeichnet man demgemäß auch als positive Richtung von g.[1])

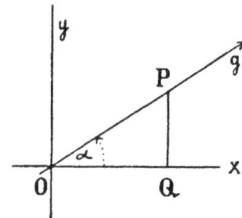

Fig. 13.

Nun sei wieder P ein beliebiger Punkt der Geraden und x
und y seine Koordinaten, so folgt aus dem rechtwinkligen Dreieck
POQ sofort die Gleichung

$$\operatorname{tg} \alpha = \frac{PQ}{OQ} = \frac{y}{x},$$

oder   1) $y = x \operatorname{tg} \alpha;$

dies ist also die gesuchte Gleichung unserer geraden Linie.

Beispiel: Die Gleichung $y - x = 0$ oder $y = x$ stellt eine Gerade dar, für
die $\operatorname{tg} \alpha = 1$ ist, d. h. $\alpha = 45°$. Ebenso stellt $y + x = 0$ resp. $y = -x$ eine
Gerade dar, für die $\operatorname{tg} \alpha = -1$ ist, d. h. $\alpha = 135°$. Diese beiden Geraden halbieren also die beiden von den Koordinatenachsen eingeschlossenen Winkel.

3. Hat die Gerade (Fig. 14) eine beliebige Lage zu den Koordinatenachsen,
so sei G ihr Schnittpunkt mit der y-
Achse und α der Winkel, den sie mit der
x-Achse bildet; ferner sei die Strecke OG
gleich b. Ist nun wieder P ein beliebiger
Punkt der Geraden, und ziehen wir noch
PQ und GN parallel zu den Achsen, so ist
auch der Winkel PGN gleich α, und in dem rechtwinkligen Dreieck
PGN ist jetzt

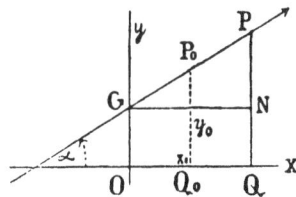

Fig. 14.

$$\operatorname{tg} \alpha = \frac{PN}{GN} = \frac{y - b}{x},$$

---

[1]) In der Figur ist sie durch einen Pfeil kenntlich gemacht.

wenn x und y die Koordinaten von P sind; also folgt

$$2) \quad y = b + x \operatorname{tg} \alpha,$$

und dies ist daher die gesuchte **Gleichung der geraden Linie.**
Man pflegt zur Abkürzung tg α durch m zu bezeichnen; alsdann ergibt
sich die Gleichung in der Form

$$3) \quad y = mx + b\,^1).$$

Die Gleichungen der einzelnen Geraden unterscheiden sich nur
in den Werten von m und b, von denen die Lage der Geraden abhängt.
Ist anderseits eine Gleichung der Form $y = mx + b$ gegeben, so
läßt sich die zugehörige Gerade folgendermaßen zeichnen. Durch b
ist immer ein Punkt G bestimmt, welche Zahl auch b sein mag, und
für jede Zahl m existiert ein Winkel α, so daß tg $\alpha = m$ ist; durch einen
Punkt und ihre Richtung ist aber die Gerade ihrer Lage nach bestimmt.

Wir bemerken endlich noch folgendes: Ist (x_0, y_0) irgendein Punkt
unserer Geraden, so genügen seine Koordinaten der Gleichung 3),
d. h. es ist auch

$$4) \quad y_0 = mx_0 + b;$$

---

¹) Wir halten es nicht für überflüssig, direkt nachzuweisen, daß unsere
Schlüsse und Resultate sich nicht ändern, wenn b oder m negative Werte haben,
d. h. wenn die Gerade eine Lage zum Koordinaten-
system hat, die auf eine scheinbar andere Figur
führt. Für die in Fig. 15 gezeichnete Gerade
folgt zunächst aus dem Dreieck PGN

$$\operatorname{tg}(180 - \alpha) = \frac{PN}{NG} = \frac{PQ + QN}{NG}.$$

Jetzt ist aber (§ 2) sowohl x als b eine negative
Zahl und daher wird die Länge von QN durch $-b$
und die Länge von NG durch $-x$ ausgedrückt.

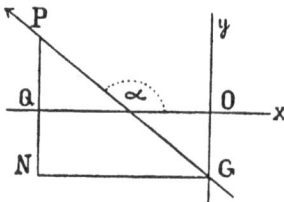

Fig. 15.

Anderseits ist tg $(180 - \alpha) = -$ tg α, also erhalten wir zunächst

$$- \operatorname{tg} \alpha = \frac{y - b}{- x},$$

und hieraus wieder

$$y = x \operatorname{tg} \alpha + b = mx + b.$$

Der innere Grund der Allgemeingültigkeit unserer Resultate liegt darin,
daß die Rechnungsregeln für positive und negative Zahlen, ebenso die trigonometrischen Formeln für spitze und stumpfe Winkel die nämlichen sind, und
daß, wenn auch die Figuren für die verschiedenen Lagen der Geraden verschie-
schieden sind, doch ihre Eigenschaften, ihre Gesetzmäßigkeit — und
nur auf diese kommt es an — in allen Fällen dieselben bleiben. Wir dürfen es daher
im folgenden unterlassen, auf die Allgemeingültigkeit unserer Gleichungen
jedesmal besonders hinzuweisen.

durch Subtraktion dieser Gleichung von 3) folgt daher

$$5) \quad y - y_0 = m\,(x - x_0),$$

oder

$$5\text{a}) \quad \frac{y - y_0}{x - x_0} = m = \operatorname{tg} \alpha,$$

wie man übrigens an Fig. 14 leicht direkt bestätigen kann. Die so erhaltenen Gleichungen 5) und 5a) können wir auch als Gleichungen einer Geraden auffassen, die durch den Punkt $(x_0,\ y_0)$ geht und mit der x-Achse den Winkel α bildet.

Beispiel: Die Gerade, die durch den Punkt $(2.\ 3)$ geht und mit der x-Achse einen Winkel von 60^{0} bildet, hat zur Gleichung

$$y - 3 = \sqrt{3}\,(x - 2).$$

Aus dem Vorstehenden folgt noch der allgemeine Satz, daß jede Gleichung von der Form

$$6) \quad A x + B y + C = 0$$

in der A, B, C irgendwelche positive oder negative Zahlen sind, die Gleichung einer geraden Linie ist.

Ist nämlich zunächst B nicht Null, so dividieren wir die Gleichung durch B und lassen y allein auf der linken Seite stehen; sie geht dann in die Form

$$y = -\frac{A}{B}\,x - \frac{C}{B}$$

über, und dies ist nach dem Vorstehenden die Gleichung derjenigen geraden Linie, für die

$$7) \quad \operatorname{tg} \alpha = -\frac{A}{B} \quad \text{und} \quad b = -\frac{C}{B}$$

ist. Ist im besonderen $A = 0$, so reduziert sich die Gleichung auf $y = b$ und stellt eine zur x-Achse parallele Gerade dar. Ist jedoch $B = 0$, so ist die Division durch B nicht gestattet; wir dividieren dann durch A, und die Gleichung erhält die Form

$$x = -\frac{C}{A},$$

stellt also eine Parallele zur y-Achse dar.

Man nennt die Gleichung 6), da sie x und y nur in der ersten Potenz enthält, die allgemeine Gleichung ersten Grades mit zwei Unbekannten und spricht demgemäß davon, daß eine solche Gleichung ersten Grades eine gerade Linie darstellt.

Beispiele: Die Gleichung des § 3 (S. 7)

$$x + y = 4 \text{ oder } y = -x + 4$$

stellt diejenige Gerade dar, die auf der y-Achse eine Strecke von der Länge 4 abschneidet und mit der x-Achse einen Winkel bildet, für den tg $\alpha = -1$ ist, d. h. einen Winkel von 135°, was genau mit Fig. 8 übereinstimmt.

Für die Gerade $4x - 2y + 5 = 0$ ist $b = 2,5$ und tg $\alpha = 2$, also α ungefähr 63½°, für die Gerade $6x + 3y + 1 = 0$ ist $b = -\frac{1}{3}$ und tg $\alpha = -2$, also α nahe gleich 116½°; danach kann man beide Geraden zeichnen.

§ 7. Eigenart der durch gerade Linien dargestellten Gesetze.

Die Gerade hat die besondere Eigenschaft, daß die Ordinaten ihrer Punkte um gleichviel zunehmen, wenn es die Abszissen tun, daß also die Zunahme der Ordinaten der der Abszissen proportional erfolgt. Umgekehrt lassen sich alle Vorgänge, bei denen eine Größe s einer zweiten Größe t proportional zunimmt, durch gerade Linien darstellen. Dies ergibt sich wie folgt.

Um die Begriffe zu fixieren, wollen wir unter t die Zeit verstehen. Die Zunahme von s für eine Sekunde sei gleich σ[1]). Hat dann s zur Zeit t_0 den Wert s_0, so ist es bis zur Zeit t d. h. also innerhalb $t - t_0$ Sekunden um $\sigma(t - t_0)$ gewachsen, sein Wert s ist also

$$s = s_0 + \sigma(t - t_0),$$

und dies gilt für jedes zusammengehörige Wertepaar s, t. Die letzte Gleichung läßt sich auch in die Form

$$\frac{s - s_0}{t - t_0} = \sigma$$

setzen und zeigt dann direkt, daß die Zunahmen von s und t einander proportional erfolgen.

Wir brauchen jetzt nur t durch x, s durch y, und t_0, s_0 durch x_0, y_0 zu ersetzen, so gehen unsere Gleichungen in

$$y - y_0 = \sigma(x - x_0), \qquad \frac{y - y_0}{x - x_0} = \sigma$$

über, und dies sind in der Tat Gleichungen einer Geraden. Aus dem letzten Paragraphen (S. 15) folgt, daß die Gerade mit der x-Achse einen Winkel α bildet, für den tg $\alpha = \sigma$ ist.

---

[1]) Von Vorgängen dieser Art sagt man, daß sie einen gleichmäßigen Verlauf besitzen und bezeichnet die Größe σ, die das Wachstum pro Zeiteinheit angibt, als Geschwindigkeit oder Schnelligkeit des Wachstums.

Ein Beispiel ist das Gesetz von Gay-Lussac. Nach ihm besitzen die Gase folgende Eigenschaft: Wenn das Volumen einer Gasmasse konstant erhalten wird, so nimmt der Druck bei Erwärmung um 1^0 um den 273sten Teil desjenigen Druckes zu, unter dem sie bei 0^0 stand. Ist also dieser Druck p_0, so beträgt die Druckvermehrung, die durch 1^0 Erwärmung erfolgt, $p_0/273$, und bei t^0 Erwärmung $p_0 t/273$; der schließliche Druck bei t^0 ist daher

$$p = p_0 + \frac{p_0 t}{273} = p_0\left(1 + \frac{t}{273}\right).$$

Nehmen wir nun der Einfachheit halber an, daß der Druck p_0 den Wert 1 hat, so wird diese Formel

$$p = 1 + \frac{t}{273}.$$

Ersetzen wir p durch y und t durch x, so daß sie in

$$y = 1 + \frac{x}{273}$$

übergeht, so sehen wir wieder, daß sie durch eine gerade Linie (Fig. 16) dargestellt wird.

Wir bestimmen noch die Schnittpunkte mit den Achsen und finden (vgl. § 8, Anfang) die Punkte B und A, für die resp.

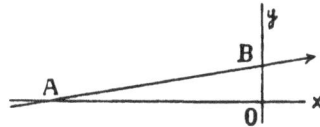

Fig. 16.

$x = 0$, $y = 1$ und $y = 0$, $x = -273$[1])

ist. Der Punkt A zeigt, daß für $t = -273$ der Druck p gleich Null ist, vorausgesetzt natürlich, daß obiges Gesetz für so niedrige Temperaturen noch gilt. Diesen Wert von t nennt man den **ab-soluten Nullpunkt der Temperatur** (genauer $-273{,}2^0$). Sinkt t noch tiefer, so würde sich aus der obigen Gleichung sogar ein negativer Wert von p ergeben, eine Folgerung, die natürlich absurd ist; dies wird physikalisch bekanntlich dahin gedeutet, daß Temperaturen unter $-273{,}2^0$ unmöglich sind.

---

[1]) Um die richtige Lage der Geraden zu erhalten, hat man daher OA 273 mal so groß zu nehmen wie OB. Dies ist jedoch für die Zeichnung nicht angängig; die Ordinate ist daher stark vergrößert gezeichnet. Auf ähnliche Weise muß man sich immer helfen, wenn die Zahlenwerte der Koordinaten in einem für die Zeichnung zu ungünstigen Verhältnisse stehen.

§ 8. Aufgaben über die gerade Linie.

1. Um die Lage einer Geraden aus ihrer Gleichung zu entnehmen, sucht man am besten zwei Punkte der Geraden zu ermitteln; durch sie ist die Gerade bestimmt. Am bequemsten lassen
sich die Punkte finden, in denen sie die Achsen schneidet. Ist die
Gleichung der Geraden in allgemeiner Form

$$1)\quad Ax + By + C = 0$$

gegeben, so erhalten wir diese Punkte folgendermaßen: Der Schnitt-
punkt mit der y-Achse ist derjenige Punkt, dessen Abszisse x den
Wert Null hat, wir finden also seine Ordinate, wenn wir in obige
Gleichung für x Null setzen. Dies gibt den Punkt

$$2)\quad x = 0, \qquad y = -\frac{C}{B}.$$

Ebenso ist der Schnittpunkt mit der x-Achse derjenige Punkt, dessen
Ordinate $y = 0$ ist; für ihn gilt die Gleichung

$$3)\quad y = 0, \qquad x = -\frac{C}{A}.$$

Beispiel: Die Schnittpunkte der Geraden $5x - 7y + 2 = 0$ mit den
Achsen sind die Punkte $(0, {}^2/_7)$ und $(-{}^2/_5, 0)$.

2. Welches ist die Lage derjenigen geraden Linie, deren Gleichung

$$4)\quad \frac{x}{a} + \frac{y}{b} - 1 = 0 \text{ lautet?}$$

Der Vergleich mit Absatz 1 ergibt, daß a und b die Längen der
Abschnitte bedeuten, die die Gerade auf den Achsen bestimmt.

Beispiel: Die Gerade habe die Gleichung $4x + 3y - 2 = 0$. Wir setzen
sie in die Form ${}^4/_2 x + {}^3/_2 y = 1$ und finden sofort $a = {}^2/_4 = {}^1/_2$ und $b = {}^2/_3$.
Ebenso erkennt man, daß für die Gerade $x + y = 4$ (§ 3) $a = b = 4$ ist.

3. Die Gleichung einer Geraden zu bestimmen, die durch zwei
gegebene Punkte ξ, η und ξ', η' geht.

Wir gehen davon aus, daß die Gleichung einer jeden Geraden,
die durch den Punkt ξ, η geht, nach § 6,5 die Form

$$5)\quad y - \eta = m(x - \xi)$$

hat; diese Gleichung muß daher für einen gewissen Wert von m
unsere Gerade darstellen, und es ist nur noch die Aufgabe zu lösen,
diesen Wert von m zu ermitteln. Dies ergibt sich aber unmittelbar
auf Grund der Tatsache, daß auch die Koordinaten des Punktes ξ', η'

der Gleichung unserer Geraden, also der Gleichung 5) genügen müssen; daher ist

$$6) \quad \eta' - \eta = m\,(\xi' - \xi).$$

In dieser Gleichung ist nur m unbekannt; wir können also den Wert von m aus ihr entnehmen und ihn in die Gleichung 5) einsetzen. Dies heißt aber nichts anderes, als daß wir mittels der Gleichung 6) m aus der Gleichung 5) zu eliminieren haben. Diese Elimination können wir am einfachsten so ausführen, daß wir beide Gleichungen durcheinander dividieren; wir finden dann

$$7) \quad \frac{y - \eta}{\eta' - \eta} = \frac{x - \xi}{\xi' - \xi}$$

als die gesuchte Gleichung[1]).

Beispiel: Die Gleichung der Geraden, die durch die Punkte $(-3, 4)$ und $(2, 1)$ geht, lautet

$$\frac{y - 4}{1 - 4} = \frac{x + 3}{2 + 3},$$

oder in vereinfachter Form

$$3\,x + 5\,y - 11 = 0.$$

Die Gleichung der Geraden, die durch die Punkte $(3, 2)$ und $(-3, -2)$ geht, lautet $2\,x - 3\,y = 0$, die Gerade geht also durch den Anfangspunkt.

§ 9. Zwei gerade Linien.

Sind zwei gerade Linien gegeben, so interessiert uns vor allem ihr Schnittpunkt und der Winkel, den sie miteinander einschließen. Die Gleichungen der beiden geraden Linien seien

$$1) \quad y = mx + b \quad \text{und}$$
$$2) \quad y = m'x + b'.$$

Jede Gleichung wird durch unzählig viele Wertepaare von x und y befriedigt, und zwar jede durch die Koordinaten ihrer sämtlichen Punkte. Diese Wertepaare sind für beide Gleichungen im allgemeinen verschieden, es gibt aber notwendig ein und nur ein Wertepaar x, y, das beiden Gleichungen genügt, nämlich dasjenige, welches dem Schnittpunkt beider Geraden entspricht. Verstehen wir also jetzt in den Gleichungen 1) und 2) unter x und x dieses Wertepaar,

---

[1]) Man kann die Gleichung natürlich auch so umformen, daß sie die Gestalt $y = mx + b$ erhält, aus der man die Werte von m und b direkt ersieht; die Beseitigung der Nenner nebst einer einfachen Rechnung verwandelt sie in

$$y = \frac{\eta' - \eta}{\xi' - \xi}\,x + \frac{\xi'\eta - \xi\eta'}{\xi' - \xi}.$$

so finden wir es einfach so, daß wir die beiden Gleichungen in gewöhnlicher Weise nach x und y als Unbekannten auflösen. Allgemein bedeutet jede Auflösung von zwei Gleichungen mit zwei Unbekannten geometrisch die Bestimmung des Schnittpunktes der beiden Kurven, welche durch die beiden Gleichungen dargestellt werden.

Beispiel: Man soll die Schnittpunkte der Geradenpaare finden, deren Gleichungen $x + 7y + 11 = 0$, $x - 3y + 1 = 0$ und $3x + y - 7 = 0$ sind. Sie bestimmen ein Dreieck, dessen Ecken die Punkte $(2, 1)$, $(3, -2)$, $(-4, -1)$ sind.

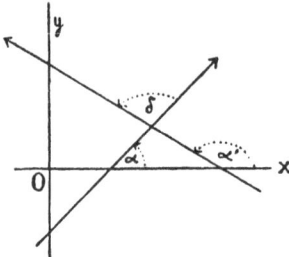

Fig. 17.

Unter dem Winkel δ, den zwei Gerade einschließen, versteht man denjenigen gemäß § 6 definierten Winkel, den ihre positiven Richtungen bilden. Sind α und α' ihre Winkel mit der x-Achse, so erhalten wir aus Fig. 17 zunächst die Gleichung

$$\alpha' = \delta + \alpha \quad \text{oder} \quad \delta = \alpha' - \alpha.$$

Es ist daher $\quad \text{tg}\,\delta = \text{tg}\,(\alpha' - \alpha) = \dfrac{\text{tg}\,\alpha' - \text{tg}\,\alpha}{1 + \text{tg}\,\alpha' \cdot \text{tg}\,\alpha}.$ [1]

Ersetzen wir nun tg α durch m und tg α' durch m', so folgt

$$3)\quad \text{tg}\,\delta = \frac{m' - m}{1 + mm'}.$$

Sind insbesondere die Geraden parallel, so muß δ, also auch tg δ den Wert Null haben, d. h. es ist

$$4)\quad m = m',$$

wie auch an und für sich klar ist. Stehen die Geraden senkrecht aufeinander, so ist $\delta = 90^0$, und es ist tg δ unendlich groß, und daher muß der Nenner des Quotienten in Gleichung 3) Null sein d. h.

$$5)\quad 1 + mm' = 0.$$

Dies ist also die Bedingung dafür, daß beide Geraden senkrecht aufeinanderstehen.

Beispiel: Für den Winkel der beiden Geraden $3x + y - 7 = 0$ und $x - 3y + 1 = 0$ findet man $\delta = 90^0$; das oben im Beispiel erwähnte Dreieck ist daher am Schnittpunkt dieser beiden Geraden, d. h. am Punkt $(2, 1)$ rechtwinklig.

Für die Geraden $2x - 3y = 5$ und $4x - 6y = 1$ folgt, daß sie parallel sind. Für die Koordinaten ihres Schnittpunktes ergeben sich formal die Werte

$$x = \frac{10 - 1}{0}, \qquad y = \frac{10 - 1}{0},$$

---

[1] Vgl. Formel 45 des Anhangs.

d. h. x und y haben keine endlichen Werte mehr. Dies stimmt damit überein, daß man parallele Geraden als solche zu betrachten pflegt, die sich erst im Unendlichen schneiden.

Bemerkung. Wir knüpfen hieran folgende Erörterung. Wir haben eben gesehen, daß zwei Gleichungen ersten Grades in x und y einen Punkt bestimmen, nämlich den Schnittpunkt der zu den Gleichungen gehörigen geraden Linien. Erinnern wir uns nun, daß, wenn a und b die Koordinaten eines Punktes P sind, dies durch die Gleichungen

$$6)\quad x = a,\; y = b$$

ausgedrückt wird, und daß gemäß § 6 Seite 12 auch diese beiden Gleichungen zwei gerade Linien darstellen, nämlich je eine Parallele zu den Achsen. Die Koordinatenbestimmung läuft daher geometrisch darauf hinaus, jeden Punkt der Ebene als Schnittpunkt von zwei Geraden zu betrachten, die zwei festen Achsen parallel sind. Denkt man sich alle Parallelen zur x-Achse und alle Parallelen zur y-Achse, so geht durch jeden Punkt je eine von ihnen, und die Entfernungen dieser beiden Geraden von den Achsen sind genau die Koordinaten des Punktes, in dem sie sich schneiden.

§ 10. Die Gleichung der Ellipse.

Die Ellipse ist der geometrische Ort aller Punkte, für welche die Summe ihrer Entfernungen von zwei festen Punkten einen konstanten Wert hat. Den konstanten Wert nennen wir $2a$.

Wir nehmen (Fig. 18) die Verbindungslinie der beiden festen Punkte F_1 und F_2 als x-Achse und das in der Mitte von $F_1 F_2$ errichtete Lot als y-Achse. Die Strecke $F_1 F_2$ bezeichnen wir durch $2c$ und nennen r_1 und r_2 die Abstände des Ellipsenpunktes P von F_1 und F_2, so daß gemäß obiger Definition

$$1)\quad r_1 + r_2 = 2a$$

ist, und zwar ist offenbar

$$2)\quad 2c < 2a.$$

Sind x und y die Koordinaten des Punktes P, so ist, wie aus der Figur folgt,

$$3)\quad r_1{}^2 = (c + x)^2 + y^2,$$
$$4)\quad r_2{}^2 = (c - x)^2 + y^2.$$

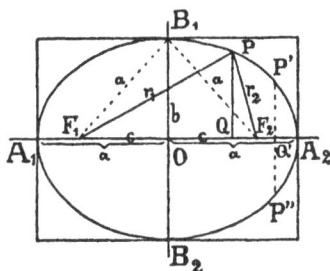

Fig. 18.

Die hierdurch bestimmten Werte von r_1 und r_2 haben wir in 1) einzusetzen, um die zwischen x und y bestehende Gleichung zu erhalten. Dies geschieht zweckmäßig wie folgt. Um nicht mit Wurzelzeichen zu rechnen, erheben wir 1) ins Quadrat und erhalten

$$r_1{}^2 + 2r_1 r_2 + r_2{}^2 = 4a^2$$

oder

$$r_1{}^2 + r_2{}^2 - 4a^2 = -2r_1 r_2.$$

Diese Gleichung quadrieren wir noch einmal und finden

$$5)\quad (r_1{}^2 + r_2{}^2)^2 - 8a^2(r_1{}^2 + r_2{}^2) + 16a^4 = 4r_1{}^2 r_2{}^2.$$

Bringen wir $4r_1{}^2 r_2{}^2$ nach links und beachten, daß

$$(r_1{}^2 + r_2{}^2)^2 - 4r_1{}^2 r_2{}^2 = r_1{}^4 + r_2{}^4 + 2r_1{}^2 r_2{}^2 - 4r_1{}^2 r_2{}^2$$
$$= r_1{}^4 + r_2{}^4 - 2r_1{}^2 r_2{}^2 = (r_1{}^2 - r_2{}^2)^2$$

ist, so ergibt sich schließlich

$$6)\quad (r_1{}^2 - r_2{}^2)^2 - 8a^2(r_1{}^2 + r_2{}^2) + 16a^4 = 0.$$

Nun folgt aus den Gleichungen 3) und 4), daß

$$6\,\mathrm{a})\quad r_1{}^2 + r_2{}^2 = 2(x^2 + y^2 + c^2),$$
$$r_1{}^2 - r_2{}^2 = 4cx$$

ist, also erhalten wir durch Einsetzen in Gleichung 6)

$$16c^2 x^2 - 16a^2(x^2 + \eta^2 + c^2) + 16a^4 = 0,$$

und wenn wir durch 16 dividieren und ordnen,

$$7)\quad x^2(a^2 - c^2) + a^2 y^2 = a^2(a^2 - c^2).$$

Dividieren wir noch beide Seiten durch $a^2(a^2 - c^2)$, so ergibt sich

$$8)\quad \frac{x^2}{a^2} + \frac{y^2}{a^2 - c^2} + 1,$$

und wenn wir noch zur Abkürzung

$$9)\quad a^2 - c^2 = b^2, \text{ also } b^2 + c^2 = a^2$$

setzen, so folgt schließlich

$$10)\quad \frac{x^2}{a^2} + \frac{y^2}{b^2} = 1$$

als Gleichung der Ellipse.

Mit ihrer Hilfe verschaffen wir uns zunächst ein Bild von der Gestalt der Ellipse. Zunächst sehen wir, daß die Punkte $x = \pm a$, $y = 0$ der Ellipse angehören; dies sind die Punkte A_1 und A_2 von Fig. 18. Ebenso gehören ihr die Punkte $x = 0$, $y = \pm b$ an, also die Punkte B_1 und B_2[1]).

Setzen wir ferner Gleichung 10) in die Form

$$11)\quad \frac{y^2}{b^2} = 1 - \frac{x^2}{a^2}, \quad y = \pm b\sqrt{1 - \frac{x^2}{a^2}},$$

---

[1]) Gemäß Gleichung 9) folgt hieraus noch, daß $B_1 F_1 = B_1 F_2 = a$ ist.

so sehen wir, daß zu einem Wert von x zwei Werte von y gehören, die sich nur im Vorzeichen unterscheiden und daher zwei Punkte P' und P'' liefern, die symmetrisch zur x-Achse liegen (Fig. 18). Die x-Achse ist also eine Symmetrieachse der Ellipse; da die Gleichung der Ellipse in bezug auf x und y ganz gleichartig gebaut ist, so folgt ebenso, daß auch die y-Achse eine Symmetrieachse der Ellipse ist. Die Achsen zerlegen daher die Ellipse in vier kongruente Quadranten.

Man erkennt noch, daß die Ellipse ganz in dem durch $A_1 A_2 B_1 B_2$ bestimmten Rechteck liegt. Ist nämlich $x^2 > a^2$, so ist $1 - x^2/a^2 < 0$, also negativ; für solche Abszissen können daher reelle Werte von y nicht existieren. Die Ellipsenpunkte liegen daher sämtlich in dem Streifen, den die beiden durch A_1 und A_2 parallel zur y-Achse gezogenen Geraden einschließen. Ebenso folgert man, daß sie sämtlich innerhalb desjenigen Streifens liegen, den zwei zur x-Achse durch B_1 und B_2 gezogene Parallelen einschließen. Damit ist der Beweis geliefert.

Man nennt $A_1 A_2$ die große Achse und $B_1 B_2$ die kleine Achse der Ellipse. Die Längen dieser Achsen sind $2a$ und $2b$; a und b selbst heißen Halbachsen. Die Punkte A_1, A_2, B_1, B_2 heißen die Scheitel; endlich werden F_1 und F_2 als die Brennpunkte bezeichnet. Sie liegen, da nach 2) $a > c$ ist, innerhalb der Ellipse.

Ist $a = b$, so geht die Ellipse in den Kreis über; die Brennpunkte F_1 und F_2 fallen in seinem Mittelpunkte zusammen.

§ 11. Aufgaben über die Ellipse. Die Direktrix.

1. Wir betrachten (Fig. 19) eine Ellipse mit den Halbachsen a und b und einen Kreis über der großen Achse der Ellipse als Durchmesser; ferner seien P' resp. P zwei senkrecht übereinander liegende Punkte von Kreis und Ellipse. Diese Punkte haben gleiche Abszisse $OQ = x$, aber verschiedene Ordinaten QP', resp. QP, die wir mit y' und y bezeichnen. Dann besteht für x und y' die Kreisgleichung und für x und y die Ellipsengleichung, d. h. es ist

$$1)\quad x^2 + y'^2 = a^2 \quad \text{oder} \quad \frac{x^2}{a^2} + \frac{y'^2}{a^2} = 1.$$

$$2)\quad \frac{x^2}{a^2} + \frac{y^2}{b^2} = 1.$$

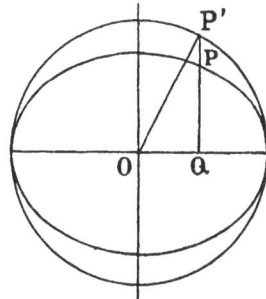

Fig. 19.

Diese Gleichungen lassen sich in folgende Form setzen:

$$\frac{y'^2}{a^2} = 1 - \frac{x^2}{a^2} \quad \text{und} \quad \frac{y^2}{b^2} = 1 - \frac{x^2}{a^2},$$

und daraus folgt

$$3) \quad \frac{y'^2}{a^2} = \frac{y^2}{b^2} \quad \text{oder} \quad \frac{y}{y'} = \frac{b}{a}.$$

Gemäß Fig. 19 erhalten wir also

$$\frac{PQ}{P'Q} = \frac{b}{a};$$

die Ordinaten von Ellipse und Kreis, die derselben Abszisse entsprechen, besitzen also ein konstantes Verhältnis, d. h. alle Ellipsenordinaten sind gegen die Kreisordinaten im selben Maße verkleinert.

2. Man soll die Abstände des Ellipsenpunktes P von den Brennpunkten F_1 und F_2 berechnen (Fig. 20).

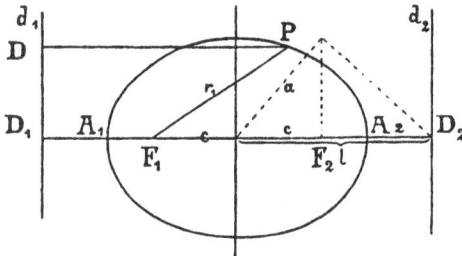

Die Abstände PF_1 und PF_2 bezeichnen wir wieder durch r_1 und r_2, dann ist nach § 10, 1

$$4) \quad r_1 + r_2 = 2a.$$

Ferner ist gemäß § 10, 6a

$$5) \quad r_1^2 - r_2^2 = 4cx,$$

Fig. 20.

und hieraus folgt durch Division beider Gleichungen

$$6) \quad r_1 - r_2 = \frac{2cx}{a}.$$

Durch Addition und Subtraktion von 4) und 6) ergeben sich daher für die Entfernungen PF_1 und PF_2 die Werte

$$7) \quad r_1 = a + \frac{c}{a}x, \quad r_2 = a - \frac{c}{a}x.$$

Hieraus ziehen wir noch eine wichtige Folgerung. In dem Wert für r_1 stellen wir c/a heraus und finden

$$8) \quad r_1 = \frac{c}{a}\left(x + \frac{a^2}{c}\right).$$

Setzen wir hier den Quotienten

$$9)\quad \frac{a^2}{c} = l, \text{ a'so } c:a = a:l,$$

so ist l eine Strecke, die wir so zu konstruieren haben, daß sie Hypotenuse eines rechtwinkligen Dreiecks wird, in dem a eine Kathete und c ihre Projektion ist, wie es Fig. 20 zeigt. Da $c < a$ ist, so ist auch $a < l$. Die Strecke l tragen wir von O aus gleich OD_1 auf, ziehen durch D_1 eine Parallele zur y-Achse und fällen auf sie von P das Lot PD, so ist, wie unmittelbar ersichtlich

$$PD = x + l = x + \frac{a^2}{c},$$

und wenn wir dies in 8) einsetzen, so folgt

$$r_1 = \frac{c}{a}\, PD, \text{ oder}$$

$$10)\quad \frac{PF_1}{PD} = \frac{c}{a}.$$

Die Gerade d_1 heißt Direktrix der Ellipse; von ihr sagt die vorstehende Gleichung aus, daß für jeden Ellipsenpunkt das Verhältnis seiner Entfernungen vom Brennpunkt und von der Direktrix den festen Wert $c:a$ (< 1) hat.

Aus der Symmetrie der Ellipse folgt, daß auch zum Brennpunkt F_2 eine Direktrix d_2 gehört, deren Abstand von O ebenfalls gleich l ist, und für die der gleiche Satz gilt.

§ 12. Die Gleichung der Hyperbel.

Die Hyperbel ist der geometrische Ort derjenigen Punkte, für welche die Differenz ihrer Entfernungen von zwei festen Punkten konstant ist. Der Wert dieser konstanten Differenz sei $2a$.

Wir nehmen wieder (Fig. 21) die Verbindungslinie der festen Punkte F_1 und F_2 als x-Achse und das in ihrer Mitte O errichtete Lot als y-Achse. Wir bezeichnen die Strecke F_1F_2 wieder durch $2c$ und durch r_1 und r_2 die Entfernungen des Hyperbelpunktes P von F_1 und F_2, so daß gemäß obiger Definition die Gleichung

$$1)\quad r_1 - r_2 = 2a$$

besteht. Da in jedem Dreieck die Differenz zweier Seiten kleiner ist als die dritte, so folgt hier, im Gegensatz zu § 10, daß

$$2)\quad 2a < 2c$$

ist. Sind die Koordinaten von P wieder x und y, so ist, wie aus der Figur folgt,

$$3)\ r_1{}^2 = (x + c)^2 + y^2$$
$$4)\ r_2{}^2 = (x - c)^2 + y^2.$$

Wie in § 10 folgt durch Quadrieren von 1) zunächst

$$r_1{}^2 - 2r_1r_2 + r_2{}^2 = 4a^2,\ \text{oder}$$
$$r_1{}^2 + r_2{}^2 - 4a^2 = 2r_1r_2,$$

und durch nochmaliges Quadrieren

$$5)\ (r_1{}^2 + r_2{}^2)^2 - 8a^2\,(r_1{}^2 + r_2{}^2) + 16a^4 = 4r_1{}^2r_2{}^2.$$

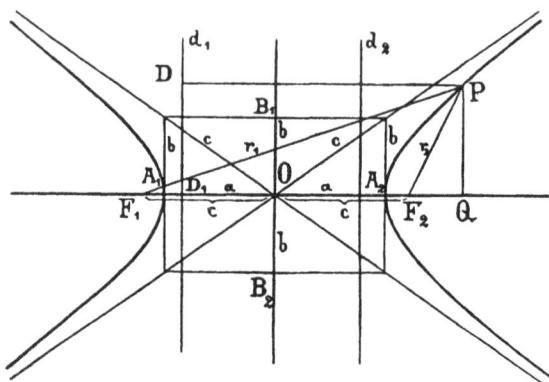

Fig. 21.

Dies ist die nämliche Gleichung wie die Gleichung 5) in § 10. Aus ihr folgt wie dort

$$6)\ (r_1{}^2 - r_2{}^2)^2 - 8a^2\,(r_1{}^2 + r_2{}^2) + 16a^4 = 0,$$

und es ergibt sich gemäß Gleichung 3) und 4)

$$6\text{a})\ r_1{}^2 + r_2{}^2 = 2\,(x^2 + y^2 + c^2),$$
$$r_1{}^2 - r_2{}^2 = 4cx.$$

Dies sind ebenfalls die gleichen Werte wie in § 10, wir erhalten also wie dort zunächst

$$7)\ x^2\,(a^2 - c^2) + a^2y^2 = a^2\,(a^2 - c^2),$$

oder

$$8)\ \frac{x^2}{a^2} + \frac{y^2}{a^2 - c^2} = 1.$$

Für die Hyperbel ist aber, wie wir oben bewiesen haben, $a < c$; es ist also $a^2 - c^2$ negativ. Wir setzen jetzt

$$9)\ c^2 - a^2 = b^2,\ \text{also}\ c^2 = a^2 + b^2,$$

so daß dadurch b als Kathete eines rechtwinkligen Dreiecks definiert ist, dessen Hypotenuse c und dessen andere Kathete a ist. Dadurch erhalten wir die Gleichung der Hyperbel in der Endform

$$10) \quad \frac{x^2}{a^2} - \frac{y^2}{b^2} = 1.$$

Wir leiten zunächst wieder einige Folgerungen über die Gestalt der Hyperbel ab. Wie in § 10 ergibt sich, daß die x-Achse und die y-Achse Symmetrieachsen der Hyperbel sind. Die Punkte $x = \pm a$, $y = 0$ gehören der Hyperbel an; es sind die Punkte A_1 und A_2 der x-Achse, die von O den Abstand a haben.

Um den Verlauf der Hyperbel kennen zu lernen, schreiben wir unsere Gleichung wieder in der Form

$$11) \quad \frac{y^2}{b^2} = \frac{x^2}{a^2} - 1$$

und sehen, daß, solange $x^2 < a^2$ ist, die rechte Seite einen negativen Wert hat; für alle diese Werte x kann also ein zugehöriger Wert von y, also auch ein zugehöriger Hyperbelpunkt nicht existieren. Im besonderen gilt dies auch für $x = 0$; die y-Achse enthält also keinen Punkt der Hyperbel. Hat x einen Wert $x > a$, so ist y stets reell und wächst unbegrenzt mit x, die Hyperbel erstreckt sich also in jedem Quadranten unbegrenzt weit, während sie zugleich ununterbrochen ansteigt, wie es Fig. 21 sehen läßt.

Man nennt $A_1 A_2$ die reelle Achse der Hyperbel und nennt die y-Achse — der Analogie halber — die imaginäre Achse. Die Punkte A_1 und A_2 heißen Scheitel; a heißt reelle und b imaginäre Halbachse. F_1 und F_2 heißen wieder Brennpunkte.

§ 13. Die Direktrix der Hyperbel.

Wir berechnen auch für die Hyperbel die Abstände irgendeines ihrer Punkte von den Brennpunkten und entnehmen daraus den analogen Satz wie für die Ellipse.

Wir haben, analog wie in § 11, zunächst

$$1) \quad r_1 - r_2 = 2a$$

und gemäß § 12, 6a

$$2) \quad r_1{}^2 - r_2{}^2 = 4cx,$$

woraus wieder durch Division

$$3) \quad r_1 + r_2 = \frac{2cx}{a}$$

folgt. Durch Addition und Subtraktion dieser Gleichungen ergibt sich mithin

$$4) \quad r_1 = \frac{c}{a} x + a, \quad r_2 = \frac{c}{a} x - a.$$

In dem Wert von r_1 stellen wir wieder c/a heraus und erhalten

$$5) \quad r_1 = \frac{c}{a} \left(x + \frac{a^2}{c} \right).$$

Setzen wir den Quotienten

$$6) \quad \frac{a^2}{c} = l, \text{ also } c : a = a : l,$$

so ist l eine Strecke, die durch a und c genau ebenso bestimmt ist wie die analoge Strecke in § 11, nur daß jetzt, weil $c > a$, auch $a > l$ ist. Diese Strecke tragen wir wieder (Fig. 21) von O aus gleich OD_1 auf, ziehen durch D_1 die Parallele d_1 zur y-Achse und fällen auf sie von P das Lot PD, so ist wieder

$$PD = x + l = x + \frac{a^2}{c},$$

und wenn wir dies in 5) einsetzen, so folgt

$$7) \quad \frac{PF_1}{PD} = \frac{c}{a}.$$

Die Gerade d_1 heißt wieder **Direktrix** der Hyperbel; für jeden Hyperbelpunkt steht die Entfernung vom Brennpunkt zur Entfernung von der Direktrix in dem festen Verhältnis $c : a$ (> 1). Zum Brennpunkt F_2 gehört eine Direktrix d_2, für die der gleiche Satz gilt.

§ 14. Die Transformation der Koordinaten.

Wie wir in der Einleitung sahen (§ 2), kann man die Lage der Koordinatenachsen an sich beliebig wählen. Andererseits zeigen die bisherigen Erörterungen, daß es für jede Kurve eine zweckmäßigste Lage des Koordinatensystems geben wird. Welche dies ist, läßt sich vielfach erst erkennen, nachdem man die Kurvengleichung zunächst für ein willkürlich angenommenes Achsensystem abgeleitet hat. Es resultiert so die Aufgabe, zu ermitteln, wie man die Kurvengleichung für ein neu zu wählendes Koordinatensystem erhalten wird.

Um sie zu lösen, müssen wir uns mit Formeln bekannt machen, die die Koordinaten eines und desselben Punktes für zwei verschiedene Koordinatensysteme miteinander verbinden.

Zunächst nehmen wir an, daß die Achsen beider Systeme einander parallel sind. Es sei z. B. M in Fig. 22 der Mittelpunkt eines Koordinatensystems, dessen Achsen den durch O gehenden parallel sind, und es seien

$$1) \quad X = MR, \; Y = PR$$

die Koordinaten des Punktes P für dieses Achsensystem. Ferner seien

$$2) \quad x = OQ, \; y = PQ$$

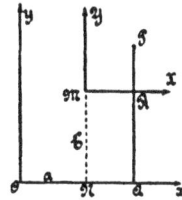
Fig. 22.

die Koordinaten des Punktes P für dasjenige Koordinatensystem, dessen Anfangspunkt O ist, endlich seien

$$3) \quad a = ON, \; b = MN$$

die Koordinaten des Punktes M in diesem Koordinatensystem. Alsdann bestehen zwischen den Koordinaten x, y und X, Y desselben Punktes P, wie aus der Figur folgt, die Gleichungen

$$4) \quad X = x - a, \; Y = y - b.$$

Diese Gleichungen gelten für jeden Punkt.

Dies wollen wir auf die Gleichung des Kreises anwenden. Für die Koordinaten X, Y und mit M als Mittelpunkt lautet sie

$$5) \quad X^2 + Y^2 = r^2,$$

wenn r den Radius des Kreises darstellt. Diese Gleichung gelte unter anderem auch für den Punkt P. Setzen wir in sie für X und Y ihre Werte aus 4), so erhalten wir

$$6) \quad (x - a)^2 + (y - b)^2 = r^2$$

als diejenige Gleichung, der die Koordinaten x, y des Kreispunktes P genügen, und dies ist daher die Gleichung des Kreises für das Achsensystem der x, y. Die nämliche Gleichung haben wir in § 4 (S. 10) auf andere Weise abgeleitet.

Zweitens nehmen wir die neuen Achsen so an, daß sie denselben Anfangspunkt haben wie die alten, aber andere Richtung.

Die Koordinaten eines beliebigen Punktes P in bezug auf sie nennen wir ξ und η. Wir ziehen (Fig. 23) PQ senkrecht zur x-Achse und PR senkrecht zur ξ-Achse, so daß

Winkel $RPQ = ROQ = \alpha$ und
$OQ = x$, $PQ = y$, $OR = \xi$, $PR = \eta$

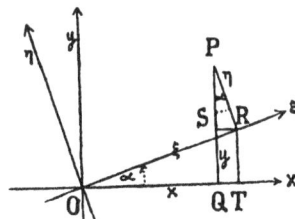
Fig. 23.

ist, und ziehen noch RT senkrecht und RS parallel zur x-Achse. Alsdann folgt

$$x = OQ = OT - QT = OT - RS,$$
$$y = PQ = PS + QS = PS + RT.$$

Nun folgt aber aus den Dreiecken ORT und PRS

$$OT = \xi \cos \alpha, \; RS = \eta \sin \alpha,$$
$$RT = \xi \sin \alpha, \; PS = \eta \cos \alpha;$$

folglich erhalten wir durch Einsetzen dieser Werte

7) $x = \xi \cos \alpha - \eta \sin \alpha,$
     $y = \xi \sin \alpha + \eta \cos \alpha,$

und dies sind die Gleichungen, die zeigen, wie die Koordinaten eines Punktes P für das eine Achsensystem mit seinen Koordinaten für das zweite Achsensystem zusammenhängen.

Aus ihnen folgt noch, wenn wir beide Gleichungen zuerst mit $\cos \alpha$ resp. $\sin \alpha$ multiplizieren und dann addieren und dann ebenso mit $\sin \alpha$ resp. $- \cos \alpha$[1]),

8) $\xi = x \cos \alpha + y \sin \alpha,$
     $\eta = - x \sin \alpha + y \cos \alpha.$

Eine Anwendung werden wir im nächsten Paragraphen geben.

Soll man endlich von einem Koordinatensystem zu einem anderen mit neuem Anfangspunkt und anderen Achsenrichtungen übergehen, so hat man zwei Koordinatentransformationen nacheinander auszuführen.

Die Koordinatenverlegung ist eines der wichtigsten Hilfsmittel in der reinen Mathematik. Mit ihrer Hilfe erkennt man z. B., daß jede Gleichung

9) $ax^2 + 2bxy + cy^2 + 2dx + 2ey + f = 0$

— von Ausnahmefällen abgesehen — eine Ellipse, Hyperbel oder Parabel darstellt. Der Beweis beruht darauf, daß man das ursprünglich unsymmetrisch gegen diese Kurven liegende Koordinatensystem so ändern kann, daß diese Gleichung in die von uns für Ellipse, Hyperbel, Parabel abgeleiteten Gleichungen übergeht. Diese Kurven werden Kegelschnitte genannt, da sie Schnittkurven einer Ebene mit dem Mantel eines Kreiszylinders sind.

---

[1]) Vgl. Formel 32 des Anhangs.

§ 15. Die gleichseitige Hyperbel und ihre Asymptotengleichung.

Eine Ellipse, deren Achsen $2a$ und $2b$ einander gleich werden, geht (§ 10) in den Kreis über. Setzt man in der Gleichung der Hyperbel $a = b$, so ergibt sich ebenfalls eine besonders einfache Hyperbel, nämlich die gleichseitige Hyperbel. Ihre Gleichung wird

$$1) \quad \frac{x^2}{a^2} - \frac{y^2}{a^2} = 1 \text{ oder } x^2 - y^2 = a^2.$$

Wir bezeichnen die Halbierungslinien des Winkels der Koordinatenachsen als die Asymptoten dieser Hyperbel und stellen uns die Aufgabe, diejenige Gleichung der gleichseitigen Hyperbel zu suchen, für welche die Asymptoten als Koordinatenachsen gewählt werden.

Dies geschieht auf Grund der Gleichung 7) von § 14. In unserem Fall ist (§ 6) $\alpha = -45^0$, daher $\cos \alpha = \sqrt{\frac{1}{2}}$, $\sin \alpha = -\sqrt{\frac{1}{2}}$, wir erhalten also für diesen speziellen Fall die Gleichungen

$$2) \quad \begin{aligned} x &= \quad \xi \sqrt{\frac{1}{2}} + \eta \sqrt{\frac{1}{2}} \\ y &= -\xi \sqrt{\frac{1}{2}} + \eta \sqrt{\frac{1}{2}}. \end{aligned}$$

Aus ihnen folgt durch Addition und Subtraktion

$$3) \quad \begin{aligned} x - y &= 2\xi \sqrt{\frac{1}{2}}, \\ x + y &= 2\eta \sqrt{\frac{1}{2}}. \end{aligned}$$

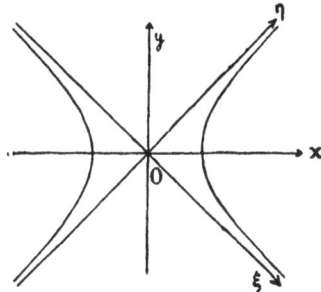

Fig. 24.

Denken wir uns jetzt, daß P ein Punkt der Hyperbel ist, so genügen seine Koordinaten x und y der Gleichung

$$x^2 - y^2 = a^2,$$

die wir auch in die Form

$$(x + y)(x - y) = a^2$$

setzen können. Führen wir hier die Werte von 3) ein, so erhalten wir zwischen den Koordinaten ξ, η des Punktes P die Gleichung

$$4) \quad 2\xi\eta = a^2,$$

und da dieser Gleichung die Koordinaten eines beliebigen Hyperbelpunktes P genügen, so ist dies die Gleichung der gleichseitigen

**Hyperbel, bezogen auf die Asymptoten als Koordinaten-
achsen.**

Wir erkennen hieraus die Richtigkeit der in § 1 aufgestellten
Behauptung, daß das Mariottesche Gesetz graphisch durch eine Hyperbel dargestellt wird. Ersetzen wir ξ durch p, η durch v und setzen
im besondern $\frac{1}{2}a^2 = 1$, so geht die Gleichung in $vp = 1$ über.

Wir fügen noch folgende Bemerkung an, die die Asymptoten
betrifft. Schreiben wir die Gleichung 4) in der Form

$$\eta = \frac{a^2}{2\,\xi},$$

so sehen wir, daß η um so kleiner wird, je größer ξ wird, d. h. die
Hyperbel nähert sich, je weiter sie läuft, mehr und mehr der ξ-Achse.
Das gleiche gilt für die η-Achse. Dies ist der Grund, aus dem man
die ξ-Achse und die η-Achse Asymptoten der Hyperbel genannt
hat; beiden Geraden nähert sich die Hyperbel immer mehr, je weiter
sie verläuft, ohne sie zu erreichen, d. h. asymptotisch[1]).

§ 16. Die Bewegung eines Punktes.

Die Bewegung eines Punktes P in einer Ebene ist bestimmt,
sobald bekannt ist, an welcher Stelle sich der Punkt in jedem Augenblick befindet. Ist t die von irgendeinem Moment an verflossene Zeit,
so wird dies der Fall sein, sobald man für jeden Wert von t die Koordinaten x und y des beweglichen Punktes kennt.

Seien z. B. x und y durch die Gleichungen

$$1)\quad x = a \cos t, \qquad y = a \sin t$$

gegeben; wir fragen, wie wir die von P beschriebene Bahn erhalten.
In jedem Augenblick genügen die Koordinaten von P den Gleichungen 1). Quadrieren und addieren wir sie, so folgt

$$2)\quad x^2 + y^2 = a^2,$$

und dies gilt für jeden beliebigen Wert von t, also auch für jede Lage
des beweglichen Punktes. Die Gleichung 2) ist daher die Gleichung
der Bahn, die der Punkt beschreibt. Die Bahn ist mithin ein Kreis.

Hieraus entnimmt man leicht das allgemeine Prinzip, nach dem
sich die Gleichung einer Bahn bestimmt, wenn die Koordinaten x

---

[1]) Für eine beliebige Hyperbel gelten ähnliche Sätze.

und y durch zwei den obigen analoge Gleichungen gegeben sind; man hat nichts anderes zu tun, als t aus ihnen zu eliminieren.

Sind die Gleichungen z. B. von der Form

$$3)\quad x = a + \alpha t, \quad y = b + \beta t,$$

so folgt aus ihnen zunächst $x - a = \alpha t$, $y - b = \beta t$, und die Elimination von t ergibt

$$4)\quad \frac{x-a}{\alpha} = \frac{y-b}{\beta},$$

d. h. die Gleichung einer Geraden. Diese Gerade geht durch den Punkt $x = a$, $y = b$, da diese Werte der Gleichung 4) genügen. Wie aus 3) folgt, ist dieser Punkt zugleich derjenige, an dem sich der bewegliche Punkt zur Zeit $t = 0$ befindet.

Ist endlich die Bewegung durch die Gleichungen

$$5)\quad x = a \cos t, \quad y = b \sin t$$

gegeben, so ergibt sich leicht

$$6)\quad \frac{x^2}{a^2} + \frac{y^2}{b^2} = 1,$$

der Punkt beschreibt also eine Ellipse.

§ 17. Die Gleichung von van der Waals.

Die bisher diskutierten Kurven waren solche, in deren Gleichungen die Koordinaten nur im ersten oder zweiten Grade auftraten; es liegt außerhalb des Rahmens dieser Schrift, allgemeine Erörterungen über Kurven zu bringen, in deren Gleichungen die Koordinaten im dritten oder höheren Grade vorkommen. Wohl aber wollen wir einige hierher gehörige Beispiele kurz besprechen.

Die S. 3 besprochene Gleichung des Boyle-Mariotteschen Gesetzes gilt nur für nicht zu stark komprimierte Gase; um auch das Gebiet der stark komprimierten Gase zu umfassen, hat van der Waals die berühmte, nach ihm benannte Gleichung[1]

$$1)\quad \left(p + \frac{a}{v^2}\right)(v - b) = 1$$

aufgestellt, in der a und b der betrachteten Gasmasse eigentümliche (positive) Konstanten sind. Betrachten wir darin das Volumen v

---

[1] Vgl. z. B. Nernst, Theoretische Chemie, 1. Aufl., S. 182; 11.—15. Aufl., S. 228.

und den Druck p als Koordinaten, so können wir die Beziehung zwischen v und p durch eine Kurve darstellen, deren Gleichung, wenn wir noch mit v^2 multiplizieren, die Form

$$2) \quad (pv^2 + a)\,(v - b) = v^2,$$

oder in x und y geschrieben

$$3) \quad (yx^2 + a)\,(x - b) = x^2$$

annehmen würde[1]). Dieses Gesetz wollen wir nun diskutieren.

Bringen wir die Gasmasse auf ein großes Volumen, lassen wir also v sehr groß werden, so wird in Gleichung 1) a/v^2 sehr klein, so daß wir es neben p vernachlässigen können, andererseits verschwindet b neben v, d. h. wir erhalten auf diese Weise

$$pv = 1;$$

mit anderen Worten: für stark verdünnte Gase geht die Gleichung von van der Waals in diejenige von Boyle über.

Ist v nicht sehr groß, das Gas also nicht sehr verdünnt, so wird der Einfluß der Konstanten a und b merklich; machen wir v sehr klein, indem wir den auf die Gasmasse wirkenden Druck p sehr groß werden lassen, so wird der erste Faktor von 1) sehr groß, also muß der zweite klein werden und v sich b immer mehr nähern; und wird p ungeheuer groß, so nimmt v schließlich den Wert b an. Die Konstante b gibt also das kleinste Volumen an, bis zu dem die Gasmasse durch Druck gebracht werden kann, ein kleineres Volumen als b ist nach obiger Gleichung nicht möglich.

Um die Verhältnisse anschaulich zu übersehen, nehmen wir wiederum zur graphischen Darstellung unsere Zuflucht, und zwar knüpfen wir an ein spezielles Beispiel an. Für Kohlensäure ist bei 0^0

$$a = 0{,}00874; \quad b = 0{,}0023,$$

und somit wird

$$\left(p + \frac{0{,}00874}{v^2}\right)(v - 0{,}0023) = 1.$$

Der Druck p ist in Atmosphären zu zählen; setzen wir $p = 1$, so liefert obige Gleichung einen Wert für das Volumen, der sich leicht zu $0{,}9936$ berechnet. Als Einheit des Volumens liegt somit der $\frac{1}{0{,}9936}$fache Wert desjenigen zugrunde, das die betrachtete Gas-

---

[1]) Da sich beim Ausmultiplizieren ein Glied yx^3 ergibt, in dem x und y zusammen im vierten Grad auftreten, nennt man die Kurve eine solche vierter Ordnung.

masse beim Drucke einer Atmosphäre einnimmt. Setzen wir $v = 1$, so wird $p = 0{,}9935$ Atm.; wir können also als Einheit des Volumens auch dasjenige der Gasmasse bei diesem Druck definieren.

Berechnen wir nach der vorstehenden Gleichung die Werte von p, die den in der nachfolgenden Tabelle verzeichneten Werten von v entsprechen, so finden wir

v	p	v	p
0,1	9,4	0,008	38,8
0,05	17,5	0,005	20,9
0,015	39,9	0,004	42,0
0,01	42,6	0,003	457

und die graphische Auftragung liefert das in Fig. 25 wiedergegebene Bild.

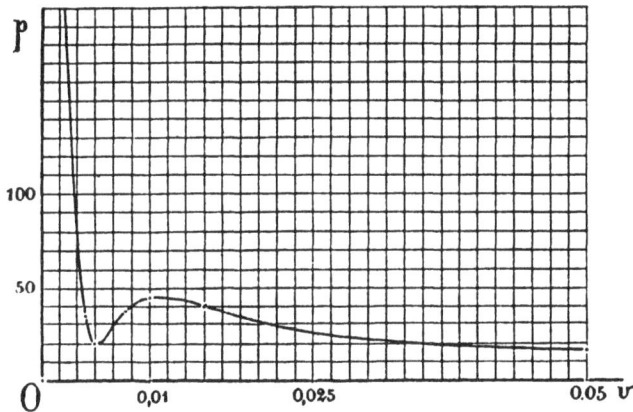

Fig. 25.

Die besprochene Gleichung

$$\left(p + \frac{0{,}00874}{v^2}\right)(v - 0{,}0023) = 1$$

gilt für Kohlensäure von 0^0; für Kohlensäure von der Temperatur t gilt nach van der Waals

$$\left(p + \frac{0{,}00874}{v^2}\right)(v - 0{,}0023) = 1 + \frac{t}{273};$$

geben wir in dieser Gleichung t verschiedene Werte (z. B. 13,1 oder 21,5^0 usw.), so können wir für jeden Wert von t in ganz ähnlicher

3*

Weise, wie oben geschehen, die dazu gehörige Kurve zeichnen. Diese Kurvenschar (Fig. 26) gibt uns dann ein anschauliches Bild von dem Verhalten der Kohlensäure unter den verschiedensten Bedingungen des Drucks, Volumens und der Temperatur, und aus ihrer Betrachtung konnte van der Waals die weitgehendsten Schlüsse über das Verhalten der Materie im stärker kondensierten, sei es gasförmigen, sei es flüssigen Zustande ziehen.

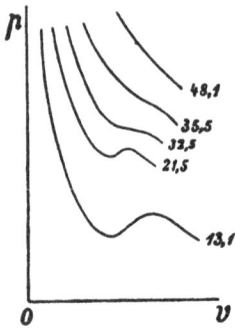

Fig. 26.

§ 18. Die Gleichung der Dissoziationsisotherme.

Viele Gase oder gelöste Stoffe erleiden bei zunehmender Verdünnung eine immer fortschreitende Dissoziation. Wenn ein Molekül sich in zwei neue dissoziiert, so gilt für den Dissoziationsgrad y (= Zahl der dissoziierten Moleküle, dividiert durch die Zahl der Moleküle, die ohne Dissoziation vorhanden sein würden) die Gleichung[1]

$$1)\quad c = K\,\frac{(1-y)}{y^2},$$

worin c die Konzentration, d. h. die in der Volumeinheit enthaltene Substanzmenge (man zählt sie gewöhnlich nach Grammolekülen), und K eine Konstante, die sog. Dissoziationskonstante, bedeutet. Die Bedeutung der letzteren ergibt sich leicht, wenn wir $y = 0,5$ setzen; dann wird

$$c = 2\,K,$$

d. h. die physikalische Bedeutung der Größe K besteht darin, daß sie die Hälfte derjenigen Konzentration angibt, bei welcher gerade 50 Prozent der Substanz dissoziiert sind.

Um uns über die Natur der in chemischer Hinsicht sehr wichtigen Gleichung 1) eine Anschauung zu verschaffen, tragen wir c als Abszisse, y als Ordinate graphisch auf. In Fig. 27 ist für die Zeichnung der Wert $K = 1$ zugrunde gelegt. Für kleine Werte von c ist y sehr nahe gleich 1, d. h. wir haben vollständige Dissoziation; mit wach-

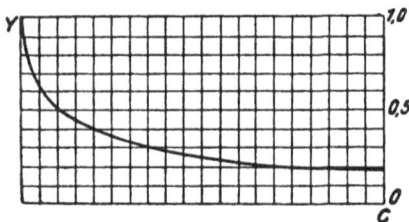

Fig. 27.

[1] Vgl. z. B. Nernst, Theoretische Chemie, Buch III Kap. 2 u. 4.

sendem c sinkt y beständig, um sich für sehr große Werte von c allmählich oder, wie man es bezeichnet, »asymptotisch« (vgl. auch S. 32 § 15) dem Grenzwert 0 zu nähern.

§ 19. Die Koexistenz verschiedener Aggregatzustände.

Viel benutzt werden in neuerer Zeit die graphischen Methoden, um kompliziertere (meist chemische) Gleichgewichtszustände zu veranschaulichen. Wir wollen auch hierfür ein einfaches Beispiel betrachten, und zwar das Gleichgewicht zwischen den verschiedenen Aggregatzuständen des Wassers.

Bekanntlich sind bei 0⁰ und Atmosphärendruck flüssiges und festes Wasser (Eis) im Gleichgewicht; steigern wir die Temperatur, so schmilzt das Eis, erniedrigen wir sie, so gefriert das Wasser; nur bei 0⁰ kann beides koexistieren. Dies Gleichgewicht wird durch Anwendung von Druck verschoben, indem der Schmelzpunkt des Eises durch Druck erniedrigt wird, und zwar durch den Druck einer Atmosphäre um 0,0077⁰. Befindet sich Eis + Wasser daher nicht unter dem Druck einer Atmosphäre (760 mm), sondern etwa in einem evakuierten Raum, d. h. also unter einem Drucke, der dem Dampfdruck des Wassers (4,57 mm) bei dieser Temperatur entspricht, so wird, da die Schmelzpunktänderung der Druckänderung nahezu proportional erfolgt, der Schmelzpunkt um $\dfrac{760 - 4{,}57}{760} \cdot 0{,}0077$ erhöht werden, d. h. Wasser und Eis sind in einem evakuierten Raum bei + 0,00766⁰ im Gleichgewicht. Wählen wir ein Koordinatensystem, in welchem die sog. absolute Temperatur T, d. h. die um 273⁰ vermehrte Temperatur t in gewöhnlicher Zählung, als Abszisse, der dazu gehörige Druck p als Ordinate aufgetragen ist, so wird also (S. 16, § 7) die Gleichgewichtskurve zwischen Wasser und Eis durch die ein wenig gegen die Ordinate geneigte Gerade OA dargestellt (Fig. 28).

Anderseits kann flüssiges Wasser verdampfen; der Dampfdruck bei einer bestimmten Temperatur gibt bekanntlich den Druck an, bei welchem flüssiges und

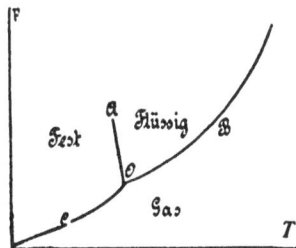

Fig. 28.

gasförmiges Wasser im Gleichgewicht sich befinden. Die Dampfdruckkurve OB läßt die Drucke ablesen, die den verschiedenen Temperaturen entsprechen.

Drittens aber kann auch Eis verdampfen (sublimieren) und auch hier entspricht jeder Temperatur ein bestimmter Dampfdruck; OC sei die Dampfdruckkurve des Eises.

So wird durch die erwähnten drei Grenzkurven die Koordinatenebene in drei Teile geteilt. Bei den zusammengehörigen Werten von Druck und Temperatur, die innerhalb dieser drei Gebiete fallen, existiert also Wasser entweder nur als Eis oder nur als Flüssigkeit oder nur als Gas (Dampf); bei den Werten von Druck und Temperatur, welche einem Punkte der drei Grenzkurven entsprechen, koexistieren (sind im Gleichgewicht) die beiden Aggregatzustände, welche die betreffende Grenzkurve scheidet. Die Fig. 28 läßt schließlich erkennen, daß Eis, flüssiges und gasförmiges Wasser nur in einem einzigen Punkte O der Ebene gleichzeitig existieren können; die Koordinaten dieses Punktes sind $p = 4{,}57$ mm und $T = 273 + 0{,}00766^0$. Für $T = 0$ hört im Sinne der kinetischen Theorie der Materie jedes Gas auf, existenzfähig zu sein, und der Dampfdruck muß daher in diesem Punkte Null werden, oder, mit anderen Worten, die Verlängerung von OC geht durch den Anfangspunkt des Koordinatensystems.

§ 20. Graphische Darstellung eines Kreisprozesses.

Für thermodynamische Betrachtungen sind sog. Kreisprozesse von grundlegender Bedeutung; auch diese lassen sich, wie Clapeyron bereits 1834 gezeigt hat, graphisch gut veranschaulichen. Eine homogene Substanz, z. B. ein komprimiertes Gas, möge eine Reihe von Zustandsänderungen durchmachen; der jeweilige Zustand ist in jedem Augenblick bekannt, wenn Volumen und Druck der betreffenden Gasmasse gegeben sind.

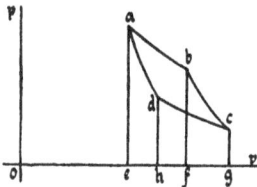

Fig. 29.

Wir tragen uns auf der Abszissenachse das Volumen v, auf der Ordinatenachse den Druck p der Gasmasse auf. Es sei ihr Anfangszustand durch den Punkt a gegeben, so daß also in Fig. 29 oe das Anfangsvolumen und ea den Anfangsdruck bedeuten. Durch diese beiden Größen ist dann auch die Anfangstemperatur bestimmt.

Nun möge die Gasmasse sich zunächst bei konstant erhaltener Temperatur ausdehnen, indem sie sich in einem Bade von konstanter Temperatur befindet; die Kurve ab ist demgemäß ein Stück einer Isotherme.

Hierauf soll die Gasmasse bei ihrer weiteren Ausdehnung aus dem Bade entfernt werden; dann muß bei der Ausdehnung (unter Arbeitsleistung) ihre Temperatur sinken und demgemäß ihr Druck beschleunigt abnehmen, falls sie gegen den Wärmeaustausch mit der Umgebung geschützt ist. Diese »adiabatische« Zustandsänderung sei durch das Kurvenstück bc charakterisiert, das sich also mit einem Knick gegen das Kurvenstück ab ansetzt.

Es werde nun die Gasmasse wiederum in ein Bad von konstanter Temperatur gebracht, die der dem Punkte c entsprechenden gleich sei; komprimieren wir jetzt das Gas, so ergibt sich als Bild der Druckänderung die Kurve cd, die also wiederum ein Stück einer Isotherme ist.

Viertens wird schließlich im Punkte d das Gas außerhalb des Bades adiabatisch komprimiert, wo dann also bei der Kompression die Temperatur steigen und der Druck beschleunigt wachsen muß. Offenbar können wir den Punkt d so wählen, daß bei dieser Kompression die Kurve da resultiert, d. h. die Gasmasse in ihren Anfangszustand zurückkehrt.

Einen derartigen Prozeß, den man in ähnlicher Weise mit jeder beliebigen Substanz vornehmen kann, nennt man einen Kreisprozeß, weil er sich durch eine geschlossene Kurve (in unserem Beispiel $abcda$) darstellen läßt, und weil die Substanz daher schließlich wieder in ihren Anfangszustand gelangt.

§ 21. Die Polarkoordinaten.

Die in § 2 auseinandergesetzte Methode, Punkte der Ebene durch Koordinaten zu bestimmen, ist nicht die einzig mögliche. Solcher Bestimmungsweisen gibt es sehr viele: eine von ihnen müssen wir noch kennen lernen. Die Lage eines Punktes P läßt sich auch dadurch eindeutig bestimmen, daß wir (Fig. 30) seinen Abstand $PO = r$ von O und den Winkel φ angeben, den die Gerade OP im Sinne von § 6 mit der positiven x-Achse bildet. In der Tat entspricht dann in dem in § 2 angegebenen Sinn jedem Punkt P ein Zahlenpaar, nämlich die Länge von r und die Größe von φ; ist umgekehrt irgendein Zahlenpaar r und

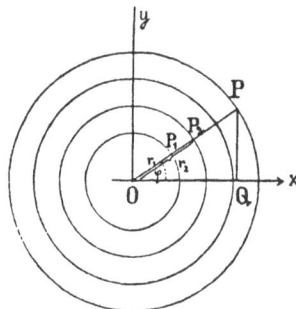

Fig. 30.

φ gegeben, so läßt sich stets ein Punkt P zeichnen, dessen Lage in der Ebene durch r und φ bestimmt ist. Die Größen r und φ nennt man die Polarkoordinaten des Punktes P. Die Größe r kann alle Werte von 0 bis ∞ annehmen, während φ stets zwischen 0 und 2π liegt (vgl. Kap. III, § 3).

Die Polarkoordinaten benutzen zur Bestimmung eines Punktes ein System von konzentrischen Kreisen und ein System von Geraden durch ihren Mittelpunkt, genau in demselben Sinn, wie sich nach § 9 die rechtwinkligen Koordinaten an zwei Systeme paralleler Geraden knüpfen. Die Kreise sind die Linien, für deren Punkte die Koordinate r einen konstanten Wert hat; und die von O ausgehenden Geraden sind die Linien, für deren Punkte φ denselben Wert hat. Dies ist bei tieferer Auffassung das allgemeine Prinzip jeder Koordinatenbestimmung, die in der höheren Mathematik benutzt wird.

Zwischen den Polarkoordinaten und den rechtwinkligen Koordinaten, für die OX die x-Achse und O den Anfangspunkt darstellt, bestehen, wie aus dem Dreieck OPQ folgt, die einfachen Beziehungen

$$1)\quad x = r\cos\varphi,\quad y = r\sin\varphi,$$
$$2)\qquad x^2 + y^2 = r^2.$$

Aus diesen Gleichungen kann man die rechtwinkligen Koordinaten berechnen, wenn die Polarkoordinaten bekannt sind, umgekehrt aber auch die Polarkoordinaten, wenn man die rechtwinkligen kennt.

Um eine Anwendung zu geben, wollen wir die Gleichungen von Ellipse, Parabel und Hyperbel in Polarkoordinaten ableiten. Aus § 5, 11, 13 folgt, daß sich Ellipse, Parabel und Hyperbel gemeinsam als geometrischer Ort eines Punktes definieren lassen, für den die Entfernung von einem festen Punkt (dem Brennpunkt) zu der Entfernung von einer festen Geraden (der Direktrix) in einem konstanten Verhältnis steht. Für die Ellipse ist dieses Verhältnis kleiner als 1 (da $c < a$), für die Hyperbel ist es größer als 1 (da $c > a$), und für die Parabel ist es gleich 1 (da beide Entfernungen für die Parabel einander gleich sind).

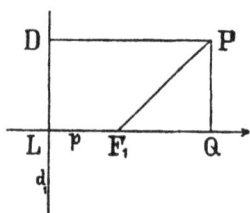

Fig. 31.

Wir bezeichnen (Fig. 31) den Abstand des festen Punktes F_1 von der festen Geraden d_1 durch p und den Wert des konstanten Verhältnisses durch e und können alsdann die Gleichung aller drei Kurven auf die gleiche Weise ableiten. Wir wählen F_1 zum Anfangspunkt der Polarkoordinaten und das von F_1 auf d_1 gefällte Lot F_1L als Achse; ihre positive Hälfte soll diejenige sein, die die Gerade d_1 nicht schneidet. Die definierende Gleichung lautet:

$$\frac{PF_1}{PD} = e.$$

Sind dann r und φ die Polarkoordinaten von P und ist PQ das von P auf die Achse gefällte Lot, so ist

$$PF_1 = r \text{ und } PD = LF_1 + F_1Q = p + r \cos \varphi;$$

also erhalten wir sofort die gesuchte Gleichung in der Form

$$3) \quad \frac{r}{p + r \cos \varphi} = e,$$

die nach einer geringen Umformung in

$$4) \quad r = \frac{e\,p}{1 - e \cos \varphi}$$

übergeht. Für die Ellipse im besondern ist (§ 11, vgl. Fig. 20)

$$e = \frac{c}{a}, \; p = l - c = \frac{a^2}{c} - c = \frac{a^2 - c^2}{c} = \frac{b^2}{c},$$

also wird ihre Gleichung

$$5) \quad r = \frac{b^2/a}{1 - c/a \cos \varphi}.$$

Für die Hyperbel ist (§ 13, vgl. Fig. 21)

$$e = \frac{c}{a}, \; p = c - l = c - \frac{a^2}{c} = \frac{c^2 - a^2}{c} = \frac{b^2}{c},$$

also ihre Gleichung ebenfalls

$$6) \quad r = \frac{b^2/a}{1 - c/a \cos \varphi},$$

und für die Parabel folgt, da $e = 1$, als Gleichung

$$7) \quad r = \frac{p}{1 - \cos \varphi},$$

wo p der Parameter der Parabel ist.

Diese Gleichungen spielen in der Astronomie eine große Rolle. Wir wählen als Beispiel die Kometenbahnen. Jeder Komet beschreibt eine Ellipse, eine Hyperbel oder Parabel, für die die Sonne ein Brennpunkt ist. Die Bahn hat also jedenfalls die Gleichung 4) als ihre Gleichung; die in ihr auftretenden Größen p und e sind aus den Beobachtungen über die einzelnen Örter des Kometen am Himmel zu ermitteln. Je nachdem sich nun für e ein Wert ergibt, $e < 1$, $e = 1$ oder $e > 1$, weiß man, daß der Komet eine Ellipse, Parabel oder Hyperbel beschreibt. In den beiden letzten Fällen wäre er nur ein vorübergehender Gast unseres Sonnensystems.

Freilich kann die aus den Beobachtungen berechnete Bahn eines Kometen nur als Annäherung gelten. Sie stützt sich ja völlig auf solche Messsungen, bei denen sich der Komet im Perihel befindet, also dem zusätzlichen Einfluß der Planeten unterliegt. Insbesondere dürfte der hyperbolische Charakter hierauf zurückzuführen sein — was die neuere Forschung in der Tat als wahrscheinlich hingestellt hat.

§ 22. Rechtwinklige räumliche Koordinaten.

Um die räumliche Lage eines Punktes P durch Koordinaten zu bestimmen, legen wir durch einen beliebig zu wählenden Punkt O drei zueinander senkrechte Ebenen, die wir Koordinatenebenen nennen, und bezeichnen ihre drei Schnittlinien, wie Fig. 32 zeigt, als x-Achse, y-Achse und z-Achse. Die z-Achse denken wir uns der Einfachheit halber vertikal. Fällen wir nun von einem Punkt P die Lote PQ, PR, PS auf die Koordinatenebenen, so liefern die Längen dieser Lote drei Zahlen, die wir im Sinne von § 2 als Koordinaten des Punktes P bezeichnen können. Wir nennen sie x, y, z, setzen also

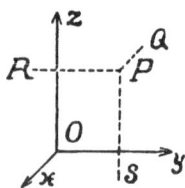

1) $PQ = x$, $PR = y$, $PS = z$.

Fig. 32.

Die drei Koordinatenebenen heißen auch die yz-Ebene, die zx-Ebene und die xy-Ebene. Die eben gegebene Vorschrift wollen wir zunächst etwas umändern. Legen wir nämlich durch P die Ebenen, die den drei Koordinatenebenen parallel sind, so bestimmen sie mit den Koordinatenebenen (Fig. 33) ein rechtwinkliges Parallelepipedon, in dem O und P gegenüberliegende Ecken sind und PQ, PR und PS die drei von P ausgehenden Kanten; OA, OB, OC seien diejenigen, die von O ausgehen. Man hat dann sofort $OA = PQ = x$, $OB = PR = y$, $OC = PS = z$. Da sich nun A, B und C als die drei Punkte ansehen lassen, in denen die Achsen von den drei durch P gehenden Ebenen geschnitten werden, so lassen sich die Koordinaten auch als die Längen der Strecken definieren, die auf den drei Achsen durch die oben genannten Ebenen abgeschnitten werden.

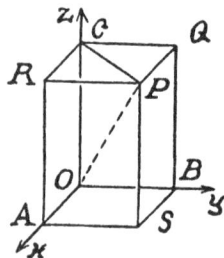

Fig. 33.

Verbinden wir endlich P mit O und C, so ist der Winkel PCO ein rechter[1]), und daher ist OC auch als die Projektion von OP

---

[1]) Da die Gerade OC auf der Ebene $PCQR$ senkrecht steht, so steht sie nach einem bekannten Satz auf jeder durch C gehenden Geraden der Ebene senkrecht, also auch auf CP.

auf die z-Achse anzusehen. Das nämliche gilt für OA und OB; die Koordinaten lassen sich daher auch als **Projektionen von** OP **auf die Koordinatenachsen auffassen.**

Nunmehr kann man die Konstruktion des Punktes P, der drei gegebene Zahlen a, b, c als Koordinaten besitzt, unmittelbar ausführen. Dazu wird man auf den Achsen drei Strecken OA, OB, OC von der Länge a, b, c abtragen und durch A, B, C die Ebenen legen, die den Koordinatenebenen parallel sind. Ihr gemeinsamer Schnittpunkt ist der Punkt P.

Beachtet man, daß je vier Gegenkanten des Parallelepipedons die gleiche Länge haben, so gelangt man auch dadurch zum Punkt P, daß man auf der x-Achse die Strecke $OA = a$ zeichnet, von A aus parallel zur y-Achse die Strecke $AS = b$, und von S aus parallel zur z-Achse die

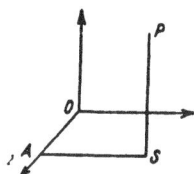

Fig. 34.

Strecke $SP = c$. Der Streckenzug $OASP$ enthält also die drei Koordinaten a, b, c (Fig. 34).

Es ist klar, daß man auch hier, wenn die Zahlen a, b, c negative Werte haben, die von O ausgehenden Strecken nach den entgegengesetzten Richtungen abträgt, und man erkennt so, daß nun in der Tat nicht nur jedem Punkt P ein Zahlentripel sondern auch umgekehrt jedem Zahlentripel ein Punkt P entspricht.

Wird $OP = r$ gesetzt, so folgt aus dem rechtwinkligen Dreieck OPC (Fig. 33)

$$r^2 = OP^2 = PC^2 + OC^2.$$

Weiter ist $PC = OS$ und daher

$$PC^2 = OS^2 = OA^2 + OB^2,$$

also folgt schließlich

$$1)\quad r^2 = OP^2 = OA^2 + OB^2 + OC^2,$$

eine Gleichung, die offenbar die **räumliche Verallgemeinerung des pythagoreischen Lehrsatzes** darstellt. Nun ist, wenn x, y, z die Koordinaten von P sind

$$OA = x,\ OB = y,\ OC = z,$$

also wird

$$2)\quad r^2 = x^2 + y^2 + z^2.$$

Um zu weiteren wichtigen Relationen zu gelangen, führen wir die Winkel ein, die OP mit den positiven Koordinatenachsen bildet; sie seien

$$POA = \alpha,\ POB = \beta,\ POC = \gamma.$$

Das Dreieck OPC ist bei C rechtwinklig, folglich ergibt sich aus ihm

$$OC = OP \cos \gamma \quad \text{oder} \quad z = r \cos \gamma.$$

Da sich nun unsere Figur in bezug auf alle drei Achsen ganz gleich-artig (symmetrisch) verhält, so sind auch POA und POB rechtwinklige Dreiecke, die für die Koordinaten x und y die analogen Formeln liefern, d. h. es ist

$$3) \quad x = r \cos \alpha, \quad y = r \cos \beta, \quad z = r \cos \gamma.$$

Diese drei Gleichungen wollen wir nun quadrieren und addieren, so wird

$$x^2 + y^2 + z^2 = r^2 (\cos^2 \alpha + \cos^2 \beta + \cos^2 \gamma);$$

mit Rücksicht auf Gleichung 2) folgt also die wichtige Relation

$$4) \quad \cos^2 \alpha + \cos^2 \beta + \cos^2 \gamma = 1.$$

Multiplizieren wir endlich die Gleichungen 3) der Reihe nach mit $\cos \alpha$, $\cos \beta$, $\cos \gamma$ und addieren sie dann, so finden wir mit Benutzung der eben abge-leiteten Gleichung 4) die Formel

$$5) \quad x \cos \alpha + y \cos \beta + z \cos \gamma = r.$$

§ 23. Flächen und Kurven in räumlichen Koordinaten.

Eine einzige Gleichung zwischen x, y, z wird von den Koor-dinaten unendlich vieler Punkte befriedigt; es ist klar, daß man für x und y beliebige Werte a und b annehmen und aus der gege-benen Gleichung den oder die zugehörigen Werte von z bestimmen kann. Sind z. B. (Fig. 35) $x = a$ und $y = b$ die Koordinaten eines Punktes M der xy-Ebene und liefert die gegebene Gleichung ins-besondere einen zugehörigen Wert von z, so ist dadurch ein über M liegender Punkt P bestimmt, für den MP diesen Wert z besitzt[1]). Über oder unter jedem Punkt der xy-Ebene erhält man so im allgemeinen einen oder mehrere Punkte P, deren Koordinaten der gegebenen Gleichung genügen; ihre Gesamtheit stellt eine Fläche dar. Wir behandeln einige Beispiele.

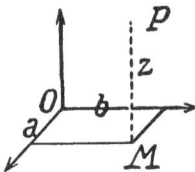

1. Ein einfachstes Beispiel einer Fläche bildet die Kugel mit dem Mittelpunkt O. Ihre Gleichung wollen wir zunächst bestimmen.

Fig. 35.

---

[1]) Ist z negativ, so liegt P unter der xy-Ebene. Übrigens braucht die Glei-chung nicht zu jedem Wertepaar a, b einen reellen Wert von z, also einen Punkt P zu ergeben.

Die allgemeine methodische Grundlage bilden auch hier die Erörterungen von § 4. Die Kugel ist der geometrische Ort aller Punkte, die von O einen gegebenen Abstand ϱ besitzen. Ist daher P irgendein Punkt der Kugel und sind x, y, z seine Koordinaten, so haben wir gemäß Gleichung 2) des vorigen Paragraphen sofort

$$1)\quad x^2 + y^2 + z^2 = \varrho^2,$$

und da diese Gleichung für die Koordinaten jedes Punktes der Kugel erfüllt sein muß, so ist sie bereits die Gleichung der Kugel.

2. Rotiert eine Ellipse um eine ihrer Achsen, so entsteht eine Fläche, die man Rotationsellipsoid nennt; das Ellipsoid heißt abgeplattet, wenn die Rotationsachse die kleine Achse der Ellipse ist und verlängert, wenn es die große Achse ist. Als abgeplattetes Rotationsellipsoid kann man (angenähert) die Oberfläche der Erde ansehen.

Wir legen die Rotationsachse in die z-Achse, lassen (Fig. 36) also den Ellipsenquadranten OBC um OC rotieren. Der Deutlichkeit halber ist nur ein Quadrant gezeichnet; COA sei seine Lage in der xz-Ebene und BA der vom Punkt B in der xy-Ebene beschriebene Kreisbogen. Ist ferner P' ein Punkt des Ellipsenbogens BC, so beschreibt auch er bei der Rotation einen Kreisbogen, und zwar den Bogen $P'P''$, der in einer zur xy-Ebene

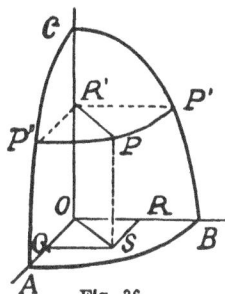

Fig. 36.

parallelen Ebene liegt. Sei P ein Punkt dieses Bogens und x, y, z seine Koordinaten; man hat dann

$$2)\quad OQ = SR = x,\quad OR = SQ = y,\quad SP = z.$$

Die Halbachsen der gegebenen Ellipse seien $OB = b$ und $OC = c$. Da P' ein Punkt dieser Ellipse ist, so besteht für ihn die Gleichung

$$3)\quad \frac{OR'^2}{c^2} + \frac{R'P'^2}{b^2} = 1.$$

Nun ist offenbar, da R' Mittelpunkt des Bogens $P'P''$ ist,

$$P'R' = PR' = SO$$

und daher folgt

$$P'R'^2 = SO^2 = x^2 + y^2,$$

anderseits haben wir

$$OR' = PS = z,$$

und wenn wir diese Werte in Gleichung 3) einsetzen, ergibt sich schließlich

$$4)\quad \frac{z^2}{c^2} + \frac{x^2 + y^2}{b^2} = 1,$$

als die Gleichung, der die Koordinaten von P genügen, also als die gesuchte Gleichung der Fläche.

Ist das Rotationsellipsoid abgeplattet, so besteht augenscheinlich dieselbe Gleichung, mit der Maßgabe, daß dann $c < b$ ist.

Eine allgemeinere Fläche (Ellipsoid) wird durch die Gleichung

$$\frac{x^2}{a^2} + \frac{y^2}{b^2} + \frac{z^2}{c^2} = 1$$

dargestellt. Von ihrer Form kann man sich auf Grund der Fig. 36 ein gutes Bild verschaffen. Man braucht sich nur vorzustellen, daß alle in dieser Figur gezeichneten Kurven Ellipsen sein sollen, also $OA = a$ und $OB = b$ einander nicht gleich sind. In der yz-Ebene liegt dann eine Ellipse mit den Halbachsen b und c, in der xz-Ebene eine mit den Halbachsen a und c und in der xy-Ebene eine mit a und b als Halbachsen. Endlich ist auch $P'P''$ ein Quadrant einer Ellipse; ihre Halbachsen sind $P'R'$ und $P''R'$ und verhalten sich wie b zu a.

3. Wir behandeln endlich diejenige Fläche, die durch Rotation einer Parabel um ihre Achse entsteht; sie heißt Rotationsparaboloid. Die Hohlspiegel, die bei den berühmten Hertzschen Versuchen über die Ausbreitung elektrischer Wellen benutzt werden, sind Teile von Rotationsparaboloiden.

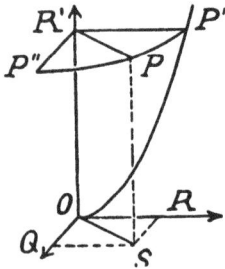

Fig. 37.

Die Parabel denken wir uns zunächst wieder in der yz-Ebene liegend, so daß die z-Achse Rotationsachse ist und der Scheitel in den Anfangspunkt fällt (Fig. 37); ein Punkt P' der Parabel beschreibt dann wieder einen zur xy-Ebene parallel liegenden Kreis vom Radius $R'P'$. Ist p der Parameter der Parabel, so hat man jetzt die Gleichung

$$5)\quad P'R'^2 = 2\,pOR'.$$

Nimmt man nun auf dem Bogen $P'P''$ den Punkt P (x, y, z) beliebig an, so folgt ebenso wie vorher

$$OR' = SP = z,\quad P'R'^2 = PR'^2 = OS^2 = x^2 + y^2,$$

und durch Einsetzen dieser Werte in Gleichung 5) erhalten wir

$$6)\quad x^2 + y^2 = 2pz$$

als Gleichung des Rotationsparaboloids.

Außer den Flächen gibt es im Raum auch Kurven. Um sie durch Koordinaten darzustellen, benutzen wir den Kunstgriff, daß wir uns die Kurve von einem beweglichen Punkt in der Zeit durchlaufen denken, ähnlich wie es in § 16 mit den ebenen Kurven geschah. Die Bewegung ist wieder bestimmt, wenn man für jeden Wert von t die Koordinatenwerte x, y, z des beschreibenden Punktes kennt.

Ein einfaches Beispiel sei eine durch den Anfangspunkt O gehende Gerade, z. B. die Diagonale des in Fig. 33 enthaltenen Parallelepipedons. Ist wieder r die Entfernung eines ihrer Punkte P (x, y, z) von O und sind α, β, γ die Winkel, die sie mit den Achsen bildet, so haben wir gemäß § 22

$$x = r \cos \alpha, \quad y = r \cos \beta, \quad z = r \cos \gamma.$$

Nun möge der Punkt P die Gerade mit konstanter Geschwindigkeit durchlaufen, so daß r der Zeit proportional wächst. Wird der Nullpunkt der Zeit in den Moment gelegt, in dem der beschreibende Punkt durch O geht, und ist σ die Geschwindigkeit, so haben wir sofort $r = \sigma t$ und daher

$$7) \quad x = \sigma t \cos \alpha, \quad y = \sigma t \cos \beta, \quad z = \sigma t \cos \gamma.$$

Diese Gleichungen gelten für jeden Wert von t und stellen somit die gesuchte Bewegung dar.

Umgekehrt liefert auch jedes System von drei Gleichungen

$$8) \quad x = at, \quad y = bt, \quad z = ct,$$

in dem a, b, c beliebige Konstanten sind, die Bewegung eines Punktes, der eine durch den Anfangspunkt gehende Gerade beschreibt. Um dies zu zeigen, suchen wir uns die Lagen, die der Punkt zur Zeit $t = 0$ und $t = 1$ einnimmt. Für $t = 0$ ist $x = 0$, $y = 0$, $z = 0$; er geht also durch O; für $t = 1$ befindet er sich in einem Punkt P, dessen Koordinaten die Werte a, b, c haben.

Sind nun wieder α, β, γ die Winkel der Strecke OP mit den Achsen und setzen wir $OP = \sigma$, so haben wir

$$9) \quad a = \sigma \cos \alpha, \quad b = \sigma \cos \beta, \quad c = \sigma \cos \gamma,$$

und die Gleichungen 8) werden mit den Gleichungen 7) identisch; σ ist also die Geschwindigkeit des Punktes.

Eliminieren wir noch aus den Gleichungen 7) und 8) die Größe t, so erhalten wir

$$10) \quad \frac{x}{\cos \alpha} = \frac{y}{\cos \beta} = \frac{z}{\cos \gamma} \quad \text{oder} \quad \frac{x}{a} = \frac{y}{b} = \frac{z}{c},$$

und dies sind Gleichungen, die für die Koordinaten eines jeden Punktes der Geraden gelten, die wir also im Sinne unserer allgemeinen Bezeichnungen (vgl. auch § 16) als Gleichungen der Geraden zu betrachten haben. Sie sind, was wir doch bemerken wollen, nur in der Form verschieden; durch Multiplikation der drei ersten Nenner mit σ ergibt sich auf Grund von Gleichung 9) die zweite Gleichungsform.

§ 24. Vektoren und ihre Zusammensetzung.

Wir denken uns, daß man einem Punkt O eine geradlinige Bewegung mit konstanter Geschwindigkeit a erteile, z. B. durch einen Stoß. Da die Geschwindigkeit durch den in der ersten Sekunde zurückgelegten Weg gemessen wird, so wird eine von O ausgehende Strecke OA, die die Länge a hat und in die Richtung der stattfindenden Bewegung fällt, die Bewegung graphisch veranschaulichen.[1]

Möge nun der Punkt O zu gleicher Zeit zwei Stöße nach verschiedenen Richtungen erfahren; der eine möge ihm, wenn er allein erfolgt, eine Bewegung mit der konstanten Geschwindigkeit OA mitteilen (Fig. 38), der andere eine solche mit der Geschwindigkeit OB. Wie die Erfahrung lehrt, bewegt sich der Punkt O alsdann weder in der Richtung OA, noch in der Richtung OB, sondern längs der Diagonale OC des durch OA und OB bestimmten Parallelogramms,

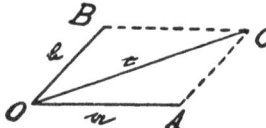
Fig. 38.

und es stellt diese Diagonale zugleich die Geschwindigkeit der Bewegung dar. Mittels einer Kugel, die auf einem (unbegrenzt zu denkenden) Billard beweglich ist, wird man diese Tatsache realisieren können.

Man nennt OC die Resultante der beiden Komponenten OA und OB und sagt auch, daß man die Geschwindigkeit OC durch die beiden Geschwindigkeiten OA und OB ersetzen oder in OA und OB zerlegen kann.

Da man in Fig. 38 den Punkt C konstruktiv auch so erhält, daß man zunächst von O aus die Strecke OA zeichnet, und dann von A aus die Strecke AC, die gleich und gleich gerichtet mit OB ist, so läßt sich die resultierende Geschwindigkeit OC auch als die Strecke definieren, die den Anfangspunkt O des so gewonnenen Strecken-

---

[1] Im folgenden wird immer nur von Bewegungen dieser Art die Rede sein; also von geradlinigen mit konstanter Geschwindigkeit.

zuges OAC mit seinem Endpunkt C verbindet. In gleicher Weise kann man den Streckenzug OBC benutzen, der aus OB und der zu OA gleichen und parallelen Strecke BC besteht.

Die einfachste Ausdrucksweise des Vorstehenden erhalten wir, indem wir uns der sog. geometrischen Addition bedienen. Erinnern wir uns zunächst, daß eine Geschwindigkeit durch eine Strecke OA bestimmter Länge und Richtung dargestellt wird. Wir wollen nach wie vor unter a die Länge der Strecke OA verstehen und wollen außerdem ein neues Zeichen einführen, das sowohl die Länge als auch die Richtung von OA darstellt. Wir benutzen dazu die deutsche Type $\mathfrak{a}$; ebenso soll $\mathfrak{b}$ die Strecke OB und $\mathfrak{c}$ die Strecke OC nach Länge und Richtung darstellen. Endlich setzen wir die Regel, die die resultierende Geschwindigkeit $\mathfrak{c}$ bestimmt, kurz in die Formel

$$1)\quad \mathfrak{c} = \mathfrak{a} + \mathfrak{b},$$

in der naturgemäß die Summe $\mathfrak{a} + \mathfrak{b}$ so zu deuten ist, wie es dieser Regel entspricht, also so, daß wir zunächst eine Strecke $OA = \mathfrak{a}$, und dann von A aus eine Strecke $AC = \mathfrak{b}$ zeichnen und unter $\mathfrak{c}$ die Verbindungsstrecke OC verstehen. Man nennt $\mathfrak{c}$ auch geometrische Summe oder kürzer Summe von $\mathfrak{a}$ und $\mathfrak{b}$; ein Mißverständnis dieser kürzeren Bezeichnung ist durch die Verwendung der deutschen Typen von selbst ausgeschlossen.[1])

Geschwindigkeiten sind nicht die einzigen Größen, die sich durch Strecken bestimmter Länge und Richtung darstellen lassen und deren Zusammensetzung nach dem Parallelogrammgesetz erfolgt. Auch Kräfte, Beschleunigungen usw. folgen diesen Regeln. Größen dieser Art, die also durch Länge und Richtung bestimmt werden, nennt man Vektoren, ihre Zusammensetzung heißt Addition. Die folgenden Betrachtungen, die wir der Einfachheit halber wieder für Geschwindigkeiten durchführen, gelten daher für Vektoren jeglicher Art.

Wir gehen zu dem Fall über, daß man dem Punkt O zu gleicher Zeit drei verschiedene Geschwindigkeiten OA, OB, OC erteilt; wie die Erfahrung lehrt, erhält man die Geschwindigkeit der resultierenden Bewegung so, daß man das durch OA, OB, OC als Kanten be-

---

[1]) Da auch der Streckenzug OBC zum Punkt C führt, so hat man auch

$$\mathfrak{c} = \mathfrak{b} + \mathfrak{a};$$

unser Summenbegriff genügt also dem kommutativen Gesetz.

stimmte Parallelepipedon zeichnet (Fig. 33)[1]). Seine Diagonale OP stellt nach Länge und Richtung die resultierende Geschwindigkeit dar; die Geschwindigkeiten OA, OB, OC heißen wieder ihre Komponenten. Auch hier kann man zum Punkt P einfacher so gelangen, daß man ihn als Endpunkt des Streckenzuges $OASP$ betrachtet (Fig. 34), der aus den Strecken OA, $AS = OB$ und $SP = OC$ gebildet wird. Bezeichnet man also diese Strecken nach Länge und Richtung wieder durch $\mathfrak{a}$, $\mathfrak{b}$, $\mathfrak{c}$ und die Strecke OP durch $\mathfrak{d}$, so hat man kurz die Vektorgleichung

$$2)\quad \mathfrak{d} = \mathfrak{a} + \mathfrak{b} + \mathfrak{c},$$

indem auch hier die geometrische Summe der obigen Regel gemäß mittels eines Streckenzuges zu definieren ist.[2])

In dieser Form läßt sich unsere Regel, wie die Erfahrung gezeigt hat, auf beliebig viele Geschwindigkeiten ausdehnen, die einem Punkt O zu gleicher Zeit mitgeteilt werden, gleichgültig ob sie in dieselbe Ebene fallen oder nicht. Sie lautet: Wenn einem Punkt gleichzeitig mehrere Geschwindigkeiten OA, OB, OC ... erteilt werden, so wird die Geschwindigkeit der resultierenden Bewegung in der Weise erhalten, daß man einen Streckenzug zeichnet, dessen einzelne Strecken den Geschwindigkeiten OA, OB, OC ... gleich und gleich gerichtet sind, und seinen Anfangspunkt mit seinem Endpunkt verbindet. Diese Verbindungslinie liefert die resultierende Geschwindigkeit. Die Reihenfolge, in der man die Strecken aneinander setzt, ist beliebig.[3])

Sollte der Endpunkt des Streckenzuges zufällig mit dem Anfangspunkt zusammenfallen, so heißt dies, daß sich die Geschwindigkeiten gegenseitig aufheben und daß der Punkt in Ruhe bleibt. Die auf den Punkt ausgeübten Stöße halten sich also ebenfalls das Gleichgewicht.

§ 25. Analytische Darstellung der Vektorenzusammensetzung.

Sei in der Ebene ein rechtwinkliges Koordinatensytem vorhanden und $OC = \mathfrak{v}$ ein Vektor; wir denken uns darunter wieder eine Geschwindigkeit, insbesondere die des Anfangspunktes; seine Länge sei v. Gemäß § 24 können wir $\mathfrak{v}$ durch zwei Komponenten

---

[1]) Man fasse die Figur so auf, daß OA, OB, OC drei beliebige Richtungen darstellen.

[2]) Da jeder von O aus nach P gehende Streckenzug statt $OASP$ benutzt werden kann, so sieht man, daß unsere Summe sich bei beliebiger Vertauschung der Summanden nicht ändert.

[3]) Vgl. die Anmerkung auf S. 49.

ersetzen, die in die Koordinatenachsen fallen (Fig. 38a); wir erhalten sie, indem wir durch C die Parallelen zu diesen Achsen ziehen, und sehen sofort, daß die so erhaltenen Komponenten OQ und OR mit den Koordinaten des Punktes C identisch sind. Wir setzen noch

$$OQ = v_x, \quad OR = v_y \;{}^1)$$

und finden, wenn $\mathfrak{v}$ mit der x-Achse den Winkel α bildet, die Gleichungen

3) $\quad v_x = v \cos \alpha, \qquad v_y = v \sin \alpha,$

mithin $\qquad$ 3a) $\quad v^2 = v_x{}^2 + v_y{}^2.$

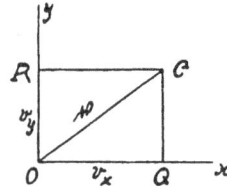

Fig. 38 a.

Es ist klar, daß man in dieser Weise j e d e Geschwindigkeit in zwei Komponenten zerlegen kann, die in die beiden Koordinatenachsen fallen.

Wir nehmen nun an, daß der Punkt O in der Koordinatenebene zwei Bewegungen mit den Geschwindigkeiten $OA' = \mathfrak{v}'$ und OA'' $= \mathfrak{v}''$ unterliegt, die zusammen eine Bewegung mit der Geschwindigkeit $OC = \mathfrak{v}$ hervorrufen (Fig. 39). Wir wollen jede dieser drei Geschwindigkeiten in ihre beiden Komponenten nach den Achsen zerlegen und die Beziehungen suchen, die sie miteinander verbinden. Die Komponenten von $\mathfrak{v}$ seien v_x und v_y, die von $\mathfrak{v}'$ seien v_x' und v'_y, und die von $\mathfrak{v}''$ endlich v_x'' und v_y''.

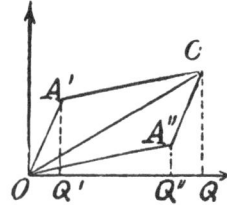

Fig. 39.

Fällt man von A', A'' und C auf die x-Achse die Lote $A'Q'$, $A''Q''$, CQ so hat man gemäß dem vorstehenden

$$v_x = OQ, \quad v_x' = OQ,' \quad v_x'' = OQ''.$$

Ferner ist $OA'' = A'C$ und daher $OQ'' = Q'Q$, also ist auch $Q'Q = v_x''$. Weiter ist

$$OQ = OQ' + Q'Q,$$

mithin findet man durch Einsetzen sofort

4) $\quad v_x = v_x' + v_x''.$

Ebenso beweist man die Richtigkeit der Gleichung

4a) $\quad v_y = v_y' + v_y''.$

Die Komponenten v_x und v_y von $\mathfrak{v}$ ergeben sich also aus den entsprechenden Komponenten von $\mathfrak{v}'$ und $\mathfrak{v}''$ durch wirkliche rechnerische Addition.

---

[1]) v_x und v_y stellen also nur die Längen von OQ und OR dar.

Wir gehen nun zu den analogen Sätzen im Raum über und wollen zunächst wieder die Geschwindigkeit $OP = \mathfrak{v}$ in die drei Komponenten v_x, v_y, v_z zerlegen, die in die Achsen eines rechtwinkligen räumlichen Koordinatensystems fallen. Auf Grund der Fig. 33 erkennen wir auch hier unmittelbar, daß die Komponenten v_x, v_y, v_z mit den Koordinaten des Punktes P identisch sind. Ferner bestehen, wenn α, β, γ die Winkel von $\mathfrak{v}$ mit den Achsen sind, die Gleichungen (§ 22, 3)

5) $v_x = v \cos \alpha, \; v_y = v \cos \beta, \; v_z = v \cos \gamma,$

also ist gemäß § 22, 4

$$5\,\text{a)} \quad v^2 = v_x{}^2 + v_y{}^2 + v_z{}^2.$$

Mögen endlich einem Punkt O beliebig viele Geschwindigkeiten $\mathfrak{v}'$, $\mathfrak{v}''$, $\mathfrak{v}'''$ ... erteilt werden, und sei wieder $\mathfrak{v}$ die resultierende Geschwindigkeit, so daß also

6) $\mathfrak{v} = \mathfrak{v}' + \mathfrak{v}'' + \mathfrak{v}''' + \cdots$

ist. Dann werden die Komponenten von $\mathfrak{v}$ auch in diesem Fall durch Formeln gegeben, die den obigen Formeln 4) und 4a) analog sind; es ist nämlich

$$7) \quad \begin{cases} v_x = v_x' + v_x'' + v_x''' + \cdots \\ v_y = v_y' + v_y'' + v_y''' + \cdots \\ v_z = v_z' + v_z'' + v_z''' + \cdots \end{cases}$$

Um dies möglichst kurz zu beweisen, schicken wir einige einfache Hilfsbetrachtungen voraus.

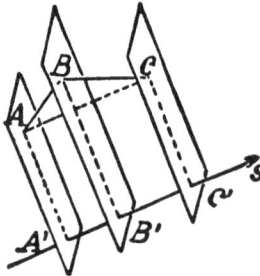
Fig. 40.

1. Sei s eine beliebige, mit einer Richtung versehene Gerade und ABC ein Streckenzug (Fig. 40). Werden durch A, B und C die Ebenen α, β, γ gelegt, die zu s senkrecht sind und s in A', B', C' treffen, so heißen bekanntlich $A'B'$, $B'C'$ und $A'C'$ die Projektionen von AB, BC und AC auf s.

Es ist   8) $A'B' + B'C' = A'C';$

d. h. die Summe der Projektionen von AB und BC ist gleich der Projektion von AC.

Dies gilt offenbar auch für einen Streckenzug, der aus mehr als zwei Strecken besteht, welche Lage diese Strecken auch haben mögen.[1] Ist $ABC \ldots LM$ ein solcher, und bestimmt

---

[1] Fällt etwa A auf s, so ist A' mit A identisch und ebenso für B.

man, wie vorstehend, auf s die Punkte A', B', $C' \ldots L'$, M', so ist stets

$$9) \quad A'B' + B'C' + \ldots + L'M' = A'M';$$

die Projektion des Streckenzuges ist also gleich der Projektion derjenigen Strecke, die seinen Anfangspunkt mit dem Endpunkt verbindet.

Die Bedeutung dieser evidenten Tatsache besteht darin, daß sie für jede Lage der Punkte A, B, $C \ldots$ richtig bleibt. Naturgemäß hat man die Projektion einer Strecke als **negativ** zu betrachten, wenn ihre Richtung nicht mit der von s übereinstimmt, sondern ihr **entgegengesetzt** ist. Ein Beispiel möge dies erhärten. Wir zeigen es für den Fall, daß wir in Fig. 40 AC und CB als die beiden Strecken des Streckenzuges annehmen, daß also A sein Anfangspunkt und B sein Endpunkt ist. Dann haben wir $A'C'$ als positiv, aber $C'B'$ als negativ anzusehen, und es ist daher in der Tat

$$A'C' + C'B' = A'B'.$$

2. Die zweite Hilfsbetrachtung ist folgende. Werden zwei gleiche und parallele Strecken auf s projiziert, so sind ihre Projektionen offenbar einander gleich. Dies wenden wir insbesondere so an, daß wir als Gerade s eine der Koordinatenachsen nehmen, und von O aus die Strecke OP so ziehen, daß OP gleich und parallel AB ist. Dann sind also die Projektionen von AB gleich denen von OP. Ist nun wieder die Strecke AB gleich einem Vektor $\mathfrak{v}$, so hat AB, also auch OP die Länge v, und die Projektionen von OP sind v_x, v_y, v_z. Dies sind also auch die Projektionen von AB.

Nunmehr können wir die Richtigkeit der obigen Gleichungen 7) erweisen; der Einfachheit halber tun wir es für den Fall von drei Vektoren $\mathfrak{v}'$, $\mathfrak{v}''$, $\mathfrak{v}'''$. Die resultierende Geschwindigkeit $\mathfrak{v}$ erhalten wir, indem wir (Fig. 41) den Streckenzug $OABC$ so konstruieren, daß nach Länge und Richtung

Fig. 41.

$$OA = \mathfrak{v}', \ AB = \mathfrak{v}'', \ BC = \mathfrak{v}''', \text{ also } OC = \mathfrak{v}$$

ist. Denken wir uns nun durch A, B, C Ebenen α, β, γ gelegt, die zur x-Achse senkrecht sind und sie in A', B', C' treffen, so haben wir

$$10) \quad OC' = OA' + A'B' + B'C'.$$

Aus dem, was wir soeben unter 2. sahen, folgt nun weiter, daß

$$OA' = v_x' \text{ und } OC' = v_x$$

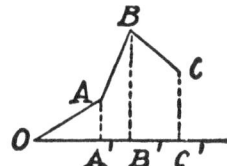

ist. Da ferner $AB = \mathfrak{v}''$ und $BC = \mathfrak{v}'''$ ist, so folgt aus dem gleichen Grunde, daß

$$A'B' = v_x'' \quad \text{und} \quad B'C' = v_x'''$$

ist. Man erhält mithin durch Einsetzen in 10)

$$v_x = v_x' + v_x'' + v_x''',$$

und dies ist die zu beweisende Gleichung. Durch Projektion des Streckenzuges auf die y-Achse und die z-Achse beweist man ebenso die beiden anderen Gleichungen.

Wir finden so das wichtige Resultat, daß zwischen den x-Komponenten, den y-Komponenten und den z-Komponenten die nämlichen Gleichungen bestehen, die wir oben mittels der Formel der geometrischen Addition für die Vektoren selbst eingeführt haben. Dies macht die Einführung des Vektorsymbols und der Vektoraddition erklärlich und zeigt zugleich ihren Nutzen. Man sieht, daß man von der Gleichung 6) unmittelbar zu den drei Gleichungen 7) übergehen kann, indem man die Vektoren durch ihre Komponenten nach den drei Koordinatenachsen ersetzt. Die e i n e Gleichung 6) umfaßt daher implizite die drei Gleichungen 7). Die Vektorenrechnung bedeutet also einerseits insofern einen Fortschritt, als sie die Vektoren selbst und nicht erst ihre Komponenten in Betracht zieht, andererseits enthält sie auch eine wesentliche Vereinfachung des Formelapparates. Das Operieren mit vektoriellen Größen und den die verbindenden Gesetzen hat daher in der physikalischen Denkweise einen immer wachsenden Umfang angenommen.

ZWEITES KAPITEL.

Die Grundbegriffe der Differentialrechnung.

§ 1. Die Prinzipien der höheren Mathematik und die naturwissenschaftliche Vorstellungsart.

Die Ideen, die dem Lehrgebäude der Differentialrechnung und Integralrechnung zugrunde liegen, verdanken wir Newton[1]) und Leibniz[2]); sie zählen zu den fruchtbarsten Gedanken der gesamten mathematischen Wissenschaft. Ohne sie hätte sich der jetzige hohe Stand unserer Naturerkenntnis kaum erreichen lassen. Unaufhörlich haben sie sich immer weitere Gebiete der Naturwissenschaften unterworfen und ihre Herrschaft allmählich über das ganze Reich der Naturbetrachtung ausgedehnt, soweit es gelungen ist, sie auf Maß und Zahl zurückzuführen.

Ihre Hauptanwendung finden sie auf solche Naturvorgänge, bei denen die Eigenschaften und Zustände der Körperwelt in einer ununterbrochenen Veränderung begriffen sind.

Die Eigenart dieser Probleme können wir am besten kennzeichnen, wenn wir uns überlegen, welche Fragen uns bei der Betrachtung eines Naturprozesses vor allem entgegentreten.

Bei jedem Naturvorgang pflegt unser Forschungstrieb erst dann befriedigt zu sein, wenn wir das Gesetz kennen, das den Gesamtverlauf des Vorgangs beherrscht (das Gesamtgesetz), und wenn wir außerdem wissen, was sich bei diesem Vorgang in jedem einzelnen Augenblick abspielt und ihn wirkend bestimmt (das Momentangesetz).

Da alles, was einen und denselben Naturprozeß betrifft, durch ein einziges einheitliches Gesetz unter sich verbunden ist,

---

[1]) Die ersten Ideen von J. Newton (1642—1713) gehen bis in das Jahr 1665 zurück; veröffentlicht wurden seine Arbeiten erst nach seinem Tode.

[2]) G. Leibniz (1646—1716) verdanken wir die Schöpfung des noch jetzt gebräuchlichen Algorithmus der Differentialrechnung. Seine ersten Studien hierüber — wahrscheinlich ohne Kenntnis der Newtonschen Resultate angestellt — stammen aus dem Jahre 1676, die erste Publikation darüber aus dem Jahre 1683.

so müssen der Gesamtverlauf des Prozesses und das, was sich in seinen einzelnen Phasen abspielt, in einer kausalen Verbindung miteinander stehen. Das eine ist durch das andere bedingt. Hier ist die Stelle, wo die mathematische Behandlung der Naturwissenschaften mit Erfolg einsetzt. Kennt man nämlich den Gesamtverlauf des Prozesses, so kann man durch bloße Rechnung die Frage nach seinen momentanen Zuständen und Eigenschaften beantworten; ebenso kann man umgekehrt das Gesamtgesetz durch Rechnung ableiten, wenn das Momentangesetz, also die Gesetzmäßigkeit des Geschehens für jeden Augenblick, bekannt ist.

Einige Beispiele mögen hier eine Stelle finden, zunächst solche, in denen wir von der Wirkungsweise des momentanen Geschehens ausgehen — sei es, daß wir sie aus Tatsachen kennen oder aber auf Grund von Hypothesen oder Theorien postulieren — und die Aufgabe zu lösen haben, aus ihr das Gesetz zu ermitteln, das den Verlauf des gesamten Prozesses ausdrückt. In dieser Weise hat Fresnel aus seinen bekannten Annahmen über die Natur der Ätherbewegung in Kristallen durch mathematische Deduktionen die Gesetze der Doppelbrechung abgeleitet. Auf dem gleichen Wege sind Guldberg und Waage, von der allgemeinen Geltung ihres Massenwirkungsgesetzes ausgehend, zu den Formeln gelangt, nach denen der Verlauf eines chemischen Vorganges und der Endzustand, zu dem er führt, sich regelt. Auch Fourier können wir hier anführen, der seinen Untersuchungen über Wärmeleitung die Vorstellung zugrunde legte, daß der Wärmestrom in jedem Augenblick dem Temperaturgefälle proportional ist, und dadurch die Wärmeströmung in beliebigen Wärmeleitern zu berechnen gelehrt hat.

Um Beispiele umgekehrter Art zu nennen, so weisen wir zunächst auf die Aufgabe hin, der Newton gegenüberstand, nachdem er die Idee der allgemeinen Gravitation ersonnen hatte. Die Keplerschen Gesetze hatten ihn zu der Vorstellung geführt, daß die Bewegung aller Planeten gegeneinander und · gegen die Sonne auf Kräften beruht, deren momentane Wirkungsweise von ihrer gegenseitigen Entfernung abhängt; aber welchem bestimmten Gesetz diese Kräfte in jedem Augenblick gehorchen, daß nämlich die Wirkung gerade dem Quadrat der Entfernung umgekehrt proportional ist, das hat Newton aus den Formeln durch Rechnung erschließen müssen. Auch Ampère hatte ein Problem ähnlicher Art zu lösen, als er die Wirkung galvanischer Ströme aufeinander untersuchte. Die Beobachtung hatte ihm die Wirkung der ganzen Stromkreise aufein-

ander geliefert; hieraus mußte er die Wirkung der einzelnen Strom-
teile aufeinander durch Rechnung ableiten, um zu dem von ihm aufgestellten Gesetze zu gelangen.

Welches sind denn nun die Vorstellungen, die uns in den Stand
setzen, die Behandlung der Naturvorgänge unter die Herrschaft der
mathematischen Methoden zu zwingen? Welches sind die mathematischen Hilfsmittel, vermöge derer es uns gelingt, von dem Gesamtgesetz auf den einzelnen Moment und von dem einzelnen Moment
auf das Gesamtgesetz mit unmittelbarer Sicherheit zu schließen?
Diese Methoden zu lehren ist der Hauptzweck des vorliegenden Buches.

Charakteristisch für sie sind gewisse eigenartige Vorstellungen
und Begriffe, denen eine grundlegende Bedeutung zukommt. Es
ist eine weitverbreitete Meinung, daß sie dem Verständnis große
Schwierigkeiten bereiten; wir dürfen aber mit Fug und Recht behaupten, daß dies nicht der Fall ist. Bei präziser Formulierung verschwinden diese Schwierigkeiten so gut wie ganz; soweit sie dennoch
vorhanden sind, betreffen sie jedoch nicht das mathematische
Verfahren, sondern vielmehr die eigenste Natur des physikalischen oder chemischen Vorgangs, dem die Methoden
und Begriffe der höheren Mathematik so getreu nachgebildet sind
wie die Photographie dem Gegenstand, dessen Bild sie darstellt. Sie
spiegeln genau die Art wieder, auf die wir uns auch sonst die Naturvorgänge für unser Verständnis zurechtzulegen pflegen. Wie wir bereits erwähnten, haben wir es hier stets mit Naturprozessen zu tun,
bei denen die Eigenschaften und Zustände der Körperwelt in einer
ununterbrochenen Veränderung begriffen sind. Wenn ein Planet
unter dem Einfluß einer stets wechselnden Kraft die Sonne umkreist,
wenn die Luft, indem sie den Schall fortpflanzt, durch ihre Oszilla-
tionen wechselnde Verdünnungs- und Verdichtungszustände bewirkt,
wenn bei der Explosion eines Knallgasgemisches die Temperatur in
rapider Steigung ein Maximum erreicht, um sofort wieder mit großer
Geschwindigkeit zu fallen, so handelt es sich immer um Erscheinungen,
bei denen jeder Augenblick das Bild, das der vorangehende bot, schon
wieder verändert hat. Um uns diese Erscheinungen begreiflich zu
machen, pflegen wir die Naturprozesse in »elementare Bestandteile«
zu zerlegen, in lauter kleine Einzelvorgänge, die eine minimale Zeit
andauern und für die wir einen gleichmäßigen Ablauf voraussetzen.
Freilich sind wir uns nicht immer bewußt, daß wir den Verlauf der
elementaren Einzelprozesse als einen gleichmäßigen betrachten; wir
operieren mit dieser Vorstellungsweise so geläufig, daß wir nicht nötig

haben, uns ihren eigentlichen Charakter jederzeit erst klar zu machen. Wir wollen jedoch ausdrücklich betonen, daß diese Voraussetzung unserer gesamten naturwissenschaftlichen Denkweise zugrunde liegt und uns deshalb näher mit ihr beschäftigen.

Es handle sich zunächst um einen bewegten Körper. Die Bewegung ist eine gleichmäßige, falls der Körper in gleichen Zeiten gleiche Wege durchläuft; wir sagen dann, daß es sich mit konstanter Geschwindigkeit bewegt, und zwar verstehen wir unter seiner Geschwindigkeit den in der Zeiteinheit, z. B. in einer Sekunde zurückgelegten Weg. Bewegt sich aber der Körper mit wechselnder Geschwindigkeit, so bedienen wir uns, um uns von seiner Bewegung ein Bild zu machen, des Hilfsmittels, daß wir den Bewegungsvorgang in lauter kleine Intervalle auflösen und die Bewegung für jedes einzelne Intervall gleichmäßig, d. h. mit konstanter Geschwindigkeit, voraussetzen, während sich die Geschwindigkeit selbst von einem Intervall zum anderen sprungweise ändert.

Analog verfahren wir in allen anderen Fällen. Wollen wir uns z. B. die Wirkung der Schwerkraft veranschaulichen, so denken wir uns, daß sie dem fallenden Körper in regelmäßigen kleinen Zeitintervallen Impulse erteilt, die jedesmal die Geschwindigkeit plötzlich ändern, doch so, daß der Geschwindigkeitszustand während des Intervalles konstant bleibt. Wollen wir uns die ungleichmäßige Ausdehnung einer Flüssigkeit durch die Wärme oder die Kompression eines Gases bei wachsendem Druck oder den Verlauf einer chemischen Reaktion in ihren einzelnen Phasen vorstellen, immer ersetzen wir den wirklichen Naturvorgang durch einen anderen, der für die Vorstellung und das Verständnis einfacher ist, von dem wirklichen Verlauf jedoch sich durchaus unterscheidet. Wo in der Natur die Änderungen stetig erfolgen (natura non facit saltus), operiert unser Denkvermögen mit Änderungen, die sprungweise eintreten.

Die so skizzierte Methode der Naturbetrachtung hat daher nur den Charakter einer Annäherungsmethode. Je kleiner wir die einzelnen Intervalle annehmen, um so größer wird auch die Annäherung; wenn wir sie uns so klein vorstellen, daß sie sinnlich nicht mehr erreichbar sind, so ist unser Intellekt dabei im wesentlichen befriedigt. Aber doch ist diese Methode nur ein Notbehelf, allerdings ein solcher, dessen wir nicht entraten können, weil es uns nicht möglich ist, Prozesse direkt zu erfassen und zu zergliedern, die in dem Augenblick, da wir sie erfassen wollen, schon wieder eine andere Gestalt angenommen haben. Dieser Methode ist die mathematische Behandlungsart der Naturvorgänge genau nachgebildet; und doch besteht, wie die folgenden Entwicklungen offenbaren werden, zwischen ihr und der gewöhnlichen ein prinzipieller Unterschied. Die Rechnung vermag, was der Vorstellung nicht möglich ist; sie vermag die Gesetze, welche die unaufhörlich veränderlichen Prozesse und Erscheinungen betreffen, direkt zu erfassen. Hierin liegt ihre Berechtigung, ja ihre Notwendigkeit. Im Ausgangspunkt bieten daher die Methoden der höheren Mathematik nichts Neues. Neu an ihnen und auf keine andere Weise erreichbar ist das Resultat, zu dem ihre konsequente Durchbildung hinleitet, nämlich das Ergebnis, daß diese Methoden nicht bloß den Charakter eines Annäherungsverfahrens besitzen, sondern daß ihre mathematische Vervollkommnung die exakten Gesetze des Naturgeschehens liefert.

§ 2. Die Tangente der Parabel.

Um die Richtigkeit der vorstehenden Erörterungen zu veranschaulichen, behandeln wir die nachfolgenden Aufgaben.

Eine Parabel ist gegeben; man soll für jeden Punkt die Richtung der Tangente bestimmen.

Liegt die Parabel gezeichnet vor, so können wir die Tangentenrichtung in jedem einzelnen Punkt durch Messung bestimmen; die hier gestellte Aufgabe verlangt aber, sie rechnerisch durch eine für alle Punkte gültige Formel auszudrücken.

Wir beziehen zu diesem Zweck (Fig. 42) die Parabel auf ein Koordinatensystem, nehmen aber hier zweckmäßig die y-Achse als die Symmetrie-Achse an. Die Gleichung der Parabel erhalten wir dann, indem wir in der S. 11 abgeleiteten Gleichung x und y vertauschen, in der Form

1) $x^2 = 2\,p\,y$ oder $y = \dfrac{x^2}{2\,p}$.

Der Punkt P, für den die Lage der Tangente zu berechnen ist, habe die Koordinaten x, y. Die Tangente in P sei t und der Winkel, den sie mit der x-Achse bildet, sei τ. Diesen Winkel haben wir zu bestimmen.

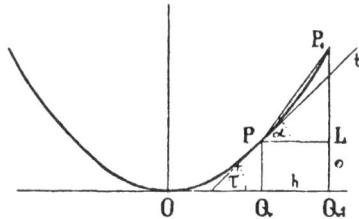

Fig. 42.

In angenäherter Form können wir die Rechnung leicht in der Art ausführen, daß wir in bekannter Weise die Parabel durch ein Polygon von vielen kleinen Seiten ersetzen und die Richtung der durch P gehenden Seite PP_1 bestimmen. Hat P_1 die Koordinaten x_1, y_1 und ist α der Winkel, den die Seite PP_1 mit der x-Achse einschließt, so folgt aus dem rechtwinkligen Dreieck PP_1L

$$2)\quad \operatorname{tg} \alpha = \frac{P_1 L}{L P} = \frac{P_1 Q_1 - L Q_1}{O Q_1 - O Q} = \frac{y_1 - y}{x_1 - x}.$$

Da P und P_1 Parabelpunkte sind, so bestehen für sie die Gleichungen

$$y = \frac{x^2}{2 p} \quad \text{und} \quad y_1 = \frac{x_1^2}{2 p};$$

aus ihnen folgt durch Subtraktion

$$y_1 - y = \frac{x_1^2 - x^2}{2 p},$$

und wenn wir diesen Wert in die Gleichung 2) einsetzen, so ergibt sich

$$3)\quad \operatorname{tg} \alpha = \frac{1}{2 p} \cdot \frac{x_1^2 - x^2}{x_1 - x} = \frac{1}{2 p}\, (x_1 + x).$$

Bezeichnen wir noch die Strecke QQ_1 mit h, setzen wir also

$$4)\quad x_1 - x = h,\ \text{d. h.}\ x_1 = x + h,$$

so verwandelt sich die Gleichung 3) in

$$\operatorname{tg} \alpha = \frac{1}{2 p}\, (2\, x + h),$$

oder endlich

$$5)\quad \operatorname{tg} \alpha = \frac{x}{p} + \frac{h}{2 p}.$$

Damit haben wir die Richtung der Seite PP_1 bestimmt, angenähert also auch die Richtung der Tangente. Der Fehler, den wir begehen, hängt davon ab, wie weit der Punkt P_1 von P liegt, d. h. von der Größe von h. Augenscheinlich können wir die Seiten des Polygons, durch das wir die Parabel ersetzen, so klein annehmen, daß für unser Auge ein Unterschied zwischen dem Bild des Polygons und der Parabel nicht mehr existiert, also auch ein Unterschied zwischen Parabeltangente und Polygonseite für uns und unsere Meßinstrumente nicht mehr wahrnehmbar ist.

Wenn aber ein Fehler so gering ist, daß wir ihn weder sehen noch messen können, so ist er für unser praktisches Bedürfnis überhaupt nicht vorhanden; von diesem Standpunkt aus hätten wir daher die gestellte Aufgabe mit ausreichender Genauigkeit erledigt.

Mittels einer einfachen Betrachtung können wir aber die vorstehende Methode so ausnutzen, daß sie uns den absolut genauen Wert des Tangentenwinkels liefert. Diese Betrachtung knüpft daran an, daß die rechte Seite der Gleichung 5) aus zwei Summanden besteht, von denen der erste die Größe h gar nicht enthält. Wenn wir nun für h der Reihe nach Werte setzen, wie es uns beliebt, z. B. 0,1 mm, 0,02 mm usw., so bleibt der erste Summand ganz unverändert, es ändert sich nur der zweite, der das Maß der Annäherung bildet. Setzen wir für h immer kleinere Zahlen, z. B. 0,0000001 mm und kleiner, so wird das Polygon der Parabel immer näher kommen; es wird der zweite Summand und damit der Fehler immer geringer. Tatsächlich haben wir aber zwischen Polygon und Parabel immer noch zu unterscheiden, und dies bleibt bestehen, wie klein auch h werden mag. Der Übergang des Polygons in die Parabel kann erst dann eintreten, wenn Größe h den Wert Null erreicht. Diesen Übergang können wir zwar anschaulich nicht mitmachen, denn das Bild eines Polygons, in dem alle Seiten die Länge Null haben, ist keine klare und präzise Vorstellung mehr; unsere Formel aber leistet ihn, wir haben in ihr nur $h = 0$ zu setzen. Wir erhalten dann als wirklichen Wert des Tangentenwinkels

$$6)\quad \operatorname{tg} \tau = \frac{x}{p},$$

und diese Gleichung stellt uns die Richtung der Parabeltangente für den Parabelpunkt P und, da der Punkt P ein beliebiger Punkt war, für jeden Parabelpunkt mit vollkommener Genauigkeit dar.

§ 3. Der freie Fall.

Man soll für einen frei fallenden schweren Punkt in jedem Augenblick die Geschwindigkeit bestimmen.

Wenn ein Körper von der Ruhelage aus in gerader Richtung zur Erde fällt, so betragen die nach 1, 2, 3, 4 ... Sekunden zurückgelegten Wege bekanntlich $g/2$, $4g/2$, $9g/2$, $16g/2$ ... Meter, und allgemein wird daher der nach t Sekunden durchlaufene Weg von s Metern durch die Formel

$$1)\quad s = \frac{1}{2} g t^2$$

gegeben.

Die Geschwindigkeit der Bewegung ist in jedem Augenblick und an jeder Stelle der Bahn eine andere, denn die in den einzelnen

Sekunden durchmessenen Wege haben die Länge $g/2$, $3g/2$, $5g/2 \ldots$ und nehmen daher mit der Zeit ununterbrochen zu. Wie schon S. 58 bemerkt wurde, ist aber der Geschwindigkeitsbegriff mathematisch nur für Körper definiert, die in gleichen Zeiten gleiche Wege zurücklegen. Wir stehen also wieder vor der Schwierigkeit, daß die Begriffe, mit denen wir operieren sollen, auf den Vorgang, den die Erfahrung darbietet, nicht unmittelbar anwendbar sind, und müssen zunächst wieder zu einem Annäherungsverfahren unsere Zuflucht nehmen.

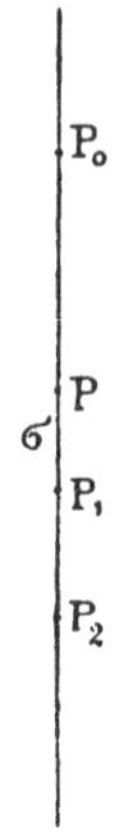

Es sei (Fig. 43) P_0 der Ausgangspunkt der Bewegung. Nach t, t_1, $t_2 \ldots$ Sekunden möge der fallende Punkt die Stellen P, P_1, $P_2 \ldots$ passieren, und es seien $P_0P = s$, $P_0P_1 = s_1$, $P_0P_2 = s_2 \ldots$ die alsdann durchlaufenen Wege. Nach 1) bestehen dann die Gleichungen

$$2) \quad s = \frac{1}{2}\,g\,t^2, \qquad s_1 = \frac{1}{2}\,g\,t_1{}^2, \qquad s_2 = \frac{1}{2}\,g\,t_2{}^2 \ldots .$$

Fig. 43.

Jetzt denken wir uns einen Hilfspunkt, der sich ebenfalls von P_0 aus in vertikaler Richtung bewegt und die Stellen P, P_1, P_2, $P_3 \ldots$ in denselben Augenblicken passiert wie der fallende Punkt selbst, aber jede der Strecken PP_1, P_1P_2, $P_2P_3 \ldots$ mit gleichmäßiger Geschwindigkeit[1]) durchläuft. Längs dieser Strecken haben beide Punkte verschiedene Bewegung; wir werden beide Punkte innerhalb der Strecken in jedem Augenblick an verschiedenen Stellen sehen, während sie die Stellen P, P_1, $P_2 \ldots$ gleichzeitig durchlaufen.

Es sei σ die Länge der Strecke PP_1 und τ die Zeit, in der der Hilfspunkt diese Strecke durchläuft, so beträgt seine Geschwindigkeit V auf dieser Strecke

$$3) \quad V = \frac{\sigma}{\tau}.$$

Nun ist aber

$$\sigma = PP_1 = P_0P_1 - P_0P = s_1 - s,$$

und da die Stellen P und P_1 auch vom Hilfspunkt nach t resp. t_1 Sekunden passiert werden, so ist

$$\tau = t_1 - t,$$

also folgt

$$4) \quad V = \frac{\sigma}{\tau} = \frac{s_1 - s}{t_1 - t}.$$

---

[1]) Dies ist zugleich die sog. mittlere Geschwindigkeit von P auf den betreffenden Strecken.

Nun bestehen für die zusammengehörigen Werte s, t resp. s_1, t_1 die Gleichungen 2); aus ihnen folgt

$$s_1 - s = \frac{1}{2} g \, (t_1{}^2 - t^2).$$

Setzen wir diesen Wert von $s_1 - s$ in Gleichung 4) ein, so ergibt sich

$$V = \frac{1}{2} g \, \frac{t_1{}^2 - t^2}{t_1 - t} = \frac{1}{2} g \, (t_1 + t).$$

Beachten wir noch, daß $t_1 - t = \tau$, also $t_1 = t + \tau$ ist, so erhalten wir

$$5) \quad V = \frac{1}{2} g \, (2 \, t + \tau) = g t + \frac{g}{2} \tau.$$

Dies ist die Geschwindigkeit des Hilfspunktes auf der Strecke $P P_1$.

Die Bewegung des Hilfspunktes können wir der Bewegung des frei fallenden Punktes beliebig annähern. Das Maß der Annäherung hängt wieder von der Kleinheit der Strecken $P P_1$, $P_1 P_2 \ldots$ ab; es ist klar, daß wir diese Strecken so winzig annehmen können, daß wir auch mit scharfen Instrumenten beide Punkte nicht mehr gesondert wahrnehmen. Für das praktische Bedürfnis können wir daher wieder die Bewegung des freien Falls durch die Bewegung des Hilfspunktes ersetzen und den durch Gleichung 5) gegebenen Wert von V als die Geschwindigkeit des frei fallenden Punktes an der Stelle P ansehen, vorausgesetzt, daß wir für τ eine hinreichend kleine Zeit annehmen.

Auch hier führt uns aber unsere Formel leicht zu dem genauen Wert der gesuchten Geschwindigkeit. Die vollkommene Verschmelzung der Bewegung des Hilfspunktes mit der des freien Falls tritt ein, wenn wir τ den Wert Null erreichen lassen. Diese Verschmelzung können wir uns zwar in ihrem letzten Verlauf ebensowenig vorstellen wie den Übergang eines Polygons in eine Parabel; unsere Formel aber leistet dies wieder; setzen wir in ihr $\tau = 0$, so ergibt sie den genauen Wert der Geschwindigkeit v zur Zeit t. Wir erhalten

$$6) \quad v = g t,$$

und diese Gleichung bestimmt, da P eine beliebige Stelle der Bahn war, die Geschwindigkeit des frei fallenden Punktes in jedem Zeitpunkt der Bewegung.

§ 4. Die Wärmeausdehnung eines Stabes.

Nach einer bekannten Formel dehnt sich ein Maßstab von der Länge eines Meters durch Erwärmung in der Weise aus, daß seine Länge l für jede Temperatur ϑ durch die Formel

$$1) \quad l = 1 + b\vartheta + c\vartheta^2$$

dargestellt werden kann, in der b und c konstante Zahlen bedeuten, die von der Natur des Stabes abhängen und durch Beobachtung gefunden werden können. Im besonderen folgt aus der Formel, daß der Stab bei der Temperatur Null die Länge 1 hat, also bei dieser Temperatur seine richtige Länge besitzt. Man soll angeben, in welchem Grade die Ausdehnung in jedem Moment der Erwärmung vor sich geht.

Um hier präzise Begriffe einzuführen, erinnern wir zunächst daran, daß man, wenn die Ausdehnung gleichmäßig erfolgt (also der Temperatur proportional), die Längenzunahme, die bei Erwärmung um einen Grad eintritt, als Maß der Ausdehnung benutzt.[1] Man bezeichnet sie als den Ausdehnungskoeffizienten. In dem hier vorliegenden Fall ist, wie sich zeigen wird, der Ausdehnungskoeffizient für jede Phase der Erwärmung ein anderer; ihn gerade haben wir zu ermitteln. Sind ϑ, ϑ_1, ϑ_2 ... irgendwelche Temperaturen, und sind l, l_1, l_2 ... die entsprechenden Längen des Stabes, so benutzen wir zunächst wieder die Hilfsvorstellung, daß die Ausdehnung bei Erwärmung von ϑ auf ϑ_1, von ϑ_1 auf ϑ_2 ... gleichmäßig erfolgt. Bei der Erwärmung von ϑ auf ϑ_1 tritt alsdann eine gleichmäßig verlaufende Längenzunahme von l auf l_1 ein; einer Erwärmung um 1^0 entspricht daher die Ausdehnung

$$2) \quad A = \frac{l_1 - l}{\vartheta_1 - \vartheta}.$$

Nun ist nach 1)
$$l_1 = 1 + b\vartheta_1 + c\vartheta_1{}^2,$$
$$l = 1 + b\vartheta + c\vartheta^2,$$

daher ist
$$l_1 - l = b(\vartheta_1 - \vartheta) + c(\vartheta_1{}^2 - \vartheta^2).$$

Setzen wir noch $\quad 3) \ l_1 - l = \lambda, \quad \vartheta_1 - \vartheta = \Theta,$

so daß λ die Längenzunahme darstellt, die der Erwärmung um Θ entspricht, und beachten, daß

$$\vartheta_1{}^2 - \vartheta^2 = (\vartheta_1 + \vartheta)(\vartheta_1 - \vartheta) = \Theta(\vartheta_1 + \vartheta)$$

---

[1] Eine gleichmäßige Ausdehnung entspricht der Formel $l = 1 + b\vartheta$.

ist, so folgt
$$A = \frac{\lambda}{\Theta} = \frac{b\Theta + c\Theta(\vartheta_1 + \vartheta)}{\Theta},$$

oder endlich, indem wir noch ϑ_1 durch $\vartheta + \Theta$ ersetzen,

4) $A = b + c(2\vartheta + \Theta) = b + 2c\vartheta + c\Theta.$

Dies ist der Ausdehnungskoeffizient für die Erwärmung von ϑ auf ϑ_1, vorausgesetzt, daß die Ausdehnung in diesem Temperaturintervall gleichmäßig stattfindet.

Je kleiner wir das Temperaturintervall Θ annehmen, um so näher kommt unsere Hilfsvorstellung wiederum dem Verlauf des Ausdehnungsprozesses, wie er in dem Augenblick, wo die Temperatur ϑ beträgt, wirklich vor sich geht. Den wahren Wert des Ausdehnungskoeffizienten α erhalten wir aber erst wieder, wenn wir in Gleichung 4) $\Theta = 0$ setzen; für denjenigen Moment, in dem die Temperatur den Wert ϑ hat, finden wir so

5) $\alpha = b + 2c\vartheta,$

und da der Wert von ϑ beliebig ist, so gilt diese Formel für den gesamten Verlauf der Erwärmung.

§ 5. Grenzwert und Differentialquotient.

Wir haben im Anschluß an das Vorstehende einige Bezeichnungen einzuführen. Die Bestimmung der Tangente der Parabel knüpfte sich an die Gleichung (S. 60)

1) $\operatorname{tg}\alpha = \dfrac{y_1 - y}{x_1 - x} = \dfrac{x}{p} + \dfrac{h}{2p},$

und zwar erhielten wir aus ihr den Wert von $tg\,\tau$, indem wir $h = 0$ setzten; es ergab sich

2) $\operatorname{tg}\tau = \dfrac{x}{p}.$

Dies entsprach dem Umstande, daß wir das Polygon durch Verkleinerung der Seiten in die Parabel übergehen ließen. Man nennt in dieser Hinsicht die Parabel die Grenze des Polygons. Mit Rücksicht hierauf bezeichnet man den obigen Wert von $tg\,\tau$ als einen Grenzwert (limes) oder genauer als den Grenzwert für $h = 0$.

Der Begriff des Grenzwertes tritt auch sonst in der Mathematik häufig auf. Schreiben wir einem Kreis ein gleichseitiges Polygon ein und verdoppeln unausgesetzt dessen Seitenzahl —, wie es z. B. zum Zweck der Berechnung des Kreisumfangs geschieht — so be-

zeichnen wir den Kreis als die Grenze, der sich die Umfänge der
regulären Polygone mehr und mehr annähern. Bekanntlich bedarf
man dieser Methode, um die Zahl π zu berechnen. Beachten wir ferner
daß der Bruch $\frac{1}{3}$ als Dezimalbruch den Wert $0{,}333\ldots$ besitzt, so
können wir ihn ebenfalls als die Grenze bezeichnen, der sich die
Brüche $0{,}3$, $0{,}33$, $0{,}333$ usw. ohne Ende nähern. Analog nennt man
in dem obigen Beispiel die Parabeltangente in P die Grenzlage, in
die die Sehne PP_1 übergeht, falls P_1 die Parabel durchlaufend ohne
Ende dem Punkte P näher kommt, usw.

Wir kehren wieder zu dem Quotienten 1) zurück und bezeichnen
jetzt die Differenz der Abszissen, die bisher h genannt wurde, durch
Δx, diejenige der Ordinaten durch Δy, d. h. wir setzen

$$3)\quad x_1 - x = \Delta x, \quad y_1 - y = \Delta y,$$

so daß

$$x_1 = x + \Delta x, \quad y_1 = y + \Delta y$$

ist, also Δx und Δy den Zuwachs bedeuten, den x und y erleiden,
wenn wir in Fig. 42 vom Punkte P zum Punkte P_1 übergehen. Wir
erhalten somit

$$4)\quad \operatorname{tg}\alpha = \frac{y_1 - y}{x_1 - x} = \frac{\Delta y}{\Delta x},$$

und der Grenzwert dieses Quotienten ist es, der den Wert von
$\operatorname{tg}\tau$ gibt. Mit Rücksicht darauf, daß dieser Grenzwert aus einem
Differenzenquotienten entsteht, hat man ihn Differentialquo-
tient oder genauer Differentialquotient von y nach x genannt
und bezeichnet ihn durch $\frac{dy}{dx}$. Es besteht also für die Parabel die
Gleichung

$$5)\quad \operatorname{tg}\tau = \frac{dy}{dx} = \frac{x}{p}.$$

Das Analoge gilt für die Bewegung des freien Falls (S. 62).
Dort waren wir von der Gleichung

$$6)\quad V = \frac{s_1 - s}{t_1 - t} = gt + \frac{g}{2}\tau$$

ausgegangen; ihr Wert für $\tau = 0$ oder nach obiger Bezeichnung ihr
Grenzwert für $\tau = 0$ ist derjenige, der die Geschwindigkeit v des
freien Falles gibt. Wir setzen auch hier

$$7)\quad t_1 - t = \Delta t, \quad s_1 - s = \Delta s,$$

resp.

$$t_1 = t + \Delta t, \quad s_1 = s + \Delta s,$$

so daß Δs den Zuwachs bedeutet, den der Weg s erfährt, wenn die Zeit um Δt wächst; alsdann ist es der Grenzwert des Quotienten

$$8)\quad V = \frac{s_1 - s}{t_1 - t} = \frac{\Delta s}{\Delta t},$$

der den Wert von v liefert. Wir bezeichnen ihn wieder als Differentialquotienten oder genauer als Differentialquotienten von s nach t und schreiben dafür $\frac{ds}{dt}$, so daß für die Fallbewegung die Gleichung besteht

$$9)\quad v = \frac{ds}{dt} = gt.$$

Endlich waren wir beim letzten Beispiel (S. 64) von der Gleichung

$$10)\quad A = \frac{l_1 - l}{\vartheta_1 - \vartheta} = b + 2c\vartheta + c\Theta$$

ausgegangen und hatten gefunden, daß der Grenzwert des Quotienten für $\Theta = 0$ derjenige Ausdruck ist, der den momentanen Ausdehnungskoeffizienten resp. die momentane Ausdehnungsgeschwindigkeit liefert, nämlich

$$11)\quad \alpha = b + 2c\vartheta.$$

Wir setzen auch hier

$$12)\quad l_1 - l = \Delta l,\quad \vartheta_1 - \vartheta = \Delta\vartheta,$$

so daß Δl die Längenzunahme bedeutet, die der Temperaturzunahme $\Delta\vartheta$ entspricht, und daß

$$13)\quad A = \frac{\Delta l}{\Delta\vartheta}$$

ist. Den Grenzwert dieses Quotienten bezeichnen wir wieder durch $\frac{dl}{d\vartheta}$; er liefert den Wert von α, so daß hier die Gleichung

$$14)\quad \alpha = \frac{dl}{d\vartheta} = b + 2c\vartheta$$

besteht.

§ 6. Die physikalische Bedeutung des Differentialquotienten.

Die vorstehenden Beispiele lassen hinreichend erkennen, wie mannigfache Probleme auf die Differentialquotienten führen; ja sie berechtigen uns zu dem Ausspruch, daß der Naturforscher, auch wenn er der Begriffe unkundig ist, häufig unbewußt mit Differentialquotienten operiert. Dies zeigen folgende Beispiele, auf deren ausführlichere Erörterung wir noch zurückkommen.

Wie der Differentialquotient eines Weges nach der Zeit die Geschwindigkeit darstellt, mit welcher der betreffende Weg zurückgelegt wird, so bedeutet der Differentialquotient der Menge eines chemisch sich umsetzenden Stoffes nach der Zeit entsprechend die Reaktionsgeschwindigkeit. Betrachten wir die Beziehung des Volumens einer Flüssigkeit oder der Länge eines Stabes oder der elektromotorischen Kraft eines galvanischen Elementes zur Temperatur, so liefert der Differentialquotient jener Größen nach der Temperatur den Temperaturkoeffizienten. Der Temperaturkoeffizient des Wärmeinhaltes eines Körpers ist besonders wichtig, er bedeutet nichts anderes als die spezifische Wärme der betreffenden Substanz.

Setzen wir ein magnetisches Metall der Wirkung des Magnetismus oder, präziser ausgedrückt, der Einwirkung eines magnetischen Feldes aus, so wird das Metall selber magnetisch, d. h. es erhält ein gewisses magnetisches Moment. Der Differentialquotient dieses Momentes nach der Intensität des Feldes heißt die Magnetisierungsfähigkeit des betreffenden Metalles; sie ist es, die für sein magnetisches Verhalten charakteristisch ist.

Betrachten wir das Volumen einer Flüssigkeit in seiner Abhängigkeit vom äußeren Druck, so liefert der negativ genommene Differentialquotient des Volumens nach dem Druck den Kompressionskoeffizienten — negativ genommen aus dem Grunde, weil mit zunehmendem äußeren Druck das Volumen abnimmt und der Kompressionskoeffizient ja offenbar um so größer ist, je stärker das Volumen sich bei einer Vermehrung des äußeren Druckes verkleinert.

§ 7. Der Funktionsbegriff.

Wenn wir den Druck, unter dem ein Gas steht, ändern, so ändert sich auch das Volumen des Gases; es dehnt sich aus oder zieht sich zusammen, je nachdem wir den Druck verringern oder steigern. Die relative Änderung von Druck und Volumen geht gesetzmäßig vor sich; man sagt, daß das Volumen v eine Funktion des Druckes p ist. In gleicher Weise gibt das Fallgesetz einen gesetzmäßigen Ausdruck für den nach t Sekunden durchmessenen Weg s; man nennt auch s eine Funktion von t, und das gleiche gilt für alle Naturvorgänge, in denen Maß- und Zahlgrößen auftreten, die ihren Wert nach festen Gesetzen miteinander ändern.

Ist v_0 und p_0 der Wert von Volumen und Druck im ursprünglichen Zustand, so wird (S. 3) das Boyle-Mariottesche Gesetz durch
die Formel

$$1)\quad vp = v_0 p_0 \text{ resp. } v = \frac{v_0 p_0}{p}$$

dargestellt; für das Fallgesetz haben wir die Gleichung

$$2)\quad s = \frac{1}{2} g t^2.$$

Diese Gleichungen gestatten, zu jedem Wert von p den zugehörigen
Wert von v und für jeden Wert von t den zugehörigen Wert von s
zu berechnen, und dementsprechend haben wir v als Funktion von
p und s als Funktion von t bezeichnet. Wir brauchen aber die obigen
Gleichungen nur in die Form

$$3)\quad p = \frac{p_0 v_0}{v} \text{ und } t = \sqrt{\frac{2s}{g}}$$

zu setzen, um zu erkennen, daß wir — zunächst in rein formalem
Sinn — auch den Druck p als Funktion des Volumens v und ebenso t
als Funktion von s auffassen können (inverse Funktionen). Denn
mittels dieser Gleichungen können wir ganz analog zu einem Wert
von v den zugehörigen Wert von p berechnen, ebenso für jeden Wert
von s die Zeit t bestimmen, in der der fallende Körper die Strecke s
zurückgelegt hat. Der innere Grund ist der, daß, wenn wir bei einem
Naturvorgang die gleichzeitigen Wertänderungen irgend zweier
Größen betrachten, von einer objektiven Bevorzugung der einen
Größe keine Rede sein kann; welche von ihnen wir als Funktion der
anderen betrachten, ist eine Frage, die nur von unserem subjektiven
Ermessen abhängig ist.

Die Größen v und p resp. s und t, die sich während des Naturvorganges fortwährend ändern, bezeichnet man als variable oder
veränderliche Größen; sie stehen im Gegensatz zu denen, die, wie
die Zahlen, einen festen Wert haben und daher konstante Größen
heißen. Betrachtet man v als Funktion von p oder s als Funktion
von t, so nennt man p und t die unabhängige Variable, v und s ist
die abhängige. Bei den Naturvorgängen, deren zeitlicher Verlauf
uns interessiert, pflegt man gewöhnlich die Zeit t als die unabhängige
Variable aufzufassen, dem Gefühl entsprechend, daß die Zeit in stets
gleichförmiger, von uns unabhängiger Weise abläuft und somit die
»natürliche« unabhängige Veränderliche darstellt. Nichts hindert aber,
wie dies in der obigen Gleichung 3) bereits geschehen, für die Rech-

nung t zur abhängigen Variablen zu wählen; wir können ja auch die Frage stellen, die Zeit t zu bestimmen, in der der fallende Punkt eine gegebene Strecke zurückgelegt hat.

Wir können uns das Vorstehende am einfachsten veranschaulichen, wenn wir die Lehren der analytischen Geometrie zu Rate ziehen. In jeder Gleichung zwischen den Koordinaten x und y, die eine Kurve darstellt, sind nämlich x und y veränderliche Größen genau in dem hier definierten Sinn; sie können unendlich viele zusammengehörige Werte annehmen und ändern sich gesetzmäßig miteinander, nämlich nach einem Gesetz, das in der bezüglichen Kurve seinen Ausdruck findet. Faßt man x als die unabhängige Variable auf, so ist y die abhängige; mittels der gegebenen Gleichung kann man zu jedem Wert von x das zugehörige y bestimmen, und es ist y eine Funktion von x. Mit Hilfe derselben Gleichung kann man aber auch umgekehrt zu jedem beliebigen Wert von y das zugehörige x berechnen, d. h. man kann auch x als Funktion von y ansehen oder y als unabhängige, x als die abhängige Variable betrachten.

Die einfachsten Funktionen, wie die Potenz, der Logarithmus, die trigonometrischen Funktionen, d. h.

$$x^n, \quad \log x, \quad \sin x, \quad \cos x, \quad \operatorname{tg} x, \quad \operatorname{ctg} x,$$

sind aus der Elementarmathematik bekannt; durch Kombination von ihnen können wir eine große Zahl neuer Funktionen bilden, wie z. B.

$$\frac{a}{x}, \quad \sqrt{1 + x^2}, \quad \log \frac{a - x}{a + x}, \quad \sin x + \cos x \text{ usw;}$$

es sind zugleich diejenigen, die in den einfacheren naturwissenschaftlichen Anwendungen vorwiegend ja fast ausschließlich auftreten.

Um eine Funktion von x zu bezeichnen, hat man die Zeichen

$$f(x), \quad \varphi(x), \quad F(x) \ldots \ldots$$

eingeführt; die Gleichungen

$$4) \quad y = f(x), \quad s = \varphi(t) \ldots$$

drücken also aus, daß y irgendeine Funktion von x, s irgendeine Funktion von t ist. Sind alsdann $x_1, y_1, x_2, y_2, x_3, y_3 \ldots$ zusammengehörige Werte von x und y, so wird dies durch die Gleichungen

$$5) \quad y_1 = f(x_1), \quad y_2 = f(x_2), \quad y_3 = f(x_3) \ldots$$

dargestellt, wie dies aus der analytischen Geometrie geläufig ist.

§ 8. Allgemeine Vorschrift für die Bildung der Differentialquotienten.

Um die Betrachtungen von § 2—4 auf beliebige Funktionen zu übertragen, d. h. um zu ihren Differentialquotienten zu gelangen, knüpfen wir zweckmäßig an die graphische Darstellung der Funktionen an. Es sei

$$1) \quad y = f(x)$$

eine Funktion von x. Durch diese Gleichung wird nach Kap. I eine Kurve dargestellt; die nebenstehende Kurve (Fig. 44) sei diejenige, welche der Gleichung 1) entspricht. Wir können uns wieder die Aufgabe stellen, die Tangente dieser Kurve in irgendeinem ihrer Punkte zu bestimmen.

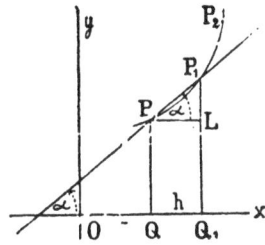

Fig. 44.

Wir wollen diese Aufgabe nach demselben Verfahren angreifen, das wir oben in § 2 benutzt haben. Wir denken uns also wiederum ein Polygon, dessen Punkte P, P_1, $P_2 \ldots$ auf der Kurve liegen, so können wir auch hier den Winkel α, den die Polygonseite PP_1 mit der x-Achse einschließt, ohne weiteres bestimmen. Wir erhalten

$$\operatorname{tg} \alpha = \frac{P_1 L}{PL} = \frac{P_1 Q_1 - PQ}{OQ_1 - OQ} = \frac{y_1 - y}{x_1 - x}$$

oder, da $y = f(x)$ und $y_1 = f(x_1)$ ist,

$$2) \quad \operatorname{tg} \alpha = \frac{y_1 - y}{x_1 - x} = \frac{f(x_1) - f(x)}{x_1 - x}.$$

Diesen Quotienten formen wir ebenso um wie den in § 2 betrachteten, nämlich so, daß er nur x und h enthält, nur daß wir die Rechnung hier nicht ausführen, sondern nur andeuten können. Setzen wir also

$$x_1 - x = h, \quad x_1 = x + h,$$

so finden wir

$$3) \quad \operatorname{tg} \alpha = \frac{f(x + h) - f(x)}{h}.$$

Den Wert des Winkels τ, den die Tangente in P mit der x-Achse bildet, erhalten wir erst wieder, wenn wir in dem Ausdruck, den wir bei der Ausrechnung des Quotienten auf der rechten Seite erhalten, zuletzt h durch Null ersetzen. Diesen Wert können wir für eine beliebige Funktion nicht wirklich ausrechnen, sondern nur formal andeuten;[1] wir bezeichnen ihn durch

---

[1] An und für sich bleibt es für rein mathematisch definierte Funktionen zunächst ungewiß, ob ein Differentialquotient existiert. Für diejenigen, die den

$$4) \quad \underset{h=0}{\text{limes}} \left[\frac{f(x+h) - f(x)}{h} \right] \quad \text{oder} \quad \underset{h=0}{\lim} \left[\frac{f(x+h) - f(x)}{h} \right].$$

Zum Verständnis der Bezeichnung ist folgendes zu bemerken. Wir haben bereits in § 5 erwähnt, daß man diesen Wert als den Grenzwert aller derjenigen ansieht, die der bezügliche Quotient annimmt, wenn h immer kleiner wird, oder, wie man sich gewöhnlich ausdrückt, gegen Null konvergiert.[1]) Dem wird durch das Wort limes (= Grenze) oder kurz lim Ausdruck gegeben.

Für die durch die Gleichung 1) dargestellte Kurve wird daher die Richtung τ der Tangente in jedem ihrer Punkte durch die Gleichung

$$5) \quad \operatorname{tg} \tau = \underset{h=0}{\lim} \left[\frac{f(x+h) - f(x)}{h} \right]$$

gegeben.

Wir führen noch einige Bezeichnungen ein, die denen des § 5 analog sind. Wir waren ausgegangen von dem Quotienten

$$6) \quad \frac{y_1 - y}{x_1 - x} = \frac{f(x_1) - f(x)}{x_1 - x} = \frac{f(x+h) - f(x)}{h},$$

in dem x, y und x_1, y_1 die Koordinaten von zwei benachbarten Kurvenpunkten P und P_1 waren. Die Differenz der Abszissen wollen wir nun wieder durch Δx, diejenige der Ordinaten durch Δy bezeichnen, setzen also

$$7) \quad x_1 - x = \Delta x, \quad y_1 - y = \Delta y,$$

so daß Δx und Δy den Zuwachs bedeuten, den x und y erfahren, wenn wir vom Punkt P zum Punkt P_1 übergehen, und fügen dazu noch die analoge Bezeichnung

$$7a) \quad f(x_1) - f(x) = \Delta f(x).$$

Auf Grund dieser Beziehung erhalten wir

$$8) \quad \frac{y_1 - y}{x_1 - x} = \frac{\Delta y}{\Delta x} = \frac{\Delta f(x)}{\Delta x},$$

und dies ist der Differenzenquotient, dessen Grenzwert für $h = 0$, resp. nach jetziger Bezeichnung für $\Delta x = 0$, in Frage steht.

Verlauf der Naturprozesse darstellen, ist dies natürlich im allgemeinen der Fall. Vgl. noch Kap. III § 14.

[1]) Von einer veränderlichen Größe, die gegen Null konvergiert, sagt man auch, sie wird unendlich klein.

Diesen Grenzwert nennt man **Differentialquotient** (S. 66) von y nach x und von $f(x)$ nach x und bezeichnet ihn durch

$$\frac{dy}{dx} \text{ und } \frac{df(x)}{dx}, \text{ seltener auch durch } \frac{d}{dx}(y) \text{ und } \frac{d}{dx}[f(x)].$$

Wir haben also die definierende Gleichung

$$9)\quad \frac{d}{dx}[f(x)] = \frac{df(x)}{dx} = \lim_{h=0}\left[\frac{f(x+h)-f(x)}{h}\right].$$

Durch diese Gleichung ist zugleich ein allgemeines Schema resp. eine allgemeine Vorschrift gegeben, nach der wir für die einzelnen Funktionen den Differentialquotienten zu suchen haben. Seine Ermittelung für die in den naturwissenschaftlichen Anwendungen auftretenden einfachen Funktionen ist eine der ersten rechnerischen Aufgaben, die wir lösen wollen.

Als allgemeines Ergebnis der vorstehenden Betrachtungen führen wir noch an, daß für jede Kurve, deren Gleichung in der Form

$$y = f(x)$$

gegeben ist, die Lage der Tangente in jedem Punkt durch die Gleichung

$$\operatorname{tg}\tau = \frac{dy}{dx} = \frac{df(x)}{dx}$$

bestimmt ist.

Bemerkung 1. Es scheint nützlich, die allgemeine Methode, die dem Bilden der Differentialquotienten zugrunde liegt, nachträglich noch folgendermaßen zu charakterisieren:

Wir suchten in allen Fällen bestimmte (aber unbekannte) Werte; den Neigungswinkel einer Tangente in einem Punkte, die Geschwindigkeit eines Punktes in einem Zeitmoment usw. usw. Diese bestimmten (aber unbekannten) Werte erhielten wir in allen Fällen nur an der Hand einer unendlichen Reihe bekannter (resp. leicht ermittelbarer) Werte einer variablen Größe. Wir mußten also stets eine Reihe von unendlich vielen bekannten Werten zugrunde legen, um mittels ihres Grenzwertes die Kenntnis des einen gesuchten Wertes zu gewinnen.

Bemerkung 2. Wir schließen mit einigen Worten, die die naturwissenschaftliche Bedeutung der Ersetzung einer Kurve durch ein Polygon darlegen sollen. In Kap. I § 7 wurde gezeigt, daß sich jeder gleichmäßig verlaufende Naturprozeß im Bilde einer geraden Linie darstellt. Haben wir also eine Kurve, die graphisch irgendeinen Prozeß ausdrückt, und ersetzen die Kurve durch ein ihr eingeschriebenes Polygon, so heißt dies nichts anderes, als daß wir unsern Prozeß durch lauter gleichmäßig ablaufende Einzelprozesse ersetzen, ganz im Sinne unserer allgemeinen Naturauffassung.

DRITTES KAPITEL

Differentiation der einfachen Funktionen.

§ 1. Der binomische Lehrsatz.

Als erste Aufgabe behandeln wir die Bestimmung des Differentialquotienten der Potenz x^n (n ganzzahlig und > 0). Um ihn zu bilden, bedürfen wir des binomischen Lehrsatzes. Dieser Lehrsatz stellt die Verallgemeinerung der bekannten Formeln

$$(a + b)^2 = a^2 + 2ab + b^2$$
$$(a + b)^3 = a^3 + 3a^2b + 3ab^2 + b^3 \quad \text{usw.}$$

dar und lautet

1) $(a+b)^n = a^n + \dfrac{n}{1} a^{n-1} b + \dfrac{n(n-1)}{1 \cdot 2} a^{n-2} b^2 + \cdots + \dfrac{n}{1} ab^{n-1} + b^n.$

Diese Formel läßt sich folgendermaßen beweisen. Nehmen wir zunächst an, daß n den bestimmten Wert 4 hat, so daß es sich um die Formel

2) $(a + b)^4 = a^4 + \dfrac{4}{1} a^3 b + \dfrac{4 \cdot 3}{1 \cdot 2} a^2 b^2 + \dfrac{4}{1} a b^3 + b^4$

$$= a^4 + 4a^3b + 6a^2b^2 + 4ab^3 + b^4$$

handelt. Es ist

$$(a + b)^4 = (a + b)(a + b)(a + b)(a + b).$$

Die rechte Seite ergibt, wenn wir ausmultiplizieren, lauter Glieder von je vier Faktoren a oder b; diese sind

$$
\begin{array}{lllll}
aaaa & aaab & aabb & abbb & bbbb \\
 & aaba & abab & babb & \\
 & abaa & abba & bbab & \\
 & baaa & baab & bbba & \\
 & & baba & & \\
 & & bbaa. & &
\end{array}
$$

Jedes Glied des Produkts enthält nämlich aus jeder der vier Klammern ein a oder ein b. Diese Glieder enthalten daher entweder **vier**

Faktoren a, oder drei Faktoren a und einen Faktor b, oder zwei Faktoren a und zwei Faktoren b, oder einen Faktor a und drei Faktoren b, oder endlich vier Faktoren b. Dies ist evident, es fragt sich nur, wie viele Glieder jeder Art auftreten. Wir können durch die Reihenfolge der Faktoren kenntlich machen, aus welchen Klammern die a und b stammen; z. B. soll $aaab$ besagen, daß dieses Glied entsteht, indem wir aus den drei ersten Klammern das a und aus der letzten das b miteinander multiplizieren; ebenso entsteht $abba$, wenn a aus der ersten und vierten Klammer mit den b aus der zweiten und dritten Klammer multipliziert wird usw. Wir fassen jetzt diejenigen Glieder ins Auge, die drei Faktoren a und ein b enthalten, die also sämtlich den Wert $a^3 b$ haben; von ihnen gibt es genau so viele, wie es Permutationen von den drei Größen a und einer Größe b gibt, und jede dieser Permutationen liefert ein Glied $a^3 b$ des Produktes $(a + b)^4$. Ebenso gibt es Glieder, die zwei Faktoren a und zwei Faktoren b enthalten und deren gemeinsamer Wert $a^2 b^2$ ist, genau so viele, wie es Permutationen von zwei Größen a und zwei Größen b gibt usw. Nach einer bekannten Formel beträgt die Zahl der Permutationen von n Elementen, unter denen je α und je β gleiche vorkommen[1]),

$$\frac{n!}{\alpha!\,\beta!};$$

in unserem Falle erhalten wir daher für die bezüglichen Zahlen die Werte

$$\frac{4!}{3!\,1!} = \frac{4}{1}, \quad \frac{4!}{2!\,2!} = \frac{4 \cdot 3}{1 \cdot 2} \quad \text{usw.},$$

und dies sind die Koeffizienten in der obigen Gleichung 2).

Es ist klar, daß sich diese Ableitung ohne weiteres auf jede positive ganze Zahl n ausdehnen läßt; es handelt sich nur darum, zu ermitteln, welches die Koeffizienten der einzelnen Glieder der rechten Seite der Gleichung sind. Nach der obigen Formel sind sie resp.

$$\frac{n!}{(n-1)!}, \quad \frac{n!}{(n-2)!\,2!}, \quad \frac{n!}{(n-3)!\,3!} \quad \text{usw.}$$

oder, da

$$n! = n \cdot (n-1)! = n \cdot (n-1)(n-2)! = n \cdot (n-1)(n-2)(n-3)! \ldots \text{ist},$$

$$\frac{n}{1}, \quad \frac{n \cdot (n-1)}{1 \cdot 2}, \quad \frac{n \cdot (n-1)(n-2)}{1 \cdot 2 \cdot 3} \quad \text{usw.},$$

womit die Formel 1) bewiesen ist.

---

[1]) Vgl. Formel 61 des Anhangs.

Ist im besonderen $a = 1$, so hat man

$$(1 + b)^n = 1 + \frac{n}{1} b + \frac{n(n-1)}{1 \cdot 2} b^2 + \cdots + \frac{n}{1} b^{n-1} + b^n.$$

§ 2. Der Differentialquotient von x^n.

Nunmehr bilden wir den Differentialquotienten der Potenz x^n auf folgende Weise. Der Quotient

$$\frac{f(x+h) - f(x)}{h}$$

hat in dem hier vorliegenden Fall den Wert

$$1) \quad \frac{(x+h)^n - x^n}{h}$$

$$= \frac{\left(x^n + \frac{n}{1} x^{n-1} h + \frac{n \cdot (n-1)}{1 \cdot 2} x^{n-2} h^2 + \cdots + \frac{n}{1} x h^{n-1} + h^n\right) - x^n}{h}.$$

Im Zähler fällt x^n gegen $- x^n$ weg; dividieren wir dann gliedweise durch h, so wird

$$2) \quad \frac{(x+h)^n - x^n}{h} = \frac{n}{1} x^{n-1} + \frac{n \cdot (n-1)}{1 \cdot 2} x^{n-2} h + \cdots + \frac{n}{1} x h^{n-2} + h^{n-1}.$$

Konvergiert h gegen Null, so nimmt die rechte Seite den Wert $n x^{n-1}$ an; der Differentialquotient von x^n ist also $n x^{n-1}$.

Wir haben daher folgende Gleichung

$$3) \quad \frac{d(x^n)}{dx} = n x^{n-1}.$$

Beispielsweise ist also der Differentialquotient von x^2 gleich $2x$, derjenige von x^3 ist $3x^2$ usw. Im besonderen folgt, daß der Differentialquotient von x selbst gleich 1 ist, da $x^0 = 1$ ist. Dies ist evident, denn für $n = 1$ ist

$$\frac{x+h-x}{h} = 1.$$

§ 3. Die trigonometrischen Funktionen.

In der Elementarmathematik mißt man die Winkel nach Graden. Für die höhere Mathematik hat es sich als vorteilhaft herausgestellt, eine andere Maßeinheit einzuführen, und zwar in folgender Weise.

Es sei (Fig. 45) AOB ein beliebiger Winkel. Zeichnen wir um O einen
Kreis, dessen Radius gleich der Längeneinheit
ist, so schneidet der Winkel AOB auf diesem
Kreis einen Bogen AB ab, dessen Länge die
Größe des Winkels eindeutig bestimmt. Diesen
Bogen können wir daher als Maß des Winkels
betrachten.

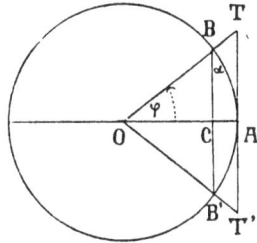

Zwischen den beiden Maßsystemen der
Winkel bestehen folgende Beziehungen. Die
Peripherie eines Kreises mit dem Radius r
hat die Länge $2r\pi$. Die ganze Peripherie
des Einheitskreises hat daher die Länge 2π, und den Winkeln von

$$360^0, \quad 180^0, \quad 90^0, \quad 60^0, \quad 45^0$$

Fig. 45.

entsprechen Bogen, deren Länge resp.

$$2\pi, \quad \pi, \quad \pi/2, \quad \pi/3, \quad \pi/4$$

beträgt. Ist allgemein der Winkel $AOB = \varphi^0$ und ist α die Länge
des Bogens AB, so besteht die Proportion

$$1) \quad \varphi : 360 = \alpha : 2\pi,$$

d. h. es ist

$$2) \quad \alpha = \frac{\varphi}{360} 2\pi \text{ resp. } \varphi = \frac{\alpha}{2\pi} 360 \,^1).$$

Die Funktionen $\sin x$, $\cos x$, $\operatorname{tg} x$, $\operatorname{ctg} x$ bedürfen ebenfalls einer
neuen Definition. Nach bekannten Festsetzungen der gewöhnlichen
Trigonometrie ist im Dreieck BOC resp. AOT

$$3) \quad \sin \varphi = \frac{BC}{OB}, \quad \cos \varphi = \frac{OC}{OB}, \quad \operatorname{tg} \varphi = \frac{TA}{OA},$$

oder wenn wir beachten, daß $OB = OA = 1$ ist,

$$\sin \varphi = BC, \ \cos \varphi = OC, \ \operatorname{tg} \varphi = TA;$$

mit Benutzung des Einheitskreises werden also sinus, cosinus und
tangens direkt durch die Längen der Strecken BC, OC, TA dargestellt. Führen wir noch das eben erörterte neue Maßsystem für den
Winkel ein, oder mit anderen Worten, betrachten wir sinus, cosinus,
tangens als Funktionen des Bogens AB oder seiner Länge α, so finden

---

^{1}) Man kann fragen, wieviel Grad derjenige Winkel beträgt, dessen Bogen AB
die Länge 1 hat. Für ihn gibt Gleichung 2), wenn wir $\alpha = 1$ setzen,

$$\varphi = \frac{360}{2\pi} = \frac{360}{6{,}28\ldots} = 57^0\, 17'\, 44{,}8'' \ldots$$

wir alle betrachteten Größen in anschaulicher Weise durch die Längen von Linien dargestellt. Wir schreiben von nun an stets statt
der Gleichungen 3) die Gleichungen

$$4) \quad \sin \alpha = BC, \quad \cos \alpha = OC, \quad \operatorname{tg} \alpha = TA,$$

wo also unter α die Länge eines Bogens des Einheitskreises
zu verstehen ist, nämlich desjenigen, der dem Winkel φ entspricht.
Diese Festsetzung geht durch die gesamte höhere Ma-
thematik.

Endlich haben wir noch eine letzte Verallgemeinerung der elementaren Definitionen zu geben. Stellen wir uns vor, daß ein Punkt P
die Kreisperipherie wiederholt durchläuft, und daß nach dem von
ihm in jedem Augenblick zurückgelegten Weg gefragt ist, so erkennen
wir, daß wir mit Bogen zu rechnen haben, die größer als 2π sind und
jeden beliebigen Wert annehmen können. So hat z. B. der Punkt P
nach einem doppelten Umlauf einen Bogen von der Länge 4π zurückgelegt, nach dreimaligem den Bogen 6π usw. Wir müssen aber auch
Bogen von negativer Länge zulassen, nämlich für den Fall, daß sich
der Punkt P auf dem Kreis in umgekehrter Richtung bewegt; hat
er in umgekehrter Richtung die halbe Peripherie durchlaufen, so ist
dies ein Bogen von der Größe $-\pi$, und wenn der Bogen AB (Fig. 45)
die Länge α hat, so hat der Bogen AB' die Länge $-\alpha$. Der Sinus
beider Bogen wird durch die Linien CB und CB' dargestellt, von denen
die zweite ebenfalls als negativ zu betrachten ist; es gilt also die
Gleichung

$$5) \quad \sin(-\alpha) = -\sin\alpha.$$

Der Kosinus beider Bogen dagegen wird übereinstimmend durch die
Linie OC dargestellt, d. h. es ist

$$6) \quad \cos(-\alpha) = \cos\alpha,$$

woraus noch die Gleichungen folgen

$$7) \quad \operatorname{tg}(-\alpha) = -\operatorname{tg}\alpha, \quad \operatorname{ctg}(-\alpha) = -\operatorname{ctg}\alpha.$$

Für Bögen, die größer als 2π sind, gelten folgende Formeln.
Denken wir uns wiederum den Punkt P auf dem Kreis beweglich,
so ist klar, daß jedesmal, wenn er die Stelle B passiert, der Sinus
und Kosinus des zugehörigen Bogens durch die Linien BC und OC
dargestellt werden, welches auch die Größe dieses Bogens sein mag.
Somit bestehen die Gleichungen

$$8) \quad \begin{aligned} \sin(\alpha \pm 2\pi) &= \sin\alpha, \quad \cos(\alpha \pm 2\pi) = \cos\alpha, \\ \sin(\alpha \pm 4\pi) &= \sin\alpha, \quad \cos(\alpha \pm 4\pi) = \cos\alpha \text{ usw.} \end{aligned}$$

Mit Rücksicht darauf, daß cos α und sin α sich nicht ändern, wenn α um 2π vermehrt oder vermindert wird, heißen diese Funktionen **periodische Funktionen** und 2π **ihre Periode**. Ebenso sind tg α und ctg α periodische Funktionen, und zwar mit der Periode π.

Ein Beispiel bilden die S. 33 behandelten Bewegungen. Man sieht leicht, daß bei den Gleichungen 1) und 5) der bewegliche Punkt Kreis und Ellipse wiederholt durchläuft; wenn sich nämlich t um 2π vermehrt, erhalten x und y wieder die nämlichen Werte.

§ 4. Der Differentialquotient von sin x und cos x.

Um den Differentialquotienten von sin x zu erhalten, bilden wir[1])

$$1) \quad \frac{\sin(x+h) - \sin x}{h} = \frac{2\sin\dfrac{x+h-x}{2}\cos\dfrac{x+h+x}{2}}{h}$$

$$= \cos\left(x + \frac{h}{2}\right)\frac{\sin{}^1\!/_2 h}{{}^1\!/_2 h}$$

und haben nun zu prüfen, was aus diesem Ausdruck wird, wenn wir h gegen Null konvergieren lassen. Dies ergibt sich hier nicht so unmittelbar wie bisher, da es hier nicht möglich ist, in der Formel $h = 0$ zu setzen.

Zur Abkürzung bezeichnen wir $\frac{1}{2}h$ durch δ, so daß mit h auch δ gegen Null konvergiert.

Die Fig. 45 (S. 77) zeigt unmittelbar, daß

$$\text{Dreieck } BOB' < \text{Sektor } BAB'O < \text{Dreieck } TOT'$$

ist. Wenn nun der Kreis wieder der Einheitskreis, also $AO = BO = 1$ ist, und der Bogen BA die Länge δ hat, so folgt

$$\text{Dreieck } BOB' = \frac{1}{2}\, BB' \cdot OC = BC \cdot OC = \sin\delta \cdot \cos\delta,$$

$$\text{Sektor } BAB'O = \frac{1}{2}\, OB^2 \cdot \widehat{BB'}\,{}^2) = \delta,$$

$$\text{Dreieck } TOT' = \frac{1}{2}\, TT' \cdot OA = AT \cdot OA = \text{tg}\,\delta = \frac{\sin\delta}{\cos\delta}.$$

Die obige Ungleichung verwandelt sich daher in

$$\sin\delta \cdot \cos\delta < \delta < \frac{\sin\delta}{\cos\delta}$$

---

[1]) Vgl. Formel 41 des Anhangs.
[2]) Vgl. Formel 75 des Anhangs.

oder, wenn wir noch durch sin δ dividieren, in

$$2) \quad \cos\delta < \frac{\delta}{\sin\delta} < \frac{1}{\cos\delta}.$$

Der mittlere Quotient oder vielmehr sein reziproker Wert ist der Ausdruck, dessen Grenzwert in Frage steht. Unsere letzte Relation zeigt, daß er stets zwischen $\cos\delta$ und $1:\cos\delta$ liegt, d. h. zwischen einem echten Bruch und einem unechten Bruch. Lassen wir nun δ gegen Null konvergieren, so nehmen $\cos\delta$ und $1:\cos\delta$ beide den Grenzwert 1 an, der Quotient, dessen Wert stets zwischen ihnen bleibt, muß daher notwendig ebenfalls den Grenzwert 1 annehmen; im Grenzfalle $h=0$ fallen alle drei Größen von 2) ihrem Werte nach zusammen. Wir erhalten also

$$3) \quad \lim_{\delta=0} \frac{\sin\delta}{\delta} = 1.$$

Nunmehr folgt, daß die rechte Seite der Gleichung 1), wenn wir h gegen Null konvergieren lassen, den Wert $\cos x$ annimmt, d. h. der Differentialquotient von $\sin x$ ist $\cos x$; es besteht also die Gleichung

$$4) \quad \frac{d\sin x}{dx} = \cos x.$$

Wir entwerfen noch (Fig. 46) ein Bild der Kurve, deren Gleichung

$$5) \quad y = \sin x$$

ist. Die Konstruktion einer solchen Kurve sowie auch die Orientierung über ihre Gestalt wird dadurch erleichtert, daß man auch

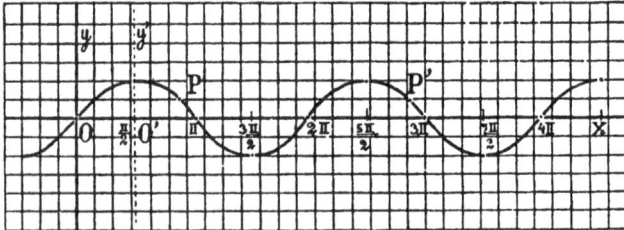

Fig. 46.

die Richtung der Tangente in den einzelnen Kurvenpunkten bestimmt. Beachten wir, daß (S. 73)

$$6) \quad \operatorname{tg}\tau = \frac{dy}{dx} = \frac{d\sin x}{dx} = \cos x$$

ist, so folgt sofort, daß den Werten

$$x = 0, \qquad \frac{1}{2}\pi, \qquad \pi, \qquad \frac{3}{2}\pi, \qquad 2\pi, \qquad \frac{5}{2}\pi, \qquad 3\pi, \ldots$$

die Werte

$$y = \sin 0, \ \sin\frac{1}{2}\pi, \ \sin\pi, \ \sin\frac{3}{2}\pi, \ \sin 2\pi, \ \sin\frac{5}{2}\pi, \ \sin 3\pi, \ldots$$

$$= 0, \qquad\quad 1, \qquad 0, \qquad -1, \qquad 0, \qquad\quad 1, \qquad 0, \ldots,$$

$$\operatorname{tg}\tau = \cos 0, \ \cos\frac{1}{2}\pi, \ \cos\pi, \ \cos\frac{3}{2}\pi, \ \cos 2\pi, \ \cos\frac{5}{2}\pi, \ \cos 3\pi, \ldots$$

$$= 1, \qquad\quad 0, \ -1, \qquad 0, \qquad\quad 1, \qquad 0, \quad -1, \ldots.$$

entsprechen. Wenn aber tg τ den Wert 1 oder — 1 hat, so beträgt
der zugehörige Winkel 45° oder 135°, daher erhalten wir das Bild
der Figur 46. Offenbar besteht sie aus lauter kongruenten Teilen.
Dies ist eine direkte Folge der Gleichung

$$\sin (x + 2\pi) = \sin x.$$

Diese Gleichung sagt uns nämlich, daß zu einem beliebigen Wert von
x dasselbe y gehört wie zu dem Wert $x + 2\pi$; ist also P ein Kurven-
punkt, so auch P', d. h. wir erhalten die ganze Kurve, wenn wir den
von O bis 2π reichenden Teil wiederholt um die Länge 2π verschieben,
und zwar ersichtlich sowohl nach rechts als nach links. Hierin kommt
die oben (S. 79) erwähnte Periodizität geometrisch zum Ausdruck.

Die Kurve ist eine einfache Wellenlinie und wird auch Sinus-
linie genannt. —

Den Differentialquotienten von cos x erhalten wir auf ähnliche
Weise. Es ist[1])

$$7)\quad \frac{\cos (x + h) - \cos x}{h} = -\ \frac{2\sin\dfrac{x + h - x}{2}\cdot\sin\dfrac{x + h + x}{2}}{h}$$

$$= -\sin\left(x + \frac{h}{2}\right)\frac{\sin\,{}^1\!/_2 h}{{}^1\!/_2 h},$$

und dieser Ausdruck geht, wenn wir h gegen Null konvergieren
lassen, gemäß Gleichung 3) in — sin x über; d. h. der Differentialquotient von cos x ist — sin x. Es folgt also

$$8)\quad \frac{d\cos x}{dx} = -\sin x.$$

---

[1]) Vgl. Anhang, Formel 43.

Es liegt nahe, zu fragen, was das negative Vorzeichen in der letzten Gleichung bedeutet. Wir wissen, daß der Differentialquotient der Grenzwert des Verhältnisses von $\Delta \cos x$ und Δx ist, wo $\Delta \cos x$ den kleinen Zuwachs bedeutet, den $\cos x$ erfährt, wenn x um Δx zunimmt. Das negative Zeichen besagt, daß dieser Zuwachs zuerst negativ ist; d. h. $\cos x$ nimmt zunächst ab, wenn der Bogen x zunimmt[1]); in der Tat ist ja $\cos 0 = 1$ und $\cos \frac{1}{2}\pi = 0$.

Hierin liegt ein Resultat, das für jede Funktion in Kraft bleibt, deren Differentialquotient negativ ist. Wir können in dieser Hinsicht folgenden Satz aussprechen: **Nimmt eine Funktion für eine Reihe von wachsenden Werten x dauernd zu, so ist ihr Differentialquotient für diese Werte von x positiv, nimmt sie dagegen unaufhörlich ab, so ist ihr Differentialquotient für die bezüglichen Werte von x negativ und ebenso umgekehrt.** Wir begnügen uns, dies folgendermaßen zu veranschaulichen. Es sei

$$9)\quad y = f(x)$$

eine Funktion, deren graphisches Bild (Fig. 47) die nebenstehende Kurve bildet. Für sie ist

$$10)\quad \operatorname{tg} \tau = \frac{dy}{dx} = \frac{df(x)}{dx}.$$

Ist B der höchste, D der tiefste Punkt der Kurve, und wächst die Ordinate, also auch die Funktion zwischen

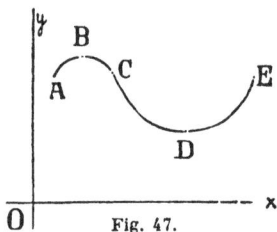

Fig. 47.

A und B und zwischen D und E ununterbrochen, so sieht man unmittelbar, daß längs dieser Kurventeile der Winkel τ spitz, also $\operatorname{tg} \tau$ positiv ist; längs des Kurventeiles BCD dagegen nimmt die Ordinate resp. die Funktion dauernd ab, längs dieses Kurventeiles ist daher τ ein stumpfer Winkel und damit $\operatorname{tg} \tau$ negativ. Dies wird auch durch das Kurvenbild 46 der Funktion $\cos x$ bestätigt, über das wir folgendes bemerken.

Aus den Gleichungen

$$11)\quad y = \cos x,$$

$$12)\quad \operatorname{tg} \tau = \frac{dy}{dx} = \frac{d \cos x}{dx} = -\sin x$$

---

[1]) Dies gilt, solange der Bogen x zwischen 0 und π liegt. Ist $x > \pi$, so wird zunächst $\sin x$ negativ und damit der Differentialquotient sowie $\Delta \cos x$ wieder positiv usw., wie auch aus dem zugehörigen Kurvenbild hervorgeht.

folgt, daß den Werten

$$x = 0, \qquad \frac{1}{2}\pi, \qquad \pi, \qquad \frac{3}{2}\pi, \qquad 2\pi, \qquad \frac{5}{2}\pi, \, . \,.$$

die Werte

$$y = \cos 0, \qquad \cos\frac{1}{2}\pi, \quad \cos\pi, \quad \cos\frac{3}{2}\pi, \quad \cos 2\pi, \quad \cos\frac{5}{2}\pi, \, . \,.$$

$$= 1, \qquad\qquad 0, \qquad -1, \qquad 0, \qquad\quad 1, \qquad\quad 0, \, . \,.$$

$$\operatorname{tg}\tau = -\sin 0, \; -\sin\frac{1}{2}\pi, \; -\sin\pi, \; -\sin\frac{3}{2}\pi, \; -\sin 2\pi, \; -\sin\frac{5}{2}\pi, \, . \,.$$

$$= 0, \qquad\quad -1, \qquad 0, \qquad\quad 1, \qquad\quad 0, \qquad -1, \, . \,.$$

entsprechen. Die Kurve hat daher die nämliche Form wie die Sinuskurve auf S. 80. Wir haben, um sie zu erhalten, nur die Ordinatenachse um die Strecke $\frac{1}{2}\pi$ nach rechts zu verlegen, so daß sie durch O' geht (in Fig. 46 punktiert gezeichnet). Den Beweis dieser Tatsache entnehmen wir unmittelbar aus der Formel

$$13)\quad \sin\left(\tfrac{1}{2}\pi + x\right) = \cos x;$$

sie sagt aus, daß die Ordinate eines Punktes P der Kosinuskurve, dessen Abszisse x ist, die nämliche ist wie die Ordinate des Punktes P der Sinuskurve, dessen Abszisse $\frac{1}{2}\pi + x$ ist. Dies heißt aber, daß die Kosinuskurve durch Verschiebung um $\frac{1}{2}\pi$ in positiver Richtung in die Sinuskurve übergeht.

§ 5. Der Differentialquotient von Summe und Differenz.

Sind $f(x)$ und $\varphi(x)$ zwei Funktionen, deren Differentialquotienten man kennt, so erhält man den Differentialquotienten der Summe folgendermaßen. Wir bilden

$$1)\quad \frac{[f(x+h)+\varphi(x+h)]-[f(x)+\varphi(x)]}{h} = \frac{f(x+h)-f(x)}{h} + \frac{\varphi(x+h)-\varphi(x)}{h},$$

und wenn wir nun h gegen Null konvergieren lassen, so gehen die Brüche der rechten Seite direkt in die Differentialquotienten von $f(x)$ und $\varphi(x)$ über, d. h. es ist

$$2)\quad \frac{d[f(x)+\varphi(x)]}{dx} = \frac{df(x)}{dx} + \frac{d\varphi(x)}{dx}.$$

Der Differentialquotient der Summe zweier Funktionen ist also gleich der Summe ihrer Differentialquotienten.

6*

Es ist klar, daß sich dieser Satz auf beliebig viele Funktionen ausdehnen läßt, d. h. es ist

$$3)\quad \frac{d}{dx}\left\{f(x)+\varphi(x)+\psi(x)+\cdots\right\}=\frac{df(x)}{dx}+\frac{d\varphi(x)}{dx}+\frac{d\psi(x)}{dx}+\cdots$$

Auf gleiche Weise erhält man den Differentialquotienten der Differenz zweier Funktionen. Hier haben wir zu bilden

$$4)\quad \frac{[f(x+h)-\varphi(x+h)]-[f(x)-\varphi(x)]}{h}=\frac{f(x+h)-f(x)}{h}-\frac{\varphi(x+h)-\varphi(x)}{h}$$

und nun h gegen Null konvergieren zu lassen. Es folgt sofort

$$5)\quad \frac{d[f(x)-\varphi(x)]}{dx}=\frac{df(x)}{dx}-\frac{d\varphi(x)}{dx}.$$

Der Differentialquotient der Differenz zweier Funktionen ist also gleich der Differenz ihrer Differentialquotienten.

Im Interesse der Kürze pflegt man die Funktionen $f(x)$, $\varphi(x)$, $\psi(x)$, ... durch einzelne Buchstaben u, v, w, ... zu bezeichnen. Alsdann nehmen die obigen Gleichungen die einfache Form an:

$$6)\quad \frac{d(u+v+w+\cdots)}{dx}=\frac{du}{dx}+\frac{dv}{dx}+\frac{dw}{dx}+\cdots$$

$$7)\quad \frac{d(u-v)}{dx}=\frac{du}{dx}-\frac{dv}{dx}.$$

Beispiele: Es ist

$$\frac{d(x+\sin x)}{dx}=\frac{dx}{dx}+\frac{d\sin x}{dx}=1+\cos x;$$

$$\frac{d(x^2-\cos x)}{dx}=\frac{d(x^2)}{dx}-\frac{d\cos x}{dx}=2x+\sin x;$$

$$\frac{d(x^3+x^2-x)}{dx}=\frac{d(x^3)}{dx}+\frac{d(x^2)}{dx}-\frac{dx}{dx}=3x^2+2x-1.$$

Wir können die Reihe dieser Beispiele beträchtlich vermehren, wenn wir noch folgende Bemerkungen einschalten. Wir fragen, was der Differentialquotient von $C \cdot f(x)$ ist, wo C irgendeine Konstante, also irgendeine Zahl bedeutet. Wir bilden

$$8)\quad \frac{Cf(x+h)-Cf(x)}{h}=C\frac{f(x+h)-f(x)}{h};$$

lassen wir nun h gegen Null konvergieren, so ergibt sich

$$9)\quad \frac{d[Cf(x)]}{dx}=C\frac{df(x)}{dx};\quad \text{resp.}\quad \frac{d(Cu)}{dx}=C\frac{du}{dx}.$$

Die Konstante tritt also auch zum Differentialquotienten als Faktor. Die Differentialquotienten von

$$a\,x^n, \quad b\,\sin x, \quad c\,\cos x$$

sind also

$$n\,a\,x^{n-1}, \quad b\,\cos x, \quad -c\,\sin x.$$

Eine zweite Bemerkung betrifft die Frage, welchen Wert der Differentialquotient einer konstanten Größe selbst hat, d. h. also, welches der Differentialquotient einer Funktion ist, wenn man von ihr weiß, daß sie immer denselben Wert besitzt. Dies ergibt sich einfach wie folgt: Es sei y eine solche Funktion $f(x)$, die für alle Werte der Variabeln x den gleichen Wert besitzt; in dem Quotienten

$$\frac{f(x+h)-f(x)}{h}$$

ist dann der Zähler für jeden Wert von x und h gleich Null, also auch der Quotient selbst; er bleibt also auch Null, wenn h gegen Null konvergiert. Damit ist auch sein Differentialquotient gleich Null; d. h. der Differentialquotient einer Konstanten ist Null. Es ist also, wenn C eine Konstante ist,

$$10) \quad \frac{d\,C}{d\,x} = 0.$$

Dasselbe kann man sich geometrisch wie folgt veranschaulichen. Da unsere Funktion y durch eine Gleichung von der Form

$$y = C$$

dargestellt wird, so ist die Kurve, welche dieser Gleichung entspricht, eine Parallele zur x-Achse (S. 12); mithin ist der Winkel, den sie mit der x-Achse bildet, gleich Null, also auch dessen trigonometrische Tangente, womit die Behauptung wiederum erwiesen ist.

Beispiele: Es ist

$$\frac{d\,(5\,x^2 + 3\,x - 1)}{d\,x} = \frac{d\,(5\,x^2)}{d\,x} + \frac{d\,(3\,x)}{d\,x} - \frac{d\,(1)}{d\,x}$$

$$= 5\,\frac{d\,(x^2)}{d\,x} + 3\,\frac{d\,x}{d\,x} = 10\,x + 3;$$

$$\frac{d\,(7\,x^3 - 6\,x^2 + 4)}{d\,x} = \frac{d\,(7\,x^3)}{d\,x} - \frac{d\,(6\,x^2)}{d\,x} = 21\,x^2 - 12\,x;$$

$$\frac{d\,(a\,x + b\,\sin x + c\,\cos x)}{d\,x} = a + b\,\cos x - c\,\sin x.$$

Ist ferner $y = a\,x^n + b\,x^{n-1} + c\,x^{n-2} + \ldots + p\,x^2 + q\,x + r$,

wo $a, b, c \ldots p, q, r$ konstante Größen sind, so ist

$$\frac{d\,y}{d\,x} = n\,a\,x^{n-1} + (n-1)\,b\,x^{n-2} + (n-2)\,c\,x^{n-3} + \ldots + 2\,p\,x + q.$$

§ 6. Der Differentialquotient des Produkts.

Um den Differentialquotienten des Produkts $f(x) \cdot \varphi(x)$ zu finden, verfährt man wie folgt. Den Zähler des Quotienten

$$1)\quad \frac{f(x+h) \cdot \varphi(x+h) - f(x) \cdot \varphi(x)}{h},$$

dessen Grenzwert zu bestimmen ist, forme man so um, daß man $f(x) \cdot \varphi(x+h)$ addiert und subtrahiert, setze also

$$\frac{f(x+h) \cdot \varphi(x+h) - f(x) \cdot \varphi(x)}{h}$$

$$= \frac{f(x+h) \cdot \varphi(x+h) - f(x) \cdot \varphi(x+h) + f(x) \cdot \varphi(x+h) - f(x) \cdot \varphi(x)}{h}$$

$$= \frac{\varphi(x+h) \cdot [f(x+h) - f(x)]}{h} + \frac{f(x) \cdot [\varphi(x+h) - \varphi(x)]}{h}.$$

Läßt man nun h gegen Null konvergieren, so folgt

$$2)\quad \frac{d[f(x) \cdot \varphi(x)]}{d\,x} = \varphi(x)\frac{d\,f(x)}{d\,x} + f(x)\frac{d\,\varphi(x)}{d\,x},$$

oder bei Einführung einfacher Funktionszeichen

$$3)\quad \frac{d\,(u\,v)}{d\,x} = v\,\frac{d\,u}{d\,x} + u\,\frac{d\,v}{d\,x}.$$

Dies ist die Formel für den Differentialquotienten eines Produkts.

Beispiele: Es ist

$$\frac{d\,(x\sin x)}{d\,x} = \sin x\,\frac{d\,x}{d\,x} + x\,\frac{d\sin x}{d\,x} = \sin x + x\cos x;$$

$$\frac{d\,(\sin x\cos x)}{d\,x} = \cos x\,\frac{d\sin x}{d\,x} + \sin x\,\frac{d\cos x}{d\,x} = \cos^2 x - \sin^2 x;$$

$$\frac{d\,(a\,x^2\cos x)}{d\,x} = a\,(2\,x\cos x - x^2\sin x);$$

$$\frac{d\,(x^3\sin x + a\cos x)}{d\,x} = 3\,x^2\sin x + x^3\cos x - a\sin x.$$

Hat das Produkt, von dem der Differentialquotient zu bilden ist, mehr als zwei Faktoren, so hat man es zunächst auf irgendeine Weise in zwei Faktoren zu zerlegen.

Beispiel: Gegeben sei die Funktion $x^2 \sin x \cos x$, so bilde man, indem man x^2 als einen Faktor, $\sin x \cos x$ als den anderen nimmt,

$$\frac{d\,(x^2 \sin x \cos x)}{d\,x} = \sin x \cos x\,\frac{d\,(x^2)}{d\,x} + x^2\,\frac{d\,(\sin x \cos x)}{d\,x}$$

$$= 2\,x \sin x \cos x + x^2\,(\cos^2 x - \sin^2 x),$$

wie sich in diesem Fall aus dem zweiten Beispiel S. 86 sofort ergibt.

§ 7. Der Differentialquotient des Quotienten.

Den Differentialquotienten eines Quotienten zweier Funktionen können wir bereits aus den bisherigen Resultaten erschließen. Wir bezeichnen die beiden Funktionen sofort kurz durch u und v und setzen

$$1)\ \ y = \frac{u}{v}\,.$$

Aus dieser Gleichung folgt

$$2)\ \ u = y\,v,$$

und wenn wir jetzt nach der eben erhaltenen Regel auf beiden Seiten den Differentialquotienten bilden, so ergibt sich

$$\frac{d\,u}{d\,x} = v\,\frac{d\,y}{d\,x} + y\,\frac{d\,v}{d\,x},$$

und daraus finden wir den gesuchten Wert von $\dfrac{d\,y}{d\,x}$ in der Form

$$\frac{d\,y}{d\,x} = \frac{1}{v}\left(\frac{d\,u}{d\,x} - y\,\frac{d\,v}{d\,x}\right).$$

Setzen wir jetzt rechts für y seinen Wert ein, so folgt schließlich

$$3)\ \ \frac{d\,y}{d\,x} = \frac{v\,\dfrac{d\,u}{d\,x} - u\,\dfrac{d\,v}{d\,x}}{v^2},$$

also

$$4)\ \ \frac{d\left(\dfrac{u}{v}\right)}{d\,x} = \frac{v\,\dfrac{d\,u}{d\,x} - u\,\dfrac{d\,v}{d\,x}}{v^2}.$$

Dies ist die Formel für den Differentialquotienten eines Quotienten zweier Funktionen.

Die erste Anwendung dieser Formel soll darin bestehen, daß wir mit ihrer Hilfe den Differentialquotienten von $\operatorname{tg} x$ und $\operatorname{ctg} x$ berechnen. Da

$$5)\ \ \operatorname{tg} x = \frac{\sin x}{\cos x}.$$

ist, so ist in diesem Fall $u = \sin x$, also $\dfrac{du}{dx} = \cos x$, $v = \cos x$,

also $\dfrac{dv}{dx} = -\sin x$, und es ergibt sich

$$\frac{v\,\dfrac{du}{dx} - u\,\dfrac{dv}{dx}}{v^2} = \frac{\cos^2 x + \sin^2 x}{\cos^2 x} = \frac{1}{\cos^2 x}\, ,\;^1)$$

also folgt

$$6)\quad \frac{d\,\mathrm{tg}\,x}{dx} = \frac{1}{\cos^2 x} = 1 + \mathrm{tg}^2\,x,\,^2)$$

d. h. der Differentialquotient von $\mathrm{tg}\,x$ ist $\dfrac{1}{\cos^2 x}$

Da
$$7)\quad \mathrm{ctg}\,x = \frac{\cos x}{\sin x}$$

ist, so ist in diesem Fall $u = \cos x$, $v = \sin x$, also

$$\frac{du}{dx} = -\sin x, \quad \frac{dv}{dx} = \cos x,$$

und es wird

$$\frac{v\,\dfrac{du}{dx} - u\,\dfrac{dv}{dx}}{v^2} = \frac{-\sin^2 x - \cos^2 x}{\sin^2 x} = -\frac{1}{\sin^2 x}\, ,$$

es ist also $\quad 8)\ \dfrac{d\,\mathrm{ctg}\,x}{dx} = -\dfrac{1}{\sin^2 x} = -(1 + \mathrm{ctg}^2\,x).\,^2)$

Beispiel: Es sei $\qquad y = \dfrac{a}{x},$

wo a eine Konstante ist, so daß $u = a$, $v = x$ ist; alsdann hat man

$$\frac{du}{dx} = 0, \quad \frac{dv}{dx} = 1,$$

also ergibt sich

$$\frac{dy}{dx} = -\frac{a}{x^2}.$$

Wir machen hiervon eine Anwendung auf das Boyle-Ma-riottesche Gesetz. Nach S. 3 besteht für das Volumen v, das dem Druck p entspricht, die Gleichung

$$v\,p = v_0\,p_0,$$

wenn p_0 der ursprüngliche Druck, v_0 das ursprüngliche Volumen bedeutet. Schreiben wir diese Gleichung in der Form

$$v = \frac{v_0\,p_0}{p},$$

---

[1]) Vgl. Anhang, Formel 32.
[2]) Vgl. Anhang, Formel 34.

so erhalten wir dem obigen Beispiel gemäß

$$\frac{dv}{dp} = -\frac{v_0 p_0}{p^2}.$$

Der Differentialquotient, der negativ ist und (S. 73) den Grenzwert des Verhältnisses von Δv und Δp, d. h. der Volumenzunahme und der Druckzunahme, darstellt, ist nichts anderes als die **Kompressibilität** des Gases. Das negative Zeichen entspricht der Tatsache, daß bei der Zunahme des Druckes das Volumen abnimmt. (S. 82). Das Verhältnis zwischen der Abnahme des Volumens und der Zunahme des Druckes ist nach unserer Gleichung umgekehrt proportional zu p^2; für

$$p = 2, \, 3, \, 4 \ldots$$

ist dieses Verhältnis den Zahlen

$$^1/_4, \quad ^1/_9, \quad ^1/_{16} \ldots$$

proportional. Wird also der Druck hoch gesteigert, so wird die Abnahme des Volumens bald eine sehr geringe, wie die Erscheinungen bestätigen.

Wir geben noch folgende Beispiele:

$$\frac{d}{dx}\left(\frac{a+x}{a-x}\right) = -\frac{(a-x)\dfrac{d(a+x)}{dx} - (a+x)\dfrac{d(a-x)}{dx}}{(a-x)^2} = \frac{2a}{(a-x)^2};$$

$$\frac{d}{dx}\left(\frac{x^2}{\sin x}\right) = \frac{\sin x \dfrac{dx^2}{dx} - x^2 \dfrac{d\sin x}{dx}}{\sin^2 x} = \frac{2x\sin x - x^2\cos x}{\sin^2 x}.$$

§ 8. Der Logarithmus und sein Differentialquotient.

Wir erinnern zunächst an die Definition des Logarithmus[1]). Der Logarithmenbegriff geht von dem Gedanken aus, alle Zahlen als Potenzen einer und der nämlichen Grundzahl aufzufassen: der Exponent, der angibt, die wievielte Potenz der Grundzahl die betreffende Zahl ist, heißt ihr Logarithmus, und die Grundzahl ist die Basis des Logarithmensystems. Ist daher

$$a^\alpha = b,$$

also b die a te Potenz von a, so nennt man a den Logarithmus von b für die Basis a und schreibt

$$a = \log^a b.$$

---

[1]) Vgl. auch den Anhang, Formelsammlung, § 2.

Die Logarithmen der Potenzen
$$a^1, \ a^2, \ a^3, \ a^4 \ \ldots \ldots$$
für die Basis a sind also die Zahlen 1, 2, 3, 4 $\ldots$

Die im praktischen Gebrauch befindlichen Logarithmentafeln benutzen — aus Gründen rechnerischer Zweckmäßigkeit — die Zahl 10 als Basis; der Logarithmus von 2, den man aus der Tafel entnimmt, besagt also, welche Potenz von 10 die Zahl 2 ist.

In der höheren Mathematik bedient man sich, wie wir bald sehen werden, eines Logarithmensystems mit anderer Basis. Wir lassen daher im folgenden die Basis der Logarithmen zunächst unbestimmt.

Um den Differentialquotienten des Logarithmus zu bilden, haben wir den Wert des Quotienten

$$1) \quad \frac{\lg (x + h) - \lg x}{h} = \frac{1}{h} \lg \frac{x + h}{x} \,^{[1]} = \frac{1}{h} \lg \left(1 + \frac{h}{x}\right)$$

zu bestimmen unter der Voraussetzung, daß h gegen Null konvergiert. Wir setzen zunächst $x/h = \delta$ und schreiben

$$2) \quad \frac{1}{h} = \frac{1}{x} \cdot \frac{x}{h} = \frac{\delta}{x},$$

alsdann ergibt sich

$$\frac{1}{h} \lg \left(1 + \frac{h}{x}\right) = \frac{\delta}{x} \lg \left(1 + \frac{1}{\delta}\right) = \frac{1}{x} \delta \lg \left(1 + \frac{1}{\delta}\right).$$

Beachten wir nun, daß $m \lg a = \lg a^m$ ist[2], so folgt schließlich

$$3) \quad \frac{1}{h} \lg \left(1 + \frac{h}{x}\right) = \frac{1}{x} \lg \left(1 + \frac{1}{\delta}\right)^{\delta}$$

und daher gemäß 1)

$$4) \quad \frac{\lg (x + h) - \lg x}{h} = \frac{1}{x} \lg \left(1 + \frac{1}{\delta}\right)^{\delta}.$$

Es handelt sich jetzt noch um die Bestimmung von

$$\lg \left(1 + \frac{1}{\delta}\right)^{\delta}, \ \text{resp. von} \ \left(1 + \frac{1}{\delta}\right)^{\delta},$$

und zwar immer unter der Annahme, daß h gegen Null konvergiert. Nun geht aber aus Gleichung 2) hervor, daß, wenn h gegen Null konvergiert, δ immer mehr wächst; die Aufgabe, die wir zu erledigen haben, ist also die, den Grenzwert obigen Ausdrucks zu bestimmen,

---

[1]) Vgl. Formel 20 des Anhangs.
[2]) Vgl. Formel 21 des Anhangs.

wenn δ immer größere und größere Werte durchläuft. Wir wollen dies zunächst empirisch ausführen. Geben wir δ der Reihe nach die Werte

$$1, \quad 10, \quad 100, \quad 1000, \quad 10000,$$

so bestimmt sich der Wert von $\left(1 + \dfrac{1}{\delta}\right)^{\delta}$ zu

$$2 \quad 2,594 \ldots 2,705 \ldots 2,712 \ldots 2,718 \ldots \text{usw.}$$

Allgemein kann man folgendermaßen verfahren. Der Einfachheit halber nehmen wir zunächst an, daß die Zahlenwerte von δ lauter ganze Zahlen sind. Alsdann folgt für einen solchen Wert von δ nach dem binomischen Lehrsatz (S. 76)

$$5) \quad \left(1 + \frac{1}{\delta}\right)^{\delta} = 1 + \frac{\delta}{1} \cdot \frac{1}{\delta} + \frac{\delta(\delta-1)}{1 \cdot 2}\left(\frac{1}{\delta}\right)^{2} + \frac{\delta(\delta-1)(\delta-2)}{1 \cdot 2 \cdot 3}\left(\frac{1}{\delta}\right)^{3} + \cdots$$

Die rechte Seite enthält nur die ersten Glieder der Entwicklung, deren Zahl im ganzen $\delta + 1$ beträgt. Wir können sie, indem wir in den einzelnen Zählern jeden Faktor durch je einen Faktor δ dividieren, folgendermaßen umformen; es wird

$$6) \quad \left(1 + \frac{1}{\delta}\right)^{\delta} = 1 + \frac{1}{1} + \frac{\left(1 - \frac{1}{\delta}\right)}{1 \cdot 2} + \frac{\left(1 - \frac{1}{\delta}\right)\left(1 - \frac{2}{\delta}\right)}{1 \cdot 2 \cdot 3} + \cdots.$$

Das Gesetz, nach dem die weiteren Glieder der Entwicklung gebildet sind, liegt auf der Hand.

Es fragt sich nun, was aus dem Ausdruck auf der rechten Seite wird, wenn h gegen Null konvergiert. Wenn h gegen Null konvergiert, so konvergiert auch $1/\delta$, wie Gleichung 2) zeigt, für jedes x gegen den Grenzwert Null. Setzt man nun diesen Grenzwert in Gleichung 6) direkt ein, so nimmt die auf der rechten Seite stehende Reihe die Form

$$1 + \frac{1}{1} + \frac{1}{1 \cdot 2} + \frac{1}{1 \cdot 2 \cdot 3} + \cdots$$

an, während die Zahl ihrer Glieder unendlich groß wird [1]. Die Summe dieser Reihe stellt den gesuchten Grenzwert dar; man bezeichnet ihn durch e; d. h. man setzt

$$7) \quad e = 1 + \frac{1}{1} + \frac{1}{2!} + \frac{1}{3!} + \frac{1}{4!} + \cdots \text{ in inf.} [2].$$

---

[1] Den exakten Beweis müssen wir verschieben, bis wir zur Theorie der unendlichen Reihen gelangen; vgl. Kap. VIII, § 3.

[2] Das Produkt $1 \cdot 2 \cdot 3 \cdot 4 \ldots n$ bezeichnet man kurz mit $n!$ (sprich: n-Fakultät).

Die so definierte Zahl e spielt in der höheren Mathematik eine ebenso wichtige Rolle wie die Zahl π. Gleich π kann sie nur annäherungsweise berechnet werden; ihr Wert bis auf 10 Dezimalen ist

$$e = 2{,}7182818284 \ldots .$$

Die Berechnung, wie sie sich auf Grund der Gleichung 7) gestaltet, ist sehr einfach. Wir finden

$$1 + \frac{1}{1} + \frac{1}{2!} \quad = 2{,}5$$

$$\frac{1}{3!} = \frac{1}{2!} : 3 = 0{,}16667 \ldots$$

$$\frac{1}{4!} = \frac{1}{3!} : 4 = 0{,}04167 \ldots$$

$$\frac{1}{5!} = \frac{1}{4!} : 5 = 0{,}00833 \ldots$$

$$\frac{1}{6!} = \frac{1}{5!} : 6 = 0{,}00139 \ldots$$

$$1 + \frac{1}{1} + \frac{1}{2!} + \frac{1}{3!} + \frac{1}{4!} + \frac{1}{5!} + \frac{1}{6!} = 2{,}71806 \ldots$$

und erhalten daher bereits die ersten drei Dezimalstellen genau. Die Reihe ist daher zur annäherungsweisen Berechnung des wirklichen Wertes sehr geeignet.

Wir kehren nun zu der Gleichung 4) zurück und finden für den Differentialquotienten des Logarithmus

$$8) \quad \frac{d \lg x}{d x} = \frac{1}{x} \lg e.$$

Wir haben bisher keine Festsetzung darüber getroffen, was wir als Basis des Logarithmensystems nehmen. Wenn wir zunächst 10 als Basis wählen, so finden wir für $\lg e$ den Wert

$$9) \quad \lg^{10} e = \log e = 0{,}43429 \ldots .$$

Man sieht aber, daß unser Differentialquotient offenbar für diejenigen Logarithmen die einfachste Form erhält, für die

$$10) \quad \lg e = 1$$

ist, deren Basis also e selbst ist[1]). Diese Logarithmen sind von Neper, der sie zuerst einführte, natürliche Logarithmen genannt worden, aus dem Grunde, weil sich die Probleme, welche die Natur uns aufgibt, bei Gebrauch der natürlichen Logarithmen einfacher darstellen; es verschwinden eben die Zahlenfaktoren, die ge-

---

[1]) Vgl. Formel 23 des Anhangs.

mäß Gleichung 9) beim Gebrauch anderer Logarithmen in der Formel für den Differentialquotienten auftreten.

Wir werden im folgenden fast nur von den natürlichen Logarithmen Gebrauch machen. Für sie hat man die Bezeichnung

$$\log \text{nat} \, x \quad \text{oder kürzer} \quad \ln x$$

eingeführt; wir werden uns meist der zweiten, kürzeren bedienen, also unter $\ln x$ stets den natürlichen Logarithmus von x verstehen, während Logarithmen, deren Basis a ist, durch $\log^a$ bezeichnet werden sollen. Dies führt uns sofort auf Grund der Gleichung 8) zu folgenden Formeln:

$$11) \quad \frac{d \ln x}{d x} = \frac{1}{x},$$

$$12) \quad \frac{d \log^a x}{d x} = \frac{1}{x} \log^a e.$$

Der Differentialquotient des natürlichen Logarithmus ist also $1/x$.

Beziehungen zwischen Logarithmen derselben Zahl mit verschiedener Basis. Ist

$$\alpha^a = x \text{ und } \beta^b = x,$$

so ist nach der oben angegebenen Definition der Logarithmen

$$a = \log^a x, \quad b = \log^\beta x.$$

Ferner folgt aus der Gleichung

$$\alpha^a = \beta^b,$$

wenn wir auf beiden Seiten die Logarithmen für die Basis α nehmen,

$$a = b \log^a \beta.$$

Setzen wir für a und b ihre Werte, so ergibt sich

$$\log^a x = \log^\beta x \log^a \beta, \quad \text{oder}$$

$$13) \quad \log^\beta x = \frac{\log^a x}{\log^a \beta}.$$

Diese Gleichung dient dazu, den Logarithmus irgendeiner Zahl für die Basis β zu berechnen, wenn man die Logarithmen für die Basis α kennt.

Ist im besonderen $\alpha = 10$ und $\beta = e$, so daß $\log^a x$ den gewöhnlichen (Briggischen) Logarithmus $\log x$, dagegen $\log^\beta x$ den natürlichen Logarithmus $\ln x$ darstellt, so geht die Formel (13) in

$$14) \quad \ln x = \frac{\log x}{\log e}$$

über. Um also den natürlichen Logarithmus von x zu erhalten, hat man nur den Briggischen Logarithmus durch den Logarithmus von e zu dividieren resp. mit dessen reziprokem Wert zu multiplizieren. Dieser Wert ist in den Logarithmentafeln angegeben; er ist

$$15) \quad \frac{1}{\log e} = 2{,}302585 \ldots$$

Man erhält daher beispielsweise

$$\ln 2 = \log 2 \cdot 2,302585$$
$$= 0,30103 \cdot 2,302585 = 0,693148.$$

Man bezeichnet $\log e = 0,43429$ als den Modulus der Briggischen Logarithmen und setzt ihn gleich M.

Wir geben zum Schluß noch eine graphische Darstellung der Funktion des natürlichen Logarithmus (Fig. 48), d. h. der Gleichung

$$16)\quad y = \ln x.$$

Es ist[1])

$$\ln e = 1, \qquad \ln e^2 = 2, \qquad \ln e^3 = 3, \ldots$$
$$\ln \frac{1}{e} = -1, \quad \ln \frac{1}{e^2} = -2, \quad \ln \frac{1}{e^3} = -3, \ldots$$

und demgemäß erhalten wir folgende Tabelle zusammengehöriger Werte von x und y, resp. tg τ (S. 81)

$x = 0,$	$\dfrac{1}{e^2},$	$\dfrac{1}{e},$	$1,$	$e,$	$e^2,$	∞	
$y = -\infty,$	$-2,$	$-1,$	$0,$	$1,$	$2,$	∞	
tg $\tau = \dfrac{1}{x} = \infty,$	$e^2,$	$e,$	$1,$	$\dfrac{1}{e},$	$\dfrac{1}{e^2},$	$0.$	

Beachten wir noch, daß es Logarithmen negativer Zahlen nicht gibt, daß also zu negativen Werten von x keine Kurvenpunkte gehören,

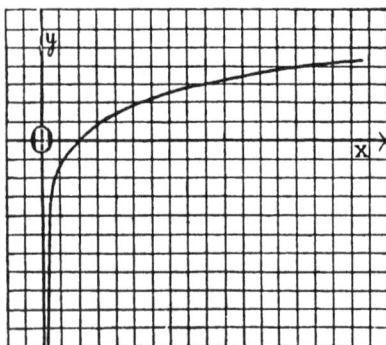

Fig. 48.

so erhalten wir die nebenstehende Figur als Bild des Logarithmus[2]). Sie zeigt, daß, wenn x von 1 bis ∞ wächst, der Logarithmus zwar ebenfalls bis $\overline{\infty}$ ansteigt, aber nur in sehr langsamer Weise, daß er dagegen, wenn x von 1 bis 0 abnimmt, von 0 bis $-\infty$ heruntergeht, und zwar in sehr schnellem Maße. Ferner ist der Winkel, den die Kurventangente mit der x-Achse einschließt, zuerst 90^0, er nimmt stetig ab, im Punkte $x = 1$, $y = 0$ ist er 45^0 und wird zuletzt Null. Die Kurve schneidet also die x-Achse unter einem Winkel von 45^0.

---

[1]) Vgl. Formel 21 und 24 des Anhangs.

[2]) Wie in den Figuren 8 und 9 hat die Quadratseite die Länge ½.

§ 9. Das Differential.

Als Zeichen für den Differentialquotienten einer Funktion y oder $f(x)$ haben wir die Quotientensymbole

$$\frac{dy}{dx} \text{ resp. } \frac{df(x)}{dx}$$

eingeführt. Wir wollen versuchen, in diesen Symbolen Zähler und Nenner für sich eine bestimmte Bedeutung zuzuschreiben.

Denken wir uns zu diesem Zweck wieder die Kurve (Fig. 49), die der Gleichung

1) $y = f(x)$

entspricht, auf ihr den Punkt P, in der Nähe den Punkt P_1, und in P die Tangente. Ferner sei PL parallel und gleich QQ_1, und T der Schnittpunkt der Tangente mit P_1Q_1. Alsdann folgt aus aus dem Dreieck PTL

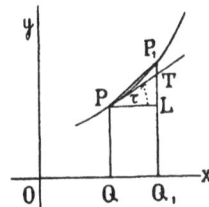

Fig. 49.

2) $\dfrac{dy}{dx} = \operatorname{tg}\tau = \dfrac{TL}{LP}.$

Setzt man nun $PL = dx$, versteht man also unter dx einen kleinen Zuwachs von x, so folgt aus der obigen Gleichung

3) $dy = TL$,

d. h. dy ist gleich demjenigen Zuwachs, den y erfahren würde, wenn die Kurve sich von P an geradlinig längs ihrer Tangente fortsetzte, und das Verhältnis dieser kleinen Größen dy und dx ergibt den Differentialquotienten. Um uns dy geometrisch zu veranschaulichen, haben wir also die Kurve für einen Augenblick durch ihre Tangente zu ersetzen.

Handelt es sich ferner um eine Bewegung, die nach der Gleichung $s = \varphi(t)$ erfolgt, beispielsweise also wieder um die Fallbewegung, so ist für sie (S. 67)

4) $\dfrac{ds}{dt} = v$, also $ds = v\,dt$,

und wenn wir jetzt unter dt eine kleine Zeit verstehen und annehmen, daß die Geschwindigkeit v während derselben sich nicht ändert, so würde ds die in dieser Zeit durchlaufende Strecke sein. Wir haben also die Definition von ds wieder an die Annahme zu knüpfen, daß der bewegliche Punkt sich in der Zeit dt gleichmäßig bewegt, und für diese Bewegung stellt ds den in der Zeit dt durchlaufenen Weg dar.

Dies entspricht genau dem auch sonst geläufigen Sprachgebrauch, daß die Geschwindigkeit in P diejenige Geschwindigkeit ist, mit der sich der Punkt weiter bewegen würde, wenn er seine Geschwindigkeit von P an beibehalte. Wenn wir die für die obige Kurve durchgeführte Betrachtung ihres geometrischen Gewandes entkleiden und auf die Funktion $f(x)$ übertragen, so erhalten wir, allgemein zu reden, folgendes Ergebnis. Versteht man unter dx einen kleinen Zuwachs von x, so stellt dy resp. $df(x)$ denjenigen kleinen Zuwachs der Funktion $y = f(x)$ dar, den sie erfahren würde, wenn sie ihr Wachstum von dem Wert x an bis zu $x + dx$ gleichmäßig beibehielte, und das Verhältnis dieser Änderungen ergibt den Differentialquotienten.

Die Größen dx, dy, $df(x)$, ds, dt usw. nennt man Differentiale, insbesondere dx das Differential von x, $df(x)$ das Differential von $f(x)$ usw.

Das vorstehende Ergebnis bildet die Grundlage, um für die mathematische Behandlung der Naturwissenschaften das richtige Verständnis zu gewinnen. Wir erinnern nur an die Erörterungen, die wir früher (S. 57 und 68) über den Charakter unserer Naturbetrachtung angestellt haben. Wie wir dort sahen, läuft unsere Naturbetrachtung darauf hinaus, die veränderlichen Naturprozesse durch kurze Einzelprozesse gleichmäßiger Art zu ersetzen. Legen wir also für die Analyse des Naturgeschehens diese Denkweise zugrunde, so sind wir demgemäß berechtigt, das Differential der Funktion, die den Verlauf des Prozesses bestimmt, geradezu als den Zuwachs dieser Funktion zu betrachten. So wird z. B. eine in der kleinen Zeit dt erfolgende Wärmezunahme durch das Differential $d\vartheta$ dargestellt; im Fall einer Gaskompression ist dv die kleine Änderung des Gasvolumens, die dem kleinen Zuwachs dp des Druckes entspricht; für einen chemischen Prozeß ist die in der Zeit dt umgesetzte Stoffmenge das Differential dx des Vorrates reagierender Substanz usw. usw. Diese differentielle Denkweise liegt der gesamten Naturbetrachtung zugrunde.

Wir führen schließlich noch eine von Lagrange stammende zweckmäßige Abkürzung ein; wir bezeichnen nämlich den Differentialquotienten der Funktion y oder $f(x)$ kurz durch y' und $f'(x)$, d. h. wir setzen

$$5)\quad \frac{dy}{dx} = y', \qquad \frac{df(x)}{dx} = f'(x).$$

Häufig wird die Differentiation nach der Zeit auch durch einen über die Funktion gesetzten Punkt bezeichnet, z. B. $\dfrac{d\,x}{d\,t} = \dot{x}$.

Zu jedem Wert von x gehört ein bestimmter Wert von y' oder $f'(x)$; es sind also auch y' und $f'(x)$ Funktionen von x; sie heißen auch **Ableitung**. Ableitung und Differentialquotient sind daher nur verschiedene Worte für die nämliche Funktion.

Aus den Gleichungen 5) folgt noch

$$6)\quad dy = y'\,dx, \; df(x) = f'(x)\,dx;$$

man sieht aus ihnen, daß die Einführung der Differentiale auch einen rechnerischen Vorteil mit sich bringt, indem sie zu Formeln führt, die keinen Nenner enthalten. Wir setzen noch die Werte der Differentiale für die einzelnen Funktionen hierher, indem wir die früher für die Differentialquotienten abgeleiteten Formeln von ihren Nennern befreien, und finden

$$d \sin x = \cos x\,d\,x, \quad d \cos x = -\sin x\,d\,x,$$

$$d \operatorname{tg} x = \frac{d\,x}{\cos^2 x}, \quad d \operatorname{ctg} x = -\frac{d\,x}{\sin^2 x},$$

$$d\,(x^n) = n\,x^{n-1}\,d\,x, \quad d \ln x = \frac{d\,x}{x}.$$

Dazu fügen wir die Formeln für Summe, Differenz, Produkt, Quotient, nämlich (S. 83 ff.)

$$d\,(u + v + w) = d\,u + d\,v + d\,w,$$

$$d\,(u - v) = d\,u - d\,v,$$

$$d\,(uv) = v\,d\,u + u\,d\,v,$$

$$d\left(\frac{u}{v}\right) = \frac{v\,d\,u - u\,d\,v}{v^2}, \text{ endlich}$$

$$d\,[C f(x)] = C\,df(x), \quad d\,C = 0.$$

Wenn man von einer Funktion oder einem Ausdruck das Differential bildet, so übt man damit eine Tätigkeit aus, die man **differenzieren** nennt.

Beispiele: Wir lassen zunächst einige formale Beispiele des Differenzierens folgen. Es ist

$$d\,(a\,x^3 + b\,x^2 + c\,x + 1) = d\,(a\,x^3) + d\,(b\,x^2) + d\,(c\,x) = (3\,a\,x^2 + 2\,b\,x + c)\,d\,x,$$

$$d\,(x^n \sin x) = \sin x\,d\,(x^n) + x^n\,d \sin x = \sin x\,n\,x^{n-1}\,d\,x + x^n \cos x\,d\,x$$
$$= x^{n-1}\,(n \sin x + x \cos x \cos x)\,d\,x,$$

$$d\,(x \ln x) = \ln x\, d\,x + x\,\frac{d\,x}{x} = d\,x\,(1 + \ln x),$$

$$d\left(\frac{a-x}{a+x}\right) = \frac{(a+x)\,d\,(a-x) - (a-x)\,d\,(a+x)}{(a+x)^2} = \frac{-\,2\,a\,d\,x}{(a+x)^2}.$$

Wir fügen endlich noch eine Formel an, die vielfach anwendbar ist; sie ergibt sich durch Division der obigen Gleichung für $d\,(u\,v)$ durch $u\,v$. Man findet

$$\frac{d\,(u\,v)}{u\,v} = \frac{d\,u}{u} + \frac{d\,v}{v}.$$

Bemerkung 1. Für $d\,x$, $d\,y$ usw. hat man, da sie sehr kleine Größen bedeuten, die beliebig klein werden können, das Wort »unendlich kleine« Größen eingeführt. Danach pflegt man zu sagen, daß der Differentialquotient das Verhältnis der unendlich kleinen Änderungen von y und x darstellt und daß es daher die Aufgabe der Differentialrechnung ist, für irgend zwei veränderliche Größen, die in einer funktionellen Abhängigkeit voneinander stehen, das Verhältnis zwischen der unendlich kleinen Änderung der einen und der unendlich kleinen Änderung der anderen zu berechnen[1]). Das Quadrat von $d\,x$, also $(d\,x)^2$ bezeichnet man als eine unendlich kleine Größe zweiter Ordnung. Nimmt man $d\,x$ so klein an, daß es mit Rücksicht auf die zu erzielende Genauigkeit gegen endliche Größen vernachlässigt werden kann, so kann man in demselben Sinne $(d\,x)^2$ gegen $d\,x$ vernachlässigen usw. Ist z. B. $d\,x = 0{,}001$, so ist $(d\,x)^2 = 0{,}001^2$, und wenn man $0{,}001$ gegen 1 vernachlässigt, so kann man auch $0{,}001^2$ gegen $0{,}001$ vernachlässigen usw.

Bemerkung 2. Es liegt nahe zu fragen, in welcher Beziehung $d\,y$ und $\varDelta\,y$ zueinander stehen. $\varDelta\,y$ bedeutet den wirklichen Zuwachs von y, der dem Zuwachs $\varDelta\,x$ von x entspricht, $d\,y$ das dem Zuwachs $d\,x = \varDelta\,x$ von x entsprechende Differential von y. Gehen wir auf Fig. 49 zurück und setzen

$$PL = d\,x = \varDelta\,x,$$

so ist

$$\varDelta\,y = P_1 L = \mathrm{P}_1 T + TL$$
$$= d\,y + P_1 T;$$

es unterscheidet sich also $\varDelta\,y$ von $d\,y$ um die kleine Strecke $P_1 T$. Diese Strecke vermindert sich in um so höherem Maße, je mehr wir P und P_1 einander annähern. Wir wollen diese Strecke für das Beispiel der Parabel wirklich berechnen. Nach S. 60 war

$$\frac{\varDelta\,y}{\varDelta\,x} = \frac{x}{p} + \frac{h}{2\,p}.$$

Setzen wir hier für $\dfrac{x}{p}$ seinen Wert $\dfrac{d\,y}{d\,x}$ (S. 66) und beachten, daß

$$h = d\,x = \varDelta\,x$$

sein soll, so folgt

$$\varDelta\,y = d\,y + \frac{(d\,x)^2}{2\,p},$$

---

[1]) Die bezüglichen Lehren der höheren Mathematik werden deshalb auch als Infinitesimalrechnung bezeichnet.

die Differenz zwischen Δy und dy ist daher dem Quadrat von dx proportional; nach obigem ist sie also eine unendlich kleine Größe zweiter Ordnung, falls dx eine unendlich kleine Größe erster Ordnung bedeutet. Auch auf diese Weise folgt somit, daß der Fehler, den man begeht, wenn man unter dy geradezu den Zuwachs der Funktion, d. h. Δy versteht, praktisch nicht ins Gewicht fällt. — (Vgl. auch die allgemeine Erörterung in Kap. VIII, § 7 am Schluß.)

§ 10. Die Exponentialfunktion.

Wie wir in Kapitel II, § 7 sahen, kann man von einer gegebenen Funktion zu ihrer inversen Funktion übergehen. Dies wollen wir für einige Funktionen ausführen, zunächst für den Logarithmus.

Aus der Gleichung

$$1)\quad x = \ln y$$

folgt durch Übergang zur Potenzgleichung unmittelbar

$$2)\quad y = e^x.$$

Wir sind damit zu derjenigen neuen Funktion e^x gelangt, die wir als Umkehrung des Logarithmus anzusehen haben. Diese Funktion, d. h. die $x$te Potenz von e, in der x als Exponent auftritt, führt den Namen Exponentialfunktion.

Da der Gleichung 2) dieselben Zahlenwerte genügen wie der Gleichung 1), so kann das geometrische Bild der Gleichung 2) kein anders sein als das der Gleichung 1); wir erhalten es offenbar, indem wir in der Fig. 48, die der Gleichung 16) von § 8 entspricht, die x- und y-Achse vertauschen[1]). Aus der so erhaltenen Fig. 50 ersieht man sofort folgendes: Geht x von 0 bis ∞, so geht e^x von 1 bis ∞ und wächst außerordentlich schnell; geht x von 0 bis $-\infty$, so fällt die Exponentialfunktion von 1 bis 0, aber in sehr langsamem Tempo.

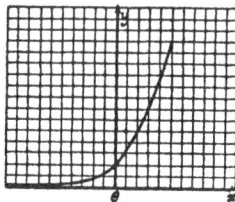

Fig. 50.

Für jeden positiven oder negativen Wert von x ist also das zugehörige y positiv, dem Umstand entsprechend, daß $e^{-x} = 1 : e^x$ ist.

Das eben erörterte Verhältnis zwischen der Exponentialfunktion und dem Logarithmus liefert unmittelbar ihren Differentialquotienten; dieser bestimmt ja die Lage der Kurventangente zur Kurve, die für beide Figuren die gleiche sein muß. Rechnerisch erhalten wir

---

[1]) Der Übergang von Gleichung 1) zu Gleichung 2) erfolgt so, daß wir einmal y als Funktion von x, einmal x als Funktion von y betrachten (vgl. S. 69).

ihn am einfachsten unter Benutzung des Rechnens mit Differentialen[1]). Aus der Gleichung 1) folgt durch Differentiation

$$d x = \frac{1}{y} d y, \quad \text{also} \quad \frac{d y}{d x} = y.$$

Setzen wir für y nach 2) seinen Wert, so erhalten wir

$$3) \quad \frac{d e^x}{d x} = e^x \quad \text{resp.} \quad d e^x = e^x d x.$$

Der Differentialquotient der Exponentialfunktion ist
also diese selbst. Gerade diese Eigenschaft ist es, die ihre Wichtigkeit für die Naturprozesse begründet.

Um die Bedeutung der Exponentialfunktion für die Naturphänomene ins
Licht zu setzen, mag folgende Erörterung dienen. Wir gehen von der Formel der
Zinseszinsrechnung aus und setzen ihre Ableitung kurz hierher. Steht ein Kapital
von c Mark zu p % ein Jahr auf Zinsen, so betragen die Zinsen $c \cdot p/100$, das
Kapital mit den Zinsen beläuft sich alsdann auf

$$c_1 = c + c \frac{p}{100} = c \left(1 + \frac{p}{100}\right).$$

Das Kapital c_1, das im zweiten Jahr auf Zinsen steht, ist mit den Zinsen am Ende
des zweiten Jahres auf

$$c_2 = c_1 + c_1 \frac{p}{100} = c_1 \left(1 + \frac{p}{100}\right) = c \left(1 + \frac{p}{100}\right)^2$$

angewachsen; so weiter schließend findet man, daß es am Ende von n Jahren zu

$$4) \quad c_n = c \left(1 + \frac{p}{100}\right)^n$$

geworden ist.

---

[1]) Eine allgemeinere Ableitung ist folgende: Seien

$$y = f(x) \quad \text{und} \quad x = \varphi(y)$$

zwei inverse Funktionen, so entspricht ihnen graphisch die nämliche Kurve
(Fig. 50a). Beachten wir, daß für die zweite Funktion y die unabhängige Variable
ist, also der Differentialquotient den Wert tg τ_1 hat, so haben wir

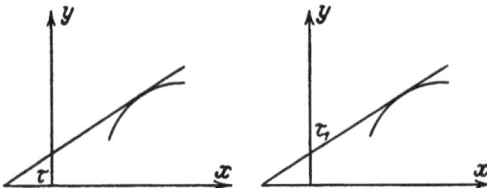

Fig. 50a.

$$\text{tg } \tau = \frac{d y}{d x}, \quad \text{tg } \tau_1 = \frac{d x}{d y}.$$

Da aber τ und τ_1 Komple-
mentwinkel sind, so ist

$$\text{tg } \tau \cdot \text{tg } \tau_1 = 1, \quad \text{also}$$

$$\frac{d y}{d x} \cdot \frac{d x}{d y} = 1$$

in Übereinstimmung mit dem Obigen. Der eine Differentialquotient ist
also gleich dem reziproken Wert des andern.

Nehmen wir jetzt an, daß die Zinsen bereits jeden Monat zum Kapital hinzukommen, die zinstragende Geldmenge sich also jeden Monat erhöht, so beträgt nach einem Monat das Kapital nebst Zinsen

$$c_1 = c + c \cdot \frac{p}{100 \cdot 12} = c\Big(1 + \frac{p}{12 \cdot 100}\Big),$$

am Ende des zweiten Monats ist es zu

$$c_2 = c_1\Big(1 + \frac{p}{12 \cdot 100}\Big) = c\Big(1 + \frac{p}{12 \cdot 100}\Big)^2$$

geworden usw.; am Ende eines Jahres hat es schließlich den Wert

$$5) \quad C = c\Big(1 + \frac{p}{12 \cdot 100}\Big)^{12}.$$

Man sieht sofort, wie die Formel sich weiter verändert, wenn man die Zinsen bereits jeden Tag, jede Stunde zum Kapital schlägt. Dabei nähert man sich dem, was in der Natur statthat. Wenn in der anorganischen oder organischen Natur ein Prozeß abläuft, bei dem irgendein Agens durch seine eigene Wirkungsart sich stetig mehrt, so geschieht es immer so, daß dasjenige, was in jedem Augenblick neu entsteht, sofort die Funktionen des wirkenden Agens mit übernimmt. Um der obigen Formel hierauf Geltung zu geben, haben wir 12 durch eine Zahl n zu ersetzen, die über alle Maßen wächst; bezeichnen wir noch $p/100$ durch x, so finden wir

$$C = c\Big\{\lim_{n=\infty}\Big(1 + \frac{x}{n}\Big)^n\Big\},$$

wo n über alle Grenzen wachsen muß. Nunmehr setzen wir noch

$$\frac{x}{n} = \frac{1}{\delta} \text{ also } n = \delta x,$$

so folgt (vgl. Formel 8 des Anhangs)

$$\Big(1 + \frac{x}{n}\Big)^n = \Big(1 + \frac{1}{\delta}\Big)^{\delta x} = \Big[\Big(1 + \frac{1}{\delta}\Big)^{\delta}\Big]^x,$$

und wenn wir jetzt, wie nötig, δ unendlich groß werden lassen, so folgt (S. 91)

$$6) \quad C = c e^x.$$

Die Exponentialfunktion e^x stellt also den Vermehrungsfaktor einer aktiven Masse für die Zeit eines Jahres resp. die sonst maßgebende Zeiteinheit dar, vorausgesetzt, daß die Vermehrung in jedem Augenblick der aktiven Masse proportional stattfindet. Gerade dies ist bei vielen Naturprozessen realisiert.

§ 11. Die Kreisfunktionen.

Wird $\qquad 1) \quad x = \sin y$

gesetzt, so kann man auch hier zur inversen Funktion übergehen, also y als Funktion von x auffassen; y ist (S. 77) derjenige Bogen, dessen Sinus die Länge x hat. Man hat hierfür die Bezeichnung

$$2) \quad y = \text{arc} (\sin x) = \text{arc} \sin x$$

eingeführt, die eben sagt, daß y der arcus ($=$ Bogen) ist, dessen Sinus gleich x ist.

In derselben Weise ergibt sich durch Umkehrung von

$$3)\quad x = \cos y,$$

daß in diesem Fall y derjenige Bogen ist, dessen Kosinus die Länge x hat, und dies wird durch

$$4)\quad y = \mathrm{acr}\,(\cos x) = \mathrm{arc}\,\cos x$$

bezeichnet. Endlich führen in ganz analoger Weise

$$5)\quad x = \mathrm{tg}\,y \quad \text{und} \quad x = \mathrm{ctg}\,y$$

auf die umgekehrten (inversen) Funktionen

$$6)\quad y = \mathrm{arc\,tg}\,x \quad \text{und} \quad y = \mathrm{arc\,ctg}\,x.$$

Man bezeichnet die Funktionen Arcus sinus x, Arcus cosinus x, Arcus tangens x und Arcus cotangens x als zyklometrische oder Kreisfunktionen.

Ihre Differentialquotienten bilden wir nach der gleichen Methode, die wir soeben in § 10 befolgt haben. Aus 1) folgt durch Differentiation

$$dx = \cos y\, dy,$$

und da $\cos y = \sqrt{1 - \sin^2 y}\,{}^{1)}) = \sqrt{1 - x^2}$ ist, so erhält man weiter

$$\frac{dy}{dx} = \frac{1}{\sqrt{1 - x^2}}\,;$$

d. h.

$$7)\quad \frac{d\,\mathrm{arc\,sin}\,x}{dx} = \frac{1}{\sqrt{1 - x^2}}.$$

Ebenso ergibt sich durch Differentiation von 3)

$$dx = -\sin y\, dy,$$

und da wieder $\sin y = \sqrt{1 - \cos^2 y}\,{}^{1)}) = \sqrt{1 - x^2}$ ist, so folgt

$$\frac{dy}{dx} = -\frac{1}{\sqrt{1 - x^2}},$$

d. h.

$$8)\quad \frac{d\,\mathrm{arc\,cos}\,x}{dx} = -\frac{1}{\sqrt{1 - x^2}}.$$

In ähnlicher Weise ergibt sich aus Gleichung 5) nach Gleichung 6) resp. 8) auf S. 88

$$dx = dy\,(1 + \mathrm{tg}^2 x) \quad \text{resp.} \quad dx = -dy\,(1 + \mathrm{ctg}^2 x),$$

---

¹) Vgl. Formel 33 des Anhangs.

also $\qquad \dfrac{dy}{dx} = \dfrac{1}{1+x^2}$ resp. $\dfrac{dy}{dx} = -\dfrac{1}{1+x^2}$, d. h.

9) $\qquad \dfrac{d\,\text{arc tg}\,x}{dx} = \dfrac{1}{1+x^2}, \qquad \dfrac{d\,\text{arc ctg}\,x}{dx} = \dfrac{-1}{1+x^2}$.

Als Differentialformeln nehmen diese Gleichungen folgende Gestalt an

$$d\,\text{arc sin}\,x = \frac{dx}{\sqrt{1-x^2}}, \quad d\,\text{arc cos}\,x = \frac{-dx}{\sqrt{1-x^2}},$$

$$d\,\text{arc tg}\,x = \frac{dx}{1+x^2}, \quad d\,\text{arc ctg}\,x = \frac{-dx}{1+x^2}.$$

§ 12. Das Differential einer Potenz für beliebige Exponenten.

Eine weitere Anwendung des Differentialbegriffs ist folgende. Wir zeigen, daß die Formel für den Differentialquotienten und die Differentiation einer Potenz, nämlich

$$1) \quad d\,(x^n) = n\,x^{n-1}\,dx$$

auch dann noch gilt, wenn n eine gebrochene Zahl ist[1]). Es sei in der Gleichung $y = x^n$

$$2) \quad n = \frac{p}{q},$$

wo p und q ganze Zahlen sind, es sei also

$$3) \quad y = x^{p/q}.$$

Hieraus folgt durch Potenzierung

$$4) \quad y^q = x^p.$$

Differenzieren wir diese Gleichung, so folgt gemäß Gleichung 1), da jetzt p und q ganze Zahlen sind,

$$q\,y^{q-1}\,dy = p\,x^{p-1}\,dx$$

und hieraus ergibt sich

$$5) \quad \frac{dy}{dx} = \frac{p}{q} \cdot \frac{x^{p-1}}{y^{q-1}}.$$

Wir erweitern rechts mit y und setzen dann im Zähler und Nenner für y und y^q ihre Werte aus 3) und 4) ein und finden so

$$\frac{dy}{dx} = \frac{p}{q} \cdot \frac{x^{p-1} \cdot x^{p/q}}{x^p},$$

---

[1]) Vgl. Formel 15 des Anhangs.

oder endlich[1])

$$6) \ \frac{dy}{dx} = \frac{d\,(x^{p/q})}{dx} = \frac{p}{q}\,x^{p/q-1}.$$

Dies ist die nämliche Formel wie diejenige, die für ganzzahliges n besteht. Als Formel in Differentialen erhalten wir noch

$$7) \ d\,x^{p/q} = \frac{p}{q}\,x^{p/q-1}\,dx.$$

Die Formel für den Differentialquotienten von x^n gilt sogar auch, wenn n irgendeine negative ganze oder gebrochene Zahl ist[2]). Ist nämlich $n = -m$, so daß m eine positive Zahl ist, so folgt aus

$$8) \ y = x^{-m} = \frac{1}{x^m}$$

zunächst die Gleichung

$$y\,x^m = 1.$$

Differenzieren wir diese Gleichung, so finden wir

$$x^m\,dy + y\,m\,x^{m-1}\,dx = 0$$

und hieraus

$$\frac{dy}{dx} = -m\,\frac{y\,x^{m-1}}{x^m} = -m\,y\,x^{-1}.$$

Setzen wir hier für y seinen Wert aus 8) ein, so wird schließlich

$$9) \ \frac{dy}{dx} = \frac{d\,(x^{-m})}{dx} = -m\,x^{-m-1},$$

und dies ist in der Tat die nämliche Formel, die für positives n gilt. Die Differentialformel wird

$$10) \ d\,(x^{-m}) = -m\,x^{-m-1}\,dx.$$

Wir gelangen also zu dem Resultat, daß die Formeln

$$\frac{d\,(x^n)}{dx} = n\,x^{n-1}, \quad d\,(x^n) = n\,x^{n-1}\,dx$$

richtig sind, wenn n eine beliebige positive oder negative ganze oder gebrochene Zahl ist.

Im besonderen ergibt sich

$$11) \ d\left(\frac{1}{x}\right) = d\,(x^{-1}) = -x^{-2}\,dx = -\frac{dx}{x^2},$$

[1]) Vgl. Formel 6 und 7 des Anhangs.
[2]) Vgl. Formel 13 des Anhangs.

$$12) \quad d\left(\sqrt{x}\right) = d\left(x^{1/2}\right) = {}^1/_2\, x^{-1/2}\, d\,x = \frac{d\,x}{2\,\sqrt{x}}.$$

Diese beiden Formeln werden so häufig angewandt, daß es sich empfiehlt, sie ebenfalls zu merken.

Beispiele:
$$d\left(\frac{a}{x}\right) = d\left(a\,x^{-1}\right) = -\frac{a\,d\,x}{x^2};$$

$$d\left(\frac{a}{x^n}\right) = d\left(a\,x^{-n}\right) = -\frac{n\,a\,d\,x}{x^{n+1}};$$

$$d\left(\frac{a}{\sqrt{x}}\right) = d\left(a\,x^{-1/2}\right) = -\frac{a\,d\,x}{2\,\sqrt{x^3}};$$

$$d\sqrt[3]{x^2} = {}^2/_3\, x^{-1/3}\, d\,x = \frac{2\,d\,x}{3\,\sqrt[3]{x}}.$$

§ 13. Differentiation der Funktionen von Funktionen.

Unsere bisherigen Formeln gestatten die Differentiation einer großen Reihe von Ausdrücken, die analog den behandelten Beispielen aus einfachen Funktionen zusammengesetzt sind. Sie reichen aber noch nicht aus, um Funktionen, wie

$$1) \quad \sqrt{(a^2 + x^2)}, \quad \sin(x - \alpha), \quad \ln\frac{a-x}{b-x},$$

zu differenzieren, und doch sind es gerade diese Funktionen, die in den Anwendungen viel häufiger auftreten als $\sin x$, x^n oder selbst $\ln x$. Um diese Funktionen zu behandeln, bedürfen wir der Kenntnis des folgenden allgemeinen Verfahrens.

Jede der obigen Funktionen ist die Funktion von einer Funktion von x, die erste ist eine Potenz von $a^2 + x^2$, die zweite der Sinus von einer Differenz, die dritte der Logarithmus eines Quotienten. Sie haben daher sämtlich die Form

$$2) \quad y = F(u),$$

wo u wieder eine Funktion von x ist; diese wollen wir durch

$$3) \quad u = \varphi(x)$$

bezeichnen, so daß sich für y, in allgemeinen Funktionszeichen geschrieben, die Form

$$4) \quad y = F[\varphi(x)]$$

ergibt. Wir fassen auf Grund von Gleichung 2) y zunächst als Funktion von u auf; aus ihr erhalten wir, wenn wir differenzieren,

$$5) \quad dy = dF(u)$$

und hieraus gemäß Gleichung 6) von § 9 (S. 97) sofort

$$6) \quad dy = F'(u) \, du.$$

Jetzt haben wir nur noch für u und du die ihnen zukommenden Werte einzusetzen. Für u ist der Wert aus 3) selbst zu entnehmen; für du erhalten wir durch Differentiation von 3)

$$7) \quad du = d\, \varphi\, (x) = \varphi'\, (x)\, dx.$$

Hiermit ist die Aufgabe rechnerisch erledigt. Dividieren wir noch die Gleichung 6) durch dx, so erhalten wir schließlich die theoretisch wichtige Gleichung

$$8) \quad \frac{dy}{dx} = F'(u) \cdot \frac{du}{dx} = \frac{dF(u)}{du} \cdot \frac{du}{dx},$$

die das Bildungsgesetz formal in Evidenz setzt.

Wir behandeln sofort die oben stehenden Beispiele. Es sei zunächst

$$y = \sqrt{a^2 + x^2}.$$

Wir setzen

$$u = a^2 + x^2,$$

so daß

$$y = \sqrt{u}$$

wird. Hieraus folgt (vgl. Gleichung 12 des vorigen Paragraphen)

$$dy = \frac{du}{2\sqrt{u}};$$

ferner ist

$$du = 2\, x\, dx,$$

also folgt durch Einsetzen

$$dy = d\left\{\sqrt{a^2 + x^2}\right\} = \frac{x\, dx}{\sqrt{a^2 + x^2}}.$$

Ist ferner

$$y = \sin (x - a),$$

so wird, wenn wir

$$u = x - a$$

setzen,

$$y = \sin u, \quad dy = \cos u \, du.$$

Ferner ergibt sich

$$du = dx,$$

mithin erhalten wir schließlich

$$dy = d\left[\sin (x - \alpha)\right] = \cos (x - \alpha)\, dx.$$

Ist endlich

$$y = \ln \frac{a - x}{b - x},$$

so setzen wir zunächst

$$u = \frac{a-x}{b-x};$$

alsdann wird

$$y = \ln u, \quad dy = \frac{1}{u} du.$$

Anderseits ist

$$du = \frac{(b-x)\,d\,(a-x) - (a-x)\,d\,(b-x)}{(b-x)^2} = \frac{(a-b)\,dx}{(b-x)^2};$$

folglich ergibt sich schließlich

$$dy = \frac{(b-x)}{(a-x)}\,\frac{(a-b)}{(b-x)^2}\,dx,$$

d. h.

$$d \ln \frac{a-x}{b-x} = \frac{a-b}{(a-x)\,b-x)}\,dx.$$

Eine letzte Anwendung soll die sein, daß wir das Differential der Funktion a^x berechnen, die der Funktion e^x analog ist. Es ist[1]

$$a = e^{\ln a},$$

und daraus folgt

$$a^x = (e^{\ln a})^x = e^{x\ln a}.$$

Wir setzen jetzt

$$x \ln a = u$$

und finden

$$da^x = de^u = e^u du,$$

und da $du = \ln a \cdot dx$ ist, so ist

$$9)\ da^x = a^x \ln a \cdot dx.$$

Für den Differentialquotienten erhalten wir also

$$10)\ \frac{d\,(a^x)}{dx} = a^x \ln a.$$

Von der Formel für e^x unterscheidet sich diese Formel durch den Faktor $\ln a$ in derselben Weise, wie sich die Formeln für die Differentialquotienten der künstlichen Logarithmen von derjenigen für den natürlichen unterscheiden (S. 93).

Man kann sich die vorstehenden Rechnungen formal insofern vereinfachen, als man nicht nötig hat, das Funktionszeichen u, das ja nur zur Abkürzung für die Funktionen $a^2 + x^2$ usw. eingeführt ist und schließlich doch durch seinen eigentlichen Wert ersetzt wird,

[1] Vgl. Formel 16 des Anhangs.

wirklich zu benutzen. Man kann daher sofort folgendermaßen verfahren. Aus

$$y = \sqrt{u} \text{ folgt } dy = \frac{du}{2\sqrt{u}},$$

daher erhalten wir aus der Gleichung

$$y = \sqrt{a^2 + x^2}$$

sofort, indem wir $a^2 + x^2$ als das u der Formel betrachten,

$$dy = \frac{d(a^2 + x^2)}{2\sqrt{a^2 + x^2}}.$$

In dieser Formel haben wir nur den Zähler weiter zu behandeln; wir finden sofort

$$dy = \frac{d(x^2)}{2\sqrt{a^2 + x^2}} = \frac{2x\,dx}{2\sqrt{a^2 + x^2}} = \frac{x\,dx}{\sqrt{a^2 + x^2}}$$

Einige weitere Beispiele sind die folgenden:

1) $y = \sqrt{\dfrac{1+x}{1-x}}$, also

$$dy = \frac{d\left(\dfrac{1+x}{1-x}\right)}{2\sqrt{\dfrac{1+x}{1-x}}} = \frac{(1-x)\,d(1+x) - (1+x)\,d(1-x)}{2(1-x)^2\sqrt{\dfrac{1+x}{1-x}}}$$

$$= \frac{(1-x)\,dx + (1+x)\,dx}{2(1-x)\sqrt{1-x^2}} = \frac{dx}{(1-x)\sqrt{1-x^2}}.$$

2) $y = \ln(x + \sqrt{1+x^2})$,

$$dy = \frac{d(x + \sqrt{1+x^2})}{x + \sqrt{1+x^2}} = \frac{dx + d(\sqrt{1+x^2})}{x + \sqrt{1+x^2}}$$

$$= \frac{dx + \dfrac{x\,dx}{\sqrt{1+x^2}}}{x + \sqrt{1+x^2}} = \frac{dx\sqrt{1+x^2} + x\,dx}{\sqrt{1+x^2}\,(x + \sqrt{1+x^2})}$$

$$= \frac{dx}{\sqrt{1+x^2}}.$$

3) $y = \sin^2(mx - \alpha)$

$$dy = 2\sin(mx - \alpha) \cdot d[\sin(mx - \alpha)]$$
$$= 2\sin(mx - \alpha) \cdot \cos(mx - \alpha) \cdot d(mx - \alpha)$$
$$= 2\sin(mx - \alpha) \cdot \cos(mx - \alpha) \cdot m \cdot dx,$$

wofür man auch[1])

$$dy = \sin\{2(mx - \alpha)\} \cdot m\,dx$$

schreiben kann.

----

[1]) Vgl. Formel 39 des Anhangs.

Bemerkung. Bei einiger Übung ist es nicht schwierig, so zu verfahren, wie es hier zuletzt geschehen ist. Es ist aber dem Anfänger dringend zu raten, die Rechnung zunächst so auszuführen, daß er für jeden weniger einfachen Ausdruck zuerst ein Funktionszeichen wirklich einführt. Die Berechnung der Differentiale der Funktionen von Funktionen ist eine von den Aufgaben, bei der sich am leichtesten Fehler einstellen können, solange es an der nötigen Gewandtheit in ihrer Behandlung mangelt.

§ 14. Stetigkeit und Unstetigkeit.

Die vorstehend behandelten Funktionen genügen für diejenigen naturwissenschaftlichen Probleme, welche im Rahmen des vorliegenden Lehrbuches zur Erörterung gelangen. Alle diese Funktionen haben im allgemeinen einen bestimmten Differentialquotienten, für den wir in einigen Fällen eine einfache naturwissenschaftliche Bedeutung angeben konnten.

Wir wollen jedoch bemerken, daß sich für gewisse Funktionen der reinen Mathematik sowie bei einzelnen Anwendungen Ausnahmeerscheinungen einstellen. Auf einige wollen wir etwas ausführlicher hinweisen, da ihr Auftreten schon bei einfacheren Problemen möglich sein kann.

Wir sind in der Einleitung von der Anschauung ausgegangen, daß wir die Naturprozesse in elementare Einzelprozesse auflösen. Denken wir uns, um die Begriffe zu fixieren, eine Bewegung; von ihr wissen wir, daß der Zuwachs des durchlaufenen Weges während der Zeit dt um so kleiner wird, je kleiner wir uns das Zeitintervall dt vorstellen, oder in anderer Ausdrucksweise, daß dieser Zuwachs gegen Null konvergiert, wenn der Zuwachs der Zeit gegen Null konvergiert. Fassen wir den durchlaufenen Weg s als Funktion der Zeit t auf, so ändert sich demgemäß die Funktion nur um außerordentlich wenig, wenn die Zeit um sehr wenig zunimmt. Eine solche Funktion nennt man eine stetige Funktion. Es bedarf kaum des Hinweises, daß der Verlauf der in der Natur vorkommenden Prozesse im allgemeinen durch stetige Funktionen dargestellt wird, mag es sich um Bewegungen, um physikalische Erscheinungen oder um chemische Reaktionen handeln. (Natura non facit saltus!)

Immerhin jedoch werden wir bei der mathematischen Naturbetrachtung zuweilen auf Unstetigkeiten im Verlauf einer Funktion geführt, und so wollen wir uns diesen Begriff an zwei einfachen Beispielen erläutern.

Betrachten wir zuerst die Ausdehnung eines festen Körpers durch Temperatursteigerung und tragen wir uns zu diesem Zwecke das Volum eines Grammes desselben in seiner Abhängigkeit von der Temperatur graphisch auf. Der feste Körper dehnt sich anfäng-
lich sehr langsam aus (Fig. 51); sobald aber die Temperatur nur um einen noch so gering-fügigen Betrag über seinen Schmelzpunkt ge-stiegen ist, schmilzt er, und die an seine Stelle tretende Flüssigkeit besitzt ein erheblich ver-schiedenes (in der Regel größeres) Volum. Gehen wir zu noch höheren Temperaturen über, so ändert sich das Volum wiederum kontinuierlich,

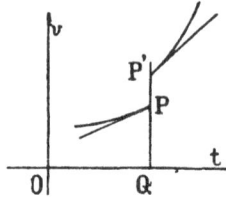

Fig. 51.

und zwar findet in der Regel eine beschleunigte Ausdehnung statt.

Man sagt nun von einer Kurve, die durch die Gleichung

$$v = f(t)$$

gegeben ist und sich nach Art der oben gezeichneten Kurve verhält, sie sei für den Wert $t = OQ$ unstetig und habe an dieser Stelle einen Sprung, und das gleiche sagt man von der Funktion $f(t)$ selber. Lassen wir t an dem Punkt Q um eine beliebig kleine Größe dt zu-nehmen, so ändert sich die Funktion $f(t)$ selber nicht mehr um eine ebenfalls sehr kleine Größe wie in allen bisher betrachteten Fällen, sondern um das endliche Stück $P P'$, so klein wir dt auch wählen. Der Differentialquotient hat für den Wert $t = OQ$ offenbar zwei verschiedene Werte, die durch die Lage der (in Fig. 51 mitgezeichneten) Tangenten bestimmt sind, welche wir im Punkte P und im Punkte P' an die beiden Kurvenstücke zu legen vermögen und deren physikalische Bedeutung einfach darin besteht, daß sie den Ausdehnungskoeffizienten des festen und denjenigen des ge-schmolzenen Körpers beim Schmelzpunkt darstellen.

In anderen Fällen verlaufen Kurven zwar ohne Sprünge, er-fahren aber in einem Punkte eine plötzliche Richtungsänderung; an dieser Stelle hat, mit anderen Worten, der Differentialquotient einen Sprung. Hierfür bietet die Dampfdruckkurve einer Substanz ein gutes Beispiel. Der Dampfdruck p des festen Körpers steigt mit der Temperatur an; sobald aber der Schmelzpunkt erreicht wird und der Körper demgemäß den flüssigen Aggregatzustand angenommen hat, so findet ein verlangsamtes Ansteigen statt und die Dampfdruck-kurve erfährt infolge davon eine plötzliche Richtungsänderung in diesem Punkte, wie es Fig. 52 graphisch veranschaulicht. Der Dampf-

druck selber macht keinen Sprung beim Schmelzpunkt; denn sein
Wert ist daselbst für den festen Körper der gleiche wie für die auf
die Temperatur des Schmelzpunktes gebrachte Flüssigkeit. Wohl
aber wird der Differentialquo-
tient unstetig; denn er geht, wenn
wir von $t = OQ$ aus um ein noch
so kleines Stück dt vorwärts
gehen, aus dem Werte, welcher
der trigonometrischen Tangente
des Winkels a entspricht, in denjenigen über, welcher der trigono-

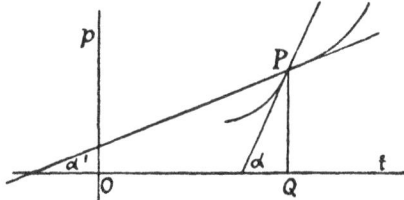

Fig. 52.

metrischen Tangente des Winkels a' entspricht und von dem ersten
um einen endlichen Betrag verschieden ist.

Man sagt von einer Funktion, daß sie für einen bestimmten Wert
von x unstetig sei, auch dann, wenn sie für diesen Wert unendlich
wird. Eine solche Funktion ist z. B.

$$y = \frac{1}{a - x}.$$

Setzen wir $x = a$, so wird y unendlich groß; die Funktion ist daher
an dieser Stelle unstetig. Der Differentialquotient dieser Funktion
hat den Wert

$$y' = \frac{1}{(a - x)^2},$$

er wird daher für $x = a$ ebenfalls unendlich groß. Solche Funktionen
haben wir in den vorstehenden Paragraphen mehrfach kennen gelernt, wir brauchen z. B. nur die Kurvenbilder daraufhin zu betrachten, ob sie Kurvenzüge enthalten, bei denen die Ordinate für einen
endlichen Wert von x unendlich wird. Solche Kurven sind z. B. diejenigen, die sich für $\ln x$, für die graphische Darstellung des Boyle-
Mariotteschen Gesetzes (S. 3) ergeben, und andere.

Wir schließen diese Erörterungen mit der Bemerkung, daß wir
auch im nachfolgenden, genau wie im vorhergehenden, auf die Aus-
nahmewerte usw. keinerlei Rücksicht nehmen; in allen den von uns
zu behandelnden Aufgaben sind wir auf Grund der einfachen Natur
der Funktionen, mit denen wir zu operieren haben, dessen überhoben.

Zu diesem Kapitel beachte man § 2 der Übungsaufgaben.

VIERTES KAPITEL.

Die Integralrechnung.

§ 1. Die Aufgabe der Integralrechnung.

In Kapitel II § 1 haben wir gesehen, daß uns beim theoretischen Studium der Naturvorgänge und ihrer Gesetze im wesentlichen zwei verschiedene Probleme entgegentreten. Das eine verlangt aus dem Momentangesetz eines Naturprozesses das Gesetz des ganzen Prozesses abzuleiten; das andere nimmt das Gesamtgesetz als gegeben an und stellt die Aufgabe, zu ermitteln, wie sich in jedem einzelnen Augenblick der Naturvorgang abspielt, und was ihn wirkend bestimmt. Jedes der beiden Probleme steht dem anderen als seine Umkehrung gegenüber. Das zweite führte uns auf die Begriffe und Methoden der Differentialrechnung; das erste wird uns zu den Aufgaben der Integralrechnung führen.

Wir knüpfen auch hier an die Auffassung an, den Naturvorgang in lauter kleine Einzelprozesse von minimaler Dauer zu zerlegen, die gleichmäßig ablaufen. Wir setzen aber diesmal voraus, daß uns das Gesetz für den Ablauf dieser einzelnen Prozesse bekannt ist, und stellen die Aufgabe, daraus das Gesamtgesetz des ganzen Naturprozesses zu bestimmen. Sollen wir z. B. die veränderliche Abnahme des Luftdrucks mit der Höhe untersuchen, so zerlegen wir die Atmosphäre in lauter sehr dünne Schichten und nehmen an, daß innerhalb einer jeden solchen Schicht der Luftdruck gleichmäßig abnimmt, und daß uns das differentielle Gesetz der Abnahme des Luftdrucks für jede einzelne dieser dünnen Schichten bekannt ist; dann ist die Aufgabe, das allgemeine Gesetz zu finden, das die Änderung des Luftdrucks mit der Höhe darstellt. Diese Aufgabe findet durch die Methoden der Integralrechnung ihre Lösung[1].

---

[1] Die Bezeichnung »Integralrechnung« trägt dem Umstand Rechnung, daß es sich um Probleme handelt, die den Gesamtverlauf (integer) eines Prozesses betreffen.

Wenden wir uns jetzt von der speziellen naturwissenschaftlichen Formulierung dieser Probleme zu ihrem mathematischen Inhalt, so können wir die allgemeine Aufgabe, um die es sich hier handelt, folgendermaßen präzisieren: In der Differentialrechnung werden die **unendlich kleinen** Änderungen einer veränderlichen Größe y bestimmt, die den **unendlich kleinen** Änderungen einer anderen Größe x entsprechen: vorausgesetzt, daß man das **Gesetz kennt,** das beide Größen verbindet, daß man also **weiß,** welche Funktion die eine von der andern ist. Jetzt sollen wir, wenn die unendlich kleinen Änderungen der veränderlichen Größe y bekannt sind, die den unendlich kleinen Änderungen einer Größe x entsprechen, die **Funktionsbeziehung suchen,** die zwischen den beiden Größen besteht. An den Naturforscher wird das hier definierte Problem offenbar öfter herantreten als dasjenige der Differentialrechnung, weil er nur äußerst selten die Gesamtbeziehung zwischen zwei veränderlichen Größen kennt, hingegen sehr häufig auf Grund einer glücklichen Hypothese vorauszusagen weiß, durch welche Beziehung unendlich kleine Änderungen jener Größen miteinander verknüpft sind. (Vgl. S. 55 ff.)

§ 2. Der Integralbegriff.

Das mathematische Verfahren, nach dem wir die genannten Probleme behandeln, wollen wir zunächst an einigen Beispielen deutlich machen und beginnen mit der Fallbewegung. Wir denken uns also die umgekehrte Aufgabe gestellt wie die, die wir S. 61 behandelt haben, d. h. wir nehmen an, daß die Gleichung

$$1)\quad v = gt$$

gegeben ist, und verlangen, daraus die Fallformel

$$2)\quad s = \frac{1}{2} g t^2$$

abzuleiten.

Diese Aufgabe kann man auf zwei nur formal voneinander verschiedene Weisen behandeln. Zunächst, indem man mit den Differentialen selbst operiert, und zwar folgendermaßen: Nach den Ausführungen von S. 95 ist die in der Zeit dt zurückgelegte Wegstrecke gleich dem Differential ds. Da wir uns denken, daß diese Strecke gleichmäßig durchlaufen wird, und zwar mit der Geschwindigkeit $v = gt$, so folgt sofort

$$ds = v\,dt = g t\,dt$$

und hieraus durch Division mit dt

$$3)\ \frac{ds}{dt} = gt.$$

Zu dieser Gleichung gelangen wir aber auch so, daß wir nicht mit den Differentialen, sondern von vornherein mit den Differentialquotienten operieren. Beachten wir, daß (S. 95) v der Differentialquotient von s nach t ist, so geht die Gleichung 1) unmittelbar in 3) über.

Mit der Aufstellung dieser Gleichung ist der spezifisch physikalische Teil der Betrachtung abgeschlossen. Um von der Gleichung 3) zur Gleichung 2) zu gelangen, haben wir nur noch eine rein rechnerische Aufgabe zu behandeln, nämlich die Aufgabe, die Funktion s zu finden, wenn wir den Wert ihres Differentialquotienten resp. ihr Differential kennen. Dies ist in der Tat die Umkehrung der Aufgabe, die wir in den beiden vorstehenden Kapiteln behandelt haben.

Ein zweites Beispiel sei die Zuckerinversion (Zerfall gelösten Rohrzuckers unter Aufnahme von Wasser in Dextrose und Lävulose bei Gegenwart von Säuren). Ehe wir an die Behandlung dieser Aufgabe gehen, haben wir den Begriff der Reaktionsgeschwindigkeit eines gleichmäßigen Inversionsprozesses zu definieren. Einen gleichmäßigen Prozeß erhält man, wenn man die Zuckerkonzentration konstant erhält, also der Zuckerlösung in jedem Augenblick so viel Zucker zuführt, als durch Inversion verschwindet[1]. Dann geht die Reaktion mit konstanter Geschwindigkeit vor sich, und es wird in jeder Sekunde die gleiche Zuckermenge sich umwandeln. Die in der Zeiteinheit invertierte Zuckermenge gibt die Reaktionsgeschwindigkeit an; von ihr besagt das Guldberg-Waagesche Gesetz, daß sie der in Lösung befindlichen Zuckermenge m direkt proportional ist. Ist also k die Reaktionsgeschwindigkeit, wenn $m = 1$ ist, so hat sie für die Zuckermenge m den Wert mk.

Sei nun a die ursprünglich in der Lösung befindliche Zuckermenge, ferner sei zur Zeit t die Zuckermenge x invertiert, so daß die Menge des noch in Lösung befindlichen Zuckers $a-x$ beträgt. In der alsdann folgenden Zeit dt werde die Zuckermenge dx inver-

---

[1] Streng genommen müßten zugleich auch die entstehenden Stoffe (Dextrose und Lävulose) aus dem System entfernt werden; doch ist die Rückbildungsgeschwindigkeit dieser Stoffe zu Rohrzucker so ungeheuer klein, daß diese Bedingung praktisch belanglos ist.

tiert. Nach obigem Gesetz ist währenddessen die Reaktionsgeschwindigkeit zu der vorhandenen Zuckermenge proportional und hat daher den Wert $k\,(a-x)$. Mit dieser Reaktionsgeschwindigkeit geht aber die Inversion nur die kleine Zeit $d\,t$ hindurch vor sich, in dieser Zeit beträgt daher die Menge des invertierten Zuckers $k\,(a-x)\,d\,t$. Diese differentielle Zuckermenge haben wie andererseits mit $d\,x$ zu bezeichnen (S. 96), also ergibt sich

$$4)\quad dx = k\,(a-x)\,dt$$

oder

$$5)\quad \frac{d\,x}{d\,t} = k\,(a-x).$$

Das chemische Gesetz ist damit in eine mathematische Form gebracht, und wir haben nun noch das Funktionsverhältnis zwischen x und t zu ermitteln, das in vorstehender Gleichung seinen Ausdruck findet. Dies wollen wir wirklich ausführen.

Hierzu schreiben wir die Gleichung in der Form

$$6)\quad dt = \frac{1}{k}\cdot\frac{d\,x}{a-x}$$

und sehen leicht, daß man

$$7)\quad t = -\frac{1}{k}\ln\,(a-x) + \frac{1}{k}\ln\,a$$

setzen darf[1]. In der Tat folgt aus dieser Gleichung durch Differentiation

$$dt = -\frac{1}{k}\,d\ln\,(a-x) = -\frac{1}{k}\cdot\frac{d\,(a-x)}{a-x} = \frac{1}{k}\cdot\frac{d\,x}{a-x}.$$

Damit haben wir die funktionale Beziehung zwischen x und t gefunden. Wir können übrigens die Gleichung 7) einfacher folgendermaßen schreiben[2]:

$$8)\quad t = \frac{1}{k}\ln\frac{a}{a-x}.$$

Analog zum ersten Beispiel können wir zur Gleichung 5) auch auf einem zweiten, direkten Wege gelangen. Wie wir S. 68 sahen, bezeichnet man den in 5) enthaltenen Differentialquotienten $\dfrac{d\,x}{d\,t}$ als die momentane Reaktionsgeschwindigkeit des Prozesses. Sobald uns also der Begriff der momentanen Reaktionsgeschwindigkeit geläufig ist, können wir die Gleichung 5) auf Grund des GuldbergWaageschen Gesetzes auch in diesem Fall unmittelbar hinschreiben.

---

[1] Die direkte Ausrechnung befindet sich auf S. 128; vgl. auch S. 123.
[2] Vgl. Formel 24 des Anhangs.

Wir geben schließlich noch ein rechnerisches Beispiel; es soll die allgemeine Aufgabe erkennen lassen, die zur Integralrechnung führt. Gehen wir von der Gleichung

$$9)\quad y = \sin^2 x$$

aus, so finden wir durch Differentiation

$$10)\quad dy = 2 \sin x \cos x\, dx; \quad \frac{dy}{dx} = 2 \sin x \cdot \cos x.$$

Ist uns umgekehrt die in Gleichung 9) enthaltene Funktion y un-bekannt, während uns gemäß 10) ihr Differential oder ihr Diffe-rentialquotient bekannt ist, so können wir fragen, welches die pri-mitive Funktion y war, die diesen Differentialquotienten lieferte. Diese Frage können wir offenbar für jede Funktion y stellen. Be-zeichnen wir sie allgemeiner durch $F(x)$ und ihren Differentialquo-tienten durch $f(x)$, so ist die gesuchte Funktion $F(x)$ dieser Auf-gabe gemäß so zu bestimmen, daß

$$11)\quad dF(x) = f(x)\, dx, \text{ also } \frac{dF(x)}{dx} = f(x)$$

ist. Die Ermittlung dieser primitiven Funktion $F(x)$, wenn ihre Ableitung $f(x)$ gegeben ist, bildet die rech-nerische Aufgabe der Integralrechnung. Offenbar steht die Integralrechnung der Differentialrechnung ebenso gegenüber wie die Division der Multiplikation und die Radizierung der Potenzierung.

Für jede inverse Operation ist zunächst ein neues Zeichen ein-zuführen[1]). Dies hat also auch hier zu geschehen. Wir bezeichnen die primitive Funktion $F(x)$, die aus der gegebenen Funktion $f(x)$ zu bestimmen ist, durch

$$12)\quad F(x) = \int f(x)\, dx$$

und nennen sie das Integral von $f(x)\, dx$ oder auch Integral-funktion von $f(x)$. Diese Bezeichnung bedeutet also nichts anderes, als daß $f(x)\, dx$ das Differential von $F(x)$ ist; die beiden Gleichun-gen 11) und 12) sagen genau das gleiche aus und unterscheiden sich nur in der Bezeichnung. Mit Anwendung dieser neuen Bezeichnung ist also in den oben betrachteten Beispielen

$$s = \int g t\, dt = {}^1\!/_2\, g t^2,$$

$$t = \int \frac{1}{k} \cdot \frac{dx}{a-x} = \frac{1}{k} \ln \frac{a}{a-x}$$

zu setzen.

---

[1]) Das Radizieren stellt eine zum Potenzieren inverse Operation dar; wird in der Gleichung $a^n = b$ b als bekannt und a als unbekannt betrachtet, so wird für a das Zeichen $\sqrt[n]{b}$ gesetzt.

Die Tatsache, daß Differentialrechnung und Integralrechnung sich aufhebende Operationen sind, wollen wir noch durch eine Formel in Evidenz setzen. Setzen wir in Gleichung 11) für $F(x)$ aus Gleichung 12) seinen Wert, so folgt

$$13) \quad d \int f(x)\, dx = f(x)\, dx,$$

und diese Gleichung zeigt in der Tat, daß die Zeichen d und $\int$ einander aufheben, genau wie dies für die Operationszeichen des Potenzierens und Radizierens der Fall ist.

In der nämlichen Weise erhalten wir aus der Gleichung 12), wenn wir für $f(x)\, dx$ nach Gleichung 11) $dF(x)$ setzen und die Seiten der Gleichung vertauschen,

$$14) \quad \int dF(x) = F(x),$$

und auch diese Gleichung zeigt, daß sich d und $\int$ gegenseitig aufheben [1]. Ersetzen wir noch zur Abkürzung $F(x)$ durch u, so nimmt sie die einfache Form

$$15) \quad \int du = u$$

an; eine Gleichung, von der wir sehr oft Gebrauch zu machen haben.

Wollen wir die letzten Gleichungen in Worte fassen, so können wir sagen, daß das Differential eines Integrals, ebenso das Integral eines Differentials immer wieder die ursprüngliche Funktion gibt; genau wie die n^{te} Wurzel einer n^{ten} Potenz und die n^{te} Potenz einer n^{ten} Wurzel wieder die Grundzahl gibt.

Ehe wir die Integrale der einzelnen Funktionen $f(x)$ angeben, wollen wir noch einen allgemeinen Satz ableiten. Ist $F(x)$ wieder eine Integralfunktion von $f(x)$, so daß sie der Gleichung

$$\frac{dF(x)}{dx} = f(x)$$

---

[1] Für je zwei inverse Rechnungsarten existieren zwei derartige Gleichungen. Lassen wir dem Potenzieren das Differenzieren, also dem Radizieren das Integrieren entsprechen, so ist das Analogon der Gleichung 13), daß

$$\left(\sqrt[n]{a}\right)^n = a$$

ist; hier wird a zuerst radiziert und dann das Ergebnis potenziert. Das Analogon der Gleichung 14) dagegen lautet

$$\sqrt[n]{(a^n)} = a;$$

hier wird a zuerst potenziert und dann das Ergebnis wieder radiziert. Ebenso wird im Text im ersten Fall zuerst $f(x)\, dx$ integriert und dann differenziert, im zweiten zunächst $F(x)$ differenziert und dann das Ergebnis integriert.

genügt, so sieht man sofort, daß auch

$$16) \quad F(x) + C,$$

wo C irgendeine Konstante bedeutet, diese Eigenschaft hat; denn
es ist (S. 85)

$$\frac{d\,[F(x) + C]}{d\,x} = \frac{d\,F(x)}{d\,x} = f(x).$$

Die Funktion $F(x) + C$ ist daher ebenfalls als eine Integralfunktion
von $f(x)$ zu betrachten; wir finden also zu einer Funktion $f(x)$
unendlich viele Integralfunktionen. Jeder Wert von C bestimmt eine von ihnen; sie gehen auseinander hervor, indem man
zu einer beliebigen von ihnen konstante Größen hinzuaddiert.

Man drückt dies formal dadurch aus, daß man

$$17) \quad \int f(x)\,d\,x = F(x) + C$$

schreibt. Ohne befürchten zu müssen, zu Irrtümern Veranlassung
zu geben, werden wir aber auch in Zukunft von den bisher benutzten
Gleichungen

$$\int f(x)\,d\,x = F(x)$$

vielfach Gebrauch machen. Wollen wir beide Gleichungen genau
lesen, so heißt die zweite: Eine Integralfunktion von $f(x)$ ist $F(x)$;
die erste: Alle Funktionen von der Form $F(x) + C$ sind Integralfunktionen von $f(x)$.

§ 3. Die Grundformeln der Integralrechnung.

Da die Integralrechnung die Umkehrung der Differentialrechnung ist, so können wir, wie dies für alle solche Rechnungsarten
gilt, jede Formel der Differentialrechnung benutzen, um aus ihr
eine Formel der Integralrechnung abzuleiten[1]).

Wir haben nur davon Anwendung zu machen, daß nach dem
vorigen Paragraphen, wenn die Gleichung

$$d\,F(x) = f(x)\,d\,x$$

besteht, diese Gleichung sofort

$$\int f(x)\,d\,x = F(x)$$

ergibt. Man sagt, daß die zweite Gleichung aus der ersten durch
Integration hervorgeht, wie umgekehrt die erste aus der zweiten
durch Differentiation.

---

[1]) Eine allgemeine Methode, um die Integralfunktion einer gegebenen
Funktion zu finden, existiert nicht.

Wir erhalten also die gesuchten Integralformeln durch unmittelbare Umkehrung der Formeln, die wir in § 2—12 des vorigen Kapitels aufgestellt haben. Einige von ihnen wollen wir vorher ein wenig umformen. Für die Potenz x^{n+1} besteht die Gleichung

$$d\,(x^{n+1}) = (n+1)\,x^n\,dx,$$

woraus sich

$$d\left(\frac{x^{n+1}}{n+1}\right) = x^n\,d\,x$$

ergibt. Ferner setzen wir statt der Formeln

$$d\cos x = -\sin x\,d x, \qquad d\operatorname{ctg} x = -\frac{d\,x}{\sin^2 x}$$

die folgenden

$$d\,(-\cos x) = \sin x\,d x, \qquad d\,(-\operatorname{ctg} x) = \frac{d\,x}{\sin^2 x}$$

und gelangen nunmehr sofort zu folgender Doppeltabelle:

$$d\left(\frac{x^{n+1}}{n+1}\right) = x^n\,d\,x \qquad\qquad \int x^n\,dx = \frac{x^{n+1}}{n+1}$$

$$d\sin x = \cos x\,dx \qquad\qquad \int \cos x\,dx = \sin x$$

$$d\,(-\cos x) = \sin x\,dx \qquad\qquad \int \sin x\,dx = -\cos x$$

$$d\operatorname{tg} x = \frac{d\,x}{\cos^2 x} \qquad\qquad \int \frac{d\,x}{\cos^2 x} = \operatorname{tg} x$$

$$d\,(-\operatorname{ctg} x) = \frac{d\,x}{\sin^2 x} \qquad\qquad \int \frac{d\,x}{\sin^2 x} = -\operatorname{ctg} x$$

$$d\,e^x = e^x\,dx \qquad\qquad \int e^x\,dx = e^x$$

$$d\ln x = \frac{d\,x}{x} \qquad\qquad \int \frac{d\,x}{x} = \ln x\ ^{[1]}$$

$$d\operatorname{arc\,sin} x = \frac{d\,x}{\sqrt{1-x^2}} \qquad\qquad \int \frac{d\,x}{\sqrt{1-x^2}} = \operatorname{arc\,sin} x$$

$$d\operatorname{arc\,tg} x = \frac{d\,x}{1+x^2} \qquad\qquad \int \frac{d\,x}{1+x^2} = \operatorname{arc\,tg} x.$$

Wir fügen schließlich noch das Integral hinzu, das sich aus dem ersten Integral der Tabelle für $n = -\tfrac{1}{2}$ ergibt, nämlich

$$\int \frac{d\,x}{\sqrt{x}} = 2\sqrt{x}.$$

---

[1]) Das Integral der linken Seite ist formal in dem ersten Integral der Tabelle enthalten, nämlich für $n = -1$. Alsdann versagt aber die erste Integralformel, da $n + 1 = 0$ wird, und ist durch die obige zu ersetzen.

§ 4. Die geometrische und physikalische Bedeutung der Integrations-konstanten.

In der Existenz der unendlich vielen Integralfunktionen, die zu einem und demselben Differential $f(x) \, dx$ gehören, tritt uns eine Tatsache entgegen, für die es im Bereich der Elementarmathematik ein vollständiges Analogon nicht gibt. Die Bestimmung der Quadrat-wurzel einer Zahl führt allerdings auf zwei Lösungen, ebenso hat eine dritte Wurzel drei verschiedene Werte; aber unendlich viele Lösungen, wie sie sich hier bei der Aufgabe ergeben, zum Differential $f(x) \, dx$ die Integralfunktion zu finden, treten sonst nirgends auf. Die formale Erklärung hiervon haben wir im vorigen Paragraphen dargelegt; wir haben aber naturgemäß den Wunsch, zu erfahren, in welchen geometrischen und naturwissenschaftlichen Tatsachen dies begründet ist. Wir wollen mit der geometrischen Interpretation den Anfang machen.

Es sei $F(x)$ zunächst wieder irgendeine Integralfunktion von $f(x)$, so daß also die Gleichung

$$\frac{dF(x)}{dx} = f(x)$$

besteht. Setzen wir

$$1) \quad y = F(x),$$

so wird durch diese Gleichung in bekannter Weise eine Kurve dar-gestellt. Für diese Kurve folgt (S. 73)

$$2) \quad \operatorname{tg} \tau = \frac{dy}{dx} = \frac{dF(x)}{dx} = f(x),$$

und diese Gleichung bestimmt für unsere Kurve in jedem Kurven-punkt die Lage der Tangente. Die Bestimmung der Integralfunktion $F(x)$ zu gegebenem $f(x)$ läuft also geometrisch darauf hinaus, die Ordinate y einer Kurve zu bestimmen, wenn man die Tangenten-richtung in jedem ihrer Punkte kennt.

Man überzeugt sich nun sofort, daß die Aufgabe, eine Kurve zu zeichnen, wenn man das Gesetz ihrer Tangente kennt, auf un-zählig viele Kurven führt. Man beachte zunächst, daß gemäß Glei-chung 2) der Winkel τ in jedem Punkt der Kurve nur von der Abs-zisse x des Kurvenpunktes abhängt. Ist daher irgendeine Kurve bekannt, die die Bedingungen der Aufgabe erfüllt, und ver-schiebt man sie parallel mit sich selbst in der Richtung der y-Achse um irgendeine Strecke C, so wird die Kurve in ihrer neuen Lage eben-

falls den Bedingungen des Problems genügen. Ist nämlich (Fig. 53)
P ein Punkt, der dadurch in die Lage Q gelangt, so haben erstens P
und Q gleiche Abszisse, anderseits bleibt jede Tangente bei dieser
Verschiebung sich selbst parallel, woraus die Behauptung unmittelbar hervorgeht. Bezeichnen wir die Ordinaten von P und Q mit y und
Y, so folgt, da die Größe der Verschiebung gleich
C ist,

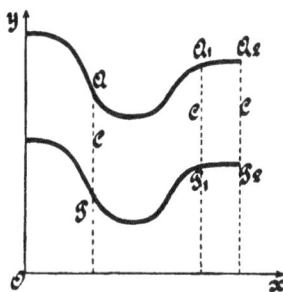

$$Y = y + C,$$

und diese Gleichung gilt für jedes zusammengehörige Wertepaar y und Y. Schreiben wir
nun noch die Gleichung der ersten Kurve
in der Form

3) $y = F(x)$,

so folgt als Gleichung der zweiten Kurve

4) $Y = F(x) + C$,

Fig. 53.

und das ist die zu erläuternde Gleichung[1]).

Es ist klar, daß man unter den sämtlichen durch Parallelver-
schiebung auseinander hervorgehenden Kurven eine so finden kann,
daß die zu einer Abszisse x_0 gehörige Ordinate eine gegebene Länge
y_0 hat. Es folgt daraus, daß man, um aus der Gesamtheit aller Integralfunktionen eine bestimmte herauszuheben, zu irgendeinem
Wert von x den zugehörigen Wert der Funktion vorzu-
schreiben hat.

Um die physikalische Bedeutung der Konstanten C zu erkennen
und die Notwendigkeit ihres Auftretens zu verstehen, ist es das
zweckmäßigste, einige bestimmte Beispiele durchzurechnen. Wir
beginnen mit der Fallbewegung und gehen von den für sie empirisch
abgeleiteten Gesetzen aus.

Wir nehmen an, daß die Wirkung der Schwere zur Zeit $t = 0$
beginnt, und daß der Massenpunkt, der ihr unterliegt, zur Zeit $t = 0$
bereits eine vertikale Geschwindigkeit v_0 nach oben oder unten besitzt. Dann wird die Geschwindigkeit zur Zeit t durch die Formel

5) $v = g t + v_0$

dargestellt; für $t = 0$ ergibt sie, wie nötig, den Wert v_0, der positiv
oder negativ sein kann. Aus ihr folgt durch Differentiation

6) $dv = g dt$,

---

[1]) Aus obiger Betrachtung folgt noch, daß jede Integralfunktion aus $F(x)$
durch Addition einer Konstanten entsteht.

und dies gilt für jeden Wert von v_0; für jede derartige Bewegung hat also das Differential dv den nämlichen Wert $g\,dt$.

Gehen wir daher umgekehrt von der Gleichung 6) aus und suchen rechnerisch alle ihr genügenden Bewegungen, so müssen wir wieder für v alle durch Gleichung 5) gegebenen Funktionen erhalten. Dies wird aber gerade durch das Auftreten der Integrationskonstanten vermittelt. Aus 6) folgt nämlich rechnerisch zunächst

$$7) \quad v = \int g\,dt + C = gt + C,$$

was bereits die Existenz unendlich vieler Bewegungen erkennen läßt.

Um eine von ihnen herauszuheben, müssen wir wissen, welchen Wert für sie v in irgendeinem Augenblick besitzt[1]). Hierzu wählen wir zweckmäßig den Moment $t = 0$, in dem die Schwere zu wirken beginnt. Ist v_0 wieder die in ihm vorhandene Anfangsgeschwindigkeit, so folgt aus 7) für $t = 0$ die Gleichung

$$7a) \quad v_0 = C;$$

für die so bestimmte Bewegung folgt also in der Tat

$$8) \quad v = gt + v_0,$$

d. h. die Gleichung, von der wir ausgingen.

Wird der Körper senkrecht in die Höhe geworfen, so ist seine Anfangsgeschwindigkeit negativ; wir setzen

$$v_0 = -V,$$

wo V jetzt positiv ist, so daß die Gleichung

$$v = gt - V$$

besteht. Man kann dann fragen, nach welcher Zeit der Körper zum Stillstand kommt, resp. seine Bewegungsrichtung umkehrt. Dies tritt dann ein, wenn v den Wert Null erlangt; der zugehörige Wert von t ergibt sich daher aus der Gleichung

$$0 = gt - V$$

zu

$$9) \quad t = \frac{V}{g}.$$

An zweiter Stelle wollen wir die Zuckerinversion behandeln. Wir hatten für sie die Gleichung (S. 115)

$$10) \quad dt = \frac{1}{k} \cdot \frac{dx}{a - x}$$

gefunden, woraus durch Integration unter Zufügung der Konstanten C

$$11) \quad t = \frac{1}{k} \ln \frac{1}{a - x} + C$$

---

[1]) Genau so mußten wir S. 121 den Wert y_0 kennen, der zu irgendeinem Wert x_0 gehört.

folgt. Bei einem bestimmten Reaktionsprozeß muß C naturgemäß einen bestimmten Wert besitzen, der also nicht mehr beliebig, sondern durch die Bedingungen des Versuchs gegeben ist. Diesen Wert kann man folgendermaßen bestimmen. Zählt man, wie gewöhnlich, die Zeit von dem Augenblick an, wo die Reaktion beginnt, so hat zur Zeit $t = 0$ die invertierte Zuckermenge den Wert $x = 0$, es besteht daher die Gleichung

$$0 = \frac{1}{k} \ln \frac{1}{a} + C.$$

Durch sie ist C bestimmt. Setzen wir diesen Wert von C in die Gleichung 11) ein, so ergibt sich

$$12)\quad t = \frac{1}{k} \ln \frac{1}{a - x} - \frac{1}{k} \ln \frac{1}{a}$$

$$= \frac{1}{k} \ln \frac{a}{a - x}\ {}^{1}).$$

Praktisch pflegt man übrigens die Konstante C auf andere Weise zu bestimmen. Man beobachtet nämlich die zu irgendeiner Zeit t_1 invertierte Zuckermenge x_1 direkt, alsdann besteht für t_1 und x_1 die Gleichung

$$13)\quad t_1 = \frac{1}{k} \ln \frac{1}{a - x_1} + C,$$

woraus sich C ergibt. Auf Grund dieser Gleichung folgt aus 11)

$$t_1 - t = \frac{1}{k} \ln \frac{1}{a - x_1} - \frac{1}{k} \ln \frac{1}{a - x}$$

$$= \frac{1}{k} \ln \frac{a - x}{a - x_1}\ {}^{2}),$$

und daraus folgt schließlich

$$14)\quad k = \frac{1}{t_1 - t} \ln \frac{a - x}{a - x_1}.$$

Dies ist die Form, in die man unsere Gleichung am besten setzt, wenn man sie experimentell bestätigen will. Nach ihr muß der Ausdruck auf der rechten Seite eine Konstante sein, und man kann, indem man zu irgendwelchen Zeiten t, t', t'' . . . die zugehörigen Werte x, x', x'' . . . beobachtet, leicht ermitteln, ob dies der Fall ist[3]).

---

[1]) Vgl. Formel 20 und 24 des Anhangs.
[2]) Vgl. Formel 20 und 24 des Anhangs.
[3]) Vgl. die Anwendungen in Kap. V, § 3, 9, 10.

§ 5. Integration von Summe und Differenz.

Wir übertragen im folgenden die Ergebnisse von Kapitel III, § 5 und 6 auf die Integralfunktionen. Es ist

$$1)\ d\,(u + v) = du + dv,$$

und hieraus folgt durch Integration

$$u + v = \textstyle\int (d\,u + dv).$$

Nun ist aber $u = \int du$, $v = \int dv$; folglich ergibt sich

$$2)\ \textstyle\int (d\,u + dv) = \int du + \int dv,$$

d. h. das Integral einer Summe ist gleich der Summe der Integrale.

Die gleiche Formel gilt für mehr als zwei Summanden.

In der nämlichen Weise folgt aus der Formel

$$3)\ d\,(u - v) = du - dv$$

durch Integration

$$u - v = \textstyle\int (d\,u - dv)$$

oder, wenn wir wieder $u = \int du$, $v = \int dv$ setzen,

$$4)\ \textstyle\int (d\,u - dv) = \int d\,u - \int dv,$$

d. h. das Integral einer Differenz ist gleich der Differenz der bezüglichen Integrale.

Endlich ergibt sich aus der Formel

$$5)\ d\,(a\,u) = a\,du,$$

in der a eine Konstante bedeutet, durch Integration

$$a\,u = \textstyle\int a\,d u.$$

Ersetzen wir hier u durch $\int d\,u$, so folgt

$$6)\ \textstyle\int a\,du = a \int d\,u.$$

Diese Formel zeigt, daß man eine Konstante als Faktor beliebig vor oder unter das Integralzeichen setzen kann.

Fassen wir die vorstehenden Sätze zusammen, so folgt:

$$\textstyle\int (a\,d u + b\,dv - c\,dw) = a \int du + b \int dv - c \int dw.$$

Beispiele:

$$\textstyle\int (x + \sin x)\,dx = \int x\,dx + \int \sin x\,dx = \frac{x^2}{2} - \cos x + C;$$

$$\textstyle\int (a\,x^2 + b\,x + c)\,dx = \int a\,x^2\,dx + \int b\,x\,dx + \int c\,dx$$

$$= a\,\frac{x^3}{3} + b\,\frac{x^2}{2} + c\,x + C;$$

$$\textstyle\int \left(a\,x^2 + \frac{b}{x}\right) dx = \int a\,x^2\,dx + \int \frac{b}{x}\,dx = \frac{a\,x^3}{3} + b \ln x + C;$$

$$\textstyle\int (a \cos x + b \sin x)\,dx = a \sin x - b \cos x + C.$$

§ 6. Die Methode der teilweisen Integration.

Wir wollen nunmehr diejenige Formel, die sich auf die Differentiation eines Produktes bezieht, in die Integralrechnung übertragen. Wir hatten

$$1)\quad d\,(uv) = v\,du + u\,dv.$$

Nehmen wir auf beiden Seiten das Integral, so erhalten wir links uv, rechts die Summe der einzelnen Integrale, d. h. wir finden

$$uv = \int v\,du + \int u\,dv$$

als Umkehrung der analogen Formel der Differentialrechnung. Es fragt sich, wie wir diese Formel benutzen können. Wir schreiben sie zu diesem Zweck

$$2)\quad \int u\,dv = uv - \int v\,du$$

und sehen nun sofort, daß sie ein Integral auf ein anderes zurückführt und daher als eine Reduktionsformel aufzufassen ist. Kennen wir das Integral der rechten Seite, so können wir mit dessen Hilfe auch das Integral der linken Seite berechnen.

Es handle sich z. B. um das Integral

$$\int \ln x\,dx.$$

Wir müssen $\ln x\,dx$ in die Form $u\,dv$ gebracht denken und setzen dazu

$$u = \ln x, \quad dv = dx,$$

so finden wir

$$du = \frac{dx}{x}, \quad v = x$$

und demnach

$$3)\quad \int \ln x\,dx = x \ln x - \int x\,\frac{dx}{x}$$
$$= x \ln x - x.$$

Ein zweites Beispiel sei das Integral

$$\int x e^x\,dx.$$

Hier setzen wir

$$u = x, \quad dv = e^x\,dx$$

und finden gemäß S. 119 zunächst

$$du = dx, \quad v = \int e^x\,dx = e^x.$$

Hieraus folgt weiter

$$4)\quad \int x e^x\,dx = x e^x - \int e^x\,dx$$
$$= x e^x - e^x.$$

Wie man die Zerlegung in die beiden Teile u und dv zu machen hat, damit die Methode wirklich zum Ziele führt, läßt sich natürlich nicht allgemein angeben. Man ist hier auf Probieren angewiesen. Nur so viel ist klar, daß man erstens imstande sein muß, die Funktion v selbst zu ermitteln, und daß zweitens das Integral, auf das man das gesuchte reduziert, bekannt sein oder doch wenigstens einfacher bestimmbar sein muß als das gesuchte. Setzen wir z. B. beim letzten Integral

$$u = e^x, \quad dv = x\,dx,$$

— was an und für sich natürlich zulässig ist — so ist v auch jetzt noch sofort bestimmbar; es folgt nämlich

$$d u = e^x\,d x, \quad v = \int x\,d x = \frac{x^2}{2}$$

und demnach

$$\int x e^x\,d x = \frac{x^2}{2} e^x - \int \frac{x^2}{2} e^x\,d x.$$

Jetzt haben wir aber das gesuchte Integral augenscheinlich auf ein komplizierteres zurückgeführt; diese Substitution hat daher keinen praktischen Wert für die Auswertung des gesuchten Integrals[1]).

Man nennt die vorstehend angegebene Methode der Integralrechnung die **Methode der teilweisen Integration**.

Beispiele: Wir behandeln zunächst das Integral

$$\int x \sin x\,d x.$$

Man setze

$$u = x, \quad dv = \sin x\,d x,$$

so folgt

$$d u = d x, \quad v = \int \sin x\,d x = -\cos x$$

und daraus

$$5)\ \int x \sin x\,d x = -x \cos x + \int \cos x\,d x$$
$$= -x \cos x + \sin x.$$

Ebenso kann man das Integral

$$\int x^2 \sin x\,d x$$

behandeln. Man setze

$$u = x^2, \quad dv = \sin x\,d x$$
$$d u = 2 x\,d x, \quad v = \int \sin x\,d x = -\cos x$$

und findet demgemäß

$$\int x^2 \sin x\,d x = -x^2 \cos x + \int 2\,x \cos x\,d x.$$

---

[1]) Man sieht leicht, daß die obige Formel vielmehr das Integral der rechten Seite auf dasjenige der linken reduziert.

Jetzt setze man, um das Integral der rechten Seite zu bestimmen,

$$u = 2x, \qquad dv = \cos x \, dx, \text{ also}$$

$$du = 2 \, dx, \qquad v = \int \cos x \, dx = \sin x$$

und findet

$$\int 2x \cos x \, dx = 2x \sin x - \int 2 \sin x \, dx$$
$$= 2x \sin x + 2 \cos x;$$

im ganzen erhält man also

6) $\int x^2 \sin x \, dx = -x^2 \cos x + 2x \sin x + 2 \cos x.$

§ 7. Integration durch Einführung neuer Variabeln.

Man kann sich die Ermittlung der Integralfunktion vielfach dadurch erleichtern, daß man neue Variablen einführt, analog zu dem Verfahren, das wir für die Differentialrechnung (S. 105) auseinandergesetzt haben. Es mag genügen, einige Beispiele zu rechnen.

Es handle sich um das Integral

$$\int (a + x)^n \, dx.$$

Man setze

$$a + x = u,$$

so ergibt sich durch Differentiation

$$dx = du$$

und das obige Integral wird

$$\int (a + x)^n \, dx = \int u^n \, du$$

$$= \frac{u^{n+1}}{n+1} + C,$$

und wenn wir hier für u seinen Wert setzen, so folgt

1) $\int (a + x)^n \, dx = \frac{(a + x)^{n+1}}{n+1} + C.$

Im besonderen folgt, daß

$$\int (a + x) \, dx = \frac{(a + x)^2}{2} + C,$$

$$\int \frac{dx}{(a + x)^m} = \frac{-1}{(m-1)(a + x)^{m-1}} + C$$

usw. usw.

Analog bestimmt sich das Integral

$$\int (a - x)^n \, dx.$$

Wir setzen zunächst
$$a - x = u, \text{ also } - d x = d u,$$
so folgt
$$\int (a - x)^n \, d x = - \int u^n \, d u = - \frac{u^{n+1}}{n + 1} + C$$
oder, wenn wir wieder u durch $a - x$ ersetzen,
$$2) \quad \int (a - x)^n \, d x = - \frac{(a - x)^{n+1}}{n + 1} + C,$$
und hieraus folgt im besonderen
$$\int (a - x) \, d x = - \frac{(a - x)^2}{2} + C,$$
$$\int \frac{d x}{(a - x)^m} = \frac{1}{(m - 1) (a - x)^{m-1}} = C,$$
$$\text{usw. usw.}$$

Ist $m = - 1$, so führen die obigen Integrale nach S. 119 auf Logarithmen. Wir finden z. B., wenn wir in dem Integral
$$\int \frac{d x}{x + a}$$
$$x + a = u, \text{ also } d x = d u$$
setzen,
$$3) \quad \int \frac{d x}{x + a} = \int \frac{d u}{u} = \ln u + C = \ln (x + a) + C.$$

Soll ferner das Integral
$$\int \frac{A d x}{a - x}$$
berechnet werden, so erhalten wir zunächst
$$\int \frac{A d x}{a - x} = A \int \frac{d x}{a - x}.$$
Wir setzen nun
$$a - x = u, \text{ also } - d x = d u,$$
so erhalten wir
$$A \int \frac{d x}{a - x} = - A \int \frac{d u}{u}$$
$$= - A \ln u + C = A \ln \frac{1}{u} {}^1) + C,$$

---

^{1}) Vgl. Formel 24 des Anhangs.

und wenn wir für u seinen Wert setzen, so folgt schließlich

$$4) \int \frac{A \, dx}{a - x} = A \ln \frac{1}{a - x} + C.$$

Gerade von diesen Integralen haben wir in den Anwendungen besonders häufig Gebrauch zu machen. Dem letzten Integral sind wir bei der Zuckerinversion (S. 115) bereits begegnet; dort mußten wir uns darauf beschränken, die vorstehend ausgeführte Lösung a posteriori als richtig nachzuweisen.

In ähnlicher Weise kann man $\int \operatorname{tg} x \, dx$ und $\int \operatorname{ctg} x \, dx$ berechnen. Wir schreiben zunächst

$$\int \operatorname{tg} x \, dx = \int \frac{\sin x}{\cos x} \, dx$$

und setzen nun

$$\cos x = u, \quad -\sin x \, dx = du,$$

so daß das Integral in

$$-\int \frac{du}{u} = -\ln u + C$$

übergeht. Es folgt daher[1])

$$5) \int \operatorname{tg} x \, dx = \ln \frac{1}{\cos x} + C.$$

Ähnlich erhalten wir

$$\int \operatorname{ctg} x \, dx = \int \frac{\cos x \, dx}{\sin x},$$

und wenn wir jetzt

$$\sin x = u, \quad \text{also} \quad \cos x \, dx = du$$

setzen, so ergibt sich

$$6) \int \operatorname{ctg} x \, dx = \int \frac{du}{u} = \ln u + C,$$

d. h.

$$\int \operatorname{ctg} x \, dx = \ln \sin x + C.$$

In derselben Weise findet man auch

$$\int \sin x \cos x \, dx.$$

Setzt man

$$\sin x = u, \quad \text{also} \quad \cos x \, dx = du,$$

---

[1]) Vgl. Formel 24 des Anhangs.

so ergibt sich

$$7)\ \int \sin x \cos x\, dx = \int u\, du = \frac{u^2}{2} + C$$
$$= \frac{\sin^2 x}{2} + C.$$

Die bisher behandelten Beispiele lassen erkennen, daß die Auswertung der Integrale erheblich komplizierter ist als die Berechnung der Differentialquotienten. Es entspricht dies dem allgemeinen Charakter der Integralrechnung als einer umgekehrten Rechnungsart; im besonderen tritt es darin hervor, daß uns für das Bilden des Integrals nicht ein solches Schema zu Gebote steht, wie wir es für die Differentialquotienten beliebiger Funktionen besitzen. Die Ermittelung der Integrale stellt daher ganz andere Anforderungen an das Können als die Probleme der Differentialrechnung. Wir sind vorläufig noch weit davon entfernt, für beliebig gegebene Funktionen die Integralfunktionen angeben zu können. Anderseits sieht man, daß die Beherrschung der Formeln der Differentialrechnung eines der wichtigsten Hilfsmittel ist, um Integrale auswerten oder auf bereits bekannte reduzieren zu können.

Auf schwierigere Integrale allgemeiner einzugehen, ist hier nicht der Ort, zumal wir ihrer für die Anwendungen, die wir zu machen haben, nicht bedürfen. Wir wollen es uns jedoch nicht versagen, an einigen Beispielen zu zeigen, wie man durch Kunstgriffe manche Integrale zu behandeln gelernt hat.

Wir suchen zunächst das Integral

$$\int \frac{dx}{\sin x \cos x}$$

zu bestimmen. Wegen $\cos^2 x + \sin^2 x = 1$[1]) erhalten wir

$$\int \frac{dx}{\sin x \cos x} = \int \frac{\cos^2 x + \sin^2 x}{\sin x \cos x}\, dx$$
$$= \int \frac{\cos x}{\sin x}\, dx + \int \frac{\sin x}{\cos x}\, dx$$

und hieraus nach S. 129, Gleichung 5) und 6)

$$8)\ \int \frac{dx}{\sin x \cos x} = \ln \sin x - \ln \cos x + C = \ln \frac{\sin x}{\cos x} + C,$$
$$= \ln \operatorname{tg} x + C.$$

---

[1]) Vgl. Formel 32 des Anhangs.

Mit Hilfe dieses Integrals kann man auch

$$\int \frac{dx}{\sin x} \quad \text{und} \quad \int \frac{dx}{\cos x}$$

berechnen. Nach der Formel $\sin x = 2 \sin x/2 \cos x/2$[1]) wird

$$\int \frac{dx}{\sin x} = \int \frac{dx}{2 \sin x/2 \cos x/2} = \int \frac{dx/2}{\sin x/2 \cos x/2},$$

und zwar entsteht das letzte Integral, indem wir $2\, dx/2$ statt dx schreiben. Auf dieses Integral können wir unmittelbar die Formel 8) anwenden und erhalten

$$9) \int \frac{dx}{\sin x} = \ln \frac{\sin x/2}{\cos x/2} + C$$
$$= \ln \operatorname{tg} x/2 + C.$$

Um jetzt das zweite der obigen Integrale zu berechnen, setzen wir zunächst, was sehr naheliegt,

$$\cos x = \sin (\pi/2 + x)^2),$$

alsdann wird

$$\int \frac{dx}{\cos x} = \int \frac{dx}{\sin (\pi/2 + x)}.$$

Nun substituieren wir noch

$$\frac{\pi}{2} + x = u, \quad \text{also} \quad dx = du$$

und finden, wenn wir dies einsetzen,

$$\int \frac{dx}{\cos x} = \int \frac{du}{\sin u} = \ln \operatorname{tg} \frac{u}{2} + C,$$

oder endlich

$$10) \int \frac{dx}{\cos x} = \ln \operatorname{tg} \left(\frac{\pi}{4} + \frac{x}{2} \right) + C.$$

Man kann sich die vorstehenden Integralberechnungen formal dadurch etwas vereinfachen, daß man, analog wie bei den ähnlichen Aufgaben der Differentialrechnung (S. 108), von der wirklichen Einführung eines neuen Funktionszeichens u ganz absieht. Man kann z. B. das erste der auf S. 127 § 7 behandelten Integrale folgendermaßen ermitteln.

---

[1]) Vgl. Formel 39a des Anhangs.
[2]) Vgl. Formel 26 des Anhangs.

Indem man zunächst dx durch $d(a+x)$ ersetzt, erhält man

$$\int (a+x)^n\,dx = \int (a+x)^n\,d(a+x).$$

Hier ist $a+x$ als neue Variable zu betrachten; es ergibt sich daher sofort

$$\int (a+x)^n\,dx = \int (a+x)^n\,d(a+x) = \frac{(a+x)^{n+1}}{n+1} + C.$$

Um auf ähnliche Weise das Integral

$$\int \frac{dx}{\sin mx}$$

auszuwerten, schreibt man zunächst

$$\int \frac{dx}{\sin mx} = \int \frac{1/m\,d(mx)}{\sin mx} = \frac{1}{m}\int \frac{d(mx)}{\sin mx}$$

und kann nun die Gleichung 9) anwenden; dadurch erhält man

$$\int \frac{dx}{\sin mx} = \frac{1}{m}\ln \operatorname{tg} \frac{mx}{2} + C.$$

Ein weiteres Beispiel sei das folgende. Es ist

$$\int \frac{dx}{a-\alpha x} = \int \frac{1/\alpha\,d(\alpha x)}{a-\alpha x} = -\int \frac{1/\alpha\,d(a-\alpha x)}{a-\alpha x}$$

und hieraus folgt nunmehr

$$\int \frac{dx}{a-\alpha x} = -\frac{1}{\alpha}\ln(a-\alpha x) + C$$

$$= \frac{1}{\alpha}\ln \frac{1}{a-\alpha x}\,{}^1) + C.$$

Wir behandeln endlich noch die trigonometrischen Integrale

$$\int \cos^2 \varphi\,d\varphi \quad \text{und} \quad \int \sin^2 \varphi\,d\varphi.$$

Man hat[2])

$$\cos^2 \varphi = \frac{1+\cos 2\varphi}{2}, \quad \sin^2 \varphi = \frac{1-\cos 2\varphi}{2}.$$

Für das erste Integral erhält man daher

$$11)\quad \int \cos^2 \varphi\,d\varphi = \int \frac{1+\cos 2\varphi}{2}\,d\varphi = \frac{1}{2}\left\{\int d\varphi + \int \cos 2\varphi\,d\varphi\right\}$$

$$= \frac{\varphi}{2} + \frac{1}{2}\int \cos 2\varphi\,\frac{d(2\varphi)}{2} = \frac{\varphi}{2} + \frac{1}{4}\sin 2\varphi + C.$$

Ebenso findet man

$$12)\quad \int \sin^2 \varphi\,d\varphi = \frac{\varphi}{2} - \frac{1}{4}\sin 2\varphi + C.$$

---

[1]) Vgl. Formel 24 des Anhangs.
[2]) Vgl. Formel 39a des Anhangs.

§ 8. Zerlegung in Partialbrüche.

Wir behandeln schließlich noch einige Integrale, deren wir im folgenden Kapitel bedürfen. Zunächst sei das Integral

$$\int \frac{dx}{(a-x)(b-x)}$$

zu berechnen.

Dieses Integral kann man folgendermaßen behandeln. Wir zeigen zunächst, daß man zwei Zahlen α und β finden kann, so daß

$$1) \quad \frac{1}{(a-x)(b-x)} = \frac{\alpha}{a-x} + \frac{\beta}{b-x}$$

ist[1]). Nämlich es ist

$$\frac{\alpha}{a-x} + \frac{\beta}{b-x} = \frac{\alpha(b-x) + \beta(a-x)}{(a-x)(b-x)}$$

$$= \frac{\alpha b + \beta a - x(\alpha+\beta)}{(a-x)(b-x)}$$

und wenn man jetzt α und β so wählt, daß

$$2) \quad \begin{aligned} \alpha b + \beta a &= 1 \\ \alpha + \beta &= 0 \end{aligned}$$

wird, so erhält der Zähler des letzten Bruches wirklich den Wert 1. Die beiden letzten Gleichungen bestimmen α und β; sie sind als zwei Gleichungen mit den beiden Unbekannten α und β anzusehen, und ihre Auflösung ergibt

$$3) \quad \alpha = \frac{1}{b-a}, \quad \beta = \frac{-1}{b-a}.$$

Wir finden also

$$\int \frac{dx}{(a-x)(b-x)} = \int \frac{1}{b-a} \cdot \frac{dx}{a-x} - \int \frac{1}{b-a} \cdot \frac{dx}{b-x},$$

und dies ergibt nach S. 129, Gleichung 4)

$$4) \quad \int \frac{dx}{(a-x)(b-x)} = \frac{-1}{b-a} \ln(a-x) + \frac{1}{b-a} \ln(b-x) + C$$

$$= \frac{1}{b-a} \left\{ \ln(b-x) - \ln(a-x) \right\} + C$$

$$= \frac{1}{b-a} \ln \frac{b-x}{a-x} + C.$$

Dies ist die gesuchte Integralfunktion.

---

[1]) Dies ist die Umkehrung der in der Elementarmathematik vielfach behandelten Aufgabe, Brüche mit verschiedenen Nennern auf einen Hauptnenner zu bringen.

Nicht wesentlich verschieden hiervon ist die Bestimmung des Integrals

$$\int \frac{A + Bx}{(a - x)(b - x)}\, dx,$$

wo A und B gegebene Konstanten sind. Wir suchen auch jetzt zunächst zwei Zahlen α und β zu ermitteln, so daß

$$5)\qquad \frac{A + Bx}{(a - x)(b - x)} = \frac{\alpha}{a - x} + \frac{\beta}{b - x}$$

ist. Wie im vorstehenden Beispiel berechnet wurde, ist

$$\frac{\alpha}{a - x} + \frac{\beta}{b - x} = \frac{\alpha b + \beta a - x(\alpha + \beta)}{(a - x)(b - x)}.$$

und da der Zähler der rechten Seite den Wert $A + Bx$ haben soll, so ist α und β so zu wählen, daß

$$6)\qquad \begin{aligned} \alpha b + \beta a &= A \\ -(\alpha + \beta) &= B \end{aligned}$$

ist. Diese beiden Gleichungen haben wir wieder als Gleichungen für α und β als Unbekannte aufzufassen; ihre Auflösung liefert

$$7)\qquad \alpha = \frac{A + Ba}{b - a}, \quad \beta = \frac{A + Bb}{a - b}.$$

Nachdem wir so die Werte von α und β berechnet haben, wollen wir der Kürze halber die Zeichen α und β für die weitere Rechnung in den Formeln beibehalten. Es ergibt sich dann

$$\int \frac{A + Bx}{(a - x)(b - x)}\, dx = \int \frac{\alpha\, dx}{a - x} + \int \frac{\beta\, dx}{b - x}$$

und hieraus nach S. 129, Gleichung 4)

$$\int \frac{A + Bx}{(a - x)(b - x)}\, dx = \alpha \ln \frac{1}{a - x} + \beta \ln \frac{1}{b - x} + C,$$

wo α und β die in Gleichung 7) stehenden Werte haben.

Die Zerlegung des unter dem Integralzeichen stehenden Quotienten in die beiden einzelnen Quotienten, deren Nenner nur je einen Faktor enthalten (Gleichung 5), bezeichnet man als Zerlegung in Partialbrüche.

Beispiele. Es ist

$$\int \frac{dx}{(1 - x)(2 - x)} = \ln \frac{2 - x}{1 - x} + C,$$

$$\int \frac{1 - 2x}{(1 - x)(2 - x)}\, dx = \ln(1 - x) + 3 \ln \frac{1}{2 - x} + C$$

$$= \ln \frac{(1 - x)\,^1)}{(2 - x)^3} + C.$$

---

^{1}) Vgl. Formel 19 und 21 des Anhangs.

Die vorstehend benutzte Methode läßt sich ohne weiteres auf den Fall ausdehnen, daß im Nenner des unter dem Integralzeichen stehenden Quotienten mehr als zwei, z. B. n Faktoren vorhanden sind. Wir zeigen die Art des allgemeinen Verfahrens für den Fall $n = 3$, mit dem man in den einfacheren Anwendungen fast immer ausreicht, und verweisen für das Weitere auf die in der Vorrede genannten Lehrbücher.

Das Integral, das wir betrachten, sei[1])

$$\int \frac{A + Bx + Cx^2}{(a - x)(b - x)(c - x)} \, dx = \int \frac{Z(x)}{N(x)} \, dx,$$

indem wir zur Abkürzung für den Zähler und Nenner des Quotienten, die beide Funktionen von x sind, die Funktionszeichen

$$8) \quad \begin{aligned} Z(x) &= A + Bx + Cx^2 \text{ und} \\ N(x) &= (a - x)(b - x)(c - x) \end{aligned}$$

einführen. A, B, C, a, b, c sind als gegebene Zahlengrößen zu betrachten. Das Verfahren geht wiederum davon aus, den gegebenen Quotienten in Partialbrüche zu zerlegen. Wir setzen

$$9) \quad \frac{Z(x)}{N(x)} = \frac{A + Bx + Cx^2}{(a - x)(b - x)(c - x)} = \frac{\alpha}{a - x} + \frac{\beta}{b - x} + \frac{\gamma}{c - x}$$

und stehen somit der Aufgabe gegenüber, drei Zahlen α, β, γ so zu bestimmen, daß die vorstehende Gleichung richtig ist, welches auch der Wert von x sein mag. Diese Aufgabe gestattet folgende Lösung.

Wir multiplizieren die Gleichung 9) mit $a - x$ und finden

$$\frac{Z(x)}{(b - x)(c - x)} = \frac{A + Bx + Cx^2}{(b - x)(c - x)} = \alpha + \beta \frac{a - x}{b - x} + \gamma \frac{a - x}{c - x}.$$

Setzen wir jetzt $x = a$, so nimmt rechts der zweite und dritte Summand den Wert Null an, es bleibt also nur α stehen, und wir erhalten

$$\frac{Z(a)}{(b - a)(c - a)} = \frac{A + Ba + Ca^2}{(b - a)(c - a)} = \alpha;$$

dies ist bereits diejenige Gleichung, die α bestimmt. In derselben Weise finden wir β und γ. Da unsere Ausdrücke in α, β, γ resp. a, b, c durchaus analog gebildet sind, so müssen auch die Werte von β und γ demjenigen von α analog geformt sein; wir erhalten also die gesuchten Ausdrücke aus demjenigen von α einfach durch die entsprechenden Vertauschungen.

---

[1]) Vgl. auch S. 138.

Wir finden so

$$10) \begin{cases} \alpha = \dfrac{A + Ba + Ca^2}{(b-a)(c-a)} = \dfrac{Z(a)}{(b-a)(c-a)}, \\[2mm] \beta = \dfrac{A + Bb + Cb^2}{(a-b)(c-b)} = \dfrac{Z(b)}{(a-b)(c-b)}, \\[2mm] \gamma = \dfrac{A + Bc + Cc^2}{(a-c)(b-c)} = \dfrac{Z(c)}{(a-c)(b-c)}. \end{cases}$$

Wir lassen auch hier der Kürze halber α, β, γ für die so gefundenen Werte in den Formeln stehen und finden alsdann

$$11) \int \frac{Z(x)}{N(x)}\,dx = \int \frac{\alpha\,dx}{a-x} + \int \frac{\beta\,dx}{b-x} + \int \frac{\gamma\,dx}{c-x}$$

$$= \alpha \ln \frac{1}{a-x} + \beta \ln \frac{1}{b-x} + \gamma \ln \frac{1}{c-x} + C.$$

In dem einfacheren Fall, daß $Z(x) = 1$ ist, finden wir

$$10a)\quad \alpha = \frac{1}{(b-a)(c-a)},\quad \beta = \frac{1}{(a-b)(c-b)},\quad \gamma = \frac{1}{(a-c)(b-c)}$$

Beispiel: Das gesuchte Integral sei

$$\int \frac{1 - 2x + 3x^2}{(1-x)(2-x)(3-x)}\,dx.$$

Hier ist $A = 1$, $B = -2$, $C = 3$, $a = 1$, $b = 2$, $c = 3$; also

$$\alpha = \frac{1 - 2\cdot 1 + 3\cdot 1}{(2-1)(3-1)} = \frac{2}{2} = 1,$$

$$\beta = \frac{1 - 2\cdot 2 + 3\cdot 4}{(1-2)(3-2)} = \frac{9}{-1} = -9.$$

$$\gamma = \frac{1 - 2\cdot 3 + 3\cdot 9}{(1-3)(2-3)} = \frac{22}{2} = 11,$$

und es folgt daher

$$\int \frac{1 - 2x + 3x^2}{(1-x)(2-x)(3-x)}\,dx = \int \frac{dx}{1-x} - \int \frac{9\,dx}{2-x} + \int \frac{11\,dx}{3-x}$$

$$= \ln \frac{1}{(1-x)} + 9 \ln (2-x) + 11 \ln \frac{1}{(3-x)} + C$$

$$= \ln \frac{(2-x)^{9\,1)}}{(1-x)(3-x)^{11}} + C.$$

Wir geben endlich noch einige Beispiele für den Fall, daß von den drei Faktoren des Nenners zwei einander gleich sind. Es handle sich um das Integral

$$\int \frac{dx}{(a-x)^2(b-x)}.$$

[1]) Vgl. Formel 19 und 21 des Anhangs.

Auch in diesem Fall hat man den unter dem Integral stehenden Quotienten in Partialbrüche zu zerlegen. Wir setzen jetzt

$$12) \quad \frac{1}{(a-x)^2(b-x)} = \frac{\alpha}{(a-x)^2} + \frac{\beta}{(a-x)(b-x)},$$

wo α und β noch unbekannte Konstanten bedeuten; in der Tat wird bei diesem Ansatz erreicht, daß die rechte Seite den Generalnenner $(a-x)^2(b-x)$ hat. Es fragt sich wieder, ob man α und β so bestimmen kann, daß diese Gleichung erfüllt ist.

Dies ist in der Tat der Fall. Um die Bestimmung auszuführen, verfahren wir folgendermaßen: Zunächst multiplizieren wir unsere Gleichung mit $(a-x)^2$ und erhalten

$$\frac{1}{b-x} = \alpha + \beta \frac{a-x}{b-x};$$

setzen wir hier $x = a$, so bleibt rechts nur α stehen, es ergibt sich also

$$13) \quad \frac{1}{b-a} = \alpha.$$

Damit ist bereits α bestimmt.

Um β zu bestimmen, multiplizieren wir Gleichung 12) mit $(a-x)^2(b-x)$ und erhalten

$$1 = \alpha(b-x) + \beta(a-x);$$

setzen wir hier $x = b$, so ergibt sich

$$14) \quad \beta = -\frac{1}{b-a}.$$

Durch Einsetzen der gefundenen Werte für α und β verwandelt sich Gleichung 12) in

$$15) \quad \frac{1}{(a-x)^2(b-x)} = \frac{1}{b-a} \cdot \frac{1}{(a-x)^2} - \frac{1}{b-a} \cdot \frac{1}{(a-x)(b-x)}.$$

Jetzt hätten wir den zweiten Bruch rechts nach der oben gelehrten Methode in Partialbrüche zu zerlegen, wenn wir die volle Zerlegung kennen lernen wollen. In unserem Falle sind wir dessen aber überhoben, da wir diese Zerlegung oben auf S. 133 schon ausgeführt und das Integral des Bruches ermittelt haben. Wir finden daher

$$\int \frac{dx}{(a-x)^2(b-x)} = \frac{1}{b-a} \left\{ \int \frac{dx}{(a-x)^2} - \int \frac{dx}{(a-x)(b-x)} \right\}$$

und mit Rücksicht auf S. 128 und auf Gleichung 4), S. 133

$$16) \quad \int \frac{dx}{(a-x)^2(b-x)} = \frac{1}{b-a} \left\{ \frac{1}{a-x} - \frac{1}{b-a} \ln \frac{b-x}{a-x} \right\} + C$$

$$= \frac{1}{b-a} \cdot \frac{1}{a-x} - \frac{1}{(b-a)^2} \ln \frac{b-x}{a-x} + C.$$

Endlich behandeln wir noch das Integral

$$\int \frac{A + Bx}{(a-x)^2(b-x)}\,dx.$$

Auch hier gelangen wir zum Ziel, wenn wir

17) $$\frac{A + Bx}{(a-x)^2(b-x)} = \frac{\alpha}{(a-x)^2} + \frac{\beta}{(a-x)(b-x)}$$

setzen. Multiplizieren wir mit $(a-x)^2$, so folgt jetzt

$$\frac{A+Bx}{b-x} = \alpha + \beta\frac{a-x}{b-x},$$

und wenn wir wieder $x = a$ setzen, so erhalten wir

18) $$\frac{A + Ba}{b-a} = \alpha,$$

womit der Wert von α gefunden ist. Multiplizieren wir Gleichung 17)
mit $(a-x)^2(b-x)$, so folgt

$$A + Bx = \alpha(b-x) + \beta(a-x);$$

setzen wir wieder $x = b$, so erhalten wir

$$A + Bb = \beta(a-b)$$

und endlich

19) $$\beta = \frac{A + Bb}{a-b}.$$

Damit ist das Integral auf bekannte Integrale zurückgeführt. Durch
Einsetzen folgt noch

29) $$\int \frac{A+Bx}{(a-x)^2(b-x)}\,dx = \int \frac{\alpha\,dx}{(a-x)^2} + \int \frac{\beta\,dx}{(a-x)(b-x)}$$

$$= \frac{A + Ba}{b-a} \cdot \frac{1}{a-x} - \frac{A+Bb}{(b-a)^2} \ln\frac{b-x}{a-x} + C.$$

Für kompliziertere Fälle verweisen wir auf die in der Vorrede
genannten Lehrbücher. Will man die vorstehende Behandlung auf
andere Fälle ausdehnen, so ist darauf zu achten, daß bei der Zerlegung des gegebenen Quotienten in nur zwei andere, wie in Gleichung 12) und 17) geschehen, statt des Zählers β im allgemeinen ein
Ausdruck auftritt, der x noch enthält[1].

In den bisher behandelten Beispielen trat im Nenner stets eine
höhere Potenz von x auf als im Zähler, und die vorstehenden
Methoden der Partialbruchzerlegung lassen sich nur in
solchen Fällen anwenden. Es fragt sich daher noch, wie wir

---

[1] Vgl. auch den Schluß von Kap. X, § 5.

das Integral eines Bruches in dem Fall bestimmen, daß der Zähler x mindestens in der gleichen Potenz enthält wie der Nenner. Es wird genügen, wenn wir die Methode für den einfachsten Fall erörtern, zumal nur dieser in den hier berücksichtigten Anwendungen auftritt.

Das zu bestimmende Integral sei

$$\int \frac{ax+b}{x+\alpha}\,dx.$$

Die Methode besteht darin, daß man den Zähler in gewöhnlicher Weise durch den Nenner dividiert. Dadurch finden wir

$$\frac{ax+b}{x+\alpha} = a + \frac{b-a\alpha^1)}{x+a}$$

und demnach

$$\int \frac{ax+b}{x+\alpha}\,dx = \int a\,dx + \int \frac{b-a\alpha}{x+\alpha}\,dx$$
$$= a\int dx + (b-a\alpha)\int \frac{d(x+\alpha)}{x+\alpha}$$
$$= ax + (b-a\alpha)\ln(x+\alpha) + C.$$

Beispiel. Es sei zu berechnen

$$\int \frac{2x+1}{x-3}\,dx.$$

Wir finden zunächst

$$\frac{2x+1}{x-3} = 2 + \frac{7}{x-3}$$

und demnach

$$\int \frac{2x+1}{x-3}\,dx = 2x + 7\ln(x-3) + C.$$

Analog hat man zu verfahren, wenn der Nenner aus mehr als einem Faktor besteht. Man hat ihn dann zunächst auszumultiplizieren, nach x zu ordnen und den in gleicher Weise umgeformten Zähler durch ihn zu dividieren, bis die weitere Division unmöglich wird; der Rest ist dann immer ein Bruch, dessen Zähler x in niederer Ordnung enthält als der Nenner[1].

§ 9. Integration irrationaler Differentiale.

Der Inhalt des dritten Kapitels läßt erkennen, daß sich der Differentialquotient der einfacheren Funktionen immer wieder durch bekannte Funktionen ausdrückt; umgekehrt ist es dagegen nur in wenigen Fällen möglich, das Integral eines einfacheren

---

[1] Vgl. § 1 der Formelsammlung.

Differentialausdrucks in ähnlicher Weise darzustellen. So führt bereits die Integration von Ausdrücken, die Quadratwurzeln enthalten, vielfach auf Funktionen, die das hier zugrunde gelegte Funktionsgebiet überschreiten. Wir können daher hier nur solche Fälle behandeln, in denen die Integration durch die bekannten Funktionen gelingt.

Die zu benutzenden Fundamentalintegrale sind

$$\int \frac{dx}{\sqrt{1-x^2}} \quad \text{und} \quad \int \frac{dx}{\sqrt{1+x^2}} \,.$$

Zunächst folgt direkt aus der Tabelle auf S. 119, daß

$$1)\quad \int \frac{dx}{\sqrt{1-x^2}} = \text{arc sin } x + C$$

ist. Das zweite Integral hat den Wert

$$2)\quad \int \frac{dx}{\sqrt{1+x^2}} = \ln\left(x + \sqrt{1+x^2}\right) + C,$$

wie das auf S. 108 behandelte Beispiel 2) zeigt. Setzen wir in diesen Gleichungen

$$x = \frac{u}{a}, \quad dx = \frac{1}{a}\,du,$$

wo a eine Konstante ist, so erhalten wir, wie sich leicht ergibt,

$$3)\quad \int \frac{du}{\sqrt{a^2-u^2}} = \text{arc sin } \frac{u}{a} + C,$$

$$\int \frac{du}{\sqrt{a^2+u^2}} = \ln \frac{u + \sqrt{a^2+u^2}}{a} + C$$

$$= \ln\left(u + \sqrt{a^2+u^2}\right) - \ln a + C.$$

Setzt man noch $C - \ln a = C_1$, wo auch C_1 eine Konstante ist, so folgt endlich

$$4)\quad \int \frac{du}{\sqrt{a^2+u^2}} = \ln\left(u + \sqrt{a^2+u^2}\right) + C_1.$$

In der Elektrodynamik tritt das Integral

$$\int \frac{dx}{\sqrt{(a^2+x^2)^3}}$$

auf, das in folgender Weise zu ermitteln ist. Man findet durch eine leichte Ausrechnung

$$d\left(\frac{x}{\sqrt{(a^2+x^2)}}\right) = \frac{a^2}{\sqrt{(a^2+x^2)^3}}\,dx;$$

hieraus ergibt sich durch Integration

$$\frac{x}{\sqrt{a^2 + x^2}} + C = \int \frac{a^2\, dx}{\sqrt{(a^2 + x^2)^3}},$$

so daß man schließlich

$$5)\quad \int \frac{dx}{\sqrt{(a^2 + x^2)^3}} = \frac{1}{a^2} \cdot \frac{x}{\sqrt{a^2 + x^2}} + C_1$$

erhält, wo C_1 wieder die neue Konstante bedeutet.

Einfacher zu behandeln sind die scheinbar schwierigeren Integrale

$$6)\quad \int \frac{x\, dx}{\sqrt{a^2 - x^2}} \quad \text{und} \quad \int \frac{x\, dx}{\sqrt{a^2 + x^2}}.$$

Man substituiert hier $x^2 = u$, also $2\, x\, dx = du$ und findet

$$\int \frac{x\, dx}{\sqrt{a^2 - x^2}} = \int \frac{du}{2\sqrt{a^2 - u}} = -\int \frac{d(a^2 - u)}{2\sqrt{a^2 - u}}$$
$$= -\sqrt{a^2 - u} + C = -\sqrt{a^2 - x^2} + C,$$

$$\int \frac{x\, dx}{\sqrt{a^2 + x^2}} = \int \frac{du}{2\sqrt{a^2 + u}} = \int \frac{d(a^2 + u)}{2\sqrt{a^2 + u}}$$
$$= \sqrt{a^2 + u} + C = \sqrt{a^2 + x^2} + C.$$

Ein letztes Beispiel sei

$$\int \sqrt{1 - x^2}\, dx.$$

Man erhält durch teilweise Integration (S. 125), indem man

$$u = \sqrt{1 - x^2}, \quad dv = dx$$

setzt, zunächst

$$7)\quad \int \sqrt{1 - x^2}\, dx = x\sqrt{1 - x^2} - \int x\, d\sqrt{1 - x^2}$$
$$= x\sqrt{1 - x^2} + \int \frac{x^2\, dx}{\sqrt{1 - x^2}}.$$

Diese Formel führt die Integrale links und rechts aufeinander zurück. Rechts im Zähler ersetzen wir x^2 durch $x^2 - 1 + 1$ und spalten das Integral in zwei Teile; dadurch wird

$$\int \sqrt{1 - x^2}\, dx = x\sqrt{1 - x^2} - \int \sqrt{1 - x^2}\, dx + \int \frac{dx}{\sqrt{1 - x^2}},$$

und hieraus folgt endlich

$$8)\quad 2\int \sqrt{1 - x^2}\, dx = x\sqrt{1 - x^2} + \arcsin x + C.$$

Die Gleichung 7) zeigt, daß mit der Kenntnis des eben berechneten Integrals auch der Wert von

$$\int \frac{x^2 dx}{\sqrt{1-x^2}}$$

gewonnen ist.

Eine zweite Methode besteht darin, die Integrale, in denen $\sqrt{a^2-x^2}$ auftritt, durch Einführung von trigonometrischen Substitutionen umzuformen.

Es handele sich z. B. um das zuletzt betrachtete Integral

$$\int \frac{x^2 dx}{\sqrt{1-x^2}}.$$

Wir setzen

$$x = \sin\varphi, \text{ also } dx = \cos\varphi\, d\varphi$$

und finden sofort

$$\int \frac{x^2 dx}{\sqrt{1-x^2}} = \int \sin^2\varphi\, d\varphi.$$

Das rechts stehende Integral haben wir S. 132 schon ermittelt; setzen wir seinen Wert ein, so wird

$$9)\quad \int \frac{x^2 dx}{\sqrt{1-x^2}} = \frac{1}{2}\varphi - \frac{1}{4}\sin 2\varphi + C.$$

Es handele sich zweitens um das Integral

$$\int \sqrt{a^2-x^2}\, dx.$$

Hier setzen wir

$$x = a\cos\varphi, \quad dx = -a\sin\varphi\, d\varphi$$

und erhalten mittels einfacher Rechnung zunächst

$$\int \sqrt{a^2-x^2}\, dx = -a^2 \int \sin^2\varphi\, d\varphi$$

und hieraus wieder

$$10)\quad \int \sqrt{a^2-x^2}\, dx = -\frac{a^2}{2}\left\{\varphi - \frac{\sin 2\varphi}{2}\right\} + C^1).$$

Bemerkung: Man kann hier im Resultat auch wieder die Variable x einführen; z. B. hat man beim ersten Integral

$$\varphi = \arcsin x, \quad \sin 2\varphi = 2\sin\varphi\cos\varphi = 2x\sqrt{1-x^2}$$

und findet so

$$\int \frac{x^2 dx}{\sqrt{1-x^2}} = \frac{1}{2}\arcsin x - \frac{1}{2}x\sqrt{1-x^2} + C,$$

was sich aus Gleichung 7) und 8) ebenfalls ergeben würde.

Zu diesem Kapitel beachte man § 6 der Übungsaufgaben.

---

¹) Man könnte übrigens auch $x = a\sin\varphi$ substituieren.

FÜNFTES KAPITEL.

Anwendungen der Integralrechnung.

Zur weiteren Übung wollen wir die vorstehend mitgeteilten Integrationsmethoden bei der rechnerischen Behandlung einiger naturwissenschaftlicher Aufgaben verwerten.

§ 1. Anziehung eines Stabes.

Befinden sich zwei Massenpunkte m und m' in einem Abstande r voneinander, so findet eine gegenseitige Anziehung von der Größe

$$1) \quad A = \frac{m\,m'}{r^2}$$

statt (Gesetz von Newton); wie groß ist die Anziehung, die ein dünner Stab von gleichförmiger Dicke und von der Länge l auf einen Massenpunkt m ausübt, der sich in der Richtung des Stabes und in einer Entfernung a von seinem Ende befindet?

Wir denken uns zunächst die Länge des Stabes veränderlich und setzen sie gleich x und fragen uns: um wieviel nimmt die Anziehung dieses Stabes zu, wenn seine Länge um das sehr kleine Stück dx vermehrt wird? Die Anziehung F des Stabes auf den Massenpunkt m wird durch die Verlängerung des Stabes um dx (Fig. 54) offenbar um den-

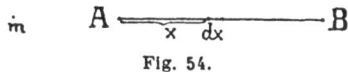

$$\dot m \qquad \text{A} \underset{x \quad dx}{\overline{}} \text{B}$$

Fig. 54.

jenigen Betrag dF vermehrt, welcher der Anziehung eines sehr kurzen Stäbchens von der Länge dx entspricht. Dieses sehr kurze Stäbchen können wir aber als einen Massenpunkt behandeln, indem wir uns seine Masse in einem seiner Punkte konzentriert denken, weil seine Dimensionen außerordentlich klein im Vergleich zu seinem Abstande von m sind, welch letzterer offenbar $\overline{mA} + x = a + x$ beträgt; die Masse des sehr kurzen Stäbchens beträgt nun aber $M\,dx$, wenn M die Masse eines Stabes von der Länge Eins bezeichnet, und so ergibt sich aus dem Fundamentalgesetz 1) dF unmittelbar zu

$$dF = \frac{m\,M\,d\,x}{(a+x)^2}.$$

Diese Gleichung ist sehr leicht zu integrieren, wenn wir hintereinander die Umformungen nach S. 124 Gleichung 6) und S. 127 vornehmen,

$$F = \int \frac{m\,M}{(a+x)^2}\,d\,x = m\,M \int \frac{d\,x}{(a+x)^2} = m\,M \int \frac{d\,(a+x)}{(a+x)^2}.$$

Auf diese Weise haben wir schließlich das Integral auf die Form

$$\int \frac{d\,z}{z^2} = -\frac{1}{z} + C$$

gebracht und finden daher

$$2)\quad F = -\frac{m\,M}{(a+x)} + C.$$

Nun wissen wir aber, daß ein Stab von der Länge $x = 0$ die
Anziehung $F = 0$ ausübt, weil ein solcher Stab keine Masse besitzt
und daher auch keine Kraftwirkung verursachen kann. Setzen wir
somit in 2) $x = 0$, so folgt

$$3)\quad 0 = -\frac{m\,M}{a} + C,$$

und durch Subtraktion 2) — 3) finden wir

$$4)\quad F = m\,M\left(\frac{1}{a} - \frac{1}{a+x}\right).$$

Wählen wir unsern Stab von der Länge l anstatt x, so haben
wir in 4) einfach $l = x$ zu setzen und finden schließlich

$$5)\quad F = m\,M\left(\frac{1}{a} - \frac{1}{a+l}\right),$$

womit das Problem gelöst ist.

Denken wir uns die Länge unseres Stabes l sehr groß gegen a,
so wird der Bruch $\frac{1}{a+l}$ sehr klein, so daß wir ihn neben $\frac{1}{a}$ vernachlässigen können; in diesem Falle nimmt die Formel also die einfache
Gestalt an

$$F = \frac{m\,M}{a}.$$

Ein Stab also, dessen Länge sehr groß im Vergleich zu der Entfernung seines einen Endes von dem in seiner Verlängerung gelegenen

Massenpunkte m ist, übt eine von seiner Länge unabhängige und dem Abstand jenes Endes vom Massenpunkt umgekehrt proportionale Anziehung aus.

§ 2. Hypsometrische Formel.

Der Luftdruck auf der Erdoberfläche betrage B cm Quecksilber, die Dichte der Luft sei daselbst S; wie groß ist der Luftdruck in der Höhe h über der Erdoberfläche?

Der Luftdruck wird erzeugt durch das Gewicht der über uns befindlichen Luft, und zwar übt eine Luftsäule von der Höhe h cm und konstanter Dichte S einen Druck von $\dfrac{hS}{\delta}$ cm Quecksilber aus, wenn δ das spezifische Gewicht des Quecksilbers bedeutet. Würde also die Dichte der Luft nach oben konstant bleiben, so würde der Barometerdruck pro cm Erhebung um $\dfrac{S}{\delta}$ cm abnehmen. In Wirklichkeit nimmt aber mit dem abnehmenden Druck die Dichte der Luft ebenfalls ab, und zwar ist nach dem Gesetz von Boyle die Dichte der Luft dem Barometerdruck direkt proportional.

Befinden wir uns daher in der Höhe x über der Erdoberfläche und finden daselbst den Druck y, so wird bei einer weiteren Erhebung um dx der Druck abnehmen um

$$\frac{s\,dx}{\delta},$$

wenn wir mit s die Dichte der Luft in der Höhe x bezeichnen; innerhalb des sehr kleinen Stückchens dx können wir die Dichte der Luft als konstant ansehen. Nun verhält sich aber nach dem Gesetz von Boyle

$$s : S = y : B,$$

und somit wird

$$s = S\frac{y}{B}.$$

Nennen wir die Druckzunahme dy, so finden wir

$$1)\quad dy = -\frac{s\,dx}{\delta} = -\frac{Sy}{\delta B}\,dx;$$

die rechte Seite erhält das negative Vorzeichen, weil eben eine Druckabnahme stattfindet. Formen wir 1) passend um, so wird

$$dx = -\frac{\delta B}{S}\cdot\frac{dy}{y},$$

oder integriert nach S. 119

$$2) \quad x = -\frac{\delta B}{S} \ln y + C.$$

Nun ist aber für $x = 0$, d. h. für die Erdoberfläche, der Barometer-druck $y = B$; setzen wir dies in 2) ein, so wird

$$3) \quad 0 = -\frac{\delta B}{S} \ln B + C.$$

2) — 3) liefert

$$4) \quad x = \frac{\delta B}{S} \ln \frac{B}{y},$$

und für den gesuchten Luftdruck in der Höhe $x = h$ folgt

$$\ln \frac{B}{y} = \frac{S}{\delta B} h,$$

oder

$$y = B e^{-\frac{S}{\delta B} h},$$

während umgekehrt aus dem beobachteten Luftdruck y sich die Erhebung h über die Erdoberfläche nach 4) zu

$$h = \frac{\delta B}{S} \ln \frac{B}{y}$$

berechnet (hypsometrische Formel).

§ 3. Erkaltungsgesetz von Newton.

Ein Körper habe die Temperatur ϑ_1, während die konstante Temperatur der Umgebung niedriger, etwa ϑ_0, sei; gesucht ist das Gesetz, nach welchem er erkaltet.

Während der Abkühlung wird die Temperatur des Körpers infolge seiner Wärmeabgabe allmählich von ϑ_1 auf ϑ_0 sinken; wir wollen die Zeit t vom Beginn des Prozesses, also von dem Augenblick an zählen, in welchem der Körper die Temperatur ϑ_1 besitzt. Nach dem Ablauf der Zeit t möge die Temperatur des Körpers von ϑ_1 auf ϑ gesunken sein, so daß der Überschuß über die Temperatur der Umgebung nur noch $\vartheta - \vartheta_0$ beträgt. Die von vornherein wahrscheinlichste Hypothese, die wir (mit Newton) machen können, ist offenbar die, daß die in der sehr kurzen Zeit dt abgegebene Wärmemenge $-dW$ des Körpers dem Überschuß über die Temperatur der Umgebung und der Zeit dt proportional ist. Wir hätten hiernach zu setzen

$$1)\quad -dW = k\,(\vartheta - \vartheta_0)\,dt,$$

worin k eine Konstante (Proportionalitätsfaktor) bezeichnet. Nun ist aber die Wärmemenge W, die der Körper bis zur Annahme der Temperatur ϑ_0 der Umgebung abzugeben vermag,

$$2)\quad W = m\,c\,(\vartheta - \vartheta_0),$$

wenn wir mit m die Masse des Körpers und mit c seine spezifische Wärme bezeichnen. Differenzieren wir 2), so finden wir

$$3)\quad dW = m\,c\,d\vartheta$$

und in 1) eingesetzt

$$4)\quad -m\,c\,d\vartheta = k\,(\vartheta - \vartheta_0)\,dt.$$

Schreiben wir 4) in der Form

$$5)\quad -\frac{d\vartheta}{dt} = \frac{k}{m\,c}\,(\vartheta - \vartheta_0),$$

so können wir den negativ genommenen Differentialquotienten $\dfrac{d\vartheta}{dt}$ passend als »Abkühlungsgeschwindigkeit« bezeichnen und können die oben eingeführte Hypothese auch in der Form aussprechen: Die Abkühlungsgeschwindigkeit eines Körpers ist in jedem Augenblick dem Überschuß seiner Temperatur über die der Umgebung proportional.

Bei der Integration beachten wir, daß die Masse m absolut, die spezifische Wärme c sehr nahe von der Temperatur unabhängig ist, und schreiben daher 4) in der Form

$$6)\quad -\frac{m\,c}{k} \cdot \frac{d\vartheta}{\vartheta - \vartheta_0} = dt,$$

oder integriert (nach S. 128)

$$7)\quad -\frac{m\,c}{k} \ln (\vartheta - \vartheta_0) = t + C.$$

Nun ist für $t = 0$ der Wert der Temperatur $\vartheta = \vartheta_1$; setzen wir diese speziellen Werte in (7) ein, so wird

$$8)\quad -\frac{m\,c}{k} \ln (\vartheta_1 - \vartheta_0) = C,$$

7) — 8) liefert

$$9)\quad t = \frac{m\,c}{k} \ln \frac{\vartheta_1 - \vartheta_0}{\vartheta - \vartheta_0}.$$

Die Gleichung 4) haben wir aus einer an sich zwar wahrschein-
lichen, aber immerhin zweifelhaften Hypothese abgeleitet. Direkt
können wir dieselbe nicht prüfen, denn wir sind ja nicht imstande, die
Temperaturänderung $d\vartheta$, die sich in dem äußerst kurzen Zeitintervall dt abspielt, experimentell zu bestimmen; wohl aber können wir
uns mit der größten Genauigkeit darüber Auskunft verschaffen, ob
Gleichung 9) zutreffend ist.

Es wird nützlich sein, den Gebrauch dieser Gleichung an einem
Beispiel zu erläutern, wozu eine Beobachtungsreihe dienen möge, die
für die Erkaltung eines Körpers bei einer Umgebungstemperatur
$\vartheta_0 = 0^c$ erhalten wurde[1]).

ϑ	t	$\frac{1}{t}\overset{10}{\log}\frac{\vartheta_1 - \vartheta_0}{\vartheta - \vartheta_0}$
18,9	3,45	0,006490
16,9	10,85	0,006540
14,9	19,30	0,006511
12,9	28,80	0,006537
10,9	40,10	0,006519
8,9	53,75	0,006502
6,9	70,95	0,006483

$$\vartheta_0 = 0;\ \vartheta_1 = 19,90^0.$$

Der in der letzten Kolumne berechnete Ausdruck ist nach 9)

$$\frac{1}{t}\overset{10}{\log}\frac{\vartheta_1 - \vartheta_0}{\vartheta - \vartheta_0} = 0,4343\,\frac{k}{mc}$$

(0,4343 = Modul der Briggsschen Logarithmen, S. 94), und er muß
konstant sein, wenn unsere Fundamentalhypothese zutrifft. Tatsächlich lehrt obige Tabelle, daß dieser Ausdruck nur sehr kleine
und überdies unregelmäßige Schwankungen aufweist, die auf Rechnung der Beobachtungsfehler zu setzen sind[2]).

Der vorstehend eingeschlagene Weg kann als typischer Beleg
der allgemeinen Ausführungen von S. 55 ff. gelten; die mathematisch
formulierte Hypothese betreffs einer Naturerscheinung führt zur
Aufstellung eines Ausdrucks, der Differentialquotienten enthält (einer
»Differentialgleichung«). Um die Forderungen jener Hypothese
aber auf die Wirklichkeit zu übertragen, müssen wir durch Inte-

---

[1]) Winkelmann, Wied. Ann. 44, 195 (1891).
[2]) Auf Gleichung 9) basiert eine Methode zur Bestimmung der spezifischen
Wärme c; vgl. hierüber z.B. Kohlrausch, Lehrb. d. prakt. Physik. 16. Aufl. S.189.

gration zu einer Gleichung zu gelangen suchen, die keine Differentiale mehr, sondern nur endliche, d. h. der Beobachtung und Anschauung direkt zugängliche Größen enthält.

Die Aufstellung der Differentialgleichung einer Naturerscheinung muß durch einen glücklichen Griff des Naturforschers geschehen; ihre Integration ist dann lediglich Sache des mathematischen Kalküls.[1]

§ 4. Maximaltemperatur einer Flamme.

Ehe wir diese Aufgabe behandeln, wollen wir die Wärmemenge ermitteln, die ein Körper, dessen Masse m Gramm beträgt, an die Umgebung abgibt, wenn seine Temperatur von t_2 auf t_1 sinkt.

Wenn die spezifische Wärme c des Körpers mit der Temperatur sich nicht ändert, sondern konstant bleibt, so gibt der Körper bei der Abkühlung einfach die Wärmemenge W

$$W = m\,c\,(t_2 - t_1)$$

ab. Diese Bedingung ist aber häufig nicht erfüllt, indem c eine mehr oder minder deutlich ausgesprochene Temperaturfunktion ist. Man setzt sie in der Regel (vgl. Kap. 8 § 5)

$$c = \alpha + \beta\,(t - t_0) + \gamma\,(t - t_0)^2 + \ldots,$$

in welcher Gleichung die Zahl der Glieder sich je nach der Größe der Annäherung richtet, welche die jeweiligen Beobachtungsdaten gestatten. Für $t = t_0$ wird $c = \alpha$; es bedeutet also α die spezifische Wärme für die als Ausgangstemperatur gewählte Temperatur t_0. Wenn die Temperatur des Körpers von t auf $t - dt$ sinkt, so gibt der Körper die Wärmemenge ab

$$dW = m\,c\,dt = m\,\{\alpha + \beta\,(t - t_0) + \gamma\,(t - t_0)^2 + \ldots\}\,dt,$$

oder integriert

$$1)\quad W = m\left\{\alpha\,(t - t_0) + \frac{\beta\,(t - t_0)^2}{2} + \frac{\gamma\,(t - t_0)^3}{3} + \ldots\right\} + C;$$

nun ist für $t = t_1$ offenbar $W = 0$, weil der Körper ja, auf t_1 angelangt, sich nicht weiter abkühlen soll. Somit wird

$$2)\quad 0 = m\left\{\alpha\,(t_1 - t_0 + \frac{\beta\,(t_1 - t_0)^2}{2} + \frac{\gamma\,(t_1 - t_0)^3}{3} + \ldots\right\} + C;$$

1) — 2) liefert

$$3)\quad W = m\left\{\alpha\,(t - t_1) + \beta\,\frac{(t - t_0)^2 - (t_1 - t_0)^2}{2} + \gamma\,\frac{(t - t_0)^3 - (t_1 - t_0)^3}{3} + \ldots\right\}.$$

---

[1] Vgl. die Beispiele in § 9 der Übungsaufgaben.

Setzen wir in dieser Gleichung $t = t_2$, so erhalten wir offenbar die gesuchte Wärmemenge bei der Abkühlung von t_2 auf t_1.

Zur Maximaltemperatur einer Flamme führt uns nunmehr folgende einfache Überlegung. Die Temperaturerhöhung wird erzeugt durch die Verbrennungswärme der verbrennenden Substanz; die Wärmemenge, die das Produkt der Verbrennung bei seiner Abkühlung von der Flammentemperatur auf die Temperatur der Umgebung abgibt, muß jener Verbrennungswärme gleich sein. Bezeichnen wir also die Verbrennungswärme mit V und ist die spezifische Wärme des Verbrennungsproduktes wieder, wie oben,

$$c = \alpha + \beta\,(t - t_0) + \gamma\,(t - t_0)^2 + \cdots,$$

so ist die Flammentemperatur, d. h. die Erwärmung $t - t_1$ des Verbrennungsproduktes über die Temperatur t_1 der Umgebung einfach nach Gleichung 3) zu berechnen, indem wir

$$V = W$$

setzen.

Als Beispiel wählen wir die Verbrennung von Kohlenoxyd in reinem Sauerstoff. Die Verbrennungswärme von $m = 28$ g Kohlenoxyd (Grammolekül $CO = 28$) beträgt $V = W = 67700$ Kalorien; für die spezifische Wärme des entstandenen Produktes ($28 + 16 = 44$ g Kohlensäure) gibt Le Chatelier die allerdings nur annähernd stimmende Formel, $t_0 = -273$ angenommen,

$$m\,c = 6{,}5 + 0{,}0084\,(t + 273)$$

(Molekularwärme von CO_2 bei konstantem Druck). Ist die Anfangstemperatur $t_1 = 0$, so liefert 3) die Gleichung

$$4)\quad 67\,700 = 6{,}5\,t + \frac{0{,}0084\,(t^2 + 2 \cdot 273\,t)}{2}.$$

Berechnen wir aus dieser (quadratischen) Gleichung t, so finden wir

$$t = 3102^0,$$

was man durch Einsetzen dieses Wertes in Gleichung 4) sofort verifizieren kann.

In Wirklichkeit wirken übrigens manche Umstände, die obige Maximaltemperatur nicht unerheblich herunterdrücken, wie Ausstrahlung, unvollständige Verbindung infolge von Dissoziation u. dgl.

§ 5. Arbeitsleistung bei isothermer Ausdehnung eines idealen Gases.

Wenn ein Gas bei konstant erhaltenem Druck p sich um das Volumen v ausdehnt, so beträgt die dabei geleistete Arbeit bekanntlich pv; lassen wir aber (bei konstant erhaltener Temperatur) eine abgeschlossene Gasmenge sich vom Volumen v_1 auf das Volumen v_2 ausdehnen, so ändert sich der Druck fortwährend, weil er ja um so kleiner wird, je mehr das Volumen wächst.

Wohl aber können wir während der Ausdehnung um das sehr kleine Volumen dv den Druck p als konstant ansehen, weil letzterer ja während dieser Ausdehnung nur eine äußerst minimale und als additives Glied zu p zu vernachlässigende Änderung dp erfährt, und daher die hierbei geleistete Arbeit gleich pdv setzen. Bezeichnen wir die gesuchte Arbeitsgröße mit A, so wird also

$$1)\quad dA = p\,dv.$$

Um 1) zu integrieren, müssen wir beachten, daß p eine Funktion von v ist, daß also

$$2)\quad p = f(v)$$

zu setzen ist. Die Natur dieser Funktion muß uns natürlich bekannt sein, damit die Rechnung ausführbar wird.

Nehmen wir zunächst an, daß das Gas dem Gesetz von Boyle gehorcht, und daß die Ausdehnung bei konstant erhaltener Temperatur erfolgt. Dann wird

$$3)\quad pv = k,$$

wo k eine von den Versuchsbedingungen abhängige Konstante (d. h. keine Funktion des Druckes oder Volumens) bedeutet. Somit wird

$$4)\quad p = f(v) = \frac{k}{v}$$

und in 1) eingesetzt

$$dA = \frac{k}{v}\,dv$$

und integriert nach S. 119

$$5)\quad A = k \ln v + C.$$

Nun ist aber für $v = v_1$ offenbar $A = 0$, weil ohne Ausdehnung keine Arbeit geleistet wird. Somit wird

$$6)\quad 0 = k \ln v_1 + C$$

und aus 5) — 6) wird

$$A = k \ln \frac{v}{v_1}.$$

Bei der Ausdehnung von v_1 auf v_2 wird natürlich

$$A = k \ln \frac{v_2}{v_1}.$$

Setzen wir

$$v_1 = \frac{k}{p_1} \text{ und } v_2 = \frac{k}{p_2},$$

so wird

$$A = k \ln \frac{p_1}{p_2},$$

welche Gleichung die bei der Ausdehnung der betreffenden Gasmasse geleistete Arbeit angibt, wenn infolge der Ausdehnung der Druck von p_1 auf p_2 sinkt.

Die obigen Gleichungen geben gleichzeitig die Arbeitsleistung bei der Konzentrationsänderung einer in verdünnter Lösung befindlichen Substanz, indem an die Stelle des Gasdruckes der osmotische Druck tritt; sie sind für zahlreiche thermodynamische Rechnungen von Wichtigkeit.

§ 6. Arbeitsleistung bei isothermer Ausdehnung eines stark komprimierten Gases.

Ist das betreffende Gas so stark komprimiert, daß die Anwendung des Boyleschen Gesetzes keine richtigen Werte mehr gibt, so können wir die Beziehung zwischen Druck und Volumen durch die Gleichung von van der Waals (S. 33) ausdrücken

$$7) \quad \left(p + \frac{a}{v^2}\right)(v - b) = k,$$

worin a, b, k der betreffenden Gasmasse eigentümliche Konstanten sind. Lösen wir 7) nach p auf, so wird

$$p = f(v) = \frac{k}{v - b} - \frac{a}{v^2}$$

und somit in 1) eingesetzt

$$dA = \frac{k}{v - b} dv - \frac{a}{v^2} dv.$$

Die Integration liefert (S. 128)

$$8) \quad A = k \ln (v - b) + \frac{a}{v} + C.$$

Für $v = v_1$ wird A wiederum gleich Null, d. h. wir erhalten

$$9) \quad 0 = k \ln (v_1 - b) + \frac{a}{v_1} + C.$$

8) — 9) liefert

$$A = k \ln \frac{v - b}{v_1 - b} - a \left(\frac{1}{v_1} - \frac{1}{v} \right),$$

und schließlich $v = v_2$ gesetzt

$$10) \quad A = k \ln \frac{v_2 - b}{v_1 - b} - a \left(\frac{1}{v_1} - \frac{1}{v_2} \right).$$

Diese Gleichung spielt in der Theorie von van der Waals eine wichtige Rolle. — Um die Arbeitsleistung für die Druckänderung von p_1 auf p_2 zu berechnen, müßten wir 7) nach v auflösen und die zu v_1 und v_2 gehörigen Werte in 10) einsetzen, doch wollen wir diese ziemlich umständliche Rechnung hier nicht ausführen.

§ 7. Arbeitsleistung bei isothermer Ausdehnung eines sich dissoziierenden Gases.

Als dritten Fall betrachten wir ein Gas, das bei der Ausdehnung sich dissoziiert, und zwar sollen infolge der größeren Raumerfüllung einzelne der Gasmoleküle sich in zwei neue spalten (binäre Dissoziation). Dann gilt für die Abhängigkeit des Dissoziationsgrades x von dem Volumen v, das die Gasmasse erfüllt, die Beziehung (vgl. S. 36)

$$1) \quad K v = \frac{x^2}{1 - x}.$$

Würde das Gas gar nicht dissoziiert sein, so würde für die Beziehung zwischen Druck und Volumen das Gesetz

$$2) \quad p v = k$$

gelten, worin also die Größe k während der Ausdehnung konstant bleibt. Da aber das Gas dissoziiert ist und demgemäß eine größere Zahl von Molekülen enthält, so ist der Druck größer, und zwar steigt der Druck im Verhältnis dieser Vergrößerung, weil ja bei konstanter Temperatur der Druck der Zahl der Moleküle proportional ist. Wenn aber der Bruchteil x der Gasmasse, die wir uns aus n nichtdissoziierten Molekülen gebildet vorstellen wollen, dissoziiert ist, so beträgt $(1 - x) n$ die Zahl der nichtdissoziierten und $2 x n$ die Zahl der durch Dissoziation neu gebildeten Moleküle. Demgemäß verhält sich der wirkliche Druck zu dem Druck ohne Dissoziation wie

$$((1 - x) n + 2 x n) : n = 1 + x : 1,$$

und wir finden für den tatsächlich vom Gase ausgeübten Druck P

$$3) \quad P = (1 + x) p.$$

Die Arbeit dA während der Volumausdehnung dv ist nun wie oben

$$4)\quad dA = P\,dv,$$

oder nach 3)

$$5)\quad dA = (1 + x)\,p\,dv = p\,dv + x\,p\,dv.$$

Die Arbeitsleistung erhalten wir also in 5) in zwei Teile zerlegt, und wir können schreiben

$$6)\quad dA_1 = p\,dv,$$

$$7)\quad dA_2 = x\,p\,dv,$$

worin

$$8)\quad dA_1 + dA_2 = dA$$

ist. Gleichung 6) können wir aber genau nach S. 151 behandeln, und wir finden daher

$$9)\quad A_1 = k \ln \frac{v_2}{v_1},$$

so daß nur noch A_2 zu ermitteln ist.

Zu diesem Zweck müssen wir beachten, daß x, p und v sich gleichzeitig ändern, doch in einer Weise, die durch die Gleichungen 1) und 2) bestimmt ist. Wir können daher diese drei Variabeln durch eine einzige ersetzen, als welche wir am einfachsten x wählen. Differenzieren wir 1), so finden wir für dv

$$10)\quad dv = \frac{x\,(2 - x)}{K\,(1 - x)^2}\,dx$$

und für p nach 2) und 1)

$$11)\quad p = \frac{k}{v} = \frac{k\,K\,(1 - x)}{x^2}.$$

10) und 11) in 7) eingesetzt, ergibt

$$dA_2 = k\,\frac{2 - x}{1 - x}\,dx = k\left(1 + \frac{1}{1 - x}\right)dx.$$

Die Integration liefert (nach S. 129, Gleichung 4)

$$12)\quad A_2 = k\,(x - \ln\,[1 - x]) + C.$$

Nun ist A_2 (ebenso wie A_1) für $v = v_1$ gleich Null; somit wird

$$13)\quad 0 = k\,(x_1 - \ln\,[1 - x_1]) + C,$$

worin x_1 den zu v_1 gehörigen und aus Gleichung 1) zu berechnenden Dissoziationsgrad bezeichnet.

Subtrahieren wir 13) von 12) und setzen gleichzeitig den zu v_2 gehörigen Wert von x ein, den wir mit x_2 bezeichnen wollen, so wird

$$14)\quad A_2 = k\left(x_2 - x_1 - \ln\frac{1 - x_2}{1 - x_1}\right).$$

Aus

$$A = A_1 + A_2$$

folgt schließlich [Gleichung 9) und 14)]

15) $\quad A = k\left(\ln\dfrac{v_2}{v_1} + x_2 - x_1 - \ln\dfrac{1-x_2}{1-x_1}\right).$

Darin ist x_1 und x_2, wie bemerkt, aus Gleichung 1) zu berechnen, und zwar ergibt sich

$$x_1 = \frac{K v_1}{2}\left(\sqrt{1 + \frac{4}{K v_1}} - 1\right),$$

$$x_2 = \frac{K v_2}{2}\left(\sqrt{1 + \frac{4}{K v_2}} - 1\right).$$

Gleichung 15) wird aber übersichtlicher, wenn wir umgekehrt v_1 und v_2 durch x_1 und x_2 ausdrücken, d. h. wenn wir einführen, wiederum nach Gleichung 1),

$$v_1 = \frac{x_1{}^2}{K(1-x_1)}, \quad v_2 = \frac{x_2{}^2}{K(1-x_2)};$$

wir erhalten so

$$A = k\left(x_2 - x_1 - 2\ln\frac{x_1[1-x_2]}{[1-x_1]\,x_2}\right).$$

§ 8. Berechnung des Reaktionsverlaufs vollständig verlaufender Reaktionen.

Wenn n verschiedene Moleküle sich miteinander umsetzen, so ist die Reaktionsgeschwindigkeit nach dem Gesetze der chemischen Massenwirkung in jedem Augenblick dem Produkt ihrer Konzentrationen proportional[1]. Nehmen wir der Einfachheit willen an, daß sämtliche Molekülgattungen bei Beginn der Reaktion, also zur Zeit $t = 0$, in äquimolekularer Menge, etwa mit der Konzentration a vorhanden seien, so wird ihre Konzentration zur Zeit t nur noch $(a - x)$ betragen, wo dann x die inzwischen umgesetzte Menge bedeutet. Wenn in der nunmehr folgenden sehr kleinen Zeit dt sich die Menge dx umsetzt, so bedeutet $\dfrac{dx}{dt}$ die Reaktionsgeschwindigkeit, und wir erhalten also

1) $\quad \dfrac{dx}{dt} = k(a-x)^n;$

---

[1] Vgl. z. B. Nernst, Theoret. Chemie, 1. Aufl., S. 430; 11.—15. Aufl., S. 633.

hierin bedeutet k eine während des Reaktionsverlaufes **konstante**, d. h. von den beiden Variabeln x und t unabhängige Größe.

Die Integration der passend umgeformten Gleichung 1)

$$\frac{dx}{(a-x)^n} = k\,dt$$

liefert (S. 128)

$$2)\quad \frac{1}{(n-1)\,(a-x)^{n-1}} = kt + C.$$

Nun ist für $x = 0$ auch $t = 0$; somit wird

$$3)\quad \frac{1}{(n-1)\,a^{n-1}} = C,$$

und 2) — 3) liefert

$$4)\quad \frac{1}{(n-1)}\left(\frac{1}{(a-x)^{n-1}} - \frac{1}{a^{n-1}}\right) = kt.$$

Setzen wir z. B. $n = 2$, so finden wir für die Reaktionskonstante k

$$5)\quad k = \frac{1}{t}\,\frac{x}{(a-x)\,a}.$$

Gleichung 4) gilt für den Fall, daß $n > 1$ ist; für den Fall $n = 1$, dessen Integration zum Logarithmus führt, haben wir bereits S. 115 in der Zuckerinversion ein Beispiel kennen gelernt.

Wir wollen schließlich noch den Fall, daß die Konzentrationen der reagierenden Molekülgattungen verschieden sind, und daß jede derselben sich mit nur einem Molekül an der Reaktion beteiligt, an einem Beispiel behandeln. Es mögen zwei verschiedene Molekülgattungen aufeinander reagieren, deren Konzentrationen zur Zeit $t = 0$ etwa a bzw. b sein mögen; dann ist nach dem eingangs erwähnten Satze die Reaktionsgeschwindigkeit zur Zeit t, nachdem sich x Moleküle von den beiden Substanzen umgesetzt haben und ihre Konzentrationen demgemäß auf $a - x$ bzw. $b - x$ gesunken sind,

$$6)\quad \frac{dx}{dt} = k\,(a-x)\,(b-x).$$

Ordnen wir diese Gleichung zur Integration, so wird

$$\frac{dx}{(a-x)\,(b-x)} = k\,dt.$$

Der links stehende Ausdruck ist nicht ohne weiteres integrabel; zerlegen wir ihn aber nach S. 133 in Partialbrüche, so nimmt er die Form an

$$\frac{d\,x}{a-b}\left(\frac{1}{b-x}-\frac{1}{a-x}\right)=k\,d\,t,$$

eine Gleichung, die sich unmittelbar integrieren läßt (S. 133)

7) $\quad -\dfrac{1}{a-b}\left[\ln\left(b-x\right)-\ln\left(a-x\right)\right]=kt+C.$

Setzen wir hierin das durch die Anfangsbedingungen gegebene Wertepaar $x=0$ und $t=0$ ein, so wird

$$-\frac{1}{a-b}\left(\ln b-\ln a\right)=C$$

und durch Subtraktion folgt

8) $\quad \dfrac{1}{(a-b)}\ln\dfrac{(a-x)\cdot b}{(b-x)\cdot a}=k\,t.$

Diese Gleichung enthält z. B. die Theorie der Verseifung von Äthylacetat (oder einem anderen Ester) durch Essigsäure (oder eine andere Säure).

Setzen wir in Gleichung 8) $a=b$, so muß natürlich die Gleichung 5) resultieren; wir stoßen hier aber auf die eigentümliche Schwierigkeit, daß für $a=b$ der erste Faktor obigen Produktes den Wert $\frac{1}{0}$, also einen unendlich großen Betrag annimmt, während der Logarithmus den Wert $\ln 1$, also den unendlich kleinen Betrag Null, erhält. Diese (scheinbare) Schwierigkeit wird erst in Kap. VIII, §13 behoben werden.

§ 9. Verlauf unvollständiger Reaktionen.

Für den Fall, daß eine chemische, in einem homogenen Gasgemische oder in einer homogenen Lösung bei konstanter Temperatur sich abspielende Reaktion nicht bis zum völligen Verschwinden der reagierenden Substanzen verläuft, sondern früher haltmacht, besagt das Gesetz der chemischen Massenwirkung folgendes[1]): **Die Reaktionsgeschwindigkeit ist in jedem Augenblick gleich dem Produkt der Konzentrationen der reagierenden, vermindert um das Produkt der Konzentrationen der sich bildenden Molekülgattungen, jedes Produkt multipliziert mit einem Proportionalitätsfaktor (den sog. Geschwindigkeitskonstanten).**

---

[1]) Vgl. z. B. Nernst, Theoret. Chemie, 1. Aufl., S. 430; 11.—15. Aufl., S. 654. Im Text ist übrigens nur der einfachere Fall ins Auge gefaßt, daß immer nur je ein Molekül an der Reaktion teilnimmt; reagieren von einer Molekülgattung n Moleküle, so ist die betreffende Konzentration zur $n$ten Potenz zu erheben.

In einer Formel ausgedrückt, nimmt obiges Gesetz die Gestalt an:

$$1)\quad \frac{d\,x}{d\,t} = k\,(a-x)\,(b-x)\,(c-x)\cdots - k'\,(a'+x)\,(b'+x)\cdots;$$

darin ist x die Zahl der zur Zeit t umgesetzten Moleküle; a, b, c . . . sind die Anfangskonzentrationen (die also der Zeit $t = 0$ entsprechen) der sich umsetzenden, a', b' . . . diejenigen der sich bildenden Molekülgattungen, k und k' die beiden Geschwindigkeitskonstanten.

Zur Zeit t sind demgemäß die Konzentrationen der sich umsetzenden Molekülgattungen $a-x$, $b-x$, $c-x$ . . ., diejenigen der sich bildenden $a'+x$, $b'+x$ . . .; stellen wir nach obiger Regel die Geschwindigkeitsgleichung auf, so resultiert Formel 1).

Gleichung 1) ist stets integrierbar, da nach Kap. X, § 5 der Ausdruck

$$\frac{1}{k\,(a-x)\,(b-x)\,(c-x)\cdots - k'\,(a'+x)\,(b'+x)\cdots}$$

in Partialbrüche zerlegt werden kann. In Wirklichkeit liegt übrigens in allen bisher studierten Fällen die Sache stets aus dem Grunde sehr einfach, daß sowohl die Zahl der reagierenden wie die der sich bildenden Molekülgattungen fast stets klein ist, z. B. 1 oder 2, selten 3 oder mehr beträgt. Wir können uns daher hier darauf beschränken, einige der bisher untersuchten speziellen Anwendungen der Gleichung 1) zu besprechen.

Laktonbildung. Einzelne Säuren, wie z. B. Oxybuttersäure, bilden in wässeriger Lösung unter Wasserabspaltung ein Lakton (inneres Anhydrid); bezeichnet a die anfängliche Konzentration der Säure, a' diejenige des Laktons, x die zur Zeit t gebildete Laktonmenge, so wird nach 1)

$$2)\quad \frac{d\,x}{d\,t} = k\,(a-x) - k'\,(a'+x),$$

oder umgeformt

$$\frac{d\,x}{(k\,a - k'\,a') - (k+k')\,x} = d\,t,$$

wovon das Integral

$$3)\quad -\frac{1}{k+k'}\ln\left[(k\,a - k'\,a') - (k+k')\,x\right] = t + C$$

beträgt. Nun ist für $t = 0$ auch $x = 0$; somit wird

$$4)\quad -\frac{1}{k+k'}\ln\left(k\,a - k'\,a'\right) = C$$

und 3) — 4) liefert

$$5) \quad \ln \frac{ka - k'a'}{(ka - k'a') - (k + k')x} = (k + k')t.$$

Warten wir sehr lange Zeit, so stellt sich der **Gleichgewichts-zustand** zwischen den reagierenden Stoffen her, und zwar möge dann A die Konzentration der Säure, A' die des Laktons sein. Im Gleichgewichtszustand ist die Reaktionsgeschwindigkeit aber offenbar gleich Null, und es nimmt Gleichung 2) die Form an

$$0 = kA - k'A'$$

oder

$$6) \quad K = \frac{k}{k'} = \frac{A'}{A};$$

K bezeichnet man als **Gleichgewichtskonstante**; sie kann, weil einer direkten experimentellen Bestimmung zugänglich, im gegebenen Falle als bekannt angesehen werden. Dividieren wir Zähler und Nenner des hinter dem Logarithmus stehenden Bruches der Gleichung 5) durch k', so finden wir

$$7) \quad \frac{1}{t} \ln \frac{Ka - a'}{(Ka - a') - (1 + K)x} = k + k'.$$

In dieser Form kann die gefundene Beziehung direkt experimentell geprüft werden; bei einer gegebenen Versuchsreihe braucht man nur den auf der linken Seite stehenden Ausdruck zu berechnen und auf seine Konstanz zu prüfen. Um ein Zahlenbeispiel zu geben, so fand man für einen Versuch, bei dem die anfängliche Konzentration des Laktons $a' = 0$, diejenige der Säure $a = 18{,}23$ und bei dem

$$K = \frac{A'}{A} = \frac{13{,}28}{18{,}23 - 13{,}28} = \frac{13{,}28}{4{,}95} = 2{,}68$$

betrug (13,28 war die nach sehr langer Zeit gebildete Laktonmenge), folgende zusammengehörigen Werte für t und x, wobei für die Berechnung von $k + k'$ aus Bequemlichkeitsrücksichten der Briggssche Logarithmus benutzt ist, was für die Konstanz ohne Belang ist.

t	x	$k + k' = \frac{1}{t} \overset{10}{\log} \frac{Ka}{Ka - (1 + K)x}$
21	2,39	0,0411
50	4,98	0,0408
80	7,14	0,0444
120	8,88	0,0400
220	11,56	0,0404
320	12,57	0,0398
∞	13,28	—

Die Konstanz des in der letzten Kolumne befindlichen Ausdrucks ist durchaus zufriedenstellend und beweist für obigen Fall schlagend die Richtigkeit der entwickelten Theorie.

Esterbildung. Essigsäure (oder eine andere Säure) und Äthylalkohol (oder irgendein anderer Alkohol) bilden Äthylazetat (oder einen anderen entsprechenden Ester) und Wasser. Seien a und b die Konzentrationen der reagierenden, a' und b' die der entstehenden Substanzen zur Zeit t, so nimmt Gleichung 1) für diesen Fall die Gestalt an:

$$8)\quad \frac{dx}{dt} = k\,(a - x)\,(b - x) - k'\,(a' + x)\,(b' + x),$$

oder umgeformt

$$\frac{dx}{k\,(a - x)\,(b - x) - k'\,(a' + x)\,(b' + x)} = dt.$$

Den Nenner des links stehenden Bruches können wir auf die Form bringen [1])

$$(k - k')\,(x - \xi_1)\,(x - \xi_2),$$

wenn wir mit ξ_1 und ξ_2 die Wurzeln der quadratischen Gleichung bezeichnen, die wir erhalten, wenn wir den ausmultiplizierten Nenner durch den Faktor von x^2, nämlich $k - k'$ dividieren. Die Integration läuft also auf diejenige des Ausdrucks

$$\frac{dx}{(x - \xi_1)\,(x - \xi_2)} \quad \text{oder} \quad \frac{dx}{(\xi_1 - x)\,(\xi_2 - x)}$$

hinaus, die wir bereits S. 133 durchgeführt haben.

Die spezielle Rechnung wollen wir nun an einem einfacheren Beispiele anstellen, bei dem (entsprechend einem von Berthelot experimentell untersuchten und von Guldberg und Waage berechneten Falle)

$$a = 1,\quad b = 1,\quad a' = 0,\quad b' = 0$$

war. Es ändert sich dann Gleichung 8) zu

$$9)\quad \frac{dx}{dt} = k\,(1 - x)^2 - k'\,x^2$$

oder umgeformt

$$\frac{dx}{x^2 - 2\,\dfrac{k}{k - k'}\,x + \dfrac{k}{k - k'}} = (k - k')\,dt.$$

---

[1]) Vgl. § 6 der Formelsammlung.

Setzen wir zur Abkürzung

$$\frac{k}{k - k'} = m,$$

so sind die beiden Wurzeln ξ_1 und ξ_2 der quadratischen Gleichung

$$x^2 - 2\,m\,x + m = 0$$

$$10)\quad \xi_1 = m + \sqrt{m^2 - m}, \quad \xi_2 = m - \sqrt{m^2 - m}.$$

Das Integral von

$$\frac{d\,x}{(x - \xi_1)\,(x - \xi_2)} = (k - k')\,d\,t$$

ist nun aber nach S. 133 (wo $\xi_1 = a$, $\xi_2 = b$ ist)

$$\frac{1}{\xi_1 - \xi_2}\,[\ln(\xi_1 - x) - \ln(\xi_2 - x)] = (k - k')\,t + C,$$

und da auch hier die Grenzbedingungen die gleichen sind, d. h. für $t = 0$ auch $x = 0$ ist, so wird

$$11)\quad \frac{1}{\xi_1 - \xi_2}\,\ln\frac{(\xi_1 - x)\,\xi_2}{(\xi_2 - x)\,\xi_1} = (k - k')\,t.$$

Substituieren wir ξ_1 und ξ_2 nach der Gleichung 10), so wird

$$12)\ \frac{1}{2\sqrt{m^2 - m}}\,\ln\frac{(m + \sqrt{m^2 - m} - x)(m - \sqrt{m^2 - m})}{(m - \sqrt{m^2 - m} - x)(m + \sqrt{m^2 - m})} = (k - k')\,t.$$

Die Bestimmung des Gleichgewichtszustandes, d. h. desjenigen Zustandes des Reaktionsgemisches, der nach hinreichend langer Zeit eintritt, liefert den Zahlenwert von $\dfrac{k}{k'}$, d. h. auch den von

$$m = \frac{1}{1 - \dfrac{k'}{k}}.$$

Für die Einwirkung von Essigsäure auf Äthylalkohol z. B. ist

$$\frac{k}{k'} = 4{,}00$$

und somit

$$m = \frac{4}{3}\ \text{und}\ \sqrt{m^2 - m} = \frac{2}{3}.$$

Setzen wir diese speziellen Werte in 12) ein, so finden wir

$$\frac{4}{3}\,(k - k') = \frac{1}{t}\,\ln\frac{2 - x}{2 - 3\,x}.$$

Dies ist die von Guldberg und Waage bei Berechnung der Versuche Berthelots benutzte Gleichung.

§ 10. Auflösungsgeschwindigkeit fester Körper.

Bringen wir einen festen Körper (z. B. Benzoesäure) mit einem Lösungsmittel (z. B. Wasser) in Berührung, so stellt sich allmählich eine gesättigte Lösung her; die Auflösung geht anfänglich rasch, dann immer langsamer vor sich, und sie erreicht ihr Ende, wenn der Zustand der Sättigung sich hergestellt hat.

Die Annahme liegt nahe, daß bei konstant erhaltener Oberfläche des festen Körpers und konstant erhaltener Temperatur die Auflösungsgeschwindigkeit in jedem Augenblick der Menge des zu lösenden Körpers proportional ist, welche bis zur Sättigung noch fehlt. Ist also S die zur Sättigung nötige, x die zur Zeit t bereits gelöste Menge, so wird

$$\frac{dx}{dt} = C(S - x),$$

worin C einen Proportionalitätsfaktor bedeutet. Da zur Zeit $t = 0$ auch $x = 0$ wird, so ergibt sich genau wie im § 3 dieses Kapitels

$$C = \frac{1}{t} \ln \frac{S}{S - x}.$$

A. Noyes und R. Whitney[1]) fanden für die Auflösung von Benzoesäure in Wasser ($S = 27{,}92$):

t	x	C
10	6,38	112,7
30	15,51	117,4
60	21,89	110,9

also für C einen hinreichend konstanten Wert, wodurch die Ausgangshypothese bestätigt ist. — Ganz analog ist der Fall chemischer Auflösung (z. B. von Marmor in Säuren) zu behandeln.

---

[1]) Zeitschr. physik. Chem. 23, 689 (1897); Nernst, Theoret. Chemie, 11.—15. Aufl., S. 669.

SECHSTES KAPITEL.

Bestimmte Integrale.

§ 1. Die Fläche der Parabel.

Eine der wichtigsten Anwendungen der Integralrechnung ist die Berechnung des Inhaltes von Flächenstücken, die von Kurven begrenzt sind. Dabei werden wir eine neue Auffassung des Integrals kennen lernen.

Als Beispiel sei zunächst die Aufgabe gestellt, die Fläche eines Parabelsegments zu berechnen, und zwar (Fig. 55) desjenigen Segments, das von einer zur Achse der Parabel senkrechten Geraden PP' abgeschnitten wird. Dieses Segment wird durch die Achse in zwei gleiche Teile zerlegt. Ziehen wir noch im Scheitel O der Parabel die Tangente und fällen von P das Lot PQ auf sie, so ist die Hälfte des gesuchten Segments gleich der Differenz zwischen dem Rechteck aus OQ und PQ und dem Flächenstück OPQ, das von der Parabel und der Tangente begrenzt wird. Wir brauchen also nur dieses zu bestimmen.

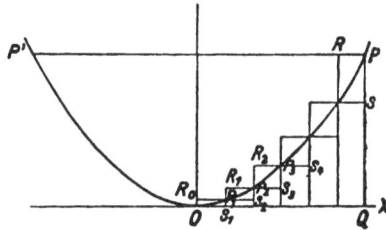

Fig. 55.

Wir benutzen hier zunächst ein Annäherungsverfahren. Wir wählen die Tangente im Scheitel als x-Achse und teilen die Strecke OQ in lauter gleiche Teile von der Länge h, errichten in den Teilpunkten Lote bis zur Parabel und ziehen durch die Endpunkte P_1, P_2, P_3 ... dieser Lote Parallelen zur x-Achse; sie mögen die vorhergehenden bzw. folgenden Lote in den Punkten R_0, R_1, R_2, R_3 ... bzw. S_2, S_3 ... schneiden. Auf diese Weise entstehen die treppenförmig begrenzten Figuren

$$O\,R_0\,P_1\,R_1\,P_2\,R_2\,P_3 \ldots\ldots R\,P\,Q, \text{ bzw. } S_1\,P_1\,S_2\,P_2\,S_3\,P_3 \ldots\ldots S\,Q,$$

die größer bzw. kleiner sind als das gesuchte Flächenstück.

11*

Für die erste Figur können wir den Inhalt wie folgt ermitteln. Da die y-Achse die Symmetrieachse der Parabel ist, so lautet die Gleichung der Parabel (S. 59)

$$1) \quad x^2 = 2\,p\,y, \text{ oder } y = \frac{x^2}{2\,p}.$$

Sind $x_1, y_1, x_2, x_2, x_3, y_3 \ldots x, y$ die Koordinaten von $P_1, P_2, P_3 \ldots P$, so haben die einzelnen, zwischen je zwei Ordinaten liegenden kleinen Rechtecke die Inhalte

$$y_1\,h, y_2\,h, y_3\,h \ldots y\,h,$$

die Gesamtfläche ist daher

$$2) \quad J = y_1 h + y_2 h + y_3 h + \cdots + y h$$
$$= h\,(y_1 + y_2 + y_3 + \ldots + y).$$

Sei jetzt n die Zahl der Teile auf OQ, so ist

$$3) \quad x_1 = h, \quad x_2 = 2h, \quad x_3 = 3h, \ldots x = nh,$$

also wird nach 1)

$$y_1 = \frac{h^2}{2\,p}, \quad y_2 = \frac{(2\,h)^2}{2\,p}, \quad y_3 = \frac{(3\,h)^2}{2\,p}, \ldots y = \frac{(n\,h)^2}{2\,p},$$

und wenn wir diese Werte in Gleichung 2) einsetzen, so folgt

$$J = \frac{h}{2\,p}\,\{h^2 + 2^2 h^2 + 3^2 h^2 + \ldots + n^2 h^2\}$$
$$= \frac{h^3}{2\,p}\,\{1 + 2^2 + 3^2 + \ldots + n^2\}.$$

Für die Summe der ersten n Quadrate gilt aber die Formel[1]

$$4) \quad 1 + 2^2 + 3^2 + \ldots + n^2 = \frac{(n+1)\,n\,(2\,n+1)}{1 \cdot 2 \cdot 3};$$

also erhalten wir

$$J = \frac{h^3}{2\,p} \cdot \frac{(n+1)\,n\,(2\,n+1)}{1 \cdot 2 \cdot 3}$$
$$= \frac{(h\,n + h)\,h\,n\,(2\,h\,n + h)}{1 \cdot 2 \cdot 3 \cdot 2\,p}.$$

Nun ist aber (Gleichung 3) $nh = x$, demnach wird

$$J = \frac{(x + h)\,x\,(2\,x + h)}{1 \cdot 2 \cdot 3 \cdot 2\,p}$$
$$= \frac{2\,x^3 + 3\,h\,x^2 + h^2\,x}{1 \cdot 2 \cdot 3 \cdot 2\,p}.$$

---

[1] Vgl. Formel 59 des Anhangs.

oder schließlich

$$5) \quad J = \frac{x^3}{6\,p} + h\,\frac{x^2}{4\,p} + h^2\,\frac{x}{12\,p}.$$

Der Wert für den anderen Treppenzug unterscheidet sich hiervon nur durch ein negatives Vorzeichen im zweiten Summanden. Beide Flächenstücke kommen der von der Parabel begrenzten Fläche um so näher, je kleiner wir die Größe h, je größer wir also die Zahl n der Rechtecke nehmen, in ähnlicher Weise, wie sich die Flächen der ein- und umbeschriebenen Polygone mit wachsender Seitenzahl der Kreisfläche nähern. Der genaue Übergang tritt aber auch hier (vgl. die analogen Erörterungen auf S. 61) erst dann ein, wenn wir h gegen Null konvergieren lassen; beide Grenzwerte ergeben den wirklichen Wert des gesuchten Flächenstücks

$$6) \quad F = \frac{x^3}{6\,p}.$$

Der Flächeninhalt des Parabelsegments selbst ergibt sich nun folgendermaßen. Das Rechteck mit den Seiten $OQ = x$ und $PQ = y$, wo y durch Gleichung 1) bestimmt ist, hat den Inhalt

$$x\,y = \frac{x^3}{2\,p}.$$

Für die Fläche S des Parabelsegments, das von $P\,P'$ und der y-Achse begrenzt wird, erhalten wir daher

$$7) \quad S = \frac{x^3}{2\,p} - \frac{x^3}{6\,p} = \frac{x^3}{3\,p},$$

und demnach folgt noch aus Gleichung 6)

$$8) \quad S = 2\,F.$$

Die Parabel teilt also das Rechteck in zwei Teile, von denen der eine das Doppelte des andern ist.

Die eben behandelte Aufgabe bestätigt, was wir in der Einleitung des zweiten Kapitels ausgeführt haben. An der entscheidenden Stelle, wo unsere Vorstellungen ihre Bestimmtheit verlieren und zu zerfließen anfangen, verliert die Rechnung ihre Bestimmtheit nicht. In der Tat, lassen wir in Gleichung 5) h gegen Null konvergieren, so heißt dies, daß wir die Zahl unserer Rechtecke unendlich groß anzunehmen haben, was aber jenseits der Vorstellbarkeit liegt. Die Formel bleibt dagegen in Kraft; sie ist uns in dieser Hinsicht überlegen. Analog liegen die Dinge in allen Fällen, in denen es sich darum handelt,

den Wert einer Summe zu ermitteln, deren Summanden wir uns der
Zahl nach ins Ungemessene wachsend und der Größe nach gegen Null
konvergierend denken müssen. Der Inhalt einer beliebig begrenzten
Fläche, die wir fortgesetzt in schmale Streifen spalten, der Inhalt eines
Körpers von variablem Querschnitt, den wir in dünne Schichten zerlegt denken, die Gesamtmasse eines Körpers, der aus Elementen von
variabler Dichtigkeit besteht, die Summe aller anziehenden Kräfte,
die von allen Teilen eines Körpers auf einen und denselben Punkt ausgeübt werden, sind Beispiele, die derjenigen Klasse von Problemen
angehören, die wir nach dem vorstehenden Verfahren zu behandeln
haben.

§ 2. Die Fläche einer Kurve.

Im allgemeinen Fall sei

$$1) \quad y = f(x)$$

die Gleichung der untenstehenden Kurve (Fig. 56). Wir nehmen
an, die y-Achse habe eine solche Lage, daß sie die Kurve schneidet,
wie es in der Fig. 56 der Fall ist, und stellen uns wiederum die Aufgabe, den Inhalt desjenigen Flächenstücks zu berechnen, das von
der x-Achse, der y-Achse, der Kurve und der Ordinate PQ begrenzt
wird. Wir denken uns wiederum die Abszisse
OQ in beliebig viele kleine Teile geteilt, die übrigens nicht notwendig gleich zu sein brauchen
und die wir jetzt mit $\Delta x_1, \Delta x_2, \Delta x_3 \ldots$ bezeichnen. Dann denken wir uns in den Teil-
punkten die Lote errichtet, bis sie die Kurve
in $P_1, P_2, P_3 \ldots$ treffen, und fassen wieder die
geradlinig begrenzte Figur ins Auge, deren
Inhalt dem des Flächenstücks nahekommt.

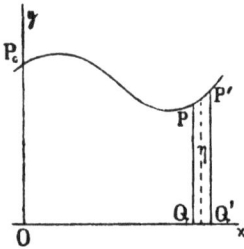

Fig. 56.

Diese Figur wird zum Teil über die Fläche der
Kurve hinausragen, zum Teil aber auch gegen sie zurückbleiben; dies
ist jedoch für das Folgende ohne Belang. Nennen wir die Koordinaten
von $P_1, P_2, P_3 \ldots$ wieder

$$x_1, y_1, \quad x_2, y_2, \quad x_3, y_3 \ldots,$$

so ist der Inhalt J dieses Flächenstücks jetzt

$$2) \quad J = y_1 \Delta x_1 + y_2 \Delta x_2 + \cdots$$

Dies schreibt man auch in der Form

$$3) \quad J = \Sigma y \Delta x,$$

wo das abkürzende Zeichen Σ bedeutet, daß man aus $y\Delta x$ in der Weise eine Summe bilden soll, daß man für $y\Delta x$ der Reihe nach seine Werte $y_1\,\Delta x_1$, $y_2\,\Delta x_2 \ldots$ setzt.

Der Grenzwert dieser Summe ergibt den Inhalt des Flächenstücks F, wenn wir alle Größen Δx gegen Null konvergieren lassen, während zugleich ihre Anzahl unbegrenzt wächst. Dies können wir formal dadurch kennzeichnen, daß wir analog wie in Kapitel II (S. 72)

$$4)\quad F = \lim_{\Delta x = 0}(\Sigma\,y\,\Delta\,x)$$

schreiben.

Daß diese Gleichung zunächst für ein gleichmäßig steigendes oder fallendes Kurvenstück richtig ist, ergibt sich daraus, daß die Differenz der Inhalte beider Treppenkurven, die man wie in Fig. 55 zeichnen kann und zwischen denen die gesuchte Fläche liegt, höchstens gleich ist der Differenz der Endordinaten multipliziert mit dem größten Teilstück Δx, also mit diesem gegen Null geht. Jede unserer Kurven läßt sich aber in derartige Teilstücke zerlegen.

Wir werden ferner beweisen, daß dieser Grenzwert durch einen der Werte des Integrals

$$5)\quad \int y\,dx = \int f(x)\,dx$$

dargestellt wird. Mit anderen Worten, es wird behauptet, daß der **Inhalt unserer Fläche eine Integralfunktion von** $f(x)$ **ist.**

Der Inhalt der Fläche $OP_0\,PQ$ hängt von der sie begrenzenden Ordinate, also auch von der Abszisse x des Punktes P ab und ist daher jedenfalls eine Funktion von x, die wir kurz durch $F(x)$ bezeichnen wollen.

Soll nun diese Funktion gleich einem der Werte des obigen Integrals sein, d. h. soll die Gleichung

$$6)\quad F(x) = \int y\,dx = \int f(x)\,dx$$

wirklich richtig sein, so muß nach der Definition der Integralfunktion (S. 116) $F(x)$ eine **primitive** Funktion zu $f(x)$ sein, also der Differentialquotient von $F(x)$ gleich $f(x)$; d. h. es muß die Gleichung

$$\frac{dF(x)}{dx} = f(x)$$

bestehen. Diese Gleichung haben wir also zu erweisen.

Um den Differentialquotienten von $F(x)$ zu erhalten, haben wir den Grenzwert von

$$\frac{F(x+h) - F(x)}{h}$$

zu bilden. Wir bezeichnen den Punkt der Kurve, der zu der Abszisse $x + h = OQ'$ gehört, durch P'; dann ist nach unseren Bezeichnungen

$$F(x + h) = O P_0 P' Q', \quad F(x) = O P_0 P Q,$$

und demnach folgt

$$F(x + h) - F(x) = PQQ'P'.$$

Nun gibt es jedenfalls einen Punkt zwischen P und P' mit den Koordinaten ξ und η, die so groß sind, daß das Flächenstück $PQQ'P'$ gleich dem Rechteck mit der Grundlinie $QQ' = h$ und der Höhe $\eta = f(\xi)$ ist[1]), d. h. es ist

$$F(x + h) - F(x) = h\eta = hf(\xi)$$

und daraus folgt

$$7) \quad \frac{F(x+h) - F(x)}{h} = f(\xi).$$

Lassen wir nun h gegen Null konvergieren, so fällt schließlich P' mit P zusammen, also fällt auch der Punkt mit den Koordinaten ξ und η, der immer zwischen P und P' liegt, mit P zusammen, d. h. es ist limes $\xi = x$, und es folgt

$$8) \quad \underset{h=0}{\text{limes}} \frac{F(x+h) - F(x)}{h} = f(x),$$

oder in anderer Schreibweise

$$9) \quad \frac{dF(x)}{dx} = f(x),$$

und damit ist der Beweis für unsere Behauptung erbracht. Setzen wir noch die letzte Gleichung in die Form

$$10) \quad dF(x) = f(x)\,dx = y\,dx,$$

so können wir das Ergebnis unserer Entwicklungen dahin interpretieren, daß das Differential der Fläche $F(x)$ den Wert $y\,dx$ hat und durch eines der unendlich kleinen Rechtecke dargestellt wird, in die wir durch Ziehen von parallelen Ordinaten die Fläche zerlegen können.

Denken wir nun daran, daß die Fläche $F(x)$ der Grenzwert der Summe war, von der wir gemäß Gleichung 2) ausgingen, so erhalten wir

$$11) \quad F(x) = \int y\,dx = \underset{\Delta x=0}{\text{limes}}\left\{\Sigma\, y\, \Delta x\right\},$$

---

[1]) Genaueres in Kap. VI, § 6 am Schluß im Hilfssatz.

und diese Gleichung besagt in einfacher, angenäherter Sprechweise, daß das Integral des Differentials $y\,dx$ nichts anderes ist als die Summe der Differentiale[1]).

Im Fall der Parabel wird nach § 1

$$F(x) = \int y\,dx = \int \frac{x^2}{2\,p} \cdot dx = \frac{x^3}{6\,p}$$

in Übereinstimmung mit der dortigen Gleichung 6).

Hiermit sind wir zu einem der wichtigsten, wenn auch bei näherer Betrachtung durchaus selbstverständlichen Resultate gelangt. Wir sehen, daß die Beziehungen zwischen Differentialrechnung und Integralrechnung darauf hinauslaufen, jede Größe als Summe ihrer elementaren Teile, d. h. ihrer Differentiale, aufzufassen. So evident uns dies jetzt erscheinen mag, bedurfte es doch ausführlicher Erörterung.

§ 3. Das bestimmte Integral.

Wir stellen uns jetzt die Aufgabe, ein Flächenstück J zu bestimmen, das zwischen zwei Ordinaten $P_1Q_1 = b_1$ und $P_2Q_2 = b_2$ unserer Kurve liegt (Fig. 57); sei wieder $y = f(x)$ die Gleichung der Kurve und $F(x)$ die von der y-Achse an gerechnete Kurvenfläche. Wie in § 2 bewiesen wurde, ist $F(x)$ eine primitive Funktion zu $f(x)$, so daß also

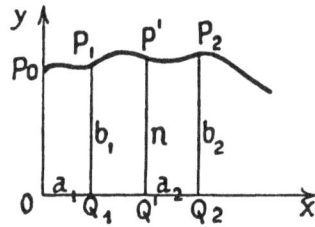
Fig. 57.

1) $dF(x) = f(x)\,dx = y\,dx$ und

2) $F(x) = \int f(x)\,dx = \int y\,dx$

ist. Nun ist die Fläche $P_1Q_1Q_2P_2$ augenscheinlich die Differenz zwischen denjenigen Flächenstücken, die einerseits von der y-Achse, andererseits von P_2Q_2 bzw. P_1Q_1 begrenzt werden. Setzen wir also

$$OQ_1 = a_1,\ OQ_2 = a_2,$$

so wird $\quad O\,P_0\,P_1\,Q_1 = F(a_1)$ und $O\,P_0\,P_2\,Q_2 = F(a_2)$;

wir erhalten daher

3) $\quad J = F(a_2) - F(a_1).$

---

[1]) Hieran hat die Bezeichnungsart des Integrals angeknüpft. Das bereits von Leibnitz eingeführte Zeichen $\int$ soll nämlich ein langgezogenes s bedeuten, um die Summe anzudeuten, und $y\,dx$ stellt dasjenige kleine Flächenstück dar, das in seinen verschiedenen Werten die einzelnen Summanden liefert.

Damit ist unsere Aufgabe bereits erledigt. Wir haben nun noch einige Bezeichnungen einzuführen. Für die auf der rechten Seite der Gleichung 3) stehende Differenz zweier Integrale hat man ein einziges Integralzeichen eingeführt. Im Anschluß an Gleichung 2) schreibt man nämlich

$$4) \quad F(a_2) - F(a_1) = \int_{a_1}^{a_2} y\, dx = \int_{a_1}^{a_2} f(x)\, dx,$$

so daß man für den Inhalt J die Gleichung

$$5) \quad J = \int_{a_1}^{a_2} y\, dx = \int_{a_1}^{a_2} f(x)\, dx$$

erhält. Man nennt das auf der rechten Seite stehende Integral ein bestimmtes Integral, genauer das bestimmte Integral von $f(x)\, dx$ von a_1 bis a_2; a_2 heißt seine obere, a_1 seine untere Grenze.

Wollen wir dies in Worte fassen, so können wir gemäß Gleichung 3) sagen, daß der Wert eines bestimmten Integrals gleich der Differenz derjenigen Werte ist, welche die Integralfunktion für seine obere und untere Grenze besitzt.

Beispielsweise haben wir im Fall der Parabel (S. 165)

$$F(x) = \frac{x^3}{6\,p},$$

daher ist, wenn wir den begrenzenden Punkten P_1 und P_2 wieder a_1 und a_2 als Abszissen beilegen,

$$P_1 Q_1 Q_2 P_2 = \int_{a_1}^{a_2} y\, dx = \frac{a_2{}^3}{6\,p} - \frac{a_1{}^3}{6\,p}.$$

Endlich ist noch zweierlei zu erwähnen. Erstens nennt man im Gegensatz zum bestimmten Integral die Integralfunktion $F(x)$ selbst das unbestimmte Integral, und zweitens hat man auch noch für die in 3) enthaltene Differenz eine eigene Bezeichnung eingeführt. Man setzt nämlich

$$6) \quad F(a_2) - F(a_1) = \Big|_{a_1}^{a_2} F(x),$$

und kann daher die Gleichung 5) auch folgendermaßen schreiben

$$7) \quad J = \int_{a_1}^{a_2} y\, dx = \int_{a_1}^{a_2} f(x)\, dx = \Big|_{a_1}^{a_2} F(x).$$

Im Anschluß hieran ziehen wir noch eine allgemeine Folgerung. Die Gleichung 7) ergab sich rechnerisch einzig und allein daraus, daß $F(x)$ primitive Funktion zu $f(x)$ ist, daß also die Gleichung 1) besteht. Dies bedeutet, **daß man von der Gleichung 1) direkt zur Gleichung 7) übergehen kann.** Der Übergang von Gleichung 1) zu 2) kann als Übergang von einer Differentialbeziehung zum **unbestimmten** Integral, und der zu 7) als Übergang zum **bestimmten** Integral angesehen werden.

Bemerkung. Gemäß Kap. IV, § 2 gibt es zu $f(x)$ unendlich viele primitive Funktionen. Ist $F_1(x)$ eine zweite, so ist

$$F_1(x) = F(x) + C,$$

woraus noch

$$F_1(a_2) - F_1(a_1) = F(a_2) - F(a_1)$$

folgt. Man kann also in Gleichung 7) für $F(x)$ eine beliebige primitive Funktion setzen.

Setzt man zur Abkürzung $u = F(x)$, also

8) $du = dF(x) = f(x)\,dx,$

und sind u_1 und u_2 die Werte von $u = F(x)$, die den Werten a_1 und a_2 von x entsprechen, so geht die Gleichung 4) in

9) $u_2 - u_1 = \int\limits_{a_1}^{a_2} f(x)\,dx$

über. Man kann also von der Gleichung 8) auch zur Gleichung 9) übergehen.

Um hiervon eine Anwendung zu geben, sollen einige Aufgaben, die früher mittels unbestimmter Integration behandelt wurden, hier so gelöst werden, daß man sofort zu bestimmten Integralen übergeht.

Für die Zuckerinversion z. B. hatten wir die Gleichung (S. 115)

$$\frac{dx}{dt} = k(a - x),$$

woraus

$$dt = \frac{dx}{k(a-x)}$$

folgt. Entsprechen nun den Werten x_1 und x_2 die Werte t_1 und t_2, so erhalten wir analog zur Gleichung 9) sofort

$$t_2 - t_1 = \int\limits_{x_1}^{x_2} \frac{dx}{k(a-x)} = \frac{1}{k}\Big|_{x_1}^{x_2} \ln \frac{1}{a-x}$$

$$= \frac{1}{k} \ln \frac{(a - x_1)}{(a - x_2)}.[1]$$

---

[1] Vgl. S. 123, Gl. 14).

Die Anziehung eines homogenen Stabes auf einen Punkt m, der mit ihm in einer Geraden liegt, hatten wir folgendermaßen bestimmt. Die Anziehung des Linienelements $d\,x$ auf den Punkt m war (S. 144)

$$d\,F = \frac{m\,M\,d\,x}{(a+x)^2}$$

und daraus ergibt sich, da für den Anfangspunkt des Stabes $x = 0$, für den Endpunkt $x = l$ ist,

$$F = \int_0^l \frac{m\,M\,d\,x}{(a+x)^2} = \left|_0^l - \frac{m\,M}{a+x} = m\,M\left(\frac{1}{a} - \frac{1}{a+l}\right),\right.$$

wie wir nach der Methode der unbestimmten Integration bereits in Gleichung 5) S. 144 gefunden haben. Übrigens ist die Anwendung des bestimmten Integrals in diesem Fall auch vom physikalischen Standpunkt aus vorzuziehen, da das Integral

$$F = \int_0^l \frac{m\,M\,d\,x}{(a+x)^2},$$

wie S. 169 erörtert wurde, die Gesamtanziehung des Stabes als die Summe der Anziehungen darstellt, die von den einzelnen kleinen Stückchen desselben ausgehen.

Nach dem Vorstehenden ist wohl ohne weiteres klar, daß wir die Erhebung h über die Erdoberfläche (S. 145), die dem Luftdruck y entspricht, als das bestimmte Integral

$$h = -\int_B^y \frac{\delta B}{S} \cdot \frac{d\,y}{y} = \frac{\delta B}{S}\ln\frac{B}{y}$$

aufzufassen haben, daß ferner (S. 147) die Zeit, die zur Abkühlung von der Temperatur ϑ_1 zur Temperatur ϑ nötig ist, durch das bestimmte Integral

$$t = -\int_{\vartheta_1}^{\vartheta} \frac{m\,c}{k} \cdot \frac{d\,\vartheta}{\vartheta - \vartheta_0} = \frac{m\,c}{k}\ln\frac{\vartheta_1 - \vartheta_0}{\vartheta - \vartheta_0}$$

gegeben ist (da ja $t_1 = 0$ ist) usw.

Je nach Umständen ist die eine oder die andere Rechnungsmethode bequemer und anschaulicher, stets aber führt, richtig angewandt, jede der beiden (im Prinzip ja wenig verschiedenen) Integrationsmethoden zu demselben Ziele.

§ 4. Die Fläche der Ellipse und Hyperbel.

Um die Fläche der Ellipse zu berechnen, legen wir die Achsen wie gewöhnlich, so daß die Gleichung der Ellipse

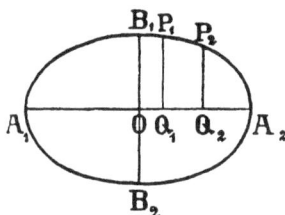

$$1) \quad \frac{x^2}{a^2} + \frac{y^2}{b^2} = 1$$

ist. Der Inhalt des Flächenstückes $P_1 Q_1 Q_2 P_2$ (Fig. 58) ist

$$2) \quad P_1 Q_1 Q_2 P_2 = \int_{a_1}^{a_2} y \, d x.$$

Fig. 58.

Wenn wir aus der Ellipsengleichung y berechnen, so folgt

$$3) \quad y = b \sqrt{1 - \frac{x^2}{a^2}},$$

und wenn wir diesen Wert in das Integral einsetzen, so erhalten wir unter dem Integralzeichen eine Wurzel. Wir berechnen das bezügliche Integral am besten wie folgt: Wir zeigen zunächst, daß man für jeden Punkt der Ellipse

$$4) \quad x = a \cos \varphi$$
$$y = b \sin \varphi$$

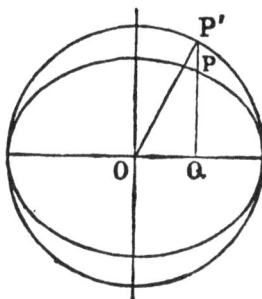

setzen darf. Zeichnet man nämlich über der großen Achse als Durchmesser den Kreis und verlängert PQ bis zum Schnittpunkt P' mit ihm (Fig. 59), so ist $\varphi = P' O Q$. Denn im Dreieck $P' O Q$ ist

$$x = a \cos \varphi,$$

Fig. 59.

und wenn man diesen Wert in die Gleichung 3) einsetzt, so findet man

$$y = b \sqrt{1 - \cos^2 \varphi} = b \sin \varphi \, {}^1),$$

womit die Behauptung erwiesen ist.

Wir haben zunächst den Wert des unbestimmten Integrals 2) zu ermitteln. Aus Gleichung 4) folgt durch Differentiation

$$d x = - a \sin \varphi \, d \varphi,$$

also wird

$$5) \quad \int y \, d x = - \int a b \sin^2 \varphi \, d \varphi = - a b \int \sin^2 \varphi \, d \varphi.$$

---

[1]) Vgl. Formel 33 des Anhangs.

Das rechtsstehende trigonometrische Integral haben wir aber auf
S. 132 ermittelt; setzen wir seinen Wert ein, so wird

$$6) \quad \int y \, dx = - \frac{ab}{2} \varphi + \frac{ab}{4} \sin 2 \varphi.$$

Aus dem so gefundenen Wert des unbestimmten Integrals haben wir
durch Einsetzen der Grenzen den Wert des bestimmten Integrals abzuleiten.

Die Grenzen waren ursprünglich a_2 und a_1; inzwischen haben
wir als neue Variable φ eingeführt und haben daher diejenigen Werte φ_2
und φ_1 als Grenzen, die den Punkten P_2 und P_1 entsprechen. Wir
finden demnach für den Inhalt E der Ellipsenfläche $P_1 Q_1 Q_2 P_2$

$$7) \quad E = \left| \left\{ - \frac{ab}{2} \varphi + \frac{ab}{4} \sin 2 \varphi \right\} \right|_{\varphi_1}^{\varphi_2},$$

und wenn wir jetzt die Grenzen einsetzen,

$$8) \quad \begin{aligned} E &= - \frac{ab}{2} (\varphi_2 - \varphi_1) + \frac{ab}{4} (\sin 2 \varphi_2 - \sin 2 \varphi_1) \\ &= \frac{ab}{2} (\varphi_1 - \varphi_2) - \frac{ab}{4} (\sin 2 \varphi_1 - \sin 2 \varphi_2). \end{aligned}$$

Im besonderen finden wir für den Ellipsenquadranten — es fällt P_2
auf A_2 und P_1 auf B_1 —, daß

$$\varphi_1 = \frac{\pi}{2}, \qquad \varphi_2 = 0$$

ist, und demgemäß folgt für seinen Inhalt E_q

$$9) \quad E_q = \frac{ab}{2} \cdot \frac{\pi}{2} = \frac{ab}{4} \pi.$$

Der Inhalt der ganzen Ellipse ist daher gleich $ab\pi$.

Diese Formel hat eine nahe Beziehung zu der Formel für die
Kreisfläche. Der über der großen Achse $2a$ der Ellipse stehende
Kreis hat den Inhalt $a^2 \pi$; aus ihm entsteht der Inhalt der Ellipse,
wenn wir den einen Faktor a durch die kleine Halbachse b der Ellipse
ersetzen. Dies entspricht dem Umstande, daß auch jede Ordinate
der Ellipse gegen diejenige Kreisordinate, die zu demselben Abszissenwert gehört, im Verhältnis $b : a$ verkleinert ist (Vgl. S. 23.)

Die Hyperbelfläche soll nur für den besonderen Fall bestimmt
werden, daß die Hyperbel gleichseitig ist. (Fig. 60.) Wir denken sie

uns in diesem Fall auf die Asymptoten als Achsen bezogen, so daß ihre Gleichung (S. 31)

$$10) \quad xy = c^1)$$

ist. Das Flächendifferential dF hat daher den Wert

$$dF = y\,dx = \frac{c}{x}\,dx$$

und daraus folgt für den Inhalt H desjenigen Flächenstücks, das von zwei Ordinaten y_1 und y_2 begrenzt wird, deren Abszissen x_1 und x_2 sind,

$$H = \int_{x_1}^{x_2} \frac{c}{x}\,dx = c \Big| \ln x \Big|_{x_1}^{x_2}$$

und hieraus

$$11) \quad H = c\,(\ln x_2 - \ln x_1) = c \ln \frac{x_2}{x_1}.$$

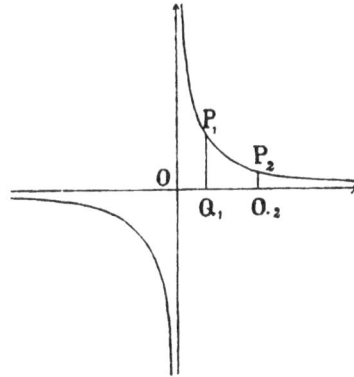

Fig. 60.

Durch diese einfache Formel wird der Inhalt des Flächenstücks dargestellt. Nehmen wir als untere Grenze im besonderen denjenigen Punkt, dessen Abszisse $x_1 = 1$ ist, so erhalten wir, wenn wir jetzt noch die obere Grenze durch x bezeichnen,

$$12) \quad H = c \ln x$$

für den bezüglichen Inhalt. Wegen dieser Beziehung der Hyperbelfläche zu den natürlichen Logarithmen werden diese gelegentlich auch als **hyperbolische** Logarithmen bezeichnet.

§ 5. Der Inhalt der Kugel und des Rotationsparaboloids.

Um den Inhalt eines Körpers, z. B. einer Kugel, zu berechnen, denkt man sich den Körper durch parallele Ebenen genau so in lauter elementare (d. h. differentielle) Bestandteile zerlegt wie die Fläche durch die Ordinaten in lauter differentielle Flächenstücke. Dies entspricht ganz der Art, wie man geographische Reliefbilder durch Aufeinanderlegen geeignet geschnittener Blätter mit allergrößter Genauigkeit darstellen kann. Das einzelne Blatt kann das Körperdifferential darstellen; es ist eine zylindrische Scheibe, deren Höhe differentiell klein ist, und deren Inhalt man gleich dem Produkt aus Grundfläche

---

1) c hat gemäß S. 31 den Wert $\frac{1}{2}a^2$, wenn a die Halbachse ist.

und Höhe zu setzen hat. Die Summe aller dieser Scheiben geht, wenn man die Höhen gegen Null konvergieren läßt, in das Körpervolumen über.

Wir bezeichnen das Volumen des Körpers durch V; das zwischen zwei unendlich nahen Ebenen liegende kleine Körpervolumen, welches das **Differential des ganzen Volumens** darstellt, ist daher gemäß S. 96 durch dV zu bezeichnen.

Wenn wir seine Grundfläche G nennen und seine Höhe, die das Differential der ganzen Höhe h ist, dh, so ergibt sich

$$1) \quad dV = G\,dh,$$

woraus sich durch Integration das Volumen selber finden läßt; wir erhalten also die Formel

$$2) \quad V = \int G\,dh.$$

Im Fall der Kugel hat die Grundfläche, die durch eine Schnittebene in der Höhe h bestimmt wird, wenn wir ihren Radius mit ϱ bezeichnen (Fig. 61), den Inhalt

$$G = \varrho^2\,\pi.$$

Anderseits ist

$$\varrho^2 = r^2 - h^2,$$

wo r der Kugelradius ist, also ergibt sich

$$3) \quad dV = (r^2 - h^2)\,\pi\,dh,$$

und für das Volumen der Kugel erhalten wir

$$4) \quad V = \int_{-r}^{+r} (r^2 - h^2)\,\pi\,dh.$$

Für das unbestimmte Integral finden wir

$$\int (r^2 - h^2)\,\pi\,dh = \pi\left\{ \int r^2\,dh - \int h^2\,dh \right\}$$
$$= \pi\left(r^2 h - \frac{h^3}{3} \right),$$

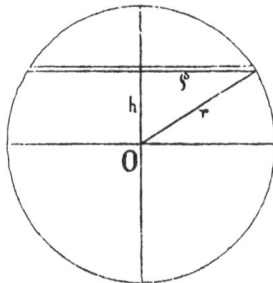

Fig. 61.

und wenn wir für h die Grenzen einsetzen, nämlich als obere r, als untere $-r$, so folgt für die Kugel K

$$5) \quad K = \left| \pi\left(r^2 h - \frac{h^3}{3} \right) \right|_{-r}^{r}$$

und daher

$$K = \pi\left\{ \left(r^3 - \frac{r^3}{3} \right) + \left(r^3 - \frac{r^3}{3} \right) \right\},$$

oder

$$6) \quad K = \frac{4 \pi r^3}{3}.$$

In ähnlicher Weise kann man den Inhalt aller Rotationskörper berechnen. Wir bestimmen noch den Inhalt eines Körpers, der von einer Fläche begrenzt ist, die durch Rotation einer Parabel um ihre Achse entsteht. Ein gewöhnlicher parabolischer Hohlspiegel begrenzt ein solches Rotationsparaboloid (vgl. S. 46). Die Koordinatenachsen der Parabel denken wir uns genau so gelegt wie auf S. 163; die Höhe des parabolischen Segments sei h. Das Differential des Volumens in der Höhe y ist wieder ein unendlich dünner, gerader Kreiszylinder; sein Radius ist x, und seine Höhe ist dy, also folgt

$$7) \quad dV = x^2 \pi \, dy.$$

Nun lautet die Gleichung der Parabel (S. 164)

$$x^2 = 2 \, p \, y,$$

also ergibt sich durch Einsetzen

$$dV = 2 \, p \, y \, \pi \, dy$$

und daraus

$$8) \quad V = \int_0^h 2 \, p \, \pi \, y \, dy = \left| y^2 p \pi \right|_0^h;$$

$$9) \quad V = h^2 \, p \, \pi.$$

Das Volumen ist also, wie die Formel lehrt, gleich dem eines geraden Zylinders vom Radius h und der Höhe p. Sämtliche derartigen Segmente lassen sich also durch Zylinder vom Radius y, aber von konstanter Höhe darstellen.

§ 6. Rechenregeln und Sätze für bestimmte Integrale.

Da die bestimmten Integrale als Grenzwerte von Summen definiert sind und ihrer Bedeutung nach Flächen, Volumina usw. darstellen, so gestatten sie die Anwendung folgender Rechenregeln. Man kann eine Fläche in Teile zerlegen und die Aufgabe, die Fläche auszuwerten, dadurch lösen, daß man den Inhalt der einzelnen Teilstücke bestimmt. Ferner kann man die Berechnung einer Summe durch die Berechnung einzelner Teilsummen leisten, in die man die Gesamtsumme zerlegt. Aus diesem selbstverständlichen Prinzip fließen einige Formeln über bestimmte Integrale, die, da sie allgemein als Sätze ausgesprochen zu werden pflegen, auch hier eine Stelle finden mögen.

Folgen die Abszissen a, b, c, der Größe nach aufeinander, so ist

$$1)\quad \int_a^b f(x)\,dx + \int_b^c f(x)\,dx = \int_a^c f(x)\,dx,$$

was in der Tat nur aussagt, daß die Fläche von a bis c gleich der Summe der Flächen von a bis b und von b bis c ist. Dasselbe gilt naturgemäß für eine Summe von mehr als zwei derartigen Integralen.

Die Gleichung 1) gilt aber auch, wenn die Abszissen a, b, c nicht der Größe nach aufeinanderfolgen. Hierzu schicken wir eine allgemeine Bemerkung voraus.

Wir wollen nämlich von nun an auch den Flächenstücken Vorzeichen erteilen; wir denken sie uns dadurch entstanden, daß die Kurvenordinate sich parallel der y-Achse bewegt, und nehmen sie positiv, falls diese Bewegung in der Richtung der positiven x-Achse vor sich geht, und negativ, falls sie in negativer Richtung erfolgt. Wir zählen also (Fig. 57) die von b_1 bis b_2 sich erstreckende Fläche positiv, die von b_2 bis b_1 gerechnete negativ, und zwar so, daß sie einander entgegengesetzt gleich sind, also ihre Summe Null ist. Nach dem Vorstehenden haben wir den Inhalt der zweiten Fläche durch

$$\int_{a_2}^{a_1} f(x)\,dx$$

zu bezeichnen und haben demnach die Gleichung

$$\int_{a_1}^{a_2} f(x)\,dx + \int_{a_2}^{a_1} f(x)\,dx = 0,\ \text{oder}$$

$$2)\quad \int_{a_1}^{a_2} f(x)\,dx = -\int_{a_2}^{a_1} f(x)\,dx.$$

Man spricht diese Gleichung dahin aus, daß das bestimmte Integral bei Vertauschung der Integrationsgrenzen sein Vorzeichen ändert.

Dieser Satz ist nichts anderes als ein besonderer Fall des allgemeinen mathematischen Prinzips, daß sich der Gegensatz von positiv und negativ geometrisch durch den Gegensatz der Richtung, hier der Integrationsrichtung, ausdrückt.

Sei nun z. B. $a < c < b$, so ergibt sich nach Gleichung 1) zunächst

$$\int_a^c f(x)\,dx + \int_c^b f(x)\,dx = \int_a^b f(x)\,dx.$$

Ferner ist gemäß dem Obigen

$$\int_c^b f(x)\,dx = -\int_b^c f(x)\,dx;$$

subtrahieren wir beide Gleichungen voneinander, so folgt

$$3)\quad \int_a^c f(x)\,dx = \int_a^b f(x)\,dx + \int_b^c f(x)\,dx,$$

also besteht in der Tat Gleichung 1) auch für diesen Fall.

Eine zweite Bemerkung allgemeiner Art knüpfen wir an die Tatsache, daß das bestimmte Integral

$$\int_{-\pi}^{\pi} \sin x\,dx = \Big|_{-\pi}^{\pi} (-\cos x) = 0$$

ist. Geometrisch stellt das Integral die Fläche der Sinuskurve (S. 80) zwischen den Abszissen $-\pi$ und π dar. Diese Fläche zerfällt in zwei andere, die einerseits kongruent, andererseits mit verschiedenen Vorzeichen behaftet sind; die Ordinaten der einen sind nämlich sämtlich positiv, die der andern hingegen sämtlich negativ. Flächenteile dieser Art sind stets entgegengesetzt gleich, und man erkennt daher die Richtigkeit des folgenden wichtigen Satzes.

Ein bestimmtes Integral $\int_{-a}^{+a} f(x)\,dx$ hat den Wert Null, wenn die Funktion $f(x)$ die Eigenschaft hat, daß zu den Werten $-x$ und $+x$ entgegengesetzte Werte der Funktion gehören, daß also

$$f(-x) = -f(x)$$

ist. ($f(x)$ heißt alsdann ungerade Funktion.)

Beispiele: $\int_{-a}^{a} x^n\,dx = 0$, falls n ungerade; $\int_{-\pi/4}^{\pi/4} \operatorname{tg} x\,dx = 0$.

Umgekehrt hat man

$$\int_{-\pi/2}^{0} \cos x\,dx = \int_{0}^{\pi/2} \cos x\,dx = 1.$$

Für die Kosinuskurve ist nämlich die y-Achse eine Symmetrieachse; die beiden durch unsere Integrale dargestellten Flächenstücke haben daher gleichen Inhalt. Dies gilt offenbar für jede derartige Funktion, also für jede Funktion $f(x)$, bei der die Werte, die sie für $-x$ und $+x$ besitzt, einander gleich sind, für die also

$$f(-x) = f(+x)$$

12*

ist (gerade Funktionen). Man hat dann auch noch

$$\int_{-a}^{a} f(xd)x = 2\int_{0}^{a} f(x)\,dx.$$

Beispiel: $\int_{-a}^{a} x^2\,dx = 2\int_{0}^{a} x^2\,dx = {}^2/_3\,a^3.$

Eine dritte wichtige Eigenschaft des bestimmten Integrals, die ebenfalls unmittelbar aus seiner Summennatur hervorgeht, ist folgende:

Seien $f(x)$ und $\varphi(x)$ zwei Funktionen von x, von der Art, daß für jeden Wert von x zwischen a und b eine Relation

$$f(x) \leq \varphi(x)^1)$$

besteht, so ist auch

$$\int_{a}^{b} f(x)\,dx \leq \int_{a}^{b} \varphi(x)\,dx.$$

Diese Tatsache kann für die Abschätzung von Integralen von großer Wichtigkeit werden, falls man zu einer Funktion $f(x)$ eine geeignete einfache Funktion $\varphi(x)$ zu finden vermag.

Beispiel: Man soll das Integral

$$\int_{0}^{\pi/2} \frac{d\varphi}{\sqrt{1 - K^2\sin^2\varphi}} \cdot (K^2 < 1)$$

abschätzen. Man hat für alle Werte von φ stets $\sin^2\varphi \leq 1$ also

$$1 - K^2\sin^2\varphi \geq 1 - K^2 \quad \text{und} \quad \frac{1}{\sqrt{1 - K^2\sin^2\varphi}} \leq \frac{1}{\sqrt{1 - K^2}},$$

also

$$\int_{0}^{\pi/2} \frac{d\varphi}{\sqrt{1 - K^2\sin^2\varphi}} < \int_{0}^{\pi/2} \frac{d\varphi}{\sqrt{1 - K^2}} = \frac{\pi}{2} \cdot \frac{1}{\sqrt{1 - K^2}}.$$

Viertens ist zu bemerken, daß die Grenzen eines bestimmten Integrals unendlich groß werden können und trotzdem das Integral endlich bleiben kann. Dies bedeutet, daß auch einer sich ins Unendliche erstreckenden Kurvenfläche ein endlicher Wert zukommen kann. Für das in § 4 erörterte Beispiel der Hyperbel ist es zwar nicht der Fall; läßt man in Gleichung 12) die obere Grenze x der Fläche unbegrenzt wachsen, so wird auch $\ln x$ unendlich groß, also auch der Wert von H. Betrachtet man dagegen das Integral

---

1) Das Zeichen $\leq$ bedeutet »kleiner oder höchstens gleich«.

$$\int\limits_{0}^{a} e^{-x}\,d\,x = \Big|\limits_{0}^{a} - e^{-x} = 1 - e^{-a}$$

und läßt nun a unbegrenzt wachsen, so konvergiert offenbar e^{-a} gegen Null, und die so definierte Kurvenfläche (der Gleichung $y = e^{-x}$ zugehörig) hat den Grenzwert 1. Man schreibt in diesem Fall kürzer

$$\int\limits_{0}^{\infty} e^{-x}\,d\,x = 1.$$

Auch die untere Grenze kann (negativ) unendlich groß werden; so hat man z. B., wie wir später beweisen (vgl. S. 191)

$$\int\limits_{-\infty}^{\infty} e^{-x^2}\,d\,x = \sqrt{\pi}.$$

Fünftens sieht man leicht, daß die Funktion $f(x)$ keineswegs überall stetig zu sein braucht, um integrierbar zu bleiben. Hat die Funktion $f(x)$

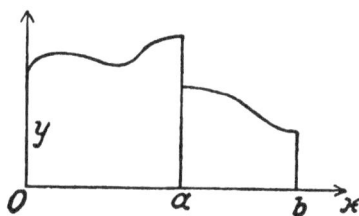

Fig. 62.

z. B. für $x = \alpha$ einen Sprung, so hat man offenbar zu setzen (Fig. 62)

$$\int\limits_{0}^{b} f(x)\,d\,x = \int\limits_{0}^{\alpha} f(x)\,d\,x + \int\limits_{\alpha}^{b} f(x)\,d\,x,$$

wie aus der geometrischen Bedeutung des Integrals als Flächeninhalt unmittelbar erhellt. Vgl. auch Übungsaufgaben, § 7.

Wir gehen endlich nochmals zu der in § 3 enthaltenen Definition des bestimmten Integrals zurück, die an das durch die Ordinaten P_1Q_1 und P_2Q_2 bestimmte Flächenstück J anknüpft (Fig. 57), und leiten zunächst einen Hilfssatz ab. Der Kurvenbogen P_1P_2 hat sicher eine größte und eine kleinste Ordinate; ist g die größte und k die kleinste, so ist offenbar

$$(a_2 - a_1)\,g > J > (a_2 - a_1)\,k.$$

Für den Inhalt J besteht daher notwendig eine Gleichung der Form

$$J = (a_2 - a_1)\,\eta,$$

wo η zwischen g und k liegt; er ist also gleich einem Rechteck mit der Grundlinie Q_1Q_2 und der Höhe η. Zieht man nun im Abstand η eine Parallele zur x-Achse, so schneidet diese den Kurvenbogen P_1P_2; ist P' einer der Schnittpunkte, $P'Q'$ seine Ordinate η und $OQ' = \xi$ seine Abszisse, so daß $\eta = f(\xi)$ ist, so folgt noch

$$J = (a_2 - a_1)\,f(\xi),$$

wo also ξ ein gewisser, zwischen a_1 und a_2 enthaltener Wert ist. Diese Gleichung enthält unsern Hilfssatz.

Aus ihm ziehen wir noch eine wichtige Folgerung. Die Abszisse ξ läßt sich in anderer Form darstellen. Wir setzen $Q_1Q_2 = h$, und haben

$$\xi = OQ' = OQ_1 + Q_1Q';$$

da nun Q_1Q' ein Bruchteil von $Q_1Q_2 = h$ ist, so kann man schreiben

$$\xi = a_1 + \vartheta h,$$

wo ϑ eine zwischen 0 und 1 liegende Zahl bedeutet. Man hat also schließlich die Formel

$$4) \quad \int\limits_{a_1}^{a_2} f(x)\,dx = (a_2 - a_1)\,f\left\{a_1 + \vartheta h\right\}.$$

Ersetzen wir noch das Integral durch den in § 3, Gleichung 4) stehenden Wert und beachten, daß $f(x) = F'(x)$ ist, so folgt

$$5) \quad F(a_2) - F(a_1) = (a_2 - a_1)\,F'\left\{a_1 + \vartheta h\right\}.$$

Diese wichtige Gleichung wird als Mittelwertsatz bezeichnet.

§ 7. Mehrfache Integrale.

Die Fläche des Ellipsenquadranten haben wir nach S. 173 durch das bestimmte Integral

$$E = \int\limits_0^a dx \cdot y$$

ausgedrückt; darin war $y\,dx$ der Wert des Flächendifferentials, d. h. des unendlich kleinen Streifens, der von zwei benachbarten Ordinaten begrenzt wird und die Breite dx besitzt. Ersetzen wir in vorstehender Gleichung y durch $\int\limits_0^y dy$, so erhalten wir

$$E = \int\limits_0^a dx \int\limits_0^y dy,$$

wofür man auch

$$1) \quad E = \int\limits_0^a\int\limits_0^y dx\,dy$$

schreibt. Das so umgeformte Integral heißt Doppelintegral.

Wir können uns seine geometrische Bedeutung unabhängig von der vorstehenden Ableitung folgendermaßen zurechtlegen (Fig. 63).

Fig. 63.

Das Produkt $dx\,dy$ stellt den Inhalt eines unendlich kleinen Rechtecks mit den Seiten dx und dy dar; zerlegen wir die Ellipse durch Parallelen zu den Achsen in lauter solche Rechtecke und bilden dann wieder ihre Summe oder ihr Integral, so erhalten wir die Ellipsenfläche. Diese Integration führt man so aus, daß man erst nach einer Variablen, z. B. nach y, integriert, d. h. man bildet die Summe aller solcher Rechtecke, die einen zur y-Achse parallelen Flächenstreifen ausmachen; die untere Grenze dieser Integration ist 0, während die obere für jeden Flächenstreifen das zu ihm gehörige y ist, das seine Höhe angibt. Dann hat man noch die Summe aller dieser Flächenstreifen zu nehmen: die Grenzen dieser Integration sind 0 und a. Analytisch drückt sich dies so aus: Da bei der Integration nach y die Grundlinie dx aller bezüglichen Rechtecke dieselbe Länge hat, also konstant ist, so ergibt sich zunächst für die Summe aller dieser Rechtecke (also für den Flächenstreifen)

$$2)\quad \int_0^y dx\,dy = dx \int_0^y dy = dx \cdot y.$$

Nun haben wir noch die Summe aller dieser Flächenstreifen zu bilden, also nach x zwischen den Grenzen 0 und a zu integrieren, und erhalten so für die Gesamtfläche wieder den Wert

$$E = \int_0^a y\,dx,$$

den wir wie oben (S. 174) zu bestimmen haben.

Man kann die Integration auch so ausführen, daß man (Fig. 63) zunächst nach x integriert und dann nach y. Wir bestimmen demgemäß erst die Summe aller Rechtecke, die einen zur x-Achse parallelen Streifen bilden d. h. wir integrieren zwischen den Grenzen 0 und x (wobei jetzt dy einen konstanten Wert hat); dann bilden wir die Summe aller dieser zur x-Achse parallelen Flächenstreifen zwischen den Grenzen 0 und b. In diesem Fall erhalten wir zunächst für den Streifen

$$3)\quad \int_0^x dx\,dy = dy \int_0^x dx = dy \cdot x$$

und erhalten dann weiter

$$E = \int_0^b x\,dy$$

und das so erhaltene Integral würde ganz analog wie das oben (S. 173) betrachtete zu behandeln sein.

Man bezeichnet das unendlich kleine Rechteck mit dem Inhalt $dx\,dy$ auch als Flächenelement.

Ein zweites Beispiel sei das folgende. Man soll die Gesamtmasse eines Rechtecks bestimmen, wenn seine Massenbelegung proportional dem Abstand von der Grundlinie zunimmt.

Wir legen das Koordinatensystem in eine Ecke des Rechtecks; ist a die Länge der Grundlinie und h die Höhe, so sind 0 und a die Grenzen für x, 0 und h diejenigen für y. Ist die Masse für die Einheit der Fläche μ, so ist die Masse des unendlich kleinen Rechtecks

$$\mu \, dx \, dy.$$

Nun ist aber μ proportional zu y, d. h. es ist $\mu = \alpha \, y$, wo α die Massenbelegung in der Höhe 1 angibt. Demnach folgt als Gesamtmasse des Rechtecks

$$4) \quad M = \int_0^a \int_0^h \alpha \, y \, d x \, d y.$$

Wir integrieren zunächst nach y, also über alle Rechtecke, für die x und $d x$ einen konstanten Wert hat, und erhalten

$$M = \int_0^a d x \left| \alpha \cdot \frac{y^2}{2} \right|_0^h = \int_0^a d x \cdot \alpha \, \frac{h^2}{2},$$

und daraus folgt nach weiterer Integration

$$5) \quad M = \alpha \, \frac{a \, h^2}{2}.$$

Wenn man dagegen zunächst nach x integriert, also über alle Rechtecke, für die y und dy konstant sind, und die einen zur x-Achse parallelen Streifen bilden, so findet man wieder

$$M = \int_0^h \alpha \, y \, d y \left| x \right|_0^a = \alpha \int_0^h y \, d y \cdot a = \alpha \, a \cdot \frac{h^2}{2}.$$

Bemerkung. Die Unabhängigkeit des Doppelintegrals davon, ob man erst nach x und dann nach y, oder erst nach y und dann nach x integriert (von der Integrationsordnung) ist eine unmittelbare Folge des Summencharakters. Doch ist zu bemerken, daß die Grenzen sich dabei ändern können. Dies ist zwar schon im ersten Beispiel so (Ellipsenfläche), es ist aber gut, noch ein weiteres einfaches Beispiel dieser Art durchzuführen. Sei die Masse eines Kreisquadranten zu ermitteln, wenn die Massenbelegung ζ in jedem Punkt x, y dem Produkt xy proportional ist. Sei Q ein beliebiger Punkt des Kreises und QP das auf die x-Achse gefällte Lot, so hat die Masse des unendlich kleinen Rechtecks, das einen Punkt dieses Lotes enthält, den Wert

$$\zeta \, d x \, d y = \alpha \, x \, y \, d x \, d y.$$

Wir integrieren zunächst nach y; die Grenzen sind $y = 0$ und $y = PQ$. Bezeichnen wir der Deutlichkeit halber die obere Grenze PQ noch durch η, so haben wir, da Q ein Punkt des Kreises ist, für η die Gleichung $x^2 + \eta^2 = r^2$, so daß also $PQ = \eta = \sqrt{r^2 - x^2}$ ist. Für die längs des Streifens PQ ausgeführte Integration finden wir also

$$\int_0^\eta \alpha\, x\, y\, dx\, dy = \alpha\, x\, dx \int_0^\eta y\, dy = \alpha\, x\, dx\, \frac{\eta^2}{2}$$

$$= \frac{\alpha}{2}\, x\, dx\, (r^2 - x^2).$$

Wir haben nun noch nach x zu integrieren, und zwar zwischen den Grenzen 0 und r und finden

$$M = \int_0^r \frac{\alpha}{2}\, x\, dx\, (r^2 - x^2) = \frac{\alpha}{2} \left| \left(\frac{r^2 x^2}{2} - \frac{x^4}{4} \right) \right|_0^r = \frac{\alpha\, r^4}{8}.$$

Wird dagegen zuerst nach x integriert, und zwar längs des von Q auf die y-Achse gefällten Lotes QR, so sind die Grenzen für x Null und $x = RQ = \sqrt{r^2 - y^2}$, wofür wir zur Unterscheidung wiederum ξ schreiben; die Grenzen für die weitere Integration nach y sind Null und r. Also ergibt sich

$$M = \int_0^r \int_0^\xi \alpha\, x\, y\, dx\, dy = \int_0^r \alpha\, y\, dy \int_0^\xi x\, dx$$

$$= \int_0^r \alpha\, y\, dy \cdot \frac{\xi^2}{2} = \int_0^r \frac{\alpha}{2}\, y\, dy\, (r^2 - y^2),$$

woraus wieder der obige Wert folgt[1]).

Für den Inhalt eines Körpers erhält man in ähnlicher Weise ein dreifaches Integral. Man denkt sich den Körper durch drei Scharen zueinander senkrechter Ebenen, die den Koordinatenebenen parallel laufen, in unendlich kleine Parallelepipeda zerlegt; man nennt sie Körperelemente oder Volumenelemente. Der Inhalt eines solchen ist dann $dx\,dy\,dz$. Der Inhalt des gesamten Körpers entsteht durch Integration dieser Elemente nach den drei Richtungen x, y, z. Die erste Integration parallel zu x gibt den Inhalt eines unendlich dünnen Streifens; durch Integration solcher Streifen längs y ergibt sich der Inhalt eines unendlich dünnen Flächenstücks und die dritte Integration längs z gibt als Summe aller dieser Flächenstücke den Inhalt des Körpers.

Ein derartiges dreifaches Integral schreibt man

$$6) \quad \iiint dx\,dy\,dz,$$

die Grenzen hängen in jedem Fall von der Form des Körpers ab.

Als letztes Beispiel wollen wir die Anziehung zweier sehr dünner Stäbe betrachten, die in einer Geraden gelegen sind, und deren

---

[1]) Die Grenzen bleiben unverändert, wenn sie sämtlich konstant sind. Ausführlicheres findet man in den im Vorwort genannten Lehrbüchern.

einander zugekehrte Enden den Abstand b voneinander besitzen. Auf S. 143 und 172 haben wir bereits die Anziehung eines Stabes auf einen in seiner Verlängerung gelegenen Massenpunkt bestimmt und dafür den Ausdruck

$$7) \quad F = \int_0^l \frac{M\,m}{(a+x)^2}\,dx = m\,M\left(\frac{1}{a} - \frac{1}{a+l}\right)$$

gefunden, wo a die Entfernung des Punktes vom Ende des Stabes bedeutet. Jetzt können wir ein sehr kurzes Stückchen dy des zweiten Stabes wie einen Massenpunkt behandeln, in welchem wir uns seine Masse

$$m = M'\,dy$$

konzentriert denken, worin M' (analog M) die Masse der Längeneinheit des zweiten Stabes bedeutet. Die Anziehung des ersten Stabes auf das Stück dy ist daher

$$8) \quad dA = \int_0^l \frac{M'\,M\,dy\,dx}{(b+y+x)^2},$$

weil die Entfernung des Stückes dy vom Ende des ersten Stabes $b+y$ beträgt. Wir erhalten daher für die gesamte Anziehung der beiden Stäbe

$$9) \quad A = \int_0^{l'}\int_0^l \frac{M'\,M\,dy\,dx}{(b+y+x)^2},$$

wo l' die Länge des zweiten Stabes bedeutet. Indem wir nunmehr zuerst nach x integrieren und beachten, daß dabei dy und y einen konstanten Wert haben, erhalten wir auf Grund der Formel 7), worin nur a durch $b+y$ zu ersetzen ist,

$$A = \int_0^{l'} M'\,M\left(\frac{1}{b+y} - \frac{1}{b+y+l}\right)dy,$$

und indem wir nunmehr die zweite Integration (nach y) vornehmen,

$$A = M'\,M\left[\ln\frac{b+l'}{b} - \ln\frac{b+l+l'}{b+l}\right],$$

oder schließlich

$$A = M\,M'\ln\frac{(b+l)\,(b+l')}{b\,(b+l+l')}.$$

Wir leiten endlich eine später nötige Formel ab. Es handle sich um ein über das Rechteck $ABCD$ erstrecktes Doppelintegral; die Koordinaten von A, B, C, D seien $x_0 y_0$, $x_0 y_1$, $x_1 y_0$, $x_1 y_1$, und es sei

$$J = \int_{x_0}^{x_1} \int_{y_0}^{y_1} f(x) \cdot \varphi(y) \, dx \, dy,$$

wo $f(x)$ eine Funktion nur von x und $\varphi(y)$ eine Funktion nur von y ist. Integrieren wir zunächst nach y, so ist x und dx, also auch $f(x)$ konstant, und wir finden

$$J = \int_{x_0}^{x_1} dx \cdot f(x) \int_{y_0}^{y_1} \varphi(y) \, dy.$$

Sei nun $\Phi(y)$ die Integralfunktion zu $\varphi(y)$, so folgt weiter (S. 170)

$$J = \int_{x_0}^{x_1} dx \, f(x) \left\{ \Phi(y_1) - \Phi(y_0) \right\}.$$

Jetzt ist noch nach x zu integrieren; bezeichnen wir die Integralfunktion von $f(x)$ durch $F(x)$, so ergibt sich sofort

$$J = \left\{ \Phi(y_1) - \Phi(y_0) \right\} \int_{x_0}^{x_1} f(x) \, dx = \left\{ \Phi(y_1) - \Phi(y_0) \right\} \cdot \left\{ F(x_1) - F(x_0) \right\}.$$

Offenbar zeigt schon die Symmetrie dieser Formel, daß man dasselbe Resultat erhalten muß, wenn man erst nach x und dann nach y integriert. Eine wichtige Folgerung ist noch folgende. Man hat

$$\int_{x_0}^{x_1} f(x) \, dx = F(x_1) - F(x_0), \qquad \int_{y_0}^{y_1} \varphi(y) \, dy = \Phi(y_1) - \Phi(y_0),$$

woraus durch Multiplikation

$$\int_{x_0}^{x_1} f(x) \, dx \cdot \int_{y_0}^{y_1} \varphi(y) \, dy = [F(x_1) - F(x_0)] \cdot [\Phi(y_1) - \Phi(y_0)]$$

folgt; also ist auch

$$\int_{x_0}^{x_1} \int_{y_0}^{y_1} f(x) \cdot \varphi(y) \, dx \, dy = \int_{x_0}^{x_1} f(x) \, dx \cdot \int_{y_0}^{y_1} \varphi(y) \, dy.$$

Das Doppelintegral ist also gleich dem Produkt der beiden einfachen Integrale. Man kann also dieses Produkt durch das Doppelintegral ersetzen. Hiervon haben wir später eine Anwendung zu machen.

§ 8. Integrale in Polarkoordinaten.

Der Begriff des bestimmten Integrals läßt sich auf den Fall übertragen, daß wir als Koordinaten die S. 39 eingeführten Polarkoordinaten benutzen. Ist in Fig. 63a

$$1) \quad r = f(\varphi)$$

die Gleichung einer Kurve, so können wir den von den Radien
$O P_0 = r_0$ und $O P_1 = r_1$ bestimmten Flächensektor S ebenso als
Summe seiner differentiellen Bestandteile auffassen, wie es für die
S. 167 betrachtete Kurvenfläche geschehen ist. Den differentiellen

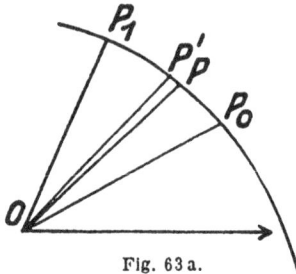

Bestandteil, aus dem der Flächensektor
durch Summation oder Integration entsteht, stellt jetzt der Sektor $O P P' = d S$
von der Winkelöffnung $d\varphi$ dar; er ist als
Kreissektor vom Radius r anzusehen und
hat den Inhalt

$$dS = \frac{1}{2} r^2 d\varphi.$$

Fig. 63 a.

Die Summe aller dieser Sektoren kon-
vergiert, wenn sie sämtlich unendlich schmal werden, während ihre
Zahl unendlich wächst, in gleicher Weise gegen den Gesamtsektor
$O P_0 P_1$, wie die Rechtecke im § 2 gegen die dort betrachtete Kurvenfläche konvergieren. Wir erhalten so die Gleichung

$$S = \int_{\varphi_0}^{\varphi_1} \frac{1}{2} r^2 d\varphi,$$

wo r den durch Gleichung (1) gegebenen Wert hat.

Um analog die Doppelintegrale zu erörtern, müssen wir die
ganze Ebene in ähnlicher Weise in differentielle Flächenelemente

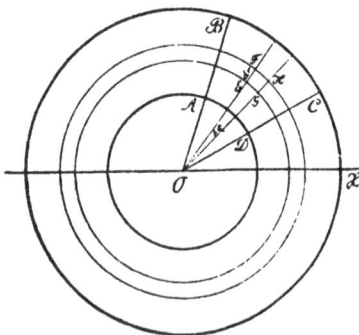

zerlegt denken, wie in § 7. Dazu
denken wir uns eine Schar konzentrischer Kreise und eine Schar gerader Linien, die vom Anfangspunkt O der Polarkoordinaten ausgehen (Fig. 64); je zwei benachbarte
Kreise sollen den differentiellen Abstand dr haben, und je zwei von O
ausgehende benachbarte Geraden
sollen den Winkel $d\varphi$ miteinander
bilden. Sie bestimmen zusammen
als differentielles Flächenelement ein
Viereck $E F H G$, aus zwei Kreis-
bogen und zwei Strecken bestehend, das wir in erster Annäherung als Rechteck auffassen können. Zwei seiner Seiten haben
die Länge dr, während die auf dem Kreis mit dem Radius

Fig. 64.

liegende Seite EG die Länge $r\,d\varphi$ hat; der Inhalt dJ des Rechtecks ist also

$$dJ = r\,d\varphi\,d\,r.$$

Will man nun den Inhalt eines Flächenstücks berechnen, so hat
man das Doppelintegral

$$\iint dJ = \iint r\,d\varphi\,d\,r$$

zu bilden, wo die Grenzen durch die Gestalt der die Fläche begrenzenden Kurve bzw. ihre Gleichung in Polarkoordinaten gegeben sind.

Um ein allgemeineres Beispiel für die Benutzung der Polarkoordinaten zu geben, behandeln wir noch die folgende Aufgabe:
Gegeben sei ein Kreisring mit den Radien $AO = \varrho$ und $BO = R$,
wo $\varrho < R$ ist; aus ihm schneiden wir durch zwei Radien, die mit
der x-Achse die Winkel $BOX = \varphi_2$ und $COX = \varphi_1$ bilden, ein
Flächenstück $ABCD = S$ aus. Wir suchen die Gesamtanziehung,
die das Flächenstück S auf den Mittelpunkt O ausübt, wenn wir annehmen, daß der Mittelpunkt die Masse 1 hat, daß in S die Massen-
verteilung umgekehrt proportional der Entfernung vom Mittelpunkt
ist, und daß die Anziehung dem Newtonschen Gesetz folgt, also der
Masse direkt und dem Quadrat des Abstandes umgekehrt proportional ist.

Dazu zerlegen wir den Kreisring wie oben in differentielle Elemente und fassen wieder das Element $EFHG$ ins Auge, dessen
Größe $r\,dr\,d\varphi$ ist; seinen Abstand von O können wir durch r bezeichnen. Ist ferner μ die Dichte seiner Massenbelegung, so hat die
von ihm auf O ausgeübte Anziehung den Wert

$$dF = \frac{\mu\,r\,dr\,d\varphi}{r^2}.$$

Nun ist aber μ umgekehrt proportional zu r, also $\mu = \lambda/r$, wo
λ die Dichtigkeit in der Entfernung 1 bedeutet, also folgt

$$dF = \frac{\lambda\,dr\,d\varphi}{r^2}$$

und demnach

$$F = \int\limits_{\varphi_1}^{\varphi_2}\int\limits_{\varrho}^{R} \frac{\lambda\,dr\,d\varphi}{r^2}.$$

Wir integrieren zunächst nach r, indem wir φ konstant lassen
(d. h. wir summieren über alle Flächenelemente längs einer von O
ausgehenden Richtung) und erhalten

$$F = \int\limits_{\varphi_1}^{\varphi_2} \lambda\, d\varphi \int\limits_{\varrho}^{R} \frac{d\,r}{r^2} = \int\limits_{\varphi_1}^{\varphi_2} \lambda\, d\varphi \left(\frac{1}{\varrho} - \frac{1}{R} \right)$$

oder schließlich

$$F = \lambda \left(\frac{1}{\varrho} - \frac{1}{R} \right)(\varphi_2 - \varphi_1).$$

Handelt es sich z. B. um eine sich ins Unendliche ausdehnende Fläche, so ist $R = \infty$, und

$$F = \frac{\lambda}{\varrho}(\varphi_2 - \varphi_1).$$

Um ein zweites Beispiel zu geben, wollen wir das für die Wahrscheinlichkeitsrechnung (Kap. IX, § 8) wichtige Integral

$$I = \int\limits_{0}^{\infty} e^{-x^2}\, d\,x$$

auswerten. Wir ersetzen die obere Grenze zunächst durch a, gehen also von dem Integral

$$A = \int\limits_{0}^{a} e^{-x^2}\, d\,x$$

aus, und fügen das analog gebaute Integral

$$B = \int\limits_{0}^{b} e^{-y^2}\, d\,y$$

hinzu. Gemäß dem S. 187 bewiesenen Satz haben wir dann

$$A \cdot B = \int\limits_{0}^{a} e^{-x^2}\, d\,x \cdot \int\limits_{0}^{b} e^{-y^2}\, d\,y = \int\limits_{0}^{a}\int\limits_{0}^{b} e^{-(x^2+y^2)}\, d\,x\, d\,y$$

und es stellt das rechts stehende Doppelintegral offenbar das Doppelintegral der Funktion $e^{-(x^2+y^2)}$ über ein Rechteck dar, das von den Koordinatenachsen und von zwei im Abstand $x = a$ und $y = b$ gezogenen Parallelen begrenzt wird. Setzt man insbesondere $\lim a = \infty$ und $\lim b = \infty$, so hat man

$$\lim A = I, \; \lim B = I,$$

und es folgt

$$I^2 = \int\limits_{0}^{\infty}\int\limits_{0}^{\infty} e^{-(x^2+y^2)}\, d\,x\, d\,y,$$

wo jetzt das Doppelintegral über den ganzen ersten Quadranten zu erstrecken ist.

Die durch dieses Doppelintegral dargestellte Summation wollen wir mittels Polarkoordinaten ausführen. Die zu integrierende Funktion ist dann

$$e^{-(x^2+y^2)} = e^{-r^2},$$

während das Flächenelement $r\,dr\,d\varphi$ ist. Wir integrieren zunächst wieder über einen Kreisquadranten mit dem Radius ϱ, bilden also das Doppelintegral

$$R = \int\limits_0^\varrho \int\limits_0^{\pi/2} e^{-r^2}\, r\,dr\,d\varphi,$$

und wissen, daß für lim $\varrho = \infty$ wieder $R = I^2$ ist. Integrieren wir hier zunächst nach φ, so wird

$$R = \frac{\pi}{2} \int\limits_0^\varrho e^{-r^2} \cdot r\,dr,$$

also folgt weiter

$$I^2 = \frac{\pi}{2} \int\limits_0^\infty e^{-r^2}\, r\,dr.$$

Setzen wir nun noch $r^2 = u$, so wird

$$\int\limits_0^\infty e^{-r^2}\, r\,dr = \frac{1}{2} \int\limits_0^\infty e^{-u}\, du = \frac{1}{2}\Big|_0^\infty - e^{-u} = \frac{1}{2},$$

und daher ergibt sich schließlich

$$I^2 = \frac{\pi}{4}; \qquad I = \frac{1}{2}\sqrt{\pi}.$$

Man folgert daraus weiter (vgl. S. 180)

$$\int\limits_{-\infty}^{+\infty} e^{-x^2}\, dx = \sqrt{\pi}.$$

Die räumlichen Polarkoordinaten knüpfen an die Methoden der geographischen Ortsbestimmung an. Jeder Punkt P der Erde, die wir als Kugel annehmen, hat eine gewisse geographische Länge und Breite. Die geographische Länge φ ist der Winkel, den der Meridian des Orts mit dem Nullmeridian bildet; er wächst von 0 bis 2π und bestimmt geometrisch eine gewisse durch die Achse der Erde gehende Ebene, oder genauer nur die Hälfte dieser Ebene (bis zur Achse). Die geographische Breite ist zugleich der Winkel, den der von P nach dem Mittelpunkt O der Erde gehende Erdradius OP mit der Äquatorebene bildet. Sein Komplement, d. h. also denjenigen Winkel, den dieser Erdradius mit der Erdachse, genauer mit dem nach dem Nordpol N gehenden Teil ON der Erdachse bildet, bezeichnen wir durch ϑ, so daß $\vartheta = NOP$ von 0 bis π wächst, und zwar ist für Punkte der nördlichen Halbkugel $\vartheta < \pi/2$, für Punkte der südlichen Halbkugel $\vartheta > \pi/2$. Alle Punkte, für die ϑ den gleichen Wert hat, liegen auf einem Breitenkreis. Die Verbindungslinien dieser Punkte mit dem Mittelpunkt der Erde bilden also einen Rotationskegel, dessen Scheitel im Mittelpunkt liegt (den Kegelmantel denken wir uns hier als einseitig unbegrenzt). Man bezeichnet ϑ auch als den Öffnungswinkel des Rotationskegels.

Wir denken uns nun um den Mittelpunkt der Erde eine Reihe konzentrischer Kugeln, so daß je zwei benachbarte den differentiellen Abstand dr voneinander haben (daß also r und $r + dr$ ihre Radien sind), ferner eine Reihe von Ebenen oder besser von Halbebenen, die durch die Erdachse gehen, und von denen je zwei benachbarte den differentiellen Winkel $d\varphi$ einschließen, und endlich eine Reihe von Rotationskegeln mit O als Scheitel, so daß für zwei benachbarte die Differenz ihrer Öffnungswinkel gleich $d\vartheta$ ist. Durch alle diese Kugeln, Halbebenen und Kegel wird der Raum in lauter differentielle Volumelemente dV zerlegt, deren jedes in erster Annäherung als rechtwinkliges Parallelepipedon angesehen werden kann. Ihr Volumen berechnet sich wie folgt:

Die auf der Kugel mit dem Radius r liegende Grundfläche von dV wird auf dieser Kugel von zwei unendlich nahen Meridianen und zwei unendlich nahen Breitenkreisen begrenzt, ist also ein unendlich kleines rechtwinkliges Bogenviereck. Die Bogen, die auf den Meridianen liegen, haben die Länge $r\,d\vartheta$, die Bogen, die auf einem Breitenkreise liegen, haben die Länge $\varrho\,d\varphi$, wenn ϱ der Radius des Breitenkreises ist. Nun ist aber

$$\varrho = r \sin \vartheta,$$

also folgt für das Oberflächenelement $d\omega$ der Kugeloberfläche

$$d\omega = r^2 \sin \vartheta \; d\varphi d\vartheta,$$

und endlich für das Volumelement dV, das $d\omega$ als Grundfläche und dr als Höhe hat,

$$dV = r^2 \sin \vartheta \; dr d\varphi d\vartheta.$$

Beispiele:

1. Wir führen zunächst die Berechnung der Kugeloberfläche O aus. Ist r ihr Radius, so haben wir

$$O = \int_0^{2\pi} \int_0^{\pi} r^2 \sin \vartheta \, d\varphi \, d\vartheta.$$

Wir integrieren zunächst nach ϑ, summieren also alle Oberflächenelemente, für die φ denselben Wert hat (die also längs eines Meridians liegen). Demgemäß schreiben wir

$$O = \int_0^{2\pi} r^2 \, d\varphi \int_0^{\pi} \sin \vartheta \, d\vartheta = \int_0^{2\pi} r^2 \, d\varphi \cdot 2$$

und erhalten schließlich

$$O = 4\pi r^2.$$

2. Den Inhalt des Volumens zu berechnen, das aus der Kugel vom Radius R durch einen Rotationskegel vom Öffnungswinkel Θ ausgeschnitten wird. Es ist, wie leicht ersichtlich,

$$V = \int_0^{\Theta} \int_0^{2\pi} \int_0^{R} r^2 \sin \vartheta \, dr \, d\vartheta \, d\varphi.$$

Integrieren wir erst nach r, so finden wir

$$V = \int_0^{\Theta} \int_0^{2\pi} \sin \vartheta \, d\varphi \, d\vartheta \cdot \frac{R^3}{3}$$

und hieraus, indem wir erst nach φ und zuletzt nach ϑ integrieren,

$$V = \frac{R^3}{3} \cdot 2\pi \, (1 - \cos \Theta).$$

Für $\Theta = \pi$, also $\cos \Theta = -1$, ergibt sich der Inhalt der Kugel, nämlich

$$\frac{4\pi R^3}{3}.$$

SIEBENTES KAPITEL

Die höheren Differentialquotienten und die Funktionen mehrerer Variablen.

§ 1. Definition der höheren Differentialquotienten oder Ableitungen.

Für die Funktion

$$1) \quad y = \sin x$$

hat der Differentialquotient den Wert

$$2) \quad y' = \frac{dy}{dx} = \cos x.$$

Dieser Differentialquotient ist ebenfalls eine Funktion von x; wir bezeichneten sie S. 97) auch als Ableitung; Ableitung und Differentialquotient sind also gleichbedeutende Bezeichnungen derselben Funktion. Von ihr kann man wiederum den Differentialquotienten bilden und erhält

$$3) \quad \frac{dy'}{dx} = \frac{d}{dx}\left(\frac{dy}{dx}\right) = -\sin x.$$

Den so erhaltenen Ausdruck bezeichnet man als die zweite Ableitung oder als den zweiten Differentialquotienten von $\sin x$ und hat dafür die Bezeichnung

$$y'' \quad \text{resp.} \quad \frac{d^2 y}{dx^2}$$

eingeführt; man erhält daher die Gleichung

$$4) \quad y'' = \frac{d^2 y}{dx^2} = \frac{d^2 \sin x}{dx^2} = -\sin x.$$

In dieser Weise kann man fortfahren. Auch die zweite Ableitung ist eine Funktion von x, man kann von ihr wieder den Differentialquotienten bilden und kann dies ohne Ende fortsetzen.

Was wir soeben für $\sin x$ entwickelt haben, läßt sich auf alle von uns betrachteten Funktionen übertragen. Die Bezeichnungen sind den vorstehenden analog. Bezeichnen wir die Funktion durch

$$y \text{ oder } f(x),$$

so stellen

5) $\quad y', y'', y''' \dots \text{ oder } f'(x), f''(x), f'''(x) \dots$

oder auch

6) $\quad \dfrac{dy}{dx}, \dfrac{d^2y}{dx^2}, \dfrac{d^3y}{dx^3} \dots \text{ oder } \dfrac{df(x)}{dx}, \dfrac{d^2f(x)}{dx^2}, \dfrac{d^3f(x)}{dx^3} \dots$

die ersten, zweiten, dritten usw. Ableitungen bzw. Differentialquotienten dar. Man nennt die letzteren zusammenfassend höhere Ableitungen oder auch höhere Differentialquotienten.

§ 2. Die höheren Ableitungen der einfachsten Funktionen.

Am einfachsten lassen sich die höheren Differentialquotienten der Funktion e^x bilden. Für sie folgt, wenn

$$y = e^x$$

gesetzt wird, gemäß S. 100 sofort

$$y' = e^x, \quad y'' = \frac{dy'}{dx} = e^x, \quad y''' = \frac{dy''}{dx} = e^x \dots$$

usw. Alle Differentialquotienten sind also einander gleich, und zwar gleich der Funktion e^x selbst. Die besondere Einfachheit der Exponentialfunktion tritt auch hier deutlich hervor.

Es sei ferner

$$y = \cos x;$$

dann folgt gemäß S. 80 ff.

$$y' = -\sin x, \qquad y'' = \frac{dy'}{dx} = -\cos x,$$

$$y''' = \frac{dy''}{dx} = \sin x, \qquad y^{IV} = \frac{dy'''}{dx} = \cos x$$

usw.,

die vierte Ableitung ist daher wieder gleich der Funktion y selbst; die nächstfolgenden Ableitungen haben demnach der Reihe nach dieselben Werte wie y' und die darauf folgenden Ableitungen.

Das gleiche Gesetz gilt für die Funktion $\sin x$. Hier finden wir aus der Gleichung

$$y = \sin x$$

durch fortgesetzte Differentiation

$$y' = \cos x, \qquad\qquad y'' = \frac{d\,y'}{d\,x} = -\sin x,$$

$$y''' = \frac{d\,y''}{d\,x} = -\cos x, \qquad y^{\mathrm{IV}} = \frac{d\,y'''}{d\,x} = \sin x,$$

die nächste Ableitung ist daher wieder gleich cos x, d. h. gleich der ersten, und es wiederholen sich also auch diesmal die Werte der Ableitungen in regelmäßiger Reihenfolge.

Ist ferner

$$y = \ln x,$$

so folgt nach S. 93 zunächst

$$y' = \frac{1}{x} = x^{-1}$$

und nunmehr nach S. 104

$$y'' = \frac{d\,y'}{d\,x} = -1 \cdot x^{-2} = -\frac{1}{x^2}$$

$$y''' = \frac{d\,y''}{d\,x} = 1 \cdot 2 \cdot x^{-3} = \frac{1 \cdot 2}{x^3}$$

$$y'''' = \frac{d\,y'''}{d\,x} = -1 \cdot 2 \cdot 3 \cdot x^{-4} = -\frac{1 \cdot 2 \cdot 3}{x^4}$$

usw.

Es sei endlich

$$y = x^n,$$

wo n eine beliebige Zahl sein kann. Man erhält sofort nach S. 104 die Gleichungen

$$y' = n\,x^{n-1}$$
$$y'' = n\,(n-1)\,x^{n-2}$$
$$y''' = n\,(n-1)\,(n-2)\,x^{n-3}$$
$$y'''' = n\,(n-1)\,(n-2)\,(n-3)\,x^{n-4}$$

usw. Ist im besonderen n eine **ganze positive Zahl**, so erhält bei dem $(n-1)^{\text{ten}}$ Differentialquotienten der Exponent von x den Wert $n - (n-1) = 1$, also folgt

$$y^{(n-1)} = n\,(n-1)\,(n-2)\ldots\ldots 2 \cdot x$$
$$y^{(n)} = n\,(n-1)\,(n-2)\ldots\ldots 2 \cdot 1,$$

und da jetzt $y^{(n)}$ eine Konstante ist, erhalten alle folgenden Differentialquotienten den Wert Null. Ist n **keine ganze positive Zahl**, so kann man die Reihe der Ableitungen ins Unendliche fortsetzen, ohne daß eine den Wert Null erhält. Vgl. auch die Übungsaufgaben, § 3.

§ 3. Physikalische Bedeutung der zweiten Ableitung.

Auch die höheren Ableitungen haben wichtige Bedeutungen für die Anwendungen. Für die hier vorliegenden Zwecke genügt es, die Bedeutung des zweiten Differentialquotienten an einigen Beispielen klarzulegen; von den höheren haben wir nur selten Gebrauch zu machen.

Es sei eine geradlinige Bewegung durch die Gleichung

$$1) \quad s = f(t)$$

gegeben, beispielsweise die Bewegung des freien Falles. Nach Verlauf von

$$t, t_1, t_2, t_3 \ldots$$

Sekunden möge der bewegliche Punkt Wege von

$$s, s_1, s_2, s_3 \ldots$$

Metern zurückgelegt haben. Seine Geschwindigkeit sei in den obigen Zeitmomenten

$$v, v_1, v_2, v_3 \ldots$$

Die Geschwindigkeit wird sich im allgemeinen in jedem Augenblick ändern. Um sich von der Art dieser Änderung eine Vorstellung zu schaffen, hat man den Begriff der Beschleunigung eingeführt. Er knüpft zunächst wieder (S. 58) an gleichförmig beschleunigte Bewegungen an, d. h. an solche, bei denen die Geschwindigkeit in gleichen Zeiträumen gleiche Zunahmen erleidet, und zwar stellt die Zunahme der Geschwindigkeit in der Zeiteinheit (z. B. einer Sekunde) die Beschleunigung dar. Beträgt daher diese Zunahme in τ Sekunden η Längeneinheiten (z. B. Meter) pro Sekunde, so ist die Beschleunigung ω durch die Gleichung

$$2) \quad \omega = \frac{\eta}{\tau}$$

gegeben.

Dies haben wir nun auf die durch die Gleichung 1) dargestellte Bewegung anzuwenden. In der Zeit dt ist der Zuwachs, den die Geschwindigkeit erfährt, gleich dem Differential dv (S. 96), und daher ergibt sich für die momentane Beschleunigung ω der Wert

$$3) \quad \omega = \frac{dv}{dt}.$$

Wir wissen aber aus Kapitel II (S. 67), daß v der Differentialquotient von s nach der Zeit ist, d. h.

$$4) \quad v = \frac{ds}{dt},$$

und daher ist ω der zweite Differentialquotient von s nach t, also

$$5) \quad \omega = \frac{dv}{dt} = \frac{d^2 s}{dt^2}.$$

Beispielsweise ist für die Bewegung des freien Falls (S. 61)

$$v = g\,t,$$

daher folgt für die Beschleunigung

$$\frac{d^2 s}{dt^2} = \frac{dv}{dt} = g.$$

In der Tat bedeutet g die Beschleunigung des freien Falls.

Hieran knüpft sich eine Folgerung von großer Tragweite. Bekanntlich gibt die Beschleunigung ein Maß derjenigen Kraft ab, durch welche die Bewegung entsteht; wir definieren ja die Kräfte durch die Beschleunigungen, die sie einem Körper von der Masse 1 erteilen, der ihrer Wirkung unterliegt. Ist uns daher das Gesetz irgendeiner Bewegung bekannt, so können wir nunmehr in einfacher Weise auf die wirkenden Kräfte schließen, also vom Gesamtgesetz auf das Momentangesetz (S. 55).

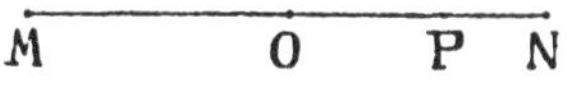

Ein einfaches Beispiel dieser Art ist das folgende. Ein Punkt P von der Masse 1 bewege sich auf einer Geraden (Fig. 65),

M   O   P   N

Fig. 65.

so daß sein Abstand x von einem festen Punkt O durch die Gleichung

$$6) \quad x = A \sin t$$

gegeben ist. Wir erhalten zunächst für die Geschwindigkeit des Punktes

$$7) \quad v = \frac{dx}{dt} = A \cos t$$

und hieraus, indem wir den zweiten Differentialquotienten bilden, für die Beschleunigung

$$8) \quad \omega = \frac{dv}{dt} = \frac{d^2 x}{dt^2} = -A \sin t.$$

Setzen wir für $A \sin t$ aus Gleichung 6) seinen Wert x, so folgt noch

$$9) \quad \frac{d^2 x}{dt^2} = -x,$$

und diese Gleichung besagt, daß die Beschleunigung, d. h. also die **auf den Punkt wirkende Kraft seinem Abstand von dem festen Zentrum gleich ist.** Das negative Zeichen bedeutet, daß die Kraft die Entfernung des beweglichen Punktes von O zu verringern strebt, daß sie also eine **anziehende** ist.

Unter dieses Gesetz fällt eine große Zahl von Bewegungen, die in der Natur vorkommen, nämlich die meisten Bewegungen, bei denen Körper um eine Gleichgewichtslage oszillieren. Solcher Art sind nach Huygens die Bewegungen der Ätherteilchen bei der Fortpflanzung des Lichts, ferner die Bewegungen der Luftteilchen bei der Fortpflanzung des Schalls, die vertikalen Bewegungen der Wasserteilchen bei Fortpflanzung von Wasserwellen, die Bewegungen der einzelnen Teilchen einer schwingenden Saite, kurz alle Bewegungen der kleinen Teilchen, die bei stehenden oder fortschreitenden Wellen auftreten.

Die Natur dieser Bewegung ist von der nämlichen Art wie die Bewegung des Pendels um seine Ruhelage. Setzen wir nämlich für t die Werte

$$0, \quad \frac{1}{2}\pi, \quad \pi, \quad \frac{3}{2}\pi, \quad 2\pi, \quad \frac{5}{2}\pi \dots$$

und bezeichnen die wirkende Kraft durch k, so erhalten wir für x, v, k in den ebengenannten Momenten gemäß den Gleichungen 6), 7), 8) die folgenden Werte

$$
\begin{aligned}
x &= 0, & A, & \quad 0, & -A, & \quad 0, & A \dots \\
v &= A, & 0, & -A, & \quad 0, & A, & \quad 0 \dots \\
k &= 0, & -A, & \quad 0, & A, & \quad 0, & -A \dots
\end{aligned}
$$

Daraus entnehmen wir folgende Schilderung des Bewegungsvorganges. Im Anfang der Bewegung, d. h. zur Zeit $t = 0$, steht der Punkt in O, er hat die Geschwindigkeit A, während die wirkende Kraft gleich Null ist. Nach ½ π Sekunden steht er in N, seine Geschwindigkeit ist inzwischen zu Null geworden und die anziehende Kraft hat ihren höchsten Wert A erreicht. Der Punkt kehrt um, und seine Geschwindigkeit nimmt infolge der anziehenden Kraft ununterbrochen zu. Nach π Sekunden befindet er sich wieder in O und geht mit der größten Geschwindigkeit, deren er fähig ist, durch O hindurch. Nach ³/₂ π Sekunden ist er in M; er hat seinen größten Abstand linksseitig von O erreicht, seine Geschwindigkeit ist wieder zu Null geworden, während die Kraft wieder ihren Maximalwert erreicht hat. Nach 2π Sekunden ist der Punkt wieder in O, geht mit der Geschwindigkeit A durch O hindurch, die anziehende Kraft ist Null. Diese nimmt jetzt wieder zu, die Geschwindigkeit nimmt dadurch ab, bis der Punkt nach N gelangt, und so schwingt er dauernd in regelmäßiger Weise geradlinig hin und her.

§ 4. Geometrische Bedeutung des zweiten Differentialquotienten.

Der zweite Differentialquotient hat auch eine wichtige geometrische Bedeutung. Von der durch Fig. 66 dargestellten Kurve sagt man, daß sie in dem
Teil ABC konkav gegen die x-Achse gekrümmt ist, in dem Teil CDE konvex;
es ist dies die nämliche Bezeichnung, die in der Optik zur Unterscheidung der
Linsen usw. benutzt wird. Es sei

$$1)\quad y = f(x)$$

die Gleichung der Kurve; wir wollen die Werte ins Auge fassen, die tg τ auf
den einzelnen Kurventeilen besitzt. Längs des Kurvenzuges ABC nimmt der
Winkel τ von A an unaufhörlich ab, desgleichen also auch tg τ. Im Punkte B,
dem höchsten Punkt der Kurve, ist $\tau = 0$, in den dann folgenden Punkten ist τ
zunächst wenig von π verschieden und nimmt bis C wiederum unaufhörlich ab;
tg τ ist daher im Punkte B gleich Null, hat dann zunächst einen kleinen negativen Wert und erhält hernach immer größere negative Werte, es nimmt also
ebenfalls ab. Für diesen ganzen Kurvenzug muß demnach (S. 82) der Differentialquotient von tg τ negativ sein; d. h. es ist

$$2)\quad \frac{d\,\mathrm{tg}\,\tau}{d\,x} = \frac{d\,y'}{d\,x} = \frac{d^2\,y}{d\,x^2} < 0.$$

Das Umgekehrte folgt für den Kurventeil CDE. Hier nimmt, wenn x wächst,
auch τ und demnach auch tg τ unaufhörlich zu; von C bis D hat nämlich tg τ
negative Werte, die bis Null abnehmen, und von D bis E erhält tg τ immer
größer werdende positive Werte; es ist daher für
diesen Kurvenzweig

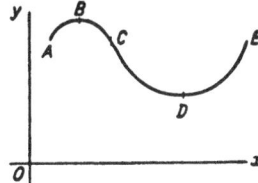

Fig. 66.

$$3)\quad \frac{d\,\mathrm{tg}\,\tau}{d\,x} = \frac{d^2\,y}{d\,x^2} > 0.$$

Wir sehen hieraus, daß das Vorzeichen des
zweiten Differentialquotienten von y darüber ent-
scheidet, ob die in Fig. 66 gezeichnete Kurve konkav
oder konvex gegen die x-Achse liegt.

Die beiden Kurvenzüge werden durch den Punkt C getrennt, in welchem
der zweite Differentialquotient

$$4)\quad \frac{d^2\,y}{d\,x^2} = 0$$

ist, und der den Namen Wendepunkt führt.

Übrigens hängt die Eigenschaft einer Kurve, konkav oder konvex gekrümmt
zu sein, davon ab, auf welcher Seite der Kurve man sich befindet. Bisher hatten
wir angenommen, daß die Kurve ganz auf der positiven Seite der x-Achse verläuft. Verläuft sie dagegen auf der negativen Seite der x-Achse — man denke
sich die x-Achse parallel mit sich so lange verschoben, bis dies eintritt — so
wird jetzt konkav gegen die Achse, was vorher konvex war und umgekehrt.
Der Wendepunkt behält aber seinen Charakter.

Ein einfaches Beispiel für diese Verhältnisse bietet die Sinuskurve (vgl.
Fig. 46 auf S. 86), deren Gleichung

$$y = \sin x$$

ist. Längs je eines über oder unter der x-Achse liegenden Kurvenzuges ist der zweite Differentialquotient abwechselnd negativ oder positiv und das zugehörige y abwechselnd positiv oder negativ; die Kurve liegt also gegen die x-Achse stets konkav. Die Schnittpunkte der Kurve mit der x-Achse sind sämtlich Wendepunkte.

§ 5.   Die höheren Differentiale.

Wie die ersten Differentialquotienten zur Einführung von Differentialen Veranlassung gegeben haben, so auch die höheren Differentialquotienten. Dies geschieht auch hier auf die S. 96 dargestellte Art. Man bezeichnet

$$d^2 y \text{ bzw. } d^2 f(x)$$

als das zweite Differential von y bzw. $f(x)$. Aus der Gleichung

$$1) \quad \frac{d^2 y}{d x^2} = \frac{d^2 f(x)}{d x^2} = f''(x)$$

erhalten wir als definierende Gleichung des zweiten Differentials

$$2) \quad d^2 y = d^2 f(x) = f''(x)\, dx^2.$$

Im besonderen erhalten wir z. B. für die Funktion x^n

$$3) \quad d^2 (x^n) = n\,(n-1)\, x^{n-2}\, dx^2,$$

für die Funktion e^x ist

$$4) \quad d^2 (e^x) = e^x\, dx^2,$$

für die Funktion $\sin x$

$$5) \quad d^2 (\sin x) = - \sin x \cdot dx^2.$$

Die wirkliche Berechnung des zweiten Differentials hat man durch zweimalige Differentiation auszuführen.

Beispielsweise folgt aus

$$d\,(3\, x^4 + 4 \sin x) = (12\, x^3 + 4 \cos x)\, d\,x$$

durch weitere Differentiation sofort

$$d^2 (3\, x^4 + 4 \sin x) = (36\, x^2 - 4 \sin x)\, dx^2;$$

ebenso findet man

$$d^2 (x \sin x) = (2 \cos x - x \sin x)\, dx^2.$$

Vgl. auch die Übungsaufgaben, § 3a.

Bemerkung. Wird dx als unendlich kleine Größe erster Ordnung aufgefaßt (S. 98), so ist d^2y eine unendlich kleine Größe zweiter Ordnung; denn d^2y ist ein Produkt, dessen einer Faktor dx^2 ist.

§ 6.   Die partiellen Differentialquotienten und das totale Differential.

Wenn sich ein Gas unter veränderlichem Druck befindet, ohne daß seine Temperatur konstant erhalten wird, so hängt das Volumen v sowohl von dem Druck p als auch von der Temperatur ϑ ab. Wir bezeichnen demgemäß v als eine Funktion von p und ϑ. In derselben Weise ist der Inhalt einer Ellipse, der von der Länge der großen Achse $2a$ und der kleinen Achse $2b$ abhängt, eine Funktion von a und b, der Inhalt eines geraden Parallelepipedons eine Funktion seiner drei Kanten usw. Wir gelangen so zu dem Begriff einer **Funktion von zwei oder mehr veränderlichen Größen**. In Analogie mit dem Inhalt von § 7 des zweiten Kapitels (S. 68) nennen wir das Volumen v, wenn wir es als Funktion von p und ϑ auffassen, die **abhängige Variable**, während wir p und ϑ als die beiden **unabhängigen Variablen** bezeichnen und analog in den anderen vorstehend erwähnten Fällen.

Für Funktionen von zwei oder mehr als zwei Veränderlichen, die wir jetzt mit x, y, $z \ldots$ bezeichnen wollen, hat man folgende Zeichen eingeführt:

$$f(x, y), \quad F(x, y, z), \quad \varphi(x, y) \ldots \ldots$$

Auf diese Funktionen haben wir nun die Regeln und Sätze der Differentialrechnung auszudehnen.

Wir knüpfen an folgendes Beispiel an. Es sei I der Inhalt eines Rechtecks $AOBC$ (Fig. 67), dessen Seiten die Länge x und y haben, so daß

1) $I = x\, y$

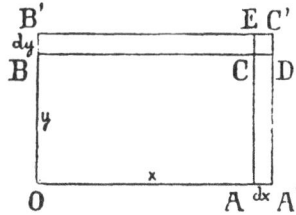

Fig. 67.

ist. Die Längen dieser Seiten denken wir uns nun veränderlich; dann wird auch der Inhalt I des Rechtecks sich mit ihnen ändern. Wir können das Rechteck zunächst so abändern, daß wir die Seite $OB = y$ unverändert lassen, also nur die Länge x der Seite OA als veränderlich betrachten. Bei dieser Auffassung ist der Inhalt I eine Funktion von x allein, und wir können auf sie die bisher auseinandergesetzten Regeln der Differentialrechnung anwenden. Wir erteilen also der Seite $OA = x$ einen Zuwachs AA', den wir durch dx bezeichnen, und bestimmen das zugehörige Differential von I. Um anzudeuten, daß wir jetzt I nur als Funktion von x auffassen, bezeichnen wir dieses Differential (also den Zuwachs von I, der dem Zuwachs dx von x entspricht) durch dI_x und erhalten durch Differentiation der Gleichung 1) sofort

2) $dI_x = y\, dx$;

das Differential dI_x stellt also geometrisch den Inhalt des kleinen Rechtecks $AA'DC$ dar.

Das Rechteck $A\,O\,B\,C$ kann sich aber auch so ändern, daß nur die Länge y der Seite $O\,B$ sich ändert, während x konstant bleibt; alsdann wird sein Inhalt I eine Funktion von y allein. Wir erteilen jetzt y einen Zuwachs $d\,y$ und bezeichnen in diesem Fall das Differential von I zum Unterschied durch $d\,I_y$; dann ergibt sich, wenn wir die Gleichung 1) nach y differenzieren,

$$3)\quad d\,I_y = x\,dy;$$

das Differential $d\,I_y$ stellt also geometrisch den Inhalt des kleinen Rechtecks $B\,B'\,E\,C$ dar.

Gehen wir in den Gleichungen 2) und 3) zu den Differentialquotienten über, so erhalten wir

$$\frac{d\,I_x}{d\,x} = y, \quad \frac{d\,I_y}{d\,y} = x,$$

und es stellen diese beiden Quotienten die Differentialquotienten von I nach x und von I nach y dar. Man hat für sie die Bezeichnungen

$$4)\quad \frac{\partial}{\partial\,x}(I) = \frac{\partial\,I}{\partial\,x} \quad\text{und}\quad \frac{\partial}{\partial\,y}(I) = \frac{\partial\,I}{\partial\,y}$$

eingeführt, bei denen die **runden** ∂ schon an und für sich daran erinnern sollen, daß man I in dem einen Fall nur als Funktion von x, in dem anderen nur als Funktion von y ansehen soll[1]). Man hat also

$$5)\quad \frac{\partial\,I}{\partial\,x} = y, \quad \frac{\partial\,I}{\partial\,y} = x,$$

und wenn man diese Werte von y und x in die Gleichungen 2) und 3) einsetzt, so folgt

$$6)\quad d\,I_x = \frac{\partial\,I}{\partial\,x}\,d\,x, \quad d\,I_y = \frac{\partial\,I}{\partial\,y}\,d\,y.$$

Wir können endlich an unserem Rechteck zugleich x und y sich ändern lassen. Ändern wir wieder x um dx, y um dy, so ändert sich das Rechteck um die kleine Fläche $A\,A'\,C'\,B'\,B\,C\,A$, deren Inhalt wir mit $\varDelta\,I$ bezeichnen wollen; $\varDelta\,I$ zeigt also den Zuwachs an, den der Inhalt I erfährt, wenn die Seiten x und y den Zuwachs dx und dy erleiden. Hier entsteht sofort die Frage, wie sich der Gesamtzuwachs von I zu den Differentialen $d\,I_x$ und $d\,I_y$ verhält. Wir sehen sofort, daß die Fläche

$$\varDelta\,I = A\,A'\,D\,C + B\,B'\,E\,C + C\,D\,C'\,E$$

---

[1]) Es steht also ∂I in beiden Quotienten das eine Mal für $d\,I_x$, das andere Mal für $d\,I_y$.

ist; oder da $D\,C\,E\,C'$ den Inhalt $dx\,dy$ hat,

$$7)\quad \varDelta\,I = d\,I_x + d\,I_y + dx\,dy.$$

Es folgt also, daß $\varDelta\,I$ um das kleine Rechteck mit dem Inhalt $dx\,dy$ größer ist als die Summe von dI_x und $d\,I_y$. Wir führen jetzt noch die Bezeichnung

$$8)\quad d\,I = d\,I_x + d\,I_y$$

ein und nennen $d\,I$ das totale Differential, $d\,I_x$ und $d\,I_y$ bzw. die ihnen nach 6) zukommenden Werte

$$\frac{\partial I}{\partial x}\,d\,x \quad \text{und} \quad \frac{\partial I}{\partial y}\,d\,y$$

partielle Differentiale. Das so definierte totale Differential bedeutet daher die Summe der partiellen Differentiale. Dies ist die Eigenschaft, durch die es rechnerisch definiert ist. Seine weitere Bedeutung ergibt sich aus Formel 7); wie sie erkennen läßt, kommt das totale Differential $d\,I$ dem Gesamtzuwachs $\varDelta\,I$ außerordentlich nahe; der Fehler beträgt, wenn $d\,x$ und $d\,y$ kleine Größen erster Ordnung bedeuten (S. 98), nur eine kleine Größe zweiter Ordnung, wenn also beispielsweise $d\,x$ und $d\,y$ je den Wert 0,001 haben, nur den Wert 0,000001. Wir treffen also hier auf die gleichen Beziehungen, die uns von Funktionen einer Variablen her geläufig sind. Auch hier wird sich ebenso, wie im Bereich der Funktionen einer Variablen, ergeben, daß das in die Rechnung Eingehende nicht die Differentialgrößen selbst, sondern ihre Quotienten sind, und daß diese Quotienten wiederum die exakte Darstellung der in Frage stehenden Erscheinungen und Gesetze vermitteln (S. 58 und 96). Aus diesem Grunde ist es wiederum praktisch gerechtfertigt, wenn wir uns unter $d\,I$ direkt den Gesamtzuwachs von I vorstellen, der dem Zuwachs $d\,x$ von x und $d\,y$ von y entspricht.

Setzen wir in Gleichung 8) noch für $d\,I_x$ und $d\,I_y$ ihre Werte ein, so erhalten wir für $d\,I$ den Ausdruck

$$9)\quad d\,I = \frac{\partial I}{\partial x}\,d\,x + \frac{\partial I}{\partial y}\,d\,y,$$

und in dem hier vorliegenden Fall wird im besondern gemäß Gleichung 5)

$$d\,I = y\,d\,x + x\,d\,y.$$

In der Tatsache, daß man die Summe der partiellen Differentiale als den totalen Zuwachs der Funktion auffassen darf, kommt nichts anderes zum Ausdruck als die naturwissenschaftlich geläufige Vorstellung, die man als Prinzip der Superposition kleiner

Wirkungen bezeichnet. Nach dieser Auffassung betrachtet man die unendlich kleine Gesamtwirkung, der ein Körper oder ein einzelnes Teilchen in jedem Augenblick unterliegt, als die einfache und direkte Summe aller unendlich kleinen Einzelwirkungen, und dies läuft in der Tat darauf hinaus, das totale Differential als die Gesamt-änderung anzusehen, die eine Funktion erfährt. Handelt es sich z. B. um das Volumen v eines Gases, dessen Druck p und dessen Temperatur ϑ sich ändern, so besteht die Gesamtänderung des Volumens aus der Summe der Änderungen, die bei konstantem Druck bzw. bei konstanter Temperatur eintreten; dies heißt in der Tat, daß das totale Differential des Volumens v gleich der Summe der partiellen Differentiale ist, die der bloßen Änderung einerseits von ϑ, andererseits von p entsprechen. Auch hier stimmen also die mathematischen Methoden mit den allgemeinen physikalischen Vorstellungen überein.

Im Anschluß an diese Überlegungen lassen sich die obigen Entwicklungen wie folgt verallgemeinern. Ist u eine Funktion von x und y, also

$$10)\quad u = f(x, y),$$

so können wir zunächst wieder u als Funktion von x allein auffassen, d. h. wir denken uns, daß y einen festen Wert behält und nur x sich ändert; dem entspricht ein partieller Differentialquotient von u oder $f(x.y)$ nach x, so daß

$$11)\quad \frac{\partial u}{\partial x} = \frac{\partial f(x,y)}{\partial x}$$

zu setzen ist; für das bezügliche Differential $d u_x$ besteht die Gleichung

$$d u_x = \frac{\partial u}{\partial x} d x = \frac{\partial f(x,y)}{\partial x} d x.$$

Ebenso erhalten wir unter der Annahme, daß x konstant bleibt und nur y sich ändert, den partiellen Differentialquotienten nach y, so daß

$$12)\quad \frac{\partial u}{\partial y} = \frac{\partial f(x,y)}{\partial y}$$

zu setzen ist; für das bezügliche Differential $d u_y$ wird demgemäß

$$d u_y = \frac{\partial u}{\partial y} d y = \frac{\partial f(x,y)}{\partial y} d y.$$

Aus beiden bilden wir den Ausdruck

$$
\begin{aligned}
13)\quad d u &= \frac{\partial u}{\partial x} d x + \frac{\partial u}{\partial y} d y \\
&= \frac{\partial f(x,y)}{\partial x} d x + \frac{\partial f(x,y)}{\partial y} d y,
\end{aligned}
$$

den wir wieder als das totale Differential von u bezeichnen. Seine Beziehung zu dem Gesamtzuwachs $\varDelta u$, den u erleidet, wenn x den Zuwachs dx und y den Zuwachs dy erfährt, ist die nämliche wie oben; du und $\varDelta u$ sind bis auf unendlich kleine Größen höherer Ordnung einander gleich. Ist, um noch ein zweites Beispiel zu behandeln,

$$u = a\,x^2 + c\,y^2,$$

so ist

$$\frac{\partial u}{\partial x} = 2\,a\,x, \quad \frac{\partial u}{\partial y} = 2\,c\,y.$$

Ferner ist der Zuwachs $\varDelta u$ gleich der Differenz der beiden Werte, die u für $x + dx$, $y + dy$ und für x, y hat; es ist also

$$\begin{aligned} \varDelta u &= a\,(x+dx)^2 + c\,(y+dy)^2 - (a\,x^2 + c\,y^2) \\ &= 2\,a\,x\,dx + a\,dx^2 + 2\,c\,y\,dy + c\,dy^2 \\ &= \frac{\partial u}{\partial x}\,dx + \frac{\partial u}{\partial y}\,dy + a\,dx^2 + c\,dy^2. \end{aligned}$$

Demnach ist

$$\varDelta u = du + a\,dx^2 + c\,dy^2,$$

wenn also dx und dy unendlich kleine Größen erster Ordnung sind, so ist der Unterschied zwischen $\varDelta u$ und du unendlich klein von der zweiten Ordnung.

Wir schließen mit zwei wichtigen, wenn auch selbstverständlichen Bemerkungen. 1. Das totale Differential einer konstanten Größe C ist Null. Denn es ist

$$\frac{\partial C}{\partial x} = 0, \qquad \frac{\partial C}{\partial y} = 0,$$

also auch

$$14)\ d\,C = 0.$$

2. Auch für die partiellen Differentialquotienten gelten die in Kap. III abgeleiteten Regeln und Sätze.

Beispiele: Ist $u = x^2 - y^2$, so ist

$$\frac{\partial u}{\partial x} = 2\,x, \quad \frac{\partial u}{\partial y} = -2\,y, \quad d\,u = 2\,x\,dx - 2\,y\,dy.$$

Ist $u = (x + y)^2$, so ist

$$\frac{\partial u}{\partial x} = 2\,(x + y), \quad \frac{\partial u}{\partial y} = 2\,(x + y), \quad d\,u = 2\,(x + y)\,(dx + dy).$$

Ist $u = \sin x \cos y$, so ist

$$\frac{\partial u}{\partial x} = \cos x \cos y, \quad \frac{\partial u}{\partial y} = -\sin x \sin y,$$

$$d\,u = \cos x \cos y\,dx - \sin x \sin y\,dy.$$

Ist $u = \ln(x^2 + y^2)$, so ist

$$\frac{\partial u}{\partial x} = \frac{2x}{x^2 + y^2}, \qquad \frac{\partial u}{\partial y} = \frac{2y}{x^2 + y^2}$$

$$du = \frac{2(x\,dx + y\,dy)}{x^2 + y^2}.$$

Vgl. auch die Übungsaufgaben, § 3.

Nichts steht im Wege, die obigen Definitionen auf Funktionen von drei und mehr Variablen zu übertragen. Ist z. B.

$$15) \quad u = f(x, y, z)$$

eine Funktion von drei Variablen, so haben wir drei partielle Differentialquotienten,

$$\frac{\partial u}{\partial x} = \frac{\partial f(x, y, z)}{\partial x},$$

$$16) \quad \frac{\partial u}{\partial y} = \frac{\partial f(x, y, z)}{\partial y},$$

$$\frac{\partial u}{\partial z} = \frac{\partial f(x, y, z)}{\partial z},$$

die so definiert sind, daß man nur x oder nur y oder nur z als variabel betrachtet; aus ihnen bildet man das totale Differential

$$17) \quad \begin{aligned} du &= \frac{\partial u}{dx}\,dx + \frac{\partial u}{\partial y}\,dy + \frac{\partial u}{\partial z}\,dz \\ &= \frac{\partial f(x,y,z)}{\partial x}\,dx + \frac{\partial f(x,y,z)}{\partial y}\,dy + \frac{\partial f(x,y,z)}{dz}\,dz, \end{aligned}$$

dessen Bedeutung die analoge ist wie bisher. Ist z. B.

$$u = xyz,$$

so daß u den Inhalt eines rechtwinkligen Parallelepipedons mit den Seiten x, y, z bedeutet, so folgt

$$\frac{\partial u}{\partial x} = yz, \qquad \frac{\partial u}{\partial y} = xz, \qquad \frac{\partial u}{\partial z} = xy$$

und daher

$$du = yz\,dx + xz\,dy + xy\,dz,$$

und dieser Ausdruck unterscheidet sich, wie die Ausrechnung leicht ergibt, von dem Zuwachs des Parallelepipedons, der dem Zuwachs von x um dx, von y um dy, von z um dz entspricht, nur um unendlich kleine Größen zweiter und dritter Ordnung.

§ 7. Differentiation von Funktionen, die aus mehreren Funktionen einer Variablen zusammengesetzt sind.

Die Formeln, die das totale Differential geben, finden eine erste wichtige Anwendung in dem Fall, daß u eine Funktion ist, die rechnerisch von zwei Variablen x und y abhängt, während x und y ihrerseits wieder von einer dritten Variablen t abhängen. Die Funktion u hängt dann in Wirklichkeit nur von t ab. Betrachtet man z. B. die auf S. 33 dargestellte Bewegung eines Punktes auf einer Ellipse, so hängt seine Geschwindigkeit von seiner Lage, also zunächst von x und y ab, während x und y selbst Funktionen von t sind. Wir fragen, wie wir den Differentialquotienten einer solchen Funktion nach t ermitteln.

Sei also
$$1)\quad u = F(x, y),$$
während für x und y die Gleichungen
$$2)\quad x = f(t), \quad y = \varphi(t)$$
bestehen, so folgt nach Gleichung 13) S. 204 zunächst, daß für beliebige Änderungen von x und y
$$du = \frac{\partial F}{\partial x}\,\partial x + \frac{\partial F}{\partial y}\,dy$$
ist; diese Gleichung gilt daher auch für die hier in Frage kommenden Änderungen. Wir haben jetzt diese Gleichung nur durch dt zu dividieren, um zu der Gleichung
$$3)\quad \frac{du}{dt} = \frac{\partial F}{\partial x}\cdot\frac{dx}{dt} + \frac{\partial F}{\partial y}\cdot\frac{dy}{dt}$$
zu gelangen. Diese gibt uns den gesuchten Differentialquotienten, und zwar sind nach 2) die Differentialquotienten
$$4)\quad \frac{dx}{dt} = f'(t), \quad \frac{dy}{dt} = \varphi'(t),$$
so daß also
$$\frac{du}{dt} = \frac{\partial F}{\partial x}f'(t) + \frac{\partial F}{\partial y}\varphi'(t)$$
ist. Dasselbe Verfahren hat man anzuwenden, wenn die Funktion u zunächst von drei oder mehr Variablen abhängt. Ist also
$$5)\quad u = F(x, y, z),$$
während x, y, z Funktionen von t sind, z. B.
$$6)\quad x = f(t), \quad y = \varphi(t), \quad z = \psi(t),$$

so erhält man auf dieselbe Weise

$$du = \frac{\partial F}{\partial x} dx + \frac{\partial F}{\partial y} dy + \frac{\partial F}{\partial z} dz$$

und hieraus durch Division mit dt

$$7)\quad \frac{du}{dt} = \frac{\partial F}{\partial x} \cdot \frac{dx}{dt} + \frac{\partial F}{\partial y} \cdot \frac{dy}{dt} + \frac{\partial F}{\partial z} \cdot \frac{dz}{dt},$$

oder, indem wir für die Differentialquotienten von x, y, z nach t ihre Werte einsetzen,

$$\frac{du}{dt} = \frac{\partial F}{\partial x} f'(t) + \frac{\partial F}{\partial y} \varphi'(t) + \frac{\partial F}{\partial z} \psi'(t).$$

Eine Funktion dieser Art ist z. B. der Abstand eines Planeten von der Sonne. Dieser Abstand ist in Wirklichkeit einzig und allein eine Funktion der Zeit; wir können ihn aber nur so bestimmen, daß wir ihn abhängig machen von den Koordinaten des Ellipsenpunktes, in welchem sich der Planet befindet, und nun erst jede dieser Koordinaten als eine Funktion der Zeit t ansehen.

Wir geben zunächst eine rein rechnerische Anwendung der vorstehenden Resultate. Man kann nämlich das obige Verfahren selbst dann mit Vorteil anwenden, wenn es sich um Funktionen handelt, deren Ausdruck nur eine einzige Variable enthält, z. B. um die Funktion

$$8)\quad u = x^x.$$

Diese Funktion hängt in der Tat nur von einer einzigen Variablen x ab, aber wir können keine unserer Grundformeln des Differenzierens auf sie anwenden, sie ist nämlich sowohl als Potenz x^n sowie auch als Funktion a^x zu betrachten. Wir gehen daher am sichersten so vor, daß wir zunächst mit der Funktion

$$u = y^z$$

operieren, die jetzt eine Funktion von y und z ist, und nachher $y = z = x$ setzen. Es ist

$$du = \frac{\partial u}{\partial y} dy + \frac{\partial u}{\partial z} dz,$$

und zwar haben wir (S. 103 und 107)

$$\frac{\partial u}{\partial y} = z y^{z-1}, \qquad \frac{\partial u}{\partial z} = y^z \ln y,$$

folglich ist

$$du = z y^{z-1} dy + y^z \ln y \, dz.$$

Setzen wir nun $y = z = x$, so wird schließlich

9)
$$du = x^x dx + x^x \ln x \, dx$$
$$= x^x (1 + \ln x) \, dx.$$

§ 8. Der planare und kubische Ausdehnungskoeffizient.

Um ein Beispiel aus den Anwendungen zu geben, denke man sich eine rechteckige ebene Platte von geringer Dicke, die vermöge ihrer Struktur nach ihren beiden Hauptrichtungen verschiedene Ausdehnungskoeffizienten besitzt, z. B. eine kristallinische Platte des rhombischen Systems, die senkrecht zu der einen Hauptachse liegt, während ihre Seiten mit den beiden anderen Haupachsen zusammenfallen. Wird sie der Erwärmung unterworfen, so dehnt sie sich nach beiden Hauptrichtungen ungleich aus, doch so, daß sie rechteckige Form bewahrt. Wir wollen ihren thermischen Ausdehnungskoeffizienten ε bestimmen; wie aus S. 64 hervorgeht, wird er durch den Differentialquotienten einer quadratischen Fläche F von der Größe 1 nach der Temperatur ϑ dargestellt; d. h. es ist

$$\varepsilon = \frac{dF}{d\vartheta}.$$

Wir bilden zunächst das totale Differential $d\,I$ einer rechtwinkligen Fläche I mit den Seiten x und y. Es ist

1) $I = xy$

und

2) $\quad d I = \frac{\partial I}{\partial x} dx + \frac{\partial I}{\partial y} dy,$

und wenn wir jetzt diese Gleichung durch $d\vartheta$ dividieren und beachten, daß

$$\frac{\partial I}{\partial x} = y, \qquad \frac{\partial I}{\partial y} = x$$

ist, so folgt

$$\frac{dI}{d\vartheta} = y \frac{dx}{d\vartheta} + x \frac{dy}{d\vartheta}.$$

Setzen wir jetzt $x = y = 1$, so gibt diese Gleichung den gesuchten Ausdehnungskoeffizienten der Fläche F, nämlich

3) $\quad \varepsilon = \frac{dF}{d\vartheta} = \frac{dx}{d\vartheta} + \frac{dy}{d\vartheta}.$

Hier bedeuten $\frac{dx}{d\vartheta}$ und $\frac{dy}{d\vartheta}$ (nach S. 64) die linearen Ausdehnungskoeffizienten nach den beiden Hauptrichtungen; der Flächenausdehnungskoeffizient ist also gleich der Summe der linearen (in Übereinstimmung mit dem oben (S. 203) genannten Gesetz der Superposition).

Die Differentialquotienten von x und y nach ϑ hängen von den Gleichungen ab, welche die Ausdehnung nach beiden Richtungen bestimmen; ist z. B. in erster Annäherung

$$4) \quad x = 1 + a\vartheta, \quad y = 1 + \beta\vartheta,$$

so wird

$$\frac{dx}{d\vartheta} = \alpha, \quad \frac{dy}{d\vartheta} = \beta,$$

und wir erhalten schließlich

$$5) \quad \frac{dF}{d\vartheta} = \alpha + \beta.$$

Analog kann man eine Formel für den kubischen Ausdehnungskoeffizienten ε eines nach seinen drei Hauptrichtungen verschieden sich ausdehnenden rechtwinkligen Parallelepipedons ableiten, beispielsweise wiederum eines Kristalls des rhombischen Systems, dessen Kanten die Richtung der kristallographischen Hauptachsen haben. Sind die Kanten zunächst x, y, z, so ist sein Inhalt

$$6) \quad I = xyz,$$

und es folgt als totales Differential wieder

$$7) \quad dI = \frac{\partial I}{\partial x}\,dx + \frac{\partial I}{\partial y}\,dy + \frac{\partial I}{\partial z}\,dz,$$

und weil

$$\frac{\partial I}{\partial x} = yz, \quad \frac{\partial I}{\partial y} = xz, \quad \frac{\partial I}{\partial z} = xy$$

ist, ergibt sich die Formel

$$dI = yz\,dx + xz\,dy + xy\,dz.$$

Hieraus folgt durch Division mit $d\vartheta$

$$\frac{dI}{d\vartheta} = yz\frac{dx}{d\vartheta} + xz\frac{dy}{d\vartheta} + xy\frac{dz}{d\vartheta},$$

wo die drei in der Formel auf der rechten Seite auftretenden Differentialquotienten die linearen Ausdehnungskoeffizienten längs der drei Hauptrichtungen sind. Den gesuchten Ausdehnungskoeffizienten erhalten wir nun, indem wir die Kanten des Parallelepipedons $x = y = z = 1$ setzen, und finden:

$$8) \quad \varepsilon = \frac{dx}{d\vartheta} + \frac{dy}{d\vartheta} + \frac{dz}{d\vartheta},$$

d. h. der räumliche Ausdehnungskoeffizient ist gleich der Summe der linearen. Die Formel gilt, wie auch x, y, z von ϑ abhängen mögen. Nehmen wir wieder den einfachsten Fall an, nämlich daß

$$9)\quad \begin{aligned} x &= 1 + \alpha\vartheta, \\ y &= 1 + \beta\vartheta, \\ z &= 1 + \gamma\vartheta \end{aligned}$$

ist, so wird

$$\frac{dx}{d\vartheta} = \alpha, \qquad \frac{dy}{d\vartheta} = \beta, \qquad \frac{dz}{d\vartheta} = \gamma,$$

und es ergibt sich schließlich als kubischer Ausdehnungskoeffizient

$$10)\quad \varepsilon = \alpha + \beta + \gamma.$$

Wenn insbesondere $\alpha = \beta = \gamma$ ist, wie es bei einem isotropen Körper immer der Fall sein muß, so entsteht die bekannte Formel

$$11)\quad \frac{dl}{d\vartheta} = 3\alpha;$$

der kubische Ausdehnungskoeffizient ist hier das Dreifache des linearen.

§ 9. Die höheren partiellen Differentialquotienten.

Der Vollständigkeit halber wollen wir nicht unterlassen, kurz die höheren partiellen Differentialquotienten zu erwähnen. Es genügt, die hier vorliegenden Verhältnisse an einem Beispiel auseinanderzusetzen. Sei

$$1)\quad u = \sin x \cdot \cos y,$$

so ist

$$2)\quad \frac{\partial u}{\partial x} = \cos x \cos y, \qquad \frac{\partial u}{\partial y} = -\sin x \sin y.$$

Differenzieren wir die vorstehenden partiellen Differentialquotienten noch einmal je nach x und y, so erhalten wir in leicht verständlicher Bezeichnung aus der ersten Gleichung

$$3)\quad \frac{\partial^2 u}{\partial x^2} = -\sin x \cos y, \qquad \frac{\partial^2 u}{\partial y \partial x} = -\cos x \sin y$$

und aus der zweiten

$$4)\quad \frac{\partial^2 u}{\partial x \partial y} = -\cos x \sin y, \qquad \frac{\partial^2 u}{\partial y^2} = -\sin x \cos y.$$

Einer kurzen Erläuterung bedürfen nur die Differentialquotienten

$$\frac{\partial^2 u}{\partial y \partial x} \quad \text{und} \quad \frac{\partial^2 u}{\partial x \partial y};$$

14*

der eine entsteht, wenn man zuerst nach x und dann nach y differenziert, der andere, wenn man zuerst nach y und dann nach x differenziert. Wie die vorstehenden Gleichungen zeigen, ist

$$5)\quad \frac{\partial^2 u}{\partial x \partial y} = \frac{\partial^2 u}{\partial y \partial x};$$

der Wert dieses Differentialquotienten ist also von der Reihenfolge der Differentiation unabhängig. Dies ist freilich hier nur für unser Beispiel erwiesen, es ist aber ein Satz, der für alle unsere Funktionen gilt.

Man nennt

$$\frac{\partial^2 u}{\partial x^2}, \quad \frac{\partial^2 u}{\partial x \partial y}, \quad \frac{\partial^2 u}{\partial y^2}$$

zweite partielle Differentialquotienten. Nochmaliges Differenzieren ergibt die dritten partiellen Differentialquotienten usw.; auch für sie gilt das Gesetz, daß ihr Wert von der Reihenfolge der Differentiation unabhängig ist[1]).

Auf eine aus der Gleichung 5) sich ergebende höchst wichtige Folgerung müssen wir noch ausdrücklich hinweisen. Ist $f(x)$ eine Funktion von x allein, und setzen wir

$$6)\quad dy = f(x)\,dx,$$

so definiert diese Gleichung, wie aus Kap. IV, § 2 folgt, y als primitive Funktion zu $f(x)$; es ist

$$7)\quad y = \int f(x)\,dx.$$

Für diese Tatsache existiert im Gebiet der Funktionen von mehreren Veränderlichen keine volle Analogie. Sind nämlich $f(x, y)$ und $\varphi(x, y)$ gegebene Funktionen von x und y, und setzen wir

$$8)\quad du = f(x, y)\,dx + \varphi(x, y)\,dy,$$

so braucht u durchaus nicht immer eine Funktion von x und y zu sein. Läßt sich nämlich aus Gleichung 8) u als Funktion von x und y bestimmen, so ist ja

$$du = \frac{\partial u}{\partial x}\,dx + \frac{\partial u}{\partial y}\,dy$$

und demgemäß ist

$$f(x, y) = \frac{\partial u}{\partial x}, \quad \varphi(x, y) = \frac{\partial u}{\partial y}.$$

----

[1]) Für das Genauere vergleiche man die in der Vorrede genannten Lehrbücher.

Auf Grund der Gleichung 5) muß daher notwendig

$$9) \quad \frac{\partial f(x,y)}{\partial y} = \frac{\partial \varphi(x,y)}{\partial x}.$$

sein. Hierdurch wird augenscheinlich eine Bedingungsgleichung für f und φ eingeführt, und nur wenn diese erfüllt ist, läßt sich aus der Gleichung 8) u als Funktion von x und y bestimmen[1]). Man nennt Gleichung 9) die Integrabilitätsbedingung und bezeichnet, falls sie erfüllt ist, das durch Gleichung 8) definierte du als vollständiges oder exaktes Differential.

Setzt man z. B.

$$du = (x - y)\,dx + (x + y)\,dy,$$

so ist, wie eine leichte Rechnung zeigt, Gleichung 9) nicht erfüllt, dagegen ist es der Fall, wenn

$$du = (x + y)\,dx + (x - y)\,dy$$

gesetzt wird, und zwar findet man

$$u = \frac{1}{2}\,(x^2 + 2\,x\,y - y^2).$$

§ 10. Differentiation unentwickelter Funktionen.

Eine sehr wichtige Anwendung der Entwicklungen des § 6 ist die folgende. Denken wir uns, um die Begriffe zu fixieren, die Gleichung der Ellipse

$$1) \quad \frac{x^2}{a^2} + \frac{y^2}{b^2} = 1$$

und stellen die Aufgabe, tg τ, d. h. also den Differentialquotienten y', zu bestimmen. Um dies zu tun, können wir die Gleichung nach y auflösen, so daß wir y als Funktion von x erhalten, und dann differenzieren. Es gibt aber noch eine andere, einfachere Methode. Die linke Seite unserer Gleichung stellt nämlich, für sich betrachtet, jedenfalls eine Funktion von x und y dar, die wir durch $F(x,y)$ bezeichnen wollen, so daß wir

$$2) \quad F(x,y) = \frac{x^2}{a^2} + \frac{y^2}{b^2} = 1$$

erhalten. Diese Funktion können wir nach den oben auseinandergesetzten Regeln differenzieren. Wir bilden das totale Differential für die Gleichung 2) und erhalten, da das totale Differential der

---

[1]) Für die dafür anwendbaren Methoden verweisen wir auf die genannten Lehrbücher. Gegen das im Text gefundene Resultat ist in wissenschaftlichen Abhandlungen mehrfach gefehlt worden.

rechten Seite, wie S. 205 bemerkt, für beliebige Änderungen von x und y immer gleich Null ist,

$$3) \quad \frac{\partial F}{\partial x} dx + \frac{\partial F}{\partial y} dy = 0,$$

und hieraus folgt, wenn wir die Werte

$$4) \quad \frac{\partial F}{\partial x} = \frac{2x}{a^2}, \quad \frac{\partial F}{\partial y} = \frac{2y}{b^2}$$

in Gleichung 3) einsetzen, sofort

$$5) \quad \frac{2xdx}{a^2} + \frac{2ydy}{b^2} = 0.$$

Sonach ergibt sich

$$6) \quad y' = \frac{dy}{dx} = -\frac{x}{y} \cdot \frac{b^2}{a^2}.$$

Wir haben somit den Differentialquotienten von y bestimmt, ohne daß wir nötig hatten, die Gleichung 1), die y als Funktion von x definiert, aufzulösen. Man nennt dies Verfahren die Differentiation unentwickelter Funktionen.

Die allgemeine Darstellung des Vorstehenden lautet wie folgt: Es sei eine Gleichung zwischen x und y in der Form

$$7) \quad F(x, y) = C$$

gegeben, wo C eine Konstante ist und $F(x, y)$ eine Funktion von x und y. Wir bilden wieder von beiden Seiten der Gleichung das totale Differential und erhalten, wie oben,

$$8) \quad \frac{\partial F}{\partial x} dx + \frac{\partial F}{\partial y} dy = 0$$

und hieraus

$$9) \quad \frac{dy}{dx} = -\frac{\partial F}{\partial x} : \frac{\partial F}{\partial y}.$$

Besteht z. B. zwischen x und y die Gleichung

$$xy = C,$$

so folgt durch Differentiation

$$ydx + xdy = 0$$

und hieraus sofort

$$\frac{dy}{dx} = -\frac{y}{x} = -\frac{C}{x^2}.$$

Dies entspricht genau dem auf S. 88 gefundenen Resultat.

Ein weiteres Beispiel sei die durch die Gleichung

$$F(x, y) = x^3 + y^3 - axy = 0$$

dargestellte Kurve. Hier ist

$$\frac{\partial F}{\partial x} = 3\,x^2 - a\,y, \qquad \frac{\partial F}{\partial y} = 3\,y^2 - a\,x$$

und daraus folgt

$$\frac{dy}{dx} = -\frac{3\,x^2 - a\,y}{3\,y^2 - a\,x}.$$

Vgl. auch die Übungsaufgaben, § 3.

§ 11. Die Transformation der unabhängigen Variablen.

Sei gegeben die Funktion

$$1)\ F(x, y) = A\,x^2 + B\,y^2;$$

dann kann es zweckmäßig sein, für x und y Polarkoordinaten

$$2)\ x = r\cos\varphi, \quad y = r\sin\varphi$$

einzuführen, so daß $F(x, y)$ in eine Funktion von r und φ übergeht, und es entsteht die Aufgabe, die Differentialquotienten von F nach r und φ zu berechnen. Dies kann zunächst so geschehen, daß wir in 1) die Werte von x und y einsetzen; es wird dadurch

$$F = Ar^2\cos^2\varphi + Br^2\sin^2\varphi$$

und wir erhalten

$$\frac{\partial F}{\partial r} = 2\,r\,(A\cos^2\varphi + B\sin^2\varphi)$$

$$\frac{\partial F}{\partial \varphi} = 2\,r^2\,(B - A)\sin\varphi\cos\varphi.$$

Zu dem gleichen Resultat gelangt man, indem man auf die Gleichungen 1) und 2) die Formeln von § 7 anwendet. Um nämlich die partiellen Differentialquotienten der Funktion F nach r und φ zu bilden, haben wir sowohl die Funktion F wie auch x und y nur als Funktionen von r oder φ allein, also von einer Variablen aufzufassen; es treten daher unmittelbar die Formeln von § 7 in Kraft mit der Maßgabe, daß t durch r oder φ zu ersetzen ist, und daß wir statt der gewöhnlichen Differentialquotienten partielle zu schreiben haben; also wird

$$3)\ \frac{\partial F}{\partial r} = \frac{\partial F}{\partial x}\cdot\frac{\partial x}{\partial r} + \frac{\partial F}{\partial y}\cdot\frac{\partial y}{\partial r},$$

und ebenso

$$4)\ \frac{\partial F}{\partial \varphi} = \frac{\partial F}{\partial x}\cdot\frac{\partial x}{\partial \varphi} + \frac{\partial F}{\partial y}\cdot\frac{\partial y}{\partial \varphi}.$$

Die Ausrechnung liefert sofort

$$\frac{\partial F}{\partial x} = 2\,A\,x, \qquad \frac{\partial F}{\partial y} = 2\,B\,y,$$

$$\frac{\partial x}{\partial r} = \cos \varphi, \quad \frac{\partial y}{\partial r} = \sin \varphi, \quad \frac{\partial x}{\partial \varphi} = -r \sin \varphi, \quad \frac{\partial y}{\partial \varphi} = r \cos \varphi,$$

und daher folgt aus 3) und 4)

$$\frac{\partial F}{\partial r} = 2\,A\,x \cos \varphi + 2\,B\,y \sin \varphi = 2\,r\,(A \cos^2 \varphi + B \sin^2 \varphi)$$

$$\frac{\partial F}{\partial \varphi} = -2\,A\,xr \sin \varphi + 2\,B\,yr \cos \varphi = 2\,r^2\,(B - A) \sin \varphi \cos \varphi,$$

wie oben.

Augenscheinlich ist in diesem Beispiel die zweite Methode die weniger einfache. Vielfach jedoch ist es umgekehrt; vor allem b e - d a r f man der zweiten Methode, wenn man Funktionen allgemeiner Form ins Auge faßt. Sie nimmt dann folgende Form an. Sei gegeben eine Gleichung

$$5) \quad z = F\,(x,\,y),$$

und es mögen durch die Gleichungen

$$6) \quad x = f\,(u,\,v), \quad y = \varphi\,(u,\,v)$$

neue Variable u und v eingeführt werden, so daß z eine Funktion von u und v wird. Man hat dann, wie oben, indem man r und φ durch u und v ersetzt:

$$7) \quad \begin{aligned} \frac{\partial z}{\partial u} &= \frac{\partial F}{\partial u} = \frac{\partial F}{\partial x} \cdot \frac{\partial x}{\partial u} + \frac{\partial F}{\partial y} \cdot \frac{\partial y}{\partial u} \\[2mm] \frac{\partial z}{\partial v} &= \frac{\partial F}{\partial v} = \frac{\partial F}{\partial x} \cdot \frac{\partial x}{\partial v} + \frac{\partial F}{\partial y} \cdot \frac{\partial y}{\partial v}. \end{aligned}$$

Analoge Formeln gelten offenbar, wenn es sich um Funktionen von mehr als zwei Variablen handelt. Ebenso ist klar, daß man zu den entsprechenden Formeln für die höheren Differentialquotienten gelangt, indem man die Differentiationsvorschrift der Gleichungen 7) wiederholt anwendet. Es mag genügen, ein Beispiel dieser Art zu erörtern.

In die Funktion $F\,(x,\,y)$ werden neue Variable u und v eingeführt durch die Gleichungen

$$x = u + \alpha v, \quad y = u - \alpha v;$$

man bestimme die Differentialquotienten

$$\frac{\partial^2 F}{\partial u^2}, \quad \frac{\partial^2 F}{\partial u\,\partial v}, \quad \frac{\partial^2 F}{\partial v^2}.$$

Man hat zunächst

$$\frac{\partial x}{\partial u} = 1, \quad \frac{\partial y}{\partial u} = 1, \quad \frac{\partial x}{\partial v} = \alpha, \quad \frac{\partial y}{\partial v} = -\alpha$$

und erhält daher

$$\frac{\partial F}{\partial u} = \frac{\partial F}{\partial x} \cdot \frac{\partial x}{\partial u} + \frac{\partial F}{\partial y} \cdot \frac{\partial y}{\partial u} = \frac{\partial F}{\partial x} + \frac{\partial F}{\partial y}$$

$$\frac{\partial F}{\partial v} = \frac{\partial F}{\partial x} \cdot \frac{\partial x}{\partial v} + \frac{\partial F}{\partial y} \cdot \frac{\partial y}{\partial v} = \alpha \frac{\partial F}{\partial x} - \alpha \frac{\partial F}{\partial y}.$$

Nun ist weiter

$$\frac{\partial^2 F}{\partial u^2} = \frac{\partial}{\partial u}\left(\frac{\partial F}{\partial u}\right) = \frac{\partial}{\partial u}\left(\frac{\partial F}{\partial x} + \frac{\partial F}{\partial y}\right);$$

wir haben daher die weitere Rechnung so auszuführen, daß wir in der ersten Gleichung 7) die Funktion F durch $\dfrac{\partial F}{\partial x} + \dfrac{\partial F}{\partial y}$ ersetzen; so erhalten wir

$$\frac{\partial^2 F}{\partial u^2} = \frac{\partial}{\partial x}\left(\frac{\partial F}{\partial x} + \frac{\partial F}{\partial y}\right)\frac{\partial x}{\partial u} + \frac{\partial}{\partial y}\left(\frac{\partial F}{\partial x} + \frac{\partial F}{\partial y}\right) \cdot \frac{\partial y}{\partial u}$$

$$= \frac{\partial^2 F}{\partial x^2} + 2\frac{\partial F}{\partial x \partial y} + \frac{\partial^2 F}{\partial y^2}.$$

Analog erhalten wir

$$\frac{\partial^2 F}{\partial u \partial v} = \frac{\partial}{\partial v}\left(\frac{\partial F}{\partial u}\right) = \frac{\partial}{\partial v}\left(\frac{\partial F}{\partial x} + \frac{\partial F}{\partial y}\right),$$

also gemäß der zweiten Gleichung 7)

$$\frac{\partial^2 F}{\partial u \partial v} = \frac{\partial}{\partial x}\left(\frac{\partial F}{\partial x} + \frac{\partial F}{\partial y}\right) \cdot \frac{\partial x}{\partial v} + \frac{\partial}{\partial y}\left(\frac{\partial F}{\partial x} + \frac{\partial F}{\partial y}\right) \cdot \frac{\partial y}{\partial v}$$

$$= \alpha \frac{\partial^2 F}{\partial x^2} - \alpha \frac{\partial^2 F}{\partial y^2},$$

und endlich

$$\frac{\partial^2 F}{\partial v^2} = \frac{\partial}{\partial v}\left(\frac{\partial F}{\partial v}\right) = \frac{\partial}{\partial v}\left(\alpha \frac{\partial F}{\partial x} - \alpha \frac{\partial F}{\partial y}\right)$$

$$= \frac{\partial}{\partial x}\left(\alpha \frac{\partial F}{d x} - \alpha \frac{\partial F}{\partial y}\right) \cdot \frac{\partial x}{\partial v} + \frac{\partial}{\partial y}\left(\alpha \frac{\partial F}{\partial x} - \alpha \frac{\partial F}{\partial y}\right) \cdot \frac{\partial y}{\partial v}$$

$$= \alpha^2 \frac{\partial^2 F}{\partial x} - 2\alpha^2 \frac{\partial^2 F}{\partial x \partial y} + \alpha^2 \frac{\partial^2 F}{\partial y^2}.$$

Damit sind die partiellen zweiten Differentialquotienten nach u und v durch die nach x und y ausgedrückt.

Vgl. auch die Übungsaufgaben, § 4.

§ 12. Die Brennpunktseigenschaften der Parabel.

Wird die Gleichung der Parabel in der Form (Fig. 68, S. 219)

$$1) \quad F(x, y) = y^2 - 2\,\mathrm{p}\,x = 0$$

geschrieben, so erhalten wir

$$2) \quad \frac{\partial F}{\partial x} = -2p, \quad \frac{\partial F}{\partial y} = 2y,$$

und demgemäß folgt aus Gleichung 9) des § 10

$$3) \quad \frac{dy}{dx} = \frac{2p}{2y} = \frac{p}{y}.$$

Wir stellen nun die Gleichung der Tangente im Punkte P auf, dessen Koordinaten x und y sind. Bezeichnen wir die variablen Koordinaten der Punkte der Tangente durch X und Y, so ist die Gleichung der Tangente jedenfalls von der Form (S. 14)

$$Y = X \cdot \operatorname{tg} \tau + b,$$

und da sie durch den Punkt (x, y) geht, so ist auch

$$y = x \operatorname{tg} \tau + b,$$

woraus durch Subtraktion

$$4) \quad Y - y = (X - x)\operatorname{tg}\tau$$

als die gesuchte Gleichung folgt, wie übrigens auch aus S. 18 hervorgeht. Setzen wir hier für $\operatorname{tg}\tau$ seinen Wert nach Gleichung 3) ein, so folgt

$$Y - y = (X - x)\frac{p}{y},$$

oder

$$Yy - y^2 = pX - px.$$

Ersetzen wir noch y^2 nach Gleichung 1) durch $2px$, so erhalten wir endlich

$$5) \quad Yy = p(X + x)$$

als schließliche Form der Gleichung der Parabeltangente.

Aus der Gleichung 3) sieht man zunächst, daß im Punkt $x = 0$, $y = 0$, also im Anfangspunkt, $\operatorname{tg}\tau$ unendlich ist, d. h. die Tangente in O steht auf der x-Achse senkrecht; die Parabel berührt also die y-Achse. Man nennt die y-Achse die Scheiteltangente und O selbst den Scheitel der Parabel.

Wir suchen den Schnittpunkt, in welchem die Tangente im Parabelpunkte P die x-Achse schneidet. Wir finden den bezüglichen Wert von X aus Gleichung 5), wenn wir $Y = 0$ setzen, und zwar

$$6) \quad X + x = 0, \quad X = -x;$$

ist daher T dieser Schnittpunkt und OQ die Abszisse x von P, so müssen wir $OT = OQ$ machen. Die Gerade PT ist dann die Tangente, womit eine sehr einfache Konstruktion der Tangente für jeden Punkt der Parabel gewonnen ist.

Wir fällen noch von P das Lot PD auf die Direktrix der Parabel — sein Schnittpunkt mit der Scheiteltangente sei S — und ziehen PF und DT, so ist, wie leicht zu zeigen, $PDTF$ ein Rhombus. Näm-lich es ist

$$PD = PS + SD = x + \frac{p}{2}$$

und

$$TF = TO + OF = x + \frac{p}{2},$$

und da PD und TF überdies parallel sind, so folgt bereits, daß $PDTF$ ein Parallelogramm ist. Nach der Defini-tion der Parabel (S. 10) ist aber auch $PD = PF$; das Parallelogramm ist also ein Rhombus, und es folgt nun,

Fig. 68.

daß TP den Winkel DPF halbiert. Errichten wir noch auf der Tangente PT in P eine Senkrechte PN — wir nennen sie eine Normale der Parabel — so bildet auch PN mit PF und der Ver-längerung PP' von PD gleiche Winkel. Wird PF als Brenn-strahl[1] bezeichnet, so erhalten wir den Satz: In jedem Punkt der Parabel halbieren Tangente und Normale die Winkel, die vom Brennstrahl und der Parallelen zur Achse ge-bildet werden.

Diese Eigenschaft der Parabel ist wichtig für die Optik. Fallen nämlich Strahlen parallel zur Hauptachse auf die Parabel und werden von ihr durch Spiegelung reflektiert, so ist PF für jeden Strahl PP' der reflektierte Strahl, d. h. die reflektierten Strahlen vereinigen sich sämtlich im Punkt F, der deshalb Brennpunkt heißt. Um-gekehrt, befindet sich eine Lichtquelle in F, so werden alle von F kommenden Strahlen von der Parabel parallel zur Hauptachse reflektiert. Dies bleibt bestehen, wenn wir die Parabel um die

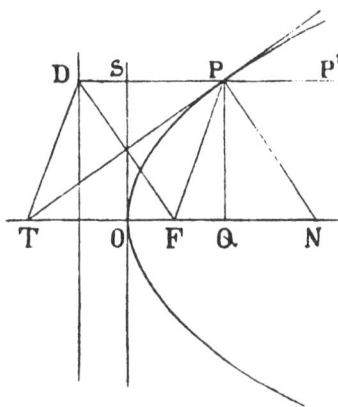

---

[1] Die Bedeutung des Wortes geht aus dem Folgenden hervor.

Hauptachse rotieren und damit die spiegelnde Linie in eine spiegelnde Fläche übergehen lassen. Hierauf beruht die Verwendung parabolischer Spiegel als Hohlspiegel, sei es als Brennspiegel oder als Beleuchtungsspiegel. Auch Hertz hat von dieser Eigenschaft der Parabel bei seinen berühmten ersten Versuchen über die Ausbreitung der Strahlen elektrischer Kraft Anwendung gemacht. Er benutzte zwei große parabolische Spiegel aus Zinkblech, in deren Brennpunkte der Erreger und der Empfänger der elektrischen Schwingungen gestellt waren. Die elektrischen Strahlen gingen vom Erreger zu dem ersten parabolischen Spiegel, wurden von dort parallel reflektiert, trafen dann den zweiten parabolischen Spiegel wiederum parallel zur Achse und liefen endlich in dem Empfänger zusammen.

§ 13. Die Brennpunktseigenschaften der Ellipse.

Ist die Gleichung der Ellipse von der Form (Fig. 69)

$$1) \quad F(x, y) = \frac{x^2}{a^2} + \frac{y^2}{b^2} = 1,$$

so folgt

$$2) \quad \frac{\partial F}{\partial x} = \frac{2x}{a^2}, \quad \frac{\partial F}{\partial y} = \frac{2y}{b^2}$$

und daher gemäß § 10, 9 (S. 214)

$$3) \quad \frac{dy}{dx} = -\frac{\partial F}{\partial x} : \frac{\partial F}{\partial y} = -\frac{b^2 x}{a^2 y}.$$

Die Gleichung der Tangente im Punkte $P(x, y)$ ist, wenn wir dieselben Bezeichnungen benutzen wie im vorigen Paragraphen,

$$Y - y = \operatorname{tg} \tau \, (X - x),$$

und wenn wir hier den Wert für $\operatorname{tg} \tau$ aus 3) einsetzen, so wird sie

$$4) \quad Y - y = -\frac{b^2 x}{a^2 y} \, (X - x).$$

Wir multiplizieren die Gleichung mit y und dividieren zugleich durch b^2; so finden wir

$$\frac{Yy}{b^2} - \frac{y^2}{b^2} = -\frac{Xx}{a^2} + \frac{x^2}{a^2}$$

oder

$$\frac{Xx}{a^2} + \frac{Yy}{b^2} = \frac{x^2}{a^2} + \frac{y^2}{b^2},$$

woraus sich wegen 1) die Gleichung der Tangente schließlich in der Form

$$5) \quad \frac{Xx}{a^2} + \frac{Yy}{b^2} = 1$$

ergibt; dabei sind x, y die Koordinaten des Ellipsenpunktes und X, Y die variablen Koordinaten der Punkte der Tangente.

Den Schnittpunkt der Tangente mit der x-Achse erhalten wir, wenn wir $Y = 0$ setzen, es folgt

$$6) \quad \frac{Xx}{a^2} = 1; \quad X = \frac{a^2}{x} \, {}^1).$$

Hieraus läßt sich sofort folgende wichtige Eigenschaft ableiten. Wir verbinden noch F_1 und F_2

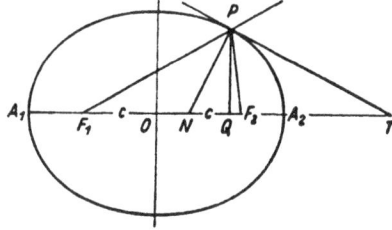

Fig. 69.

mit P und erhalten so die Strecken r_1 und r_2; .für sie hatten wir im ersten Kapitel (S. 24) die Werte

$$PF_1 = r_1 = a + \frac{c}{a} \, x, \quad PF_2 = r_2 = a - \frac{c}{a} \, x,$$

so daß

$$\frac{PF_1}{PF_2} = \frac{a + \frac{c}{a} \, x}{a - \frac{c}{a} \, x} = \frac{a^2 + c\,x}{a^2 - c\,x} \text{ ist.}$$

---

[1]) Aus dieser Gleichung läßt sich eine einfache Konstruktion der Ellipsentangente entnehmen. Zunächst ist zu beachten, daß die kleine Achse b in der Formel überhaupt nicht vorkommt, es ist daher die Länge X, d. h. der Punkt T von b ganz unabhängig. Denkt man sich also über $2a$ als Achse mehrere Ellipsen und bestimmt für jede in denjenigen Punkten P, P', P''..., deren gemeinsame Abszisse $x = OQ$ ist, die Tangente, so gehen alle diese Tangenten durch denselben Punkt T. Unter diesen Ellipsen ist die einfachste der Kreis über $2a$, für den b den besonderen Wert a hat; die bezügliche Tangente dieses Kreises geht also ebenfalls durch T.

Die Konstruktion selbst läßt sich auf Grund der obigen Gleichung folgendermaßen ausführen. Ist T der Schnittpunkt der Tangente mit der x-Achse, so sei OST ein rechtwinkliges Dreieck, in dem $OT = X$ die Hypotenuse, $OS = a$ eine Kathete und $OQ = x$ die Projektion der Kathete ist; in der Tat besteht dann die Gleichung

$$OS^2 = OT \cdot OQ.$$

Die Konstruktion ist daher folgende: Man verlängere PQ bis zum Schnitt S mit dem Kreis um O, dessen Radius a ist, und ziehe ST senkrecht zu OS, so ist TP die Tangente der Ellipse. TS ist zugleich Tangente des Kreises um O, wie bereits in dem Vorstehenden angegeben worden ist.

Anderseits ergibt sich auf Grund von Gleichung 6)

$$F_1 T = X + c = \frac{a^2}{x} + c, \quad F_2 T = X - c = \frac{a^2}{x} - c,$$

also

$$\frac{F_1 T}{F_2 T} = \frac{\dfrac{a^2}{x} + c}{\dfrac{a^2}{x} - c} = \frac{a^2 + c\,x}{a^2 - c\,x},$$

d. h. es besteht die Proportion

$$7) \quad F_1 T : F_2 T = F_1 P : F_2 P.$$

Nun besagt aber ein Satz der Elementargeometrie, daß in jedem Dreieck die Halbierungslinie eines Außenwinkels die gegenüberliegende Seite in zwei äußere Abschnitte teilt, die sich wie die beiden andern Seiten verhalten, und umgekehrt; durch Anwendung dieses Satzes auf das Dreieck $F_1 P F_2$ folgt daher, daß die **Tangente den Außenwinkel von $F_1 P F_2$** halbiert. Bezeichnen wir noch die Gerade PN, die auf der Tangente in P senkrecht steht, als **Normale** der Ellipse, und $PF_1 = r_1$ sowie $PF_2 = r_2$ als **Brennstrahlen**, so folgt, daß die Normale den Winkel der Brennstrahlen halbiert; d. h.

Tangente und Normale einer Ellipse halbieren die von den Brennstrahlen gebildeten Winkel.

Denken wir uns in F_1 eine Lichtquelle, so ist $F_1 P$ irgendein von F_1 ausgehender Lichtstrahl. Ist die Ellipse eine spiegelnde Linie, so gibt die Tangente in P ihre Richtung, und die Normale bildet das Einfallslot. Der reflektierte Strahl bildet denselben Winkel mit dem Einfallslot wie der auffallende; da nun

$$F_1 P N = N P F_2$$

ist, so gibt PF_2 den reflektierten Strahl; alle reflektierten Strahlen vereinigen sich also in F_2, d. h.

alle Lichtstrahlen, die von einem Brennpunkt der Ellipse ausgehen, werden von ihr so reflektiert, daß sie sich sämtlich im andern Brennpunkt vereinigen.

Dasselbe gilt von den Schallwellen und Wärmestrahlen; es überträgt sich offenbar auch auf das durch Rotation der Ellipse um ihre große Achse entstehende Rotationsellipsoid (S. 45). Hierauf beruhen z. B. die eigentümlichen, Schall konzentrierenden Wirkungen von Gewölben, Grotten u. dgl. Ebenso beruht darauf das bekannte

Experiment, daß ein Stück Schwamm, das sich in dem einen Brennpunkt der Ellipse befindet, sich entzündet, wenn in den andern Brennpunkt eine glühende Kohle gebracht wird.

§ 14. Die Asymptoten der Hyperbel.

Ist die Gleichung der Hyperbel (vgl. Fig. 21 auf S. 26)

$$1) \quad F(x, y) = \frac{x^2}{a^2} - \frac{y^2}{b^2} = 1,$$

so erhalten wir

$$2) \quad \frac{\partial F}{\partial x} = \frac{2x}{a^2}, \quad \frac{\partial F}{\partial y} = -\frac{2y}{b^2}$$

und hieraus

$$3) \quad \frac{dy}{dx} = \frac{x b^2}{y a^2}.$$

Für die Gleichung der Tangente im Punkte (x, y) haben wir, wenn wir die Koordinaten eines Tangentenpunktes wieder X, Y nennen wie in den vorigen Paragraphen,

$$Y - y = \frac{dy}{dx}(X - x) = \frac{x b^2}{y a^2}(X - x)$$

und wenn wir mit y multiplizieren und durch b^2 dividieren,

$$\frac{Y y}{b^2} - \frac{y^2}{b^2} = \frac{x X}{a^2} - \frac{x^2}{a^2}$$

oder

$$\frac{X x}{a^2} - \frac{Y y}{b^2} = \frac{x^2}{a^2} - \frac{y^2}{b^2},$$

also auf Grund der Hyperbelgleichung schließlich

$$4) \quad \frac{X x}{a^2} - \frac{Y y}{b^2} = 1.$$

Für den Schnittpunkt der Tangente mit der x-Achse ist $Y = 0$; das zugehörige X ergibt sich daher in der Form

$$5) \quad \frac{X x}{a^2} = 1; \quad X = \frac{a^2}{x},$$

nebenbei bemerkt, derselbe Wert wie bei der Ellipse (S. 221).

Im besondern interessieren die Tangenten in denjenigen Punkten der Hyperbel, die unendlich fern liegen. Wegen der Symmetrie der Hyperbel genügt es, eine von ihnen ins Auge zu fassen, nämlich die Tangente desjenigen unendlich fernen Hyperbelpunktes, der im ersten Quadranten liegt; genauer gesprochen die Grenzlage der Tangente, falls der Hyperbelpunkt ins Unendliche rückt. Zunächst folgt aus Gleichung 5), da x unendlich groß ist,

$$X = 0,$$

d. h. die Tangente geht durch den Anfangspunkt. Um den Winkel, den sie mit der x-Achse bildet, aus Gleichung 3) zu finden, müssen wir für den unend-

lich fernen Hyperbelpunkt das Verhältnis von y und x ermitteln. Nun folgt
aus Gleichung 1)
$$\frac{y^2}{b^2} = \frac{x^2}{a^2} - 1,$$
also, wie sich durch Multiplikation mit b^2/x^2 ergibt,
$$\frac{y^2}{x^2} = \frac{b^2}{a^2} - \frac{b^2}{x^2},$$
und wenn wir nun x unendlich groß werden lassen, folgt schließlich für das
gesuchte Verhältnis dieses x und des zugehörigen y der Grenzwert
$$6) \quad \lim_{x=\infty} \frac{y^2}{x^2} = \frac{b^2}{a^2}, \quad \lim_{x=\infty} \frac{y}{x} = \frac{b}{a}.$$

Setzen wir diesen Wert in Gleichung 3) ein und bezeichnen den bezüglichen
Winkel jetzt mit φ, so erhalten wir
$$7) \quad \operatorname{tg} \varphi = \frac{a}{b} \cdot \frac{b^2}{a^2} = \frac{b}{a}.$$

Konstruieren wir nun (Fig. 21, S. 26) das Rechteck, dessen Seiten den
Achsen parallel sind, und das auf den Achsen die Strecken $OA_1 = OA_2 = a$,
$OB_1 = OB_2 = b$ abschneidet, so hat die im ersten Quadranten enthaltene Diagonale genau die Lage zu den Achsen wie die betrachtete Tangente; sie geht
durch den Anfangspunkt, und für den Winkel α, den sie mit der x-Achse bildet, ist
$$\operatorname{tg} \alpha = \frac{b}{a}.$$

Diese Diagonale ist daher mit der fraglichen Tangente identisch. Aus der Symmetrie der Hyperbel folgt sofort, daß die andere Diagonale gleichfalls die Hyperbel
in einem unendlich fernen Punkte berührt. Diese beiden Tangenten heißen die
Asymptoten der Hyperbel. Da sie Tangenten der Hyperbel im unendlichen
sind, so nähern sie sich der Hyperbel um so mehr an, je weiter sie
verlaufen. Wir treffen also bei einer beliebigen Hyperbel dieselben Verhältnisse wieder, die wir früher bei der gleichseitigen Hyperbel kennen gelernt
haben (S. 32).

Als Gleichungen der beiden Asymptoten erhalten wir, indem wir beachten,
daß die zweite Diagonale den Winkel $\pi - \varphi$ mit der x-Achse bildet, resp.
$$Y = X \operatorname{tg} \varphi \quad \text{und} \quad Y = X \operatorname{tg} (\pi - \varphi),$$
oder mit Rücksicht auf Gleichung 7)
$$8) \quad \frac{X}{a} - \frac{Y}{b} = 0 \quad \text{und} \quad \frac{X}{a} + \frac{Y}{b} = 0.$$

§ 15. Die Zustandsgleichung.

Jede homogene, sei es flüssige, sei es gasförmige Substanz besitzt eine für sie charakteristische Zustandsgleichung der Form
$$1) \quad F(p, v, \vartheta) = 0.$$
Darin ist p der Druck, v das Volumen und ϑ die Temperatur der Substanz. Diese Gleichung besagt, daß der Zustand einer gegebenen

Substanzmenge bestimmt ist, wenn von den angeführten drei Zustandsvariablen zwei bekannt sind. In der Gasgleichung und in der van der Waalsschen Gleichung (S. 33) haben wir bereits Beispiele solcher Zustandsgleichungen kennengelernt. Gleichung 1), nach p aufgelöst, liefert eine Beziehung der Form

$$2) \quad p = f(v, \vartheta),$$

die p als Funktion von v und ϑ definiert und damit zu jedem Wertepaar v_0, ϑ_0 das zugehörige p_0 bestimmt.

Von den partiellen Differentialquotienten, die wir für v, p, ϑ in Betracht ziehen können, wollen wir einige besonders ins Auge fassen. Es sind

$$3) \quad \frac{\partial p}{\partial \vartheta}, \quad \frac{\partial v}{\partial p}, \quad \frac{\partial v}{\partial \vartheta}.$$

Von ihnen stellt der Differentialquotient $\dfrac{\partial p}{\partial \vartheta}$, der sich auf konstantes v bezieht, den sog. **Spannungskoeffizienten** dar, während $\dfrac{\partial v}{\partial p}$, bei dem von einer Änderung von ϑ abgesehen wird, negativ genommen, den **Kompressibilitätskoeffizienten** bedeutet, nämlich den Quotienten aus Volumenabnahme und Drucksteigerung. Der Differentialquotient $\dfrac{\partial v}{\partial \vartheta}$ endlich, der einer Temperatursteigerung bei konstantem Druck entspricht, stellt den thermischen **Ausdehnungskoeffizienten** dar. Man bezeichnet diese drei Differentialquotienten nach **Clausius** auch durch

$$\left(\frac{dp}{d\vartheta}\right)_v, \quad \left(\frac{dv}{dp}\right)_\vartheta, \quad \left(\frac{dv}{d\vartheta}\right)_p,$$

indem man diejenige Zustandsvariable, die bei der Änderung der beiden andern konstant erhalten wird, um sie direkt kenntlich zu machen, als unteren Index zu dem in Klammern geschlossenen Differentialquotienten hinzufügt.

Die Differentiation von Gleichung 2) gibt

$$dp = \frac{\partial p}{\partial v} dv + \frac{\partial p}{\partial \vartheta} d\vartheta = \frac{\partial f}{\partial v} dv + \frac{\partial f}{\partial \vartheta} d\vartheta,$$

und zwar ist $\dfrac{\partial p}{\partial v}$ nichts anderes als der negative reziproke Wert des oben genannten Kompressibilitätskoeffizienten. Man sieht auch noch, daß die Werte, die ihm und dem Spannungskoeffizienten für ein gewisses Wertsystem p_0, v_0, ϑ_0 zukommen, durch die Werte von $\dfrac{\partial f}{\partial v}$ und $\dfrac{\partial f}{\partial \vartheta}$ für v_0, ϑ_0 dargestellt werden.

Betrachtet man, vom Wertsystem p_0, v_0, ϑ_0 ausgehend, nur solche Zustandsänderungen, bei denen p konstant bleibt, also $dp = 0$ ist, so folgt für sie

$$0 = \frac{\partial p}{\partial v}\, dv + \frac{\partial p}{\partial \vartheta}\, d\vartheta.$$

In dieser Gleichung bedeutet wiederum dv die Volumenzunahme, die einer Temperatursteigerung $d\vartheta$ bei konstantem Druck entspricht; dividieren wir also die letzte Gleichung durch $d\vartheta$, so haben wir zu schreiben

$$0 = \frac{\partial p}{\partial v}\, \frac{\partial v}{\partial \vartheta} + \frac{\partial p}{\partial \vartheta},$$

woraus wir schließlich noch

$$3) \qquad \frac{\partial p}{\partial \vartheta} = -\frac{\partial p}{\partial v} \cdot \frac{\partial v}{\partial \vartheta} = \frac{\partial v}{\partial \vartheta} : -\frac{\partial v}{\partial p}$$

erhalten. In Clausiusscher Schreibweise haben wir also auch

$$4) \qquad \left(\frac{dp}{d\vartheta}\right)_v = -\left(\frac{dp}{dv}\right)_\vartheta \cdot \left(\frac{dv}{d\vartheta}\right)_p = \left(\frac{dv}{d\vartheta}\right)_p : \left(-\frac{dv}{dp}\right)_\vartheta.$$

Diese Gleichung besagt, daß der sog. **Spannungskoeffizient gleich dem Quotienten des thermischen Ausdehnungskoeffizienten und des Kompressibilitätskoeffizienten ist.**

Für Quecksilber bei 0^0 und Atmosphärendruck ist der thermische Ausdehnungskoeffizient für die Volumeneinheit 0,00018, und er beträgt 0,00018 v_0, wenn die betrachtete Quecksilbermenge das Volumen v_0 einnimmt. Der Kompressibilitätskoeffizient der Volumeneinheit beträgt 0,000003, d. h. das Volumen von 1 ccm Hg nimmt bei 0^0 pro Drucksteigerung von 1 Atm. um 0,000003 ccm ab. Der Kompressibilitätskoeffizient des Volumens v_0 beträgt natürlich 0,000003 v_0. Somit wird der Spannungskoeffizient

$$\frac{0,00018\,v_0}{0,000003\,v_0} = 60,$$

d. h. es bedarf einer Drucksteigerung von 60 Atm., um bei der Erwärmung von 0^0 auf 1_0 eine gegebene Quecksilbermenge bei konstantem Volumen zu erhalten.

ACHTES KAPITEL

Unendliche Reihen und Taylorscher Satz.

§ 1. Beispiele unendlicher Reihen.

Man kann den periodischen Dezimalbruch $0,333\ldots$, dessen Wert $\frac{1}{3}$ ist, in folgende Form setzen:

$$\frac{3}{10} + \frac{3}{100} + \frac{3}{1000} + \frac{3}{10000} + \cdots,$$

d. h. in die Form einer Summe aus unendlich vielen Gliedern. Es gibt also Reihen von unendlich vielen Summanden, die eine endliche Summe besitzen. Eine solche Reihe ist auch

$$\frac{1}{2} + \frac{1}{4} + \frac{1}{8} + \frac{1}{16} + \cdots;$$

bildet man nacheinander die Summe von 2, 3, 4, 5 ... Gliedern, so gelangt man leicht zu der Vermutung, daß die Summe der ganzen Reihe die Zahl 1 ist (§ 3).

Daß nicht alle derartigen Reihen eine endliche Summe besitzen, liegt auf der Hand. Weder für die Reihe

$$1 + 2 + 3 + 4 + \cdots$$

noch für die Reihe

$$1 + 1 + 1 + 1 + 1 \cdots$$

ist es der Fall. Aber selbst für die Reihe

$$1 + \frac{1}{2} + \frac{1}{3} + \frac{1}{4} + \frac{1}{5} + \cdots$$

ist die Summe nicht endlich, wie sich leicht beweisen läßt. Die Summe dieser Reihe wird nämlich verkleinert, wenn wir einzelne ihrer Summanden verkleinern, d. h. wenn wir z. B. $\frac{1}{3}$ durch $\frac{1}{4}$, ferner $\frac{1}{5}$, $\frac{1}{6}$, $\frac{1}{7}$ je durch $\frac{1}{8}$ ersetzen usw., also die Reihe

$$1 + \frac{1}{2} + \frac{1}{4} + \frac{1}{4} + \frac{1}{8} + \frac{1}{8} + \frac{1}{8} + \frac{1}{8} + \cdots$$

15*

bilden. Diese Reihe hat aber augenscheinlich den Wert

$$1 + \frac{1}{2} + \frac{1}{2} + \frac{1}{2} + \cdots$$

und ist somit unbegrenzt groß, um so mehr also auch die ursprüngliche Reihe. Ersetzen wir nun aber die positiven Vorzeichen unserer
Reihe durch abwechselnde, d. h. bilden wir die Reihe

$$1 - \frac{1}{2} + \frac{1}{3} - \frac{1}{4} + \frac{1}{5} - \frac{1}{6} \cdots$$

so hat diese, wie das Folgende lehren wird, wieder eine endliche
Summe. Dagegen läßt sich von der Reihe

$$1 - 1 + 1 - 1 + 1 - 1 \cdots$$

überhaupt nicht mehr sagen, daß sie eine bestimmte Summe hätte;
für diese Reihe verliert eine solche Fragestellung ihren Sinn.

§ 2. Der Konvergenzbegriff.

Reihen mit unendlich vielen Gliedern kommen für praktische
Zwecke besonders zur angenäherten Berechnung der durch sie
dargestellten Zahlengrößen in Betracht, und zwar so, daß man die
Reihe bei irgendeinem Glied abbricht. Die Reihen eignen sich
hierzu um so besser, je weniger Glieder man nötig hat. Es springt
in die Augen, daß bei diesem Verfahren zwei Momente von Wichtigkeit sind. Erstens bedarf man der Gewißheit, daß man sich der
zu berechnenden Größe wirklich mehr und mehr annähert, je mehr
Glieder man berücksichtigt, und zweitens muß man die Genauigkeit der Annäherung kennen, d. h. man muß wissen, wie groß der
Fehler ist, den man begeht, wenn man die Reihe bei einem bestimmten Glied abbricht. Ausdrücklich sei übrigens bemerkt, daß
wir für unsere Reihen stets eine bestimmte Gliederfolge voraussetzen, an die sie gebunden sind.

Wie die obigen Beispiele zeigen, können bei unendlichen Reihen
drei verschiedene Fälle vorkommen. Die Summe, die man erhält,
indem man immer mehr Glieder berücksichtigt, kann über alle
endlichen Zahlen hinaus wachsen; alsdann heißt die Reihe divergent.
Zweitens kann diese Summe zwar stets endlich bleiben, wie viele
Glieder der Reihe man auch beibehält, aber so, daß sie dauernd
zwischen bestimmten Werten hin und her schwankt (vgl. das letzte
Beispiel); alsdann heißt die Reihe oszillierend. Liegen diese Fälle

nicht vor, so wird die Reihe mit wachsender Gliederzahl einem bestimmten endlichen Wert S näher und näher kommen.

Im letzten Fall, der von allen der wichtigste ist und für unsere
Zwecke allein in Betracht kommt, heißt die Reihe **konvergent**
und S ihre Summe; nach dem Vorigen ist S auch der **Grenzwert**,
dem sich die Summe s_n der n ersten Glieder der Reihe mit wachsendem n unbegrenzt nähert. Die Differenz

$$1) \quad S - s_n = \sigma_n$$

stellt daher den **Fehler** dar, den man begeht, wenn man die Reihe
nach den n ersten Gliedern abbricht; σ_n heißt auch der **Rest** der
Reihe, mit Rücksicht auf die aus 1) folgende Gleichung

$$S = s_n + \sigma_n.$$

Die vorstehend genannten Beziehungen lassen sich kurz durch

$$\lim_{n=\infty} s_n = S; \quad \lim_{n=\infty} \sigma_n = 0$$

darstellen. Da der ganze Rest σ_n mit wachsendem n unbegrenzt
klein wird, so gilt dies auch für jedes einzelne Glied; jedoch ist die
letzte Eigenschaft für die Konvergenz nicht hinreichend, wie die
Reihe $1 + \dfrac{1}{2} + \dfrac{1}{3} + \cdots$ sofort erkennen läßt; in der Tat soll ja
nicht bloß jedes Glied, sondern σ_n selbst mit n unbegrenzt klein
werden. Man spricht dies gewöhnlich wie folgt als Satz aus:

Die notwendige und hinreichende Bedingung für die
Konvergenz einer unendlichen Reihe besteht darin, daß
der Rest σ_n mit wachsendem n unbegrenzt klein wird (gegen
Null konvergiert).

§ 3. Die geometrische Reihe.

Das einfachste Beispiel unendlicher Reihen tritt schon in der
Elementarmathematik auf; es ist die ins Unendliche fortgesetzte
geometrische Reihe

$$1) \quad 1 + \alpha + \alpha^2 + \alpha^3 + \alpha^4 + \cdots\cdots\cdots$$

für den Fall, daß $\alpha < 1$, also ein echter Bruch ist.

Für sie können wir die Konvergenz leicht nachweisen, d. h.
also zeigen, daß die Summe s_n der ersten n Glieder mit wachsendem
n gegen einen festen Grenzwert konvergiert. Es ist nämlich[1]

$$2) \quad s_n = 1 + \alpha + \alpha^2 + \cdots + \alpha^{n-1} = \frac{1-\alpha^n}{1-\alpha} = \frac{1}{1-\alpha} - \frac{\alpha^n}{1-\alpha}.$$

---

[1]) Vgl. Formel 53 des Anhangs.

Nehmen wir jetzt an, daß n über alle Maßen wächst, so bleibt der erste Quotient der rechten Seite von 2) ungeändert, der zweite aber wird Null. Denn wenn α ein echter Bruch ist, so muß die Potenz α^n, wenn n über alle Maßen wächst, gegen Null konvergieren[1]) und damit auch der Bruch selbst. Wir erhalten demnach als Wert der Reihe 1)

$$3) \quad S = 1 + \alpha + \alpha^2 + \alpha^3 + \ldots \text{ in inf.} = \frac{1}{1-\alpha},$$

und es folgt:

Die unendliche geometrische Reihe 1), in der α kleiner ist als 1, ist konvergent und hat den Wert $1 : (1-\alpha)$.

Ersetzen wir in der Gleichung 3) α durch $-\beta$, so ergibt sich

$$4) \quad 1 - \beta + \beta^2 - \beta^3 + \beta^4 \ldots = \frac{1}{1+\beta}.$$

Den Fehler σ_n, den man begeht, wenn man die geometrische Reihe 1) beim $n$ten Glied abbricht, kann man aus Gleichung 2) unmittelbar ablesen; wir brauchen diese Gleichung nur in die Form

$$\frac{1}{1-\alpha} = 1 + \alpha + \alpha^2 + \ldots + \alpha^{n-1} + \frac{\alpha^n}{1-\alpha}$$

zu setzen und erkennen sofort, daß

$$5) \quad \sigma_n = \frac{\alpha^n}{1-\alpha}$$

ist. Wie auch an sich klar ist, ist der Fehler stets **positiv**, und mithin s_n immer zu klein.

Für die Reihe 4) ergibt sich, wenn wir in Gleichung 5) α durch $-\beta$ ersetzen,

$$\sigma'_n = \frac{\pm \beta^n}{1+\beta},$$

wo das positive Zeichen für gerades n, das negative für ungerades n gilt. Im ersten Fall ist daher s_n zu klein, im zweiten zu groß.

Wir folgern noch, daß

$$a + a\alpha + a\alpha^2 + \ldots = a(1 + \alpha + \alpha^2 + \ldots) = \frac{a}{1-\alpha}$$

---

[1]) Wird nämlich $\frac{1}{\alpha} = 1 + \beta$ gesetzt, so folgt (S. 76)

$$\left(\frac{1}{\alpha}\right)^n = (1+\beta)^n = 1 + \frac{n}{1}\beta + \ldots\ldots,$$

also jedenfalls auch

$$\left(\frac{1}{\alpha}\right)^n > 1 + n\beta.$$

Für $\lim n = \infty$ wird aber $n\beta$ unendlich groß, und daher ist $\lim\limits_{n=\infty} (\alpha^n) = 0$.

ist. Es hat also die zweite auf S. 227 betrachtete unendliche Reihe in der Tat den Wert 1.

Die praktische Verwendbarkeit der unendlichen Reihen hängt von der Schnelligkeit ihrer Konvergenz ab, mit anderen Worten davon, wie viele ihrer Glieder man zu berechnen hat, um eine Genauigkeit bis auf eine geforderte Zahl von Dezimalstellen zu erhalten. Der günstigste Fall ist der, daß man mit zwei oder drei Gliedern ausreicht, und die rechnerische Nützlichkeit der Reihen ist gerade dann besonders groß. Wir kommen hierauf am Schluß dieses Kapitels wieder zurück, wollen aber bereits an einem Beispiel auf die zweckmäßige Benutzung der geometrischen Reihe hinweisen. Die Bestimmung des Bruches $\dfrac{0{,}432}{0{,}998}$ kann man in folgender einfacher Weise vornehmen. Man setzt

$$\frac{0{,}432}{0{,}998} = 0{,}432 \cdot \frac{1}{1 - 0{,}002} = 0{,}432\,[1 + 0{,}002 + (0{,}002)^2 + \ldots],$$

und da $0{,}002^2 = 0{,}000004$ ist, so sieht man sofort, daß man bis auf fünf Stellen genau

$$\frac{0{,}432}{0{,}998} = 0{,}432 \cdot 1{,}002$$

setzen darf. Handelt es sich also nur um eine Genauigkeit bis auf vier oder fünf Dezimalstellen, so kann der gegebene Bruch ohne weiteres durch das vorstehende Produkt ersetzt werden. Ist eine größere Genauigkeit notwendig, z. B. bis auf sieben oder acht Stellen, so reicht man mit drei Gliedern der Reihe aus; man erhält dann

$$\frac{0{,}432}{0{,}998} = 0{,}432\,(1 + 0{,}002 + 0{,}000004) = 0{,}432 \cdot 1{,}002004;$$

das dritte Glied hat also die Bedeutung eines höheren Korrektionsgliedes, und jedes folgende Glied hat eine analoge Bedeutung.

Nicht immer wird man freilich mit zwei oder drei Gliedern ausreichen; je mehr Glieder man zu berücksichtigen hat, um so unbequemer ist natürlich die rechnerische Anwendung der Reihen.

Um eine theoretische Anwendung der geometrischen Reihen zu geben, bestimmen wir den auf S. 91 eingeführten Grenzwert von $(1 + 1/\delta)^\delta$ für limes $\delta = \infty$. Dort war gefunden

$$\left(1 + \frac{1}{\delta}\right)^\delta = 1 + \frac{1}{1} + \frac{1 - \dfrac{1}{\delta}}{1 \cdot 2} + \frac{\left(1 - \dfrac{1}{\delta}\right)\left(1 - \dfrac{2}{\delta}\right)}{1 \cdot 2 \cdot 3} + \ldots$$

Hier sei zunächst δ eine bestimmte endliche sehr große ganze Zahl. Wir können auch dann die rechte Seite in die Summe s_{n+1} der ersten $n + 1$ Glieder und den Rest σ_{n+1} zerlegen, so daß

$$s_{n+1} = 1 + \frac{1}{1} + \frac{1 - \dfrac{1}{\delta}}{1 \cdot 2} + \cdots + \frac{\left(1 - \dfrac{1}{\delta}\right)\left(1 - \dfrac{2}{\delta}\right) \cdots \left(1 - \dfrac{n-1}{\delta}\right)}{1 \cdot 2 \cdot 3 \cdots n}$$

ist, während sich σ_{n+1} in die Form

$$\sigma_{n+1} = \frac{\left(1 - \dfrac{1}{\delta}\right) \cdots \left(1 - \dfrac{n}{\delta}\right)}{1 \cdot 2 \cdots n+1} \left\{ 1 + \frac{1 - \dfrac{n+1}{\delta}}{n+2} + \frac{\left(1 - \dfrac{n+1}{\delta}\right)\left(1 - \dfrac{n+2}{\delta}\right)}{(n+2)(n+3)} + \cdots \right\}$$

setzen läßt. Wir vergrößern nun jedes Glied in der Klammer, indem wir die
Zähler durch 1 ersetzen und in den Nennern alle Faktoren durch $n + 2$, wodurch
die Nenner kleiner, die Brüche selbst also größer werden; dann folgt

$$\sigma_{n+1} < \frac{\left(1 - \dfrac{1}{\delta}\right) \cdots \left(1 - \dfrac{n}{\delta}\right)}{1 \cdot 2 \cdots n+1} \left\{ 1 + \frac{1}{n+2} + \frac{1}{(n+2)^2} + \cdots \right\}.$$

Da δ eine endliche Zahl ist, enthält die Klammer nur eine endliche Zahl
von Gliedern. Unsere Relation gilt also erst recht, wenn wir die Glieder in der
Klammer zu einer ins Unendliche fortgesetzten geometrischen Reihe ergänzen; also folgt schließlich gemäß Gleichung 3)

$$\sigma_{n+1} < \frac{\left(1 - \dfrac{1}{\delta}\right) \cdots \left(1 - \dfrac{n}{\delta}\right)}{1 \cdot 2 \cdots n+1} \cdot \frac{n+2}{n+1}.$$

Hält man nun zunächst n fest und läßt δ ins Unendliche wachsen, so erhält man

$$\lim (s_{n+1}) = 1 + \frac{1}{1} + \frac{1}{1 \cdot 2} + \cdots + \frac{1}{n!} \, ; \; \lim (\sigma_{n+1}) < \frac{1}{(n+1)!} \cdot \frac{n+2}{n+1}.$$

Man kann nun auch noch n so groß wählen, wie man will: dann konvergiert
auch σ_{n+1} gegen Null, und es ergibt sich also als der gesuchte Grenzwert die
unendliche Reihe

$$1 + \frac{1}{1} + \frac{1}{1 \cdot 2} + \cdots + \frac{1}{n!} + \cdots$$

Ferner ergibt sich als Fehler, wenn man die Reihe bei dem Glied $\frac{1}{n!}$ abbricht, wie oben

$$\sigma_{n+1} < \frac{1}{(n+1)!} \cdot \frac{n+2}{n+1}.$$

Für $n = 7$ hat man $\sigma_{n+1} < 0{,}00022 \ldots$, was mit dem Ergebnis von S. 92
übereinstimmt.

§ 4. Allgemeine Sätze über Konvergenz der Reihen.

Wir bezeichnen die Glieder irgendeiner Reihe von nun an durch

$$a_1, \; a_2, \; a_3, \; a_4 \ldots \ldots \ldots,$$

so daß der Index die Stelle des Gliedes in der Reihe angibt, also
a_m das $m$te Glied ist. Wir betrachten zunächst Reihen mit abwechselnden Vorzeichen der Glieder; eine solche Reihe können
wir durch

$$1) \quad a_1 - a_2 + a_3 - a_4 + a_5 - a_6 \ldots \ldots$$

darstellen, wo jetzt a_1, a_2, a_3 ... lauter positive Zahlen bedeuten. Für sie gilt der Satz:

Wenn in einer unendlichen Reihe mit abwechselnden Vorzeichen die Glieder unaufhörlich abnehmen und mit wachsendem n unbegrenzt klein werden, so hat die Reihe einen endlichen Wert und ist konvergent.

Der Beweis ist der folgende. Nehmen wir zunächst einmal an, daß n eine gerade Zahl ist, so haben wir

$$s_n = (a_1 - a_2) + (a_3 - a_4) + \ldots + (a_{n-1} - a_n)$$
$$\sigma_n = a_{n+1} - a_{n+2} + a_{n+3} - \ldots$$

Schreiben wir jetzt σ_n auf folgende zwei Weisen:

$$\sigma_n = a_{n+1} - (a_{n+2} - a_{n+3}) - (a_{n+4} - a_{n+5}) - \ldots$$
$$\sigma_n = (a_{n+1} - a_{n+2}) + (a_{n+3} - a_{n+4}) \ldots,$$

so sind alle Klammerdifferenzen notwendig positiv, da ja die Glieder beständig abnehmen. Aus der letzten Gleichung folgt daher, daß σ_n jedenfalls positiv ist, aus der vorletzten, daß $\sigma_n < a_{n+1}$ ist. Da nun aber a_n mit wachsendem n gegen Null konvergiert, so gilt es auch von σ_n.

Ist n eine ungerade Zahl, so ist σ_n negativ; da aber nur der absolute (d. h. der numerische) Wert von σ_n in Frage steht, so läßt sich der Beweis auch auf diesen Fall ausdehnen.

Wir wenden uns nun zu den Reihen mit lauter positiven Gliedern. Wir können sie durch

$$2)\quad a_1 + a_2 + a_3 + a_4 + \ldots$$

darstellen, wenn wir wieder a_1, a_2, a_3 ... sämtlich als positive Zahlen ansehen.

Zunächst eine Vorbemerkung. Es ist klar, daß die Konvergenz einer Reihe von den Anfangsgliedern nicht abhängen kann. Genauer formuliert man dies wie folgt. Sei a_m das $m$te Glied einer Reihe, so kommen für die Frage, ob die Reihe konvergiert, also eine endliche Summe hat, nur die Glieder von a_m an in Betracht, d. h. die Glieder

$$3)\quad a_m + a_{m+1} + a_{m+2} + \ldots,$$

die vorhergehenden $m - 1$ Glieder, $a_1 + a_2 + \ldots + a_{m-1}$, haben selbstverständlich, welche Werte sie auch haben mögen, eine endliche Summe. Für Reihen mit positiven Gliedern gilt nun folgender Satz:

Wenn in einer unendlichen Reihe mit lauter positiven Gliedern von irgendeinem Gliede an der Quotient je zweier

aufeinander folgender Glieder stets kleiner oder gleich
einer Größe α bleibt, die selbst kleiner als 1 ist, so ist
die Reihe konvergent.

Der Beweis gestaltet sich folgendermaßen. Nach Voraussetzung
sind von einem bestimmten Wert m an alle Quotienten

$$\frac{a_{m+1}}{a_m}, \quad \frac{a_{m+2}}{a_{m+1}}, \quad \frac{a_{m+3}}{a_{m+2}} \cdots$$

höchstens gleich α, wenn α kleiner als 1 ist. Es bestehen mithin
folgende Beziehungen

$$4) \quad \begin{cases} \dfrac{a_{m+1}}{a_m} \leq \alpha \ ^1), \\[2mm] \dfrac{a_{m+2}}{a_{m+1}} \leq \alpha, \\[2mm] \dfrac{a_{m+3}}{a_{m+2}} \leq \alpha, \\[2mm] \dfrac{a_{m+4}}{a_{m+3}} \leq \alpha, \end{cases}$$

usw.

Multipliziert man jetzt die ersten zwei, dann die ersten drei, dann
die ersten vier dieser Relationen usw., so erhält man

$$\frac{a_{m+1}}{a_m} \leq \alpha, \quad \text{d. h. } a_{m+1} < \alpha \cdot a_m,$$

$$\frac{a_{m+2}}{a_m} \leq \alpha^2, \quad \text{d. h. } a_{m+2} < \alpha^2 \cdot a_m,$$

$$\frac{a_{m+3}}{a_m} \leq \alpha^2, \quad \text{d. h. } a_{m+3} < \alpha^3 \cdot a_m$$

usw., und hieraus folgt durch einfache Addition

$$5) \quad a_{m+1} + a_{m+2} + a_{m+3} \cdots \leq \alpha a_m + \alpha^2 a_m + \alpha^3 a_m + \cdots,$$

also wenn wir beiderseits a_m addieren,

$$a_m + a_{m+1} + a_{m+2} + \cdots \leq a_m (1 + \alpha + \alpha^2 + \alpha^3 + \cdots)$$

und nach § 3 Gleichung 3) endlich

$$6) \quad a_m + a_{m+1} + a_{m+2} + \cdots \leq \frac{a_m}{1 - \alpha}.$$

Es konvergieren also nicht nur die Glieder selbst sondern auch die
Reste gegen Null, so daß die Reihe 3) und damit auch die Reihe 2)
konvergent ist.

---

^{1}) Das Zeichen $\leq$ bedeutet »kleiner als oder höchstens gleich.«

Man erkennt weiter leicht, daß die Reihe auch konvergiert, wenn der Quotient $a_{m+1} : a_m$ für lim $m = \infty$ einen Grenzwert $\alpha < 1$ besitzt.

Aus Gleichung 6) folgt noch, daß der Fehler, den man begeht, wenn man die Reihe 2) durch die endliche Summe

$$a_1 + a_2 + \ldots\ldots + a_{m-1}$$

ersetzt, kleiner oder höchstens gleich ist

$$\frac{a_m}{1-\alpha}.$$

Hier möge noch ein Satz eine Stelle finden, der sich oft mit Vorteil anwenden läßt und dessen Richtigkeit in die Augen springt. Hat man irgendeine Reihe von positiven Gliedern

$$7) \quad a_1 + a_2 + a_3 \ldots$$

und weiß man, daß ihre Glieder sämtlich kleiner sind als die entsprechenden Glieder einer gewissen **konvergenten** Reihe mit ebenfalls positiven Gliedern, **so ist auch die Reihe 7) sicherlich konvergent.** Wie die Relationen 4) und 5) zeigen, hat auch der obige Beweis gerade diese Tatsache benutzt[1]).

§ 5. Die Reihe von Mac Laurin.

Im Bereich naturwissenschaftlicher Untersuchungen ist es ein geläufiges Verfahren, daß man versucht, das Gesetz, das den unbekannten Verlauf eines Naturvorganges darstellt, zunächst durch eine empirische Annäherungsformel zu ersetzen. Wird z. B. ein Körper, der bei der Temperatur Null die Länge 1 besitzt, der Ausdehnung durch die Wärme unterworfen, so kann man in erster, noch grober Annäherung seine Länge l, die der Temperatur ϑ entspricht, durch eine Formel

$$1) \quad l = 1 + \alpha\vartheta$$

darstellen, in der α den **Ausdehnungskoeffizienten** bedeutet. Diese Formel entspricht der Annahme, daß die Ausdehnung mit der Temperatur proportional erfolgt. Will man eine Formel haben, die sich dem Gesetz der Längenzunahme enger anschmiegt, so setzt man

$$2) \quad l = 1 + \alpha\vartheta + \beta\vartheta^2,$$

---

[1]) Auch die weiteren Sätze über die Konvergenz von Reihen ergeben sich vielfach so, daß man die Konvergenz für gewisse einfache Reihen direkt nachweist und diese dann als Vergleichsreihen für andere Reihen benutzt.

in der α und β Konstanten sind, die dadurch bestimmt werden, daß man in bekannter Weise die Formel mit den Resultaten der Beobachtung vergleicht. Ist z. B. der Stab aus Platin, so ist die Ausdehnungsformel, wie durch das Experiment festgestellt worden ist,

$$l = 1 + 0{,}00000875\,\vartheta + 0{,}0000000031\,\vartheta^2;$$

es hat daher, wie ersichtlich, der Koeffizient β den Charakter eines Korrektionsgliedes. Dieses Korrektionsglied hat in dem hier vorliegenden Fall bereits einen so geringen Wert, daß die Formel 1) für die praktischen Bedürfnisse vollständig hinreicht. Wäre dies nicht der Fall und reichte auch 2) nicht aus, so könnte man in der angegebenen Weise weitergehen und noch ein drittes Glied $\gamma\vartheta^3$ hinzufügen usw.

. Die Verallgemeinerung dieser Denkweise führt zunächst rein theoretisch auf die Frage, ob man der Formel nicht eine absolute Genauigkeit verschaffen kann. Um die absolute Genauigkeit zu erreichen, hat man augenscheinlich sämtliche möglichen Korrektionsglieder in die Formel aufzunehmen, d. h. man hat sich die Formel als eine unendliche Reihe

$$1 + \alpha\vartheta + \beta\vartheta^2 + \gamma\vartheta^3 + \cdots\cdots$$

zu denken, genau in der Weise, wie wir sie in den vorigen Paragraphen betrachtet haben.

Die vorstehende Überlegung ist für die Entwicklung der Infinitesimalrechnung von großer Fruchtbarkeit gewesen. Von ihr ausgehend, ist man zu unendlichen Reihen gelangt, mit deren Hilfe man den Wert vieler Funktionen für einen gegebenen Wert der Variablen numerisch einfach berechnen kann. Sie spielen überdies in allen möglichen Anwendungen eine große Rolle und bedürfen daher einer eingehenderen Behandlung.

Wir leiten sie zunächst auf dem Wege ab, den die Erfinder selbst eingeschlagen haben[1]).

In dem oben angeführten Beispiel handelte es sich darum, eine Formel zu gewinnen, welche die Länge l des Stabes für jeden Wert der Temperatur darstellt. Die Länge l ist demgemäß eine Funktion der Temperatur ϑ, und diese unbekannte Funktion $f(\vartheta)$ war es, die durch die Formel ausgedrückt werden sollte. Bezeichnen wir jetzt, indem wir zu dem allgemeinen Verfahren übergehen, die Variable,

---

[1]) Vgl. die genauere Behandlung in § 7a.

von der die Funktion abhängt, durch x und die Funktion durch $f(x)$, so haben wir für sie eine unendliche Reihe, deren Glieder nach Potenzen von x fortschreiten, der wir also die Form

$$3)\quad f(x) = A + Bx + Cx^2 + Dx^3 + Ex^4 \dots$$

geben können, in der A, B, C, $D \dots$ bestimmte, aber noch unbekannte Zahlen bedeuten.

Zunächst ist klar, daß die Reihe nur für solche Werte von x in Frage kommt, für die sie konvergent ist. Sobald aber die Existenz dieser Reihe einmal feststeht, ist die ganze Aufgabe, die wir zu erledigen haben, die, daß wir die Werte von A, B, C, $D \dots$ ermitteln (vgl. § 7a).

Hierzu gelangt man nach Mac Laurin auf folgende einfache, für alle einschlägigen Funktionen gleiche Art[1]). Setzt man zunächst $x = 0$, so ergibt sich

$$4)\quad f(0) = A,$$

d. h. A ist der Wert, den die Funktion für $x = 0$ besitzt, genau wie in den Formeln 1) und 2) das konstante Glied der rechten Seite die Länge des Stabes für die Temperatur $\vartheta = 0$ angab.

Bildet man nun auf beiden Seiten von Gleichung 3) den Differentialquotienten, so erhält man

$$5)\quad f'(x) = B + 2Cx + 3Dx^2 + 4Ex^3 + \dots,$$

und wenn man jetzt wieder $x = 0$ setzt, so folgt

$$6)\quad f'(0) = B, \text{ oder } B = \frac{f'(0)}{1},$$

d. h. B ist gleich demjenigen Wert, den die Ableitung $f'(x)$ annimmt, wenn man x den Wert Null erteilt. Wir bilden den Differentialquotienten von Gleichung 5) und erhalten

$$7)\quad f''(x) = 2C + 2 \cdot 3 \cdot Dx + 3 \cdot 4 Ex^2 \dots,$$

und wenn wir jetzt $x = 0$ setzen, so folgt

$$8)\quad f''(0) = 2C; \quad C = \frac{f''(0)}{1 \cdot 2},$$

wo $f''(0)$ wieder den Wert bedeutet, den $f''(x)$ für $x = 0$ annimmt, und wenn wir noch einmal den Differentialquotienten bilden, so ergibt sich

$$9)\quad f'''(x) = 1 \cdot 2 \cdot 3 \cdot D + 2 \cdot 3 \cdot 4 Ex + \dots,$$

d. h. also

$$10)\quad f'''(0) = 1 \cdot 2 \cdot 3 \cdot D; \quad D = \frac{f'''(0)}{1 \cdot 2 \cdot 3}$$

---

[1]) Vgl. Treatise of fluxions, Edinburgh 1742, Bd. I, S. 610.

usw. Damit haben wir die unbekannten Koeffizienten auf einfache, einheitliche Weise bestimmt; für die Funktion $f(x)$ finden wir daher die Reihe

$$11) \quad f(x) = f(0) + \frac{x}{1} f'(0) + \frac{x^2}{1 \cdot 2} f''(0) + \frac{x^3}{1 \cdot 2 \cdot 3} f'''(0) + \cdots;$$

sie führt den Namen Mac Laurinsche Reihe. Da ihre Glieder sämtlich Potenzen von x sind, heißt sie auch Potenzreihe.

§ 6. Die Potenzreihen für e^x, sin x und cos x.

Die nächstliegende Anwendung dieser Gleichung ist die, daß wir uns mit ihrer Hilfe Formeln für die einfachen Funktionen verschaffen, mit denen wir es zu tun haben. Die erste dieser Funktionen sei

$$1) \quad f(x) = e^x.$$

Wir erhalten nach Kap. VII (S. 194) für die Ableitungen die Werte

$$f'(x) = e^x, \quad f''(x) = e^x, \quad f'''(x) = e^x \ldots,$$

also insbesondere, da $e^0 = 1$ ist,

$$f(0) = 1, \quad f'(0) = 1, \quad f''(0) = 1, \quad f'''(0) = 1 \ldots,$$

und demgemäß nimmt die Mac Laurinsche Reihe hier die Gestalt an

$$2) \quad e^x = 1 + \frac{x}{1} + \frac{x^2}{1 \cdot 2} + \frac{x^3}{1 \cdot 2 \cdot 3} + \cdots \text{ in inf.}$$

Diese Reihe wird Exponentialreihe genannt. Mit ihrer Hilfe können wir uns den Wert von e^x für einen gegebenen Wert von x ebenso durch ein Annäherungsverfahren berechnen, wie wir uns e selbst berechnet haben. Für $x = 1$ ergibt die Formel natürlich die Reihe, die wir früher (S. 91) für e abgeleitet haben.

Setzen wir

$$3) \quad f(x) = \sin x,$$

so erhalten wir der Reihe nach folgende Gleichungen (S. 195)

$$f'(x) = \cos x, \qquad f''(x) = -\sin x,$$
$$f'''(x) = -\cos x, \quad f^{\text{IV}}(x) = \sin x, \quad f^{\text{V}}(x) = \cos x \ldots,$$

und demgemäß wird

$$f(0) = f''(0) = f^{\text{IV}}(0) = \ldots = 0,$$
$$f'(0) = 1, \quad f'''(0) = -1, \quad f^{\text{V}}(0) = 1 \ldots,$$

mithin erhalten wir

$$4) \quad \sin x = \frac{x}{1} - \frac{x^3}{3!} + \frac{x^5}{5!} - \frac{x^7}{7!} + \frac{x^9}{9!} \ldots$$

Analog ergibt sich (S. 194) für

$$5) \quad f(x) = \cos x$$

$$f'(x) = -\sin x, \quad f''(x) = -\cos x, \quad f'''(x) = \sin x,$$

$$f^{\mathrm{IV}}(x) = \cos x, \quad f^{\mathrm{V}}(x) = -\sin x \ldots \ldots$$

und demgemäß

$$f'(0) = f'''(0) = f^{\mathrm{V}}(0) = \ldots = 0,$$

$$f(0) = 1, \quad f''(0) = -1, \quad f^{\mathrm{IV}}(0) = 1 \ldots \ldots;$$

somit erhalten wir folgende Reihe für cos x

$$6) \quad \cos x = 1 - \frac{x^2}{2!} + \frac{x^4}{4!} - \frac{x^6}{6!} \ldots \ldots$$

Zu beachten ist, daß x gemäß den Festsetzungen von S. 78 hier immer die Länge des Bogens auf dem Einheitskreis bedeutet.

Wir wollen die Werte von sin 1 und cos 1, d. h. den sinus und cosinus desjenigen Bogens berechnen, dessen Länge gleich 1 ist, der also in Graden 57° 17′ 45″ beträgt (S. 77); wir finden

$$\cos 1 = 1 - \frac{1}{2!} + \frac{1}{4!} - \frac{1}{6!} + \ldots$$

$$\sin 1 = \frac{1}{1} - \frac{1}{3!} + \frac{1}{5!} - \frac{1}{7!} + \ldots$$

Benutzen wir hier die früher (S. 92) gefundenen Zahlenwerte, so folgt

$$\cos 1 = 1 - 0,5 + 0,0417 - 0,0014 = 0,5403$$

$$\sin 1 = 1 - 0,1667 + 0,0083 - 0,0002 = 0,8414,$$

während die wirklichen Werte 0,5403 resp. 0,8415 sind. Wir erhalten also die vierte Stelle im ersten Fall genau, im zweiten nur um 0,0001 zu klein, trotzdem wir nur je 4 Glieder benutzen.

Die vorstehenden Reihen werden für die Herstellung der Tabellen von sin x und cos x wirklich zugrunde gelegt und können in Ermangelung solcher Tabellen gut benutzt werden. Überdies ist zu beachten, daß man sin x und cos x nur für solche Winkel zu berechnen braucht, deren Bogen zwischen 0 und $\frac{1}{4}\,\pi$ liegen; aus ihnen kann man wegen der Formeln

$$\sin\left(\frac{1}{2}\,\pi - x\right) = \cos x, \quad \cos\left(\frac{1}{2}\,\pi - x\right) = \sin x$$

die Werte für alle übrigen Winkel ableiten. Die Reihen konvergieren für diese Werte von x noch schneller als im obigen Beispiel.

Die theoretische Brauchbarkeit der Reihen ist natürlich stets vorhanden, wenn die Reihen konvergieren. Es ist daher für die vorliegenden sowie für die später abzuleitenden Reihen durchaus

wesentlich, daß man die Werte von x kennt, für die die Konvergenz
vorhanden ist. Für die hier behandelten Reihen gilt der wichtige
Satz, daß sie für jeden Wert von x konvergieren. Wir zeigen
dies zunächst für die Reihe 2), und zwar auf Grund des in § 4 bewiesenen Satzes.

In der Reihe 2) haben die Glieder a_m und a_{m+1} die Werte[1])

$$a_m = \frac{x^m}{m!}, \qquad a_{m+1} = \frac{x^{m+1}}{(m+1)!},$$

und daraus folgt

$$\frac{a_{m+1}}{a_m} = \frac{x^{m+1}}{(m+1)!} : \frac{x^m}{m!} = \frac{x}{m+1}.$$

Welchen Wert nun auch die Zahl x haben mag, so wird dieser
Quotient, wenn m über alle Maßen wächst, stets kleiner als 1 bleiben
und sich sogar zuletzt immer mehr dem Wert Null nähern. Ist
z. B. $x = 100$, so nimmt, wenn für m der Reihe nach 100, 101,
102 ... gesetzt wird, jener Quotient die Werte an:

$$\frac{100}{101}, \quad \frac{100}{102}, \quad \frac{100}{103} \cdots \cdots$$

Die Reihe ist daher stets konvergent. Bei größeren Werten von x
muß man allerdings eine ziemlich große Anzahl von Gliedern der
Reihe addieren, ehe die nachfolgenden den Charakter von Korrektionsgliedern annehmen.

Die nämlichen Verhältnisse treffen für die Reihen 4) und 5) zu.
Wir können uns hier kurz darauf stützen, daß diese Reihen — abgesehen vom Vorzeichen — die nämlichen Glieder enthalten wie die
Reihe für e^x allein; wenn also für diese der Quotient von zwei aufeinander folgenden Gliedern zuletzt gegen Null konvergiert, so ist
dies für die Reihen 4) und 5) erst recht der Fall.

Wir können auch für diese Reihen die Frage stellen, einen wie
großen Fehler man begeht, wenn man die Reihe nach n Gliedern
abbricht. Hierauf kommen wir in § 7a zurück.

§ 7. Die Reihe von Taylor.

Um die Reihen für e^x, $\sin x$, $\cos x$ zu bestimmen, hatten wir
von denjenigen Werten Gebrauch zu machen, die diese Funktionen
sowie ihre Ableitungen für $x = 0$ annehmen. Nicht alle Funktionen
lassen sich in dieser Weise behandeln; so wird z. B. $\ln x$ nebst seinen

---

[1]) a_m ist hier das $(m+1)^{\text{te}}$ Glied der Reihe.

sämtlichen Ableitungen (S. 195) für $x = 0$ unendlich groß. Um auch für solche Funktionen eine Reihenentwicklung zu geben, kann man eine Formel benutzen, die von Taylor stammt und die die MacLaurinsche als speziellen Fall enthält.

Wie die MacLaurinsche Reihe mit denjenigen Werten operiert, welche die Funktion resp. deren Ableitungen für $x = 0$ annehmen, so stützt sich die Taylorsche Reihe auf diejenigen Werte, welche die Funktion resp. deren Ableitungen für irgendeinen Wert $x = a$ annehmen. Sie gibt den Wert von $f(a + \xi)$, wenn alle Werte

$$f(a),\ f'(a),\ f''(a) \ldots \ldots$$

bekannt sind. Die Herleitung der Taylorschen Formel läßt sich genau in der nämlichen Weise ausführen[1]) wie die der MacLaurinschen. Wir gehen also wieder davon aus, daß eine Gleichung

$$1)\quad f(a + \xi) = A + B\xi + C\xi^2 + D\xi^3 + E\xi^4 + \ldots \ldots,$$

besteht, in der die rechte Seite eine konvergente Reihe ist und $A, B, C, D, E \ldots$ feste, noch zu bestimmende Werte haben. Die Variable unserer Gleichung ist jetzt ξ. Den Wert von A erhalten wir, wenn wir in Gleichung 1) $\xi = 0$ setzen, in der Form

$$2)\quad f(a) = A.$$

Bilden wir die Ableitung der Gleichung 1) nach ξ, so folgt

$$3)\quad f'(a + \xi) = B + 2C\xi + 3D\xi^2 + 4E\xi^3 + \ldots \ldots,$$

wo $f'(a + \xi)$ den Wert der Ableitung $f'(x)$ für $x = a + \xi$ bedeutet, und wenn wir jetzt wieder $\xi = 0$ setzen, finden wir

$$4)\quad f'(a) = B,\qquad B = \frac{f'(a)}{1}.$$

Durch nochmaliges Differenzieren folgt

$$5)\quad f''(a + \xi) = 2C + 2 \cdot 3D\xi + 3 \cdot 4E\xi^2 + \ldots \ldots,$$

woraus sich, wenn $\xi = 0$ gesetzt wird,

$$6)\quad f''(a) = 2C,\qquad C = \frac{f''(a)}{1 \cdot 2}$$

ergibt. In dieser Weise kann man fortfahren und erhält demnach

$$A = f(a),\quad B = \frac{f'(a)}{1},\quad C = \frac{f''(a)}{1 \cdot 2},\quad D = \frac{f'''(a)}{1 \cdot 2 \cdot 3} \ldots \ldots,$$

so daß sich die Gleichung 1) in

$$7)\quad f(a + \xi) = f(a) + \frac{f'(a)}{1}\xi + \frac{f''(a)}{1 \cdot 2}\xi^2 + \frac{f'''(a)}{1 \cdot 2 \cdot 3}\xi^3 + \ldots \ldots$$

---

[1]) Vgl. Methodus incrementorum, London 1715, S. 27.

verwandelt. Die so erhaltene Reihe heißt Taylorsche Reihe.
Ersetzt man ξ durch $-\xi$, so folgt weiter

$$8) \quad f(a-\xi) = f(a) - \frac{f'(a)}{1}\xi + \frac{f''(a)}{1\cdot 2}\xi^2 - \frac{f'''(a)}{1\cdot 2\cdot 3}\xi^3 + \cdots$$

Bei der Ableitung der vorstehenden Reihen wurde ihre Existenz vorausgesetzt, was sich freilich nicht von selbst versteht.
Alle im folgenden abgeleiteten Reihen stellen aber, wenn sie
konvergieren, auch wirklich den Wert der Funktion dar. Das
Genauere enthält der nächste Paragraph.

Bemerkung. Wir können die vorstehenden Formeln benutzen, um den
Inhalt der Bemerkung 2 auf S. 98 weiter auszuführen. Ersetzen wir in Gleichung 7) a durch x und ξ durch h, so erhalten wir

$$9) \quad f(x+h) - f(x) = \frac{h}{1}f'(x) + \frac{h^2}{1\cdot 2}f''(x) + \frac{h^3}{3!}f'''(x) + \cdots;$$

ersetzen wir weiter $f(x)$ durch y, also $f(x+h) - f(x)$ durch $\varDelta y$, so wird

$$\varDelta y = \frac{h}{1}\frac{dy}{dx} + \frac{h^2}{1\cdot 2}\frac{d^2y}{dx^2} + \frac{h^3}{3!}\frac{d^3y}{dx^3} + \cdots$$

Wird noch $h = dx$ als unendlich kleine Größe gewählt, so folgt schließlich

$$10) \quad \varDelta y = \frac{dy}{1} + \frac{d^2y}{2!} + \frac{d^3y}{3!} + \cdots$$

Dies ist der genaue Wert von $\varDelta y$. Bis auf unendlich kleine Größen zweiter
Ordnung ist also $\varDelta y$ gleich dy, bis auf einen Fehler dritter Ordnung gleich
$dy + \frac{1}{2}d^2y$ usw. usw.

Ferner ist klar, daß die Gleichung 9) auch dann gilt, wenn $f(x)$ durch eine
Funktion u von zwei (oder mehr) Variablen ersetzt wird, aber nur die eine Variable x einen Zuwachs h erleidet. Man hat also sofort die Gleichung

$$11) \quad u(x+h, y\ldots) = u(x, y\ldots) + h\frac{\partial u}{\partial x} + \frac{h^2}{1\cdot 2}\frac{\partial^2 u}{\partial x^2} + \cdots$$

§ 7a. Das Restglied der Taylorschen und MacLaurinschen Reihe.

Wird von der Taylorschen und Mac Laurinschen Reihe nur eine endliche
Zahl von Gliedern berücksichtigt, so gelangt man zu einem angenäherten
Wert von $f(a \pm \xi)$. Man begeht also dabei einen gewissen Fehler. Sei R_n der
Fehler, wenn man die Reihe bei dem mit ξ^n multiplizierten Glied abbricht,
so daß also

$$1) \quad f(a+\xi) = f(a) + \frac{f'(a)}{1}\xi + \cdots\cdots + \frac{f^n(a)}{n!}\xi^n + R_n$$

ist. Um ihn zu bestimmen, benutzen wir Gleichung 4) von S. 170. Ersetzen
wir in ihr a_1 und a_2 durch a und b, ferner $f(x)$ durch $f'(x)$, also $F(x)$ durch $f(x)$,
so geht sie in

$$2) \quad f(b) - f(a) = \int_a^b f'(x)\,dx$$

über. Nun ist weiter

$$\int_a^b f'(x)\,dx = -\int_a^b f'(x)\,d(b-x).$$

Auf das rechts stehende Integral wenden wir die Formel der teilweisen Integration (Kap. IV, § 6) an — für $u = f'(x)$ und $v = b - x$ — und finden

$$\int_a^b f'(x)\, d(b-x) = \Big|_a^b f'(x)(b-x) - \int_a^b (b-x) f''(x)\, dx,$$

oder aber, wenn wir im ersten Glied rechts die Grenzen einsetzen,

$$\int_a^b f'(x)\, d(b-x) = - f'(a)(b-a) - \int_a^b (b-x) f''(x)\, dx.$$

Also geht Gl. 2) über in

$$3) \quad f(b) - f(a) = (b-a) f'(a) + \int_a^b (b-x) f''(x)\, dx.$$

Wir setzen noch $b = a + \xi$, also $b - a = \xi$ und finden

$$4) \quad f(a+\xi) = f(a) + \xi f'(a) + \int_a^b (b-x) f''(x)\, dx.$$

Das Integral rechts gibt uns also bereits den Wert von R_1, also den Wert des Restgliedes, wenn wir die Reihe bei der ersten Potenz von ξ abbrechen.

So können wir fortfahren. Wir finden zunächst

$$\int_a^b (b-x) f''(x)\, dx = - \int_a^b (b-x) f''(x)\, d(b-x)$$

und erhalten für das Integral rechts ähnlich wie oben — indem wir jetzt $f''(x) = u$, $(b-x)\, d(b-x) = dv$ setzen —

$$\int_a^b f''(x)(b-x)\, d(b-x) = \Big|_a^b \frac{(b-x)^2}{2} f''(x) - \int_a^b \frac{(b-x)^2}{2} f'''(x)\, dx$$

$$= - \frac{(b-a)^2}{2} f''(a) - \int_a^b \frac{(b-x)^2}{2} f'''(x)\, dx,$$

also

$$5) \quad f(b) = f(a) + \frac{b-a}{1} f'(a) + \frac{(b-a)^2}{2} f''(a) + \int_a^b \frac{(b-x)^2}{2} f'''(x)\, dx.$$

Wendet man dieses Verfahren wiederholt an, so erhält man schließlich

$$6) \quad f(b) = f(a) + \frac{b-a}{1} f'(a) + \ldots + \frac{(b-a)^n}{n!} f^n(a) + \int_a^b \frac{(b-x)^n}{n!} f^{n+1}(x)\, dx$$

oder, wenn man wieder $b = a + \xi$, $b - a = \xi$ setzt,

$$7) \quad f(a+\xi) = f(a) + \frac{\xi}{1} f'(a) + \frac{\xi^2}{1\cdot 2} f''(a) + \ldots + \frac{\xi^n}{n!} f^n(a) + \int_a^b \frac{(b-x)^n}{n!} f^{n+1}(x)\, dx.$$

Das Restglied R_n ist also durch das rechts stehende bestimmte Integral dargestellt. Um seinen Wert in eine besser brauchbare Form zu bringen, benutzen wir Formel 4) von S. 182. Danach wird

$$8) \quad R_n = (b-a) \frac{\{b-(a+\vartheta\xi)\}^n}{n!} f^{n+1}(a+\vartheta\xi); \quad 0 < \vartheta < 1.$$

16*

Die Formel gestattet noch eine Vereinfachung. Man hat $\xi = b - a$, also
$$b - (a + \vartheta\,\xi) = b - a - \vartheta\,(b - a) = (b - a)\,(1 - \vartheta) = \xi\,(1 - \vartheta),$$
mithin
$$9) \quad R_n = \frac{\xi^{n+1}}{n!}\,(1 - \vartheta)^n\,f^{n+1}\,(a + \vartheta\,\xi);\quad 0 < \vartheta < 1.$$

Ein anderer, etwas einfacherer Wert von R_n, der sich ähnlich ergibt, ist
$$10) \quad R_n = \frac{\xi^{n+1}}{(n+1)!}\,f^{(n+1)}\,(a + \vartheta\,\xi).$$

Setzt man noch $a = 0$, so erhält man die entsprechenden Resultate für die MacLaurinsche Reihe. Man nennt R_n das Restglied der Reihe.

Die vorstehenden Formeln sind exakte Gleichungen. Von ihnen aus erhält man die ins Unendliche laufenden Reihen folgendermaßen. Man muß fragen, wie sich R_n verhält, wenn n über alle Grenzen wächst. Läßt sich für einen Wert von ξ zeigen, daß limes $R_n = 0$ ist, so ist damit für diesen Wert ξ die Richtigkeit der unbegrenzten Reihe dargetan. Für $f(x) = e^x$ z. B. (S. 194) wird
$$R_n = \frac{\xi^{n+1}}{(n+1)!}\,f^{n+1}\,(\vartheta\,\xi) = \frac{\xi^{n+1}}{(n+1)!}\,e^{\vartheta\,\xi},$$
und hier erhält man limes $R_n = 0$ für jedes ξ, was man mit ähnlichen Erörterungen beweist wie in § 6. Das gleiche ergibt sich für cos x und sin x.

§ 8. Die logarithmische Reihe.

Es sei
$$1) \quad f(x) = \ln x.$$
Wir fanden S. 195
$$2) \quad f'(x) = \frac{1}{x},\quad f''(x) = -\frac{1}{x^2},\quad f'''(x) = +\frac{1\cdot 2}{x^3},\quad f''''(x) = -\frac{1\cdot 2\cdot 3}{x^4}\cdots$$

Wir wählen für die in § 7 benutzte Größe a den Wert 1; dies geschieht, weil die vorstehenden Ableitungen für $a = 1$ die einfachsten Werte erhalten und die Reihe demgemäß zur Berechnung am tauglichsten wird. Wir finden nämlich
$$f(1) = 0,\ f'(1) = 1,\ f''(1) = -1,\ f'''(1) = 1\cdot 2,\ f''''(1) = -1\cdot 2\cdot 3\ldots,$$
und wenn wir diese Werte in § 7, Gleichung 7) einsetzen, so folgt
$$3) \quad \ln(1 + \xi) = \frac{\xi}{1} - \frac{\xi^2}{2} + \frac{\xi^3}{3} - \frac{\xi^4}{4}\cdots.$$

Diese Reihe heißt die logarithmische Reihe. Man kann sie nur benutzen, um die Logarithmen solcher Zahlen zu finden, die größer als 1 sind. Die Logarithmen derjenigen Zahlen, die kleiner als 1 sind, erhalten wir, wenn wir in Gleichung 3) dem ξ einen negativen Wert geben, also $-\xi$ dafür schreiben oder aber von der Gleichung 8) der § 7 ausgehen. Dann finden wir
$$4) \quad \ln(1 - \xi) = -\frac{\xi}{1} - \frac{\xi^2}{2} - \frac{\xi^3}{3} - \frac{\xi^4}{4}\cdots.$$

Daß jetzt alle Zeichen negativ sind, entspricht der Tatsache, daß die Logarithmen aller echten Brüche negative Werte haben.

Nach der Schlußbemerkung von § 4 konvergieren die vorstehenden Reihen sicher, sobald $\xi < 1$ ist; jedes Glied einer der beiden Reihen ist nämlich kleiner als das entsprechende Glied der geometrischen Reihe 3) und 4) von § 3. Ein Wert $\xi > 1$ ist übrigens schon deshalb ausgeschlossen, weil Logarithmen negativer Zahlen nicht existieren, und demnach $1 - \xi$ nicht negativ werden kann. Nach der Schlußbemerkung von § 7 geben also diese Reihen für $\xi < 1$ den richtigen Wert.

Der Beweis beruht auf der Betrachtung des Restgliedes (Gl. 10, § 7a)

$$R_n = \pm \frac{\xi^{n+1}}{(n+1)!} \cdot \frac{n!}{(1+\vartheta\xi)^{n+1}} = \pm \frac{1}{n+1} \cdot \left(\frac{\xi}{1+\vartheta\xi}\right)^{n+1}.$$

Er stützt sich darauf, daß gemäß § 3 die Potenz α^n mit wachsendem n gegen Null konvergiert, wenn $\alpha < 1$ ist. Ist nämlich zunächst $\xi > 0$, so ist, welchen Wert auch der echte Bruch ϑ hat,

$$\frac{\xi}{1+\vartheta\xi} < \xi < 1$$

und daher in der Tat $\lim R_n = 0$. Ist $\xi < 0$, so führt eine etwas umständlichere Betrachtung zu dem gleichen Resultat.

Setzt man $\xi = 1$, so gibt Gleichung 4) als Wert von $\ln(0)$ formal den Ausdruck

$$-\left\{ 1 + \frac{1}{2} + \frac{1}{3} + \frac{1}{4} + \frac{1}{5} + \ldots \right\}.$$

Der Wert von $\ln(0)$ ist bekanntlich negativ unendlich groß; wir haben uns aber bereits in § 1 S. 227 überzeugt, daß die Summe der vorstehenden Reihe unendlich ist. Die Reihe gibt also den richtigen Wert. Dasselbe gilt von der Gleichung 3), wenn in ihr $\xi = 1$ gesetzt wird. Sie liefert die Reihe

$$1 - \frac{1}{2} + \frac{1}{3} - \frac{1}{4} + \frac{1}{5} - \frac{1}{6} \ldots,$$

die nach § 4, S. 233 konvergent ist. Diese Reihe gibt den Wert von $\ln 2$; ihre Summe ist $0{,}69325 \ldots$.

Bemerkung. Um die Logarithmen der Zahlen zu finden, die größer als 2 sind, verfährt man folgendermaßen. Zunächst erinnern wir daran, daß

$$\ln\left(\frac{1+\xi}{1-\xi}\right) = \ln(1+\xi) - \ln(1-\xi)$$

ist. Demgemäß folgt durch Subtraktion von Gleichung 3) und 4)

$$\ln \frac{1+\xi}{1-\xi} = 2\left\{ \frac{\xi}{1} + \frac{\xi^3}{3} + \frac{\xi^5}{5} + \ldots \right\}.$$

Ist nun N eine Zahl > 1, so kann man stets einen echten Bruch ξ finden, so daß

$$N = \frac{1+\xi}{1-\xi}$$

wird; es ergibt sich nämlich daraus für ξ der Wert

$$\xi = \frac{N-1}{N+1},$$

der in der Tat stets ein echter Bruch ist. Ist z. B. $N = 3$, so folgt $\xi = \frac{1}{2}$ und demgemäß finden wir

$$\ln 3 = \ln \frac{1+\frac{1}{2}}{1-\frac{1}{2}} = 2\left\{\frac{1}{2} + \frac{1}{3}\left(\frac{1}{2}\right)^3 + \frac{1}{5}\left(\frac{1}{2}\right)^5 + \ldots\right\}.$$

Aus dieser übrigens schnell konvergierenden Reihe kann man ln 3 berechnen.

§ 9. Die binomische Reihe.

Ein zweites Beispiel sei die Funktion

$$1)\quad f(x) = x^m,$$

in der jetzt m eine beliebige ganze oder gebrochene Zahl sein mag. Wir finden durch Differentiation

$$f'(x) = m\,x^{m-1},$$
$$f''(x) = m\,(m-1)\,x^{m-2},$$
$$f'''(x) = m\,(m-1)\,(m-2)\,x^{m-3}$$

usw. Wir setzen wieder $a = 1$ und erhalten

$$f(1)=1,\quad f'(1)=m,\quad f''(1)=m(m-1),\quad f'''(1)=m(m-1)(m-2)\ldots;$$

unsere Reihe nimmt daher folgende Gestalt an

$$2)\quad (1+\xi)^m = 1 + \frac{m}{1}\xi + \frac{m\cdot(m-1)}{1\cdot 2}\xi^2 + \frac{m\cdot(m-1)\,(m-2)}{1\cdot 2\cdot 3}\xi^3 + \ldots$$

Diese Reihe heißt die binomische Reihe.

Setzt man in der Formel des binomischen Satzes (S. 74) $a = 1$, $b = \xi$, so geht sie direkt in die vorstehende Reihe über; für m als ganze positive Zahl haben wir sie also bereits auf S. 76 abgeleitet.

Die vorstehende Reihe soll aber ihrer Herleitung nach — und das ist ihre umfassendere Bedeutung — für jeden positiven oder negativen ganzen oder gebrochenen Wert von m gelten[1]. Die Gliederzahl der Reihe 2) ist im allgemeinen unendlich groß. Die Koeffi-

---

[1] Es sei der Vollständigkeit halber bemerkt, daß die Formeln für die Differentiation einer Potenz und für die binomische Reihe auch für nicht rationale Werte von m gelten.

zienten können nämlich offenbar nur dann den Wert Null annehmen, wenn eine der Zahlen

$$m-1,\ m-2,\ m-3,\ m-4\ \ldots\ldots$$

schließlich einmal Null wird, d. h. wenn m eine ganze positive Zahl ist. Dann bricht die Reihe ab, sie hat nur eine endliche Zahl Glieder und geht, wie oben erwähnt, in die Formel des binomischen Satzes über.

Die Reihe 2) liefert sofort eine zweite, wenn wir in ihr ξ durch $-\xi$ ersetzen. Es folgt

$$3)\quad (1-\xi)^m = 1 - \frac{m}{1}\xi + \frac{m\cdot(m-1)}{1\cdot 2}\xi^2 - \frac{m\cdot(m-1)(m-2)}{1\cdot 2\cdot 3}\xi^3 + \cdots$$

Was die Konvergenz und damit (vgl. den Schluß von § 7) die Gültigkeit der Reihen betrifft, so ist folgendes zu bemerken.

Welches auch der Wert von m sein mag, so **konvergieren** unsere Reihen, **wenn ξ ein echter Bruch ist**. Um dies zu beweisen, betrachten wir den Quotienten der beiden Glieder, die die Potenzen ξ^n und ξ^{n+1} enthalten. Der Koeffizient von ξ^{n+1} entsteht aus demjenigen von ξ^n durch Multiplikation mit $\dfrac{m-n}{n+1}$, also hat der Quotient den Wert

$$\frac{m-n}{n+1}\xi = \left(\frac{m+1}{n+1}-1\right)\xi.$$

Da nun m eine endliche feste Zahl ist, während n über alle Grenzen wachsen soll, so hat der erste Faktor, vom Vorzeichen abgesehen, für limes $n=\infty$ den Grenzwert 1. Ist also $\xi<1$, so ist auch der Grenzwert des Quotienten selbst kleiner als 1, und die Reihe konvergiert nach S. 234. Für die Zwecke dieses Lehrbuches kommt übrigens, wie die Beispiele zeigen werden, die Reihe vorwiegend nur für solche Werte von ξ in Frage, die kleine Größen sind, für die also die Konvergenz eine sehr schnelle ist. In dieser Hinsicht verweisen wir auch auf den letzten Paragraphen dieses Kapitels.

Die Restbetrachtung (§ 7a) soll hier nur für positives ξ ausgeführt werden. Man hat durch wiederholte Differentiation von Gleichung 1)

$$f^{(n+1)}(x) = m\cdot(m-1)\ldots(m-n)\, x^{m-(n+1)}$$

und daher

$$\begin{aligned}
R_n &= \frac{m\cdot(m-1)\ldots(m-n)}{(n+1)!}\cdot \xi^{n+1}(1+\vartheta\xi)^{m-(n+1)}\\[2mm]
&= \frac{m\cdot(m-1)\ldots(m-n)}{(n+1)!}\cdot(1+\vartheta\xi)^m\cdot\left(\frac{\xi}{1+\vartheta\xi}\right)^{n+1}.
\end{aligned}$$

Hier ist m ein fester Wert, und daraus folgert man ohne besondere Mühe, daß für $\xi<1$ limes $R_n = 0$ ist, wenn n gegen ∞ konvergiert.

Die Art der Anwendung der binomischen Reihe geht aus folgenden Beispielen hervor. Wir behandeln zunächst einige Beispiele allgemeiner Art, nämlich

$$\sqrt[3]{1+x} = (1+x)^{\frac{1}{3}}.$$

Hier ist $m = \frac{1}{3}$ und wir erhalten daher nach Gleichung 2)

$$\sqrt[3]{1+x} = 1 + \frac{\frac{1}{3}}{1}x + \frac{\frac{1}{3}\left(\frac{1}{3}-1\right)}{1\cdot 2}x^2 + \frac{\frac{1}{3}\left(\frac{1}{3}-1\right)\left(\frac{1}{3}-2\right)}{1\cdot 2\cdot 3}x^3 + \cdots$$

oder, wenn wir die Zahlenkoeffizienten ausrechnen,

$$4)\ \sqrt[3]{1+x} = 1 + \frac{1}{3}\frac{x}{1} - \frac{1\cdot 2}{3\cdot 3}\frac{x^2}{1\cdot 2} + \frac{1\cdot 2\cdot 5}{3\cdot 3\cdot 3}\frac{x^2}{1\cdot 2\cdot 3} - \frac{1\cdot 2\cdot 5\cdot 8}{3\cdot 3\cdot 3\cdot 3}\frac{x^4}{1\cdot 2\cdot 3\cdot 4} + \cdots$$

Ein zweites Beispiel sei

$$\frac{1}{\sqrt{1-x^2}} = (1-x^2)^{-\frac{1}{2}}.$$

Hier ist $m = -\frac{1}{2}$ und ξ ist $= x^2$; aus Gleichung 3) folgt also

$$\frac{1}{\sqrt{1-x^2}} = 1 - \frac{-\frac{1}{2}}{1}x^2 + \frac{\left(-\frac{1}{2}\right)\left(-\frac{1}{2}-1\right)}{1\cdot 2}x^4 - \frac{\left(-\frac{1}{2}\right)\left(-\frac{1}{2}-1\right)\left(-\frac{1}{2}-2\right)}{1\cdot 2\cdot 3}x^6 + \cdots$$

Bei der Ausrechnung der Zahlenkoeffizienten verschwinden alle negativen Zeichen, und wir finden daher

$$5)\ \frac{1}{\sqrt{1-x^2}} = 1 + \frac{1}{2}\cdot\frac{x^2}{1} + \frac{1\cdot 3}{2\cdot 2}\cdot\frac{x^4}{1\cdot 2} + \frac{1\cdot 3\cdot 5}{2\cdot 2\cdot 2}\cdot\frac{x^6}{1\cdot 2\cdot 3} + \cdots [1]$$

§ 10. Die Potenzreihe für tg x.

Die Reihe für tg x können wir nach der MacLaurinschen Formel ableiten. Wir bedürfen dazu der Werte, die tg x und seine höheren Differentialquotienten für $x = 0$ annehmen. Diese Werte sind nicht so unmittelbar zu beschaffen, wie dies für die Funktionen e^x, sin x, cos x möglich war; vielmehr bedienen wir uns dazu eines Kunstgriffs, den man auch für andere Funktionen mit Vorteil benutzen kann.

Bezeichnen wir zur Abkürzung

$$1)\ \ \text{tg } x = \frac{\sin x}{\cos x} = y,$$

---

[1] Über die numerische Verwendung dieser Reihen vgl. auch § 8 des Anhangs.

so folgt

$$2) \quad y \cos x = \sin x.$$

Durch Differentiation folgt hieraus

$$3) \quad y' \cos x - y \sin x = \cos x,$$

durch nochmaliges Differenzieren erhalten wir

$$4) \quad y'' \cos x - 2y' \sin x - y \cos x = - \sin x,$$

und wenn wir auch diese Gleichung differenzieren und die Glieder gehörig zusammenfassen,

$$5) \quad y''' \cos x - 3y'' \sin x - 3y' \cos x + y \sin x = - \cos x.$$

So kann man fortfahren; man überzeugt sich leicht, daß die auf der linken Seite auftretenden Zahlenkoeffizienten dasselbe Bildungsgesetz befolgen, wie die Binomialkoeffizienten, und daß nach n-maliger Differentiation die linke Seite den Wert

$$6) \quad y^{(n)} \cos x - \frac{n}{1} y^{(n-1)} \sin x - \frac{n(n-1)}{1 \cdot 2} y^{(n-2)} \cos x$$

$$+ \frac{n(n-1)(n-2)}{1 \cdot 2 \cdot 3} y^{(n-3)} \sin x + \dots$$

erhält, während die rechte Seite die n^{te} Ableitung von $\sin x$ ist.

Aus den vorstehenden Gleichungen kann man nun die Werte, die $\operatorname{tg} x$ und seine Ableitungen für $x = 0$ annehmen, der Reihe nach entnehmen. Bezeichnen wir sie durch

$$(y)_0, \ (y')_0, \ (y'')_0, \ (y''')_0 \dots,$$

so folgt aus 2), aus 3), aus 4) usw. der Reihe nach

$$(y)_0, = (y'')_0, = (y'''')_0, \vdots \dots = 0$$

$$(y')_0 = 1, \quad (y''')_0 = 2, \quad (y^v)_0 = 16 \dots,$$

mithin erhalten wir

$$7) \quad \operatorname{tg} x = \frac{x}{1} + \frac{x^3}{1 \cdot 2 \cdot 3} \cdot 2 + \frac{x^5}{1 \cdot 2 \cdot 3 \cdot 4 \cdot 5} \cdot 16 + \dots$$

$$= \frac{x}{1} + \frac{x^3}{3} + \frac{2 x^5}{15} + \dots$$

Auch von dieser Reihe kann man beweisen, daß sie **konvergiert und die Funktion $\operatorname{tg} x$ darstellt, falls x ein positiver oder negativer echter Bruch ist.**

§ 11. Integration durch Reihen.

Wir geben endlich einige Beispiele der Integralberechnung, die sich auf die Entwicklung der Funktionen in Reihen stützen.

Solche Integralbestimmungen treten auch in den Anwendungen vielfach auf; zu ihnen muß man immer seine Zuflucht nehmen, wenn andere Methoden nicht zur Verfügung stehen. Man nennt diese Bestimmungsart der Integrale die **Integration durch Reihen**.

Das Verfahren dieser Integration ist das folgende[1]). Wir nehmen an, wir seien imstande, die in dem Integral

$$\int f(x)\,dx$$

auftretende Funktion $f(x)$ in die MacLaurinsche Reihe zu entwickeln, die nach Potenzen von x fortschreitet, wie dies in diesem Kapitel gelehrt worden ist; d. h. es sei

$$1)\quad f(x) = a_0 + a_1 x + a_2 x^2 + a_3 x^3 + \ldots$$

Es liegt nun nahe, auf diese Gleichung die Formel anzuwenden, die wir (S. 124) für eine **endliche** Zahl von Summanden bewiesen haben. Alsdann erhalten wir durch Integration

$$\int f(x)\,dx = \int (a_0 + a_1 x + a_2 x^2 + \ldots)\,dx$$
$$= \int a_0\,dx + \int a_1 x\,dx + \int a_2 x^2\,dx + \ldots$$

und hieraus

$$2)\quad \int f(x)\,dx = a_0 x + a_1 \frac{x^2}{2} + a_2 \frac{x^3}{3} + a_3 \frac{x^4}{4} + \ldots + C.$$

Es ist klar, daß diese Reihe sicherlich für alle Werte von x konvergiert, für die es die Reihe 1) tut. Wir brauchen sie nur in die Form

$$x\left(a_0 + \frac{a_1}{2} x + \frac{a_2}{3} x^2 + \frac{a_3}{4} x^3 + \ldots\right)$$

zu setzen, so zeigt die Schlußbemerkung von § 4 (S. 235), daß die Klammer eine konvergente Reihe ist, also ist es auch die Reihe 2).

Wir müssen aber noch die Berechtigung der vorstehenden Darstellung genauer erweisen. Dazu schicken wir eine Hilfsbetrachtung voraus. Es sei

$$3)\quad \alpha_0 + \alpha_1 x + \alpha_2 x^2 + \alpha_3 x^3 + \ldots$$

eine Potenzreihe von lauter **positiven** Gliedern; wir nehmen an, daß sie für den Wert ξ von x konvergiert. Ihr Rest werde wieder mit σ_n bezeichnet, so daß

$$\sigma_n = \alpha_{n+1} \xi^{n+1} + \alpha_{n+2} \xi^{n+2} + \ldots$$

ist; dann wird σ_n gemäß der Konvergenz mit wachsendem n gegen Null konvergieren. Es ist nun klar, daß, wenn wir ξ durch einen anderen Wert x ersetzen, der Rest σ_n numerisch von x abhängen wird; wie bezeichnen ihn daher genauer durch $\sigma_n(x)$. Man sieht aber sofort, daß er folgende Eigenschaft besitzt. Ist $x < \xi$, so ist jedes Glied von $\sigma_n(x)$ kleiner als das entsprechende Glied von σ_n, also haben wir $\sigma_n(x) < \sigma_n$. Wir folgern daraus noch, daß die Reihe 3) auch für jeden Wert $x < \xi$ konvergiert.

---

[1]) Dasselbe stammt bereits von Leibniz.

Wir nehmen zunächst an, daß die Reihe 1) nur positive Glieder enthält. Der Rest, der zum Wert $x = \xi$ gehört, sei wieder σ_n. Setzen wir dann Gleichung 1) in die Form

$$4) \quad f(x) = a_0 + a_1 x + a_2 x^2 + \ldots + a_n x^n + \sigma_n(x),$$

so folgern wir aus der vorstehenden Betrachtung sofort, daß für jeden Wert $x < \xi$ notwendig $\sigma_n(x)$ seinem numerischen Werte nach kleiner als σ_n ist.

Die vorstehende Gleichung 4) können wir gemäß S. 124 gliedweise integrieren; wir erhalten durch Integration zwischen den Grenzen 0 und ξ,

$$5) \quad \int_0^\xi f(x)\, dx = \int_0^\xi (a_0 + a_1 x + \ldots + a_n x^n)\, dx + \int_0^\xi \sigma_n(x)\, dx$$

$$= a_0 \xi + a_1 \frac{\xi^2}{2} + \ldots + a_n \cdot \frac{\xi^{n+1}}{n+1} + \int_0^\xi \sigma_n(x)\, dx.$$

Nun folgt aber gemäß Kap. VI, § 6, daß

$$6) \quad \int_0^\xi \sigma_n(x)\, dx < \int_0^\xi \sigma_n\, dx$$

ist, und da wir weiter

$$\int_0^\xi \sigma_n\, dx = \sigma_n \int_0^\xi dx = \xi \sigma_n$$

haben, so folgt, daß der Fehler, den man begeht, wenn man $\int_0^\xi f(x)\,dx$ durch die ersten $n + 1$ Glieder der rechten Seite der Gleichung 5) darstellt, kleiner als $\sigma_n \cdot \xi$ ist. Da man nun durch Vergrößerung von n auch die Größe σ_n beliebig klein machen kann, so wird auch die Summe dieser $n + 1$ Glieder dem Wert des Integrals immer näher kommen, je mehr Glieder man berücksichtigt, und dies ist die Behauptung.

Sind zweitens nicht alle Glieder der Reihe 1) positiv, so wollen wir doch nur solche Reihen betrachten, die konvergent bleiben, wenn wir alle Glieder positiv machen. Ist dann wieder wie oben σ_n der Rest für die mit positiven Gliedern geschriebene Reihe und $\sigma_n(x)$ der Rest der gegebenen Reihe für irgendein $x < \xi$, so hat man jetzt offenbar   6a) $-\sigma_n < \sigma_n(x) < \sigma_n$.

Es besteht also auch hier eine zu 6) analoge Formel, und da diese die Grundlage der obigen Schlüsse bildet, so ist damit auch der obige Beweis auf diesen Fall übertragbar.

Wir geben sofort einige Beispiele. Das erste sei

$$7) \quad \int \frac{dx}{1 + x^2}.$$

Nach § 3 (S. 230) haben wir, wenn $x^2 < 1$ ist,

$$8) \quad \frac{1}{1 + x^2} = 1 - x^2 + x^4 - x^6 + x^8 \ldots \text{ in inf.}$$

und erhalten daher

$$9) \quad \int \frac{dx}{1 + x^2} = \int (1 - x^2 + x^4 - x^6 + x^8 \ldots)\, dx$$

$$= x - \frac{x^3}{3} + \frac{x^5}{5} - \frac{x^7}{7} + \frac{x^9}{9} \ldots + C.$$

Aus dieser Gleichung ziehen wir noch eine wichtige Folgerung. Nach S. 119 hat das Integral der linken Seite den Wert arc tg x; wir erhalten daher die Gleichung

$$\text{arc tg } x = x - \frac{x^3}{3} + \frac{x^5}{5} - \frac{x^7}{7} + \frac{x^9}{9} \ldots \ldots + C.$$

Um die Konstante zu bestimmen, setzen wir $x = 0$, dann ist auch arc tg $x = 0$, denn der Bogen, dessen Tangente gleich Null ist, ist ebenfalls Null, und es folgt daher $C = 0$. Demgemäß folgt

$$10) \quad \text{arc tg } x = x - \frac{x^3}{3} + \frac{x^5}{5} - \frac{x^7}{7} + \frac{x^9}{9} \ldots \ldots$$

Auf diese Weise haben wir uns eine Reihenentwicklung von arc tg x verschafft; nach dem Satz von MacLaurin ist dies nur mit Aufwand vieler Rechnungen ausführbar, da wir dazu die höheren Ableitungen von arc tg x nötig haben.

Ein zweites Beispiel sei das Integral

$$11) \quad \int \frac{d\,x}{\sqrt{1 - x^2}}.$$

Auf Grund von § 9, Gl. 5) erhalten wir sofort

$$12) \int \frac{d\,x}{\sqrt{1 - x^2}} = \int d\,x \left\{ 1 + \frac{1}{2} \cdot \frac{x^2}{1} + \frac{1}{2} \cdot \frac{3}{2} \cdot \frac{x^4}{1 \cdot 2} + \frac{1}{2} \cdot \frac{3}{2} \cdot \frac{5}{2} \cdot \frac{x^6}{1 \cdot 2 \cdot 3} + \cdots \right\}$$

und daraus durch Integration

$$\int \frac{d\,x}{\sqrt{1 - x^2}} = \int d\,x + \int \frac{1}{2} \cdot \frac{x^2}{1}\, d\,x + \int \frac{1}{2} \cdot \frac{3}{2} \cdot \frac{x^4}{1 \cdot 2}\, d\,x + \ldots + C$$

$$= x + \frac{1}{2} \cdot \frac{x^3}{3} + \frac{\frac{1}{2} \cdot \frac{3}{2}}{1 \cdot 2} \cdot \frac{x^5}{5} + \frac{\frac{1}{2} \cdot \frac{3}{2} \cdot \frac{5}{2}}{1 \cdot 2 \cdot 3} \cdot \frac{x^7}{7} + \ldots + C.$$

Dieses Beispiel können wir zur Berechnung von π verwenden; nach S. 119 hat das Integral der linken Seite den Wert arc sin x; wir erhalten daher die Gleichung

$$\text{arc sin } x = x + \frac{\frac{1}{2}}{1} \cdot \frac{x^3}{3} + \frac{\frac{1}{2} \cdot \frac{3}{2}}{1 \cdot 2} \cdot \frac{x^5}{5} + \frac{\frac{1}{2} \cdot \frac{3}{2} \cdot \frac{5}{2}}{1 \cdot 2 \cdot 3} \cdot \frac{x^7}{7} + \ldots + C.$$

Um die Konstante zu bestimmen, setzen wir wieder $x = 0$; dann ist auch arc sin $x = 0$, denn der Bogen, dessen sinus gleich Null ist, ist ebenfalls Null. Also ergibt sich

$$13) \quad \text{arc sin } x = x + \frac{\frac{1}{2}}{1} \cdot \frac{x^3}{3} + \frac{\frac{1}{2} \cdot \frac{3}{2}}{1 \cdot 2} \cdot \frac{x^5}{5} + \frac{\frac{1}{2} \cdot \frac{3}{2} \cdot \frac{5}{2}}{1 \cdot 2 \cdot 3} \cdot \frac{x^7}{7} + \ldots$$

Auf diese Weise haben wir eine Reihe für arc sin x abgeleitet. Setzen wir hier $x = \frac{1}{2}$, so ist arc sin $x = \pi/6$, denn arc sin $\frac{1}{2}$ ist derjenige Bogen, dessen sinus gleich $\frac{1}{2}$ ist, und dies trifft für den Winkel von 30^0 zu. Wir erhalten somit

$$14) \quad \frac{\pi}{6} = \frac{1}{2} + \frac{\frac{1}{2} \cdot \left(\frac{1}{2}\right)^3}{1 \cdot 3} + \frac{\frac{1}{2} \cdot \frac{3}{2}}{1 \cdot 2} \cdot \frac{\left(\frac{1}{2}\right)^5}{5} + \frac{\frac{1}{2} \cdot \frac{3}{2} \cdot \frac{5}{2}}{1 \cdot 2 \cdot 3} \cdot \frac{\left(\frac{1}{2}\right)^7}{7} + \cdots$$

Die Berechnung gestaltet sich wie folgt. Es ist

$$\frac{1}{2} = 0{,}5$$

$$\frac{\frac{1}{2} \cdot \left(\frac{1}{2}\right)^3}{1 \cdot 3} = 0{,}020833 \ldots$$

$$\frac{\frac{1}{2} \cdot \frac{3}{2}}{1 \cdot 2} \cdot \frac{\left(\frac{1}{2}\right)^5}{5} = 0{,}002344$$

$$\frac{\frac{1}{2} \cdot \frac{3}{2} \cdot \frac{5}{2}}{1 \cdot 2 \cdot 3} \cdot \frac{\left(\frac{1}{2}\right)^7}{7} = 0{,}000348$$

$$0{,}523525.$$

Daraus würde folgen $\pi = 3{,}14115$ anstatt $3{,}14159$, der Fehler beträgt also nur etwa $0{,}0005$, obwohl wir nur die ersten vier Glieder benutzt haben. Wir sehen zugleich, in wie hohem Maße unsere Methoden denjenigen überlegen sind, die man in der Elementargeometrie zur Berechnung von π anzuwenden pflegt.

§ 12. Die gliedweise Differentiation der Potenzreihen.

Für die Potenzreihen besteht folgender Satz. Wenn die Reihe

$$1) \quad a_0 + a_1 x + a_2 x^2 + \ldots + a_n x^n + \ldots$$

für einen gewissen Wert von x konvergiert, so erhält man ihren Differentialquotienten, indem man die einzelnen Glieder differenziert. Der Differentialquotient wird also durch die Reihe

$$2) \quad a_1 + 2 a_2 x + \ldots + n a_n x^{n-1} + \ldots$$

dargestellt. Von diesem Satz wurde übrigens schon bei der in §§ 5 und 7 enthaltenen Ableitung der MacLaurinschen und Taylorschen Reihe tatsächlich Gebrauch gemacht.

Um die Richtigkeit des Satzes nachzuweisen, ist zweierlei zu zeigen. Erstens, daß die Reihe 2) konvergiert und zweitens, daß sie den Differentialquotienten der Reihe 1) darstellt. Da hier — im Gegensatz zu § 11 — die Koeffizienten der zweiten Reihe größer sind, als die der ersten, so bedarf auch die Konvergenz eines eingehenden Beweises.

Den Beweis stützen wir auf folgenden Hilfssatz: Seien

$$3) \quad u_1 + u_2 + u_3 + \ldots \ldots \quad \text{und}$$

$$4) \quad v_1 + v_2 + v_3 + \ldots \ldots$$

zwei Reihen mit positiven Gliedern, und man wisse, daß die erste konvergiere. Wenn dann für die zweite die Eigenschaft besteht, daß von einem gewissen Wert des Index n an

$$5) \quad \frac{v_{n+1}}{v_n} < \frac{u_{n+1}}{u_n}$$

ist, so konvergiert auch die zweite Reihe.

Sei σ_n der Rest der ersten Reihe, also

$$\sigma_n = u_{n+1} + u_{n+2} + u_{n+3} + \ldots,$$

und man setze

$$\frac{u_{n+1}}{u_n} = \delta_n, \qquad \frac{u_{n+2}}{u_{n+1}} = \delta_{n+1}, \qquad \frac{u_{n+3}}{u_{n+2}} = \delta_{n+2} \ldots,$$

so folgt, analog wie im § 4, durch wiederholte Multiplikation der letzten Gleichungen

$$u_{n+1} = u_n \delta_n, \qquad u_{n+2} = u_n \delta_n \delta_{n+1}, \qquad u_{n+3} = u_n \delta_n \delta_{n+1} \delta_{n+2} \ldots,$$

so daß sich

$$6) \quad \sigma_n = u_n \left\{ \delta_n + \delta_n \delta_{n+1} + \delta_n \delta_{n+1} \delta_{n+2} + \ldots \right\}$$

ergibt.

Man setze nun analog

$$\frac{v_{n+1}}{v_n} = \varepsilon_n, \qquad \frac{v_{n+2}}{v_{n+1}} = \varepsilon_{n+1}, \qquad \frac{v_{n+3}}{v_{n+2}} = \varepsilon_{n+2} \ldots;$$

dann erhält man ebenso

$$v_{n+1} = v_n \varepsilon_n, \qquad v_{n+2} = v_n \varepsilon_n \varepsilon_{n+1}, \qquad v_{n+3} = v_n \varepsilon_n \varepsilon_{n+1} \varepsilon_{n+2} \ldots$$

Bezeichnet man also den Rest der zweiten Reihe durch τ_n, so wird

$$\tau_n = v_{n+1} + v_{n+2} + v_{n+3} + \ldots$$

$$7) \quad = v_n \left\{ \varepsilon_n + \varepsilon_n \varepsilon_{n+1} + \varepsilon_n \varepsilon_{n+1} \varepsilon_{n+2} + \ldots \right\}.$$

Gemäß unserer Voraussetzung 5) ist nun jedes Glied der Klammer in Gleichung 7) kleiner als das entsprechende Glied der Klammer in Gleichung 6), und daraus kann gemäß der Schlußbemerkung von § 4 die Konvergenz der Reihe 4) leicht geschlossen werden. Damit ist unser Hilfssatz bewiesen.

Wir gehen nun zur Reihe 1) zurück, beschränken uns aber wieder auf den Fall, daß die Reihe auch dann konvergiert, wenn alle ihre Glieder positiv sind, nehmen also alle Koeffizienten als positiv an. Sei ferner ξ ein positiver Wert, für den die Reihe konvergiert, so daß also

$$8) \quad a_0 + a_1 \xi + a_2 \xi^2 + \ldots + a_n \xi^n + \ldots$$

konvergent ist, und sei x irgendein bestimmter Wert, so daß $x < \xi$ ist; dann läßt sich beweisen, daß auch die Reihe 2) für diesen Wert von x konvergiert.

Zum Beweis wenden wir auf die um a_0 verminderte Reihe 8) und die Reihe 2) unseren oben bewiesenen Hilfssatz an. Wir haben für sie

$$\frac{u_{n+1}}{u_n} = \frac{a_{n+1} \xi^{n+1}}{a_n \xi^n} = \xi \frac{a_{n+1}}{a_n},$$

$$\frac{v_{n+1}}{v_n} = \frac{(n+1) a_{n+1} x^n}{n a_n x^{n-1}} = \frac{n+1}{n} \cdot x \frac{a_{n+1}}{a_n} = \left(1 + \frac{1}{n} \right) x \frac{a_{n+1}}{a_n}.$$

Wenn man nun erreichen kann, daß von einem bestimmten Wert n an

$$\left(1 + \frac{1}{n}\right) x < \xi, \text{ also } \frac{1}{n} < \frac{\xi}{x} - 1$$

ist, so ist die Voraussetzung des Hilfssatzes erfüllt. Da aber $\xi > x$ ist, so läßt sich dieser Relation stets durch einen hinreichend großen Wert von n genügen. Damit ist auch die Konvergenz der Reihe 2) dargetan.

Es ist jetzt noch zu zeigen, daß die Reihe 2) die Ableitung der Reihe 1) ist. Bezeichnen wir die Reihe 1) durch $f(x)$ und die Reihe 2) durch $\varphi(x)$, setzen also

$$9) \quad f(x) = a_0 + a_1 x + a_2 x^2 + a_3 x^3 + \ldots$$
$$10) \quad \varphi(x) = a_1 + 2 a_2 x + 3 a_3 x^2 + \ldots,$$

so haben wir zu zeigen, daß $\varphi(x)$ der Differentialquotient von $f(x)$, oder was dasselbe bedeutet, daß $f(x)$ primitive Funktion zu $\varphi(x)$ ist. Dies folgt unmittelbar aus § 11. Denn dort ist gezeigt, daß sich die primitive Funktion zu $\varphi(x)$ durch gliedweise Integration der Reihe 10) ergibt; wird aber die Reihe 10) integriert, so erhalten wir — von einer belanglosen Konstanten abgesehen — in der Tat die Reihe 9).

Beispiel. Durch Differentiation der geometrischen Reihe

$$1 + x + x^2 + x^3 + \ldots = \frac{1}{1 - x}$$

ergibt sich, wie eine leichte Rechnung lehrt,

$$1 + 2 x + 3 x^2 + \ldots = \frac{1}{(1 - x)^2},$$

was sich übrigens auch leicht direkt bestätigen läßt. Ebenso folgt durch nochmalige Differentiation

$$1 \cdot 2 + 2 \cdot 3 \, x + 3 \cdot 4 \, x^2 + \ldots = \frac{1 \cdot 2}{(1 - x)^3}$$

usw. usw.

§ 13. Ermittelung unbestimmter Werte.

Eine wichtige Anwendung erfahren die Entwicklungen dieses Kapitels in folgenden Fällen. Wir haben im III. Kapitel (S. 80) nachgewiesen, daß sich der Quotient $\sin x : x$ dem Werte 1 nähert, wenn x gegen Null konvergiert. Dies können wir jetzt aus unseren Reihenentwicklungen unmittelbar entnehmen. Wir erhalten sofort (S. 238)

$$1) \quad \frac{\sin x}{x} = \frac{\dfrac{x}{1} - \dfrac{x^3}{3!} + \dfrac{x^5}{5!} \cdots}{x},$$

und wenn wir rechts die Division durch x Glied für Glied ausführen, so folgt, daß ganz allgemein

$$2) \quad \frac{\sin x}{x} = 1 - \frac{x^2}{3!} + \frac{x^4}{5!} - \frac{x^6}{7!} + \ldots$$

ist; für $x = 0$ nimmt daher die linke Seite, wie sich nun unmittelbar ergibt, den Wert 1 an; d. h. es ist

$$3)\quad \lim_{x=0}\left[\frac{\sin x}{x}\right] = 1.$$

Dieses Verfahren können wir stets anwenden, um den Wert eines Quotienten zu ermitteln, für den die gewöhnliche Rechnungsart aus dem Grunde versagt, weil Zähler und Nenner für einen bestimmten Wert der Variablen gleich Null werden. Ein solcher Quotient ist z. B.

$$\frac{1-(1+x)^n}{\ln(1+x)}.$$

Für $x = 0$ erhält sowohl der Zähler wie der Nenner den Wert Null. Benutzen wir jetzt unsere in § 8 S. 244 und § 9 S. 246 abgeleiteten Reihenentwicklungen, so folgt

$$4)\quad \frac{1-(1+x)^n}{\ln(1+x)} = \frac{1-\left\{1+\frac{n}{1}x+\frac{n\cdot(n-1)}{1\cdot 2}x^2+\cdots\right\}}{\frac{x}{1}-\frac{x^2}{2}+\frac{x^3}{3}-\cdots},$$

und wenn wir im Zähler die Klammer auflösen und dann durch x heben, so ergibt sich

$$5)\quad \frac{1-(1+x)^n}{\ln(1+x)} = \frac{-\dfrac{n}{1}-\dfrac{n\cdot(n-1)}{1\cdot 2}x-\cdots}{1-\dfrac{x}{2}+\dfrac{x^2}{3}\cdots}.$$

Setzen wir jetzt $x = 0$, so finden wir, daß der Quotient den Wert $-n$ annimmt, d. h. es ist

$$\lim_{x=0}\left[\frac{1-(1+x)^n}{\ln(1+x)}\right] = -n.$$

In manchen Fällen ist es einfacher, ein anderes Verfahren zu benutzen; in der Sache stimmt es, wie die folgende Entwicklung zeigen wird, mit dem Vorstehenden überein. Es handle sich z. B. um den Wert, den der Quotient

$$6)\quad \frac{x^3-6x^2+11x-6}{x^3+2x^2-x-2}$$

für $x = 1$ annimmt. Für diesen Wert von x verschwindet sowohl der Zähler als der Nenner; die gewöhnliche Berechnungsart, den Quotienten durch einfaches Einsetzen des Wertes von x zu bestimmen, versagt also auch hier.

Da jetzt der fragliche Wert von x nicht $x = 0$, sondern $x = 1$ ist, so haben wir diesmal nicht die Reihe von Mac Laurin, sondern die Reihe von Taylor anzuwenden. Wir werden jedoch das Verfahren sofort für den Fall durchführen, daß im Zähler und Nenner Funktionen beliebiger Art stehen, um so zu einer allgemeinen, stets anwendbaren Regel zu gelangen.

Wir bezeichnen jetzt Zähler und Nenner durch $f(x)$ und $\varphi(x)$, so daß der fragliche Quotient

$$7)\quad \frac{f(x)}{\varphi(x)}$$

sei. Ferner setzen wir voraus, daß beide Funktionen für $x = a$ den Wert Null annehmen, so daß also

$$8)\quad f(a) = 0 \quad \text{und} \quad \varphi(a) = 0$$

ist. Nun ist nach dem Taylorschen Satz (S. 241)

$$9)\quad \begin{aligned} f(a+h) &= f(a) + h f'(a) + \frac{h^2}{1\cdot 2} f''(a) + \ldots \\ \varphi(a+h) &= \varphi(a) + h \varphi'(a) + \frac{h^2}{1\cdot 2} \varphi''(a) + \ldots, \end{aligned}$$

und daraus folgt wegen $f(a) = 0$ und $\varphi(a) = 0$

$$\frac{f(a+h)}{\varphi(a+h)} = \frac{h f'(a) + \dfrac{h^2}{1\cdot 2} f''(a) + \ldots}{h \varphi'(a) + \dfrac{h^2}{1\cdot 2} \varphi''(a) + \ldots}$$

oder, wenn wir Zähler und Nenner durch h dividieren,

$$10)\quad \frac{f(a+h)}{\varphi(a+h)} = \frac{f'(a) + \dfrac{h}{1\cdot 2} f''(a) + \ldots}{\varphi'(a) + \dfrac{h}{1\cdot 2} \varphi''(a) + \ldots}.$$

Dies gilt für jeden Wert von h, für den die Taylorschen Reihen konvergieren. Setzen wir im besonderen $h = 0$, so folgt

$$11)\quad \lim_{x=a} \left[\frac{f(x)}{\varphi(x)} \right] = \frac{f'(a)}{\varphi'(a)}.$$

Wir erhalten also den gesuchten Wert des Quotienten einfach dadurch, daß wir Zähler und Nenner durch ihre erste Ableitung ersetzen.

In dem oben angeführten Beispiel Gleichung 6) ist im besonderen

$$f'(x) = 3x^2 - 12x + 11$$
$$\varphi'(x) = 3x^2 + 4x - 1$$

und demnach $f'(1) = 2$, $\varphi'(1) = 6$, also

$$\frac{f'(1)}{\varphi'(1)} = \frac{2}{6} = \frac{1}{3}.$$

Der fragliche Quotient hat also für $x = 1$ den Wert $\frac{1}{3}$; d. h. es ist

$$12)\quad \lim_{x=1}\left[\frac{x^3 - 6x^2 + 11x - 6}{x^3 + 2x^2 - x - 2}\right] = \frac{1}{3}.$$

Ein zweites Beispiel sei das folgende. Es soll der Wert von

$$\frac{f(x)}{\varphi(x)} = \frac{1 - x}{\ln x}$$

für $x = 1$ bestimmt werden. Wir finden

$$f'(x) = -1, \quad \varphi'(x) = \frac{1}{x}$$

und demnach als Wert des Quotienten

$$13)\quad \lim_{x=1}\left[\frac{1 - x}{\ln x}\right] = \frac{-1}{1} = -1.$$

Wenn dagegen

$$\frac{f(x)}{\varphi(x)} = \frac{x^2 - 1}{\ln x}$$

zu bestimmen ist, so wird

$$f'(x) = 2x, \quad \varphi'(x) = \frac{1}{x}$$

und damit der Wert des Quotienten

$$14)\quad \lim_{x=1}\left[\frac{x^2 - 1}{\ln x}\right] = \left[2x : \frac{1}{x}\right]_{x=1} = 2.$$

Es liegt nahe zu fragen, aus welchem inneren Grund die gewöhnlichen Rechnungsmethoden für die Auswertung der vorstehenden Quotienten versagen. Wir wollen an den Quotienten

$$\frac{f(x)}{\varphi(x)} = \frac{x^3 - 6x^2 + 11x - 6}{x^3 + 2x^2 - x - 2}$$

anknüpfen. Durch einfaches Ausrechnen überzeugt man sich, daß

$$x^3 - 6x^2 + 11x - 6 = (x-1)(x-2)(x-3),$$
$$x^3 + 2x^2 - x - 2 = (x-1)(x+1)(x+2)$$

ist; es ist daher

$$\frac{x^3 - 6x^2 + 11x - 6}{x^3 + 2x^2 - x - 2} = \frac{(x-1)(x-2)(x-3)}{(x-1)(x+1)(x+2)}.$$

Zähler und Nenner des Quotienten enthalten also den Faktor $x - 1$. Hat man $f(x)$ und $\varphi(x)$, wie eben geschehen, in Faktoren zerlegt, so wird man durch $x - 1$ heben, und findet, daß

$$\frac{f(x)}{\varphi(x)} = \frac{(x-2)(x-3)}{(x+1)(x+2)} = \frac{x^2 - 5x + 6}{x^2 + 3x + 2}$$

ist; jetzt kann man ohne weiteres $x = 1$ setzen und erhält als Wert des Quotienten, wie oben, $\frac{1}{3}$. In der ursprünglichen Form von $f(x)$ und $\varphi(x)$ kann man jedoch nicht erkennen, daß beide Funktionen den Faktor $x - 1$ enthalten; man erkennt es erst daran, daß Zähler und Nenner für $x = 1$ den Wert Null annehmen. Dies gilt allgemein; mit anderen Worten, wenn Zähler und Nenner eines Quotienten für $x = 0$ oder $x = a$ beide zu Null werden, so heißt dies nur, daß beide den Faktor x, oder $x - a$ enthalten; um den Wert des Quotienten zu ermitteln, bedarf es daher eines Verfahrens, das Zähler und Nenner von diesem Faktor befreit; dies geschieht durch Benutzung der Reihenentwicklungen nach Gl. 10) bzw. 11).

Die Entwicklung der Funktionen in Reihen ist auch dann sehr zweckmäßig, wenn es sich um die Ermittelung der wahren Werte von Quotienten handelt, bei denen Zähler und Nenner unendlich werden, ferner um Produkte, bei denen ein Faktor Null, ein anderer Faktor unendlich ist, u. dgl. m. Ein erstes Beispiel dieser Art — vgl. den Schluß von § 8 auf S. 157 — sei das folgende. Es soll der Grenzwert

$$15) \quad \lim_{a=b} \left[\frac{1}{a-b} \ln \frac{(a-x)\,b}{(b-x)\,a} \right]$$

bestimmt werden. Der obige Ausdruck ist ein Produkt, dessen zweiter Faktor für $a = b$ den Wert $\ln 1 = 0$ annimmt, während der erste unendlich wird.

Setzen wir

$$a - x = a\left(1 - \frac{x}{a}\right), \quad b - x = b\left(1 - \frac{x}{b}\right),$$

so wird

$$\ln \frac{(a-x)\,b}{(b-x)\,a} = \ln \frac{a\,b\,(1 - x/a)}{a\,b\,(1 - x/b)} = \ln \frac{1 - x/a}{1 - x/b}.$$

Hieraus folgt weiter[1])

$$\ln \frac{(a-x)\,b}{(b-x)\,a} = \ln\left(1 - \frac{x}{a}\right) - \ln\left(1 - \frac{x}{b}\right) \quad \text{oder S. 244)}$$

$$= -\left\{ \frac{x}{a} + \frac{1}{2} \cdot \frac{x^2}{a^2} + \frac{1}{3} \cdot \frac{x^3}{a^3} + \cdots \right\} + \left\{ \frac{x}{b} + \frac{1}{2} \cdot \frac{x^2}{b^2} + \frac{1}{3} \cdot \frac{x^3}{b^3} + \cdots \right\}$$

$$= x\left(\frac{1}{b} - \frac{1}{a}\right) + \frac{x^2}{2}\left(\frac{1}{b^2} - \frac{1}{a^2}\right) + \frac{x^3}{3}\left(\frac{1}{b^3} - \frac{1}{a^3}\right) + \cdots$$

$$= x \frac{a-b}{a\,b} + \frac{x^2}{2} \cdot \frac{(a^2 - b^2)}{a^2 b^2} + \frac{x^3}{3} \cdot \frac{(a^3 - b^3)}{a^3 b^3} + \cdots.$$

---

[1]) Vgl. Formel 20 des Anhangs.

Beachtet man nun, daß[1])

$$a^2 - b^2 = (a + b)(a - b),$$
$$a^3 - b^3 = (a^2 + ab + b^2)(a - b),$$
$$a^4 - b^4 = (a^3 + a^2b + ab^2 + b^3)(a - b) \text{ usw.}$$

ist, so ergibt sich schließlich

$$16) \quad \ln\frac{(a-x)b}{(v-x)a} = (a-b)\left\{\frac{x}{1}\cdot\frac{1}{ab} + \frac{x^2}{2}\cdot\frac{(a+b)}{a^2b^2} + \frac{x^3}{3}\cdot\frac{(a^2+ab+b^2)}{a^3b^3} + \cdots\right\}.$$

Wenn wir diesen Wert in den Ausdruck 15) einsetzen, so hebt sich $a - b$ weg, und es bleibt

$$\frac{1}{a-b}\ln\frac{(a-x)b}{(b-x)a} = \frac{x}{1}\cdot\frac{1}{ab} + \frac{x^2}{2}\frac{(a+b)}{a^2b^2} + \frac{x^2}{3}\cdot\frac{(a^3+ab+b^2)}{a^3b^3} + \cdots.$$

Jetzt können wir rechts $a = b$ setzen und erhalten für diesen besonderen Fall

$$\lim_{a=b}\left[\frac{1}{a-b}\ln\frac{(a-x)b}{(b-x)a}\right] = \frac{x}{a^2} + \frac{x^2}{a^3} + \frac{x^3}{a^4} + \cdots.$$

$$= \frac{x}{a^2}\left(1 + \frac{x}{a} + \frac{x^2}{a^2} + \cdots\right),$$

und hieraus erhält man schließlich nach der Summenformel der geometrischen Reihe (S. 230)

$$17) \quad \lim_{a=b}\left[\frac{1}{a-b}\ln\frac{(a-x)b}{(b-x)a}\right] = \frac{x}{a^2}\cdot\frac{1}{1-x/a} = \frac{x}{a(a-x)}.$$

Dementsprechend wird aus der S. 157 erhaltenen Formel 8)

$$\frac{1}{(a-b)}\ln\frac{(a-x)b}{(b-x)a} = kt$$

für $a = b$ die Formel

$$\frac{x}{a(a-x)} = kt.$$

Diese letztere Formel aber haben wir bereits direkt durch Integration der Gleichung 1) von S. 155 erhalten, indem wir darin $n = 2$ setzten.

Auch hier tritt die unbestimmte Form des Produktausdruckes dadurch auf, daß Zähler und Nenner einen Faktor enthalten, der sie beide Null werden läßt. Es ist der Faktor $a - b$, der, wie aus Gleichung 16) hervorgeht, auch im Wert des Logarithmus auftritt.

Erhält in dem Ausdruck

$$u = \frac{1}{x} - \frac{1}{\ln(1+x)}$$

---

[1]) Vgl. Formel 56 ff. des Anhangs.

x den Wert Null, so wird Minuendus und Subtrahendus unendlich, der Ausdruck wird also ebenfalls unbestimmt. Um seinen wahren Wert zu finden, muß man entweder die Reihenentwicklung direkt anwenden, oder ihn so umzuformen suchen, daß er ein Quotient wird, dessen Zähler und Nenner Null sind. Beides läßt sich leicht ausführen. Wir wollen den zweiten Weg einschlagen und finden

$$u = \frac{\ln(1+x) - x}{x \ln(1+x)}.$$

Hieraus erhalten wir durch Reihenentwicklung sofort

$$u = \frac{\dfrac{x}{1} - \dfrac{x^2}{2} + \dfrac{x^3}{3} \cdots - x}{x\left(\dfrac{x}{1} - \dfrac{x^2}{2} \cdots\right)} = \frac{-\dfrac{x^2}{2} + \dfrac{x^3}{3} \cdots}{x\left(\dfrac{x}{1} - \dfrac{x^2}{2} \cdots\right)},$$

und wenn wir jetzt Zähler und Nenner durch x^2 dividieren und dann $x = 0$ setzen, so ergibt sich als der gesuchte Grenzwert

$$18) \quad \lim_{x=0}\left[\frac{1}{x} - \frac{1}{\ln(1+x)}\right] = -\frac{1}{2}.$$

Der im Zähler und Nenner auftretende Faktor, der für beide den Wert Null bedingt, ist diesmal x^2.

Wir behandeln schließlich einige Beispiele, in denen Zähler und Nenner beide unendlich groß werden. Ein einfaches Beispiel dieser Art ist

$$u = \frac{x+a}{x+b}$$

für $\lim x = \infty$. Wir setzen zunächst $x = 1/y$, so daß für $\lim x = \infty$ $\lim y = 0$ ist. Es wird

$$u = \frac{1 + ay}{1 + by},$$

und es folgt jetzt sofort, daß

$$\lim_{x=\infty}[u] = \lim_{x=\infty}\left[\frac{x+a}{x+b}\right] = 1$$

ist. Ein zweites Beispiel ist das folgende. Man soll den Wert

$$\lim_{x=\infty}\left[\frac{e^x}{x}\right]$$

finden. Wenn x unendlich wird, wird in der Tat Zähler und Nenner unendlich groß. Der wirkliche Wert dieses Quotienten ergibt sich folgendermaßen. Man hat sofort unter Anwendung der Reihe für e^x, die für jedes endliche x konvergiert (S. 238),

$$\frac{e^x}{x} = \frac{1}{x} + 1 + \frac{x}{1 \cdot 2} + \frac{x^2}{1 \cdot 2 \cdot 3} + \frac{x^3}{1 \cdot 2 \cdot 3 \cdot 4} + \cdots,$$

und diese Reihe nimmt sicher den Wert unendlich an, wenn x selbst unendlich wird, d. h. es ist

$$19) \quad \lim_{x = \infty} \left[\frac{e^x}{x} \right] = \infty.$$

Man spricht dies so aus, daß die Exponentialfunktion in einer viel höheren Ordnung unendlich wird als x selbst.

Setzt man jetzt $e^x = y$, also $x = \ln y$,

so ist für $x = \infty$ auch $y = \infty$ und es folgt, daß auch

$$20) \quad \lim_{y = \infty} \left[\frac{y}{\ln y} \right] = \infty$$

ist, und daraus ergibt sich umgekehrt, daß

$$21) \quad \lim_{y = \infty} \left[\frac{\ln y}{y} \right] = 0$$

ist. Wenn also y unendlich wird, so ist der Quotient von $\ln y$ und y gleich Null; man sagt daher, daß der Logarithmus von einer viel geringeren Ordnung unendlich wird als y selbst.

Setzt man in der letzten Gleichung endlich noch

$$y = \frac{1}{x},$$

so entspricht dem Wert $y = \infty$ der Wert $x = 0$, und es ist

$$\frac{\ln y}{y} = x \ln \frac{1}{x} = - x \ln x;$$

es folgt also eine Formel für den Grenzwert des Produktes $x \ln x$, dessen einer Faktor, nämlich x, Null, und dessen anderer Faktor, nämlich $\ln x$, unendlich groß wird. Der Grenzwert ist nach 21) gleich Null, d. h. es ist

$$22) \quad \lim_{x = 0} [x \ln x] = 0.$$

Hiervon kann man schließlich noch eine Anwendung machen, indem man den Grenzwert $\lim_{x = 0} [x^x]$

bestimmt. Es ist[1] $x^x = e^{x \ln x}.$

---

[1] Vgl. Formel 16 und 21 des Anhangs.

Der gesuchte Grenzwert ist also derselbe, wie der Grenzwert von $e^{x \ln x}$ für $x = 0$. Dieser ist aber nach dem vorigen gleich $e^0 = 1$, also folgt

$$23) \quad \lim_{x=0} [x^x] = 1.$$

Vgl. auch die Übungsaufgaben, § 5.

§ 14. Rechnen mit kleinen Größen.

Ihre für den Naturforscher wichtigste Anwendung finden die in den vorstehenden Paragraphen mitgeteilten Reihenentwicklungen beim Rechnen mit kleinen Größen; in diesem Falle genügt es meistens, von der Reihenentwicklung nur die allerersten Glieder zu verwenden, so daß aus einer ursprünglich zahllosen Reihe von Summanden ein einfacher, leicht zu handhabender Ausdruck entsteht.

Vor einem Mißverständnis muß jedoch gewarnt werden. Größen, die man in jedem Fall als »klein« bezeichnen darf, gibt es für den Naturforscher nicht. Sucht man den wahren Inhalt eines Literkolbens durch Auswägen mit Wasser zu ermitteln, so wird in fast allen Fällen eine Bestimmung bis auf ein Zehntel pro Mille, also eine Wägung bis auf 0,1 Gramm genügen, und wir werden dieses Gewicht als eine kleine Größe bezeichnen können, auf die es uns meistens nicht sonderlich mehr ankommen wird. Bei analytischen Wägungen hingegen, wo oft die Zentelmilligramme noch von Wichtigkeit sind, würden 0,1 Gramm Fehler fast stets eine total mißglückte Analyse bedeuten. Der Astronom, der den Abstand der Planeten voneinander mißt, kann Entfernungen von der Größe vieler Kilometer als gar nicht in Betracht kommend vernachlässigen; dem Physiker, der mit der Messung von Lichtwellen beschäftigt ist, sind oft Entfernungen von Millionstelmillimeter für Rechnung und Beobachtung von entscheidender Bedeutung.

»Kleine Größe« ist also ein relativer Begriff, und wir können einen Betrag daher »klein« nur in bezug auf einen zweiten, sehr viel größeren bezeichnen. Vernachlässigen dürfen wir also in der Rechnung eine Größe nie aus dem Grunde, weil sie uns absolut klein erscheint (etwa nur nach Millionstel zählt), sondern nur dann, wenn sie als Summand neben einem sehr viel größeren Betrag auftritt, dessen Bestimmung nicht so genau möglich oder wichtig ist, daß es auf jenen kleinen Summand noch ankäme. Um derartig kleine Größen aber als Summanden neben sehr viel größeren auftreten zu lassen, dazu leisten eben die Reihenentwicklungen häufig gute Dienste, wie wir nunmehr an einigen Beispielen sehen wollen. (Vgl. auch die Formelsammlung Anhang § 8.)

Reduktion des Barometerstandes auf 0^0. Die Länge l einer Quecksilbersäule von konstantem Querschnitt ändert sich mit der Temperatur nach der Formel

$$l = l_0 (1 + 0,00018\,t),$$

worin l_0 die Länge bei der Temperatur $t = 0^0$ bezeichnet. Die bei t beobachtete Barometerhöhe l würde also, auf 0^0 umgerechnet,

$$l_0 = \frac{l}{1 + 0,00018\,t}$$

ergeben. Nun ist aber nach S. 230

$$\frac{1}{1 + \alpha} = 1 - \alpha + \alpha^2 \ldots,$$

oder, $\alpha = 0,00018\,t$ gesetzt,

$$l_0 = l\,(1 - 0,00018\,t + [0,00018\,\mathrm{t}]^2 \ldots).$$

Nun würde, selbst wenn $t = 30^0$ betragen sollte, das dritte Glied der Reihe $(0,00018\,t)^2$, kleiner als $0,00003$, also neben 1 ganz zu vernachlässigen sein, so daß wir mit durchaus genügender Genauigkeit einfacher

$$l_0 = l\,(1 - 0,00018\,t)$$

schreiben können. Beträgt t z. B. 10^0, so haben wir von der abgelesenen Länge l einfach nur 1,8 pro Mille abzuziehen, eine in jedem Fall leicht im Kopf auszurechnende Korrektion.

Bemerkung. Allgemein ist es nützlich, die betreffenden Gleichungen so umzuformen, daß die kleinen Größen als Summanden neben der Einheit erscheinen. Ist eine Rechnung oder eine Messung z. B. nur bis auf einige Promille genau auszuführen, so kann man Summanden vernachlässigen, die kleiner als 0,001 sind; begnügt man sich gar nur mit einigen Prozenten, so können neben der Einheit Summanden, die kleiner als 0,01 sind, vernachlässigt werden usw.

Vereinfachte hypsometrische Formel. Wir fanden früher (S. 146) für die Erhebung h über die Erdoberfläche

$$1) \quad h = \frac{\delta B}{S} \ln \frac{B}{y};$$

nun ist selbst bei Erhebungen bis zu 1000 m immerhin B nur wenig größer als y, so daß wir $B - y$ als klein sowohl gegen B wie gegen y ansehen können. Bringen wir 1) auf die Form

$$h = \frac{\delta B}{S} \ln\left(1 + \frac{B - y}{y}\right)$$

und entwickeln nach S. 244

$$\ln(1+x) = x - \frac{x^2}{2} + \dots,$$

so wird   2) $h = \dfrac{\delta B}{S} \cdot \dfrac{B-y}{y}\left(1 - \dfrac{B-y}{2y}\right),$

worin wir bereits häufig das in der Klammer befindliche zweite Glied vernachlässigen können.

Wir können aber auch 1) in der Form

$$h = -\frac{\delta B}{S}\ln\left(1 - \frac{B-y}{B}\right)$$

schreiben und erhalten so durch Reihenentwicklung

3) $h = \dfrac{\delta B}{S} \cdot \dfrac{B-y}{B}\left(1 + \dfrac{B-y}{2B}\right).$

Auch diese Formel ist für mäßige Erhebungen brauchbar; eine weit bessere Annäherung erhalten wir aber durch folgenden Kunstgriff. In Formel 2) ist das Korrektionsglied negativ; in 3) positiv, und zwar in beiden Fällen nahe gleich groß, da $\dfrac{B-y}{2y}$ von $\dfrac{B-y}{2B}$ ja wenig verschieden ist; der richtige Wert liegt also zwischen

$$\frac{\delta B}{S} \cdot \frac{B-y}{y} \quad \text{und} \quad \frac{\delta B}{S} \cdot \frac{B-y}{B};$$

die beiden Ausdrücke unterscheiden sich dadurch, daß im linken y, im rechten B im Nenner steht. Führen wir daher als mittleren Nenner $\dfrac{y+B}{2}$ ein, so folgt

4) $h = 2\dfrac{\delta B}{S} \cdot \dfrac{B-y}{B+y},$

die in der Praxis meist benutzte Formel.

Korrektion von mittels Skala und Fernrohr gemessenen Ausschlägen[1]. Dreht sich ein Spiegel um den Winkel φ, so beschreibt das Bild eines von ihm gespiegelten Punktes den Winkel 2φ; mißt man anstatt dieses Winkels die Verschiebung e eines Punktes (Fadenkreuz eines Fernrohrs) an einer geraden Skala, die der Ruhelage der Spiegelebene parallel ist und deren Nullpunkt senkrecht zu letzterer sich befindet, so ist offenbar die Tangente des vom Spiegelbild beschriebenen Winkels 2φ

$$\operatorname{tg} 2\varphi = \frac{e}{A},$$

---

[1] Kohlrausch, Lehrbuch der prakt. Physik, 16. Aufl., S. 96 u. 499.

worin A den Abstand des Spiegels von der Skala bedeutet; es ist somit der Winkel, um den der Spiegel sich tatsächlich gedreht hat,

$$1)\quad \varphi = \frac{1}{2}\,\text{arc tg}\,\frac{e}{A}\cdot$$

Nun beobachtet man fast stets nur Ausschläge, die viel kleiner sind als A, so daß $\dfrac{e}{A}$ ein echter und meist ziemlich kleiner Bruch ist. Entwickeln wir 1) in eine Reihe, so wird[1]) nach S. 252

$$2)\quad \varphi = \frac{e}{2\,A}\left(1 - \frac{1}{3}\cdot\frac{e^2}{A^2} + \frac{1}{5}\cdot\frac{e^4}{A^4}\ldots\ldots\right);$$

zuweilen kann man das Glied $\dfrac{1}{3}\cdot\dfrac{e^2}{A^2}$ bereits vernachlässigen, und nur sehr selten ist es nötig, das dritte Glied der Reihe hinzuzuziehen.

Da der konstante Strom, der die Magnetnadel eines Galvanometers um den Winkel φ ablenkt, bekanntlich der Tangente von φ proportional ist (»Tangentenbussole«), so entwickeln wir nach S. 249

$$\text{tg}\,\varphi = \varphi + \frac{1}{3}\varphi^3 + \frac{2}{15}\varphi^5 + \ldots\ldots;$$

substituieren wir nach 2) hierin

$$3)\quad \varphi = \frac{e}{2\,A}\left(1 - \frac{1}{3}\cdot\frac{e^2}{A^2}\right),$$

so wird bei Vernachlässigung der höheren Glieder

$$\text{tg}\,\varphi = \frac{e}{2\,A}\left(1 - \frac{1}{3}\cdot\frac{e^2}{A^2}\right) + \frac{1}{3}\left(\frac{e}{2\,A}\right)^3,$$

oder vereinfacht $\quad \text{tg}\,\varphi = \dfrac{e}{2\,A}\left(1 - \dfrac{1}{4}\cdot\dfrac{e^2}{A^2}\right)\cdot$

Die einem momentanen Stromstoß entsprechende Elektrizitätsmenge ist dem Sinus des halben maximalen Ausschlagswinkels proportional[2]); man findet leicht, indem man 3) in die Reihenentwicklung (S. 238)

$$\sin\frac{\varphi}{2} = \frac{\varphi}{2} - \frac{1}{6}\left(\frac{\varphi}{2}\right)^3 + \ldots\ldots$$

substituiert, die Gleichung

$$\sin\frac{\varphi}{2} = \frac{e}{4\,A}\left(1 - \frac{11}{32}\cdot\frac{e^2}{A^2}\right)\cdot$$

Weitere Anwendungen des Rechnens mit kleinen Größen werden uns in der **Fehlerrechnung** (§ 8 des folgenden Kapitels) begegnen.

---

[1]) Um φ in Graden ausgedrückt zu erhalten, ist die rechte Seite der Gleichung nach S. 77 mit 57,296 zu multiplizieren.

[2]) Vgl. z. B. Kohlrausch, Lehrbuch der prakt. Physik, 16. Aufl., S. 578.

NEUNTES KAPITEL.

Theorie der Maxima und Minima.

§ 1. Bedingungen für ein Maximum oder Minimum.

Die Kurve (Fig. 70), die der Gleichung

$$1) \quad y = \sin x$$

entspricht, erreicht in denjenigen Punkten, für die die Abszisse x einen der Werte

$$\frac{1}{2}\pi, \quad \frac{5}{2}\pi, \quad \frac{9}{2}\pi \ldots\ldots$$

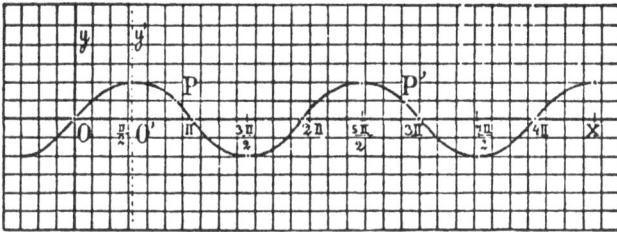

Fig. 70.

besitzt, eine höchste Lage, in denjenigen Punkten dagegen, in denen x einen der Werte

$$-\frac{1}{2}\pi, \quad \frac{3}{2}\pi, \quad \frac{7}{2}\pi \ldots.$$

annimmt, ihre tiefste. Man sagt, daß sie an den erstgenannten Stellen Maxima, an den letztgenannten Minima besitzt. Dasselbe sagt man von der Funktion $\sin x$, die durch die Kurve dargestellt wird. Die Funktion $\sin x$ besitzt daher Maxima, wenn x einen der Werte

$$\frac{\pi}{2}, \quad \frac{1}{2}\pi \pm 2\pi, \quad \frac{1}{2}\pi \pm 4\pi \ldots.$$

hat, und Minima, wenn x resp. gleich

$$\frac{3}{2}\pi, \quad \frac{3}{2}\pi \pm 2\pi, \quad \frac{3}{2}\pi \pm 4\pi \ldots.$$

ist. An allen diesen Stellen ist die Kurventangente der x-Achse parallel; für alle diese Werte von x ist also tg $\tau = 0$, d. h. es ist der Differentialquotient von sin x

$$2) \quad \frac{d \sin x}{d\,x} = \cos x = 0.$$

In der Tat sind die obengenannten Werte von x gerade diejenigen, für die cos x gleich Null ist.

Dies läßt sich ohne weiteres auf eine beliebige Kurve ausdehnen, die durch eine Gleichung

$$3) \quad y = f(x)$$

dargestellt wird. An allen Stellen, an denen diese Kurve ein Maximum oder Minimum hat, verläuft die Kurventangente der x-Achse parallel; an allen diesen Stellen ist daher tg τ gleich Null. Für alle diese Werte von x besteht daher die Gleichung

$$4) \quad \frac{d\,y}{d\,x} = \frac{d\,f(x)}{d\,x} = f'(x) = 0\,{}^{1}).$$

Dies ist diejenige Gleichung, aus der die Werte von x zu berechnen sind, für die $f(x)$ ein Maximum oder Minimum hat[2].

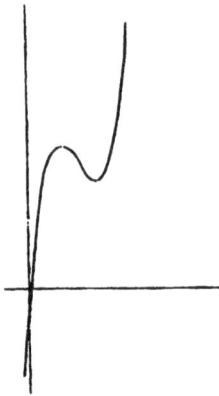

Beispielsweise hat die nebenstehende Kurve (Fig. 71) die Gleichung

$$y = 2\,x^3 - 9\,x^2 + 12\,x - 1;$$

wir finden, indem wir die Ableitung gleich Null setzen, die Gleichung

$$6\,(x^2 - 3\,x + 2) = 0$$

und haben diese Gleichung nach x aufzulösen. Die Wurzeln dieser Gleichung sind die Werte $x_1 = 1$ und $x_2 = 2$; für den ersten hat y ein Maximum, für den zweiten ein Minimum; es ist $y_1 = 4$, $y_2 = 3$.

Es fragt sich noch, wie wir allgemein entscheiden können, ob den einzelnen Werten von x, die der Gleichung 4) genügen, ein Maximum oder aber ein Minimum der Funktion entspricht. In den naturwissenschaftlichen Anwendungen wird dies meist aus der Natur

Fig. 71.

---

[1] Die Bedingung, daß eine Funktion $f(x)$ ein Maximum oder ein Minimum hat, pflegt man auch kurz dadurch auszudrücken, daß man

$$\delta f(x) = 0$$

schreibt.

[2] Funktionen ohne Ableitung kommen hier nicht in Betracht; vgl. S. 71, Anmerkung, und 109 ff.

der Aufgabe hervorgehen; wenn jedoch die Funktion als solche gegeben ist und wir ihr Kurvenbild nicht kennen, ist ein solches Kriterium nötig. Wir kehren zu diesem Zweck zu der Figur des letzten Beispiels zurück und betrachten diejenigen Kurventeile, in denen das Maximum und das Minimum liegen. Wie auf S. 199 erörtert wurde, sehen wir, daß für solche Werte von x, für die ein Maximum eintritt,

$$\frac{d^2 y}{d x^2} = \frac{d^2 f(x)}{d x^2} < 0,$$

für solche aber, die ein Minimum liefern,

$$\frac{d^2 y}{d x^2} = \frac{d^2 f(x)}{d x^2} > 0$$

ist. Wir erhalten damit folgendes Resultat:

Um diejenigen Werte von x zu finden, für welche die Funktion $f(x)$ ein Maximum oder Minimum besitzt, hat man $f'(x) = 0$ zu setzen, und aus dieser Gleichung x zu berechnen. Ist für einen dieser Werte von x die zweite Ableitung $f''(x)$ negativ, so gibt er ein Maximum der Funktion, ein Minimum dagegen, wenn die zweite Ableitung positiv ist[1]).

In dem obigen Beispiel erhalten wir

$$y'' = \frac{d^2 y}{d x^2} = 6(2 x - 3),$$

und für $x = 1$ ist $y'' = -6$, für $x = 2$ ist $y'' = +6$. Daher entspricht $x = 1$ einem Maximum, $x = 2$ einem Minimum, wie auch die Figur zeigt.

|§ 2. Die Wendepunkte der Kurven.

Wir geben zunächst eine geometrische Anwendung des vorstehend abgeleiteten Resultates. Es soll bestimmt werden, wann eine Kurve einen Wendepunkt besitzt. Man versteht darunter, wie bereits S. 199 erwähnt wurde, einen Punkt, der einen konkaven und einen konvexen Kurventeil voneinander trennt; in ihm wird die Kurve von der Kurventangente gekreuzt, so daß sie teils auf der einen, teils auf der andern Seite der Tangente liegt. Die Tangente selbst wird auch Wendetangente genannt.

Um die Begriffe zu fixieren, wollen wir annehmen, daß die Kurve vor dem Wendepunkte konkav, hinter ihm konvex gegen

---

[1]) Über den Fall, daß auch die zweite Ableitung Null ist, sehe man den folgenden Paragraphen.

die x-Achse verlaufe, wie es Fig. 72 zeigt. Längs des konkaven Kurventeils, d. h. von A bis C nimmt tg τ ununterbrochen ab, längs des konvexen Kurventeils dagegen, d. h. von C bis E, nimmt tg τ umgekehrt ununterbrochen zu, daher erreicht tg τ in C einen Minimal-wert. Umgekehrt ist es für einen konkaven Kurventeil, der sich an E anschließen würde; alsdann ist auch E ein Wendepunkt und es erreicht tg τ in ihm einen Maximalwert.

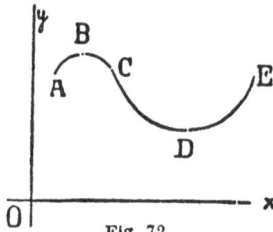

Fig. 72.

Es ist leicht ersichtlich, daß einer dieser beiden Fälle stets eintreten muß, wenn eine Kurve einen Wendepunkt besitzt.

Um daher die Wendepunkte einer Kurve zu finden, haben wie diejenigen Werte von x zu suchen, für welche tg $\tau = y'$ ein Maximum oder Minimum annimmt, d. h. diejenigen Werte, für die

$$\frac{d \, \text{tg} \, \tau}{d \, x} = \frac{d \, y'}{d \, x} = \frac{d^2 y}{d \, x^2} = 0$$

ist. Man hat also, um den Wendepunkt zu finden, nur den zweiten Differentialquotienten gleich Null zu setzen und diejenigen Werte von x zu suchen, die dieser Bedingung genügen.

Ist z. B. die Kurve die oben betrachtete (Fig. 71), also ihre Gleichung

$$y = 2 x^3 - 9 x^2 + 12 x - 1,$$

so finden wir

$$\frac{d \, y}{d \, x} = 6 \, (x^2 - 3 \, x + 2), \qquad \frac{d^2 y}{d \, x^2} = 6 \, (2 \, x - 3).$$

Der Wendepunkt (resp. seine Abszisse) ergibt sich also aus der Gleichung

$$2 \, x - 3 = 0.$$

Sie liefert

$$x = \frac{3}{2}, \text{ wozu } y = \frac{7}{2}$$

als Ordinate gehört. Dies sind die Koordinaten des Wendepunktes, wie auch mit Fig. 71 im Einklang steht.

Hieran knüpfen wir folgende Bemerkung. Wir sahen, daß der Wert von x, für den die Funktion $y = f(x)$ ein Maximum oder Minimum erlangt, der Gleichung

$$\frac{d \, y}{d \, x} = f'(x) = 0$$

genügt. Es kann nun der besondere Fall eintreten, daß für diesen nämlichen Wert x auch die zweite Ableitung im betrachteten Punkte den Wert Null hat, also

$$\frac{d^2 y}{d x^2} = 0$$

ist. Alsdann ist immer noch die Tangente der x-Achse parallel, die Kurve hat aber kein Maximum oder Minimum, sondern, wie eben bewiesen wurde, einen Wendepunkt. Eine Ausnahme würde erst dann eintreten können, wenn auch noch die dritte Ableitung Null würde. Für diesen Fall sind weitere Erörterungen nötig, auf die wir jedoch deshalb nicht einzugehen brauchen, weil bei den Aufgaben, die in den Anwendungen auftreten, sich solche Ausnahmefälle im allgemeinen nicht einstellen und man überdies von vornherein weiß, ob ein Maximum oder Minimum vorhanden ist.

Ein Beispiel zu der vorstehenden Bemerkung gibt die Kurve, deren Gleichung (Fig. 73)[1]

$$y = x^3 - 3 x^2 + 3 x + 2$$

ist. Für sie folgt

$$\frac{d y}{d x} = 3 x^2 - 6 x + 3$$

$$\frac{d^2 y}{d x^2} = 6 x - 6.$$

Die Gleichung

$$3 x^2 - 6 x + 3 = 0$$

hat zu Wurzeln nur den Wert $x = 1$; die zuge-

Fig. 73.

hörige Ordinate ist $y = 3$; im Punkt $x = 1$, $y = 3$ ist also die Kurventangente sicher der x-Achse parallel. Für $x = 1$ ist aber auch die zweite Ableitung Null; der bezügliche Punkt stellt daher kein Maximum der Kurve dar, sondern vielmehr einen Wendepunkt.

Für die Kurve, die das van der Waalssche Gesetz darstellt, besteht die Gleichung (S. 35)

$$\left(p + \frac{a}{v^2}\right)(v - b) = 1 + \frac{t}{273}.$$

Wir setzen noch $1 + \frac{t}{273} = c$ und haben alsdann die Gleichung

$$\left(p + \frac{a}{v^2}\right)v - b) = c,$$

woraus sich, wenn wir nach p auflösen,

$$p = \frac{c}{v - b} - \frac{a}{v^2}$$

ergibt. Hieraus finden wir

$$\frac{d p}{d v} = \frac{-c}{(v - b)^2} + \frac{2 a}{v^3},$$

$$\frac{d^2 p}{d v^2} = \frac{2 c}{(v - b)^3} - \frac{2 \cdot 3 a}{v^4}.$$

[1] Um die Figur deutlicher zu machen, ist als Einheit für die x-Achse das Dreifache derjenigen für die y-Achse gewählt worden. Vgl. die Anmerkung auf S. 17.

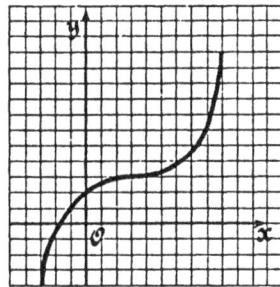

Die Wendepunkte sind also diejenigen, deren Koordinaten v der Gleichung

$$\frac{c}{(v-b)^3} - \frac{3a}{v^4} = 0$$

oder

$$v^4 - \frac{3a}{c}(v-b)^3 = 0$$

genügen. Dies ist eine Gleichung vierten Grades in v, nämlich

$$v^4 - \frac{3a}{c}v^3 + \frac{9ab}{c}v^2 - \frac{9ab^2}{c}v + \frac{3ab^3}{c} = 0,$$

aus der sich, wenn a, b, t bestimmte Werte haben, die gewünschten Werte von v numerisch berechnen lassen. Wir zeigen im zehnten Kapitel § 4, daß es im allgemeinen entweder vier solche Werte von v gibt, oder zwei, oder gar keinen; nur für besondere Werte von t können sich drei oder ein Wert von v als Lösung obiger Gleichung einstellen. Die Lage dieser Wendepunkte kann man aus den S. 36 stehenden Kurvenbildern entnehmen: man sieht, daß an den gezeichneten Kurvenstücken im allgemeinen nur einer auftritt, die übrigen liegen auf den fehlenden Kurventeilen.

§ 3. Das Reflexionsgesetz.

Auf der geraden Linie GH soll man einen Punkt P so finden (Fig. 74), daß die Summe seiner Entfernungen von zwei festen Punkten A und B ein Minimum ist. (Reflexionsgesetz.)

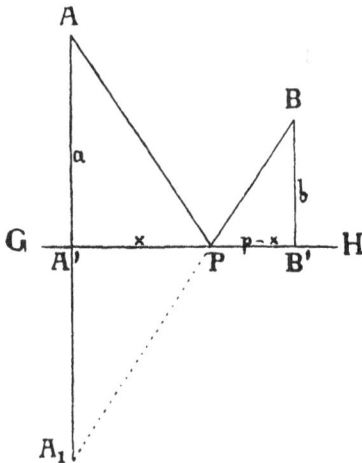

Die von A und B auf GH gefällten Lote AA' und BB' mögen die Längen a und b haben; ferner sei $A'B' = p$. Wir bezeichnen die Entfernung $A'P$, wenn P zunächst ein beliebiger Punkt zwischen A' und B' ist, durch x, dann ist $PB' = p - x$, und daher folgt aus den Dreiecken $AA'P$ und $BB'P$

$$1)\quad AP = \sqrt{a^2 + x^2},$$
$$BP = \sqrt{b^2 + (p-x)^2}.$$

Fig. 74.

Da die Summe von AP und BP ein Minimum werden soll, so haben wir denjenigen Wert x zu suchen, für den

$$2)\quad f(x) = \sqrt{a^2 + x^2} + \sqrt{b^2 + (p-x)^2}$$

ein Minimum wird. Wir erhalten durch Differentiation

$$f'(x) = \frac{x}{\sqrt{a^2 + x^2}} - \frac{p-x}{\sqrt{b^2 + (p-x)^2}};$$

und da dies gleich Null zu setzen ist, so folgt

$$3) \quad \frac{x}{\sqrt{a^2 + x^2}} = \frac{p - x}{\sqrt{b^2 + (p - x)^2}}$$

als diejenige Gleichung, aus der die gesuchten Werte von x zu berechnen sind.

Diese Gleichung führt zunächst zu einem einfachen geometrischen Resultat. Bezeichnen wir mit φ und ψ die Winkel APA'
und BPB', so ergibt sich mit Rücksicht auf Gleichung 3) direkt

$$\cos \varphi = \cos \psi,$$

das Minimum tritt also für denjenigen Punkt P ein, für den AP
und BP gleiche Winkel mit der gegebenen Geraden bilden. Denken
wir uns jetzt A als Lichtquelle, GH als spiegelnde Wand, so wird
bekanntlich der Lichtstrahl AP nach BP gespiegelt, wenn $\varphi = \psi$
ist, d. h. **das Licht, das durch Spiegelung an GH von A
nach B gelangen soll, wird so gespiegelt, daß der von ihm
zurückgelegte Weg ein Minimum ist.**

Die wirkliche Bestimmung des Punktes P kann man jetzt einfach folgendermaßen geben. Aus der Gleichheit der Winkel φ und
ψ folgt sofort

$$4) \quad A'P : AA' = B'P : BB',$$

der Punkt P teilt also die Strecke $A'B'$ im Verhältnis von $a : b$.
Weiter ergibt sich durch Einsetzen der Werte in 4)

$$x : a = (p - x) : b$$

und daraus

$$5) \quad b x = a(p - x); \quad x = \frac{ap}{a + b}.$$

Man sieht noch leicht, daß, wenn man auf der Verlängerung von
AA' den Punkt A_1 so zeichnet, daß $AA' = A'A_1$ ist, die Punkte
$A_1 BP$ in einer Geraden liegen.

Daß der gefundene Punkt ein Minimum und kein Maximum
liefert, ergibt auch folgende Überlegung. Da wir für x nur einen
Wert gefunden haben, so ist nur zu zeigen, daß es Werte von x resp.
Punkte P' gibt, für welche $AP' + BP'$ größer ist als $AP + BP$.
Dies ist aber sicher der Fall, wenn wir P' weit genug von P ent-
fernt nehmen.

§ 4. Das Brechungsgesetz.

Zwei Punkte A und B (Fig. 75) liegen auf verschiedenen Seiten
einer Geraden GH; ein Punkt, der sich auf beiden Seiten dieser
Geraden mit gleichförmiger, aber verschiedener Geschwindigkeit

bewegt, soll in der kürzesten Zeit von A nach B gelangen. An welcher Stelle überschreitet er die Gerade GH? (Brechungsgesetz.)

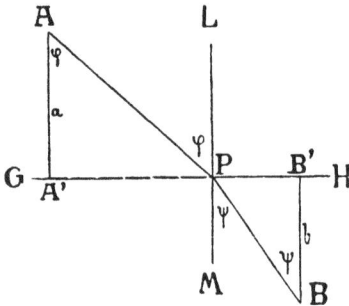

Wir fällen wieder von A und B auf GH die Lote $AA' = a$ und $BB' = b$ und setzen $A'B' = p$. Ferner sei P zunächst ein beliebiger Punkt auf GH zwischen A' und B' und $x = A'P$ sein Abstand von A', also $p - x$ sein Abstand von B'. Ist APB der zurückgelegte Weg und α die Geschwindigkeit auf der Strecke AP, d. h. also der Weg in einer Sekunde, so wird die Strecke AP in $AP : \alpha$ Sekunden zurückgelegt; ebenso folgt, daß, wenn β die Geschwindigkeit auf der Strecke BP ist, diese Strecke in $BP : \beta$ Sekunden zurückgelegt wird. Der Ausdruck, der ein Minimum werden soll, ist daher

$$1)\quad t = \frac{AP}{\alpha} + \frac{BP}{\beta}.$$

Fig, 75.

Nun folgt aus den Dreiecken APA' und BPB'

$$2)\quad AP = \sqrt{a^2 + x^2}, \quad BP = \sqrt{b^2 + (p-x)^2},$$

also ergibt sich

$$3)\quad t = \frac{\sqrt{a^2 + x^2}}{\alpha} + \frac{\sqrt{b^2 + (p-x)^2}}{\beta}.$$

Dieser Ausdruck ist zum Minimum zu machen. Wir differenzieren und setzen das Resultat gleich Null; d. h. wir bilden

$$4)\quad \frac{dt}{dx} = \frac{x}{\alpha\sqrt{a^2 + x^2}} - \frac{(p-x)}{\beta\sqrt{b^2 + (p-x)^2}} = 0.$$

Hieraus gewinnen wir zunächst wieder ein geometrisches Resultat. Errichten wir in P auf GH ein Lot LM und bezeichnen den Winkel APL durch φ, MPB durch ψ, so wird auch $\sphericalangle A = \varphi$ und $\sphericalangle B = \psi$, und es folgt

$$\sin\varphi = \frac{x}{\sqrt{a^2 + x^2}}, \quad \sin\psi = \frac{p-x}{\sqrt{b^2 + (p-x)^2}};$$

die Gleichung 4) geht also in

$$\frac{\sin\varphi}{\alpha} = \frac{\sin\psi}{\beta}$$

oder in   5) $\dfrac{\sin \varphi}{\sin \psi} = \dfrac{\alpha}{\beta}$

über. Das Minimum tritt also für denjenigen Punkt P ein, für den die Geraden AP und BP mit dem Lot LM Winkel bilden, deren Sinus sich wie die Geschwindigkeiten α und β verhalten.

Denken wir uns jetzt, daß GH zwei Medien von verschiedener Beschaffenheit trennt, und daß ein Lichtstrahl von A nach B gelangt, so ist der Weg, den er dem Brechungsgesetz gemäß zurücklegt, bekanntlich von der Art, daß der einfallende und der gebrochene Strahl, d. h. AP und BP, mit dem Einfallslot (d. h. LM) Winkel (φ resp. ψ) bilden, deren Sinus sich umgekehrt wie die zugehörigen Brechungskoeffizienten verhalten. Diese verhalten sich aber wieder umgekehrt wie die Geschwindigkeiten der Lichtbewegung, und daher stellt die Gleichung 5) direkt das Brechungsgesetz dar. Der Lichtstrahl wird also von A nach B so gebrochen, daß er den Weg AB in der kürzesten Zeit zurücklegt.

Die wirkliche Berechnung von x aus Gleichung 4) ist dem vorstehenden geometrischen Resultat gegenüber ohne Interesse und kann daher unterbleiben. Daß wirklich ein Minimum und kein Maximum vorliegt, erkennt man ebenso wie bei der ersten Aufgabe.

§ 5. Das Minimum der Wärmeintensität.

Es seien A und B zwei Wärmequellen, und man soll auf der Geraden AB denjenigen Punkt M finden, der am wenigsten erwärmt wird, wenn die Intensität der Wärmestrahlung dem Quadrate der Entfernung von der Wärmequelle umgekehrt proportional ist.

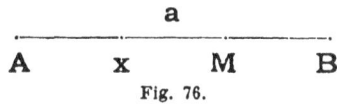
Fig. 76.

Es sei a die Entfernung der Punkte AB (Fig. 76), ferner x die Entfernung eines Punktes M der Geraden AB von A, so daß

1) $MA = x,\quad MB = a - x$

ist. Die Intensitäten der beiden Wärmestrahlungen für den Fall, daß sich der Punkt M in der Einheit der Entfernung von ihnen befindet, mögen durch α und β gegeben sein. Alsdann ist die gesamte Wärmeintensität ω, die dem Punkt M in der durch Gleichung 1) bestimmten Lage zuteil wird,

2) $\omega = \dfrac{\alpha}{x^2} + \dfrac{\beta}{(a - x)^2}.$

Dieser Ausdruck ist zu einem Minimum zu machen. Wir erhalten

$$\frac{d\omega}{dx} = -\frac{2\alpha}{x^3} + \frac{2\beta}{(a-x)^3},$$

und daraus ergibt sich als die zu lösende Gleichung

$$3)\quad \frac{2\alpha}{x^3} = \frac{2\beta}{(a-x)^3}$$

oder

$$\frac{(a-x)^3}{x^3} = \frac{\beta}{\alpha},$$

und wenn wir hieraus die dritte Wurzel ziehen,

$$4)\quad \frac{a-x}{x} = \frac{\sqrt[3]{\beta}}{\sqrt[3]{\alpha}} = \frac{\beta_1}{\alpha_1},$$

wenn $\beta_1 = \sqrt[3]{\beta}$ und $\alpha_1 = \sqrt[3]{\alpha}$ gesetzt wird. **Die Abstände** BM **und** AM **verhalten sich also wie die dritten Wurzeln aus den entsprechenden Wärmeintensitäten.** Durch Auflösung der letzten Gleichung folgt noch

$$5)\quad x = \frac{\alpha_1 a}{\alpha_1 + \beta_1}.$$

In diesem Falle wollen wir die Untersuchung, ob der gefundene Wert einem Maximum oder einem Minimum entspricht, rechnerisch durchführen. Man sieht leicht, daß es ein Minimum ist. Nämlich es wird

$$\frac{d^2\omega}{dx^2} = \frac{2\cdot 3\cdot\alpha}{x^4} + \frac{2\cdot 3\beta}{(a-x)^4},$$

ein Ausdruck, der wegen der geraden Potenzen von x und $a-x$ jedenfalls positiv ist. Man kann sich hiervon übrigens auch wieder ohne diese Rechnung überzeugen; nämlich für $x = 0$ und für $a - x = 0$ wird ω gemäß Gleichung 2) beidemal unendlich groß, zwischen diesen Werten liegt daher notwendig ein Minimum von ω.

§ 6. Vermischte Beispiele.

1. Man soll aus einem rechteckigen Flächenstück durch Ausschneiden der Ecken und durch Kappen der Ränder ein rechtwinkliges Gefäß bilden, dessen Inhalt ein Maximum ist.

Das gegebene Rechteck habe (Fig. 77) die Seiten a und b, x sei die Höhe des zu kappenden Randes; dann ist der Inhalt I des entstehenden Gefäßes

$$1)\quad I = (a-2x)(b-2x)x = abx - 2(a+b)x^2 + 4x^3.$$

Wir bilden

$$1\,\text{a)} \quad \frac{d\,I}{d\,x} = a\,b - 4\,(a + b)\,x + 12\,x^2$$

und erhalten den Wert von x, der ein Maximum oder Minimum gibt, durch Auflösen der Gleichung

$$2)\quad 12\,x^2 - 4\,(a + b)\,x + a\,b = 0.$$

Aus ihr folgt

$$3)\quad \begin{aligned} x &= \frac{a + b \pm \sqrt{(a + b)^2 - 3\,a\,b}}{6} \\ &= \frac{a + b \pm \sqrt{a^2 - a\,b + b^2}}{6}. \end{aligned}$$

Hier können wir nicht ohne weiteres entscheiden, welcher der beiden Werte von x das gesuchte Maximum liefert. Wir müssen daher die zweite Ableitung heranziehen. Aus Gleichung 1a) folgt

$$\frac{d^2\,I}{d\,x^2} = 24\,x - 4\,(a + b).$$

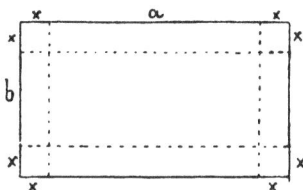

Fig. 77.

Setzen wir hier für x die Werte aus 3) ein, so folgt, daß für diese Werte

$$\begin{aligned} \frac{d^2\,I}{d\,x^2} &= 4\,(a + b) \pm 4\sqrt{a^2 - a\,b + b^2} - 4\,(a + b), \\ &= \pm\,4\sqrt{a^2 - a\,b + b^2} \end{aligned}$$

ist. Das negative Zeichen entspricht daher einem Maximum, das positive einem Minimum. Das Maximum tritt also ein für

$$4)\quad x = \frac{a + b - \sqrt{a^2 - a\,b + b^2}}{6}.$$

Würde man den Wert von x ausrechnen, der das Minimum liefert, so würde man finden, daß er zu groß ist, als daß sich ein Kasten wirklich herstellen ließe. Um dies zu erklären, denke man daran, daß uns die Rechnung die sämtlichen Maxima und Minima der **Funktion** I gibt, unabhängig davon, ob sie eine praktische Bedeutung für die ursprüngliche Aufgabe haben oder nicht.

2. Eine gegebene Kreisfläche soll durch Ausschneiden eines Sektors so gefaltet werden, daß der entstehende kegelförmige Filter den größten Inhalt besitzt.

Wir betrachten der Einfachheit halber den Radius der gegebenen Kreisfläche (Fig. 78) als Längeneinheit und bezeichnen den Boden

desjenigen Kreissektors, aus dem die Kegelfläche gebildet **wird,**
durch φ, in dem S. 78 definierten Sinn. Dieser Bogen bildet die Peripherie des Grundkreises des herzustellenden Kegels; bezeichnen wir den Radius dieses Grundkreises durch r, so ist

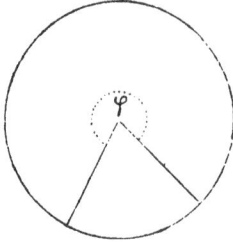

$$2r\pi = \varphi.$$

Ist nun h die Höhe des Kegels, so beträgt sein Volumen

5) $\quad V = \dfrac{r^2 \pi h}{3}\,{}^1).$

Fig. 78.

Für h erhalten wir, da h mit r ein rechtwinkliges Dreieck bildet, dessen Hypotenuse die Seite des Kegelmantels ist und demnach den Wert 1 hat,

$$h = \sqrt{1 - r^2} = \sqrt{1 - \frac{\varphi^2}{4\,\pi^2}}.$$

Setzen wir diese Werte in 5) ein, so folgt

6) $\quad V = \dfrac{\pi}{3} \cdot \dfrac{\varphi^2}{4\,\pi^2} \sqrt{1 - \dfrac{\varphi^2}{4\,\pi^2}} = \dfrac{1}{12 \cdot \pi}\,\varphi^2 \sqrt{1 - \dfrac{\varphi^2}{4\,\pi^2}},$

und es ist jetzt φ so zu bestimmen, daß V ein Maximum wird. Wird V ein Maximum, so wird auch das 12π fache von V ein Maximum, nämlich

$$V_1 = 12\,\pi\,V = \varphi^2 \sqrt{1 - \frac{\varphi^2}{4\,\pi^2}},$$

mit anderen Worten, wir können bei der Rechnung von dem konstanten Faktor absehen und brauchen nur auf die Funktion V_1 unsere Regeln anzuwenden[2]). Es folgt als Bedingungsgleichung für φ

$$\frac{dV_1}{d\varphi} = 2\,\varphi \sqrt{1 - \frac{\varphi^2}{4\,\pi^2}} - \varphi^2 \cdot \frac{\varphi/4\,\pi^2}{\sqrt{1 - \varphi^2/4\,\pi^2}} = 0.$$

---

[1]) Vgl. Formel 81 des Anhangs.

[2]) Dies hat allgemeine Geltung und ergibt sich wie folgt. Soll

$$y = C f(x)$$

ein Maximum oder Minimum werden, so hat man

$$y' = C f'(x) = 0$$

zu setzen, d. h. man hat die Gleichung

$$f'(x) = 0$$

zu lösen, wie es oben geschieht.

Durch Multiplikation mit der Wurzel folgt hieraus

$$7) \quad 2\,\varphi\left(1 - \frac{\varphi^2}{4\,\pi^2}\right) - \frac{\varphi^3}{4\,\pi^2} = 0.$$

Da φ nicht Null sein kann, so dürfen wir durch φ dividieren und finden

$$8) \quad 2 - 3\,\frac{\varphi^2}{4\,\pi^2} = 0; \qquad \frac{\varphi}{2\,\pi} = \sqrt{\frac{2}{3}}\,.$$

Dies gibt den gesuchten Wert von φ. Daß er ein Maximum liefert, bedarf keiner weiteren Auseinandersetzung.

Um den zugehörigen Winkel in Graden zu finden, haben wir bekanntlich (S. 77), wenn x die Zahl der Grade bedeutet, die Proportion

$$\varphi : 2\pi = x : 360$$

zu benutzen. Aus ihr folgt

$$9) \quad x = \frac{\varphi}{2\,\pi} \cdot 360 = 360\,\sqrt{^2/_3}\,.$$

Dies ergibt abgerundet $x = 294^0$, der Winkel des auszuschneidenden Sektors beträgt daher ungefähr 66^0.

Als Filterinhalt ergibt sich nach Gleichung 5) oder 6), wenn wir diesen Inhalt durch V_{max} bezeichnen,

$$10) \quad V_{\mathrm{max}} = \frac{\pi}{3} \cdot \frac{2}{3}\,\sqrt{\frac{1}{3}} = \frac{2\,\pi}{9}\,\sqrt{\frac{1}{3}}\,.$$

In den Laboratorien pflegt man jedoch die Filter aus praktischen Gründen aus der Halbkreisfläche zu bilden.

3. Ein oben offenes, zylindrisches Hohlgefäß von gegebenem Inhalt I (z. B. 1 Liter) so herzustellen, daß dazu ein Minimum von Material (z. B. Blech) benutzt wird.

Das verbrauchte Material M bildet den Mantel des Zylinders und die Grundfläche. Ist r der Radius der Grundfläche und h die Höhe des Zylinders, so stellt

$$11) \quad M = r^2\pi + 2r\pi h^1)$$

die Grundfläche nebst Zylindermantel dar. Zugleich besteht die Gleichung

$$r^2\pi h = I^2).$$

Hieraus können wir $h\pi$ berechnen und in Gleichung 11) einsetzen; diese geht alsdann in

$$12) \quad M = r^2\pi + \frac{2\,I}{r}$$

---

¹) Vgl. Formel 80 des Anhangs.
²) Vgl. Formel 79 des Anhangs.

über; und nun ist r so zu bestimmen, daß M ein Minimum wird. Wir bilden

$$\frac{dM}{dr} = 2\,r\pi - \frac{2\,I}{r^2} = 0,$$

d. h. also

$$13)\quad 2\,r^3\pi = 2\,I;\quad r = h = \sqrt[3]{I/\pi}.$$

Die Gleichung $r = h$ bestimmt die Besonderheit der Gestalt. Ist im besonderen $I = 1$, so wird

$$r = h = \sqrt[3]{1/\pi}.$$

Daß hier wirklich ein Minimum vorliegt, zeigt die zweite Ableitung. Es ist

$$\frac{d^2 M}{dr^2} = 2\,\pi + \frac{4\,I}{r^3},$$

und dies ist für den obigen Wert von r sicher positiv.

Vgl. auch die Übungsaufgaben, § 8.

§ 7. Maxima und Minima von Funktionen mehrerer Variablen.[1])

Die Werte, die gemäß § 1 eine Funktion $f(x)$ zum Maximum oder Minimum machen, können wir auch folgendermaßen definieren.

Man denke sich, daß die unabhängige Variable x alle ihre Werte durchläuft, dann wird die Funktion an denjenigen Stellen, an denen sie ein Maximum hat, momentan nicht mehr wachsen und an den Stellen des Minimums momentan nicht mehr abnehmen. Dies bedeutet, daß an diesen Stellen ihr Differential den Wert Null hat, daß also

$$1)\quad df(x) = 0$$

ist. Da $df(x) = f'(x)\,dx$ ist, so ist dies in der Tat mit der Gleichung $f'(x) = 0$ gleichbedeutend. Man beachte auch, daß die Gleichung 1) offenbar erfüllt sein muß, gleichgültig ob man x seine Werte in positiver oder negativer Richtung durchlaufen läßt, d. h. ob man das Differential dx positiv oder negativ wählt.

Diese Betrachtung läßt sich auf Funktionen mehrerer Variablen ausdehnen. Sei z. B.

$$2)\quad u = f(x, y)$$

eine Funktion von zwei Variablen x und y, so wollen wir sie zunächst gemäß Kap. I, § 23, durch eine über der xy-Ebene liegende Fläche darstellen. Wir sehen dann unmittelbar, daß die Maxima und Minima den Werten von x und y entsprechen, für die die Fläche einen höchsten oder tiefsten Punkt hat, für die also ebenfalls ein Wachsen oder Abnehmen der Funktion nicht mehr stattfindet, und das Differential du daher wiederum den Wert Null hat. Nun ist

$$du = \frac{\partial u}{\partial x}\,dx + \frac{\partial u}{\partial y}\,dy,$$

---

[1]) Für die genauere Erörterung, die den Rahmen dieses Buches überschreitet, vergleiche man die in der Vorrede genannten Lehrbücher.

und dieses Differential muß offenbar den Wert Null haben für alle Werte, die wir den Differentialen dx und dy geben können. Dies ist nun sicher immer dann, und wie man leicht sieht, auch nur dann der Fall, wenn zugleich

$$3) \quad \frac{\partial u}{\partial x} = 0 \quad \text{und} \quad \frac{\partial u}{\partial y} = 0$$

ist. Aus diesen beiden Gleichungen sind daher die Werte, die die Funktion zu einem Maximum oder Minimum machen, zu bestimmen.

Beispiel: Die Gleichung $x^2 + y^2 + z^2 = \varrho^2$ stellt eine Kugel dar (S. 45), deren Mittelpunkt der Anfangspunkt ist. Wir schreiben sie in der Form

$$z^2 = \varrho^2 - x^2 - y^2$$

und fragen nach denjenigen Werten von x und y, für die die Ordinate z ein Maximum oder Minimum ist; dies sind offenbar die Werte $x = 0$, $y = 0$.

Um sie rechnerisch zu erhalten, beachte man, daß, wenn z ein Maximum oder Minimum hat, dies auch für z^2 der Fall ist; wir können daher

$$z^2 = \varrho^2 - x^2 - y^2 = u$$

setzen, dann ergibt sich sofort

$$\frac{\partial u}{\partial x} = -2\,x, \qquad \frac{\partial u}{\partial y} = -2\,y$$

und hieraus gemäß Gleichung 3) $x = 0$ und $y = 0$, wie nötig.

Das analoge gilt für Funktionen von mehr als zwei Variablen.

Eine Verallgemeinerung unserer Aufgabe besteht darin, daß zwischen x und y eine Bedingungsgleichung besteht, die die Form

$$4) \quad \varphi\,(x, y) = 0$$

haben möge. Dann verfährt man gemäß Lagrange folgendermaßen. Die Funktion

$$5) \quad u = f\,(x, y) + \lambda\,\varphi\,(x, y)$$

in der λ irgendeine beliebige Größe sein kann, unterscheidet sich offenbar von der obenstehenden Funktion 2) nur in der Form, denn $\varphi\,(x, y)$ hat ja für alle in Betracht kommenden Werte von x und y gemäß 4) den Wert Null. Wir können daher sagen, daß u ein Maximum oder Minimum auch in dem Sinn haben soll, daß x, y und λ als Variable gelten. Demgemäß bestimmen sich die Werte, die das Maximum oder Minimum bewirken, aus den Gleichungen

$$6) \quad \begin{cases} \dfrac{\partial u}{\partial x} = \dfrac{\partial f}{\partial x} + \lambda\,\dfrac{\partial \varphi}{\partial x} = 0, \\[2ex] \dfrac{\partial u}{\partial y} = \dfrac{\partial f}{\partial y} + \lambda\,\dfrac{\partial \varphi}{\partial y} = 0, \\[2ex] \dfrac{\partial u}{\partial \lambda} = \varphi\,(x, y) \qquad\;\; = 0, \end{cases}$$

von denen die letzte mit Gleichung 4) übereinstimmt, während die ersten beiden offenbar diejenigen sind, die die gesuchten Werte von x und y charakterisieren.

Als Beispiel behandeln wir die am Schluß von § 6 erörterte Aufgabe auch nach der vorstehenden Methode. Wir haben dann

$$f = r^2\pi + 2r\pi h,$$

wo jetzt r und h die beiden Variablen darstellen, von denen f abhängt; zwischen ihnen besteht die Gleichung

$$\varphi = r^2\pi h - J = 0.$$

Wir erhalten daher gemäß 6)

$$\frac{\partial f}{\partial r} + \lambda \frac{\partial \varphi}{\partial r} = 0, \qquad \frac{\partial f}{\partial h} + \lambda \frac{\partial \varphi}{\partial h} = 0$$

oder aber

$$2 r \pi + 2 \pi h + \lambda \, (2 r \pi h) = 0$$
$$2 r \pi + \lambda r^2 \pi = 0.$$

Durch Elimination von λ folgt zunächst

$$r \, (r + h) - 2 r h = r \, (r - h) = 0,$$

woraus man zunächst die in § 6 gegebene Lösung $r = h$ entnimmt. Aus der weiteren Gleichung

$$r^2 \pi h - J = 0$$

folgen dann wieder die früher gefundenen Werte von r und h.

Das Vorstehende läßt sich analog auf den Fall von mehr Variablen ausdehnen. Übrigens ist klar, daß auch hier weitere Bedingungen ermittelt werden können, von denen das Eintreten eines Maximums oder Minimums abhängt, und daß möglicherweise weder das eine noch das andere zutreffen kann, analog zu dem am Schluß von § 1 Erörterten.

§ 8. Fehlerrechnung[1]) und Fehlergesetz von Gauß.

Selten ist es möglich oder praktisch, eine gesuchte Größe direkt zu messen; man bestimmt sie meistens in der Weise, daß eine oder mehrere andere Größen gemessen werden, die mit jener in einer bekannten gesetzmäßigen Beziehung stehen. So ermittelte man das Verbindungsgewicht des Natriums nicht direkt in der Weise, daß man etwa aus gewogenen Mengen Chlor und Natrium Chlornatrium herstellte oder gebildetes Chlornatrium in seine Bestandteile zerlegte, sondern man bestimmte die Menge Silber, die das Natrium zu ersetzen imstande ist, und berechnete aus der als bekannt vorausgesetzten Zusammensetzung von Chlorsilber indirekt den gesuchten Wert. So erhält man bei Messung eines galvanischen Widerstandes mit der Wheatstoneschen Brücke die gesuchte Größe nicht direkt, sondern muß sie aus dem Verhältnis der verschiedenen Brückenzweige durch Rechnung finden. So liefert die Ablesung einer Stromstärke an der Tangentenbussole nicht direkt den gesuchten Wert, sondern er muß erst aus der trigonometrischen Tangente des Ablenkungswinkels erschlossen werden usw.

In allen solchen Fällen liefert die Fehlerrechnung, eine unmittelbare Anwendung der in diesem Kapitel dargelegten Rechnungs-

---

[1]) Vgl. hierzu besonders Kohlrausch, Lehrb. prakt. Physik, 16. Aufl., S. 1 ff. (in den älteren Auflagen ausführlicher), sowie Ostwald-Luther, Hand- und Hilfsbuch zur Ausführung physikochemischer Messungen, 4. Aufl., S. 1 ff.

methoden, wichtige Fingerzeige für eine sachgemäße Versuchsanordnung und für die kritische Berechnung der Resultate. Es sei y die gesuchte Größe, x der direkt durch Messung erschlossene Wert, der nach der Gleichung

$$1) \quad y = f(x)$$

den Wert von y durch die Rechnung zu finden erlaubt.

Die Bestimmung von x wird nun mit einem gewissen Fehler $\varDelta x$ behaftet sein, der natürlich schädlich auf die Berechnung von y zurückwirkt, indem wir etwa anstatt zu dem wahren Wert y zu dem fehlerhaften $y + \varDelta y$ gelangen. Der Fehler im Endresultat beträgt also

$$\varDelta y = y + \varDelta y - y = f(x + \varDelta x) - f(x).$$

Nun können wir sicherlich $\varDelta x$ als eine kleine Größe betrachten (andernfalls wäre die ganze Messung ja illusorisch!) und deshalb bei der Taylorschen Reihenentwicklung (S. 241)

$$f(x + \varDelta x) = f(x) + f'(x)\,\varDelta x + \ldots$$

mit dem zweiten Gliede abbrechen. Somit wird

$$2) \quad \varDelta y = f'(x)\,\varDelta x$$

und der relative Fehler[1])

$$3) \quad \frac{\varDelta y}{y} = \frac{f'(x)}{f(x)}\,\varDelta x.$$

Gleichung 3) findet bei der kritischen Sichtung der Brauchbarkeit von nach verschiedenen Methoden erhaltenen Resultaten häufig Anwendung.

Beispiel[2]). Man habe behufs Ermittelung des Verbindungsgewichtes des Natriums (S. 282) gefunden, daß x Teile Chlornatrium durch einen Teil gelösten Silbers gefällt werden (als Chlorsilber). Wenn A das Verbindungsgewicht des Silbers, B dasjenige des Chlors ist (die beide als bekannt vorausgesetzt werden), so ergibt sich das gesuchte Verbindungsgewicht des Natriums y aus der Gleichung

$$(y + B):A = x:1$$

oder

$$y = Ax - B,$$

---

[1]) Offenbar ist für die Beurteilung der Genauigkeit einer Messung nicht der absolute, sondern der relative Fehler maßgebend; multiplizieren wir letzteren mit 100, so erhalten wir den sogenannten prozentischen Fehler. Wenn wir ein Gewicht bis auf 0,1 g sicher ermitteln, so kann die erreichte Genauigkeit in manchen Fällen bereits äußerst groß, in anderen aber gänzlich unzureichend sein, je nachdem 0,1 g einen äußerst kleinen oder einen bereits beträchtlichen Bruchteil des Gesamtgewichtes bedeutet. Vgl. auch das S. 263 über kleine Größen Bemerkte.

[2]) Vgl. hierzu Ostwald, Lehrbuch der allg. Chemie, II. Aufl., Bd. 1, S. 20.

und der relative Fehler folgt nach Gleichung 3) zu

$$\frac{\varDelta y}{y} = \frac{f'(x)}{f(x)} \varDelta x = \frac{A}{A\,x - B} \cdot \varDelta x,$$

oder auch

$$\frac{\varDelta y}{y} = \frac{A}{y} \varDelta x = \frac{y + B}{y} \cdot \frac{\varDelta x}{x}.$$

Im obigen Beispiel ist

$$\frac{y + B}{y} = \frac{23 + 35.5}{23} = 2{,}54;$$

ein Fehler von 0,1 pro Mille in der Bestimmung von x macht also y um ca. 0,25 pro Mille fehlerhaft. Es ist daher vorteilhafter, wenn B möglichst klein gegen y ist; im Falle des Chlorbariums, woselbst $y = \dfrac{137{,}5}{2}$ (Äquivalentgewicht des Bariums), somit

$$\frac{y + B}{y} = 1{,}51$$

beträgt, arbeitet die gleiche Methode (Fällung von Chlorbarium mit Silber) erheblich vorteilhafter.

Nach Gleichung 3) wächst der relative Fehler (wie selbstverständlich) einerseits mit dem Fehler der Messung $\varDelta x$, dann aber auch mit der Größe von $\dfrac{f'(x)}{f(x)}$. Beide Faktoren müssen wir möglichst klein zu machen suchen, und zwar $\varDelta x$, indem wir möglichst genau messen, $\dfrac{f'(x)}{f(x)}$ aber in der Weise, daß wir die Versuchsanordnung so wählen, daß (unbeschadet dem ersten Erfordernis) $\dfrac{f'(x)}{f(x)}$ zu einem Minimum wird.

Letztere Bedingung ist aber (S. 268) erfüllt, wenn die Ableitung

$$4) \quad \frac{d}{dx}\left(\frac{f'(x)}{f(x)}\right) = \left(\frac{f'(x)}{f(x)}\right)' = 0$$

wird, und dieser Bedingung ist (wenn, wie allerdings häufig der Fall, aus anderweitigen Gründen ihre Erfüllung nicht untunlich wird) im speziellen Fall nach Möglichkeit stattzugeben. Wie dies im einzelnen zu geschehen hat, werden die folgenden Beispiele lehren.

Messung galvanischer Widerstände in der Brückenkombination. Der gesuchte Widerstand[1] y ist nach der Formel

$$5) \quad y = f(x) = w\,\frac{x}{l - x}$$

---

[1] Kohlrausch, Lehrb. prakt. Physik, 16. Aufl., S. 529.

zu berechnen ($w = $ Vergleichswiderstand, $l = $ Länge der Brücke, $x = $ Einstellung auf Stromlosigkeit). Es ist

$$f'(x) = w \frac{l}{(l-x)^2}\;;\qquad \frac{f'(x)}{f(x)} = \frac{l}{x(l-x)}$$

und schließlich

$$\left(\frac{f'(x)}{f(x)}\right)' = l\,\frac{2x-l}{x^2(l-x)^2}.$$

Dieser Ausdruck wird aber offenbar gleich Null für $x = \frac{1}{2}\,l$; der gleiche Einstellungsfehler (z. B. 0,1 mm) hat also in der Nähe der Mitte der Brücke den geringsten Einfluß auf das Endresultat, und dieser Bedingung gemäß wird man, wo angängig, über die Größe des Vergleichswiderstandes verfügen.

Messung der Stromstärke mit der Tangentenbussole. Die gesuchte Stromstärke y[1]) ist proportional der Tangente des abgelesenen Winkels x, d. h. es wird

$$6)\quad y = f(x) = C\,\operatorname{tg} x;$$

wir finden (S. 88)

$$f'(x) = \frac{C}{\cos^2 x}\;;\qquad \frac{f'(x)}{f(x)} = \frac{1}{\sin x \cos x}$$

und

$$\left(\frac{f'(x)}{f(x)}\right)' = \frac{\sin^2 x - \cos^2 x}{\sin^2 x \cos^2 x}.$$

Obiger Ausdruck wird aber offenbar gleich Null für

$$\sin x = \cos x,$$

d. h. für einen Winkel von 45°; in dieser Gegend haben also Ablesefehler den geringsten Einfluß auf das Endresultat, und man wird im gegebenen Fall die Dimensionen, Windungszahl u. dgl. der Bussole so wählen, daß ein Ausschlag von dieser Größenordnung erfolgt. (Bei Ablesung mittels Fernrohr und Skala ist es natürlich nicht möglich, diese Bedingung einzuhalten.)

In der Regel müssen wir, um eine gesuchte Größe y zu finden, nicht eine einzige Größe x, wie bisher angenommen, direkt messen, sondern mehrere, etwa $x, w, v \ldots$; dann ist der Fehler des Endresultats Δy offenbar (S. 204), wenn y aus der Gleichung

$$y = f(x, w, v \ldots)$$

zu berechnen ist:

$$\Delta y = \frac{\partial y}{\partial x}\,\Delta x + \frac{\partial y}{\partial w}\,\Delta w + \frac{\partial y}{\partial v}\,\Delta v + \ldots$$

---

[1]) Kohlrausch, Lehrb. prakt. Physik, 16. Aufl., S. 499.

und der relative Fehler entsprechend

7) $\dfrac{\varDelta y}{y} = \dfrac{1}{y} \cdot \dfrac{\partial y}{\partial x} \varDelta x + \dfrac{1}{y} \cdot \dfrac{\partial y}{\partial w} \varDelta w + \dfrac{1}{y} \cdot \dfrac{\partial y}{\partial v} \varDelta v + \ldots$

Die Gleichung 7) gestattet, den Einfluß der bei den einzelnen Messungen der verschiedenen Größen begangenen Fehler auf das Endresultat zu diskutieren, wobei im einzelnen genau wie früher zu verfahren ist; es ist zu beachten, daß im ungünstigsten Fall sämtliche Summanden mit p o s i t i v e n Vorzeichen zu nehmen sind, da das Vorzeichen der Einzelfehler $\varDelta x$, $\varDelta w$, $\varDelta v \ldots$ vom Zufall abhängt.

Häufig sind jedoch die durch $\varDelta w$, $\varDelta v \ldots$ verursachten Fehler so geringfügig, daß wir sie neben dem durch $\varDelta x$ verursachten Fehler vernachlässigen können; so müssen wir in Gleichung 5) strenggenommen auch w und l als fehlerhaft ansehen, so daß wir finden

$$\frac{\varDelta y}{y} = \frac{l}{x\,(l-x)} \varDelta x + \frac{1}{w} \varDelta w - \frac{1}{l-x} \varDelta l,$$

wodurch der Einfluß der verschiedenen Fehler klargelegt ist. Allein w sowohl wie l können im allgemeinen (durch Kalibrierung des Widerstandskastens bzw. der Brücke) als ein für allemal so genau bestimmt angesehen werden, daß ihre Fehler nicht mehr in Frage kommen.

Hat man e i n e Größe mehrmals gemessen, so gibt das F e h l e r - g e s e t z   v o n   G a u ß, das wir jetzt behandeln wollen, eine Regel über die Art und Weise an, wie sich die B e o b a c h t u n g s f e h l e r   a u f   d i e verschiedenen Messungen ein und derselben Größe verteilen.

Denken wir uns etwa, um an ein von Maxwell gelegentlich gebrauchtes Beispiel anzuknüpfen, daß auf eine lotrecht gezogene Linie als Zielscheibe von geübten Schützen geschossen wird. Im allgemeinen werden die Kugeln nicht genau die erwähnte Ziellinie treffen, sondern sie werden links oder rechts, mehr oder weniger von der Ziellinie entfernt, einschlagen. Der Abstand eines Treffpunktes von der Ziellinie ist dann der Fehler jedes einzelnen Schusses, der offenbar vollkommen den Beobachtungsfehlern entspricht, wie sie bei jeder physikalischen, astronomischen oder ähnlichen Messung unterlaufen. Vorausgesetzt nun, daß keine einseitigen Ursachen, wie z. B. starker Seitenwind oder dergleichen, die Resultate einseitig beeinflussen, daß mit anderen Worten nur zufällige und keine systematischen Fehler vorhanden sind, so ist die nächstliegende Annahme die, daß die Treffpunkte s y m m e t r i s c h zu beiden Seiten der Ziellinie gelagert sind[1]). Ihre sonstige Verteilung wird in jedem Fall eine andere sein; man kann aber — und dies ist das mathematische Problem, zu dem wir nun übergehen — die Frage stellen, ob wir nicht allgemeine Regeln oder Gesetze so einführen können, daß die t a t - s ä c h l i c h e Verteilung der Treffpunkte um die Ziellinie, die sich in jedem Fall einstellt, zugleich diejenige ist, die auf Grund dieser Gesetze als die w a h r s c h e i n l i c h s t e anzusehen ist. Naturgemäß nehmen wir noch an, daß die Zahl der abgegebenen Schüsse hin- reichend groß ist, um die Anwendung der Wahrscheinlichkeitsrech- nung zu rechtfertigen.

Wir beginnen mit folgender Betrachtung. Seien

$$8) \quad u_1, \; u_2 \dots \dots \dots u_N$$

die sämtlichen Werte der Abweichungen (oder Fehler). Die Wahr- scheinlichkeit dafür, daß ein einzelner Fehler von der Größe u auf- tritt, ist eine Funktion von u, die wir durch $F(u)$ bezeichnen. Ferner wird die Wahrscheinlichkeit dafür, daß gewisse bestimmte Fehler bei einem Versuch wirklich auftreten, durch das P r o d u k t aller einzelnen Wahrscheinlichkeiten dargestellt[2]); die Wahrscheinlichkeit, daß gerade die unter 8) genannten Fehler auftreten, hat also die Größe

$$W = F(u_1) \cdot F(u_2) \dots \dots F(u_N).$$

Wir machen nun die Annahme, daß dieser Wert W ein M a x i m u m sein soll; in der Tat besagt dies, daß das Wertsystem der u, das sich bei unserm Versuch t a t s ä c h l i c h eingestellt hat, auch das w a h r - s c h e i n l i c h s t e i s t, so daß die obige Forderung damit realisiert ist. Von ihr aus wollen wir nun die Art der Funktion $F(u)$ bestimmen.

Da wir annehmen, daß die Schüsse symmetrisch zur Ziellinie liegen, so haben wir zunächst[3])

$$9) \quad u_1 + u_2 + \dots + u_N = \Sigma u = 0.$$

Werde jetzt eine zur Ziellinie senkrechte Gerade als x-Achse gewählt und auf ihr ein Nullpunkt beliebig fixiert. Ist dann x_i die Abszisse des Treffpunktes vom Fehler u_i und ξ die Abszisse der Ziel- linie, so ist

$$9\,\mathrm{a}) \quad u_1 = x_1 - \xi, \; \dots u_N = x_N - \xi.$$

Im obigen Beispiel sind die u_i, die x_i und ξ bekannte Zahlen- werte. Für die allgemeine Behandlung des Problems liegen aber

---

[1]) Dies stellt die Hypothese des a r i t h m e t i s c h e n Mittels dar.

[2]) Vgl. § 5a des Anhangs.

[3]) Für das Zeichen Σu vgl. S. 167.

die Dinge anders. Alsdann sind nur die x_i bekannt, und es ist offenbar die Aufgabe, ξ zu bestimmen. Aus 9a) folgt

$$9\,\mathrm{b})\quad \xi = \frac{x_1 + x_2 + \dots x_N}{N}.$$

W ist eine Funktion von ξ und als solche so zu bestimmen, daß sie an der Stelle ξ, die der Bedingung 9) genügt, ihr Maximum erreicht. Da nun der Logarithmus einer Größe zugleich mit ihr wächst und abnimmt, so wird mit W auch $\ln W$ ein Maximum und umgekehrt; es genügt also $\ln W$ zu einem Maximum zu machen. Wird noch

$$10)\quad \ln F(u) = f(u)$$

gesetzt, so wird

$$\ln W = f(u_1) + f(u_2) + \dots + f(u_N) = \Sigma f(u),$$

und die Aufgabe ist jetzt, die Funktion $f(u)$ so zu bestimmen, daß diese Summe ein Maximum wird, während zugleich die Gleichung 9) besteht. Gemäß S. 268 ist also zu setzen

$$11)\quad \frac{d \ln W}{d\xi} = 0 \text{ oder (S. 207)}$$

$$\frac{d\Sigma f(u)}{d\xi} = \frac{df(u_1)}{du_1} \cdot \frac{du_1}{d\xi} + \dots + \frac{df(u_N)}{du_N} \cdot \frac{du_N}{d\xi} = 0.$$

Gemäß 9a) ist aber $du_i = -d\xi$, also folgt weiter

$$12)\quad \frac{df(u_1)}{du_1} + \frac{df(u_2)}{du_2} + \dots + \frac{df(u_N)}{du_N} = 0,$$

oder kürzer geschrieben

$$12\,\mathrm{a})\quad f'(u_1) + f'(u_2) + \dots + f'(u_N) = 0.$$

Wir haben nun noch die Bedingungsgleichung 9) zu berücksichtigen. Dazu betrachten wir ein zweites, ein wenig geändertes System der Abweichungen u, nämlich

$$u_1' = u_1 + \delta_1,\ u_2' = u_2 + \delta_2 \dots,\ u_N' = u_N + \delta_N,$$

dann bestehen auch für dieses System die beiden Gleichungen 9) und 12a). Die erste liefert sofort

$$u_1' + u_2' + \dots + u_N' = 0,$$

woraus mit Rücksicht auf 9) weiter

$$13)\quad \delta_1 + \delta_2 + \dots + \delta_N = 0$$

folgt. Die Gleichung 12a) liefert

$$14)\quad f'(u_1') + f'(u_2') + \dots + f'(u_N') = 0.$$

Nun ist gemäß dem Taylorschen Lehrsatz (Kap. VIII, § 7)

$$f'(u_1') = f'(u_1 + \delta_1) = f'(u_1) + \delta_1 f''(u_1) + \dots.$$

Da aber die δ kleine Größen sind, so können wir uns auf die beiden ersten Glieder beschränken; tun wir dies, und setzen die Werte der $f'(u')$ in die Gleichung 14) ein, so erhalten wir mit Rücksicht auf 12a)

15)　$\delta_1 f''(u_1) + \delta_2 f''(u_2) + \ldots + \delta_N f''(u_N) = 0.$

Diese Gleichung soll nun für alle zulässigen, mit 13) verträglichen Werte δ erfüllt sein; dies ist offenbar nur dann möglich, wenn

16)　$f''(u_1) = f''(u_2) = \ldots = f''(u_N)$

ist[1]). Da aber in jeder Funktion f'' nur je eine Variable u enthalten ist, so ist die Gleichung 16) nur so möglich, daß die Variablen in den f'' gar nicht mehr auftreten, so daß der gemeinsame Wert eine Konstante ist. Wir erhalten also für jedes u

$$f''(u) = k,$$

woraus durch Integration zunächst

$$f'(u) = k u + l$$

folgt. Die Konstante l hat aber den Wert Null, wie man erkennt, wenn man den Wert von $f'(u)$ in Gleichung 12a) einsetzt und die Gleichung 9) beachtet. Durch weitere Integration erhält man daher

$$f(u) = \tfrac{1}{2} k u^2 + m$$

und mit Rücksicht auf Gleichung 10) hieraus endlich

$$F(u) = e^{1/2 k u^2 + m} = C \cdot e^{1/2 k u^2},$$

wo auch $C = e^m$ eine Konstante ist.

Nun ist weiter klar, daß sich $F(u)$ dem Wert Null nähern muß, wenn u sehr große Werte erhält — denn die Wahrscheinlichkeit so großer Fehler ist so gut wie Null—, also muß k eine negative Größe sein. Wir setzen $\tfrac{1}{2} k = - h^2$ und erhalten

17)　$F(u) = C \cdot e^{-h^2 u^2}.$

Es bleibt jetzt nur noch der Wert von C zu ermitteln. Dazu beziehen wir, wie in § 5a des Anhangs, unsern Wahrscheinlichkeitsbegriff auf die stetige Variable u und bezeichnen daher mit

$$dv = F(u)\, du$$

---

[1]) Man sieht dies genauer folgendermaßen. Ein der Gleichung 13) genügendes System der δ ist z. B. auch

$$\delta_1 + \delta_2 = 0, \quad \delta_3 = 0 \ldots \delta_N = 0;$$

mit ihm folgert man

$$\delta_1 f''(u_1) + \delta_2 f''(u_2) = 0,$$

woraus sich wegen $\delta_1 + \delta_2 = 0$ bereits $f''(u_1) = f''(u_2)$ ergibt usw.

die der differentiellen Strecke du zukommende Wahrscheinlichkeit.
Da nun — theoretisch — u aller Werte zwischen $-\infty$ und $+\infty$
fähig sein muß, so haben wir[1])

$$\int_{-\infty}^{+\infty} F(u)\, du = 1,$$

also auch

$$18) \quad \int_{-\infty}^{+\infty} C \cdot e^{-h^2 u^2}\, du = 1.$$

Gemäß Kap. VI, § 8 ist aber

$$\int_{-\infty}^{+\infty} e^{-x^2}\, dx = \sqrt{\pi}.$$

Setzen wir hier

$$x = hu, \quad dx = h\, du,$$

so folgt sofort

$$\int_{-\infty}^{+\infty} e^{-h^2 u^2}\, du = \frac{\sqrt{\pi}}{h};$$

daher ergibt sich aus Gleichung 18) weiter $C = \dfrac{h}{\sqrt{\pi}}$, und wir finden
schließlich

$$19) \quad F(u) = \frac{h}{\sqrt{\pi}}\, e^{-h^2 u^2},$$

das von Gauß 1809 gefundene Fehlerverteilungsgesetz.
Seine Bedeutung liegt darin, daß $F(u)\, du$ die Wahrscheinlichkeit
dafür ist, daß ein beliebig herausgegriffener Fehler eine Größe zwischen
u und $u + du$ besitzt.

Die Fehlerfunktion muß eine gerade Funktion von u sein, da
positive und negative Fehler gleichberechtigt sind. Sie muß überdies
für $u = 0$ den größten Wert haben, und für wachsendes u sehr schnell
abnehmen. Alles dies leistet die gefundene Funktion.

Die Bedeutung der Größe h liegt darin, daß sie für die Schnelligkeit des Abnehmens der Funktion $F(u)$ zu beiden Seiten des Maximums
maßgebend ist, je größer h, desto schneller erfolgt dieser Abfall, desto
unwahrscheinlicher werden also größere Fehler; darum wird h das
Genauigkeitsmaß genannt. Wir können nun h in Beziehung
setzen zu einem Mittelwert von u. Da das einfache Mittel infolge
der Gleichberechtigung von positiven und negativen Fehlern Null ist,
bildet man das quadratische Mittel $\overline{u^2}$. Dafür hat man offenbar

---

[1]) Vgl. Formel 61 b) des Anhangs.

$$\overline{u^2} = \frac{\int\limits_{-\infty}^{+\infty} u^2 F(u)\, du}{\int\limits_{-\infty}^{+\infty} F(u)\, du} \, ;$$

im Zähler steht die Summe der Quadrate jedes einzelnen Fehlers multipliziert mit der Wahrscheinlichkeit für das Auftreten dieses Fehlers, im Nenner die Summe der Wahrscheinlichkeiten, die nach Gleichung 18) gleich 1 ist. Man erhält also

$$\overline{u^2} = \frac{h}{\sqrt{\pi}} \int\limits_{-\infty}^{+\infty} u^2 \cdot e^{-h^2 u^2}\, du = \frac{h}{2\sqrt{\pi}} \int\limits_{-\infty}^{+\infty} u \cdot e^{-h^2 u^2} \cdot \frac{d(h^2 u^2)}{h^2}.$$

Durch partielle Integration folgt

$$\overline{u^2} = \left| -\frac{h}{\sqrt{\pi}} \cdot \frac{u}{2 h^2} e^{-h^2 u^2} \right|_{-\infty}^{+\infty} + \frac{h}{\sqrt{\pi}} \int\limits_{-\infty}^{+\infty} \frac{1}{2 h^3} \cdot e^{-h^2 u^2} d(h u)$$

und weiter nach Kap. VI § 8

$$20) \quad \overline{u^2} = \frac{1}{2 h^2}$$

oder

$$\sqrt{\overline{u^2}} = \frac{1}{h} \cdot \frac{1}{\sqrt{2}} = m.$$

Ist also das Fehlerverteilungsgesetz gegeben, so kann man daraus die Größe m, den mittleren Fehler, ableiten. In Wirklichkeit hat man jedoch das umgekehrte Problem zu lösen, nämlich aus einer möglichst großen Zahl N von Messungen ein und derselben Größe, die die Abweichungen $u_1, u_2 \ldots u_N$ vom Mittelwert zeigen, das Genauigkeitsmaß der diesen Messungen möglichst gut entsprechenden Fehlerfunktion bzw. den mittleren Fehler zu finden. Wie wir hier nicht beweisen wollen, ergibt sich für den mittleren Fehler der einzelnen Messung

$$21) \quad m = \sqrt{\frac{\Sigma u^2}{N-1}}.$$

Es ist nun klar, daß das arithmetische Mittel von N Messungen ebenfalls noch mit einem Fehler behaftet sein wird, der sicherlich kleiner ist als der Fehler einer einzelnen Messung, um so kleiner, je größer die Zahl der Messungen ist. Wichtig ist nun der Satz, den wir hier ebenfalls nicht beweisen wollen, daß der mittlere Fehler des Mittelwertes von N Messungen, den wir mit M bezeichnen, $\sqrt{N}$ mal — nicht etwa N mal — kleiner ist als der mittlere Fehler der einzelnen Messung. Es gilt also

$$22) \quad M = \frac{m}{\sqrt{N}} = \sqrt{\frac{\Sigma u^2}{N(N-1)}}.$$

Nach Gleichung 17) führt die Bedingung, daß bei einer Reihe von N Messungen $F(u_1), F(u_2) \ldots F(u_N)$ und somit $e^{-\Sigma h^2 u^2}$ ein Maximum sein muß, dazu, daß der Ausdruck

$$\Sigma h^2 u^2$$

ein Minimum sein muß[1]).

Für den Fall, daß Messungen gleicher Genauigkeit vorliegen, also h konstant ist, folgt hieraus, daß das arithmetische Mittel der wahrscheinlichste Wert ist, wie es der bei Ableitung der Fehlerfunktion gemachten Voraussetzung (vgl. Gleichung 9b) entspricht. Es muß nämlich

$$\Sigma u^2 = \sum_1^N (x_i - \xi)^2$$

für den gesuchten Wert von ξ ein Minimum sein. Also folgt

$$\frac{\partial}{\partial \xi} \sum_1^N (x_i - \xi)^2 = \sum_1^N 2(x_i - \xi) = 0$$

oder

$$\xi = \frac{\Sigma x_i}{N}.$$

Will man zur Ermittelung eines Wertes Messungen ungleicher Genauigkeit benutzen, so darf man nicht das arithmetische Mittel bilden, sondern muß den Wert ξ so bestimmen, daß

$$\Sigma h^2 u^2 = \sum_1^N h_i^2 (x_i - \xi)^2$$

ein Minimum wird. Nach Gleichung 20) ist h_i durch den mittleren Fehler bestimmt; man hat also

$$\sum_1^N \frac{(x_i - \xi)^2}{u_i^2}$$

zum Minimum zu machen. Es folgt also

$$\frac{\partial}{\partial \xi} \sum_1^N \frac{(x_i - \xi)^2}{u_i^2} = \frac{x_1 - \xi}{u_1^2} + \ldots + \frac{x_N - \xi}{u_N^2} = 0.$$

Setzt man

$$23) \quad \frac{1}{u_i^2} = p_i^2),$$

wo man p_i das Gewicht der i^{ten} Messung nennt, so wird

$$24) \quad \xi = \frac{p_1 x_1 + p_2 x_2 + \ldots + p_N x_N}{p_1 + p_2 + \ldots + p_N}.$$

---

[1]) Da ja $e^{-\alpha} = 1 : e^{\alpha}$ ist.
[2]) Die p_i brauchen nur bis auf einen Proportionalitätsfaktor bestimmt zu werden.

Ist eine der Messungen bereits aus mehreren Messungen gleicher Genauigkeit gewonnen, so ist das Gewicht der Messung aus dem mittleren Fehler des Mittelwertes zu berechnen.

Beispiel. Wenn x der zur Zeit t erfolgte chemische Umsatz
ist, so berechnet sich die Geschwindigkeitskonstante y (früher mit k
bezeichnet) nach den Darlegungen von S. 155 ff. aus der allgemeinen
Formel

$$y = \frac{1}{t} \varphi (x),$$

worin t die zu x gehörige Zeit und $\varphi (x)$ eine von der Natur der betreffenden Reaktion abhängige Funktion bedeutet; t sowohl wie x
müssen durch Messen bestimmt werden, um y berechnen zu können.
Die Bestimmung von t ist in der Regel so genau, daß sie mit keinem
in Betracht kommenden Fehler verknüpft ist, während x mit einem
merklichen Fehler $\varDelta x$ (der z. B. durch die Ungenauigkeit der Ana-
lysenmethode bedingt ist) behaftet sein wird. Wir finden also

$$\varDelta y = \frac{1}{t} \varphi' (x) \varDelta x.$$

Bei einer größeren Beobachtungsreihe (wie sie z. B. Kap. V, § 9
mitgeteilt ist) werden die Werte von $\varDelta x$ in der Regel als nahe gleich
anzusehen sein, und die Fehler der aus den verschiedenen Beobachtungsdaten berechneten Reaktionskonstanten y sind somit dem
Ausdruck $\varphi' (x) t$ proportional und die Messungen daher nicht in
gleicher Weise zuverlässig. Wir müssen also den besten Wert von y
nach Gleichung 24) ermitteln. Nach Gleichung 23) (vgl. Anm. 2,
S. 292) ist $p_i = \left\{ \dfrac{t_i}{\varphi' (x_i)} \right\}^2$ zu setzen. Somit wird

$$25) \quad y = \frac{y_1 \left\{ \dfrac{t_1}{\varphi' (x_1)} \right\}^2 + y_2 \left\{ \dfrac{t_2}{\varphi' (x_2)} \right\}^2 + \dots}{\left\{ \dfrac{t_1}{\varphi' (x_1)} \right\}^2 + \left\{ \dfrac{t_2}{\varphi' (x_2)} \right\}^2 + \dots}$$

Es sei weiterhin die Aufgabe gestellt[1]), die Länge eines Stabes
für 0^0 und seine Verlängerung für 1^0 Temperaturerhöhung aus einer
Anzahl von Längenmessungen bei verschiedenen Temperaturen abzuleiten.

Ist A die Länge bei 0^0, B die Verlängerung für 1^0, so ist für
die Temperatur ϑ die Länge l (vgl. Kap. II, § 4)

$$26) \quad l = A + B \vartheta,$$

---

[1]) Vgl. Kohlrausch, Lehrb. d. prakt. Physik, 16. Aufl., S. 8.

wo also A und B die unbekannten, zu bestimmenden Konstanten und l und ϑ die beobachteten Größen sind. Liegen nur 2 Beobachtungen vor, so erhält man durch Einsetzen der Werte l_1, l_2 und ϑ_1, ϑ_2 in Gleichung 26) zwei Gleichungen mit zwei Unbekannten und kann daraus A und B berechnen. Sind jedoch, wie es gewöhnlich der Fall ist, mehr z. B. N Beobachtungen gemacht worden, so wird die Bestimmung der Konstanten aus je zwei der sich ergebenden Gleichungen verschiedene Werte liefern, und es müssen die besten Werte für die Konstanten A und B bestimmt werden.

Um derartige Aufgaben durchzuführen, hat Gauß seine Methode der kleinsten Quadrate entwickelt. Die besten Werte für A und B sind hiernach diejenigen, für die die Summe der Fehlerquadrate wie oben ein Minimum wird. Unter Fehler versteht man hier die Abweichung zwischen dem gemessenen Wert von l und dem mit Hilfe der Konstanten A und B nach Gleichung 26) berechneten Wert[1]). Es muß also der Ausdruck

$$[l_1 - A - B\,\vartheta_1]^2 + [l_2 - A - B\,\vartheta_2]^2 + \ldots + [l_N - A - B\vartheta_N]^2,$$

wo $l_1 \ldots l_N$ und $\vartheta_1 \ldots \vartheta_N$ die gemessenen Werte sind, durch geeignete Wahl von A und B zum Minimum gemacht werden.

Nach § 7 dieses Kapitels muß man also die Differentialquotienten nach A und B gleich Null setzen; dies ergibt

$$\Sigma\,(l_i - A - B\,\vartheta_i) = 0$$
$$\Sigma\,\vartheta_i\,(l_i - A - B\,\vartheta_i) = 0.$$

Daraus folgt

$$A = \frac{\Sigma\,\vartheta_i\,\Sigma\,\vartheta_i\,l_i - \Sigma\,l_i\,\Sigma\,\vartheta_i{}^2}{(\Sigma\,\vartheta_i)^2 - N \cdot \Sigma\,\vartheta_i{}^2},$$

$$B = \frac{\Sigma\,\vartheta_i \cdot \Sigma\,l_i - N\,\Sigma\,\vartheta_i\,l_i}{(\Sigma\,\vartheta_i)^2 - N\,\Sigma\,\vartheta_i{}^2},$$

wo die Summen über alle Messungen zu erstrecken sind[2]).

---

[1]) Man schiebt also die Fehler auf die eine der beobachteten Größen, nämlich l, was in unserem Beispiel gestattet ist, da die Fehler der Längenbestimmung diejenigen der Temperaturbestimmung meist weit überwiegen werden. Ist dies nicht gestattet, so wird das Verfahren erheblich komplizierter.

[2]) Näheres über die Durchführung derartiger Rechnungen und Zahlenbeispiele siehe bei Kohlrausch, Lehrbuch der prakt. Physik, 16. Aufl., S. 1ff. (in den älteren Auflagen ausführlicher), sowie bei Ostwald-Luther, Hand- und Hilfsbuch zur Ausführung physiko-chemischer Messungen, 4. Aufl., S. 1ff.

ZEHNTES KAPITEL

Auflösung numerischer Gleichungen.

§ 1. Graphische Deutung der Gleichungen.

Für die numerische Auflösung der Gleichungen bedient man sich mit Vorteil der graphischen Darstellung. Es sei

1) $\quad x^n + a x^{n-1} + b x^{n-2} + \ldots + p x + q = 0$

eine Gleichung, in der $a, b \ldots p, q$ gegebene Zahlen bedeuten; es ist klar, daß jede algebraische Gleichung in diese Form übergeht, wenn man sie durch den Koeffizienten der höchsten Potenz von x dividiert. Alsdann stellt

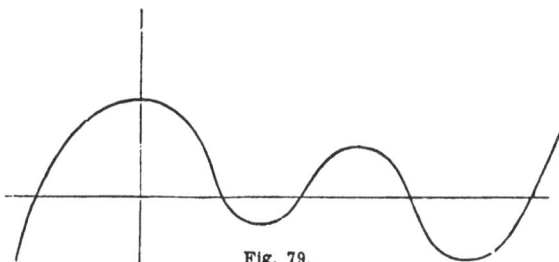

Fig. 79.

2) $\quad y = x^n + a x^{n-1} + b x^{n-2} + \ldots + p x + q$

die Gleichung einer Kurve dar; wir können uns von ihr, wenn nötig, so viele Punkte verschaffen, wie wir wollen, indem wir zu beliebigen Werten von x die zugehörigen Werte von y berechnen. Ist (Fig. 79) ξ die Abszisse irgendeines Punktes, in dem die Kurve die x-Achse schneidet, so ist seine Ordinate gleich 0; es besteht also die Gleichung

3) $\quad 0 = \xi^n + a \xi^{n-1} + b \xi^{n-2} + \ldots + p \xi + q,$

und es ist ξ eine Wurzel von 1). Jeder Schnittpunkt der Kurve mit der x-Achse gibt also eine Wurzel der gegebenen Gleichung.

Die Bestimmung der Wurzeln einer Gleichung ist demnach identisch mit der Aufgabe, die Schnittpunkte der zugehörigen Kurve mit der x-Achse zu berechnen. Es fragt sich jetzt nur, ob und wie wir uns ein gröberes oder genaueres Bild der Kurve so verschaffen können, daß es zur Ermittelung der Schnittpunkte benutzbar wird. Dies gelingt leicht mit alleiniger Hilfe der Erwägung, daß die Kurve zwischen zwei Punkten, die auf verschiedenen Seiten der x-Achse liegen, deren Ordinaten also verschiedenes Zeichen haben, die x-Achse notwendig s c h n e i d e t. Es ist zweckmäßig, dies sofort an bestimmten Zahlenbeispielen durchzuführen.

§ 2. Die Newtonsche Annäherungsmethode.

Es sei die gegebene Gleichung zunächst von der dritten Ordnung und laute z. B.

$$1) \quad x^3 - 7x + 1 = 0.$$

Dann ist die Gleichung der zugehörigen Kurve

$$2) \quad y = x^3 - 7x + 1.$$

Beachtet man, daß, wenn x sehr groß ist, x^3 die beiden folgenden Glieder weit übertrifft — dies ist schon der Fall, wenn man $x = 10$ setzt, also erst recht für größere Werte — so folgt zunächst, daß y für sehr große positive Werte von x stets positiv ist und die Kurve daher über der x-Achse liegt; wenn aber x sehr große negative Werte hat, so ist y stets negativ, und die Kurve liegt unterhalb der x-Achse.

Man stelle jetzt folgende Tabelle zusammengehöriger Werte von x und y auf:

$$x = -3, -2, -1, \quad 0, \quad 1, \quad 2, \quad 3,$$
$$y = -5, \quad 7, \quad 7, \quad 1, -5, -5, \quad 7.$$

Dann folgt aus der Lage der zugehörigen Punkte, daß die Kurve zwischen $x = 2$ und $x = 3$, ebenso zwischen $x = 0$ und $x = 1$, endlich auch zwischen $x = -2$ und $x = -3$ die x-Achse schneidet; denn die bezüglichen Ordinaten haben in allen drei Fällen verschiedene Vorzeichen.

Um jetzt beispielsweise die Wurzel zu ermitteln, die zwischen 0 und 1 liegt, setzen wir

$$x = 0,0 \quad 0,1 \quad\quad 0,2 \quad 0,3 \quad\quad 0,4,$$

bestimmen die zugehörigen Werte y, nämlich

$$y = 1 \quad\quad 0,301 \quad\quad -0,392 \ldots \ldots,$$

und sehen sofort, daß die Wurzel zwischen 0,1 und 0,2 liegen muß.

Es ist klar, daß man auf diese Weise fortfahren kann; man kann sich aber die mühsamen Rechnungen, die dabei notwendig werden, erleichtern, indem man von jetzt an ein anderes Verfahren einschlägt.

Wir setzen zunächst zur Abkürzung

$$3) \quad x^3 - 7x + 1 = f(x)$$

und bezeichnen die zwischen 0,1 und 0,2 liegende Wurzel durch ξ, so daß die Gleichung

$$4) \quad f(\xi) = \xi^3 - 7\,\xi + 1 = 0$$

besteht. Da die Wurzel nach vorstehender Rechnung ziemlich in der Mitte zwischen 0,1 und 0,2 zu liegen scheint, so kann man 0,15 als eine erste Annäherung betrachten; d. h. es wird

$$\xi = 0{,}15 + h$$

sein, wo h die nötige Korrektion bedeutet. Nun ist nach dem Satz von Taylor (S. 241) für eine Funktion $f(x)$ und jedes a

$$f(a+h) = f(a) + h f'(a) + \frac{h^2}{1 \cdot 2} f''(a) + \ldots,$$

und zwar ergibt sich in dem hier vorliegenden Fall

$$f'(x) = 3\,x^2 - 7,$$
$$f''(x) = 6\,x,$$
$$f'''(x) = 6,$$

während alle folgenden Ableitungen den Wert Null erhalten. Es reduziert sich daher die Taylorsche Reihe auf

$$5) \quad f(a+h) = f(a) + h f'(a) + \frac{h^2}{1 \cdot 2} f''(a) + \frac{h^3}{1 \cdot 2 \cdot 3} f'''(a).$$

Nun war

$$6) \quad \xi = 0{,}15 + h = a + h,$$

wenn 0,15 $= a$ gesetzt wird, also folgt für $f(\xi)$ nach Gl. 5)

$$7) \quad f(\xi) = f(a+h) = f(a) + h f'(a) + \frac{h^2}{1 \cdot 2} f''(a) + \frac{h^3}{1 \cdot 2 \cdot 3} f'''(a).$$

Nun ist aber gemäß Gl. 4) $f(\xi) = 0$; es ist also auch die rechte Seite von Gl. 7) gleich Null. Dies ist die gesuchte Gleichung für h, und wenn wir nun, da h ein Korrektionsglied ist, die höheren Potenzen von h vernachlässigen, so folgt, daß angenähert

$$f(a) + h f'(a) = 0; \quad h = -\frac{f(a)}{f'(a)}$$

ist. In unserem Fall folgt wegen $a = 0{,}15$

$$h = -\frac{0{,}046625}{6{,}9325},$$

und dies gibt angenähert

$$h = -0{,}0067,$$

also 0,1433 als neuen Nährungswert der Wurzel.

Setzt man jetzt

$$\xi = 0{,}1433 + h_1 = a_1 + h_1,$$

so ergibt sich ebenso zur angenäherten Bestimmung von h_1 die Gleichung

$$f(a_1) + h_1 f'(a_1) = 0; \quad h_1 = -\frac{f(a_1)}{f'(a_1)},$$

und in unserem Fall

$$h_1 = -\frac{0{,}0001574}{6{,}93841},$$

also in weiterer Annäherung

$$h_1 = -0{,}000023$$

und 0,143277 als Wurzel. Der genaue Wert der Wurzel bis auf 8 Stellen ist

$$x = 0{,}14327732,$$

so daß unser Wert bis auf 6 Stellen genau ist.

Die hier benutzte Methode ist bereits von Newton angegeben worden.

Ein zweites Beispiel sei die Gleichung

$$f(x) = x^3 - 4x^2 - 2x + 4 = 0.$$

Man erhält folgende Tabelle, wenn man wieder $f(x) = y$ setzt:

$$x = -2, \; -1, \quad 0, \quad 1, \quad 2, \quad 3, \quad 4, \quad 5,$$
$$y = -16, \quad 1, \quad 4, \; -1, \; -8, \; -11, \; -4, \quad 19,$$

die zugehörige Kurve schneidet also die x-Achse zwischen den Abszissen -2 und -1, zwischen 0 und 1 und zwischen 4 und 5; zwischen je zweien dieser Zahlen liegt daher eine Wurzel der Gleichung. Wir wollen diejenige berechnen, die zwischen 4 und 5 liegt. Wir finden, daß für

$$x = 4 \qquad 4{,}1 \qquad 4{,}2 \qquad 4{,}3$$
$$y = -4 \quad -2{,}519 \quad -0{,}872 \quad 0{,}947$$

ist; die Wurzel liegt also zwischen 4,2 und 4,3; wir setzen in erster Annäherung

$$a = 4{,}25, \text{ also } \xi = 4{,}25 + h.$$

Wir finden der Reihe nach folgende Korrektionsglieder

$$h = -\frac{f(a)}{f'(a)} = -\frac{0{,}015625}{18{,}1875} = -0{,}000859,$$

also als zweite Annäherung für die Wurzel

$$a_1 = 4{,}249141.$$

Jetzt finden wir weiter

$$h_1 = -\frac{f(a_1)}{f'(a_1)} = \frac{0{,}0000083933\ldots}{18{,}172\ldots}$$
$$= -0{,}00000046\ldots,$$

also als dritte Annäherung

$$a_2 = 4,24914054\ldots$$

In beiden Beispielen schreitet die Annäherung ziemlich schnell fort. Ob dies immer so ist, läßt sich von vornherein freilich nicht übersehen, es kann sich immer erst während der Rechnung selbst ausweisen. Auf einen Umstand müssen wir jedoch noch generell eingehen. Es kann gelegentlich vorkommen, daß der sich ergebende Wert von h keine bessere Annäherung herbeiführt. In diesem Fall hat man den Wert von a, mit dem man die Rechnung begonnen hat, durch einen anderen zu ersetzen, der um eine Einheit der letzten Stelle verändert ist. Unpraktisch würde es auch sein, wenn man im letzten Beispiel für a den Wert 4,24 angenommen hätte — was an sich näher zu liegen scheint. Aus diesem Grunde ist oben sofort $a = 4,25$ gesetzt worden. Das gleiche gilt für a_1 und h_1 usw.

§ 3. Trennung der Wurzeln.

Nicht in allen Fällen lassen sich die ganzzahligen Intervalle, zwischen denen die Wurzeln liegen, so einfach bestimmen wie in den beiden eben behandelten Beispielen. Für die Gleichung

$$1)\quad f(x) = x^3 - 7x + 7 = 0$$

ergibt sich z. B. folgende Tabelle zusammengehöriger Werte:

$$x = 0, \quad 1, \quad 2, \quad 3 \ldots\ldots$$
$$y = 7, \quad 1, \quad 1, \quad 13 \ldots\ldots$$

Die zugehörige Kurve

$$2)\quad y = x^3 - 7x + 7$$

schneidet, wie wir finden werden, die x-Achse zwischen $x = 1$ und $x = 2$ zweimal, aus der obigen Tabelle geht dies aber nicht hervor, da y stets positiv ist. Jedenfalls sieht man aber aus der Tabelle bereits, daß die Kurve zwischen $x = 1$ und $x = 2$ ein Minimum besitzt, und die ganze Unbestimmtheit kommt daher, daß wir nicht wissen, ob dieses Minimum noch über oder bereits unter der x-Achse liegt. Um hierüber orientiert zu werden, brauchen wir nur das Minimum zu berechnen. Gemäß S. 268 erhalten wir es durch Auflösung der Gleichung

$$3)\quad f'(x) = 3x^2 - 7 = 0,$$

als deren Wurzeln sich

$$4)\quad x_1 = \sqrt{\frac{7}{3}}, \quad x_2 = -\sqrt{\frac{7}{3}}$$

ergeben. Die für uns in Betracht kommende Wurzel ist die erste, also $x_1 = 1,5$ .. Zu ihr finden wir

$$5) \quad y_1 = \left(\sqrt{\frac{7}{3}}\right)^3 - 7\left(\sqrt{\frac{7}{3}}\right) + 7 = 7 - \frac{14}{3}\sqrt{\frac{7}{3}},$$

und dies ist, wie die Ausrechnung zeigt, negativ. Daher schneidet die Kurve die x-Achse zwischen $x = 1$ und $x = 2$ in zwei verschiedenen Punkten, es liegen also zwei Wurzeln zwischen $x = 1$ und $x = 2$.

Um sie zu berechnen, bestimmen wir nunmehr, da das Minimum nahe bei $x = 1,5$ liegt, folgende Tabelle zusammengehöriger Werte [1]):

$x =$	1,3	1,4	1,5	1,6	1,7
$y =$	0,097	$-0,056$	$-0,125$	$-0,104$	0,013.

Die eine Wurzel liegt daher zwischen 1,3 und 1,4, die andere zwischen 1,6 und 1,7. Wir wollen die letzte berechnen, indem wir jetzt wieder das schon benutzte Näherungsverfahren einschlagen.

Es ist

$$f(x) = x^3 - 7x + 7,$$
$$f'(x) = 3x^2 - 7,$$

wir setzen $a = 1,7$ und erhalten

$$h = -\frac{f(a)}{f'(a)} = -\frac{0,013}{1,67} = -0,008;$$

als erste Annäherung der Wurzel finden wir also $a_1 = 1,692$. Die weitere Rechnung würde ebenso auszuführen sein wie bei den anderen Beispielen.

Ein zweites Beispiel dieser Art sei das folgende:

$$6) \quad f(x) = x^4 - 5x^3 + 5x^2 + 5x - 6,9 = 0.$$

Wir erhalten zunächst folgende Tabelle:

$x =$	-2	-1	0	1	2	3	4
$y =$	59,1	$-0,9$	$-6,9$	$-0,9$	$-0,9$	$-0,9$	29,1;

es liegt also eine Wurzel zwischen -2 und -1, und eine zwischen 3 und 4. Anderseits hat die Kurve

$$7) \quad y = x^4 - 5x^3 + 5x^2 + 5x - 6,9,$$

wie die Tabelle erkennen läßt und eine zugehörige graphische Darstellung der Kurve, die man ohne Mühe entwirft, bestätigt, zwischen $x = 1$ und $x = 2$ sicher ein Maximum; es bleibt aber zunächst un-

---

[1]) Es bedarf kaum des Hinweises, daß man mit 1,5 und 1,6 beginnt und dann nach beiden Seiten so lange weitergeht, bis y positiv wird.

entschieden, ob die zugehörige Ordinate bereits positiv ist. Wir bestimmen das Maximum, indem wir die Gleichung

$$8) \quad f'(x) = 4\,x^3 - 15\,x^2 + 10\,x + 5 = 0$$

nach x auflösen. Dies geht hier ohne große Mühe, da wir ja bereits wissen, daß die gesuchte Wurzel zwischen 1 und 2 liegen muß. Wir erhalten folgende Tabelle:

$$x = 1{,}4 \qquad 1{,}5 \qquad 1{,}6$$
$$f'(x) = 0{,}576 \quad -0{,}25 \quad -1{,}016.$$

Das Maximum liegt also zwischen 1,4 und 1,5. Wir untersuchen jetzt, ob zu den vorstehenden Werten von x oder zu den benachbarten bereits positive Werte von y gehören. Wir finden zu

$$x = \quad 1{,}3 \qquad 1{,}4 \qquad 1{,}5 \qquad 1{,}6$$
$$y = -\,0{,}0789 + 0{,}0216 + 0{,}0375 - 0{,}0264$$

und daraus folgt sofort, daß zwischen 1,3 und 1,4, ebenso zwischen 1,5 und 1,6 je eine Wurzel der gegebenen Gleichung liegt. Wir wollen eine von ihnen berechnen. Da nach den Werten von y die Wurzel ziemlich in der Mitte zwischen 1,3 und 1,4 liegen dürfte, so setzen wir

$$a = 1{,}35\,{}^1),$$

also erhalten wir

$$h = -\frac{f(a)}{f'(a)} = \frac{0{,}016\ldots}{1{,}002} = 0{,}016\ldots,$$

also als erste Annäherung der Wurzel 1,366. Die weitere Rechnung ergibt zunächst für $a_1 = 1{,}366$

$$h_1 = -\frac{f(a_1)}{f'(a_1)} = \frac{0{,}0039\ldots}{0{,}866\ldots} = 0{,}004\ldots,$$

demnach als zweite Annäherung $a_2 = 1{,}370$. Eine nochmalige Anwendung der Formel führt zu

$$h_2 = -\frac{f(a_2)}{f'(a_2)} = -\frac{0{,}000487}{0{,}832\ldots} = -\,0{,}00059,$$

was für die gesuchte Wurzel 1,36941 ergeben würde.

§ 4. Zahl der reellen Wurzeln einer Gleichung.

Die Gleichung 7) des vorigen Paragraphen läßt erkennen, daß, wenn x sehr große positive und negative Werte hat, y ebenfalls

---

${}^1)$ Die Rechnung zeigt, daß dies wirklich zur Wurzel führt; sicherer geht man so vor, daß man zunächst die Werte von $f(x)$ für $x = 1{,}35,\ 1{,}36,\ 1{,}37\ldots$ berechnet, bis man zum Zeichenwechsel gelangt.

sehr groß, und zwar positiv ist; bereits wenn wir $x = 10$ oder $x = -10$ setzen, überwiegt das erste Glied x^4 alle übrigen Glieder, und dies ist in noch höherem Maße der Fall, wenn die für x zu setzende Zahl numerisch noch größer ist als 10. Die durch die Gleichung dargestellte Kurve liegt also für sehr große positive und sehr große negative Werte von x auf der positiven Seite der x-Achse. Schneidet sie die Achse und tritt demgemäß auf die negative Seite der x-Achse, so muß sie notwendig die Achse noch einmal schneiden, um wieder auf die positive Seite zu gelangen; d. h. die Gleichung hat entweder vier oder zwei oder keine reelle Wurzel, und das gleiche gilt augenscheinlich für jede Gleichung vierten Grades[1]).

Umgekehrt ist es bei einer Gleichung dritten Grades. Wir haben bereits auf S. 296 hervorgehoben, daß die dort betrachtete Kurve

$$y = x^3 - 7\,x + 1$$

für sehr große positive Werte von x auf der positiven Seite der x-Achse verläuft, für sehr große negative dagegen auf der negativen Seite; denn das Glied x^3 überwiegt in diesem Fall über die übrigen Glieder und ist negativ oder positiv, je nachdem x selbst negativ oder positiv ist. Die Kurve verläuft also zuerst auf der negativen, zuletzt auf der positiven Seite der x-Achse. Sie muß daher notwendig mindestens einmal die x-Achse kreuzen. Tut sie es mehr als einmal, so muß sie es auch zum drittenmal tun, d. h. die betrachtete Gleichung hat entweder eine oder drei reelle Wurzeln. Dies gilt für jede Gleichung dritten Grades.

Allgemein sieht man, daß eine Gleichung ungeraden Grades notwendig wenigstens eine und stets eine ungerade Zahl reeller Wurzeln hat; für eine Gleichung geraden Grades dagegen ist die Zahl der reellen Wurzeln stets gerade und kann im besondern auch Null sein.

Eine Ausnahme hiervon tritt nur dann ein, wenn die x-Achse die Kurve berührt. Dann fallen in dem Berührungspunkt zwei sonst verschiedene Schnittpunkte der Achse mit der Kurve zusammen. Man sieht dies am einfachsten, wenn man in Fig. 79 S. 295 die x-Achse parallel mit sich verschiebt, bis eine Berührung eintritt. Zählt man jetzt den Berührungspunkt als doppelten Schnittpunkt (vgl. den folgenden § 5), so bleiben die obigen Sätze über die **Zahl der Wurzeln** bestehen.

---

[1]) Vgl. auch die Ausführungen des folgenden Paragraphen.

§ 5. Der Fundamentalsatz der Algebra.

Aus der Elementarmathematik ist bekannt, daß eine quadratische Gleichung zwei, eine Gleichung dritten Grades drei Wurzeln hat. Analog besteht der Satz, daß eine Gleichung n^{ten} Grades n Wurzeln besitzt. Diesen Satz, für den Gauß zuerst einen exakten Beweis gegeben hat, nennt man den Fundamentalsatz der Algebra[1]). Denken wir uns die Gleichung n^{ten} Grades (§ 1) wieder auf die Form gebracht

$$1)\quad x^n + a\,x^{n-1} + b\,x^{n-2} + \ldots + p\,x + q = 0,$$

so können wir den Satz geometrisch dahin interpretieren, daß die Kurve

$$2)\quad y = x^n + a\,x^{n-1} + \ldots + p\,x + q$$

mit der x-Achse n Punkte gemeinsam hat. Übrigens bedarf diese Fassung, wie wir sofort zeigen werden, einer genaueren Begriffsbestimmung.

Einen Beweis des Fundamentalsatzes zu führen, ist hier nicht der Ort; wir beschränken uns auf folgende an diesen Satz sich anknüpfende Ausführungen.

Wir bezeichnen die rechte Seite von 2) abkürzend durch $f(x)$, so daß also

$$3)\quad f(x) = x^n + a\,x^{n-1} + \ldots + p\,x + q$$

ist. (Man nennt $f(x)$ eine ganze Funktion n^{ter} Ordnung von x.) Ferner wollen wir annehmen, es sei uns eine Wurzel ξ_1 der Gleichung 1) bekannt, so daß also

$$4)\quad 0 = \xi_1^n + a\,\xi_1^{n-1} + \ldots + p\,\xi_1 + q$$

ist. Durch Subtraktion der Gleichung 4) von 3) folgt

$$5)\quad f(x) = x^n - \xi_1^n + a\,(x^{n-1} - \xi_1^{n-1}) + \ldots + p\,(x - \xi_1).$$

Nun ist nach Formel 54) des Anhangs

$$x^n - \xi_1^n = (x - \xi_1)\left\{ x^{n-1} + \xi_1\,x^{n-2} + \ldots + \xi_1^{n-2}\,x + \xi_1^{n-1} \right\}$$

$$x^{n-1} - \xi_1^{n-1} = (x - \xi_1)\left\{ x^{n-2} + \xi_1\,x^{n-3} + \ldots + \xi_1^{n-2} \right\}$$

usw., und man sieht daher, daß man in der Gleichung 5) aus jedem Glied der rechten Seite den Faktor $x - \xi_1$ heraussetzen kann. Tut man dies, so ergibt sich

$$6)\quad f(x) = (x - \xi_1)\,f_1(x),$$

wo x in $f_1(x)$ nur mehr in der $(n-1)^{\text{ten}}$ Potenz auftritt, also $f_1(x)$ nach obigem Sprachgebrauch eine ganze Funktion $(n-1)^{\text{ter}}$ Ordnung ist; es wird $f_1(x)$ die Form haben

$$7)\quad f_1(x) = x^{n-1} + a_1\,x^{n-2} + b_1\,x^{n-3} + \ldots + p_1\,x + q_1 = 0,$$

---

[1]) Für das Folgende wollen wir der Einfachheit halber annehmen, daß sämtliche n Wurzeln reell sind.

wo sich die a_1, $b_1 \ldots p_1$, q_1 durch direktes Ausrechnen leicht bestimmen lassen. Ist nun ξ_2 eine Wurzel von $f_1(x)$, so beweist man auf dieselbe Weise, wie oben, daß analog zu Gleichung 6)

$$8) \quad f_1(x) = (x - \xi_2)\, f_2(x)$$

ist, wo $f_2(x)$ eine ganze Funktion $(n-2)^{\text{ter}}$ Ordnung darstellt. Die Kombination von Gleichung 6) und 8) liefert

$$9) \quad f(x) = (x - \xi_1)\,(x - \xi_2)\, f_2(x),$$

und wenn wir in dieser Weise weiter schließen, so finden wir schließlich

$$10) \quad f(x) = (x - \xi_1)\,(x - \xi_2) \ldots (x - \xi_n).$$

Wie man unmittelbar sieht, erhält die rechte Seite den Wert 0, wenn man für x einen der Werte $\xi_1, \xi_2 \ldots \xi_n$ setzt; daraus schließen wir, daß $\xi_1, \xi_2 \ldots \xi_n$ die n Wurzeln sind, die $f(x)$ dem Fundamentalsatz gemäß besitzt, d. h. die Abszissen derjenigen Punkte, die die Kurve $y = f(x)$ mit der x-Achse gemeinsam hat.

Es wurde bisher stillschweigend angenommen, daß die Werte $\xi_1, \xi_2 \ldots \xi_n$ voneinander verschieden sind. Dies ist aber für die Gültigkeit der Schlüsse durchaus nicht nötig. In der vorstehenden Ableitung wurde nämlich von ξ_2 zunächst nur angenommen, daß ξ_2 eine Wurzel der Gleichung $f_1(x) = 0$ ist; sie kann daher sehr wohl dieselbe sein, wie die Wurzel ξ_1 von $f(x)$. Dadurch werden in der Tat die vorstehenden Schlüsse in keiner Weise berührt; die Gleichung 9) lautet dann nur

$$9\,a) \quad f(x) = (x - \xi_1)^2 f_2(x),$$

und statt 10) ergibt sich

$$10\,a) \quad f(x) = (x - \xi_1)^2\,(x - \xi_3) \ldots (x - \xi_n).$$

Es ist klar, daß für gewisse Funktionen $f(x)$ auch $\xi_3 = \xi_1$ sein kann, und ebenso können noch weitere ξ einander gleich werden. In jedem Fall bleibt die Gleichung 10) bestehen, und dies spricht man dahin aus, daß sich die ganze Funktion n^{ter} Ordnung $f(x)$ in n Einzelfaktoren der Form $x - \xi$ zerlegen läßt, so daß die ξ die Wurzeln der Gleichung $f(x) = 0$ sind. Tritt ein solcher Faktor mehrfach auf, so nennt man das zugehörige ξ eine mehrfache Wurzel, und zählt sie so oft, wie sie im Produkt 10) auftritt. Nur wenn man so zählt, beträgt die Zahl der Wurzeln n; umgekehrt ist der Sinn des Fundamentalsatzes gerade der, daß man die Wurzeln so zählen muß.

Wir fragen noch, wie die Lage unseres Kurvenbildes zur x-Achse durch mehrfache Wurzeln beeinträchtigt wird. Beschränken wir uns auf eine Doppelwurzel. Es sei also

$$y = f(x) = (x - \xi_1)^2 f_2(x).$$

Wir haben dann

$$\operatorname{tg} \tau = f'(x) = (x - \xi_1)^2 f_2'(x) + 2(x - \xi_1) f_2(x)$$

und sehen sofort, daß auch $f'(x)$ für $x = \xi$ den Wert Null erhält, d. h. daß

$$f'(\xi_1) = 0$$

ist. Daraus folgt aber, daß im Punkte ξ_1 die Kurventangente mit der x-Achse zusammenfällt, d. h. die Kurve berührt in diesem Punkte die x-Achse. Man kann sich nun leicht überzeugen, daß gerade für diesen Fall die Überlegungen am Schluß des § 4 über die Lage der Kurve zur x-Achse und die daraus gezogenen Folgerungen in Kraft treten.

Soll nun irgendeine gegebene ganze Funktion

$$F(x) = A x^n + B x^{n-1} + \ldots + P x + Q$$

in Faktoren zerlegt werden, so hat man folgendermaßen zu verfahren.

Man erhält zunächst

$$F(x) = A \left(x^n + \frac{B}{A} x^{n-1} + \ldots + \frac{P}{A} x + \frac{Q}{A} \right) = A f(x),$$

wo jetzt $f(x)$ eine Funktion ist, wie oben. Nun hat man die Wurzeln der Gleichung $f(x) = 0$ sämtlich zu bestimmen, dann liefert Gleichung 10) das Verlangte. Dieser Methode bedarf man z. B. für die Partialbruchzerlegung (S. 133), wenn der Nenner $N(x)$ nicht in Faktoren gegeben ist, z. B. also für die Lösung der allgemeinen Aufgabe, die oben (S. 135) in ihren einfachsten Fällen behandelt wurde.

§ 6. Transzendente Gleichungen.

Allgemeine Methoden für die Auflösung von Gleichungen, in denen Logarithmen, Sinus, Kosinus usw. vorkommen (sog. transzendente Gleichungen), gibt es nicht; dem Naturforscher, der sich vor die Aufgabe einer rechnerischen Behandlung derartiger Gleichungen gestellt sieht, bleibt daher in solchen Fällen nichts anderes übrig, als sich der nötigen Geduld zu befleißigen und einfach durch Probieren die Auflösung schließlich zu erzwingen. Aus der Theorie der galvanischen Stromerzeugung [1]) ergibt sich, um auch ein derartiges Beispiel kurz zu erläutern, für die Potentialdifferenz ε zwischen zwei Lösungen binärer Elektrolyte, deren Ionengeschwindigkeiten bzw. u_1, v_1 und u_2, v_2 und deren Konzentrationen c_1 und c_2 sind, der Ausdruck

$$\varepsilon = 0{,}0576 \log x,$$

worin x aus der transzendenten Gleichung

$$1) \quad \frac{x\,c_2\,u_2 - c_1\,u_1}{c_2\,v_2 - x\,v_1\,c_1} = \frac{\log \dfrac{c_2}{c_1} - \log x}{\log \dfrac{c_2}{c_1} + \log x} \cdot \frac{x\,c_2 - c_1}{c_2 - x\,c_1}$$

zu berechnen ist.

Suchen wir z. B. die Potentialdifferenz zwischen einer 0,1 normalen Chlorkaliumlösung und einer 1 normalen Salzsäurelösung, so ist

$$u_1 = 52 \quad u_2 = 272 \quad c_1 = 0{,}1$$
$$v_1 = 54 \quad v_2 = 54 \quad c_2 = 1{,}0,$$

und wir finden durch Auflösung von Gleichung 1) nach $\log x$ und Einsetzen der Zahlenwerte

$$2) \quad \log x = - \frac{0{,}2 + 218\,x}{-10{,}6 + 326\,x} = A.$$

Durch Probieren finden wir

	x	$\log x$	A
I	0,1105	— 0,9566	— 0,9554
II	0,112	— 0,9508	— 0,9500
III	0,115	— 0,9393	— 0,9398
VI	0,120	— 0,9208	— 0,9243

Bei I und II ist

$$\log x < A$$

bei III und IV hingegen

$$\log x > A;$$

zwischen II und III liegt daher die gesuchte Wurzel. Da innerhalb der obigen kleinen Änderungen von x sowohl diese Größe wie auch A sich nahe linear ändern, so findet man durch Mittelnehmen zwischen II und III sofort ein neues Paar zusammengehöriger Werte von $\log x$

---

[1]) Nernst, Zeitschrift f. physik. Chem. 4, 129 (1889); Planck, Wied. Ann. 40, 561 (1890); V. Plettig, Annalen d. Physik, 5, 735, 1930. Vgl. auch Nernst, Theoret. Chem., 11. bis 15. Aufl., S. 849.

und A, welche die gesuchte Wurzel noch mehr einengen; auf diese Weise ergibt sich schließlich

$$\log x = A = -0,9436,$$
$$x = 0,1139$$

und

$$\varepsilon = -0,0544 \text{ Volt.}$$

In fast allen vorkommenden Fällen wird das Probieren dadurch sehr erleichtert, daß wir über den ungefähren Wert der gesuchten Größe von vornherein durch die Natur des betreffenden Problems mehr oder weniger genau orientiert sind. — Übrigens ist darauf zu achten, daß man sich nicht durch Wurzeln irre führen läßt, die erst durch algebraische Umformungen solcher Gleichungen hineingebracht werden. So ist in Gleichung 2) auch $x = 0,1$ eine Wurzel, weil für diesen Wert sowohl A wie $\log x = -1$ werden; diese Wurzel stimmt jedoch nicht mehr für die Ausgangsgleichung 1), sondern ist erst dadurch entstanden, daß, um Gleichung 2) abzuleiten, beide Seiten von Gleichung 1) mit $\log \frac{c_2}{c_1} + \log x$ multipliziert worden sind. Dadurch ist

$$x = \frac{c_1}{c_2}$$

zu einer Wurzel gemacht worden, die keine physikalische Bedeutung besitzt.

ELFTES KAPITEL

Differentiation und Integration empirisch festgestellter Funktionen.

§ 1. Differentiation.

Wenn der Experimentator die Beziehungen zwischen zwei veränderlichen Größen durch direkte Beobachtung ermittelt, so stellt er die Ergebnisse seiner Messungen zunächst in einer Tabelle zusammen. Je nach Bedürfnis sucht er dann entweder nach einem mathematischen Ausdruck (Interpolationsformel), der mit möglichst guter Annäherung an die Ergebnisse des Experiments aus der einen Größe die andere zu berechnen gestattet, oder aber er führt durch graphische Darstellung die erhaltene Beziehung anschaulich vor Augen.

In vielen Fällen ist nun der Differentialquotient der einen Größe nach der andern von theoretischer Wichtigkeit; seine direkte Bestimmung ist natürlich ausgeschlossen, weil die Messung einer unendlich kleinen Veränderung unmöglich ist. Ist man jedoch im Besitze einer hinreichend leistungsfähigen Interpolationsformel, so führt natürlich unmittelbar die Differentiation derselben zum gewünschten Endresultat[1]; verfügt man anderseits über eine genaue graphische Darstellung, so liefert die Tangente, die man an die Kurve im gewünschten Punkte legt, nach S. 71 den Differentialquotienten[2].

Beide Methoden haben ihre Mängel; die erste setzt den Besitz einer guten Interpolationsformel voraus, die bisweilen überhaupt nicht und sonst fast immer nur durch mühsame Rechnungen zu er-

---

[1] So stellte Horstmann, um $\frac{dp}{dt}$ zu ermitteln, die Dissoziationsspannung p des festen Salmiaks in ihrer Abhängigkeit von der Temperatur t durch die Interpolationsformel

$$\log p = a + b A^t$$

dar, worin a, b, A aus den Spannungstabellen zu ermittelnde Konstanten sind. Vgl. Ber. deutsch. chem. Ges. 2, 137 (1869).

[2] So verfuhr Horstmann, um den in vorstehender Anmerkung erwähnten Differentialquotienten auf einem zweiten Wege zu finden. Lieb. Ann. Erg. 8, 125 (1871—72).

halten ist; die zweite setzt zur exakten Durchführung ein ungewöhn-
liches Geschick im Zeichnen voraus.

Von hoher naturwissenschaftlicher Bedeutung ist daher eine
Methode, die zur direkten Ermittlung des Differentialquotienten
aus einer Tabelle führt und im folgenden auseinandergesetzt wird.

Es sei $f(x)$ die in Frage kommende Funktion; wir nehmen an,
daß man ihre Werte für solche Werte der Variablen kennt, die um
dieselbe Größe h voneinander verschieden sind, d. h. für

$$1) \quad x, \ x \pm h, \quad x \pm 2h, \quad x \pm 3h \ldots$$

Eine solche Aufgabe liegt z. B. vor, wenn man den Dampfdruck p
einer Flüssigkeit für Temperaturen ϑ kennt, die um gleich viele
Grade (z. B. um je 1 Grad) voneinander verschieden sind, und daraus
den Differentialquotienten $\dfrac{dp}{d\vartheta}$ für den Druck $p = p_0$ bestimmen soll.

Wir setzen die dazu geeignete Formel zunächst hierher und
lassen den Beweis weiter unten folgen. Sie lautet:

$$2) \quad \frac{dp}{d\vartheta} = \frac{1}{h}\left\{\frac{\varDelta_0 + \varDelta_{-1}}{2} - \frac{1}{6}\cdot\frac{\varDelta''_{-1} + \varDelta''_{-2}}{2} - \frac{1}{30}\cdot\frac{\varDelta''''_{-2} + \varDelta''''_{-3}}{2}\cdots\right\},$$

und zwar haben darin die Größen $\varDelta_0$, $\varDelta_{-1}$ $\varDelta''_{-1}\ldots$ folgende Bedeutung:

Wir setzen

$$p_0 = f(\vartheta), \quad p_1 = f(\vartheta + h), \quad p_2 = f(\vartheta + 2h)\ldots$$
$$p_{-1} = f(\vartheta - h), \quad p_{-2} = f(\vartheta - 2h)\ldots$$

und bilden zunächst folgendes Schema

$$
\begin{array}{ccccccc}
p_3 & p_2 & p_1 & p_0 & p_{-1} & p_{-2} \\
& \varDelta_2 & \varDelta_1 & \varDelta_0 & \varDelta_{-1} & \varDelta_{-2} \\
& & \varDelta'_1 & \varDelta'_0 & \varDelta'_{-1} & \varDelta'_{-2} \\
& & & \varDelta''_0 & \varDelta''_{-1} & \varDelta''_{-2} \\
& & & \cdot\ \cdot\ \cdot\ \cdot\ \cdot\ \cdot
\end{array}
$$

Hier ist

$$p_1 - p_0 = \varDelta_0, \quad p_0 - p_{-1} = \varDelta_{-1}$$
$$p_2 - p_1 = \varDelta_1, \quad p_{-1} - p_{-2} = \varDelta_{-2} \text{ usw.};$$

die Werte

$$\varDelta_2, \ \varDelta_1, \ \varDelta_0, \ \varDelta_{-1}, \ \varDelta_{-2}\ldots$$

stellen also der Reihe nach die Differenzen je zweier aufeinander
folgender Druckwerte dar (erste Differenzreihe). Ferner ist

$$\varDelta_1 - \varDelta_0 = \varDelta'_0 \qquad \varDelta_0 - \varDelta_{-1} = \varDelta'_{-1}$$
$$\varDelta_2 - \varDelta_1 = \varDelta'_1 \qquad \varDelta_{-1} - \varDelta_{-2} = \varDelta'_{-2} \text{ usw.,}$$

d. h. die Reihe

$$\varDelta'_1, \ \varDelta'_0, \ \varDelta'_{-1}, \ \varDelta'_{-2}\ldots$$

stellt die Differenzen je zweier aufeinander folgender Zahlen der ersten Differenzenreihe dar (zweite Differenzenreihe). Ebenso bedeuten

$$\Delta_1'', \; \Delta_0'', \; \Delta_{-1}'', \; \Delta_{-2}'' \ldots$$

die Differenzen je zweier Zahlen der zweiten Differenzenreihe (dritte Differenzenreihe) usw. Immer ist die Bezeichnung so gewählt, daß der untere Index des neuen Δ mit dem Index des bezüglichen Subtrahenden übereinstimmt.

Beispiel. Aus den von Wiebe[1]) mitgeteilten Werten für den Dampfdruck p des Wassers bei der Temperatur ϑ soll für 100^0 der Wert von $\dfrac{dp}{d\vartheta}$ berechnet werden. Wir finden von 0,5 zu $0,5^0$ in den Tabellen folgende zusammengehörige Werte für ϑ und p (p ist in mm Quecksilber gezählt):

ϑ	p	Δ	Δ'	Δ''
99,0	$(733,24)_{-2}$			
99,5	$(746,52)_{-1}$	$(13,28)_{-2}$		
100,0	$(760,00)_0$	$(13,48)_{-1}$	$(0,20)_{-2}$	
100,5	$(773,69)_{+1}$	$(13,69)_0$	$(0,21)_{-1}$	$(+0,01)_{-2}$
101,0	$(787,58)_{+2}$	$(13,89)_1$	$(0,20)_0$	$(-0,01)_{-1}$

In dieser Tabelle sind die Zahlenwerte mit den betreffenden Indizes versehen; wir finden also aus Gleichung 2)

$$\frac{dp}{d\vartheta} = \frac{1}{0,5} \left\{ \frac{13,48 + 13,69}{2} - \frac{0,01 - 0,01}{12} \right\} = 27,17 \frac{\text{mm}}{\text{Celsiusgrade}}.$$

Die Werte von Δ'''' zu berücksichtigen, wird höchst selten erforderlich sein.

Wir knüpfen den Beweis zweckmäßig direkt an das eben genannte Beispiel an. Wir nehmen also an, es sei für jedes der obigen p und ϑ

3) $\quad p = f(\vartheta) = A + B\vartheta + C\vartheta^2 + D\vartheta^3 + E\vartheta^4 + \ldots$

die Reihe, durch die sich der Druck p als Funktion von ϑ darstellen lasse. Aus ihr folgt durch Differentiation

4) $\quad \dfrac{dp}{d\vartheta} = f'(\vartheta) = B + 2C\vartheta + 3D\vartheta^2 + 4E\vartheta^3 + \ldots,$

und es ist nun die Aufgabe, die Koeffizienten der rechts stehenden Reihe durch das Zahlenmaterial der Tabelle auszudrücken. Dieses Zahlenmaterial enthält die Werte von p für die Temperaturen

$$\vartheta, \quad \vartheta \pm h, \quad \vartheta \pm 2h.$$

---

[1]) Tafeln über die Spannkraft des Wasserdampfes, Braunschweig 1894.

Ersetzen wir in Gleichung 3) ϑ durch $\vartheta + h$ und $\vartheta - h$, so ergeben sich folgende Gleichungen:

5) $\quad \begin{aligned} p_1 &= f(\vartheta + h) = A + B(\vartheta + h) + C(\vartheta + h)^2 + D(\vartheta + h)^3 + E(\vartheta + h)^4 + \ldots \\ p_{-1} &= f(\vartheta - h) = A + B(\vartheta - h) + C(\vartheta - h)^2 + D(\vartheta - h)^3 + E(\vartheta - h)^4 + \ldots \end{aligned}$

Aus ihnen und Gleichung 3) folgt durch Subtraktion nach einfachen Reduktionen [1])

$$\begin{aligned} p_1 - p_0 &= Bh + C(2\vartheta h + h^2) + D(3\vartheta^2 h + 3\vartheta h^2 + h^3) \\ &\quad + E(4\vartheta^3 h + 6\vartheta^2 h^2 + 4\vartheta h^3 + h^4) + \ldots \\ p_0 - p_{-1} &= Bh + C(2\vartheta h - h^2) + D(3\vartheta^2 h - 3\vartheta h^2 + h^3) \\ &\quad + E(4\vartheta^3 h - 6\vartheta^2 h^2 + 4\vartheta h^3 - h^4) + \ldots \end{aligned}$$

Addieren wir diese Gleichungen und beachten, daß oben

$$p_1 - p_0 = \varDelta_0, \quad p_0 - p_{-1} = \varDelta_{-1}$$

gesetzt wurde, so folgt

$$\varDelta_0 + \varDelta_{-1} = 2Bh + 2C \cdot 2\vartheta h + 2D \cdot (3\vartheta^2 h + h^3) + 2E \cdot (4\vartheta^3 h + 4\vartheta h^3) + \ldots$$

und wenn wir noch durch $2h$ dividieren,

$$\frac{1}{h} \cdot \frac{\varDelta_0 + \varDelta_{-1}}{2} = B + 2C\vartheta + 3D\vartheta^2 + 4E\vartheta^3 + \ldots \\ + Dh^2 + 4E\vartheta h^2 + \ldots$$

Der erste Teil der rechten Seite ist aber der Differentialquotient von p und ϑ, also folgt schließlich

6) $\quad \dfrac{dp}{d\vartheta} = \dfrac{1}{h}\left(\dfrac{\varDelta_0 + \varDelta_{-1}}{2}\right) - (Dh^2 + 4E\vartheta h^2 + \ldots).$

Ist h so klein, daß man die mit h^2 multiplizierten Glieder vernachlässigen kann, so erhält man in erster Annäherung

7) $\quad \dfrac{dp}{d\vartheta} = \dfrac{1}{h} \cdot \dfrac{\varDelta_0 + \varDelta_{-1}}{2}.$

Zu einer genaueren Formel gelangt man, wenn man auch die rechts in der Klammer (Gleichung 6) stehende Reihe durch das Zahlenmaterial der Tabelle ersetzt. Hier verfahren wir so:

Wir ersetzen in Gleichung 3) ϑ durch $\vartheta + 2h$ und $\vartheta - 2h$ und erhalten

$$\begin{aligned} p_2 &= A + B(\vartheta + 2h) + C(\vartheta + 2h)^2 + D(\vartheta + 2h)^3 + E(\vartheta + 2h)^4 + \ldots \\ p_{-2} &= A + B(\vartheta - 2h) + C(\vartheta - 2h)^2 + D(\vartheta - 2h)^3 + E(\vartheta - 2h)^4 + \ldots \end{aligned}$$

Aus ihnen und den Gleichungen 5) folgt durch Subtraktion und einfache Reduktionen, wenn wir beachten, daß

$$p_2 - p_1 = \varDelta_1, \quad p_{-1} - p_{-2} = \varDelta_{-2}$$

---

[1]) Vgl. Formel 2 ff. des Anhangs.

gesetzt wurde,

$$\Delta_1 = Bh + C\,(2\vartheta h + 3h^2) + D\,(3\vartheta^2 h + 9\vartheta h^2 + 7\,h^3)$$
$$+ E\,(4\vartheta^3 h + 18\vartheta^2 h^2 + 28\,\vartheta h^3 + 15\,h^4) + \cdots$$
$$\Delta_{-2} = Bh + C\,(2\vartheta h - 3h^2) + D\,(3\vartheta^2 h - 9\vartheta h^2 + 7h^3)$$
$$+ E\,(4\vartheta^3 h - 18\,\vartheta^2 h^2 + 28\,\vartheta h^3 - 15\,h^4) + \cdots$$

Hierzu fügen wir die bereits oben abgeleiteten Gleichungen

$$\Delta_0 = Bh + C\,(2\,\vartheta h + h^2) + D\,(3\,\vartheta^2 h + 3\,\vartheta h^2 + h^3)$$
$$+ E\,(4\,\vartheta^3 h + 6\,\vartheta^2 h^2 + 4\,\vartheta h^3 + h^4) + \cdots$$
$$\Delta_{-1} = Bh + C\,(2\,\vartheta h - h^2) + D\,(3\,\vartheta^2 h - 3\,\vartheta h^2 + h^3)$$
$$+ E\,(4\,\vartheta^3 h - 6\,\vartheta^2 h^2 + 4\,\vartheta h^3 - h^4) + \cdots$$

Diese Gleichungen subtrahieren wir jetzt nochmals voneinander und erhalten mit Rücksicht auf die obigen Bezeichnungen

$$\Delta_0' = C \cdot 2\,h^2 + D\,(6\,\vartheta h^2 + 6\,h^3) + E\,(12\,\vartheta^2 h^2 + 24\,\vartheta h^3 + 14\,h^4) + \cdots$$
$$\Delta_{-1}' = C \cdot 2\,h^2 + D\,(6\,\vartheta h^2) + E\,(12\vartheta^2 h^2 + 2\,h^4) + \cdots$$
$$\Delta_{-2}' = C \cdot 2\,h^2 + D\,(6\,\vartheta h^2 - 6\,h^3) + E\,(12\,\vartheta^2 h^2 - 24\,\vartheta h^3 + 14\,h^4) + \cdots$$

Endlich folgen hieraus durch nochmalige Subtraktion für die neuen Differenzen $\Delta_{-1}'' = \Delta_0' - \Delta_{-1}'$ und $\Delta_{-2}'' = \Delta_{-1}' - \Delta_{-2}'$ die Werte

$$\Delta_{-1}'' = D \cdot 6\,h^3 + E\,(24\,\vartheta h^3 + 12\,h^4) + \cdots$$
$$\Delta_{-2}'' = D \cdot 6\,h^3 + E\,(24\,\vartheta h^3 - 12\,h^4) + \cdots$$

Hieraus ergibt sich nunmehr durch Addition

$$\Delta_{-1}'' + \Delta_{-2}'' = 2\,D \cdot 6\,h^3 + 2\,E \cdot 24\,\vartheta h^3 + \cdots$$

oder endlich, wenn wir durch $2\,h$ dividieren,

$$\frac{1}{h}\,\frac{\Delta_{-1}'' + \Delta_{-2}''}{2} = 6\,D h^2 + 24\,E\vartheta h^2 + \cdots$$
$$= 6\,(D h^2 + 4\,E\vartheta h^2 + \cdots) + \cdots$$

Der Ausdruck in der Klammer rechts ist aber gerade derjenige, dessen Wert wir für Gleichung 6) suchten. Vernachlässigen wir die übrigen Glieder rechts, setzen also für die Klammer den so gefundenen Annäherungswert[1]) in Gleichung 6) so erhalten wir

$$8)\quad \frac{dp}{d\vartheta} = \frac{1}{h}\left\{\frac{\Delta_0 + \Delta_{-1}}{2} - \frac{1}{6}\cdot\frac{\Delta_{-1}'' + \Delta_{-2}''}{2}\right\}$$

als besseren Annäherungswert des gesuchten Differentialquotienten.

---

[1]) Auf der rechten Seite der letzten Gleichung erscheinen, wenn man auch $F\vartheta^5 + G\vartheta^6 + \cdots$ berücksichtigt, außer den oben hingeschriebenen Gliedern noch andere, die mit h^4, $h^6 \cdots$ multipliziert sind. Daher ist der gefundene Wert nur ein Annäherungswert.

Eine noch genauere Formel ist die bereits S. 309 erwähnte

$$\frac{dp}{d\vartheta} = \frac{1}{h} \left\{ \frac{\varDelta_0 + \varDelta_{-1}}{2} - \frac{1}{6} \cdot \frac{\varDelta''_{-1} + \varDelta''_{-2}}{2} = \frac{1}{30} \cdot \frac{\varDelta''''_{-2} + \varDelta''''_{-3}}{2} \right\},$$

wo $\varDelta''''_{-2}$ und $\varDelta''''_{-3}$ ganz analoge Bedeutung haben, wie die vorhergehenden Größen.

§ 2. Integration.

Bisweilen wünscht man das bestimmte Integral

$$\int_{x_0}^{x_n} y\,dx$$

aus einer Tabelle zu berechnen. Man kann hier ähnlich verfahren wie oben; man integriert entweder eine Interpolationsformel, die sich den Beobachtungen hinreichend anschließt, oder aber man trägt sich die Kurve graphisch auf und bestimmt den Inhalt des Flächenstückes, das nach S. 169 den Wert des bestimmten Integrals darstellt. Diese Bestimmung geschieht entweder mit Hilfe eines Planimeters oder aber durch Auswägen des ausgeschnittenen Flächenstücks, nachdem man das Gewicht der Flächeneinheit des (hinreichend gleichförmig vorausgesetzten)

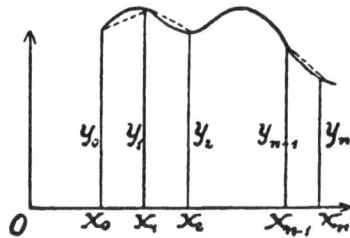

Fig. 80.

Papiers oder sonstigen Materials vorher bestimmt hat, oder durch Auszählen der cm² und mm² und Schätzen der Bruchteile.

Man hat aber auch hier andere, teilweise sogar bequemere rechnerische Methoden. Liegen (Fig. 80) die Werte

$$x_0, \; x_1, \; x_2 \ldots x_n$$

von x, denen die Funktionswerte

$$y_0, \; y_1, \; y_2 \ldots y_n$$

entsprechen, hinreichend nahe aneinander, so ist der Wert des gesuchten Integrals J in einfachster Annäherung

$$1) \quad J = (x_1 - x_0)\frac{y_0 + y_1}{2} + (x_2 - x_1)\frac{y_1 + y_2}{2} + \ldots + (x_n - x_{n-1})\frac{y_{n-1} + y_n}{2};$$

diese Formel liefert nämlich die Summe der Flächeninhalte der Trapeze[1]), die durch die Abszissenachse, zwei benachbarte y-Koordi-

---

[1]) Vgl. Formel 72 des Anhangs.

naten und durch die Verbindungslinie der Endpunkte dieser Koordinaten begrenzt werden; sie wird offenbar in allen Fällen brauchbare Werte liefern, in denen die Kurve

$$y = f(x)$$

sich den oberen Seiten der Trapeze hinreichend nahe anschließt.

Beispiel. Man habe die Stärke eines Stromes, der zur Ab-
scheidung von Silber benutzt wird (z. B. im Silbervoltameter) bei
den Zeiten $t_0, t_1, t_2 \ldots t_n$ gemessen und hierfür die Werte $I_0, I_1, I_2 \ldots I_n$
beobachtet. Dann ist die Menge ausgefällten Silbers gleich dem
Produkt aus dem Äquivalentgewicht des Silbers und der (elektro-
chemisch gemessenen) Elektrizitätsmenge E, die den Stromkreis
durchflossen hat. Letztere ist aber

$$E = \int_{t_0}^{t_n} I\, dt$$

oder nach dem Vorstehenden

$$E = (t_1 - t_0)\frac{I_0 + I_1}{2} + (t_2 - t_1)\frac{I_1 + I_2}{2} + \cdots$$
$$+ (t_n - t_{n-1})\frac{I_{n-1} + I_n}{2}.$$

Eine bessere Annäherung erhält man, wenn man nicht je zwei
benachbarte Ordinatenendpunkte durch eine Gerade verbindet, sondern durch die Endpunkte je dreier benachbarter Ordinaten eine
Parabel legt. Um z. B. die Endpunkte y_0, y_1, y_2 durch ein Parabel-
stück zu verbinden, wollen wir die Kurve zeichnen, die die Gleichung

$$2)\quad y = y_0 + a(x - x_0) + b(x - x_0)^2$$

hat [1]), und deren Konstanten a und b aus den Bedingungsgleichungen

$$3)\quad \begin{aligned} y_1 &= y_0 + a(x_1 - x_0) + b(x_1 - x_0)^2, \\ y_2 &= y_0 + a(x_2 - x_0) + b(x_2 - x_0)^2 \end{aligned}$$

zu berechnen sind. Diese Gleichungen drücken nämlich aus, daß
unsere Kurve durch die Punkte x_1, y_1 und x_2, y_2 geht; und da Gleichung 2) durch die Koordinaten x_0 und y_0 direkt befriedigt wird,
so ist damit sichergestellt, daß die Parabel die drei betrachteten
Punkte enthält. Aus den Gleichungen 3) ergibt sich

$$4)\quad a = \frac{(y_1 - y_0)(x_2 - x_0)^2 - (y_2 - y_0)(x_1 - x_0)^2}{(x_1 - x_0)(x_2 - x_0)(x_2 - x_1)}$$

---

[1]) Daß diese Kurve eine Parabel ist, deren Hauptachse der y-Achse parallel
ist, wird in den Übungsaufgaben § 1, Nr. 5, gezeigt.

$$5) \quad b = \frac{(y_2 - y_0)(x_1 - x_0) - (y_1 - y_0)(x_2 - x_0)}{(x_1 - x_0)(x_2 - x_0)(x_2 - x_1)},$$

und es folgt nach Gleichung 2) für das Integral

$$6) \quad \int_{x_0}^{x_2} y \, dx = y_0(x_2 - x_0) + \frac{a}{2}(x_2 - x_0)^2 + \frac{b}{3}(x_2 - x_0)^3,$$

wo also die Zahlenwerte von a und b aus 4) und 5) zu berechnen sind. In derselben Weise behandelt man das durch x_2, x_3, x_4 und y_2, y_3, y_4 bestimmte Flächenstück. Ist n gerade, so gelangt man schließlich zu einem letzten Integral dieser Art, das den Abszissen x_{n-2}, x_{n-1}, x_n entspricht, nämlich zu dem Integral

$$\int_{x_{n-2}}^{x_n} y \, dx,$$

und der Wert des gesuchten Gesamtintegrals ist natürlich

$$J = \int_{x_0}^{x_2} y \, dx + \int_{x_2}^{x_4} y \, dx + \dots + \int_{x_{n-2}}^{x_n} y \, dx.$$

Ist n eine ungerade Zahl, so berechnet man sich entweder durch Interpolation ein Paar neuer zusammengehöriger Werte von y und x oder aber man berechnet einfacher das zwischen zwei möglichst nahe gelegenen Werten von y liegende Flächenstück, wie oben, als Trapez, und die übrigen als Parabelsegmente.

Sind die Abstände der y-Koordinaten sämtlich gleich groß, ist also

$$x_1 - x_0 = x_2 - x_1 = \dots = x_n - x_{n-1} = h,$$

so vereinfacht sich vorstehende Gleichung durch eine einfache Rechnung zu

$$7) \quad J = \frac{h}{3}[y_0 + y_n + 4(y_1 + y_3 + \dots + y_{n-1}) + 2(y_2 + y_4 + \dots + y_{n-2})],$$

einer als Simpsonsche Formel bekannten Gleichung; n ist natürlich wieder eine gerade Zahl. Man erspart sich also viel Rechnung, wenn man im obigen Beispiel (S. 314) die Stromintensitäten in gleichen Zeitintervallen (etwa jede Minute) abliest.

Zahlenbeispiel. Gegeben seien die Werte

$$\begin{aligned} x_0 &= 1,000 & y_0 &= 0,5000 \\ x_1 &= 1,500 & y_1 &= 0,3077 \\ x_2 &= 2,000 & y_2 &= 0,2000 \end{aligned}$$

und es sei auszuwerten der Betrag

$$J = \int_{x_0}^{x_2} y \, dx.$$

Hierfür liefert Formel 1)

$$J = 0,5 \frac{0,5000 + 0,3077}{2} + 0,5 \frac{0,3077 + 0,2000}{2} = 0,32885.$$

Nehmen wir jedoch die genauere Formel 6) zu Hilfe, so ergibt sich

$$y_0 (x_2 - x_0) = + 0,5000$$

$$\frac{a}{2} (x_2 - x_0)^2 = - 0,2346$$

$$\frac{b}{3} (x_2 - x_0)^3 = + 0,0564$$

somit
$$J = 0,3218.$$

Da in unserem Beispiel

$$x_2 - x_1 = x_1 - x_0$$

ist, so können wir bequemer die vereinfachte Formel 7) anwenden und finden so

$$J = \frac{0,5}{3} [0,5000 + 0,2000 + 4 \cdot 0,3077] = 0,3218,$$

ein Wert, der natürlich mit dem nach Gleichung 6) erhaltenen übereinstimmt.
Die Werte von y sind in obigem Zahlenbeispiel nach der Gleichung

$$y = f(x) = \frac{1}{1 + x^2}$$

berechnet; der genaue numerische Wert des gesuchten Integrals ist also in diesem Falle direkt zu erhalten aus der Gleichung (S. 119)

$$J = \int_1^2 \frac{dx}{1 + x^2} = \text{arc tg } 2 - \text{arc tg } 1 = 0,321751;$$

wir sehen also, daß die Formeln 6) und 7) einen sehr bemerkenswerten Grad von Genauigkeit besitzen[1]).

---

[1]) Weitere Annäherungsmethoden findet man in den im Vorwort zitierten Lehrbüchern. Graphische und numerische Verfahren behandeln speziell:

C. Runge, Graphische Methoden, Teubner, 2. Aufl. 1919.

H. v. Sanden, Praktische Analysis, Teubner, 2. Aufl. 1923.

ZWÖLFTES KAPITEL

Beispiele aus der Mechanik und Thermodynamik.

§ 1. Geschwindigkeit.

Unseren allgemeinen Gesichtspunkten gemäß beginnen wir mit solchen mechanischen Begriffen, die sich auf gleichmäßige Prozesse beziehen. Dazu gehören Bewegungen, die geradlinig und mit konstanter Geschwindigkeit erfolgen. Da die Geschwindigkeit ein Vektor $\mathfrak{v}$ ist, so setzen sich mehrere Geschwindigkeiten, die man einem Massenpunkt gleichzeitig oder nacheinander, z. B. durch Stöße, erteilt, nach dem Parallelogrammgesetz zusammen (S. 48). Es gilt also

$$1) \quad \mathfrak{v} = \mathfrak{v}_1 + \mathfrak{v}_2.$$

Nach S. 52 ergibt die Zerlegung in die drei räumlichen Komponenten

$$2) \quad v_x = v \cdot \cos \alpha, \quad v_y = v \cdot \cos \beta, \quad v_z = v \cdot \cos \gamma.$$

Wir gehen zu Bewegungen mit veränderlicher Geschwindigkeit über. Möge sie zunächst auf einer ebenen Kurve vor sich gehen, so ersetzen wir unserer allgemeinen differen-
tiellen Denkweise gemäß die Kurve zunächst durch ein ihr eingeschriebenes Polygon und nehmen an, daß der Punkt jede Polygonseite mit konstanter Geschwindigkeit durchläuft. Die Größe dieser Geschwindigkeit sei wieder v. Sei (Fig. 81) PP' die vom Punkt P ausgehende Seite, ds ihre Länge, dt die Zeit, in der sie durchlaufen wird, so ergibt sich im Grenzfall (vgl. auch S. 95)

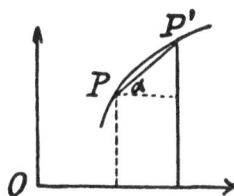

Fig. 81.

$$3) \quad v = \frac{ds}{dt}.$$

Hierdurch wird also die Geschwindigkeit des Punktes m auf der Strecke PP' oder genauer seine momentane Geschwindigkeit im Punkte P der Größe nach dargestellt[1]).

---

[1]) Die Länge ds haben wir auch als Differential des Bogens unserer Kurve anzusehen (S. 96).

Wir gehen nun zu den Formeln über, die sich aus der Vektoreigenschaft ergeben. Da v der Definition nach eine konstante Geschwindigkeit bedeutet, nämlich die für die Strecke PP', so können wir die Formeln von Kap. I, § 25 auf sie anwenden; wir erhalten für ihre Komponenten v_x und v_y

$$4)\quad v_x = v\cos\alpha,\quad v_y = v\sin\alpha,$$

und zwar stellt α den Winkel dar, den die Gerade PP' mit der x-Achse bildet. Anderseits ist, wenn dx und dy die Projektionen von PP' auf den Achsen sind,

$$dx = ds\cdot\cos\alpha,\quad dy = ds\cdot\sin\alpha,$$

woraus durch Division mit dt

$$\frac{dx}{dt} = \frac{ds}{dt}\cos\alpha = v\cos\alpha,\qquad \frac{dy}{dt} = \frac{ds}{dt}\sin\alpha = v\sin\alpha$$

folgt. Durch Vergleichung mit den Werten von v_x und v_y ergibt sich daher schließlich

$$5)\quad v_x = \frac{dx}{dt},\quad v_y = \frac{dy}{dt}.$$

Beispiele: Für die S. 32 behandelte ebene Bewegung 1) findet man

$$v_x = \frac{dx}{dt} = -a\sin t,\quad v_y = \frac{dy}{dt} = a\cos t,$$

also wird

$$v^2 = a^2(\sin^2 t + \cos^2 t) = a^2;$$

die Größe der Geschwindigkeit hat daher den konstanten Wert a. Die Richtung wechselt dauernd, da sie mit der Tangente der Bahn, also des Kreises, übereinstimmt.

Für das zweite Beispiel haben wir

$$v_x = \frac{dx}{dt} = \alpha,\quad v_y = \frac{dy}{dt} = \beta,$$

woraus $v = \sqrt{\alpha^2+\beta^2}$ = konst. folgt; die Gerade wird also mit konstanter Geschwindigkeit durchlaufen. Endlich ist im dritten Beispiel

$$v = \sqrt{a^2\sin^2 t + b^2\cos^2 t},$$

hier ist also auch die Größe der Geschwindigkeit von der Zeit t abhängig.

Die vorstehenden Formeln lassen sich ohne weiteres auf den Fall einer räumlichen Bewegung übertragen. Ersetzen wir die Raumkurve wieder durch ein ihr eingeschriebenes Polygon, dessen Seiten wir uns mit konstanter Geschwindigkeit durchlaufen denken, so bleiben die obigen Schlüsse der Sache nach vollständig bestehen; insbesondere gilt also auch die Gleichung 3). Sind ferner α, β, γ die Winkel von PP' mit den Achsen, so bestehen für die rechtwinkligen Komponenten von v die Gleichungen (Kap. I, § 25)

$$v_x = v\cos\alpha,\quad v_y = v\cos\beta,\quad v = v\cos\gamma.$$

Anderseits haben wir wieder, wenn dx, dy, dz die Projektionen von $PP' = ds$ sind,

$$dx = ds \cdot \cos \alpha, \quad dy = ds \cos \beta, \quad dz = ds \cos \gamma,$$

woraus ebenso wie oben schließlich

$$v_x = \frac{dx}{dt}, \quad v_y = \frac{dy}{dt}, \quad v_z = \frac{dz}{dt}$$

folgt.

Beispiel: Für die Bewegung auf der Geraden OP, die durch die Gleichung 8) von S. 47 gegeben ist, haben wir

$$\frac{dx}{dt} = a, \quad \frac{dx}{dt} = b, \quad \frac{dz}{dt} = c,$$

also $v = \sqrt{a^2 + b^2 + c^2} =$ konst. in Übereinstimmung mit dem Inhalt von S. 47.

Dem Geschwindigkeitsbegriff kann man eine verallgemeinerte Bedeutung geben, die sich auf krummlinige Bewegungen bezieht. Dazu führen wir die Länge des durchlaufenen Kurvenbogens ein, den wir, von irgendeinem Anfangspunkt aus, durch s bezeichnen. Wir werden nun sagen, daß ein Punkt sich auf der Kurve mit gleichmäßiger Geschwindigkeit bewegt, wenn er in gleichen Zeiten gleiche Bogenlängen zurücklegt, und werden die Geschwindigkeit wieder durch die Länge des in der Zeiteinheit durchlaufenen Weges messen. Naturgemäß kommt aber hier nur die Größe der Geschwindigkeit in Frage. Ein Beispiel bildet ein Punkt, der gleichmäßig einen Kreis durchläuft. Auf diese Weise erhält man unmittelbar die Gleichung 3), indem man sofort unter ds das Differential des Kurvenbogens versteht.

§ 2. Beschleunigung und kontinuierliche Kraft.

Die Änderung, die die momentane Geschwindigkeit eines beweglichen Punktes von einer Lage zur andern erfährt, wird durch die Beschleunigung gemessen. Wir haben sie bereits (S. 196) für diejenigen geradlinigen Bewegungen eingeführt, bei denen das Wachstum die Geschwindigkeit gleichmäßig stattfindet. Eine Bewegung dieser Art war die Fallbewegung. Ein frei fallender Punkt erfährt bekanntlich in gleichen Zeiten den gleichen Geschwindigkeitszuwachs, insbesondere wächst seine momentane Geschwindigkeit im Verlauf jeder Sekunde um 981 cm pro sec. Diesen Zuwachs bezeichnet man daher als die Beschleunigung der Fallbewegung[1].

---

[1] Bei einem aus der Ruhelage fallenden Punkt stellt also die Beschleunigung zugleich die am Ende der ersten Sekunde erlangte Geschwindigkeit dar.

Das gleiche gilt von jeder geradlinigen Bewegung, deren Geschwindigkeit der Zeit proportional zunimmt; haben die Geschwindigkeiten zur Zeit t_1 und t_2 die Werte v_1 und v_2, so hat die Beschleunigung den Wert

$$1) \quad f = \frac{v_2 - v_1}{t_2 - t_1}.$$

Bei dieser Definition handelt es sich zunächst wieder nur um die Größe der Beschleunigung. Wir können sie daher, wie aus dem Schluß von § 1 folgt, unmittelbar auf krummlinige Bewegungen übertragen; auch für sie gilt dann, wenn die momentane Geschwindigkeit des beweglichen Punktes gleichmäßig wächst, die Gleichung 1).

Hiervon machen wir eine Anwendung auf die differentiellen Verhältnisse beliebiger Bewegungen. Ist also wieder ds die Länge des differentiellen Bogens PP', der in der Zeit dt durchlaufen wird, so denken wir uns, daß auf diesem Bogen die Größe der momentanen Geschwindigkeit gleichmäßig zunimmt. Da nun die Zunahme von v in der Zeit dt den Wert dv hat, so folgt aus 1), daß die Beschleunigung für den Bogen ds durch

$$2) \quad f = \frac{dv}{dt}$$

gegeben ist, oder, wenn wir den Wert von v aus § 1 einsetzen, durch

$$3) \quad f = \frac{dv}{dt} = \frac{d^2 s}{dt^2}.$$

Den so bestimmten Wert von f nennt man auch die momentane Beschleunigung im Punkte P.

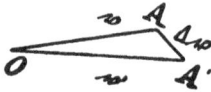
Fig. 82.

Die vorstehende Ableitung bezog sich, wie wir nochmals hervorheben, nur auf die Größe der momentanen Beschleunigung, also die Beschleunigung in Richtung der Bahnkurve, und gilt anderseits für Bewegungen beliebiger Art. Wir gehen nun wieder zur vektoriellen Behandlung über. Seien also (Fig. 82)

$$OA = \mathfrak{v} \quad \text{und} \quad OA' = \mathfrak{v}'$$

die Vektoren, die die momentane Geschwindigkeit in P und P' darstellen. Wird dann A mit A' verbunden und der zugehörige Vektor AA' durch $\varDelta\mathfrak{v}$ bezeichnet, so haben wir gemäß Kap. I, § 24

$$4) \quad \mathfrak{v}' = \mathfrak{v} + \varDelta\mathfrak{v};$$

es stellt also $\varDelta\mathfrak{v}$ denjenigen Geschwindigkeitszuwachs dar, den wir vektoriell zu $\mathfrak{v}$ hinzufügen müssen, um $\mathfrak{v}'$ zu erhalten, um den sich also $\mathfrak{v}$ in der Zeit $\varDelta t$ vermehrt hat[1]). Der entsprechende Geschwindigkeitszuwachs für die Sekunde würde also

$$5) \quad \mathfrak{f} = \frac{\varDelta \mathfrak{v}}{\varDelta t}$$

sein; er liefert die vektorielle Darstellung der momentanen Beschleunigung im Punkt P.

Wenn wir Gleichung 5) in Komponenten zerlegen, dann den Grenzübergang zum Differentialquotienten vornehmen und berücksichtigen, daß gemäß § 1 gilt

$$v_x = \frac{dx}{dt}; \quad v_y = \frac{dy}{dt}; \quad v_z = \frac{dz}{dt},$$

so erhalten wir für eine räumliche Bewegung die Gleichungen

$$6) \quad f_x = \frac{dv_x}{dt} = \frac{d^2x}{dt^2}, \quad f_y = \frac{dv_y}{dt} = \frac{d^2y}{dt^2}, \quad f_z = \frac{dv_z}{dt} = \frac{d^2z}{dt^2},$$

die sich für eine ebene Bewegung auf die ersten beiden reduzieren.

Beispiel. Die allgemeinsten Gesetze der Fallbewegung abzuleiten.

Es ist klar, daß der fallende Punkt in einer Ebene zu bleiben genötigt ist. Legt man die positive x-Achse in die nach unten gerichtete Vertikale, so fällt die Beschleunigung g der Fallbewegung in die Richtung der positiven x-Achse, und man hat offenbar

$$f_x = g = 981 \frac{cm}{sec^2} \quad \text{und} \quad f_y = 0.$$

Daraus folgt
$$\frac{d^2x}{dt^2} = f_x = g; \quad \frac{d^2y}{dt^2} = f_y = 0.$$

Hieraus ergibt sich zunächst, wie man leicht verifiziert,

$$\frac{dx}{dt} = gt + c, \quad \frac{dy}{dt} = \gamma,$$

wo c und γ Integrationskonstanten sind. Integriert man diese Gleichungen noch einmal, so wird

$$x = \frac{1}{2}gt^2 + ct + c_1, \quad y = \gamma t + \gamma_1,$$

mit c_1 und γ_1 als neuen Integrationskonstanten (S. 118).

Diese beiden Gleichungen stellen eine Parabel dar, was man in ähnlicher Weise wie in § 1 Nr. 5 der Übungsaufgaben nachweisen kann.

---

[1]) Der Vektor $\varDelta\mathfrak{v}$ ist naturgemäß ein differentieller Vektor, da er den Zuwachs von $\mathfrak{v}$ in der Zeit $\varDelta t$ darstellt. Man hat auch noch $\varDelta\mathfrak{v} = \mathfrak{v}' - \mathfrak{v}$.

Noch eine Bemerkung über die Bedeutung der Integrationskonstanten. Die Bewegung möge im Moment $t = 0$ beginnen. Man findet dann, wenn x_0 und y_0 die Lage des fallenden Punktes zur Zeit $t = 0$ angeben, aus den beiden letzten Gleichungen

$$x_0 = c_1 \text{ und } y_0 = \gamma_1.$$

Ist ebenso v^0 die Geschwindigkeit, die der Punkt für $t = 0$ besitzt, also in dem Augenblick, in dem die Schwere zu wirken beginnt, so hat man

$$v^0{}_x = c \text{ und } v^0{}_y = \gamma,$$

womit sämtliche Integrationskonstanten ihre Deutung erfahren haben.

Das Auftreten beschleunigter Bewegungen führt man auf kontinuierlich wirkende Kräfte zurück, denen man eine Größe und eine Richtung zuteilt; insbesondere sagt man, daß eine geradlinige gleichmäßig beschleunigte Bewegung die Wirkung einer konstanten Kraft $\Re$ ist, deren Richtung mit der der Beschleunigung identisch ist. Bei der Fallbewegung ist diese konstante Kraft bekanntlich die Schwere. Wir messen sie durch das Produkt aus der Masse und der Beschleunigung, so daß bei der Schwere

$$\Re = mg = m \cdot 981$$

die auf die Masse m wirkende Schwerkraft darstellt. Auch diese Kräfte sind daher Vektoren und folgen den Gesetzen der Vektorenaddition[1]).

Das gleiche gilt von den kontinuierlichen Kräften allgemeiner Art. Die momentane Beschleunigung, die in dem Geschwindigkeitszuwachs $\Delta\mathfrak{v}$ in die Erscheinung tritt, betrachten wir nämlich als Folge einer kontinuierlichen Kraft, die nur während der Zeit Δt gewirkt hat, die der Richtung nach mit der Beschleunigung übereinstimmt, und die wir daher durch

$$7) \quad \Re = m\mathfrak{f} = m\,\frac{\Delta\mathfrak{v}}{\Delta t}$$

darstellen. Wir messen sie also ebenfalls durch das Produkt aus Masse und Beschleunigung, und zwar der momentanen Beschleunigung (also derjenigen, die in der Zeiteinheit sich ergeben würde, wenn während dieser Zeit alles gleichmäßig verliefe). Auch die so definierten Kräfte sind Vektoren.

---

[1]) Sind die Kräfte differentieller Art, so spricht die obige Tatsache das Prinzip der Superposition unendlich kleiner Wirkungen aus; vgl. auch S. 204.

Ihre Zerlegung in rechtwinklige Komponenten und die analytische Darstellung ihrer Zusammensetzung findet daher nach den Formeln 5), 6) und 7) auf S. 52 statt.

Bezeichnen wir die Komponenten von $\mathfrak{K}$ mit X, Y, Z, so erhalten wir aus Gleichung 7)

$$8) \quad m\frac{d^2x}{dt^2} = X, \quad m\frac{d^2y}{dt^2} = Y, \quad m\frac{d^2z}{dt^2} = Z.$$

Diese Gleichungen stellen die **Grundformeln für die Bewegung eines materiellen Punktes** unter dem Einfluß einer Kraft dar. Für die Zusammensetzung von mehreren Kräften erhält man

$$9) \quad \begin{aligned} X &= X' + X'' + X''' + \cdots \\ Y &= Y' + Y'' + Y''' + \cdots \\ Z &= Z' + Z'' + Z''' + \cdots, \end{aligned}$$

wo X, Y, Z die Komponenten der resultierenden Kraft $\mathfrak{K}$ und X', Y', Z' die Komponenten der Einzelkräfte $\mathfrak{K}'$ usw. sind.

Bemerkung. Die Gedanken, die den Entwicklungen der beiden vorstehenden Paragraphen zugrunde liegen, pflegt man folgendermaßen kurz zu formulieren:

1. Trägheitsgesetz. Jeder Körper, auf den keine Kräfte wirken, verharrt im Zustand der Ruhe oder der gleichmäßigen geradlinigen Bewegung. Dieses Gesetz wurde bereits von Galilei ausgesprochen.

2. Das Newtonsche Grundgesetz. Die Änderung der Bewegung ist der wirkenden Kraft proportional und stimmt der Richtung nach mit ihr überein.

Ein weiteres Gesetz, das Newton der Mechanik zugrundelegte, besagt, daß, wenn zwei Massen aufeinander wirken, ihre Wirkungen gleich groß, aber entgegengesetzt gerichtet sind. (Gesetz von der Gleichheit der Aktion und Reaktion.)

Beispiel: Die Pendelbewegung (Fig. 83). Ein Pendel schwinge in einer Ebene um seine Gleichgewichtslage; es bestehe aus einem Massenpunkt m und einem als gewichtslos zu betrachtenden Faden. Die treibende Kraft ist die Schwerkraft; sie hat die Größe mg und ist nach unten gerichtet. PZ sei der sie darstellende Vektor; mg ist seine Länge.

Wir behandeln die Aufgabe direkt, ohne Koordinatenbenutzung, also mittels der oben abgeleiteten Formel 3)

$$f = \frac{d^2s}{dt^2},$$

in der s die Länge des Bogens $P_0 P$ darstellt und die Richtung von f mit der Richtung der Kreistangente in P übereinstimmt[1]. Demgemäß zerlegen wir die Schwerkraft PZ in der Weise in zwei Komponenten PR und PQ, daß PR in die

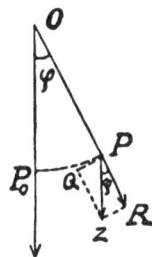

Fig. 83.

___
[1] Dies ist deshalb zweckmäßig, weil bei der Pendelbewegung nur die Größenverhältnisse in Frage stehen.

Verlängerung von OP fällt und PQ in die Kurventangente. Ist φ der Winkel, den OP mit der Vertikalen bildet, so haben wir

$$PR = PZ \cos \varphi, \; PQ = PZ \sin \varphi = mg \sin \varphi.$$

Die Komponente PR kann infolge davon, daß das Pendel in O befestigt ist, eine Wirkung nicht ausüben; als wirkungsfähig bleibt also nur die Komponente PQ übrig. Die durch sie bewirkte momentane Beschleunigung fällt daher in die Tangente des Kreises, ist also mit f identisch. Wir haben daher, wenn wir noch beachten, daß f und PQ entgegengesetzt gerichtet sind,

$$mf = -PQ,$$

oder aber

$$m \frac{d^2 s}{d t^2} = -mg \sin \varphi.$$

Dies ist die Differentialgleichung der Pendelbewegung.

Für kleine Schwingungen kann man $\sin \varphi$ in erster Annäherung durch φ ersetzen. Ist l die Länge des Pendels, so hat man $s = \varphi l$, und daher nimmt die vorstehende Gleichung schließlich die Form

$$\frac{d^2 \varphi}{d t^2} = -\frac{g}{l} \varphi$$

an. Ihre Integration behandeln wir in § 4.

§ 3. Bewegung eines Massenpunktes mit Reibung. — Theorie der Ionenbewegung.

Nehmen wir an, daß eine auf einen Massenpunkt von der Masse m wirkende Kraft konstant sei und die Größe X habe, so gilt gemäß § 2 die Gleichung

$$1) \quad m \frac{d^2 s}{d t^2} = X.$$

Erfährt der Massenpunkt auf seiner Bahn eine Reibung, so kann dieser erfahrungsgemäß durch folgende Auffassung Rechnung getragen werden. Eine Reibung ist als eine der jeweiligen Bewegungsrichtung entgegenwirkende Kraft aufzufassen, deren Größe erfahrungsgemäß der momentanen Geschwindigkeit v proportional ist. Zu der Kraft X, die wir in Gleichung 1) positiv zählen, wenn sie in der Richtung der s-Achse wirkt, addiert sich also infolge der Reibung eine zweite Kraft $-av$, die der Richtung der s-Achse entgegengesetzt wirkt, wenn v positiv ist, d. h. der Punkt sich nach wachsenden Werten von s hinbewegt, die dagegen in Richtung der s-Achse wirkt, wenn v negativ ist, d. h. der Punkt sich nach abnehmenden Werten von s hinbewegt. Somit wird aus 1)

$$2) \quad m \frac{d^2 s}{d t^2} = X - av.$$

Die Bedeutung des Proportionalitätsfaktors a ist offenbar einfach die, daß a die Gegenkraft angibt, die auf den Massenpunkt wirkt, wenn er sich mit der Geschwindigkeit $v = 1$ bewegt.

Die Gleichung 2) ist diejenige Differentialgleichung, die das Momentangesetz ausdrückt und daher (S. 56) die gesamte Bewegung bestimmt. Die Aufgabe ist, eine Funktion s zu suchen, die ihr genügt, d. h. die Lösung oder das Integral der Differentialgleichung.

Um diese Funktion zu finden, setzen wir $\dfrac{d^2 s}{dt^2} = \dfrac{dv}{dt}$ (S. 197) und schreiben 2) in der Form

$$3) \quad \frac{dv}{X - av} = \frac{dt}{m},$$

woraus sich durch Integration leicht

$$4) \quad -\frac{1}{a} \ln (X - av) = \frac{t}{m} + \text{konst}$$

ergibt. War zur Zeit $t = 0$ auch $v = 0$, so wird aus 4)

$$5) \quad -\frac{1}{a} \ln X = \text{konst};$$

aus 4) und 5) folgt durch Subtraktion und Auflösung nach v

$$6) \quad v = \frac{X}{a} \left(1 - e^{-\frac{a}{m} t} \right).$$

Da a sowohl als m notwendig ihrer physikalischen Bedeutung nach positive Größen sind, so wird mit wachsendem t der Ausdruck $e^{-\frac{a}{m} t}$ immer kleiner; nach hinreichend langer Zeit ist er neben 1 gänzlich zu vernachlässigen, und es wird dann einfach im stationären Zustande

$$7) \quad v = \frac{X}{a},$$

d. h. die Geschwindigkeit des Massenpunktes ist dann einfach der wirkenden Kraft proportional.

Ein sehr wichtiger Fall, auf den die Gleichungen 6) und 7) unmittelbar anwendbar sind, ist die Ionenbewegung. Werden die Elektroden eines elektrolytischen Troges mit einer Stromquelle verbunden und demgemäß elektrisch geladen, so wird auf die im Elektrolyten befindlichen Ionen eine elektrostatische Kraft X ausgeübt. Nun haben die Ionen eine sehr kleine Masse m, aber eine außerordentlich große Reibung a. Die Folge hiervon ist, daß bereits äußerst kurze Zeit nach dem Stromschluß der Wert von $e^{-\frac{a}{m}}$

auf einen gegen die Einheit minimalen Betrag herabsinkt und daher fast sofort die Gültigkeit der Gleichung 7) einsetzt[1]). Die Geschwindigkeit der Ionen ist also der wirkenden elektrostatischen Kraft oder mit anderen Worten, die Stromintensität ist der elektromotorischen Kraft proportional — das Ohmsche Gesetz.

§ 4. Ungedämpfte Schwingungen.

In Kap. VII (S. 197) haben wir gezeigt, daß, wenn ein Punkt um eine Ruhelage gleichmäßige Schwingungen ausführt, die durch die Gleichung

$$1) \quad x = A \sin t$$

gegeben sind, er unter dem Einfluß einer anziehenden Kraft steht, als deren Sitz die Ruhelage anzusehen ist und die der Entfernung des beweglichen Punktes von der Ruhelage gleich ist. Wir wollen jetzt das umgekehrte Problem behandeln. Wir nehmen also an, es bewege sich ein Punkt geradlinig unter dem Einfluß einer anziehenden Kraft, die von einem Zentrum O ausgeht und dem Abstand des Punktes P von diesem Zentrum proportional ist; die Aufgabe ist, die Bewegung des Punktes zu bestimmen.

M   O   P N

Fig. 84.

Hat die Kraft (Fig. 84) in der Entfernung 1 von O die Größe e, so hat sie in der Entfernung $OP = s$ die Größe es; da sie überdies als anziehende Kraft die Entfernung $OP = s$ zu verringern sucht, so ist sie negativ in Rechnung zu stellen, d. h. es besteht die Gleichung (§ 2)

$$m \frac{d^2 s}{d t^2} = - e s,$$

wo e eine positive Zahl ist. Setzen wir noch

$$2) \quad \frac{e}{m} = \beta^2,$$

so finden wir schließlich

$$3) \quad \frac{d^2 s}{d t^2} = - \beta^2 s$$

als die Differentialgleichung des Problems, die wir zu integrieren haben.

Wegen $\dfrac{d^2 s}{d t^2} = \dfrac{d v}{d t}$ (S. 197) erhalten wir, wenn wir 3) mit $v = \dfrac{d s}{d t}$ multiplizieren,

---

[1]) Näheres darüber findet sich bei Cohn, Wied. Ann. **38**, 217 (1889).

$$v \frac{dv}{dt} = - \beta^2 s \frac{ds}{dt},$$

oder

$$4)\ vdv = - \beta^2 sds,$$

und hieraus folgt durch Integration $\int v\,dv = -\int \beta^2 s\,ds$ oder

$$5)\ v^2 = \gamma^2 - \beta^2 s^2,$$

wo γ^2 die Integrationskonstante ist, die wir deshalb mit γ^2 bezeichnen, weil sie, wie die Gleichung $\gamma^2 = v^2 + \beta^2 s^2$ lehrt, eine positive Größe bedeutet[1]). Aus 5) folgt, wenn wir noch v durch den Differentialquotienten von s nach t ersetzen,

$$6)\ \frac{ds}{dt} = \sqrt{\gamma^2 - \beta^2 s^2}\,; \qquad dt = \frac{ds}{\sqrt{\gamma^2 - \beta^2 s^2}}.$$

Jetzt substituieren wir

$$\frac{\beta s}{\gamma} = u$$

und erhalten nach einfacher Umformung

$$dt = \frac{1}{\beta} \cdot \frac{du}{\sqrt{1 - u^2}}$$

und daraus durch Integration (S. 119)

$$7)\ t - t_0 = \frac{1}{\beta} \arcsin u,$$

wo t_0 die Integrationskonstante ist. Daraus folgt weiter

$$u = \sin \beta\,(t - t_0),$$

oder, wenn wir für u seinen Wert setzen,

$$8)\ s = \frac{\gamma}{\beta} \sin \beta\,(t - t_0).$$

Wir setzen schließlich noch

$$9)\ \frac{\gamma}{\beta} = A$$

und zählen die Zeit von einem Augenblicke an, in dem $s = 0$ ist, der bewegliche Punkt also durch O geht; dann wird $t_0 = 0$, und

$$10)\ s = A \sin \beta t$$

ist die gesuchte Gleichung in einfachster Form.

Auf die nämliche Weise, wie auf S. 198, erkennt man, daß die Bewegung eine Schwingungsbewegung ist; A gibt die größte

---

[1]) Will man von einer unbestimmten Zahl formal hervorheben, daß sie stets nur eine positive Zahl sein kann, so bezeichnet man sie praktisch durch ein Quadrat, weil das Quadrat einer reellen Zahl niemals negativ sein kann.

Entfernung des schwingenden Punktes und heißt die **Amplitude** der Schwingung; der Punkt erreicht sie zur Zeit

$$\beta t = \frac{\pi}{2}.$$

Der hieraus sich ergebende Wert von t bedeutet die **halbe** Dauer einer einfachen Schwingung; bezeichnen wir die **ganze** Schwingungsdauer durch τ, so stellt also

$$11) \quad \tau = \frac{\pi}{\beta}$$

die Dauer einer einfachen Schwingung dar, unabhängig von der Größe der Amplitude.

Da γ eine Integrationskonstante ist, so folgt aus Gleichung 9), daß die Amplitude A alle möglichen Werte annehmen kann; für jede beliebige Amplitude werden also die Schwingungen durch 10) dargestellt, wenn die Kraft in der Entfernung 1 den Wert $m\beta^2$ hat (Gleichung 2), für die Masse 1 also den Wert β^2.

Die Voraussetzung über das Kraftgesetz, von dem wir ausgegangen sind, trifft, wie wir am Schluß von § 2 gezeigt haben, für Pendelschwingungen mit kleiner Amplitude in guter Annäherung zu. Dieselben Gleichungen gelten auch für ungedämpft schwingende Magnetnadeln bei kleiner Amplitude; es ist nämlich die Kraft, welche die Magnetnadel zur Ruhelage (Nord-Südstellung) zurückzuführen sucht, dem Sinus des Ablenkungswinkels φ proportional[1]), d. h. es besteht die Gleichung

$$K \frac{d^2\varphi}{dt^2} = - D \sin \varphi,$$

worin K das Trägheitsmoment und D die Direktionskraft bedeutet; obige Gleichung ist ganz analog wie die Pendelgleichung S. 324 abzuleiten. Ist nun φ ein kleiner Winkel, so kann man in erster Annäherung nach Gleichung 4) S. 238 $\sin \varphi$ durch φ ersetzen[2]), so daß sich ergibt

$$\frac{d^2\varphi}{dt^2} = - \frac{D}{K} \varphi.$$

---

[1]) Diese Kraft folgt also in der Tat demselben Gesetz wie die Komponente PQ bei der Pendelbewegung.

[2]) Das erste vernachlässigte Glied ist $\frac{1}{3}! \varphi^3$ (S. 238). Hat nun φ den Wert 0,1 was einem Winkel von ungefähr 6° entspricht (etwa dem Maximalwinkel, den man mit Fernrohr und Skala noch beobachtet), so beträgt die Vernachlässigung nur den sechsten Teil von einem Tausendstel. (Vgl. auch S. 266.)

Die Größe β^2 in Gleichung 3) hat hier somit den Wert

$$\beta^2 = \frac{D}{K},$$

und es folgt aus Gleichung 11)

$$\tau = \pi \sqrt{\frac{K}{D}},$$

oder

$$\frac{K}{D} = \frac{\tau^2}{\pi^2},$$

eine in der Galvanometrie vielgebrauchte Gleichung. In gleicher Weise folgt aus der Differentialgleichung S. 324 die bekannte Formel für die Schwingungsdauer eines mathematischen Pendels.

§ 5. Gedämpfte Schwingungen.

Wir dehnen die vorstehenden Betrachtungen noch dahin aus, daß wir den Widerstand in Rechnung ziehen, den die Bewegung durch das Mittel, in dem sie vor sich geht, erleidet. Die hierfür gültige Bewegungsgleichung ergibt sich nach den Erörterungen über die Reibung in § 3, indem wir zu der Ausgangsgleichung von § 4 die Reibungskraft $- av$ hinzufügen, oder in Gleichung 2) von § 3 statt der konstanten Kraft X die rücktreibende Kraft $- es$ einsetzen. Wir erhalten

$$m \frac{d^2 s}{d t^2} = - e s - a \frac{d s}{d t},$$

oder indem wir durch m dividieren und

$$\frac{e}{m} = \beta^2, \quad \frac{a}{m} = 2\alpha$$

setzen,

$$1) \quad \frac{d^2 s}{d t^2} = - \beta^2 s - 2\alpha \frac{d s}{d t}.$$

Dies ist die zu integrierende Differentialgleichung.

Um die Integration auszuführen, bedürfen wir einiger mathematischer Vorbereitungen.

Setzen wir zur Abkürzung $\sqrt{-1} = i$, so ist, wie sich leicht ergibt [1]),

$$i^2 = -1, \quad i^3 = -i, \quad i^4 = 1, \quad i^5 = i, \quad i^6 = -1, \quad i^7 = -i$$

usw. Mit Rücksicht hierauf ergibt sich (S. 238)

---

[1]) Für die genauere Theorie des Rechnens mit der Größe i (mit imaginären Größen) müssen wir auf die in der Vorrede genannten Lehrbücher verweisen.

$$e^{ix} = 1 + \frac{ix}{1} - \frac{x^2}{1\cdot 2} - \frac{ix^3}{1\cdot 2\cdot 3} + \frac{x^4}{1\cdot 2\cdot 3\cdot 4} + \frac{ix^5}{1\cdot 2\cdot 3\cdot 4\cdot 5} \cdots$$

$$= \left(1 - \frac{x^2}{1\cdot 2} + \frac{x^4}{1\cdot 2\cdot 3\cdot 4} \cdots\right) + i\left(\frac{x}{1} - \frac{x^3}{1\cdot 2\cdot 3} + \frac{x^5}{1\cdot 2\cdot 3\cdot 4\cdot 5} \cdots\right)$$

oder (S. 238 und 239)

$$2)\quad e^{ix} = \cos x + i \sin x.$$

Ebenso folgt aus

$$e^{-ix} = 1 - \frac{ix}{1} - \frac{x^2}{1\cdot 2} + \frac{ix^3}{1\cdot 2\cdot 3} + \frac{x^4}{1\cdot 2\cdot 3\cdot 4} - \frac{ix^5}{1\cdot 2\cdot 3\cdot 4\cdot 5} \cdots$$

$$= \left(1 - \frac{x^2}{1\cdot 2} + \frac{x^4}{1\cdot 2\cdot 3\cdot 4} \cdots\right) - i\left(\frac{x}{1} - \frac{x^3}{1\cdot 2\cdot 3} + \frac{x^5}{1\cdot 2\cdot 3\cdot 4\cdot 5} \cdots\right)$$

$$3)\quad e^{-ix} = \cos x - i \sin x.$$

Aus Gleichung 2) und 3) folgt noch durch Addition und Subtraktion

$$4)\quad \cos x = \frac{e^{ix} + e^{-ix}}{2}, \qquad \sin x = \frac{e^{ix} - e^{-ix}}{2i},$$

zwei Formeln, die in der höheren Mathematik eine sehr ausgedehnte Anwendung finden.

Ein zweiter Hilfssatz, dessen wir bedürfen, ist folgender. Sind die Funktionen u und v Integrale der Differentialgleichung 1), so ist auch die Funktion $w = Au + Bv$ ein Integral.

In der Tat, ist u und v je ein Integral von 1), so heißt dies, daß u und v die Gleichung 1) erfüllen; es ist also

$$\frac{d^2u}{dt^2} = -\beta^2 u - 2\alpha\frac{du}{dt}, \qquad \frac{d^2v}{dt^2} = -\beta^2 v - 2\alpha\frac{dv}{dt}.$$

Multiplizieren wir diese Gleichungen mit A resp. B und addieren sie dann, so folgt

$$\frac{d^2(Au + Bv)}{dt^2} = -\beta^2(Au + Bv) - 2\alpha\frac{d(Au + Bv)}{dt},$$

d. h. es besteht die Gleichung

$$\frac{d^2w}{dt^2} = -\beta^2 w - 2\alpha\frac{dw}{dt},$$

womit die Behauptung erwiesen ist.

Nunmehr gehen wir zur Lösung der Differentialgleichung 1) über. Hierzu führt folgende Überlegung. Wir fanden im vorstehenden Paragraphen $A \sin \beta t$ als Lösung derjenigen Differentialgleichung, in der $\alpha = 0$ ist, ebenso ist aber auch $A \cos \beta t$ ein Integral dieser Differentialgleichung; um es zu erhalten, brauchen wir nur in Gleichung 8) des vorigen Paragraphen der in ihr auftretenden Integrationskonstanten t_0 einen speziellen Wert zu geben, nämlich $-\beta t_0 = \frac{1}{2}\pi$ zu setzen.

Der oben erwiesene Zusammenhang von $\sin x$ und $\cos x$ mit der Funktion e^x legt es nahe, zu untersuchen, ob vielleicht auch $A e^{\lambda t}$ eine Lösung der Differentialgleichung 1) ist, d. h. ob es möglich ist, eine Zahl λ demgemäß zu bestimmen. Wir setzen also

$$5) \quad s = A e^{\lambda t}$$

und nehmen an, diese Funktion sei ein Integral von 1). Es ist

$$\frac{ds}{dt} = A \lambda e^{\lambda t}, \quad \frac{d^2 s}{dt^2} = A \lambda^2 e^{\lambda t},$$

und wenn wir dies in 1) einsetzen, ergibt sich

$$\lambda^2 A e^{\lambda t} = A e^{\lambda t} \{ - \beta^2 - 2\alpha\lambda \}.$$

Soll diese Gleichung richtig sein, so muß sie es auch bleiben, wenn wir durch $A e^{\lambda t}$ dividieren, d. h. es muß

$$6) \quad \lambda^2 = - \beta^2 - 2\alpha\lambda$$

sein. Diese quadratische Gleichung in λ stellt die Bedingung dar, daß 5) eine Lösung unseres Problems liefert. Es gibt nun zwei Werte λ, die dieser Gleichung genügen, nämlich

$$7) \quad \begin{cases} \lambda_1 = - \alpha + \sqrt{\alpha^2 - \beta^2}, \\ \lambda_2 = - \alpha - \sqrt{\alpha^2 - \beta^2}, \end{cases}$$

und es sind

$$8) \quad s_1 = A e^{\lambda_1 t}, \quad \text{sowie} \quad s_2 = A e^{\lambda_2 t}$$

Lösungen unserer Differentialgleichung.

Wir haben nun zu unterscheiden, ob

$$\alpha^2 - \beta^2 > 0 \quad \text{oder} \quad \alpha^2 - \beta^2 < 0$$

ist. Im ersten Fall sei $\alpha^2 - \beta^2 = \gamma^2$, dann wird

$$\lambda_1 = - \alpha + \gamma, \quad \lambda_2 = - \alpha - \gamma,$$

und die durch 8) dargestellten Bewegungen haben nicht mehr den Charakter einer Schwingungsbewegung, denn die Funktion $A e^{\lambda t}$ nimmt für reelle Werte von t mit wachsendem t entweder beständig zu (für $\lambda > 0$) oder aber beständig ab (für $\lambda < 0$).

Auf diese Bewegung wollen wir nicht weiter eingehen[1]). Wenn jedoch $\alpha^2 - \beta^2 < 0$ ist, so sei

$$9) \quad \alpha^2 - \beta^2 = - \delta^2, \quad \beta^2 - \alpha^2 = \delta^2,$$

---

[1]) Eine derartige Bewegung heißt »aperiodisch«.

alsdann wird

$$10) \quad \lambda_1 = -\alpha + i\delta, \quad \lambda_2 = -\alpha - i\delta,$$

und wir finden daher als eine erste Lösung

$$s_1 = A e^{\lambda_1 t} = A e^{-\alpha t} \cdot e^{i\delta t},$$

oder gemäß Gleichung 2)

$$11) \quad s_1 = A e^{-\alpha t} (\cos \delta t + i \sin \delta t).$$

Eine zweite Lösung ist

$$s_2 = A e^{\lambda_2 t} = A e^{-\alpha t} \cdot e^{-i\delta t},$$

oder nach Gleichung 3)

$$12) \quad s_2 = A e^{-\alpha t} (\cos \delta t - i \sin \delta t).$$

Nun ist aber nach dem zweiten Hilfssatz S. 330 auch $\dfrac{s_1 + s_2}{2}$ ein Integral; bezeichnen wir es durch s, so erhalten wir

$$13) \quad s = A e^{-\alpha t} \cos \delta t.$$

Ebenso ist aber auch $\dfrac{s_1 - s_2}{2\,i}$ ein Integral; d. h.

$$14) \quad s = A e^{-\alpha t} \sin \delta t$$

ist ebenfalls eine Funktion, die eine unseren Bedingungen entsprechende Bewegung liefert.

Die so erhaltenen Ausdrücke für s stellen den Verlauf der gedämpften Schwingungen dar; sie unterscheiden sich nur darin, welcher Lage man den Zeitpunkt $t = 0$ entsprechen läßt. Für Gleichung 14) befindet sich, wie im vorigen Paragraphen, der bewegliche Punkt zur Zeit $t = 0$ im Zentrum O; dagegen liefert 13) für $t = 0$ den Wert $s = A$, die Zeit wird also von dem Augenblick an gezählt, in dem sich der Punkt in seiner größten Entfernung von O befindet. Wir legen für das Folgende Gleichung 14) zugrunde.

Unter der Dauer T einer einfachen Schwingung verstehen wir die Zeit, die vergeht, während der Punkt einmal vom Zentrum O (der Ruhelage) aus hin und her schwingt. Nach Gleichung 14) ist $s = 0$, wenn $\sin \delta t = 0$ ist, also das erste Mal für $t = 0$, das zweite Mal für $\delta t = \pi$, das dritte Mal für $\delta t = 2\pi$ usw. Die Zeit T, die zwischen je zwei solchen Durchgängen durch O verläuft, hat also den konstanten Wert

$$15) \quad T = \frac{\pi}{\delta} = \frac{\pi}{\sqrt{\beta^2 - \alpha^2}}.$$

Die Schwingungsdauer bleibt also auch für gedämpfte Schwingungen konstant, unabhängig von der abnehmenden

Amplitude. Bezeichnen wir, wie auf S. 328, mit τ die Schwingungsdauer der ungedämpften Bewegung, so ist

$$\tau = \frac{\pi}{\beta},$$

und hieraus folgt als Beziehung zwischen T und τ

$$\frac{T^2}{\tau^2} = \frac{\beta^2}{\delta^2}.$$

Ersetzen wir noch β^2 durch $\alpha^2 + \delta^2$ (Gleichung 9), so geht diese Gleichung über in

$$16) \quad \frac{T^2}{\tau^2} = \frac{\alpha^2 + \delta^2}{\delta^2} = 1 + \frac{\alpha^2}{\delta^2}.$$

Die Amplituden der Schwingung nehmen mit der Zeit ab. Die Amplituden entsprechen denjenigen Werten von t, für die s ein Maximum oder Minimum (ein Minimum, wenn der Ausschlag von O aus nach der negativen Seite erfolgt) erreicht. Um sie zu ermitteln, haben wir den Differentialquotienten von s nach t gleich Null zu setzen (S. 268). Nun ist nach Gleichung 14)

$$17) \quad \frac{ds}{dt} = A\,[e^{-\alpha t}\,\delta\cos\delta t - e^{-\alpha t}\,\alpha\sin\delta t];$$

die Gleichung, welche die Maxima und Minima bestimmt, ist also

$$\delta\cos\delta t - \alpha\sin\delta t = 0$$

oder

$$18) \quad \operatorname{tg}\delta t = \frac{\delta}{\alpha}; \qquad \delta t = \operatorname{arc\,tg}\frac{\delta}{\alpha}.$$

Den kleinsten (positiven) dieser Gleichung genügenden Wert von t wollen wir durch t_1 bezeichnen; er entspricht dem ersten Maximum.

Da es unendlich viele Maxima und Minima von s gibt, so müssen unendlich viele Werte von t existieren, die der Gleichung 18) genügen. In der Tat gibt es unendlich viele Bogen, die einer Gleichung von der Form

$$\operatorname{tg}\varphi = a$$

entsprechen. Da nämlich

$$\operatorname{tg}(\varphi) = \operatorname{tg}(\varphi + \pi) = \operatorname{tg}(\varphi + 2\pi) = \ldots\ldots,$$

ist, so folgt sofort, daß alle Werte

$$\varphi, \quad \varphi + \pi, \quad \varphi + 2\pi, \quad \varphi + 3\pi \ldots$$

die Gleichung $\operatorname{tg}\varphi = a$ befriedigen.

Wenden wir dies auf den hier vorliegenden Fall an, so ergibt sich, daß die Gleichung 18) befriedigt wird, wenn wir für δt irgendeinen Wert aus der Reihe

$$\delta t_1, \quad \delta t_1 + \pi, \quad \delta t_1 + 2\pi, \quad \delta t_1 + 3\pi \ldots,$$

setzen, für t selbst also irgendeinen Wert aus der Reihe

$$t_1, \quad t_1 + \frac{\pi}{\delta}, \quad t_1 + \frac{2\pi}{\delta}, \quad t_1 + \frac{3\pi}{\delta} \ldots$$

Bezeichnen wir diese Werte von t durch t_1, t_2, t_3, $t_4 \ldots$, so finden wir mit Rücksicht auf Gleichung 15)

$$19) \quad t_2 = t_1 + T, \quad t_3 = t_1 + 2T \ldots$$

Um die zugehörigen Ausschläge zu erhalten, haben wir diese Werte in 14) einzusetzen. Bezeichnen wir sie durch

$$l_1, \quad l_2, \quad l_3 \ldots,$$

so folgt
$$l_1 = A\,e^{-\alpha t_1} \sin \delta t_1$$
$$20) \quad l_2 = A\,e^{-\alpha t_2} \sin \delta t_2$$
$$l_3 = A\,e^{-\alpha t_3} \sin \delta t_3$$
$$\cdots\cdots\cdots\cdots$$

Nun ist aber

$$\sin(\delta t_2) = \sin(\delta t_1 + \delta T) = \sin(\delta t_1 + \pi) = -\sin(\delta t_1),$$

wo das negative Zeichen dem Umstand entspricht, daß der zweite Ausschlag nach der negativen Seite erfolgt. Sehen wir daher vom Vorzeichen ab und berücksichtigen nur die absoluten Längen, so folgt

$$l_1 : l_2 = e^{-\alpha(t_1 - t_2)} = e^{\alpha T}.$$

Ebenso erhält man
$$21) \quad l_2 : l_3 = l_3 : l_4 \ldots = e^{\alpha T}.$$

Die Ausschläge nehmen also in konstantem Verhältnis ab. Man bezeichnet diesen konstanten Quotienten durch k und nennt ihn das Dämpfungsverhältnis. Sein Logarithmus Λ heißt das logarithmische Dekrement; es findet sich

$$22) \quad \Lambda = \ln k = \alpha T = \frac{\alpha\pi}{\delta}.$$

Mittels dieser Größe Λ können wir Gleichung 16) noch in die Form setzen

$$23) \quad \frac{T^2}{\tau^2} = 1 + \frac{\Lambda^2}{\pi^2}.$$

Im Fall der gedämpft schwingenden Magnetnadel ist

$$24) \quad \beta^2 = \frac{D}{K}$$

(S. 329) und

$$25) \quad 2\alpha = \frac{p}{K},$$

worin p die Dämpfungskonstante bedeutet[1]). Es ergibt sich daher aus 22) und 23)

$$26) \quad \frac{p}{K} = 2\frac{\Lambda}{T}, \quad \frac{K}{D} = \frac{\tau^2}{\pi^2} = \frac{T^2}{\pi^2 + \Lambda^2}.$$

Eine letzte für die Anwendungen wichtige Relation erhalten wir wie folgt. Sei wieder τ die Schwingungsdauer einer ungedämpften Schwingung, welche die Bewegung mit derselben Geschwindigkeit v_0 beginnen soll, wie die gedämpfte. Ihre Gleichung ist (S. 327)

$$s = A' \sin(\beta t),$$

wo A' zunächst noch unbekannt ist. Für ihre Geschwindigkeit folgt

$$v = \frac{ds}{dt} = A'\beta \cos(\beta t),$$

und da für $t = 0$ die Geschwindigkeit $v = v_0$ sein soll, so wird

$$v_0 = A'\beta.$$

Andererseits erhalten wir den Wert v_0 aus Gleichung 17) in der Form

$$v_0 = A\delta,$$

woraus sich

$$A\delta = A'\beta, \quad A = A'\frac{\beta}{\delta}$$

ergibt. Bezeichnen wir noch die Amplitude der ungedämpften Schwingung durch l_0, so daß $l_0 = A'$ ist, so folgt schließlich, mit Rücksicht auf S. 333,

$$A = \frac{T}{\tau} l_0.$$

Diesen Wert setzen wir in Gleichung 20) ein und finden

$$l_1 = \frac{T}{\tau} l_0 e^{-\alpha t_1} \sin(\delta t_1).$$

Nun ist (Gleichung 18) $\operatorname{tg}(\delta t_1) = \frac{\delta}{\alpha}$, folglich ist[2])

$$\sin(\delta t_1) = \frac{\operatorname{tg}(\delta t_1)}{\sqrt{1 + \operatorname{tg}^2(\delta t_1)}} = \frac{\delta}{\sqrt{\alpha^2 + \delta^2}}.$$

Anderseits ist (Gleichung 16)

$$\frac{T}{\tau} = \frac{\sqrt{\alpha^2 + \delta^2}}{\delta},$$

demnach ergibt sich

$$l_1 = l_0 e^{-\alpha t_1},$$

---

[1]) Näheres vgl. Kohlrausch, Lehrb. prakt. Physik. 16. Aufl. S. 573 ff.
[2]) Vgl. Formel 34) des Anhangs.

und wenn wir hier für t_1 seinen Wert aus 18) einsetzen,

$$l_1 = l_0 e^{-\frac{\alpha}{\delta} \text{ arc tg } \frac{\delta}{\alpha}},$$

oder schließlich (Gleichung 22)

$$27) \quad l_1 = l_0 e^{-\frac{\varDelta}{\pi} \text{ arc tg } \frac{\pi}{\varDelta}}.$$

§ 6. Elektrische Schwingungen.

Wir betrachten die Entladung eines Kondensators von der Kapazität C, der zum Potentiale V aufgeladen sein möge und somit die Elektrizitätsmenge $C \cdot V$ enthält. Im äußeren Schließungskreise, dessen galvanischen Widerstand wir mit w bezeichnen wollen, herrsche zur Zeit t die Stromstärke i; während der Zeit dt wird dann dem Kondensator die Elektrizitätsmenge $i\,dt$ entzogen, und wenn während dieser Zeit sein Potential um dV sinkt, so wird

$$1) \quad i\,dt = -C\,dV.$$

Wenden wir auf den Schließungskreis das Ohmsche Gesetz an, so wäre, wenn keine sonstigen elektromotorischen Kräfte in ihm wirkten, einfach

$$V = iw;$$

dä aber V und somit i mit der Zeit sich ändern, so wird eine elektromotorische Gegenkraft vom Betrage $L\dfrac{di}{dt}$ in ihm induziert werden, wenn L den Koeffizienten der Selbstinduktion bedeutet. Es wird somit

$$2) \quad V - L\frac{di}{dt} = iw.$$

Differenzieren wir nach t, so erhalten wir

$$\frac{dV}{dt} - L\frac{d^2i}{dt^2} = w\frac{di}{dt},$$

und da nach Gleichung 1)

$$\frac{dV}{dt} = -\frac{i}{C}$$

ist, so wird schließlich

$$-\frac{i}{C} - L\frac{d^2i}{dt^2} = w\frac{di}{dt}$$

oder

$$3) \quad \frac{d^2i}{dt^2} = -\frac{1}{LC}\,i - \frac{w}{L} \cdot \frac{di}{dt}.$$

Diese Gleichung wird aber mit Gleichung 1) (S. 329) des vorhergehenden Paragraphen identisch, wenn wir setzen

$$\frac{1}{LC} = \beta^2, \qquad \frac{w}{L} = 2\alpha;$$

wir erkennen also, daß wir eine Differentialgleichung einer gedämpften Schwingung vor uns haben. Diese von W. Thomson bereits 1853 gewonnene Erkenntnis erwies sich in der Folge, besonders in den Händen von Maxwell und Hertz, von größter Tragweite, und zwar nicht nur für die Elektrizitätslehre sondern auch für das Gebiet der Optik (elektromagnetische Lichttheorie).

Die mathematische Behandlung der Gleichung 3) haben wir im vorstehenden Paragraphen bereits ausführlich besprochen; es mag genügen, auf folgende Resultate ihrer Integration aufmerksam zu machen:

1) Nach S. 331 erhalten wir Schwingungen nur, wenn

$$\alpha^2 - \beta^2 < 0 \quad \text{oder} \quad w < 2\sqrt{L/C}$$

ist; nur in diesem Falle findet die Entladung oszillatorisch (nicht aperiodisch) statt.

2) Je kleiner w gemacht wird, um so geringer ist die Dämpfung der elektrischen Schwingung; daß übrigens der Widerstand für die Dämpfung maßgebend sein muß, ergibt sich sofort aus der Bemerkung, daß ja durch ihn die Energie der elektrischen Schwingung in Wärme umgesetzt wird.

3) Nach Gleichung 15) des vorigen Abschnittes (S. 332) ergibt sich für die Dauer einer elektrischen Schwingung

$$T = \frac{\pi}{\sqrt{\beta^2 - \alpha^2}} = \frac{\pi}{\sqrt{\dfrac{1}{LC} - \dfrac{w^2}{4L^2}}},$$

oder bei kleinem w, d. h. bei geringer Dämpfung einfach

$$4) \quad T = \pi\sqrt{LC},$$

die für die Theorie der elektrischen Schwingungen fundamentale Formel.

§ 7. Berechnung der mittleren Weglänge der Gasmoleküle nach Clausius.

Nach den Anschauungen der kinetischen Gastheorie verhält sich ein Gas wie ein Haufen ideal elastischer Kugeln, die im Raum mit einer gewissen Geschwindigkeit umherfliegen und beim Anprall an die das Gas einschließende Wand von dieser nach den Gesetzen des Stoßes reflektiert werden. Neben dem Anprall an die umhüllenden Wände, der den Druck der Gase bedingt, ist von großer theoretischer Wichtigkeit der Anprall der elastischen Kugeln (Moleküle) aneinander, da er für die Theorie der inneren Reibung, Wärmeleitung und Diffusion der Gase eine grundlegende Bedeutung besitzt. Ein Zusammenstoß zweier gleich großer Moleküle erfolgt, wenn ihre Centra sich bis zum Abstand des doppelten Radius eines Moleküles genähert haben. Wir wollen im folgenden berechnen, wie oft (im Mittel) ein Molekül in der Zeiteinheit mit anderen kollidiert und wie groß der (geradlinige) Weg ist, den ein Molekül (im Mittel) zwischen zwei Zusammenstößen zurücklegt[1]).

1. Wir wollen zunächst eine vorbereitende Aufgabe behandeln, nämlich die mittlere Weglänge für den Fall berechnen, daß ein einziges Molekül sich mit der Geschwindigkeit u bewegt, während alle anderen, regellos im Raum verteilten Moleküle ruhen. Unter diesen Umständen wollen wir die Wahrscheinlichkeit W[2]) dafür, daß das in Bewegung begriffene Molekül mindestens den Weg 1 zurücklegt, ohne anzustoßen, mit

$$W = \frac{1}{a}$$

bezeichnen, eine Größe, die natürlich einen echten Bruch repräsentiert; die Bedeutung dieser Größe ist also die, daß z. B. unter 1000 Fällen $1000/a$ vorkommen, in denen unser Molekül einen Weg 1 oder einen größeren Weg zurücklegt. Dann ist die Wahrscheinlichkeit dafür, daß das Molekül mindestens einen Weg 2 zurücklegt[3]),

$$\frac{1}{a} \cdot \frac{1}{a} = \frac{1}{a^2},$$

dafür, daß es mindestens einen Weg 3 zurücklegt,

$$\frac{1}{a^3},$$

dafür schließlich, daß es einen Weg x zurücklegt,

$$W(x) = \frac{1}{a^x}.$$

---

[1]) Näheres siehe die Lehrbücher der Physik oder Nernst, Theoret. Chemie. 11. bis 15. Aufl., S. 212 ff.

[2]) Vgl. für das Folgende § 5a des Anhangs.

[3]) Vgl. Formel 61 c) des Anhangs.

Wenn wir darin

$$a = e^\alpha$$

substituieren, so wird

$$1)\ W(x) = e^{-\alpha x},$$

wo also α eine neue Konstante ist.

Nun wollen wir annehmen, daß ein Würfel vom Inhalt λ^3 im Durchschnitt immer je eines der (ruhend gedachten) Moleküle enthält. Würden wir uns die Moleküle geordnet denken, so würde offenbar der Abstand zweier benachbarter Molekülzentra immer je λ betragen, doch können wir an der regellosen Verteilung festhalten. Denken wir uns durch unsern Molekülhaufen jedoch zwei parallele Ebenen im Abstand λ gelegt, so dürfen wir annehmen, daß im Durchschnitt die so herausgeschnittene Molekülschicht pro Flächenstück von dem Flächeninhalt λ^2 gerade eines unserer Moleküle enthalten wird. Denken wir uns das betrachtete sich bewegende Molekül nunmehr senkrecht die so herausgeschnittene Molekülschicht durchquerend, so ist die Wahrscheinlichkeit dafür, daß es innerhalb dieser Schicht anstößt, offenbar gleich dem Verhältnis des von den ruhenden Molekülen versperrten Flächenraums zum gesamten Flächenraum. Der durch ein einzelnes Molekül versperrte Flächenraum ist aber ein Kreis mit dem doppelten Radius des Moleküls. Bedeutet also ϱ den Durchmesser eines Moleküls, so hat dieses Verhältnis den Wert

$$\varrho^2 \pi : \lambda^2.$$

Für die Wahrscheinlichkeit, daß unser Molekül die betrachtete Molekülschicht der Länge λ senkrecht durchfliegt, ohne anzustoßen, ergibt sich also

$$W(\lambda) = 1 - \frac{\varrho^2 \pi}{\lambda^2}\ {}^1).$$

Hier setzen wir für $W(\lambda)$ den in Gleichung 1) abgeleiteten Wert ein und erhalten so die Gleichung

$$2)\ e^{-\alpha \lambda} = 1 - \frac{\varrho^2 \pi}{\lambda^2}.$$

Mit ihrer Hilfe können wir die noch unbekannte Konstante α durch λ ausdrücken.

Nun besagt aber eine Grundannahme aller Rechnungen, die die kinetische Theorie idealer Gase betreffen, daß der gegenseitige Abstand der Moleküle groß im Vergleich zu ihren Dimensionen ist; würden wir diese Annahme nicht machen, so wäre es z. B. schwer

---

[1]) Die Summe beider Wahrscheinlichkeiten muß ja gleich 1 sein; vgl. § 5a des Anhangs.

verständlich, wie das Volumen eines Gases durch Anwendung starken Druckes so ungeheuer verkleinert werden kann. Es ist also $\varrho^2\pi/\lambda^2$ sehr klein gegen Eins, und entsprechend ist $\alpha\lambda$ eine ebenfalls im Vergleich zu 1 sehr kleine Größe, so daß wir nach S. 238 setzen können

$$3) \quad e^{-\alpha\lambda} = 1 - \alpha\lambda.$$

Aus 2) und 3) folgt daher

$$4) \quad \alpha = \frac{\varrho^2\pi}{\lambda^3}, \text{ also } W(x) = e^{-\frac{\varrho^2\pi}{\lambda^3}x}$$

$W(x)$ stellte uns die Wahrscheinlichkeit dar, daß unser Molekül einen »freien« Weg zurücklegt, der mindestens gleich x ist; die Wahrscheinlichkeit, daß es einen Weg zurücklegt, der mindestens gleich $x + dx$ ist, beträgt daher $W(x + dx)$, und die Wahrscheinlichkeit, daß das Molekül anstößt, nachdem es den Weg x zurückgelegt, den Weg $x + dx$ aber noch nicht vollendet hat, beträgt

$$W(x) - W(x + dx) = - dW(x)$$

oder aber

$$- dW(x) = \alpha e^{-\alpha x} dx.$$

Betrachten wir nun eine sehr große[1]) Zahl aufeinanderfolgender Zusammenstöße des bewegten Moleküles mit ruhenden, etwa n, so wird von diesen der Bruchteil

$$n \cdot \alpha e^{-\alpha x} dx$$

eine zwischen x und $x + dx$ liegende freie Weglänge besitzen; um den Mittelwert l' aller vorkommenden Weglängen zu erhalten, müssen alle möglichen, also alle zwischen 0 und ∞ liegenden Weglängen summiert, und es muß daraus das Mittel gezogen werden. Die Summe der Weglängen x bis $x + dx$ beträgt nun aber

$$x \cdot n \cdot \alpha e^{-\alpha x} dx,$$

(= Anzahl mal Weglänge), die Summe aller möglichen

$$\int_0^\infty x \cdot n \cdot \alpha \cdot e^{-\alpha x} dx,$$

und der Mittelwert l' ist davon wieder der n^{te} Teil, also

$$l' = \frac{1}{n} \int_0^\infty x \cdot n \cdot \alpha \cdot e^{-\alpha x} dx = \int_0^\infty x \cdot \alpha \cdot e^{-\alpha x} dx.$$

Der Wert des unbestimmten Integrals beträgt aber, wie man leicht durch Differentiation verifiziert, und wie auch nach der Methode der teilweisen Integration (S. 125) unmittelbar folgt,

---

[1]) Damit die Wahrscheinlichkeitsrechnung überhaupt anwendbar ist.

$$\int x\,\alpha\,e^{-\alpha x}\,dx = -\,x\,e^{-\alpha x} - \frac{1}{\alpha}\,e^{-\alpha x};$$

setzen wir hierin zunächst die obere Grenze ∞ ein, so wird (S. 262)

$$\frac{x}{e^{\alpha x}} = 0 \quad \text{und} \quad \frac{1}{\alpha}\,e^{-\alpha x} = 0;$$

setzen wir die untere Grenze 0 ein, so wird

$$x\,e^{-\alpha x} = 0 \quad \text{und} \quad \frac{1}{\alpha}\,e^{-\alpha x} = \frac{1}{\alpha},$$

und wir finden nach Gleichung 4) für die mittlere Weglänge

$$5)\quad l' = \frac{1}{\alpha} = \frac{\lambda^3}{\varrho^2\pi}.$$

Die Zahl der Zusammenstöße pro Zeiteinheit ist ferner

$$6)\quad \Pi' = \frac{u}{l'} = \frac{u\,\varrho^2\pi}{\lambda^3},$$

wo u die Geschwindigkeit des bewegten Moleküls ist.

2. Nun wollen wir annehmen, daß die anderen Moleküle sich auch bewegen, doch sollen sie nicht nach allen Richtungen hin und her fahren, sondern sämtlich die gleiche und gleich-gerichtete Geschwindigkeit u besitzen, die also der Größe nach gleich der des betrachteten Moleküls ist, während sie mit seiner Bewegungsrichtung den Winkel φ bilden möge; dann ist offenbar in Gleichung 6) anstatt u die sogenannte relative Geschwindig-keit v unseres Moleküls gegen die übrigen einzusetzen, die wir zu-nächst berechnen wollen. Hat ein Punkt P (Fig. 82, S. 320) die Geschwindigkeit OA, und ein Punkt P' die Geschwindigkeit OA', so stellt der Vektor AA' bekanntlich die relative Geschwindigkeit von P' gegen P dar[1]. Im vorliegenden Fall ist $OA = OA' = u$, $AA' = v$ und $AOA' = \varphi$, folglich wird

$$7)\quad v = 2\,u\,\sin\varphi/2,$$

und für die Zahl der Zusammenstöße ergibt sich

$$8)\quad \Pi'' = \frac{v\,\varrho^2\pi}{\lambda^3} = 2\,u\,\frac{\sin\varphi/2}{\lambda^3}\cdot\varrho^2\pi.$$

3. Nun können wir schließlich die Zahl der Zusammenstöße, die ein Molekül pro Zeiteinheit erfährt, das sich unter lauter hin und her fahrenden Molekülen befindet, in der Weise berechnen, daß wir uns die hin und her fahrenden Moleküle in einzelne Gruppen von gleicher Bewegungsrichtung zerlegen und hierauf Gleichung 7)

---

[1] P' verschiebt sich nämlich in 1 Sekunde gegen P um die Strecke AA'.

anwenden. Da alle Bewegungsrichtungen gleichmäßig vorkommen, so wird von den insgesamt vorhandenen Molekülen ein solcher Bruchteil m eine zwischen φ und $\varphi + d\varphi$ liegende Bewegungsrichtung besitzen, der sich aus der Gleichung

$$9) \quad m = \frac{2\pi \sin \varphi \, d\varphi}{4\pi} = \frac{\sin \varphi \, d\varphi}{2}$$

bestimmt; denn der differentielle Raumwinkel[1]), in dem die betrachteten Bewegungsrichtungen liegen, beträgt $2\pi \sin \varphi \, d\varphi$, der Raumwinkel, innerhalb dessen alle vorkommenden Bewegungsrichtungen liegen müssen, beträgt 4π, und das Verhältnis dieser Raumwinkel liefert den gesuchten Bruchteil m. Die Zahl der Zusammenstöße des betrachteten Moleküls mit der herausgegriffenen Molekülschar ist also gemäß Gleichung 8) und 9)

$$\frac{v \varrho^2 \pi}{\lambda^3} m = \frac{2u \sin \varphi/2 \cdot \varrho^2 \cdot \pi}{\lambda^3} \cdot \frac{\sin \varphi}{2} d\varphi,$$

oder vereinfacht und umgeformt nach Formel 39), Anhang,

$$= 2 \frac{u \varrho^2 \pi}{\lambda^3} \left(\sin \frac{\varphi}{2} \right)^2 \cos \frac{\varphi}{2} \, d\varphi.$$

Um nun schließlich die Gesamtzahl Π aller Zusammenstöße zu erhalten, haben wir einfach über alle vorkommenden Bewegungsrichtungen zu integrieren; dies gibt

$$10) \quad \Pi = \int_0^{\pi} \frac{2u \varrho^2 \pi}{\lambda^3} \left(\sin \frac{\varphi}{2} \right)^2 \cos \frac{\varphi}{2} \, d\varphi = \frac{2u \varrho^2 \pi}{\lambda^3} \int_0^{\pi} \left(\sin \frac{\varphi}{2} \right)^2 \cos \frac{\varphi}{2} \, d\varphi.$$

Nun ist aber (S. 119)

$$\int \left(\sin \frac{\varphi}{2} \right)^2 \cos \frac{\varphi}{2} \, d\varphi = 2 \int \left(\sin \frac{\varphi}{2} \right)^2 d \sin \frac{\varphi}{2} = \frac{2}{3} \left(\sin \frac{\varphi}{2} \right)^3 + \text{Konst.}$$

und somit

$$\int_0^{\pi} \left(\sin \frac{\varphi}{2} \right)^2 \cos \frac{\varphi}{2} \, d\varphi = \frac{2}{3}.$$

Wird dies in Gleichung 10) eingesetzt, so folgt schließlich

$$11) \quad \Pi = \frac{4}{3} \cdot \frac{u \varrho^2 \pi}{\lambda^3}$$

und für die gesuchte mittlere Weglänge l

$$12) \quad l = \frac{u}{\Pi} = \frac{3}{4} \cdot \frac{\lambda^3}{\varrho^2 \pi},$$

der von Clausius gefundene Ausdruck.

---

[1]) Vgl. Formelsammlung § 7, 85a und 85b.

§ 8. Das Verteilungsgesetz von Maxwell.

Im § 7 war angenommen, daß sich alle Moleküle mit gleicher Geschwindigkeit bewegen; von Maxwell wurde (1860) gezeigt, daß die Geschwindigkeiten der Gasmoleküle von Molekül zu Molekül variieren müssen, indem sie nach den Gesetzen der Wahrscheinlichkeitsrechnung um einen Mittelwert schwanken.

Einen Beweis dieses berühmten Maxwellschen Verteilungsgesetzes kann man folgendermaßen führen.

Seien u, v, w die Komponenten der momentanen Geschwindigkeit irgendeines Moleküls für ein rechtwinkliges Koordinatensystem[1]), und es sei wieder N die Zahl aller Moleküle, also

$$1) \quad u_1, v_1, w_1, \ldots \ldots u_N, v_N, w_N$$

die zugehörigen Geschwindigkeitskomponenten. Wir betrachten zunächst die in die x-Achse fallenden Komponenten und wollen wieder die Wahrscheinlichkeit dafür, daß diese Komponente für ein beliebig herausgegriffenes Molekül den Wert u besitzt, durch

$$F(u)$$

bezeichnen, so daß $F(u)$ die gleiche Bedeutung hat, wie bei der Ableitung des Gaußschen Fehlergesetzes im Kap. IX, § 8. Analog mögen

$$\Phi(v) \quad \text{und} \quad \Psi(w)$$

die Wahrscheinlichkeiten dafür sein, daß die y- und z-Komponenten für dieses Molekül die Werte v und w besitzen. Die Wahrscheinlichkeit für das Auftreten einer Geschwindigkeit mit den Komponenten u, v, w wird dann wieder durch das Produkt

$$2) \quad W = F(u) \cdot \Phi(v) \cdot \Psi(w)$$

dargestellt, das wir den zu u, v, w gehörigen Wahrscheinlichkeitskoeffizienten nennen wollen. Auch hier wird dann, analog zu Kap. IX, § 8, der wahrscheinlichste Wert der Geschwindigkeitsverteilung dadurch charakterisiert sein, daß das Produkt aller dieser Wahrscheinlichkeitskoeffizienten für unsere sämtlichen Moleküle, also das Produkt

$$\Pi = F(u_1) \cdot \Phi(v_1) \cdot \Psi(w_1) \ldots \ldots F(u_N) \cdot \Phi(v_N) \cdot \Psi(w_N)$$

ein Maximum wird, und es handelt sich wieder darum, die Funktionen F, Φ, Ψ dieser Forderung gemäß zu bestimmen. Wir werden alsbald sehen, daß dieses Problem rechnerisch mit demjenigen von Kap. IX, § 8 identisch ist.

---

[1]) Die Bezeichnung u, v, w ist hier zweckmäßiger als die oben (S. 319) benutzte v_x, v_y, v_z.

Zunächst beachte man, daß u_1, u_2 .... u_N die x-Komponenten der Geschwindigkeit bedeuten und daher wieder als verschiedene Werte einer und derselben Variablen x anzusehen sind, ebenso die v als Werte einer Variablen y und die w als Werte einer Variablen z. Da wir uns ferner die Gasmasse als Ganzes ruhend denken können, so folgt, daß die Summe der Geschwindigkeitskomponenten aller Moleküle in jeder Richtung, also auch für jede Koordinatenachse, gleich Null sein muß; die u, v, w genügen daher den Gleichungen

$$3) \begin{cases} \varSigma u = u_1 + u_2 + \ldots + u_N = 0, \\ \varSigma v = v_1 + v_2 + \ldots + v_N = 0, \\ \varSigma w = w_1 + w_2 + \ldots + w_N = 0, \end{cases}$$

die der Gleichung 9) von Kap. IX, § 8 entsprechen.

Um das Produkt $\varPi$ zu einem Maximum zu machen, genügt es auch hier, seinen Logarithmus zum Maximum zu machen. Setzen wir also

$$4) \quad \ln F(u) = f(u), \quad \ln \varPhi(v) = \varphi(v), \quad \ln \varPsi(w) = \psi(w),$$

so ist unsere Aufgabe offenbar die, die Funktionen $f(u)$, $\varphi(v)$, $\psi(w)$ so zu bestimmen, daß

$$5) \quad \ln \varPi = \varSigma f(u) + \varSigma \varphi(v) + \varSigma \psi(w)$$

ein Maximum wird, während zugleich die Gleichungen 3) bestehen. Gemäß Kap. IX, § 7 erhalten wir zunächst die Gleichungen

$$6) \quad \frac{\partial \ln \varPi}{\partial x} = 0, \quad \frac{\partial \ln \varPi}{\partial y} = 0, \quad \frac{\partial \ln \varPi}{\partial z} = 0.$$

Da aber die u nur von x, die v nur von y und die w nur von z abhängen, so gehen diese drei Gleichungen über in

$$6a) \quad \frac{\partial}{\partial x} \varSigma f(u) = 0, \quad \frac{\partial}{\partial y} \varSigma \varphi(v) = 0, \quad \frac{\partial}{\partial z} \varSigma \psi(w) = 0.$$

Damit ist unser Problem rechnerisch in der Tat auf das von § 8, Kap. IX reduziert. Denn die erste der drei Gleichungen 6a) ist identisch mit der dortigen Gleichung 11); wir erhalten daher für $F(u)$ und $f(u)$ die nämlichen Werte wie dort. Ersetzen wir die dort eingeführte Konstante h hier durch $1/b$, so folgt

$$7) \quad F(u) = \frac{1}{b \sqrt{\pi}} \cdot e^{-\frac{u^2}{b^2}}.$$

Analoge Ausdrücke ergeben sich für $\varPhi(v)$ und $\varPsi(w)$, und zwar dürfen wir aus der Symmetrie und der beliebigen Wählbarkeit der drei Koordinatenachsen schließen, daß in $\varPhi(v)$ und $\varPsi(w)$ dieselben Konstanten eingehen wie in $F(u)$; es wird also

$$8) \quad \varPhi(v) = \frac{1}{b\sqrt{\pi}} \cdot e^{-\frac{v^2}{b^2}}$$

und

$$9) \quad \varPsi(w) = \frac{1}{b\sqrt{\pi}} \cdot e^{-\frac{w^2}{b^2}}.$$

Wir wollen nun noch die physikalische Bedeutung von b ermitteln. Zunächst beachte man, daß b gemäß § 8, Kap. IX, ebenso wie die dort eingeführten k und h, eine von u, v, w unabhängige Konstante ist. Dagegen könnte sich b sehr wohl mit der Zeit ändern und muß daher zunächst als eine Funktion von t angesehen werden.

Wir gehen nun wieder zur differentiellen Auffassung über und haben in

$$F(u)\,du, \quad \varPhi(v)\,dv, \quad \varPsi(w)\,dw$$

die Wahrscheinlichkeit, daß die Komponenten der Molekülgeschwindigkeit resp. zwischen u und $u+du$, v und $v+dv$, w und $w+dw$ enthalten sind; es stellt also

$$F(u) \cdot \varPhi(v) \cdot \varPsi(w)\,du\,dv\,dw$$

die Wahrscheinlichkeit dafür dar, daß die Geschwindigkeit zwischen u, v, w und $u+du$, $v+dv$, $w+dw$ liegt, und wir finden für sie

$$F(u)\,\varPhi(v)\,\varPsi(w)\,du\,dv\,dw = \frac{1}{\pi^{3/2}\,b^3}\,e^{-\frac{u^2+v^2+w^2}{b^2}}\,du\,dv\,dw.$$

Ist ferner c die wirkliche Geschwindigkeit des Moleküls, so ist (S. 43)

$$c^2 = u^2 + v^2 + w^2,$$

und wir erhalten noch

$$10) \quad F(u) \cdot \varPhi(v) \cdot \varPsi(w)\,du\,dv\,dw = \frac{1}{\pi^{3/2}\,b^3}\,e^{-\frac{c^2}{b^2}}\,du\,dv\,dw.$$

Von den Molekeln mit der Geschwindigkeit c sind aber hier nur diejenigen in Betracht gezogen worden, bei denen c die festen Komponenten u, v, w hat, die also einer bestimmten Richtung parallel sind. Wir suchen aber die Wahrscheinlichkeit dafür, daß die Geschwindigkeit überhaupt zwischen c und $c+dc$ liegt, von welcher Richtung sie auch sei.

Dazu benutzen wir den einfachen Kunstgriff, die drei Größen u, v, w als rechtwinklige Koordinaten eines Raumpunktes anzusehen. Dann stellt c seinen Abstand vom Anfangspunkt O dar, und den Werten u, v, w aller möglichen Richtungen, die zu demselben c gehören, entsprechen offenbar die Punkte einer Kugelschale vom Radius c. Ferner stellt das Produkt $du\,dv\,dw$ den Inhalt des differentiellen Volumenelements dar. Wir gehen nun noch von den rechtwinkligen

Koordinaten zu Polarkoordinaten (S. 191) über. An Stelle der Volumenelemente $du\,dv\,dw$ treten dann solche Volumenelemente, deren Grundfläche in die um O gelegten Kugelschalen fällt, die überdies auf diesen Kugelflächen senkrecht stehen, und die Höhe dc besitzen [1]). Diejenigen dieser Volumenelemente, die demselben Wert c entsprechen, erfüllen also die dünne Kugelschicht, die zwischen den beiden Kugeln mit den Radien c und $c+dc$ liegt. Über alle diese Volumenelemente haben wir zu integrieren, um die Wahrscheinlichkeit dafür zu erhalten, daß irgendein Molekül die Geschwindigkeit c, gleichgültig von welcher Richtung, besitzt. Das Integral dieser Volumenelemente ist aber nichts anderes als das Volumen unserer dünnen Kugelschicht, also einer Schicht von der Grundfläche $4\pi c^2$ [2]) und der Höhe dc, und diese hat den Inhalt $4\pi c^2 dc$. Bezeichnen wir also die gesuchte Wahrscheinlichkeit durch $W(c)$, so finden wir aus 10)

$$11)\quad W(c) = \frac{4}{\sqrt{\pi}\,b^3}\,c^2\,e^{-\frac{c^2}{b^2}}\,dc.$$

Den wahrscheinlichsten Wert der Geschwindigkeit c finden wir wieder, wenn wir für den in vorstehender Gleichung mit dc multiplizierten Ausdruck das Maximum aufsuchen, d. h.

$$\frac{d}{dc}\left(\frac{4}{\sqrt{\pi}\,b^3}\,c^2 e^{-\frac{c^2}{b^2}}\right) = 0$$

setzen; die Ausführung der Differentiation liefert

$$\frac{4}{\sqrt{\pi}\,b^3}\left(2\,c\,e^{-\frac{c^2}{b^2}} - 2\,\frac{c^3}{b^2}\,e^{-\frac{c^2}{b^2}}\right) = 0,$$

woraus sofort

$$c = b$$

folgt: b hat also in der Maxwellschen Gleichung die Bedeutung des wahrscheinlichsten, d. h. des am häufigsten vorkommenden Wertes der Geschwindigkeit.

Zur weiteren Veranschaulichung sei noch betont, daß, wenn die Zahl der Gasmoleküle N beträgt, die Zahl derjenigen Moleküle, deren Geschwindigkeit zwischen den Grenzen c und $c+dc$ liegt, durch den Ausdruck

$$N\,\frac{4}{\sqrt{\pi\cdot b^3}}\,c^2 e^{-\frac{c^2}{b^2}}\,dc$$

gegeben ist.

---

[1]) Ihr Wert ist (S. 192) $c^2 dc\,\sin\vartheta\,d\varphi\,d\vartheta$; wir werden aber die Integration unabhängig von ihm ausführen.

[2]) Vgl. Formel 85) des Anhangs.

Wird das mittlere Geschwindigkeitsquadrat (also der Mittelwert aller Geschwindigkeitsquadrate c^2) durch $\bar{c}^2$ bezeichnet, so hat man offenbar

$$\bar{c}^2 = \frac{1}{N} \int_0^\infty c^2 \frac{4N}{\sqrt{\pi}\,b^3} c^2 e^{\frac{-c^2}{b^2}}\,dc;$$

denn das Integral gibt ja die Summe aller Geschwindigkeitsquadrate an, und wenn wir durch N dividieren, so erhalten wir den Mittelwert.

Die Ausführung der Integration liefert[1]

$$12)\quad \bar{c}^2 = \frac{3}{2}\,b^2.$$

Nun ist

$$\frac{N\,m\,\bar{c}^2}{2} = \frac{3}{4}\,N\,m\,b^2$$

nichts anderes als der Energieinhalt des Gases; es wird also b (vgl. S. 345 oben) dann und nur dann keine Zeitfunktion sein, wenn die Temperatur des Gases konstant erhalten bleibt.

Die letzte Formel liefert uns zugleich die Möglichkeit, b aus dem Energieinhalt und aus Nm (= Masse des Gases) zu berechnen, d. h. die Maxwellsche Gleichung enthält nunmehr keine unbestimmte Konstante mehr.

§ 9. Anwendungen des ersten Wärmesatzes. Änderung von Reaktionswärmen mit der Temperatur.

Der erste Wärmesatz (Gesetz von der Erhaltung der Energie) besagt, daß die Änderung des Energieinhaltes eines Systems unabhängig von dem Wege ist, auf welchem sich die Änderung des Systems vollzieht, und ausschließlich durch den Anfangs- und Endzustand des Systems bestimmt ist.

---

[1] Die Berechnung des obigen Integrals beruht auf folgenden Formeln, die man durch teilweise Integration erhält:

$$\int e^{-x^2}\,dx = x e^{-x^2} + 2\int x^2 e^{-x^2}\,dx,$$
$$\int x^3 e^{-x^2}\,dx = \tfrac{1}{3} x^3 e^{-x^2} + \tfrac{2}{3}\int x^4 e^{-x^2}\,dx.$$

Beachtet man nun, daß $x e^{-x^2}$ und $x^3 e^{-x^2}$ für $x = 0$ sowie auch für $x = \infty$ den Wert Null haben (S. 2ᴜ2), so ergibt sich

$$\int_0^\infty x^4 e^{-x^2}\,dx = \tfrac{3}{2}\int_0^\infty x^2 e^{-x^2}\,dx = \tfrac{3}{4}\int_0^\infty e^{-x^2}\,dx = \tfrac{3}{8}\sqrt{\pi},$$

und zwar folgt das letzte Resultat aus S. 191. Daraus kann die obige Gl. 12) leicht gewonnen werden.

Führen wir einem System eine kleine Wärmemenge dQ zu, so wird der Energieinhalt U des Systems eine Zunahme erfahren, die wir mit dU bezeichnen wollen. Wird vom Systeme gleichzeitig eine Arbeit dA geleistet, so liefert das Gesetz von der Erhaltung der Energie

$$dQ = dU + dA.$$

In vielen Fällen besteht die Arbeit in der Überwindung des äußeren Druckes p, d. h. es ist

$$dA = pdv,$$

wenn dv die Volumenzunahme bedeutet, die das System erfährt.

Eine Anwendung des Satzes, daß U vom Wege unabhängig ist, besteht in folgender Betrachtung:

Gegeben sei ein System reaktionsfähiger Stoffe; wir lassen bei der unveränderten Temperatur T (d. h. isotherm) die betreffende Reaktion sich abspielen, wobei die Reaktionswärme Q vom System nach außen abgegeben werden möge. Hierauf erhöhen wir die Temperatur des Systems um dT, wozu wir die Wärmemenge $c'dT$ zuführen müssen, wenn c' die Wärmekapazität des Systems nach vollzogener Reaktion bedeutet. Nehmen wir an, daß bei diesen Vorgängen keine äußere Arbeit geleistet wird, so beträgt die Änderung des Energieinhaltes

$$\text{1)} \quad -Q + c'dT,$$

wobei wir also die dem System zugeführten Energiebeträge positiv zählen.

Wir können das System aber auch auf folgendem Wege vom gleichen Anfangszustand zum gleichen Endzustand bringen. Wir erwärmen zuerst das System von T auf $T + dT$, wobei wir die Wärmemenge cdT zuführen müssen, wenn c die Wärmekapazität des Systems vor vollzogener Reaktion bedeutet. Hierauf lassen wir bei $T + dT$ die Reaktion sich abspielen, wobei die Wärmemenge $Q + dQ$ vom System entwickelt werden möge. Die Energieänderung beträgt in diesem Falle somit

$$\text{2)} \quad -(Q + dQ) + cdT.$$

Da nach dem ersten Wärmesatz 1) und 2) einander gleich sein müssen, so folgt

$$dQ = dT(c - c'),$$

und da dQ, weil nach Voraussetzung $dA = 0$ ist, gleich dU gesetzt werden kann, so folgt

$$\frac{dQ}{dT} = \frac{dU}{dT} = c - c'.$$

Die Differenz der Wärmekapazitäten der reagierenden und der gebildeten Substanzen liefert also die Änderung der Reaktionswärme mit der Temperatur, ein
für die Thermochemie wichtiges Resultat; zugleich kennen wir die
Änderung der inneren Energie U mit der Temperatur, wenn uns
die spezifischen Wärmen der reagierenden Stoffe gegeben sind.

Wird während der Reaktion oder der Erwärmung äußere Arbeit
geleistet, so ist diese natürlich mit der äquivalenten Wärmemenge
in Rechnung zu setzen.

§ 10. Verdünnungswärme der Schwefelsäure.

Für die Wärmeentwicklung W, die man bei Hinzufügung von
1 g H_2SO_4 zu x g H_2O beobachtet, hat Thomsen empirisch die
Formel

$$W = A \frac{x}{x + B}$$

gefunden; A und B sind Konstanten. Machen wir x sehr groß, d. h.
fügen wir zu sehr viel Wasser 1 g H_2SO_4, so wird die Wärmeentwicklung

$$W_\infty = A,$$

wodurch die Natur der Konstanten A eine einfache Bedeutung erhalten hat.

Fügen wir hingegen zu 1 g H_2SO_4 eine sehr geringe Menge
Wasser, die wir mit h bezeichnen wollen, so erhalten wir die Wärmeentwicklung

$$W_h = A \frac{h}{h + B} \quad \text{oder} \quad = A \frac{h}{B},$$

da wir ja h gegen B vernachlässigen können; fügen wir zu sehr viel
H_2SO_4 1 g Wasser, so wird offenbar die Wärmeentwicklung das
$1/h$ fache, oder es wird

$$W_0 = \frac{A}{B}.$$

Fügen wir x_1 g H_2O zu einer Mischung von Schwefelsäure und
Wasser, die x g H_2O auf 1 g H_2SO_4 enthält, so ist nach den Grund-
prinzipien der Thermochemie die beobachtete Wärmeentwicklung
gleich der Differenz derjenigen Wärmemengen, die bei der Mischung
von 1 g H_2SO_4 mit $x_1 + x$ und mit x g H_2O beobachtet werden,
es wird also jene Wärmeentwicklung

$$A \left(\frac{x_1 + x}{x_1 + x + B} - \frac{x}{x + B} \right).$$

Denken wir uns x_1 sehr klein, etwa gleich dx, so erhalten wir

$$dW = A\left(\frac{x+dx}{x+dx+B} - \frac{x}{x+B}\right);$$

es bedeutet dW also die (sehr kleine) Wärmeentwicklung bei der Hinzufügung der sehr kleinen Wassermenge dx zu einer Lösung, die aus 1 g $H_2SO_4 + x$ g H_2O besteht. Der rechtsstehende Ausdruck hat die Form

$$f(x+dx) - f(x),$$

ist also gleich

$$f'(x)\,dx.$$

Differenzieren wir $f(x)$, so wird

$$\frac{d}{dx}\left(A\,\frac{x}{x+B}\right) = A\,\frac{B}{(x+B)^2}$$

und somit

$$dW = \frac{A\,B}{(x+B)^2}\,dx.$$

Fügen wir 1 g H_2O zu einer sehr großen Menge der Lösung von der Zusammensetzung 1 $H_2SO_4 + x$ H_2O, so wird die hierbei auftretende Wärmenge W'_x das $\dfrac{1}{dx}$ fache von dW, d. h. wir finden für obige (bei manchen Rechnungen wichtige) Wärmeentwicklung

$$W'_x = \frac{dW}{dx} = \frac{A\,B}{(x+B)^2}.$$

Der Differentialquotient $\dfrac{dW}{dx}$ hat also eine einfache thermochemische Bedeutung.

§ 11. Analytische Formulierung des zweiten Wärmesatzes.

a) Lassen wir ein System bei konstant erhaltener Temperatur eine beliebige Änderung erleiden, so ist nach dem ersten Wärmesatz (S. 348)

$$dQ = dU + dA;$$

in dieser Gleichung ist nur dU eindeutig durch den Anfangs- und Endzustand des Systems bestimmt, während dA im allgemeinen ganz verschiedene Werte annehmen wird, je nach der Art und Weise, auf die sich die betreffende Änderung vollzieht.

Die Erfahrung lehrt aber, daß es einen ganz bestimmten Maximalwert von dA gibt, der auf keine Weise überschritten werden kann, und zwar erhält man diesen Wert, wenn man den Vorgang reversibel leitet. Bei reversiblen isothermen Veränderungen ist

und Endzustand bestimmt; bezeichnen wir die äußere Arbeit für eine derartige Veränderung mit dF, so wird

$$dQ = dU + dF,$$

oder vom Anfangszustand 1 bis zum Endzustand 2 integriert,

$$Q_2 - Q_1 = U_2 - U_1 + F_2 - F_1.$$

Lassen wir ein System nach beliebigen Veränderungen wieder zum Anfangszustand zurückkehren, so daß das System einen Kreisprozeß durchläuft, so ist nach dem ersten Hauptsatz

$$U_2 = U_1,$$

nach dem zweiten Hauptsatz

$$\text{1) sowohl } F_2 = F_1, \text{ wie } Q_2 = Q_1.$$

Bei einem isothermen und reversiblen Kreisprozeß ist also sowohl die geleistete äußere Arbeit wie die aufgenommene Wärmemenge gleich Null.

b) Lassen wir ein System einen reversiblen Kreisprozeß durchlaufen, dergestalt, daß bei der Temperatur $T + dT$ die Wärmemenge $Q + dQ$ absorbiert, bei der Temperatur T die Wärmemenge Q entwickelt wird, so wird eine gewisse Arbeit dA vom System geleistet, die

$$\text{2)} \quad dA = Q\frac{dT}{T}$$

beträgt. Man erhält dies Resultat durch die Betrachtung eines mit einem idealen Gase ausgeführten Kreisprozesses und kann nachweisen, daß es allgemein gültig ist.

c) Nach a) ist die dem System zugeführte (absorbierte) Wärmemenge Q der Gleichung 2)

$$Q = A - U,$$

wenn wir nunmehr kurz mit A die maximale Arbeit, mit U die Abnahme des Energieinhaltes bei dem betrachteten Vorgange bezeichnen; eingesetzt in 2) finden wir

$$\text{3)} \quad A - U = T\frac{dA}{dT},$$

die speziell für chemische Anwendungen bequemste Fassung des zweiten Wärmesatzes.

Anwendungen siehe besonders bei Planck, Vorlesungen über Thermodynamik, Leipzig 1905; vgl. ferner Nernst, Theoretische Chemie, 11. bis 15. Aufl. 1926, S. 16 ff.

§ 12. Die Formel von Clausius-Clapeyron.

Wenden wir die Gleichung 2) des vorhergehenden Paragraphen auf die Verdampfung einer Flüssigkeit an, so wird A gleich der damit verbundenen Arbeitsleistung

$$A = p\,(V - V'),$$

worin p den Dampfdruck und V das spezifische Volumen des gesättigten Dampfes, V' das der Flüssigkeit, $V - V'$ also die Volumenzunahme bei der Verdampfung bezeichnet. Die einer Temperatursteigerung um dT entsprechende Zunahme dA beträgt unter Konstanthaltung der Volumenänderung

$$dA = (V - V')\,dp,$$

während Q, d. h. die bei der Verdampfung absorbierte Wärme, die Verdampfungswärme bezeichnet. Somit geht Gleichung 2), § 11, über in

$$(V - V')\,dp = Q\,\frac{dT}{T}$$

oder

$$Q = T\,\frac{dp}{dT}\,(V - V'),$$

die sogenannte Formel von Clausius-Clapeyron.

Für Wasser fanden wir S. 310 für 100°

$$\frac{dp}{dT} = 27{,}17\,\frac{\text{mm}}{\text{Celsiusgrad}} = 0{,}03570\,\frac{\text{Atm.}}{\text{Celsiusgrad}};$$

ferner beträgt

$$V - V' = 1{,}657\ \text{Liter},$$

und somit wird

$$Q = 373 \times 0{,}03570 \times 1{,}657 = 22{,}056.$$

Als Einheit dient hier die Arbeit, die zur Überwindung des Druckes einer Atmosphäre über das Volumen eines Liters erforderlich ist; durch Multiplikation mit 24,25 reduzieren wir obigen Wert auf Grammkalorien und finden so, in bester Übereinstimmung mit der Messung von Regnault (536,5)

$$Q = 22{,}065 \cdot 24{,}25 = 535{,}1.$$

§ 13. Einfluß der Temperatur auf die chemische Affinität.

Wenden wir die Gleichung 3) des § 11

$$1)\quad A - U = T\,\frac{dA}{dT}$$

auf einen chemischen Prozeß an, so bedeutet U die mit demselben verknüpfte Wärmeentwicklung bei konstantem Volumen, d. h. ohne Leistung äußerer Arbeit, welche den thermochemischen Tabellen zu entnehmen ist; A ist die Arbeit, die der Prozeß in maximo zu leisten vermag, und bildet daher zugleich das Maß der chemischen Affinität.

Wenn uns die spezifischen Wärmen der reagierenden und der gebildeten Substanzen gegeben sind, so kennen wir nach § 9 auch $\dfrac{dU}{dT}$, d. h. den Einfluß der Temperatur auf die Wärmeentwicklung; sind uns die spezifischen Wärmen etwa als nach ganzen Potenzen der absoluten Temperatur fortschreitende Temperaturfunktionen gegeben, so folgt ein entsprechender Verlauf auch für U, d. h. wir können setzen

$$2)\quad U = U_0 + \alpha\,T + \beta\,T^2 + \gamma\,T^3 + \dots$$

Um aus 1) und 2) nunmehr auch A als Temperaturfunktion zu ermitteln, schreiben wir 1) in der Form (durch Division mit T^2)

$$-\frac{U}{T^2} = -\frac{A}{T^2} + \frac{1}{T}\frac{dA}{dT} = \frac{d}{dT}\left(\frac{A}{T}\right)$$

oder

$$3)\quad \frac{A}{T} = -\int \frac{U}{T^2}\,dT.$$

Setzen wir 2) in 3) ein und integrieren, so wird

$$\frac{A}{T} = \frac{U_0}{T} - \alpha \ln T - \beta\,T - \frac{\gamma}{2}\,T^2 - \dots + a,$$

worin a die Integrationskonstante bedeutet, oder umgeformt

$$4)\quad A = U_0 + a\,T - \alpha\,T \ln T - \beta\,T^2 - \frac{\gamma}{2}\,T^3 - \dots$$

U_0, α, β, γ .. sind sämtlich thermische, d. h. durch kalorimetrische Messung zu bestimmende Größen; es ist aber nicht möglich, wenigstens nicht, wenn man sich auf die beiden ersten Wärmesätze beschränkt, lediglich aus diesen Größen A, die chemische Affinität, zu berechnen, weil eine unbestimmte Integrationskonstante a, die natürlich für jede einzelne chemische Reaktion einen besonderen Wert haben kann, in Gleichung 4) vorkommt.

§ 14. Der neue Wärmesatz.

Wir betrachten zunächst irgendeine Veränderung, sei sie rein physikalischer, sei sie chemischer Natur, bei der nur feste Körper beteiligt sind; jeden einzelnen der festen Körper können wir ohne weiteres bis zu den tiefsten Temperaturen auf seine spezifische Wärme hin untersuchen, und wir nehmen an, daß die Interpolationsformel

$$c = c_0 + \alpha' T + \beta' T^2 + \gamma' T^3 + \delta' T^4 + \ldots$$

zur Darstellung der Versuchsergebnisse geeignet sei [1]).

Dann läßt sich, wie schon im § 9 und 13 auseinandergesetzt, die Wärmeentwicklung der betreffenden Veränderung auf die Form bringen

$$1) \quad U = U_0 + \alpha T + \beta T^2 + \gamma T^3 + \delta T^4 + \ldots$$

und durch Integration nach Formel 3) des § 13 ergibt sich

$$2) \quad A = U_0 + a T - \alpha T \ln T - \beta T^2 - \frac{\gamma}{2} T^3 - \frac{\delta}{3} T^4 - \ldots,$$

worin, wie gleichfalls schon betont, a die Integrationskonstante bedeutet, die im Sinne der älteren Thermodynamik für jeden einzelnen Fall zu bestimmen ist.

Differenzieren wir Gleichung 2) nach der Temperatur, so folgt leicht

$$3) \quad \frac{dA}{dT} = a - \alpha \ln T - \alpha - 2 \beta T - \frac{3}{2} \gamma T^2 - \frac{4}{3} \delta T^3 - \ldots;$$

für sehr tiefe Temperaturen folgt, indem hier alle Glieder der rechten Seite außer dem zweiten verschwinden oder endlich bleiben, lediglich wegen des zweiten Gliedes

$$\lim \frac{dA}{dT} = + \infty \; [T = 0].$$

Dies Ergebnis wirkt befremdend, und es entsteht daher die Frage, ob nicht außer dem ersten und dem zweiten Wärmesatze noch eine neue allgemeine thermodynamische Beziehung existiert, welche dies Ergebnis ausschließt. Für U tritt diese Schwierigkeit nicht auf, indem

$$4) \quad \frac{dU}{dT} = \alpha + 2 \beta T + 3 \gamma T^2 + 4 \delta T^3 + \ldots$$

wird und daher

$$\lim \frac{dU}{dT} = \alpha \; [T = 0]$$

sich ergibt.

---

[1]) Die Entwicklung nach ganzen Potenzen von T ist deshalb statthaft, weil, indem von jeder speziellen Theorie abgesehen wird, man sich in der Thermodynamik einfach auf den Standpunkt stellen kann, daß immer nur eine endliche Zahl von Messungen zur Verfügung steht; auch unter Berücksichtigung aller Messungen erhält man demgemäß eine endliche Zahl von Koeffizienten α', β' usw. und die obige Gleichung ist daher eine der möglichen Formeln, die allen Messungen Rechnung trägt, übrigens zugleich die einfachste.

Nun war es vielen Thermodynamikern schon längst aufgefallen, daß bei tieferen Temperaturen A und U meistens nicht sehr verschieden sind, eine Regelmäßigkeit, für die die ältere Thermodynamik keine Erklärung hatte; wir vermuten daher, daß eine neue thermodynamische Gesetzmäßigkeit des Inhalts besteht, daß bei tiefen Temperaturen A und U sich einander nähern, oder, geometrisch ausgedrückt, daß in der Nachbarschaft des absoluten Nullpunkts die A- und die U-Kurve sich tangieren. Dies bedeutet, daß

$$5) \quad \lim \frac{dA}{dT} = \lim \frac{dU}{dT} \; (T=0)$$

sein müßte. Wenn dies zutrifft, muß also die folgende Beziehung bestehen, die aus den Gleichungen 3) und 4) sich ergibt, indem wir in ihnen T sehr klein werden lassen:

$$a - \alpha \ln T - \alpha = \alpha.$$

Da die rechte Seite dieser Gleichung endlich ist, muß es auch die linke sein; dies ist aber nur möglich, wenn

$$6) \quad \alpha = 0$$

(nicht etwa nur sehr klein!) ist, woraus dann die unbekannte Integrationskonstante a sich ebenfalls zu Null ergibt:

$$7) \quad a = 0.$$

Wir erkennen also, daß die Gültigkeit von Gleichung 5) zu sehr bemerkenswerten Schlußfolgerungen führt.

Was zunächst die Forderung 6) anlangt, so liefert sie, kombiniert mit 4),

$$\lim \frac{dU}{dT} = 0 \, [T=0],$$

und diese Gleichung verlangt, daß bei tiefen Temperaturen im Sinne der in § 9 gemachten Ausführungen die Wärmekapazität der sich umsetzenden Stoffe bei der betreffenden Veränderung selber ungeändert bleibt. Diese Forderung hat sich bei allen Messungen nicht nur erfüllt, sondern darüber hinaus hat sich bei sehr tiefen Temperaturen die spezifische Wärme aller festen Stoffe als verschwindend klein ergeben, so daß bei tiefen Temperaturen der S. 348 abgeleitete Ausdruck

$$\frac{dU}{dT} = c - c'$$

sozusagen a fortiori Null wird, weil hier sowohl c wie c' verschwindend klein sind.

Damit ist aber noch nicht bewiesen, daß auch die Beziehung

$$\lim \frac{dA}{dT} = 0 \, [\, T = 0]$$

erfüllt ist, vielmehr folgt aus $\alpha = 0$ lediglich nach Gleichung 3)

$$8) \quad \lim \frac{dA}{dT} = a \, [\, T = 0),$$

also nicht Formel 5). Durch die Messungen der spezifischen Wärme, wenn sie auch einen Teil der Forderungen des neuen Wärmesatzes erfüllt haben, kann letzterer allein also nicht experimentell bewiesen werden; dies war vielmehr erst durch zahlreiche direkte Prüfungen möglich, ob sich in der Tat A nach der Formel

$$9) \quad A = U_0 - \beta T^2 - \frac{\gamma}{2} T^3 - \frac{\delta}{3} T^4 - \ldots$$

(dieselbe folgt aus Gleichung 2), indem wir darin a und α gleich Null setzen) berechnen läßt. — Für U folgt analog

$$10) \quad U = U_0 + \beta T^2 + \gamma T^3 + \delta T^4 + \ldots$$

Setzen wir hingegen

$$11) \quad \lim \frac{dA}{dT} = 0 \, [\, T = 0],$$

so folgt ohne weiteres aus Gleichung 3)

$$a = 0 \text{ und } \alpha = 0$$

und somit auch

$$\lim \frac{dU}{dT} = 0 \text{ und } \lim \frac{dA}{dT} = \lim \frac{dU}{dT} \, [\, T = 0];$$

Formel 11) gibt uns somit die einfachste Fassung des neuen Wärmesatzes. —

Wir haben uns bisher auf feste Körper beschränkt, d. h. also in erster Linie auf kristallisierte Stoffe; aber auch Flüssigkeiten können, im Prinzip wenigstens, indem man Kristallisation vermeidet, so weit abgekühlt werden, daß sie fest (glasartig) werden und die Erfahrung zeigt, daß auch hier die spezifische Wärme bei sehr tiefen Temperaturen verschwindet, und daß sie im Prinzip genau wie kristallisierte Stoffe behandelt werden können, wenn auch die experimentelle Bestimmung der Koeffizienten der eingangs dieses Paragraphen für die spezifische Wärme c aufgestellten Gleichung in der Regel auf Schwierigkeiten stößt.

Wesentlich anders liegt die Sache, wie es zunächst den Anschein hat, für Gase. Betrachten wir hier etwa die Arbeitsleistung eines idealen Gases bei seiner Ausdehnung vom Volumen v_1 auf das Volumen v_2, so beträgt dieselbe nach S. 151

$$A = k \ln \frac{v_2}{v_1};$$

benutzen wir die Gasgleichung, anstatt wie S. 151

$$pv = k,$$

in der verallgemeinerten Form

$$12)\quad pv = RT,$$

so ergibt sich für die isotherme Ausdehnung eines Gases einfach

$$A = RT \ln \frac{v_2}{v_1}$$

und daher (v_1 und v_2 konstant gesetzt)

$$\frac{dA}{dT} = R \ln \frac{v_2}{v_1}.$$

Dieser Ausdruck wird aber nicht bei sehr tiefen Temperaturen gleich Null, wie es der neue Wärmesatz verlangen würde, sondern bleibt konstant. Wenn daher wirklich die Gleichung 12) bis zu den tiefsten Temperaturen gültig bleiben würde, so könnte der Satz auf Gase keine Anwendung finden.

Nun aber liegen in der Tat gewichtige Gründe vor, daß die Gasgleichung 12) bei sehr tiefen Temperaturen versagt und zwar in einer Weise, wie es der neue Wärmesatz verlangt (Theorie der »Gasentartung«). —

Übrigens hat sich ferner herausgestellt, daß bei sehr tiefen Temperaturen die spezifische Wärme proportional der dritten Potenz der absoluten Temperatur ansteigt; daraus folgt der wichtige Satz, daß hier die einfachen Beziehungen gelten

$$13)\quad U = U_0 + \delta T^4, \quad A = U_0 - \frac{\delta}{3} T^4.$$

Da also bei tiefen Temperaturen $\frac{dA}{dT}$ proportional T^3 ist, so wird diese Größe nicht nur in der nächsten Nähe des absoluten Nullpunkts verschwindend klein, sondern sogar verschwindend klein vom dritten Grade.

Wegen aller Einzelheiten sei auf die Monographie Nernst »Theoretische und experimentelle Grundlagen des neuen Wärmesatzes« (1918 bei W. Knapp in Halle) verwiesen.

DREIZEHNTES KAPITEL.

Einleitung in die Theorie der Kristallgitter.

§ 1. Die kristallographischen Symmetrieelemente.

Kongruenz und spiegelbildliche Gleichheit sind die beiden geometrischen Grundbegriffe, die die Kristallographie beherrschen. Ein Körper S und das Spiegelbild, das hinter einer spiegelnden Fläche σ von ihm erscheint, unterscheiden sich wie linke und rechte Hand; sie sind nicht kongruent. Körper dieser Art nennen wir spiegelbildlich gleich. Kongruente Figuren kann man mittels einer Bewegung, die man der einen von ihnen erteilt, miteinander zur Deckung bringen. Für spiegelbildlich gleiche Körper ist es nicht der Fall; es gelingt, wenn man noch eine Spiegelung an einer Fläche zu Hilfe nimmt.

Ein Gebilde, das durch Drehung oder Spiegelung oder durch beide Operationen zusammen in sich selbst übergeht, so daß also jeder Punkt von ihm wieder mit einem seiner Punkte zusammenfällt, heißt symmetrisch. Wir haben drei Symmetriearten zu unterscheiden: Symmetrie gegen eine Achse, gegen eine Ebene und gegen einen Punkt.

Geht ein Gebilde durch Drehung um eine Gerade l in sich über, so heißt diese Gerade eine Symmetrieachse des Gebildes. Wie wir sehen werden, haben wir nur die Drehungswinkel 180°, 120°, 90°, 60° in Betracht zu ziehen; die entsprechenden Symmetrieachsen heißen zweizählig, dreizählig, vierzählig und sechszählig (also n-zählig, wenn der Drehungswinkel den Wert $2\pi/n$ hat). Eine Drehung um 180° bezeichnen wir auch als Umwendung.

Geht das Gebilde durch Spiegelung an einer Ebene σ in sich über, so heißt die Ebene eine Symmetrieebene von ihm; je zwei Punkte des Gebildes vertauschen sich durch die Spiegelung wechselseitig.

Ein Punkt O bildet ein Symmetriezentrum für das Gebilde, wenn sich je zwei Punkte P und P_1 vertauschen, deren Verbindungs-

strecke durch O geht und in O halbiert wird. Der Prozeß dieser
wechselseitigen Vertauschung heißt Inversion. Wichtig ist, daß
eine Inversion ebenso wie eine Spiegelung einen Körper S in einen
ihm spiegelbildlich gleichen Körper übergehen läßt. Das erkennt
man folgendermaßen (Fig. 85). Sei a eine zur

Ebene σ senkrechte Gerade und O ihr Schnittpunkt mit σ. Wir erteilen dem Punkt P zuerst
eine Spiegelung gegen σ und dann eine Umwendung um a; kommt er dadurch zuerst nach P'
und dann nach P_1, so geht PP_1 durch O und
wird in O halbiert. Der Effekt der Spiegelung
und der Umwendung ist also derselbe wie der Effekt der Inversion.

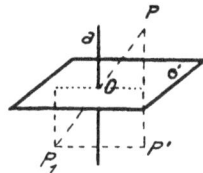
Fig. 85.

Die Spiegelung nebst der nachfolgenden Umwendung lassen aber
aus S einen zu S spiegelbildlich gleichen Körper hervorgehen; dasselbe gilt also auch für die Inversion.

Drehung einerseits und Spiegelung nebst Inversion andererseits
stehen einander als Operationen erster und zweiter Art gegenüber.

Die Symmetrieeigenschaften bedingen einander gegenseitig;
einige einfache Sätze darüber haben wir abzuleiten.

1. Ein erster Satz ist schon im Vorstehenden enthalten; Spiegelung und Umwendung zusammen erkannten wir als gleichwertig mit
einer Inversion. Dies läßt sich auch so aussprechen, daß eine zweizählige Symmetrieachse und eine zu ihr senkrechte Symmetrieebene ein Symmetriezentrum bedingen.

2. Zwei zueinander senkrechte zweizählige Symmetrieachsen bedingen eine dritte zu beiden senkrechte zwei-
zählige Achse[1]. Seien u und v die beiden Achsen, $\mathfrak{U}$ und $\mathfrak{V}$ die
Umwendungen um sie. Bei der Umwendung $\mathfrak{U}$ bleibt die Achse u
zunächst in Ruhe, durch die Umwendung $\mathfrak{V}$ geht sie dann in ihre
Verlängerung über. Das Analoge erkennt man leicht auch für v.
Derselbe Effekt wird aber auch bewirkt durch eine Umwendung $\mathfrak{W}$
um die zu u und v senkrechte Achse w; in der Tat führt die Umwendung um w sowohl u wie v in ihre Verlängerung über.

3. Eine n-zählige Achse a und eine zu ihr senkrechte
zweizählige Achse u bedingen noch $n-1$ weitere zu a senkrechte zweizählige Achsen. Wir wollen die Drehung um die
n-zählige Achse a durch $\mathfrak{A}$ bezeichnen; ihr Drehungswinkel ist also

---

[1] Vgl. Fig. 32 auf S. 42; x, y, z ist durch u, v, w zu ersetzen.

$\alpha = 2\pi/n$. Wir haben den Effekt zu untersuchen, den $\mathfrak{U}$ und $\mathfrak{A}$ zusammen bewirken. Die Achse u bleibt (Fig. 86) bei der Umwendung $\mathfrak{U}$ ungeändert; bei der dann folgenden Drehung $\mathfrak{A}$ geht sie in die Lage u' über, so daß $\sphericalangle\,(uu') = 2\pi/n$ ist. Die Achse a geht bei der Umwendung $\mathfrak{U}$ in ihre Verlängerung über, bei der Drehung um a ändert sie sich nicht mehr. Derselbe Effekt für beide Achsen ergibt sich aber offenbar durch eine Umwendung um die Gerade u_1, die den Winkel (uu') halbiert.

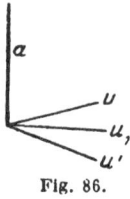

Fig. 86.

Die wiederholte Anwendung dieses Satzes führt zu folgendem Ergebnis (Fig. 87a, b, c)[1]).

Da wir den Fall $\alpha = 180^0$ $(n = 2)$ schon behandelt haben, bleiben nur noch die Fälle $n = 3, 4, 6$ zu erörtern. Ist $\alpha = 120^0$,

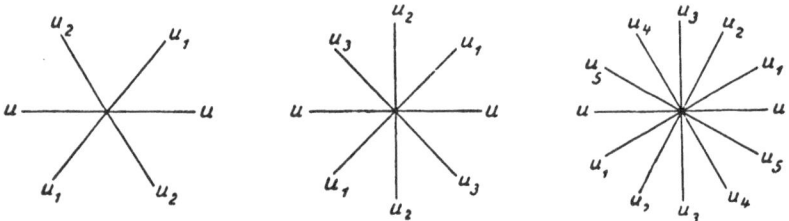

Fig. 87a, b, c.

so ergeben sich aus a und u noch zwei neue Achsen u_1 und u_2; je zwei benachbarte bilden einen Winkel von 60^0. Ist $\alpha = 90^0$, so haben wir noch drei neue Achsen u_1, u_2, u_3 mit dem Winkel von 45^0, und ist $\alpha = 60^0$, so stellen sich noch fünf neue Achsen u_1, u_2, u_3, u_4, u_5 (mit dem Winkel 30^0) ein.

Die so gefundenen Achsenverbindungen treten an den folgenden einfachen geometrischen Körpern auf.

1. Eine Doppelpyramide mit rhombischer Basis. Sie hat in ihrer Höhe und den beiden Diagonalen der Grundfläche je eine zweizählige Symmetrieachse. Wir sagen, daß die Figur dieser drei Achsen die Gruppe V bildet (Vierergruppe).

2. Eine Doppelpyramide mit gleichseitiger, quadratischer und regulär sechsseitiger Basis realisiert die andern drei Fälle; ihr kommt eine Symmetrieachse a (Hauptachse) mit drei, vier, sechs zweizähligen, zu a senkrechten Achsen zu. Wir sagen, daß diese Achsenverbindungen die Gruppen D_3, D_4, D_6 bilden (Diëdergruppen).

---

[1]) Die Figuren stellen nur die Lage der Achsen u dar.

3. Weitere wichtige Achsenverbindungen wollen wir der Anschauung entnehmen; es sind diejenigen, die dem regulären Tetraeder und dem Würfel entsprechen. Man sagt, daß sie die Gruppen T und O bilden (Tetraedergruppe und Oktaedergruppe)[1]). Über ihre Achsen sei folgendes bemerkt.

Die Achsengruppe O des Würfels[2]) besteht (Fig. 88a, b) aus den drei vierzähligen Achsen a, b, c, den vier dreizähligen Achsen d, d_1, d_2, d_3 und sechs zweizähligen Achsen u', u'', v', v'', w', w''. Man erkennt leicht, daß die ihnen entsprechenden Drehungen den Würfel in sich überführen.

Ziehen wir im Würfel von Fig. 88c die Geraden OA', OB', OC', $A'B'$, $A'C'$, $B'C'$, so bestimmen sie ein Tetraeder; ein analoges Tetraeder ist $O'ABC$. Es heißt das Gegentetraeder zum ersten.

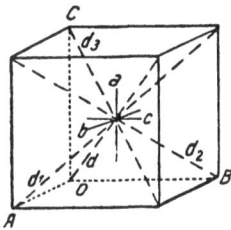 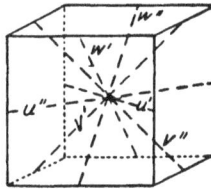 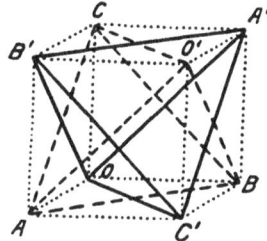

Fig. 88a, b.   Fig. 88c.

Man erkennt nun leicht, daß jedes dieser beiden Tetraeder die Geraden d, d_1, d_2, d_3 als dreizählige und die Achsen a, b, c als zweizählige Achsen besitzt. Diese bilden zusammen die Gruppe T. Dagegen kommen dem Tetraeder die zweizähligen Achsen u', u'', v', v'', w', w'' nicht zu. Eine Umwendung um eine dieser Achsen führt nämlich jedes Tetraeder nicht in sich, sondern in sein Gegentetraeder über; z. B. die Umwendung um u' $OA'B'C'$ im $CABO'$.

Endlich wollen wir auch noch für den einfachsten Fall von Achsensymmetrie eine Bezeichnung einführen; nämlich für das Auftreten einer einzigen 2-, 3-, 4-, 6-zähligen Achse. Wir bezeichnen diese Symmetrieart (zyklische Gruppen) durch

$$C_2,\ C_3,\ C_4,\ C_6.$$

Bemerkung. Die Bezeichnung Gruppe stützt sich darauf, daß die Symmetrieeigenschaften, wie wir sahen, einander bedingen, also auch die ihnen entsprechenden Operationen (Drehung, Spiegelung, Inversion). Sie bilden für

---

[1]) Würfel und regelmäßiges Oktaeder sind von gleicher Symmetrie.
[2]) Zur bessern Übersicht ist sie auf zwei Figuren verteilt.

jedes der betrachteten Polyeder eine geschlossene Zahl; das Wort Gruppe soll zum Ausdruck bringen, daß zwischen diesen Operationen gemäß den Sätzen dieses Paragraphen ein einfacher innerer Zusammenhang besteht.

§ 2. Punktnetze.

Auf einer Geraden g trage man von O aus nach links und rechts eine und dieselbe Strecke wiederholt ab, dann bilden die so entstehenden Punkte (Fig. 89) $O, A, A_1, A', A'' \ldots$ eine

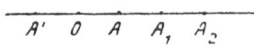

Fig. 89.

regelmäßige Punktreihe (kürzer Punktreihe); wir denken sie uns beiderseits unbegrenzt. Die Strecke OA heißt ihre erzeugende Strecke. Die Schiebung (Translation) von der Größe OA führt die Punktreihe in sich über, also jeden Punkt in einen andern; sie soll Deckschiebung heißen. Auch eine Schiebung, die gleich dem Abstand von irgend zwei Punkten der Punktreihe ist, ist eine Deckschiebung für sie.

Jeder Punkt der Punktreihe ist ein Symmetriezentrum für sie, ebenso jede Mitte zwischen zwei Nachbarpunkten.

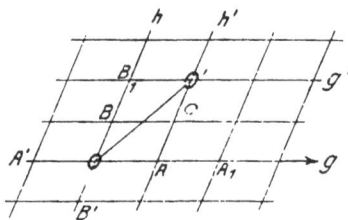

Fig. 90.

Seien jetzt g und h zwei sich in O schneidende Geraden. Wir fassen sie als Achsen eines Koordinatensystems auf, zeichnen auf ihnen von O aus je eine regelmäßige Punktreihe und legen durch ihre Punkte $A, A_1, \ldots$ $B, B_1, \ldots$ die Parallelen zu den Achsen (Fig. 90). Sie zerlegen die Ebene in lauter kongruente Parallelogramme. Ihre Gesamtheit nennen wir ein Netz von Parallelogrammen; ihre sämtlichen Ecken bilden ein Punktnetz. Legen wir für die Koordinatenbestimmung auf der x- und y-Achse je eine besondere Längeneinheit zugrunde[1]), nämlich OA für die x-Achse und OB für die y-Achse, so werden die sämtlichen Netzpunkte durch die Gleichungen

$$x = \lambda, \ y = \mu; \ -\infty \ldots \lambda, \mu, \ldots +\infty$$

dargestellt, wo λ und μ alle positiven und negativen ganzen Zahlenwerte annehmen. Die Scharen aller zu g und h parallelen Geraden bezeichnen wir durch $\{g\}$ und $\{h\}$. Die Strecken OA und OB nennen wir die erzeugenden Netzstrecken. Ein solches Punktnetz hat folgende evidenten Eigenschaften:

---

[1]) Vgl. die Anmerkung zu S. 17.

1. Sei O' ein Netzpunkt; g' und h' seien die durch ihn gehenden Geraden. Dann hat das Netz offenbar zu g' und h' die gleiche Lage wie zu g und h. Erteilen wir ihm also eine Schiebung (Translation), die vektoriell gleich OO' ist, so fällt g auf g', h auf h', und das ganze Netz geht in sich über. Eine solche Schiebung soll Deckschiebung heißen. Da O und O' beliebige Punkte des Netzes sind, so stellt die Verbindungslinie von irgend zwei Netzpunkten eine Deckschiebung dar. Die Netzstrecken OA und OB heißen erzeugende Deckschiebungen. Ferner nennen wir das Parallelogramm $OABC$ die Stammfigur des Netzes und OAB das Stammdreieck.

2. Durch die Deckschiebung OO' geht die Verbindungslinie k von O und O' in sich über. Der Punkt O' gelangt dabei in einen Netzpunkt O'', so daß $O'O'' = OO'$ ist. Durch wiederholte Schiebung geht O'' in einen auf k liegenden Netzpunkt O''' über usw.; die Gerade k enthält daher unendlich viele Netzpunkte. Wir nennen sie eine Netzgerade. Nehmen wir insbesondere noch an, der Punkt O' sei so gewählt, daß zwischen O und O' keine weiteren Netzpunkte liegen, so bilden die auf k liegenden Netzpunkte eine regelmäßige Punktreihe, deren erzeugende Strecke OO' ist.

3. Sei Q ein Netzpunkt, der nicht auf k liegt; dann ist OQ eine Deckschiebung des Netzes. Sie bringt k in eine durch Q gehende Lage k_1 und die auf k liegende Punktreihe O, O', O'' in eine auf k_1 liegende Punktreihe Q,

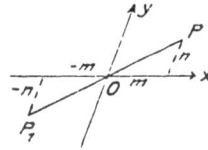
Fig. 91.

Q', Q'' ... Punktreihen, die auf parallelen Netzgeraden liegen, sind daher kongruent.

4. Seien P und P_1 die Netzpunkte (Fig. 91) mit den Koordinaten

$$x = m,\ y = n;\ x = -m,\ y = -n.$$

Offenbar geht dann die Gerade PP_1 durch O, und es ist $OP = OP_1$. Dies gilt für jedes derartige Punktepaar. Gemäß § 1 ist daher der Punkt O ein Symmetriezentrum für das Netz, und dasselbe gilt mithin auch von jedem andern Netzpunkt. Damit sind aber die Punkte, die ein Symmetriezentrum für das Netz abgeben, noch nicht erschöpft. Wir können sie der Anschauung entnehmen. Sie lehrt, daß auch jede Mitte eines Parallelogramms und jede Mitte einer Parallelogrammseite ein Symmetriezentrum für das Netz ist; die Fig. 91 a, b läßt dies unmittelbar erkennen.

5. Diesem Resultat können wir noch einen andern wichtigen Ausdruck geben. Errichten wir auf der Netzebene im Punkt O (Fig. 91) ein Lot l, so geht der Punkt P auch so in den Punkt P_1 über, daß wir ihn um l eine Drehung um 180° ausführen lassen, und das Analoge gilt auch wieder für jedes analoge Punktepaar. Das Netz geht also bei dieser Drehung in sich über. Ein Symmetriezentrum des Netzes bedingt also von selbst eine auf der Netzebene senkrechte zweizählige Achse. D. h.: **Jedes Lot, das man in einer Ecke, Flächen-mitte oder Seitenmitte auf der Netzebene errichtet, stellt eine zweizählige Symmetrieachse des Netzes dar.**

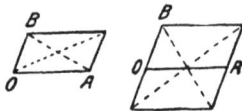 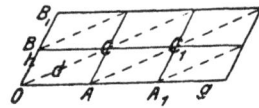

Fig. 91 a, b.   Fig. 92.

6. Ein letzter Hinweis sei der folgende. Die Fig. 92 lehrt, daß wir die erzeugenden Geradenscharen $\{g\}$ und $\{h\}$ des Netzes auch durch die Scharen $\{g\}$ und $\{d\}$ ersetzen können, wo d eine Diagonale der Stammfigur ist. In der Tat geht durch jeden Netzpunkt je eine Gerade g und eine Gerade d. Die Hauptsache am Netz sind eben die Punkte selbst, nicht die Geradenscharen, mit denen wir sie erzeugen. Diese sind mannigfach wählbar. Die Frage ist freilich, wann zwei solche Geradenscharen sich genau in den sämtlichen Netzpunkten schneiden. Die Antwort knüpft an eine evidente Eigenschaft der Stammfigur an. Stammfigur und Stammdreieck sind im Innern von Netzpunkten frei und enthalten auch auf dem Umfang keine andern Netzpunkte als die Ecken. Diese Eigen-schaft ist umkehrbar[1]). Parallelogramme und Dreiecke, die diese Eigenschaft besitzen, können daher als Stammfiguren gewählt werden und ihre Seiten als erzeugende Netzstrecken. Sie liefern damit auch zwei erzeugende Geradenscharen. Insbesondere trifft dies auch für die Stammfigur $OACC_1$ der neuen Erzeugung und ihr Stammdrei-eck OAC zu.

§ 3. Symmetrische Punktnetze.

Wir haben gesehen, daß ein **jedes** Netz durch Schiebungen und durch Drehungen um 180° um gewisse auf der Netzebene senkrechte Achsen in sich übergeht. Das Netz soll **symmetrisch** heißen, wenn es **noch andere Deckoperationen** zuläßt, d. h. Operationen, die

---

[1]) Der Beweis darf unterbleiben.

es Punkt für Punkt in sich überführen. Man wird vermuten, daß das Netz symmetrisch ist, wenn seine Stammfigur und sein Stammdreieck von spezieller Art sind. Dies werden wir bestätigen. Es gibt vier Arten spezieller Dreiecke: rechtwinklige, gleichschenklige, gleichschenklig-rechtwinklige und gleichseitige. Die Stammfigur ist dann ein Rechteck, ein Rhombus, ein Quadrat und ein Rhombus, der aus zwei gleichseitigen Dreiecken besteht.

Da jedes Netz durch Umwendung um gewisse, auf der Netzebene senkrechte Geraden l in sich übergeht, liegt es nahe, zu fragen, ob für die besondern Netze noch andere derartige Achsen existieren. Sei also a eine solche durch den Punkt O gehende Achse. Sei A ein Netzpunkt, der von O einen kleinsten Abstand hat; verlängern wie OA um sich selbst über O bis A', so ist auch A' ein Netzpunkt.

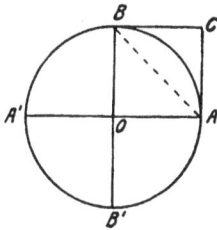 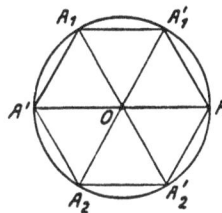

Fig. 93.   Fig. 94.

Schlagen wir nun um O mit OA einen Kreis (Fig. 93), so geht er durch Drehung um die Achse a in sich über, und die aus A entstehenden Netzpunkte liegen auf diesem Kreis. Sie bilden daher auf ihm die Ecken eines regulären Polygons. Wir betrachten zunächst den Fall, daß das Polygon ein Quadrat $ABA'B'$ ist. Da OA die kleinste Entfernung zweier Netzpunkte ist, so können im Innern des Kreises keine Netzpunkte liegen, und es ist OAB das Stammdreieck des Netzes; es ist gleichschenklig und rechtwinklig, die Stammfigur $OABC$ also ein Quadrat. Die Achse a ist eine vierzählige Symmetrieachse; das Netz heißt quadratisch.

Die Achse a kann zweitens dreizählig oder sechszählig sein; beide Fälle sind aber identisch (Fig. 94). Der dreizähligen Achse entsprechen die Punkte A, A_1, A_2 des Kreises. Durch die Drehung im umgekehrten Sinn gehen aus A' die Punkte A_1', A_2' hervor, sie stellen also auch Netzpunkte dar. Der Kreis enthält somit die sechs Punkte A, A_1, A_2, A', A_1', A_2' und diese bilden ein reguläres Sechseck, und dies zeigt, daß die Achse a zugleich sechszählig ist. Das Stammdreieck OAA_1' ist gleichseitig; das sich so ergebende

Netz heißt daher gleichseitiges Netz. Die Stammfigur ist ein aus zwei solchen Dreiecken bestehender Rhombus.

Andere Symmetrieachsen eines Netzes, die auf seiner Ebene senkrecht stehen, kann es nicht geben. Zunächst ist eine fünfzählige Achse ausgeschlossen ($\alpha = 72^0$). Käme durch eine solche A nach C[1]), so geht durch die umgekehrte Drehung aus A' ein Punkt C'' hervor, und es müssen C und C' Netzpunkte sein. Das ist aber unmöglich, da $CC' < A_1 A'_1 = OA$ ist, und OA die kleinste Entfernung von zwei Netzpunkten darstellt. Endlich kann die Zähligkeit von a nicht größer als 6 sein. Denn ist der Drehungswinkel α von a kleiner als 60^0, und geht durch die Drehung wieder A in C über, so ist in diesem Fall $AC < OA$, was wieder nicht sein darf.

Wir erhalten also auf diese Weise nur zwei symmetrische Netze, das quadratische und das gleichseitige Netz. Wir haben aber oben vier Gattungen symmetrischer Netze als möglich hingestellt. Die Eigenart der zwei fehlenden muß offenbar die sein, daß ihre auf der Netzebene senkrechten Symmetrieachsen zwar auch nur zweizählig sind, daß sie aber doch Symmetrieachsen besitzen, die dem allgemeinen Netz nicht zukommen. Das können nur Symmetrieachsen sein, die in der Netzebene selbst liegen — sie sollen ja Deckoperationen des Netzes liefern. Dem entsprechen in der Tat die Netze, die das Rechteck oder auch den Rhombus als Stammfigur besitzen, und auch nur diese. Ist das Rechteck Stammfigur, so ist jede Gerade, die in eine Rechteckseite fällt, eine solche zweizählige Achse; ebenso aber auch jede zu den Seiten parallele Mittelgerade. Beim Rhombus ist jede Diagonale eines Rhombus eine solche zweizählige Achse. Damit ist das oben vermutete Resultat bestätigt. Es gibt also vier Arten symmetrischer Netze; ihre Stammfiguren sind: Rechteck, Rhombus, Quadrat und derjenige Rhombus, der aus zwei gleichseitigen Dreiecken besteht.

Es folgt noch eine Tabelle der Achsengruppen, die den Netzen für den Punkt O zukommen. Beim rechteckigen und rhombischen Netz ist es die Gruppe V. Das quadratische Netz ist sowohl rechtwinklig wie rhombisch, daher kommen ihm zweizählige Achsen zu, die sowohl in die Quadratseiten wie in die Diagonalen fallen; seine Achsengruppe ist also D_4. Beim gleichseitigen Netz ist jede Seite und jede Höhe eines gleichseitigen Dreiecks eine zweizählige

---

[1]) Vgl. Fig. 94. Der Punkt C würde zwischen A_1' und A_1 fallen, ebenso C'.

Achse; also ist seine Achsengruppe D_6.[1]) Dies liefert die folgende Tabelle:

Netzart:	Rechteckig,	rhombisch,	quadratisch,	gleichseitig.
Achsengruppe:	V	V	D_4	D_6

Rechteckiges und rhombisches Netz haben also beide den durch die Gruppe V ausgedrückten Symmetriecharakter. Es beruht darauf, daß sie durch eine einfache geometrische Beziehung miteinander verbunden sind. Sie gehen nämlich durch Zentrierung aus einander hervor. Das bedeutet folgendes: Fügt man zu den Punkten eines rechteckigen Netzes noch die Gesamtheit der Rechteckmitten hinzu (Fig. 95), so bilden alle diese Punkte zusammen offenbar ein rhombisches Netz; die erzeugenden Strecken dieses Netzes sind OM und OM'. Ebenso entsteht aus dem rhombischen Netz durch Zentrierung, also durch Hinzufügung der Rhombenmitten, ein rechteckiges Netz (Fig. 96); analog wie eben stellen OM und OM' die erzeugen-

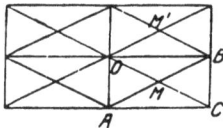

Fig. 95.

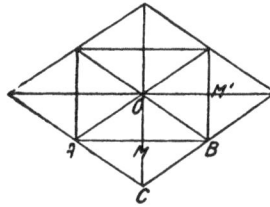

Fig. 96.

den Strecken des neugewonnenen Netzes dar. Darin ist ihr übereinstimmender Symmetriecharakter begründet[2]).

Die Stammfigur $OMBM'$ des zentrierten Netzes ist offenbar in beiden Fällen halb so groß wie die Stammfigur $OABC$ des Ausgangsnetzes.

§ 4. Die Punktgitter.

Die vorstehenden Betrachtungen übertragen sich leicht auf den Raum. Dazu gehen wir von drei Ebenen α, β, γ aus, die sich in O schneiden mögen und zugleich ein Koordinatensystem bestimmen sollen. Die Schnittlinien

$$g = (\beta\gamma), \ h = (\gamma\alpha), \ k = \alpha\beta)$$

---

[1]) Beim gleichseitigen Netz ist, wie man leicht erkennt, jede in der Mitte eines gleichseitigen Dreiecks senkrecht stehende Gerade eine dreizählige Achse.

[2]) Aus dem quadratischen und gleichseitigen Netz entstehen durch Zentrierung keine neuen Netzarten. Aus dem quadratischen entsteht durch Zentrierung wieder ein quadratisches, nur mit anders gerichteten Seiten, aus dem gleichseitigen, wie aus jedem rhombischen Netz, ein rechtwinkliges.

sind die Koordinatenachsen. Von O aus nehmen wir auf ihnen je eine regelmäßige Punktreihe an; die Längen OA, OB, OC mögen uns wieder für jede Achse die Längeneinheit für die Koordinatenbestimmung angeben. Legen wir dann durch die Punkte der Punktreihen die Ebenenscharen $\{\alpha\}$, $\{\beta\}$, $\{\gamma\}$ parallel zu α, β, γ, so sind

$$x = \lambda, \; y = \mu, \; z = \nu; \; -\infty \ldots < \lambda, \mu, \nu < \ldots + \infty$$

die Gleichungen dieser Ebenenscharen. Wir nennen sie die erzeugenden Ebenenscharen und OA, OB, OC die erzeugenden Gitterstrecken. Wir folgern für sie, analog zu § 2:

1. Diese Ebenenscharen zerlegen den Raum in lauter kongruente parallel gestellte Parallelepipede (Fig. 97). Sie bilden ein Gitter von Parallelepipeden. Die Gesamtheit ihrer Eckpunkte nennen wir ein Punktgitter. Wir nennen das Parallelepiped $OABCD$ seine Stammfigur und das Tetraeder $OABC$ das Stammtetraeder des Gitters.

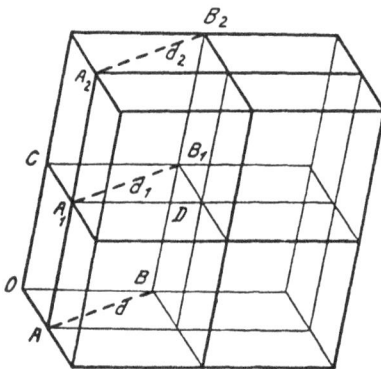

Fig. 97.

2. Jedem bestimmten Wertetripel λ, μ, ν entspricht ein Punkt des Gitters. Sind P und Q irgend zwei Punkte des Gitters, so geht es infolge einer Schiebung, die vektoriell durch PQ dargestellt wird (Deckschiebung), in sich über; jeder Gitterpunkt also in einen Gitterpunkt und jedes Parallelepiped in ein Parallelepiped.

3. Die Verbindungslinie zweier Gitterpunkte (Gittergerade) enthält unendlich viele Gitterpunkte; sie bilden eine regelmäßige Punktreihe. Wie in § 2 schließen wir, daß Punktreihen auf parallelen Gittergeraden kongruent sind.

4. Eine ähnliche Eigenschaft gilt für die Ebenen des Gitters. Die Ebene der Punkte ABA_1B_1 enthält offenbar unendlich viele Gitterpunkte, die in ihr ein Punktnetz bilden. Dies gilt allgemein für jede durch drei Gitterpunkte bestimmte Ebene ε; sie heißt deshalb eine Netzebene des Gitters[1]. Ist S ein Gitterpunkt, der nicht in der Ebene ε liegt, so ist auch PS eine Deckschiebung des Gitters, und wir folgern wie in § 2, daß es eine durch S gehende Netzebene ε_1

---

[1]) Von einem ausführlichen Beweis kann abgesehen werden.

gibt, die das gleiche Punktnetz enthält wie ε. Also: Parallele Netzebenen des Gitters enthalten kongruente Punktnetze.

5. Wie in § 2 schließen wir wieder, daß jeder Gitterpunkt ein
Symmetriezentrum für das Gitter ist. Seien nämlich P und P_1
zwei Gitterpunkte mit den Koordinaten

$$x = m, \ y = n, \ z = p \text{ und } x = -m, \ y = -n, \ z = -p,$$

so liegen sie wieder so, daß PP_1 durch O geht und in O halbiert
wird. Daraus kann die behauptete Eigenschaft für O geschlossen
werden, und da alle Gitterpunkte gleichwertig sind, so folgt sie
demgemäß auch für jeden anderen Gitterpunkt. Ebenso erkennt
man wieder ohne Mühe, daß auch jede Mitte eines Parallelepipedons
wie auch jede Mitte einer Seitenfläche und jede Mitte einer Kante
ein Symmetriezentrum ist.

6. Auch beim Gitter können die erzeugenden Ebenenscharen
mannigfach durch andere Scharen ersetzt werden. So liefern z. B.
(Fig. 97) die Scharen $\{\alpha\}$ und $\{\beta\}$ im Verein mit der Schar $\{\delta\}$, deren
Ausgangsebene die Diagonalebene ABA_1B_1 der Stammfigur ist, in
ihren Schnittpunkten ebenfalls alle Gitterpunkte. Durch jeden
Gitterpunkt geht ja je eine dieser drei Ebenen, und andere Schnittpunkte solcher Ebenentripel treten nicht auf. Es stellen also auch
BA, BO, BB_1 drei erzeugende Gitterstrecken dar und bilden ein
Stammtetraeder. Der Prüfstein dafür, ob drei Gitterstrecken ein
Stammtetraeder bilden und damit drei erzeugende Ebenenscharen
bestimmen, ist der gleiche wie bei den Netzen. Es ist der Fall, wenn
das bezügliche Tetraeder oder Parallelepiped im Innern von Gitter-
punkten frei ist und auf seiner Oberfläche keine anderen Gitterpunkte enthält als seine Ecken[1]).

7. Endlich wollen wir auch den Begriff der Zentrierung vom
Netz auf das Gitter übertragen. Die Zentrierung des Punktnetzes
läßt sich so definieren, daß man in die Stammfigur (und dann analog
in jedes Parallelogramm) einen Punkt T einfügt von der Art, daß
die Verlängerung von OT um sich selbst in einen Netzpunkt fällt.
Beim Gitter führt die analoge Aufgabe zu je drei verschiedenen Lösungen. Es mag genügen, sie in Kürze zu schildern. Erstens kann die
Körpermitte der Stammfigur zentriert werden. Zweitens kann eine
Seitenfläche, z. B. die Grundfläche, zentriert werden. Drittens können
alle drei Seitenflächen zentriert werden. Die Zentrierung von zwei

---

[1]) Man kann auch beweisen, daß alle Stammtetraeder gleichen Inhalt
haben.

Seitenflächen zieht nämlich die Zentrierung der dritten Seitenfläche nach sich. Das ist so zu verstehen: Die Gitterpunkte zusammen mit allen denen, die die Zentrierung hinzufügt, sollen wieder selbst ein Punktgitter bilden, und das würde, wie man leicht beweisen kann, nicht der Fall sein, wenn man die Zentrierung der dritten Seitenfläche unterläßt.

Die drei Arten zentrierter Gitter heißen körperzentriert, einfach zentriert und flächenzentriert. Beim einfach zentrierten Gitter stellen die erzeugenden Strecken der Grundfläche, also die Strecken OM und OM' von Fig. 95 zusammen mit OC die drei erzeugenden Gitterstrecken dar. Beim körperzentrierten Gitter kann man drei der vier halben Körperdiagonalen MO, MA, MB, MC dazu nehmen (Fig. 98) und beim flächenzentrierten Gitter sind es die drei Strecken OG, OH, OK (Fig. 99)[1]). Wenn man sich die mit diesen erzeugenden Strecken bestimmten Gitter lieber unter dem Bild eines zentrierten Gitters vorstellt, so geschieht es wesentlich, um die Vorstellung der Punktgesamtheit zu erleichtern. Von besonderem Nutzen ist es auch für das Studium ihrer Symmetrieeigenschaften.

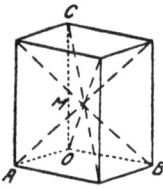

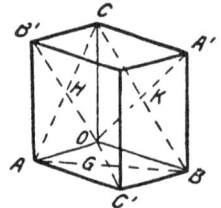

Fig. 98.

Fig. 99.

Der Inhalt der Stammfiguren der zentrierten Gitter ist die Hälfte oder der vierte Teil vom Inhalt der Ausgangsstammfigur. Dies wird durch folgende Überlegung nahegelegt. Das körperzentrierte Gitter enthält sozusagen doppelt so viele Punkte wie das Ausgangsgitter, und ebenso ist es beim einfach zentrierten Gitter. Das flächenzentrierte Gitter enthält aber viermal so viel Punkte. Das erkennt man daraus, daß in das Stammtetraeder $OABC$ noch die drei neuen Punkte G, H, K eingefügt werden.

§ 5. Symmetrische Punktgitter.

Jedem Gitter kommen nach § 3 unendlich viele Deckschiebungen und unendlich viele Symmetriezentren zu, aber im allgemeinen keine Symmetrieachsen; wir wollen es ein symmetrisches Gitter nennen,

---

[1]) Erzeugende Ebenenscharen sind im ersten Fall die Ebene γ nebst den Ebenen (OC, OM) und (OC, OM'), im zweiten z. B. die Ebenen, die durch OMA, OMB, OMC bestimmt sind, im dritten die Ebenen (OGH), (OGK), $OHK)$.

wenn es auch Symmetrieachsen besitzt. Es gibt, wie wir sehen werden, sechs Gattungen symmetrischer Gitter. Wir wollen die Aufgabe behandeln, sie alle zu finden.

Wir beginnen mit folgendem Hilfssatz: Hat das Gitter eine Symmetrieachse, so besitzt es Netzebenen, die auf der Symmetrieachse senkrecht stehen. Sei die durch den Gitterpunkt O gehende Symmetrieachse a zunächst zweizählig und sei P ein Gitterpunkt, der nicht auf a liegt (Fig. 100)[1]). Eine Drehung um a um 180° bringe P nach P_1, so ist P_1 ein Gitterpunkt und es ist $PP_1 \perp a$.

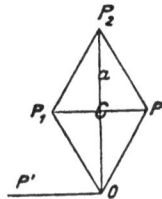

Die Verbindungslinie zweier Gitterpunkte ist aber eine Deckschiebung; zeichnen wir also OP' gleich und parallel zu PP_1, so ist auch P' ein Gitterpunkt, und zwar ist $OP' \perp a$. Ist Q ein zweiter Gitterpunkt, der nicht auf a liegt, so gilt für ihn das gleiche; er bestimmt eine analoge Gerade OQ', so daß auch Q' ein Gitterpunkt ist. Wählen wir insbesondere den Punkt Q noch so, daß er nicht in die Zeichnungsebene fällt, so fällt auch OQ' nicht in die Zeichnungsebene und es bestimmen die drei Punkte $OP'Q'$ eine zu a senkrechte Ebene. Gemäß § 4 ist sie eine Netzebene des Gitters; womit die Behauptung bewiesen ist.

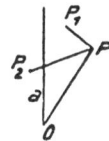

Ist a nicht zweizählig, so sei α der ihr zukommende Drehungswinkel und P wieder ein Punkt, der nicht auf a liegt. Durch eine Drehung um a um die Winkel α und $-\alpha$ möge P in die Lagen P_1 und P_2 kommen (Fig. 101), dann sind P_1 und P_2 Gitterpunkte. Es sind also PP_1 und PP_2 Deckschiebungen, sie bestimmen wie vorher zwei Strecken OP' und OP'' senkrecht zu a, und wir schließen genau wie eben, daß $OP'P''$ eine zu a senkrechte Netzebene ist. Unser Hilfssatz ist also bewiesen.

Durch die Drehung um a geht die Netzebene in sich über; das in ihr liegende Punktnetz gestattet also a als Symmetrieachse. Nach § 3 kann eine solche Symmetrieachse nur 2-, 3-, 4-, 6-zählig sein; wir erhalten daher den

Hauptsatz: Symmetrieachsen eines Punktgitters sind nur 2-, 3-, 4-, 6-zählig.

Mit diesem Satz ist bereits eines der wichtigsten Resultate erreicht. Wir wissen aus der Erfahrung, daß die Symmetrieachsen der Kristalle ebenfalls nur 2-, 3-, 4-, 6-zählig sind; so zeigt bereits

---

[1]) Die Punkte C und P_2 kommen erst später in Betracht.

unser Satz, wie gerechtfertigt es ist, die Gitter für den strukturellen Aufbau der Kristallsubstanz zugrunde zu legen.

Aus dem vorstehenden Beweis fließt noch ein zweiter Hilfssatz. Wir nehmen wieder a als zweizählige Achse an und kehren zur Fig. 100 zurück. Ergänzen wir OPP_1 zum Parallelogramm, so liegt der vierte Eckpunkt P_2 auf a und ist ebenfalls ein Gitterpunkt. Gemäß § 2 ist daher a eine Gittergerade. Dasselbe gilt, wenn a eine vierzählige oder sechszählige Achse ist. Wenn nämlich das Gitter eine Deckdrehung um a vom Winkel 90^0 oder 60^0 zuläßt, so läßt es auch eine Deckdrehung vom Winkel 180^0 zu; eine vierzählige oder sechszählige Achse ist also eo ipso auch zweizählig. So folgt:

Jede durch einen Gitterpunkt gehende zweizählige, vierzählige oder sechszählige Symmetrieachse des Gitters ist eine Gittergerade und enthält unendlich viele Gitterpunkte.

Für dreizählige Symmetrieachsen des Gitters gilt, wie wir später sehen werden, das gleiche.

Der weiteren Untersuchung schicken wir folgende Bemerkungen voraus. Die Koordinatenebene γ der Stammfigur denken wir uns stets horizontal; sie möge Grundebene heißen. Unter den Achsen unterscheiden wir ebenfalls vertikale und horizontale. Eine vertikale Achse steht auf der Grundebene γ senkrecht und ist daher eine Symmetrieachse auch für das in γ enthaltene Punktnetz. Die durch den Punkt O gehenden Achsen können offenbar nur einer der in § 1 aufgezählten Achsengruppen entsprechen; denn andere Verbindungen von Symmetrieachsen sind nicht vorhanden. Wir werden finden, daß als Achsengruppe eines Gitters nur die Gruppen C_2, V, D_3, D_4, D_6 und O in Betracht kommen. Sie charakterisieren sechs symmetrische Gittertypen, die zusammen mit dem allgemeinen unsymmetrischen Gitter den sieben empirisch bekannten Kristallsystemen entsprechen.

Nunmehr wenden wir uns der Aufzählung der verschiedenen symmetrischen Gittertypen zu.

Den ersten Typus bilden die Gitter ohne Symmetrieachsen. Ganz ohne Symmetrie sind sie freilich nicht, da sie nach § 4 Symmetriezentren besitzen. Wir nennen sie Gitter vom triklinen Typus und bezeichnen sie durch $\varGamma_7$.

Wir gehen zu den Gittern mit nur zweizähligen Achsen über. Es kann zunächst nur eine solche Achse durch O vorhanden sein. Wir denken sie vertikal gerichtet. Das in der Ebene γ liegende Netz ist dann noch von allgemeiner Art; jedem Punktnetz kommen ja zweizählige auf seiner Ebene senkrechte Achsen zu. Die Gitter heißen solche vom monoklinen Typus. Wir haben zwei verschiedene Arten zu unterscheiden. Um dies zu überschauen, kehren wir noch einmal zur Fig. 100 zurück und nehmen jetzt an, der Punkt P sei so gewählt, daß er in der nächsten zu γ parallelen Netzebene γ_1 liegt. Der Schnitt dieser Netzebene γ_1 mit a sei C, so daß C die Mitte von OP_2 ist. Dann sind für die auf a liegende Punktreihe zwei Fälle möglich. Es ist entweder P_2 der nächste ihrer Punkte zu O oder es gehört auch C dem Gitter an.

Wir wollen den zweiten Fall zuerst behandeln (Fig. 102). Seien wie stets OA und OB die erzeugenden Strecken des in γ liegenden Punktnetzes, so können wir OC als dritte erzeugende Gitterstrecke wählen[1]). Die Stammfigur des Gitters ist eine gerade rhomboidische Säule[2]); d. h. eine gerade Säule, deren Grundfläche ein beliebiges Parallelogramm ist. Die beiden Seitenflächen sind Rechtecke; also liegen in den erzeugenden Ebenen α und β rechteckige Netze. Wir bezeichnen das Gitter durch Γ_m.

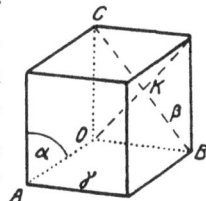

Fig. 102.

Der andere Fall ergibt sich nunmehr einfach in der Weise, daß wir eine Seitenfläche der Stammfigur des eben abgeleiteten Gitters Γ_m zentrieren.

Wir betrachten dazu wieder die Fig. 100 und nehmen an, daß ihre Ebene die Ebene β ist; fügen wir nun in Fig. 102 den Punkt K ein, so erhalten wir in der Ebene β in der Tat die Verhältnisse, wie sie die Fig. 100 aufweist, und zwar in der Weise, daß den Punkten O, P, P_2 von Fig. 100 die Punkte O, K, C von Fig. 102 entsprechen. Wir sehen somit, daß das Netz in der Ebene α rechtwinklig, in der Ebene β aber rhombisch ist[3]). Wir bezeichnen das Gitter durch Γ'_m. Als die drei erzeugenden Gitterstrecken können wir diesmal OA, OB, OK wählen. Man nennt die diesen drei Strecken entsprechende Stammfigur auch eine klinorhombische Säule; sie ist eine rhomboidische Säule, deren eine Seitenfläche zentriert ist. Also folgt:

---

[1]) Für die hier im folgenden stattfindende Wahl der erzeugenden Strecken ist immer der Satz am Schluß von § 4 die Quelle.

[2]) Der Punkt K kommt erst später in Betracht.

[3]) Der Beweis, daß die Ebene α nicht ebenfalls zentriert sein kann, würde zu weit führen.

Es gibt zwei Gitter vom monoklinen Typus; ihre Achsengruppe ist C_2. Die Stammfigur des einen ist eine gerade rhomboidische Säule, das andere entsteht aus ihm durch Zentrierung einer Seitenfläche.

Ist außer der Achse a noch eine zweite zweizählige Achse vorhanden, so kann gemäß § 1 nur der Fall des dortigen Satzes 2 realisiert sein; er besagt, daß die einzige Achsengruppe, die nur zweizählige Achsen enthält, die Achsengruppe V ist. Die Gitter heißen vom rhombischen Typus. Wir bezeichnen die Achsen jetzt durch u, v, w und lassen sie mit der x-, y-, z-Achse zusammenfallen. In bezug auf jede dieser drei Achsen können offenbar die beiden Fälle eintreten, die wir beim monoklinen Gittertypus in bezug auf die Achse a und die Ebene β kennen lernten; in jeder der drei Koordinatenebenen können also die Punktnetze rechtwinklig oder rhombisch sein. Wie eine einfache geometrische Betrachtung zeigt, gibt es folgende vier Fälle [1]).

1. In jeder der drei Koordinatenebenen (wie überhaupt in jeder durch eine Achse gehenden Ebene) liegt ein rechtwinkliges Netz. Die Stammfigur ist ein rechtwinkliges Parallelepiped mit den drei erzeugenden Gitterstrecken OA, OB, OC. Das Gitter wird durch Γ_v bezeichnet.

Aus diesem entstehen die drei übrigen Gitter wieder durch Zentrierung, und zwar durch die drei Arten, die in § 4 erwähnt wurden.

2. Wir können zunächst nur eine Fläche zentrieren; es sei die Grundfläche. In der Grundfläche liegt ein rhombisches Netz, in den Seitenflächen rechtwinklige. Die beiden Rhombenseiten im Verein mit OC bilden die drei erzeugenden Gitterstrecken. Das Gitter wird durch Γ_v' bezeichnet [2]).

3. Werden alle drei Seitenflächen zentriert, durch die Punkte G, H, K, so liegt in jeder von ihnen ein rhombisches Netz. Dagegen sind die Netze in den Diagonalebenen rechtwinklig. Als erzeugende Gitterstrecken kann man OG, OH, OK wählen. Das Gitter wird durch Γ_v'' bezeichnet.

4. Wird endlich die Körpermitte M der Stammfigur von Γ_v zentriert, so sind die Netze in den Diagonalebenen rhombisch, aber

---

[1]) Als Stammfiguren können die Figuren 98, 99, 102 dienen, wenn man in ihnen die Kante OC vertikal annimmt.

[2]) Vgl. Fig. 99 ohne die Punkte H, K.

die in den Seitenflächen rechtwinklig. Als erzeugende Gitterstrecken kann man OA und OB im Verein mit OM wählen oder auch drei der vier halben Körperdiagonalen (vgl. S. 370). Das Gitter wird durch Γ_v''' bezeichnet. Wir finden so:

Es gibt vier Gitter vom rhombischen Typus. Ihre Achsengruppe ist V. Die Stammfigur des einen ist ein rechtwinkliges Parallelepiped, die anderen entstehen aus ihm durch die drei Arten der Zentrierung.

Wir gehen zu den Gittern über, deren Symmetrieachsen nicht sämtlich zweizählig sind, und nehmen zunächst an, daß nur eine solche Achse a vorhanden ist. Sie kann 3-, 4-, 6 zählig sein, und wir gelangen so zu drei neuen Gittertypen. Wir müssen uns freilich wieder darauf beschränken, den geometrischen Bau dieser Gitter zu schildern, ohne ihn bis ins einzelne zu erweisen.

Sei die Achse a zunächst dreizählig. Ferner sei γ_1 die nächste zu γ parallele Netzebene und C ihr Schnitt mit a. Endlich sei L ein Punkt von γ_1 von der Art, daß OL einen kleinsten Winkel mit der Achse a bildet (Fig. 103).

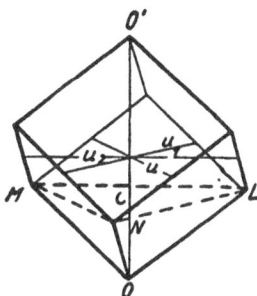

Fig. 103.

Durch Drehung um a um die Winkel 120° und 240° möge L in M und N übergehen, dann sind auch M und N Gitterpunkte. Das Tetraeder $OLMN$ stellt ein Stammtetraeder dar; wegen der Festsetzungen über den Punkt L kann es weder im Inneren noch auf der Oberfläche weitere Gitterpunkte enthalten. Ergänzen wir es zum Parallelepipedon, so erhalten wir in $OLMN O'$ die Stammfigur. Sie ist ein regelmäßiges Rhomboeder, für das a eine dreizählige Symmetrieachse ist, und es ist $OO' = 3 OC$. Nun ist klar, daß jede Symmetrie, die dem Rhomboeder zukommt, auch dem Gitter zukommt; geht das Rhomboeder in sich über, so tut es auch das ganze Gitter. Für das Rhomboeder sind die drei Geraden u, u_1, u_2, die die Mitten seiner Gegenkanten verbinden und sich in seinem Mittelpunkt auf a schneiden, zweizählige Achsen. Sie bilden mit a die Achsengruppe D_3. Diese Gruppe kennzeichnet daher auch die Symmetrie des Gitters. Es heißt rhomboedrisches Gitter und werde durch Γ_{rh} bezeichnet. Also:

Es gibt ein Gitter von der Achsengruppe D_3; es heißt rhomboedrisches Gitter. Seine Stammfigur ist ein regelmäßiges Rhomboeder.

Ist die Symmetrieachse a vierzählig, so ist das Netz in der Ebene γ notwendig quadratisch[1]). Die Gitter von diesem Typus heißen tetragonal. Da eine vierzählige Achse zugleich zweizählig ist, so müssen die quadratischen Gitter Sonderfälle der rhombischen Gitter sein. Die Sonderart besteht darin, daß in der Ebene γ (§ 3) sowohl die Seiten wie die Diagonalen der Quadrate zweizählige Achsen sind. Die Achsengruppe der tetragonalen Gitter ist daher die Gruppe D_4. Von den vier Gitterarten, die wir beim rhombischen Typus zu unterscheiden hatten, fallen hier je zwei notwendig zusammen. Die Zentrierung der Grundfläche gibt nämlich keine neue Netzart[2]), also verschmelzen die beiden rhombischen Gitter Γ_v und Γ_v' zu einer und derselben tetragonalen Gattung. Wir bezeichnen sie durch Γ_q. Die Stammfigur ist eine gerade quadratische Säule. Aus einem ähnlichen Grund verschmelzen auch die beiden Gitter Γ_v'' und Γ_v''' zu einer einzigen tetragonalen Gattung; wie nennen sie Γ_q'. Wir wollen Γ_q' als körperzentriertes Gitter Γ_q auffassen; seine Stammfigur ist also eine körperzentrierte quadratische Säule. So finden wir:

Es gibt zwei Gattungen tetragonaler Gitter; ihre Achsengruppe ist D_4. Die Stammfigur des einen ist eine gerade quadratische Säule, das andere entspringt aus dem ersten durch Körperzentrierung.

Ist die Achse a sechszählig, so ist das in der Grundebene γ liegende Netz gleichseitig; das Gitter heißt hexagonal. Es gibt nur ein Gitter von diesem Typus. Das erkennen wir folgendermaßen: Wie eine vierzählige Achse zugleich auch zweizählig ist, so ist eine sechszählige zugleich dreizählig und zweizählig. Sei nun wieder C der Schnitt der Achse a mit der zu γ nächsten Netzebene γ_1. Dann bedingt, wie wir oben sahen, die Dreizähligkeit den Punkt O' als Gitterpunkt, für den $OO' = 3\,OC$ ist, und ebenso bedingt die Zweizähligkeit den Punkt P_2, für den $OP_2 = 2\,OC$ ist[3]). Es ist also P_2O' eine Gitterstrecke und daher C ein Gitterpunkt; wir bezeichnen ihn durch Z. Als erzeugende Strecken nehmen wir die zwei Strecken OA und OB von γ und OZ; das Tetraeder $OABZ$ hat in der Tat den in § 3 geforderten Charakter eines Stammtetraeders.

---

[1]) Vgl. Fig. 102 für $OA = OB$.

[2]) Vgl. die Anmerkung 2) auf S. 367.

[3]) Vgl. Fig. 100; man beachte, daß hier der Punkt C nur als Schnitt der Achse a mit der zu γ nächsten Gitterebene γ_1 in Betracht kommt, wie es den Figuren 100 und 103 entspricht.

Die Stammfigur ist also eine gerade Säule, deren Grundfläche die Stammfigur des gleichseitigen Netzes ist (Fig. 104). Die Achsengruppe besteht aus der Verbindung der in γ liegenden zweizähligen Achsen und der Achse a, sie ist die Gruppe D_6. Wir bezeichnen das Gitter durch Γ_h. Also:

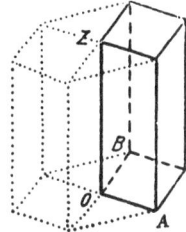

Es gibt ein Gitter vom hexagonalen Typus. Seine Achsengruppe ist D_6; seine Stammfigur ist eine gerade Säule, deren Grundfläche die Stammfigur des gleichseitigen Netzes ist.

Endlich ist noch der Fall zu erörtern, daß mehrere Achsen existieren, die mehr als zwei-

Fig. 104.

zählig sind. Man kann leicht beweisen, daß solche Achsen identisch sein müssen mit den Symmetrieachsen eines regulären Polyeders. Ein reguläres Polyeder, das zugleich ein Parallelepipedon ist, kann aber nur ein Würfel sein. Wir gelangen also zum Würfel und zum zentrierten Würfel als einziger letzter Lösung. Die Gitter heißen vom kubischen Typus. Ihre Achsengruppe ist die Gruppe O von § 1.

Um alle kubischen Gitterarten zu erhalten, haben wir sie wieder als Sonderfälle der rhombischen Gitter aufzufassen und die möglichen Zentrierungen vorzunehmen. Von den Zentrierungen im rhombischen Fall wird hier nur die eine unmöglich, die das Gitter Γ_v' entstehen läßt; wegen der Symmetrie des kubischen Gitters ist die Zentrierung nur einer einzigen Seitenfläche ausgeschlossen. Wir erhalten daher insgesamt drei Gattungen von Gittern. Ein Gitter Γ_c, dessen Stammfigur der Würfel selbst ist; ein Gitter Γ_c', das aus ihm durch Flächenzentrierung hervorgeht, und ein Gitter Γ_c'', das sich durch Körperzentrierung aus Γ_c ergibt. Die erzeugenden Gitterstrecken sind im ersten Fall OA, OB, OC, im zweiten OG, OH, OK, im dritten OA, OB nebst OM; es können aber auch (§ 3) irgend drei der vier halben Würfeldiagonalen MO, MA, MB, MC als erzeugendes Tripel benutzt werden. Also:

Es gibt drei Gitterarten vom kubischen Typus. Die Achsengruppe ist O. Die Stammfigur des einen ist der Würfel, die beiden anderen Gitter entstehen aus ihm durch Flächenzentrierung und Körperzentrierung.

Zusammenfassend können wir also sagen: Die Punktgitter scheiden sich nach der Symmetrie in die gleichen sieben Klassen wie die Kristalle.

Tabelle der Gitter.

Gittertypus	Gitterarten	Achsengruppe
Triklin	Γ_t	—
Monoklin . . .	Γ_m, Γ'_m	C_2
Rhombisch . .	Γ_v, Γ'_v, Γ''_v, Γ'''_v	V
Rhomboedrisch	Γ_{rh}	D_3
Tetragonal . .	Γ_q, Γ'_q	D_4
Hexagonal . . .	Γ_h	D_6
Kubisch	Γ_c, Γ'_c, Γ''_c	O

§ 6. Der Aufbau der Kristallsubstanz.

Unsere Vorstellungen über den Aufbau der Kristallsubstanz
haben sich an Haüy angeschlossen. Die Bevorzugung der ebenen
Flächen, die die Erfahrung bei den Kristallen lehrte, zumal ihre
Spaltbarkeit, erzeugte in ihm die Idee, die Kristalle bestehen aus
kleinsten Teilen, die ungefähr so nebeneinandergelagert sind wie die
Parallelepipede eines Gitters. Zu einer bestimmteren Vorstellung
erhob sich Delafosse; ihm verdanken wir die präzise Hypothese,
daß die Schwerpunkte der Kristallbausteine ein Raumgitter bilden.
Er ging überdies von der stetigen Raumerfüllung zur atomistischen
Denkweise über, zog aber die Gestalt und Eigenart der Bausteine
nicht in Betracht. Ein wichtiger theoretischer Fortschritt knüpft
sich an Frankenheim. Er als erster hat die Gitter nach ihrer
Symmetrie untersucht; das in § 5 dargestellte Resultat, daß sie in
die gleichen sieben Klassen zerfallen wie die Kristalle, verdanken
wir ihm. Auf dieser Grundlage hat Bravais zum erstenmal eine
vollwertige Theorie des Kristallaufbaues geschaffen; eine Theorie,
die in übereinstimmender Weise für jede Kristallklasse eine ihren
Symmetrieverhältnissen entsprechende Struktur liefert. Das Wesen
der Bravaisschen Theorie läßt sich an der Hand der vorstehenden
Ergebnisse ohne Mühe schildern. Zuvor sei bemerkt, daß bekanntlich jedes Kristallsystem eine gewisse Zahl von Unterabteilungen
enthält, die aus der obersten Abteilung (der Holoedrie) in der Weise
hervorgehen, daß man von dieser Holoedrie gewisse Symmetrieelemente tilgt. Es gibt insgesamt 32 solcher Unterabteilungen.

Handele es sich beispielsweise um einen Kristall des tetragonalen
Systems. Es gibt zwei Gitter vom tetragonalen Typus, nämlich Γ_q
und Γ_q'. Wir knüpfen unsere Betrachtungen an das Gitter Γ_q an.
Seine Stammfigur ist eine gerade quadratische Säule. Die ihm für
jeden seiner Punkte zukommende Symmetrie wird durch die Achsen-

gruppe D_4 gekennzeichnet; und zwar stellt OC die vierzählige Achse dar (Fig. 99[1]), während die Geraden OA, OB, OC' und die zu OC' senkrechte Gerade die vier zweizähligen in γ enthaltenen Achsen angeben. Dem Gitter kommen aber auch noch Symmetrieebenen zu. Die Anschauung zeigt unmittelbar, daß jede Seitenfläche der Stammfigur eine Symmetrieebene ist und ebenso auch die vier durch OC gehenden vertikalen Ebenen, die die Grundebene γ in den vier eben genannten zweizähligen Achsen schneiden. Die Symmetrieelemente unseres Gitters sind daher die gleichen, die der Holoedrie des tetragonalen Systems zukommen. Bravais setzt nun in jeden Gitterpunkt einen Baustein, der der tetragonalen Holoedrie entspricht, z. B. eine quadratische Doppelpyramide, und zwar naturgemäß so, daß ihre Symmetrieachsen und Symmetrieebenen mit denen zusammenfallen, die im Gitterpunkt O vorhanden sind. Er erhält so eine Struktur, der wir ebenfalls die holoedrische Symmetrie des tetragonalen Systems beizulegen haben. Jede Symmetrieachse und Symmetrieebene, die dem Gitter zukommt, kommt nämlich auch jeder Doppelpyramide zu und damit auch dem gesamten materiellen Aufbau. Es ist z. B. evident, daß die Ebene γ eine Symmetrieebene des Aufbaues ist; sie ist es für das Gitter und für alle die Doppelpyramiden, die in die Gitterpunkte eingesetzt sind, also auch für ihre Vereinigung, und das gleiche erkennt man auch für jede Symmetrieachse. Wir wollen jetzt die Doppelpyramide durch eine einfache quadratische Pyramide ersetzen; sie entspricht der ditetragonalen Unterabteilung des tetragonalen Systems. Von der Gesamtsymmetrie des tetragonalen Systems kommt ihr nur die vierzählige Achse zu und die vier durch sie hindurchgehenden vertikalen Symmetrieebenen. Es fehlen ihr aber die zweizähligen Achsen und es fehlt ihr auch die horizontale Symmetrieebene. Es ist daher klar, daß dem mit dieser Pyramide hergestellten materiellen Aufbau diese horizontale Symmetrieebene ebenfalls fehlt. Die Spiegelung an ihr führt zwar das Gitter in sich über, aber nicht die materiellen Bausteine, und beides muß erfüllt sein, damit wir dem gesamten materiellen Aufbau die Ebene γ als Symmetriebene beilegen können. Dagegen muß der Aufbau nach wie vor alle die Symmetrieelemente besitzen, die dem Gitter und den einfachen Pyramiden zugleich zukommen; also die vierzählige Achse und die vier durch sie gehenden vertikalen Symmetrieebenen. Die durch ihn dargestellte Struktur entspricht also ebenfalls der ditetragonalen Unterabteilung des tetra-

---

[1] Man denke sich $OA = OB$ und OA, OB, OC senkrecht aufeinander.

gonalen Systems. Diese Beispiele genügen, um Eigenart und Tragweite der Bravaisschen Strukturauffassung ins Licht zu setzen. Es
leuchtet ein, daß auf diese Weise nach einheitlicher Methode Strukturen für jede der 32 Klassen von Kristallen hergestellt werden
können. Immer hat man ein Gitter zu benutzen, das von gleichem
Symmetrietypus ist wie das Kristallsystem, dem der Kristall angehört, und die Gitterpunkte mit Bausteinen zu besetzen, die ihrerseits
genau die nämliche Symmetrie aufweisen wie die Unterabteilung, der
der Kristall angehört.

Ein Punktgitter ist um jeden seiner Punkte herum in gleicher
Weise angeordnet; man legt ihm deshalb eine regelmäßige Struktur
bei. Dies gilt für jede Art von Gittern. Die Regelmäßigkeit findet
ihren mathematischen Ausdruck in den Deckschiebungen, die das
Gitter zuläßt. Die Deckschiebungen führen es Punkt für Punkt in
sich über. Was für die Gitter gilt, gilt auch für die Bravaisschen
Strukturen. Auch ihre Bausteine gehen durch die Deckschiebungen
ineinander über; man folgert daraus noch, daß alle Bausteine einer
Bravaisschen Struktur parallel gestellt sind.

Man wird sofort die Frage stellen, ob die Gitter die einzigen
Punktgebilde sind, die die eben genannte »Regelmäßigkeit« der Anordnung besitzen; ob sie also die einzigen Gebilde sind, deren Punkte
durch gewisse Deckoperationen ineinander übergeführt werden
können. Denn so müssen wir den allgemeinen Begriff der Regelmäßigkeit formen. Sind P und Q irgend zwei Punkte einer regelmäßigen Anordnung, so soll diese Anordnung um P und Q herum
die gleiche sein; es muß also auch eine Deckoperation dieser Anordnung geben, die P auf Q fallen läßt.

Ehe wir diese Gedanken weiter verfolgen, sei auf folgenden
Umstand hingewiesen. Ein Kristall ist ein begrenzter Körper,
ein Punktgitter sowie jede sonstige regelmäßige Anordnung sind
unbegrenzt ausgedehnt. Aber die Größenordnung der Kristallbausteine und ihrer Abstände sind außerordentlich klein, und so
werden um jeden inneren Punkt eines Kristalls doch so viele Bausteine herumliegen, daß wir ihre Gesamtheit als relativ unendlich
ansehen können. Insofern kann uns also eine allseitig unbegrenzte
regelmäßige Anordnung das Bild einer kristallisierten Substanz
darstellen.

Die soeben gestellte Frage ist zu verneinen. Die Gitter sind bei
weitem nicht die einzigen Punktgebilde, denen wir Regelmäßigkeit
der Anordnung beizulegen haben. Hierauf ist zuerst von Wiener

und Sohncke hingewiesen worden. Ein Beispiel mag den Sachverhalt beleuchten. Wir wählen es so einfach wie möglich und führen deshalb zunächst eine ebene Anordnung vor, der Regelmäßigkeit im obigen Sinne zukommt und deren Punkte doch nicht ein Punktnetz bilden. Dies Beispiel wird von der nebenstehenden Sechseckteilung geliefert (Fig. 105), deren Sechsecke lückenlos wie Bienenzellen nebeneinander liegen. Für die Beweiskraft unseres Beispiels ist offenbar zweierlei nachzuweisen; erstens daß es eine regelmäßige Anordnung darstellt, und zweitens, daß es doch kein Punktnetz bildet. Zunächst ist klar, daß es dieselbe Symmetrie hat wie ein gleichseitiges Punktnetz. Jede Mitte eines Sechsecks ist, wie man leicht erkennt, Fußpunkt einer sechszähligen vertikalen Achse, jede Ecke eines Sechsecks Fußpunkt einer

Fig. 110.

dreizähligen, und jede Seitenmitte Fußpunkt einer zweizähligen. Und doch ist die Anordnung kein Punktnetz; es stellt keine Einteilung der Ebene in kongruente Parallelogramme dar. Es kann aber durch gewisse Punkte zum Netz ergänzt werden; nämlich so, daß wir noch die Zentren der Sechsecke hinzufügen. Diese Punkte bilden mit denen der Sechseckteilung zusammen in der Tat ein gleichseitiges Netz. Erteilen wir nun unserer Sechseckteilung nach oben und unten vertikale Verschiebungen gleicher Länge, so bildet die so erhaltene Punktgesamtheit eine regelmäßige allseitig unbegrenzte Anordnung, die kein Gitter ist.

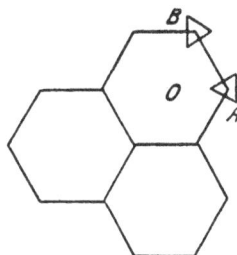

Noch auf einen zweiten Gegensatz zum Gitter ist hinzuweisen. Wir umgeben einen Punkt A der Sechseckteilung mit einem gleichseitigen Dreieck, wie Fig. 105 es zeigt, und zeichnen um B, ... usw. die Dreiecke, die bei ·wiederholter Drehung um die in O errichtete sechszählige Achse aus ihm hervorgehen. Geschieht dies analog für jeden Punkt der Sechseckteilung, so besitzen auch alle diese Dreiecke den Charakter einer regelmäßigen Anordnung. Aber sie sind nicht mehr sämtlich parallel gestellt. Macht man das gleiche bei der räumlichen regelmäßigen Anordnung, die wir aus der Sechseckteilung ableiteten, ersetzt man z. B. bei ihr die einzelnen Punkte durch analog gestellte dreiseitige Prismen oder Pyramiden, so bilden alle diese Prismen oder Pyramiden ebenfalls eine materielle Anordnung, die den Charakter der Regelmäßigkeit besitzt, deren Bausteine aber nicht sämtlich parallel gestellt sind.

Hieran haben die neueren Theorien der Kristallstruktur angeschlossen. Sie gehen ausschließlich von der allgemeinen Hypothese aus, daß die Schwerpunkte der Kristallbausteine regelmäßig im Raum angeordnet sind; und zwar soll (wie oben) die Regelmäßigkeit darin bestehen, daß um jedes Atom oder jeden Atomkomplex herum die Lagerung aller übrigen die gleiche ist und daß es daher Deckoperationen gibt, die die Anordnung Punkt für Punkt in sich überführen. Es ist dann zunächst Sache der mathematischen Untersuchung, den Inhalt dieser Hypothese auszuschöpfen und alle ihr entsprechenden Strukturen abzuleiten. Eine wissenschaftlich brauchbare Hypothese muß einfach sein und der Erfahrung genügen. Die Einfachheit der Annahme ist kaum einer Steigerung fähig. Seitdem der Scharfsinn M. v. Laues uns gelehrt hat, die Kristalle als die von der Natur an die Hand gegebenen Beugungsgitter zu benutzen, ist auch die Bestätigung durch die Erfahrung täglich gewachsen. Schon vorher hatte die mathematische Theorie gezeigt, daß das kristallographische Symmetriegesetz, die Existenz von nur 2-, 3-, 4-, 6zähligen Symmetrieachsen, eine geometrische Folge der Hypothese ist. Es mag genügen, auf die Quelle dieses Satzes kurz hinzuweisen. Unter den Deckoperationen einer jeden regelmäßigen Anordnung sind nämlich auch Deckschiebungen enthalten, neben jedem Atom oder Atomkomplex sind auch alle diejenigen vorhanden, die durch alle Deckschiebungen eines Gitters aus ihm entstehen. Damit ist die Verbindung mit der Gittertheorie hergestellt, und aus ihr läßt sich die Beschränkung der möglichen Symmetrieachsen auf die kristallographischen Drehungswinkel entnehmen.

Die Voraussetzungen, die in der Regelmäßigkeitshypothese eingeschlossen sind, mögen noch einmal ausführlicher angegeben werden. Sie lauten: 1. Alle konstituierenden Bausteine (Atome und Atomkomplexe) sind physikalisch und chemisch gleichwertig. 2. Die Regelmäßigkeit besteht in gewissen Deckoperationen, die die Bausteine ineinander überführen. 3. In geometrischer Hinsicht muß die Hypothese zwei Arten von Bausteinen zulassen; kongruente und solche, die einander spiegelbildlich gleich sind. Die Gleichwertigkeit der Begriffe Kongruenz und spiegelbildliche Gleichheit geht (§ 1) durch die gesamte Kristallographie; daher können die Deckoperationen sowohl solche erster wie zweiter Art sein, und dies bedingt die Zulassung der zwei Arten von Bausteinen. 4. Über die sonstige Qualität der Bausteine macht die Hypothese keinerlei Voraussetzungen; sie läßt aber auch zu, daß die Bausteine in gewissen Fällen Symmetrie besitzen. Auf dieser Grundlage ist die Theorie behandelt worden; sie gipfelt in dem Ergebnis, daß es 230 verschiedene Strukturen gibt, die ihrerseits wieder in die 32 Klassen zerfallen, die den 32 Kristallabteilungen entsprechen. Die Bravaisschen Strukturen mit den parallel gestellten Bausteinen sind unter den 230 Gattungen als Sonderfälle enthalten.

Die neueren Auffassungen haben mehr und mehr die Atome und Atomkomplexe als die konstituierenden Elemente für den Aufbau der Kristallsubstanz in den Vordergrund treten lassen. Zumal in den chemischen Valenzen und ähnlichen Richtungskräften sind die Ursachen zu erblicken, die das Zusammentreten zu dieser oder jener Anordnung bedingen und das statische Gleichgewicht erhalten. Um so wichtiger ist eine Theorie, die keine besonderen Voraussetzungen über die Eigenart der Bausteine nötig hat und sich also allen Bedingungen anpassen kann, die durch die Eigenart der Bausteine der Struktur auferlegt werden. Gerade darin besteht die fundamentale Bedeutung der Theorie und ihr Vorzug.

§ 7. Die Gitter von Diamant, Zinkblende und Sylvin[1]).

Die Strukturen der einzelnen Elemente und Verbindungen lassen sich im allgemeinen nur auf Grund des Experiments erschließen: mittels der Röntgenstrahlung[2]). Jede so gefundene Struktur muß einer der 230 Gruppen entsprechen, die die mathematische Theorie nachgewiesen hat. Die Theorie gibt für jede dieser 230 Gruppen die ihr zukommende Lage und Verteilung der Symmetrieachsen usw. eingehend an. Diese Symmetrieachsen, Symmetrieebenen usw. bedingen wieder ihrerseits die Deckoperationen, die für die einzelnen Strukturen charakteristisch sind.

Die einer jeden einzelnen Gruppe entsprechenden Strukturen entstehen so, daß ein Baustein beliebiger Lage und Qualität allen den genannten Operationen unterworfen wird, die diesen Achsen usw. entsprechen — wie schon erwähnt, gehören zu den Operationen auch stets die sämtlichen Deckschiebungen eines gewissen Punktgitters. Es wird das Verständnis der Strukturtheorie, sowie auch der vor-

---

[1]) Das Wort Gitter ist auch für die allgemeineren materiellen Strukturen im Gebrauch.

[2]) Die Röntgenbilder bestimmen in erster Linie die Symmetrie des Kristalls und damit den Gittertypus. Es ist dann noch zu prüfen, welches Gitter zu wählen ist, insbesondere, ob es ein unzentriertes oder zentriertes ist. Hierfür kommt ein von Bragg gefundenes Theorem in Betracht.

stehenden Darlegungen erleichtern, wenn an einigen Beispielen die Beziehung ihrer materiellen Gitter zu den ihnen entsprechenden Gruppen und Deckoperationen geschildert wird. Freilich kann es sich hier nur darum handeln, Tragweite und Bedeutung der darzulegenden Begriffe und Verhältnisse in allgemeinen Umrissen an der Hand der Beispiele zu klären.

Wir beginnen mit dem Diamant. Er ist besonders geeignet, weil man bei ihm die Anordnung der C-Atome aus den chemischen Valenzen in einfacher Weise verständlich machen kann.

Der Diamant gehört dem kubischen System an und ist nach neuerer Auffassung holoedrisch. Das C-Atom hat vier Valenzen; sie sind gerichtet wie die Geraden, die von der Mitte eines regulären Tetraeders nach seinen Ecken gehen; es läßt sich daher durch ein reguläres Tetraeder darstellen. Folgender Vermutung über die Struktur können wir deshalb Raum geben: Wir sahen in § 1, daß dem Tetraeder alle Achsen des Würfels zukommen bis auf die sechs zweizähligen. Wir dürfen daher für das Diamantgitter die folgenden Symmetrieverhältnisse erwarten. Die Tetraedersymmetrie wird bereits durch die C-Atome selbst realisiert; die Anordnung der Atome braucht also nur noch die eben genannten zweizähligen Symmetrieachsen aufzuweisen. Das wird sich in der Tat bestätigen.

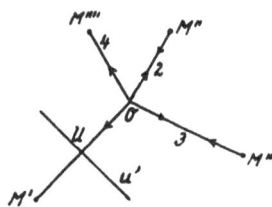

Sei T das Ausgangstetraeder und O sein Mittelpunkt (Fig. 106). Auf den Valenzrichtungen 1, 2, 3, 4, die von O ausgehen, nehmen wir in gleichem Abstand von O je ein Tetraeder T', T'', T''', T'''' mit den Mitten M', M'' ... an; je eine ihrer Valenzen fällt in die Geraden 1, 2, 3, 4, naturgemäß in umgekehrter Richtung, wie die Valenzen von T. Die Lage ihrer anderen drei Valenzen bleibt noch zu bestimmen. Wir bestimmen sie für T'; sei 1' die gebundene Valenz und 2', 3', 4' die drei freien. Zu diesem Zweck haben wir die Gesamtsymmetrie der zu bildenden Struktur in Betracht zu ziehen. Auf zweierlei wurde schon oben hingewiesen. Erstens auf die bereits vorhandene Eigensymmetrie des Tetraeders T, und zweitens müssen wir dem Aufbau die zweizähligen Achsen erteilen, die dem Tetraeder fehlen. Sei U die Mitte von OM'; wir wollen annehmen, daß die Gerade OM' die gleiche Richtung hat wie die Diagonale d von Fig. 88a. Dann legen wir durch U eine Achse u', die die gleiche Lage zu T hat wie in Fig. 88b und haben nun das Tetraeder T''

so anzunehmen, daß es aus T durch Umwendung um u' entsteht. In ähnlicher Weise erhalten wir T'', T''', T'''' aus T. Verfahren wir mit jedem neu auftretenden Tetraeder ebenso wie soeben mit T, so entsteht das Gitter des Diamanten[1]. Freilich ist der Beweis dafür, daß wir auf diesem Wege wirklich zu einer geschlossenen regelmäßigen Anordnung gelangen, erst noch zu führen; die Theorie kann ihn auf die Weise liefern, daß sie die Identität der Struktur mit einer derjenigen aufzeigt, die den in § 6 genannten 230 Gruppen entsprechen. Nur wenige dieser Gruppen kommen für diese Prüfung in Frage und nur eine genügt den Anforderungen. Die Achsenverteilung, die sich auf Grund der allgemeinen Theorie ergibt, zeigt die nebenstehende Fig. 107. Wir haben von einem flächenzentrierten kubischen Gitter auszugehen; also von dem Würfel W der Fig. 99 (S. 370), beschränken uns aber zunächst auf die Betrachtung des durch $OGHK$ bestimmten Oktanten w (Fig. 107). Durch seine Mitte M' gehen die vier dreizähligen Achsen des Würfels, ebenso ist O ein Schnitt-

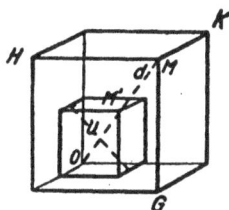
Fig. 107.

punkt von vier solchen Achsen; O und M' sind daher Sitze der Tetraeder T und T'. Außerdem enthält diese Gruppe noch eine durch die Mitte von OM' gehende zweizählige Achse u, genau wie es der vorstehenden Konstruktion entspricht. Damit ist in der Tat gezeigt, daß das obige Erzeugungsverfahren des Diamantgitters einer der 230 Gruppen entspricht, und seine Geschlossenheit ist dadurch gesichert. Die Fortsetzung der Struktur über den Oktanten w hinaus lehrt wieder die Fig. 107. In ihr sind die durch M gehenden Würfelkanten zweizählige Achsen. Dies bewirkt, daß von den acht Oktanten, in die der Würfel W zerfällt, nur vier mit C-Atomen erfüllt sind, nämlich außer dem Würfel w die drei, in die er durch Umwendung um die drei genannten Achsen übergeht. Damit ist die Atomlagerung im Würfel W gekennzeichnet. Aus ihm geht das gesamte Gitter hervor, wenn man in jeden Würfel des kubischen Gitters die gleiche Atomlagerung einfügt.

Die Zinkblende gehört der tetraedischen Unterabteilung des kubischen Systems an; die ihr entsprechende Symmetrieart ist mit

---

[1] In der obigen Weise hat bereits A. Nold von den chemischen Valenzkräften ausgehend im Jahr 1904 ein Stück des Diamantgitters aufgebaut. Einen Beweis, daß sich so eine geschlossene Struktur ergibt, hat er nicht gegeben, was auch im Rahmen seiner Betrachtungen nicht möglich war. Vgl. Zeitschr. f. Krystallographie, Bd. 40 ff.

der des regulären Tetraeders identisch. Ihr Gitter ist aus einem
Atomkomplex aufzubauen, der je ein Zn-Atom und je ein S-Atom
enthält. An sich liegt die Vermutung nicht zu fern, daß das Gitter
aus dem Diamantgitter entsteht, wenn wir die Kombination der
zwei C-Atome, die sich in O und M' befinden, durch die Kombination Zn, S ersetzen, also in O ein Zn-Atom und in M' ein S-Atom in
Fig. 107 einfügen. Das ist in der Tat der Fall. Naturgemäß fehlt der
Struktur jetzt die in Fig. 107 gezeichnete Achse u; die Atome Zn
und S sind ja ungleichwertig; auch besitzt die Struktur kein Symmetriezentrum mehr. Das entspricht dem Umstand, daß die Zinkblende in der tetraedrischen Unterabteilung des kubischen Systems
kristallisiert; dieser Unterabteilung kommt weder die zweizählige
Achse u noch das Symmetriezentrum zu. Aus dem so geschilderten
Atomkomplex geht das Gitter genau so hervor wie das Diamantgitter;
zunächst ergibt sich die Atomerfüllung der drei Oktanten, die aus dem
Oktanten w durch die Umwendungen um die drei zweizähligen Achsen
MG, MH, MK hervorgehen, und daraus dann das weitere, indem
man den Würfel W allen Deckschiebungen des kubischen Gitters
unterwirft.

Ausdrücklich sei noch darauf hingewiesen, daß auch den Atomen
Zn und S eine notwendige Eigensymmetrie zukommt, nämlich
wiederum die Symmetrie des regulären Tetraeders.

Noch einfacher ist das Strukturgitter des Sylvins (Chlorkaliums).
Das KCl kristallisiert in der enantiomorphen Unterabteilung (plagi-
edrischen Hemiedrie) des kubischen Systems.
Auch sein Strukturgitter kann man auf Grundlage
der Valenzbeziehungen wahrscheinlich machen,
wenn man davon ausgeht, daß jedes dieser Atome
sechs Valenzen hat, gerichtet wie die Lote von
der Mitte eines Würfels auf seine Seitenflächen.
Diese enge Beziehung zum Würfel legt es nahe,
für jede einzelne Atomart je einen punktgitter-
artigen Aufbau anzunehmen und diese beiden Punktgitter sich so
durchdringen zu lassen, daß alle Valenzen sich gegenseitig binden. Dies
ist möglich. Man überzeugt sich leicht, daß ein jedes Gitter in zwei
flächenzentrierte Gitter gespalten werden kann, und das ist gerade das,
was wir nötig haben. Die entsprechende Lagerung der beiden Atom-
arten ist in Fig. 108 dargestellt. Alle Achsen des Würfels, also alle
Achsen der Gruppe O, kommen der Anordnung zu; solche Achsen
gehen sowohl durch die Mitte M wie durch jede Ecke und jede Flächen-

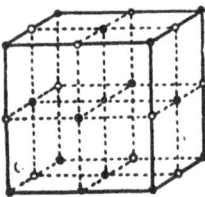

Fig. 108.

mitte des Würfels *W*. Dagegen besitzt die Struktur weder eine Symmetrieebene noch ein Symmetriezentrum.

Wir fragen auch hier, welches die **notwendige Eigensymmetrie** der Atome K und Cl ist. Beide müssen offenbar alle Achsen besitzen, die den Punkten zukommen, an denen sie sich befinden, also ebenfalls alle Achsen der Gruppe *O*. Diese Bestimmung bedarf aber einer Ergänzung. Darüber hinaus darf den Atomen weder eine Symmetrieebene noch ein Symmetriezentrum zukommen. Denn sonst würde sich für die Struktur eine höhere Gesamtsymmetrie einstellen, als sie besitzen soll; sie würde nämlich die holoedrische Struktur erwerben. Damit kommen wir zu einem neuen wichtigen Strukturbegriff. Diese Zusatzsymmetrie würde nämlich eine **unerlaubte Übersymmetrie** der Atome K und Cl darstellen. Alles dies unter der Voraussetzung, daß das KCl tatsächlich in die enantiomorphe Hemiedrie hineingehört.

Hiermit dürften die beiden für den Strukturaufbau wesentlichen Begriffe der notwendigen Eigensymmetrie und der unerlaubten Übersymmetrie verdeutlicht sein. Sollte sich freilich aus irgendwelchen Gründen herausstellen, daß man den beiden Atomen die volle Symmetrie des Würfels und damit auch die ebengenannte Übersymmetrie beilegen muß, so würde dies zur Folge haben, daß man das KCl als holoedrisch zu betrachten hat[1]).

Endlich noch eine Schlußbemerkung, die an das Diamantgitter anschließt. Wie wir sahen, beruht bei diesem Gitter ein Teil seiner Symmetrie auf der Eigensymmetrie des Atoms, ein Teil auf der Anordnung. Hierin tritt eine allgemeine Eigenschaft der Theorie zutage; wir haben auf sie schon oben hingewiesen, wollen sie aber nochmals ausdrücklich anführen, da sie einem wichtigen Tatbestand im Gebiet des Strukturaufbaues entspricht. Die Gesamtsymmetrie kommt auch so zustande, daß ein Teil auf der Eigensymmetrie der Bausteine beruht und der Rest in ihrer Anordnung zum Ausdruck kommt. Insbesondere kann auch der Baustein ganz symmetrielos sein; dann muß die Symmetrie des Aufbaues völlig in der Anordnung und ihren Deckoperationen bestehen. Damit ist zugleich kenntlich gemacht, wie die Natur verfährt, um mit Bausteinen niederer Symmetrie eine Struktur höherer Symmetrie zu erzeugen. Wegen aller Einzelheiten sei auf die Monographie »A. Schönflies, Kristallsysteme und Kristallstruktur (Leipzig 1891)« verwiesen, in welcher die obige Theorie zum ersten Male entwickelt wurde.

---

[1]) Ist es nur bei einem Atom der Fall, so tritt die Folgerung nicht ein.

VIERZEHNTES KAPITEL

Aufgaben, die auf partielle Differentialgleichungen führen.

§ 1. Allgemeine Vorbemerkungen.

Mit Differentialgleichungen haben wir uns bereits im Kap. XII mehrfach beschäftigt. Betrachten wir z. B. das in § 4 behandelte Problem der ungedämpften Schwingungen. Das physikalische Momentangesetz, von dem wir ausgingen, führte nur zur Aufstellung einer Differentialgleichung zwischen s und t; die mathematische Aufgabe war, solche Funktionen s von t zu finden, die diese Gleichung rechnerisch befriedigen (Lösungen der Differentialgleichung).

In diese Lösungen gehen, wie wir sahen, gewisse Konstanten (sog. Integrationskonstanten) ein. Für ihr Auftreten lernten wir sowohl einen mathematischen wie einen physikalischen Erklärungsgrund kennen. Die physikalische Bedeutung kam darin zum Ausdruck, daß das Gesetz eines um eine Ruhelage schwingenden Punktes vom Anfangszustand nicht beeinflußt wird; es bleibt das nämliche, in welchem Abstand von der Ruhelage der Punkt im Anfang der Schwingungsbewegung auch sein mag, und welches auch die Eigengeschwindigkeit sei, die wir ihm im Anfang erteilen. Mathematisch erklärten sich die Integrationskonstanten daraus, daß die Bestimmung der gesuchten Funktion s von t auf Integrationen führte, und bei jeder Integration eine Konstante auftritt (vgl. auch S. 120).

Man kann das Auftreten der Konstanten mathematisch noch auf andere Weise durchsichtig machen. Dies soll jetzt geschehen; die analoge Erscheinung bei den partiellen Differentialgleichungen wird nämlich dadurch an Verständlichkeit gewinnen.

Wir gehen von der Gleichung

$$1)\quad y^2 = 2\,p\,x$$

aus, die geometrisch, wenn wir in ihr den Wert von p unbestimmt lassen, eine ganze Schar von Parabeln liefert (mit gemeinsamem

Scheitel und gemeinsamer Scheiteltangente). Durch Differentation
von 1) folgt

$$2\,y\,d\,y = 2\,p\,d\,x$$

und durch Division beider Gleichungen folgt weiter

$$2)\quad \frac{d\,y}{y} = \frac{d\,x}{2\,x}\ \text{ oder }\ \frac{d\,y}{d\,x} = \frac{y}{2\,x},$$

also eine Differentialgleichung. Aus ihr ist die in 1) vorhandene
Konstante p verschwunden. Umgekehrt ist zu erwarten, daß sie sich
beim rechnerischen Übergang von der Gleichung 2) zur Gleichung 1)
wieder einstellen wird. Wegen der geometrischen Bedeutung des
Differentialquotienten (S. 72) können wir Gleichung 2) in die Form
setzen

$$y' = \operatorname{tg}\tau = y/2\,x;$$

sie zeigt, daß die Differentialgleichung eine allen Parabeln 1) gemeinsame Tangenteneigenschaft darstellt. Dies ist die geometrische
Bedeutung des Verschwindens von p. Der rechnerische Übergang
von Gleichung 2) zu Gleichung 1) ergibt sich folgendermaßen. Aus 2)
folgt

$$2\ln y = \ln x + C$$

oder, wenn man C durch $\ln c$ ersetzt (es kann ja auch $\ln c$ alle Zahlenwerte annehmen)

$$\ln y^2 = \ln x + \ln c;\quad y^2 = c\,x.$$

Geometrisch bedeutet das die Bestimmung derjenigen Kurvenschar,
deren Tangente das durch die Differentialgleichung ausgedrückte
Gesetz erfüllt[1]). Umgekehrt sind wir oben von der Gleichung der
Kurvenschar zu ihrer Differentialgleichung übergegangen.

Dies läßt sich, wie folgt, verallgemeinern. Sei

$$3)\quad F\,(x,\,y,\,C) = 0$$

eine Gleichung, in der C einen beliebigen Wert annehmen kann (willkürliche Konstante, gewöhnlich Parameter genannt), so stellt sie
geometrisch wieder eine Schar von Kurven dar. Wir differenzieren
diese Gleichung wieder und erhalten (S. 214)

$$\frac{\partial F}{\partial x}\,d\,x + \frac{\partial F}{\partial y}\,d\,y = 0\ \text{ oder }\ \frac{\partial F}{\partial x} + \frac{\partial F}{\partial y}\,y' = 0,$$

wo naturgemäß die beiden partiellen Differentialquotienten $\partial F/\partial x$
und $\partial F/\partial y$ noch die Konstante C enthalten. Man kann aber nun
wieder C zwischen beiden Gleichungen eliminieren und erhält eine
Differentialgleichung, die diese Konstante nicht mehr enthält. Es

---

[1]) Der einfachste Fall dieser Art wurde S. 121 behandelt.

ergibt sich also allgemein das Resultat, daß man von einer Funktionalgleichung 3) aus, die eine willkürliche Konstante enthält, durch
differentielles Verfahren zu einer Differentialgleichung gelangen kann,
in die diese Konstante nicht mehr eingeht.

Augenscheinlich stellt der Übergang von der Differentialgleichung
zur Funktionalgleichung im allgemeinen das schwierigere, aber wich-
tigere Problem dar, da man hierbei aus dem Momentangesetz eines
Naturvorganges das Gesamtgesetz erhält.

Liege jetzt eine Aufgabe vor, die die Wärmeleitung in einem Stab
betrifft. Wir werden sofort sehen, daß hier drei variable Größen auftreten, und daß es sich deshalb um die Ermittelung einer Funktion
von zwei unabhängigen Veränderlichen handeln wird. Wir wollen
wissen, wie sich die Temperatur ϑ an jeder einzelnen Stelle P des
Stabes mit der Zeit t ändert. Die Stelle P des Stabes bestimmen wir
am einfachsten durch ihren Abstand x vom Anfangspunkt des Stabes,
und erkennen so, daß die gesuchte Temperatur ϑ eine Funktion von
x und t sein wird. Das physikalische Gesetz, von dem wir auszugehen
haben, ist wieder ein Momentangesetz und führt daher wiederum
auf eine Differentialgleichung; in sie gehen diesmal die partiellen
Differentialquotienten von ϑ nach x und t ein (S. 204). Wir nennen
unsere Differentialgleichung deshalb eine partielle. Die mathematische Aufgabe ist auch hier wieder, solche Funktionen ϑ von
x und t zu finden, die der Differentialgleichung Genüge leisten (Lösungen der Differentialgleichung). Die Behandlung dieser Aufgabe
stellt allerdings erheblich schwierigere Ansprüche an die Mathematik
als die Behandlung derer, die uns in Kap. XII entgegentraten (der
gewöhnlichen Differentialgleichungen).

Wir beschäftigen uns zunächst wieder mit dem umgekehrten
Problem und zeigen, wie man solche Differentialgleichungen rechnerisch herstellen kann. Das Verfahren ist durchaus analog zu dem,
das zur rechnerischen Herstellung von gewöhnlichen Differentialgleichungen führte.

Sei z eine Funktion der beiden unabhängigen Variablen x und y;
wir nehmen sie in der besonderen Form

$$4)\quad z = f(x + \alpha y) = f(u)$$

an. Hier soll α eine feste Konstante sein (eine Zahl); dagegen soll
die Funktion f ganz unbestimmt bleiben. Es kann also z irgendeine
Funktion von $x + \alpha y$ sein. Weiter ist zur Abkürzung

$$5)\quad x + \alpha y = u$$

gesetzt worden. Wir bilden die partiellen Differentialquotienten von z nach x und y und erhalten gemäß S. 106, Gleichung 8)

$$\frac{\partial z}{\partial x} = f'(u) \frac{\partial u}{\partial x}, \quad \frac{\partial z}{\partial y} = f'(u) \frac{\partial u}{\partial y}.$$

Nun folgt weiter aus 5)

$$\frac{\partial u}{\partial x} = 1, \quad \frac{\partial u}{\partial y} = \alpha,$$

und somit wird

$$\frac{\partial z}{\partial x} = f'(u), \quad \frac{\partial z}{\partial y} = \alpha f'(u).$$

Dividieren wir jetzt noch diese beiden Gleichungen, so ergibt sich schließlich

$$6) \quad \frac{\partial z}{\partial y} = \alpha \frac{\partial z}{\partial x},$$

und dies ist die partielle Differentialgleichung, die wir ableiten wollten. Aus ihr ist diesmal die oben unbestimmt gebliebene Funktion f vollständig verschwunden; sie gilt mithin für jede durch Gleichung 4) dargestellte Funktion z. Ein Resultat, das dem oben erörterten für gewöhnliche Differentialgleichungen analog ist, aber zugleich erheblich allgemeiner. Wie dort, wird man auch hier von der Differentialgleichung 6) aus durch geeignete mathematische Operationen zur Gleichung 4) zurückkehren können, d. h. zu einer Gleichung, die keine Differentialquotienten der Funktion z mehr enthält, und wird erwarten, daß in ihr diesmal statt der willkürlichen Konstante eine unbestimmt bleibende, oder, wie man auch sagt, willkürliche Funktion auftritt.

Wir wollen dies sofort durch einige Beispiele belegen.

Es gibt nämlich einige einfachste Fälle, in denen man diesen Übergang von der partiellen Differentialgleichung zu einer eine willkürliche Funktion enthaltenden Funktionalgleichung ohne weiteres ausführen kann. Seien

$$7) \quad \frac{\partial z}{\partial x} = 0 \quad \text{oder} \quad \frac{\partial z}{\partial y} = 0$$

die gegebenen Differentialgleichungen. Hier lassen sich die zugehörigen Funktionalgleichungen unmittelbar angeben. Die erste Gleichung sagt aus, daß z von x unabhängig sein soll; es kann also z nur von y abhängen, und dem genügen wir offenbar, wenn wir für z irgendeine beliebige Funktion von y allein setzen. Wir finden so

$$8) \quad z = \varphi(y),$$

und es stellt in der Tat φ eine willkürliche Funktion dar. Ebenso erhalten wir im zweiten Fall

$$8a) \quad z = \psi(x)$$

mit ψ als unbestimmt bleibender, willkürlicher Funktion.

Ein zweites Beispiel liefert die Differentialgleichung

$$9) \quad \frac{\partial^2 z}{\partial x \, \partial y} = 0.$$

Wir formen sie zunächst in der Weise um, daß wir

$$10) \quad \frac{\partial z}{\partial y} = q$$

setzen, woraus

$$\frac{\partial q}{\partial x} = \frac{\partial}{\partial x}\left(\frac{\partial z}{\partial y}\right) = \frac{\partial^2 z}{\partial x \, \partial y}$$

folgt. Demnach vereinfacht sich die gegebene Gleichung in

$$\frac{\partial q}{\partial x} = 0,$$

und wir finden gemäß dem Vorstehenden sofort

$$11) \quad q = \varphi(y),$$

wo φ wieder eine willkürliche Funktion ist. Aus 10) folgt nun

$$\frac{\partial z}{\partial y} = \varphi(y),$$

Setzen wir nun

$$z = \int \varphi(y) \, dy + u,$$

so folgt weiter

$$\frac{\partial z}{\partial y} = \varphi(y) + \frac{\partial u}{\partial y},$$

und durch Vergleich mit der vorhergehenden Gleichung findet man

$$\frac{\partial u}{\partial y} = 0; \text{ also } u = \psi(x),$$

wo wiederum ψ eine willkürliche Funktion ist. Da nun $\varphi(y)$ eine willkürliche Funktion war, so gilt dies auch von $\int \varphi(y) \, dy$, und wir finden mithin schließlich

$$12) \quad z = f(y) + \psi(x)$$

mit f und ψ als willkürlichen Funktionen. Man bestätigt übrigens nachträglich leicht (durch Differentation), daß dieses z in der Tat der gegebenen Differentialgleichung 9) genügt. Wir nennen die so bestimmten Funktionen z auch wieder Lösungen oder Integrale der gegebenen Differentialgleichung.

Was ist nun aber die physikalische Bedeutung davon, daß in die Lösungen der partiellen Differentialgleichungen eine oder mehrere willkürliche Funktionen eingehen? Dies hat den gleichen Grund wie das Auftreten der willkürlichen Konstanten im Fall der gewöhnlichen Differentialgleichungen. Wir erwähnten oben, daß wir auf eine partielle Differentialgleichung kommen, wenn wir das Momentangesetz der Wärmeleitung in einem Stab in eine mathematische Gleichung umsetzen. Das allgemeine Gesetz dieses Prozesses ist aber ebenfalls von dem Anfangszustand des Stabes unabhängig, d. h. von der Art, in der sich im Beginn des Prozesses die Wärme über den Stab verteilt. Eine solche Wärmeverteilung können wir dadurch festlegen, daß wir für den Anfangszustand die Temperatur ϑ in beliebiger Weise als Funktion von x annehmen, wo x, wie oben, die Abszisse eines Stabpunktes ist. Damit ist das Auftreten von willkürlichen Funktionen in den Lösungen der partiellen Differentialgleichungen auch physikalisch — wenn auch zunächst nur für einen speziellen Fall — verständlich gemacht.

§ 2. Die Differentialgleichung der Wärmeleitung in einem Stab.

Folgende Gesetze, die sich auf gleichmäßige Verhältnisse und Vorgänge beziehen, bilden die Grundlage unserer Entwicklungen.

1. Die Wärmemenge W, die ein Körper von der Masse M und der konstanten spezifischen Wärme γ bei der Temperatur ϑ enthält, ist

$$1) \quad W = M\gamma\vartheta.$$

2. Wenn Wärme in der Weise durch einen Stab strömt, daß die Temperatur an beiden Grenzflächen konstant erhalten wird und Wärmeverluste an der Oberfläche vermieden werden, so ist die in der Zeiteinheit hindurchströmende Wärmemenge der Temperaturdifferenz $\vartheta_1 - \vartheta_2$ an den beiden Grenzflächen und dem Querschnitt q direkt, der Länge l dagegen umgekehrt proportional; d. h.

$$2) \quad W = q\frac{k}{l}(\vartheta_1 - \vartheta_2),$$

wo sich ϑ_1 auf die vordere, ϑ_2 auf die hintere Grenzfläche bezieht, und k eine vom Material abhängige Konstante ist (die Leitfähigkeit), die wir der Einfachheit halber als von der Temperatur unabhängig voraussetzen.

Wir gehen nun zu einem veränderlichen Prozeß über und bestimmen für ihn zunächst das Momentangesetz des Wärmeflusses

für einen beliebigen Querschnitt, und zwar mittels der Gleichung 2).
Zunächst werde daran erinnert, daß bei einem solchen Prozeß an
jeder Stelle des Stabes die Temperatur ϑ eine Funktion der Abszisse x
und der Zeit t ist. Sei σ eine schmale Schicht des Stabes, deren
Grenzflächen den Abszissen x und $x + dx$ entsprechen, sei ferner
dw die Wärmemenge, die in der Zeit dt durch diese Schicht in der
Richtung der positiven x-Achse hindurchfließt, so folgt zunächst
aus 2) unmittelbar

$$d w = - \frac{k q d t}{d x} (\vartheta_2 - \vartheta_1),$$

wo der Faktor dt daher rührt, daß der Wärmefluß nicht für die Dauer
der Zeiteinheit, sondern nur für die Zeit dt in Frage kommt. Hier
haben wir noch $\vartheta_2 - \vartheta_1$ durch das Differential $d\vartheta_x$ zu ersetzen (S. 202).
Dieses Differential ergibt sich nämlich so, daß zwei differentiell
verschiedene Werte nur für die Variable x in Betracht kommen,
nämlich x und $x + dx$, und daher stellt sich der partielle Differentialquotient von ϑ nach x ein. Wir erhalten also

$$3) \quad d w = - k q d t \frac{\partial \vartheta}{\partial x}.$$

Damit haben wir zunächst das Momentangesetz des Wärmeflusses
für einen beliebigen Querschnitt ermittelt; es gibt die in der Zeit dt
durch den Querschnitt hindurchströmende Wärmemenge an.

Zu der gesuchten Differentialgleichung der Wärmeleitung gelangen wir nun so, daß wir die Wärmezunahme dW, die in der
Schicht σ in der Zeit dt stattfindet, auf zwei Arten ausdrücken. Wir
bestimmen sie zuerst gemäß der Gleichung 1). Aus ihr folgt

$$dW = M \gamma d\vartheta,$$

wo jetzt $d\vartheta$ so aufzufassen ist, daß es sich auf zwei verschiedene
Werte von t, nämlich t und $t + dt$ bezieht, während x (als Abszisse
der Schicht σ, genauer ihres Mittelpunktes) einen bestimmten Wert
hat. Wir können also jetzt schreiben

$$dW = M \gamma \frac{\partial \vartheta}{\partial t} dt.$$

Nehmen wir nun wieder an, daß q der konstante Querschnitt
des Stabes ist und ϱ seine Dichte, und beachten, daß dx die
Länge der Schicht σ ist, so erhalten wir $M = q\varrho dx$, also

$$4) \quad dW = q\varrho\gamma \frac{\partial \vartheta}{\partial t} dx dt.$$

Die Wärmezunahme in σ erhalten wir aber auch so, daß wir direkt die Wärmemengen berechnen, die gemäß dem oben abgeleiteten Momentangesetz 3) in der Zeit dt durch die Grenzflächen von σ hindurchfließen.

Diese Wärmemengen ergeben sich, indem man in Gleichung 3) für die Variable x die Abszissen der Grenzflächen, x und $x + dx$, einsetzt. Es ist also

$$d w_x = - k q d t \frac{\partial \vartheta}{\partial x} (x); \quad d w_{x+dx} = - k q d t \frac{\partial \vartheta}{d x} (x + dx).$$

Daraus folgt für die Vergrößerung der Wärmemenge in der Schicht σ

$$d W = d w_x - d w_{x+dx} = k q d t \left\{ \frac{\partial \vartheta}{\partial x} (x + dx) - \frac{\partial \vartheta}{\partial x} (x) \right\}.$$

Die Klammer enthält die Differenz der Funktionswerte von $\frac{\partial \vartheta}{\partial x}$ für den Fall, daß die eine der Variablen, nämlich x, um dx vermehrt wird. Aus der Definition des partiellen Differentialquotienten (Kap. VII, § 6) oder auch aus der Taylorschen Reihe (Gleichung 11) S. 242 für $h = dx$) folgt

$$\frac{\partial \vartheta}{\partial x} (x + dx) - \frac{\partial \vartheta}{\partial x} (x) = \frac{\partial}{\partial x} \left(\frac{\partial \vartheta}{\partial x} \right) dx = \frac{\partial^2 \vartheta}{\partial x^2} dx.$$

Es ergibt sich also schließlich

$$5) \quad d W = k q d t \frac{\partial^2 \vartheta}{\partial x^2} dx.$$

Durch Vergleichung von 4) und 5) folgt nunmehr

$$\varrho \gamma \frac{\partial \vartheta}{\partial t} = k \frac{\partial^2 \vartheta}{\partial x^2}$$

oder

$$6) \quad \frac{\partial \vartheta}{\partial t} = a^2 \frac{\partial^2 \vartheta}{\partial x^2}; \quad a^2 = \frac{k}{\gamma \varrho},$$

so daß a^2 eine positive Konstante bedeutet. Dies ist die partielle Differentialgleichung der Wärmeleitung in einem Stabe, die Fourier vor mehr als 100 Jahren entwickelte [1]).

§ 3. Das allgemeine Integral der Wärmeleitung.

Es liegt stets nahe zu prüfen, ob nicht eine Exponentialfunktion für geeignete Exponenten Integral einer physikalischen Differential-

---

[1]) Vgl. seine Theorie analytique de la chaleur, Paris 1822; oeuvres, Bd. I.

gleichung sein kann[1]). In der Tat erhält man ein **spezielles** Integral unserer Gleichung, indem man

$$1) \quad u = e^{\alpha x + \beta t}$$

setzt und die Koeffizienten α und β geeignet bestimmt. Führt man noch für den Augenblick eine Hilfsvariable ein

$$z = \alpha x + \beta t, \quad \text{also } u = e^z,$$

so findet man

$$\frac{\partial u}{\partial t} = \frac{\partial u}{\partial z} \cdot \frac{\partial z}{\partial t} = e^z \beta,$$

$$\frac{\partial u}{\partial x} = \frac{\partial u}{\partial z} \cdot \frac{\partial z}{\partial x} = e^z \cdot \alpha; \quad \frac{\partial^2 u}{\partial x^2} = \frac{\partial}{\partial x}(e^z \alpha) = e^z \alpha^2.$$

Setzen wir diese Werte in unsere Differentialgleichung

$$2) \quad \frac{\partial u}{\partial t} = a^2 \frac{\partial^2 u}{\partial x^2}$$

ein, so ergibt sich für α und β die Gleichung

$$\beta = a^2 \alpha^2.$$

Es bestimmt sich also β durch α, während α beliebig bleibt. Daher folgt, daß

$$3) \quad u = e^{\alpha x + a^2 \alpha^2 t} = e^{\alpha x + (a\alpha\sqrt{t})^2}$$

für **jedes** α ein Integral von 2) darstellt.

Diesem Integral gibt man zweckmäßig eine andere Form, und zwar mittels des folgenden mathematischen Kunstgriffes. Gemäß S. 191 ist

$$\sqrt{\pi} = \int\limits_{-\infty}^{+\infty} e^{-w^2} \cdot dw.$$

Substituieren wir hier für w eine neue Integrationsvariable ω durch die Gleichung

$$w = \omega - a\alpha\sqrt{t}, \quad dw = d\omega,$$

so erhalten wir

$$\sqrt{\pi} = \int\limits_{-\infty}^{+\infty} e^{-\omega^2 + 2a\alpha\omega\sqrt{t}} \, e^{-a^2\alpha^2 t} \, d\omega = e^{-a^2\alpha^2 t} \int\limits_{-\infty}^{+\infty} e^{-\omega^2 + 2a\alpha\omega\sqrt{t}} \, d\omega \, {}^2),$$

---

[1]) Bei imaginärem Exponenten entspricht dies einem periodischen, bei reellem einem aperiodischen Vorgang; vgl. Kap. XII, §4.

[2]) Man beachte, daß nur ω die Integrationsvariable, dagegen t für das Integral eine Konstante ist; die obige Gleichung ist so aufzufassen, daß sie für jeden einzelnen Wert von t gilt. Ebenso besagt die Gleichung 4), daß der Wert von u für jedes einzelne Wertepaar x, t durch das rechts stehende Integral ausgedrückt werden kann.

oder aber

$$e^{a^2 a^2 t} \sqrt{\pi} = \int\limits_{-\infty}^{-\infty} e^{-\omega^2 + 2 a \alpha \omega \sqrt{t}} \, d\omega.$$

Multiplizieren wir noch mit $e^{\alpha x}$ und dividieren durch $\sqrt{\pi}$, so folgt schließlich

4) $\quad u = e^{ax + a^2 \alpha^2 t} = \dfrac{1}{\sqrt{\pi}} \int\limits_{-\infty}^{+\infty} e^{-\omega^2} e^{\alpha x + 2 a \alpha \omega \sqrt{t}} \, d\omega.$

Wir beweisen zweitens eine allgemeine Eigenschaft unserer Gleichung, die wir bereits bei der Differentialgleichung der Schwingungen kennen lernten (S. 330). Seien nämlich zwei Funktionen u_1 und u_2 zwei spezielle (partikuläre) Integrale unserer Gleichung, so daß also die Relationen bestehen

$$\frac{\partial u_1}{\partial t} = a^2 \frac{\partial^2 u_1}{\partial x^2},$$

$$\frac{\partial u_2}{\partial t} = a^2 \frac{\partial^2 u_2}{\partial x^2}.$$

so ist auch, bei beliebigen Konstanten A_1 und A_2,

5) $\quad v = A_1 u_1 + A_2 u_2$

ein Integral. Multiplizieren wir nämlich die vorstehenden beiden Gleichungen mit A_1 und A_2 und addieren sie, so folgt genau wie a. a. O.

$$\frac{\partial}{\partial t} (A_1 u_1 + A_2 u_2) = a^2 \frac{\partial^2}{\partial x^2} (A_1 u_1 + A_2 u_2),$$

und das ist die Behauptung. Das gleiche gilt offenbar für beliebig viele partikuläre Integrale u_1, u_2 u_3 . . . . Physikalisch stellt diese Eigenschaft offenbar ein **Prinzip der Superposition** dar[1]).

Hieran läßt sich folgende allgemeine Überlegung knüpfen. Wir gehen nochmals zu dem Integral 4) zurück und setzen der Kürze halber im Integral rechts

$$e^{x + 2 a \omega \sqrt{t}} = \xi, \quad \text{also} \quad e^{\alpha x + 2 a \alpha \omega \sqrt{t}} = \xi^\alpha,$$

dann wissen wir also, daß

$$u = \frac{1}{\sqrt{\pi}} \int\limits_{-\infty}^{\infty} e^{-\omega^2} \cdot \xi^\alpha \, d\omega$$

---

[1]) Mathematisch beruht sie in beiden Fällen darauf, daß die Differentialgleichung in den Differentialquotienten **linear** ist, und kann analog für alle derartigen Differentialgleichungen bewiesen werden.

für jedes α ein partikuläres Integral ist. Wir denken uns nun unendlich viele solche Integrale, den beliebigen Werten α_1, α_2, $\alpha_3 \ldots$ entsprechend, also (da ξ kein α enthält)

$$u_1 = \frac{1}{\sqrt{\pi}}\int_{-\infty}^{\infty} e^{-\omega^2}\xi^{\alpha_1}\,d\omega, \quad u_2 = \frac{1}{\sqrt{\pi}}\int_{-\infty}^{\infty} e^{-\omega^2}\xi^{\alpha_2}\,d\omega, \quad u_3 = \ldots$$

und bilden die unendliche Reihe

$$6) \qquad u = A_1 u_1 + A_2 u_2 + A_3 u_3 + \ldots,$$

deren Koeffizienten wir naturgemäß so voraussetzen, daß sie für die bezüglichen Werte von x, t konvergiert, so wird auch sie ein Integral sein. Wir wollen uns nun zunächst ein vorläufiges Bild von der mathematischen Tragweite dieses Ansatzes machen. Setzen wir in 6) für u_1, u_2, $u_3 \ldots$ ihre Werte ein und schreiben statt der Summe der Integrale ein einziges Integral, so erhalten wir für u den Ausdruck

$$u = \frac{1}{\sqrt{\pi}}\int_{-\infty}^{+\infty} e^{-\omega^2}\{A_1\xi^{\alpha_1} + A_2\xi^{\alpha_2} + A_3\xi^{\alpha_3} + \ldots\}\,d\omega.$$

Nun bedenke man, daß in der Klammer die Koeffizienten A und die Exponenten α ganz willkürliche Werte erhalten können; dann erhellt, daß diese Klammer offenbar eine ganz allgemeine, also im Sinne von § 1 die sogenannte willkürliche Funktion von ξ darstellen kann, die in der allgemeinen Lösung enthalten ist, oder aber, da ξ nur von $x + 2a\omega\sqrt{t}$ abhängt, eine willkürliche Funktion von $x + 2a\omega\sqrt{t}$. Bezeichnen wir diese Funktion durch Φ $(x + 2a\omega\sqrt{t})$, so folgt schließlich als Ausdruck von u

$$7) \qquad u = \frac{1}{\sqrt{\pi}}\int_{-\infty}^{+\infty} \Phi(x + 2a\omega\sqrt{t})\,e^{-\omega^2}\,d\omega.$$

Diese Gleichung stellt das sogenannte allgemeine Integral der partiellen Differentialgleichung dar. Die zunächst höchst merkwürdige Eigenschaft dieses Integrals, eine willkürlich bleibende Funktion zu enthalten, findet nach dem Vorstehenden offenbar darin ihre analytische Erklärung, daß es hier unendlich viele voneinander unabhängige partikuläre Integrale gibt[1]. Auf ihre physikalische Bedeutung kommen wir sofort zurück.

---

[1] Vgl. Kap. XII § 5; für die dort behandelten gewöhnlichen Differentialgleichungen gibt es nur zwei solche Integrale.

Zuvor bringen wir unser Integral noch in eine etwas andere Form, indem wir statt ω eine neue Integrationsvariable einführen; wir setzen

$$8) \quad x + 2\,a\,\omega\,\sqrt{t} = \lambda$$

und finden

$$2\,a\,\sqrt{t}\;d\omega = d\lambda, \qquad \omega^2 = \frac{(\lambda - x)^2}{4\,a^2 t};$$

unser Integral verwandelt sich daher — die Grenzen sind auch für das transformierte Integral $+\infty$ und $-\infty$ — in

$$9) \quad u = \frac{1}{2\,a\,\sqrt{\pi t}}\int\limits_{-\infty}^{+\infty}\Phi(\lambda)\,e^{-\frac{(\lambda - x)^2}{4\,a^2 t}}\;d\lambda\,{}^{1}).$$

---

[1] Die Beweiskraft der obigen Darstellung bedarf bei strengeren mathematischen Anforderungen der Stärkung. Man kann sie am einfachsten so leisten, daß man rechnerisch nachweist, die in 7) und 9) gefundenen Funktionen genügen der Differentialgleichung. Um dies zu tun, würde man folgende Regel anzuwenden haben. Den Differentialquotienten einer Funktion $\Phi(\alpha)$, deren Werte durch ein bestimmtes Integral

$$\Phi(\alpha) = \int\limits_a^b f(x, \alpha)\,dx$$

gegeben sind, bilde man nach der Gleichung

$$1a) \quad \frac{\partial \Phi}{\partial \alpha} = \frac{\partial}{\partial \alpha}\int\limits_a^b f(x, \alpha)\,dx = \int\limits_a^b \frac{\partial f(x, \alpha)}{\partial \alpha}\,dx.$$

Beispielsweise erhält man eine derartige Funktion wie folgt. Es ist gemäß S. 181

$$\int\limits_0^\infty e^{-x}\,dx = 1$$

oder, indem man zunächst $x = \alpha y$ substituiert, und nun α als variabel betrachtet (variabler Parameter)

$$\Phi(\alpha) = \int\limits_0^\infty e^{-\alpha y}\,dy = \frac{1}{\alpha}.$$

Man erhält nun nach obiger Regel

$$\frac{\partial \Phi}{\partial \alpha} = \int\limits_0^\infty \frac{\partial e^{-\alpha y}}{\partial \alpha}\,dy = -\int\limits_0^\infty e^{-\alpha y}\,y\cdot dy;$$

anderseits hat man direkt $\dfrac{\partial \Phi}{\partial \alpha} = -\dfrac{1}{\alpha^2}$ und findet so die Gleichung

$$\int\limits_0^\infty e^{-\alpha y}\,y\,dy = \frac{1}{\alpha^2},$$

die man auch direkt verifizieren kann.

Eine etwas allgemeinere Formel gilt für den Fall, daß auch die Grenzen a und b des Integrals von dem Parameter α abhängen. Ist

Noch ein Wort über die in 7) und 9) auftretende willkürliche Funktion und ihre physikalische Bedeutung. Sie spielt in der Theorie der partiellen Differentialgleichungen auch physikalisch dieselbe Rolle wie die willkürlichen Konstanten bei den gewöhnlichen Differentialgleichungen. Diese charakterisieren bekanntlich die Anfangsbedingungen, und analog ist es auch hier. Setzt man nämlich in Gleichung 7) $t = 0$, so liefert sie die Wärmeverteilung u_0 im Stabe zur Zeit $t = 0$, also im Beginn des zu beobachtenden Prozesses; man findet für dieses u_0 den Wert

$$u_0 = \frac{1}{\sqrt{\pi}} \int_{-\infty}^{+\infty} \Phi(x)\, e^{-\omega^2}\, d\omega = \frac{\Phi(x)}{\sqrt{\pi}} \int_{-\infty}^{+\infty} e^{-\omega^2}\, d\omega.$$

$$a = \varphi(\alpha) \quad \text{und} \quad b = \psi(\alpha),$$

so gilt die Formel (die wir freilich hier nicht ableiten können und für die wir auf die Lehrbücher verweisen)

$$2\,a)\quad \frac{\partial \Phi}{\partial \alpha} = \int_a^b \frac{\partial f(x,\alpha)}{\partial \alpha}\, dx + \frac{d\psi}{d\alpha} f(b,\alpha) - \frac{d\varphi}{d\alpha} f(a,\alpha)$$

oder, wenn man statt φ und ψ die Bezeichnungen a und b beibehält,

$$2\,b)\quad \frac{\partial \Phi}{\partial \alpha} = \int_a^b \frac{\partial f(x,\alpha)}{\partial \alpha}\, dx + \frac{db}{d\alpha} f(b,\alpha) - \frac{da}{d\alpha} f(a,\alpha).$$

Wenn endlich die Funktion $f(x,\alpha)$ den Parameter α nicht enthält, so daß nur die Grenzen a und b von α abhängen, so erhält man die einfachere Gleichung

$$3\,a)\quad \frac{\partial \Phi}{\partial \alpha} = \frac{db}{d\alpha} f(b) - \frac{da}{d\alpha} f(a).$$

Näher kann hierauf, wie überhaupt auf die strengere Begründung der obigen Darstellung nicht eingegangen werden. Man vgl. besonders das Werk: Die Differential- und Integralgleichungen der Mechanik und Physik als 7. Auflage von Riemann-Webers Partiellen Differentialgleichungen der mathematischen Physik, herausgegeben von Ph. Frank und R. v. Mises. 1925. Es gibt übrigens noch ein anderes Verfahren, das in der Theorie der partiellen Differentialgleichungen vielfach mit Erfolg angewandt wird. Man sucht sich zunächst auf mehr heuristischem Wege einen möglichst allgemeinen Ausdruck des Integrals und verifiziert alsdann, daß er der Differentialgleichung genügt.

Eine derartige Überlegung, die direkt zu dem Integral 9) führt, ist folgende. Diejenige Funktion, aus der dies Integral sich summativ aufbaut, ist — bis auf solche Größen, die von x und t unabhängig sind —

$$u = \frac{1}{\sqrt{t}}\, e^{-\frac{(\lambda - x)^2}{4 a^2 t}}.$$

Man zeigt zunächst, daß sie für beliebiges λ ein partikuläres Integral von 2) ist. Man findet in der Tat

Aber das rechtstehende Integral hat gemäß S. 191 den Wert $\sqrt{\pi}$, also wird

$$10) \quad u_0 = \Phi(x);$$

es stellt also $\Phi(x)$ nichts anderes dar als die ursprüng-liche Temperaturverteilung im Stabe. Diese kann aber in der Tat je nach den Versuchsbedingungen ganz beliebig sein, und es wird so das Auftreten der willkürlichen Funktion und ihre Bedeutung auch physikalisch vollkommen klargestellt.

§ 4. Einige spezielle Fälle.

Die besondere Form der Lösung unserer Differentialgleichung hängt naturgemäß von den besonderen Bedingungen des einzelnen Experiments ab. Erstens spielt, wie bereits erwähnt, der Anfangs-zustand eine Rolle, und zweitens kann auch der Temperaturverlauf an einzelnen Stellen des Stabes in bestimmter Weise reguliert wer-den. Hat man es im besonderen mit einem Stab endlicher Länge zu tun, und wird die Temperatur seiner Grenzflächen gewissen Be-dingungen unterworfen, so wird alsbald ein durch sie und den An-

$$\frac{\partial u}{\partial t} = \frac{t^{-3/2}}{2} e^{-\frac{(\lambda-x)^2}{4 a^2 t}} \left\{ \frac{(\lambda-x)^2}{2 a^2 t} - 1 \right\} \text{ und}$$

$$\frac{\partial u}{\partial x} = \frac{t^{-3/2}}{2 a^2} e^{-\frac{(\lambda-x)^2}{4 a^2 t}} \cdot (\lambda-x), \quad \frac{\partial^2 u}{\partial x^2} = \frac{t^{-3/2}}{2 a^2} e^{-\frac{(\lambda-x)^2}{4 a^2 t}} \left\{ \frac{(\lambda-x)^2}{2 a^2 t} - 1 \right\}.$$

Man benutzt nun wieder die Tatsache, daß jede lineare Verbindung parti-kulärer Integrale selbst ein Integral liefert; dies gilt daher auch von der Summe

$$u = \frac{A_1}{\sqrt{t}} \cdot e^{-\frac{(\lambda_1-x)^2}{4 a^2 t}} + \frac{A_2}{\sqrt{t}} \cdot e^{-\frac{(\lambda_2-x)^2}{4 a^2 t}} + \dots = \frac{1}{\sqrt{t}} \Sigma A e^{-\frac{(\lambda-x)^2}{4 a^2 t}},$$

und zwar für beliebige Werte der λ und A. Wir denken uns nun — was ja er-laubt ist — die $\lambda_1, \lambda_2, \lambda_3 \ldots$ als eine Reihe wachsender Größen gewählt, be-zeichnen die Differenz von je zwei aufeinander folgenden durch $\varDelta \lambda$ und wählen nun noch die Koeffizienten A als Funktionen von λ, setzen insbesondere

$$A = \Phi(\lambda) \varDelta \lambda,$$

dann geht der Ausdruck für u in

$$u = \frac{1}{\sqrt{t}} \Sigma \Phi(\lambda) e^{-\frac{(\lambda-x)^2}{4 a^2 t}} \varDelta \lambda$$

über. Hiervon gehen wir nun zum bestimmten Integral über, und zwar genau wie auf S. 167. Wir denken uns also die Zahl der Summanden unendlich groß werdend, und lassen zugleich die Grenzen für λ ebenfalls von $-\infty$ bis $+\infty$ sich erstrecken, dann geht unser Ausdruck — bis auf einen konstanten Faktor — direkt in die Gleichung 9) über.

fangszustand bedingter gesetzmäßiger Verlauf des Wärmeflusses im Innern des Stabes anheben. Diesen zu finden, ist das mathematische Problem, das hier vorliegt; es zielt also dahin, Integrale der Differentialgleichung zu finden, die den Temperaturverlauf im Innern darstellen und zugleich gewissen Anfangs- und Grenzbedingungen genügen.

Wir beschränken uns auf einige einfachere Fälle, wesentlich um die Eigenart des allgemeinen Verfahrens zu charakterisieren; für weitergehende Aufgaben verweisen wir auf das S. 400 genannte umfassende Werk.

1. Die Wärmeleitung in einem einseitig begrenzten unendlichen Stab, dessen Grenzfläche auf der konstanten Temperatur 0^0 erhalten wird. Die Anfangstemperatur sei beliebig, sei aber auf der bei $x = 0$ liegenden Grenzfläche ebenfalls gleich Null.

Wir definieren die Anfangstemperatur wie S. 401 durch die Gleichungen

$$1) \quad u = \varPhi(x) \text{ für } t = 0; \ \varPhi(0) = 0;$$

die Grenzbedingung drückt sich dadurch aus, daß für $x = 0$ und jedes t

$$u = 0$$

sein soll.

Zunächst eine mathematische Vorbemerkung. Die allgemeine Lösung des vorigen Paragraphen gibt uns Funktionen, die für alle Werte von x und t der Differentialgleichung genügen. Hier haben wir es aber mit einer bestimmten physikalischen Aufgabe zu tun, die sich nur auf positive Werte von x und t bezieht. Offenbar dürfen wir trotzdem die gesuchte Funktion u analytisch auch für negative Werte von x und t in Betracht ziehen, und in der Tat wird uns dieser Kunstgriff die Auffindung der gesuchten Funktion wesentlich erleichtern. Dazu müssen wir aber die nur für positives x gegebene Funktion $\varPhi(x)$ ebenfalls in eine auch für negatives x definierte Funktion übergehen lassen, und es fragt sich, welche Form sie für negatives x haben mag. Beachten wir, daß $\varPhi(0) = 0$ ist, so liegt es ziemlich nahe, daß wir versuchen

$$2) \quad \varPhi(-x) = -\varPhi(x)$$

zu setzen. Dieser einfache Gedanke wird uns in der Tat fast unmittelbar die Lösung liefern (Spiegelungsprinzip).

Wir knüpfen an die Formel 9) von § 3 an und trennen zunächst das in ihr auftretende Integral in zwei andere, setzen also

$$u = \frac{1}{2\,a\sqrt{\pi t}}\left\{\int_{-\infty}^{0}\Phi(\lambda)\,e^{-\frac{(\lambda-x)^2}{4\,a^2 t}}\,d\lambda + \int_{0}^{\infty}\Phi(\lambda)\,e^{-\frac{(\lambda-x)^2}{4\,a^2 t}}\,d\lambda\right\},$$

und zwar ist $\Phi(\lambda)$ die eben erörterte gegebene Funktion. Ersetzen wir im ersten Integral λ durch $-\lambda$ (wodurch die Grenzen die Werte $+\infty$ und 0 annehmen) und beachten die Gleichung 2), so wird

$$\int_{-\infty}^{0}\Phi(\lambda)\,e^{-\frac{(\lambda-x)^2}{4\,a^2 t}}\,d\lambda = \int_{\infty}^{0}\Phi(-\lambda)\,e^{-\frac{(\lambda+x)^2}{4\,a^2 t}}\,d(-\lambda)$$

$$= -\int_{0}^{\infty}\Phi(\lambda)\,e^{-\frac{(\lambda+x)^2}{4\,a^2 t}}\,d\lambda;$$

also folgt

3) $$u = \frac{1}{2\,a\sqrt{\pi t}}\left\{\int_{0}^{\infty}\Phi(\lambda)\,e^{-\frac{(\lambda-x)^2}{4\,a^2 t}}\,d\lambda - \int_{0}^{\infty}\Phi(\lambda)\,e^{-\frac{(\lambda+x)^2}{4\,a^2 t}}\,d\lambda\right\}.$$

Wir wollen nun noch zu der Formel 7) des vorigen Paragraphen zurückgehen. Dazu setzen wir im ersten Integral

$$\lambda = x + 2\,a\,\omega\sqrt{t}, \quad d\lambda = 2\,a\sqrt{t}\,d\omega;$$

die Grenzen verwandeln sich dabei so, daß die obere Grenze $+\infty$ bleibt, während sich die untere Grenze für ω aus der Gleichung

$$0 = x + 2\,a\,\omega\sqrt{t}, \text{ also } \omega = -\frac{x}{2\,a\sqrt{t}} = -\xi$$

ergibt, indem wir zur Abkürzung ξ einführen. Analog setzen wir im zweiten Integral

$$\lambda = -x + 2\,a\,\omega\sqrt{t}, \quad d\lambda = 2\,a\sqrt{t}\,d\omega$$

und finden als Grenzen $+\infty$ und $+\xi$. Somit erhalten wir

4) $$u = \frac{1}{\sqrt{\pi}}\left\{\int_{-\xi}^{\infty}\Phi(2\,a\,\omega\sqrt{t}+x)\,e^{-\omega^2}\,d\omega - \int_{+\xi}^{\infty}\Phi(2\,a\,\omega\sqrt{t}-x)\,e^{-\omega^2}\,d\omega\right\}.$$

Damit ist die Funktion u bestimmt. Man sieht auch direkt, daß sie den beiden vorgeschriebenen Bedingungen genügt. Für $t = 0$ haben wir dies bereits allgemein im § 3 bewiesen; man sieht es aber auch aus Gleichung 4), denn für $t = 0$ wird ξ für jeden Wert von x unendlich groß, und es reduziert sich daher das zweite Integral auf Null, so daß sich wieder, wie im § 3,

5) $$u_0 = \frac{1}{\sqrt{\pi}}\int_{-\infty}^{+\infty}\Phi(x)\,e^{-\omega^2}\,d\omega = \Phi(x)$$

ergibt. Für $x = 0$ und jeden beliebigen Wert von t hat man dagegen $\xi = 0$ und daher

6) $u = \frac{1}{\sqrt{\pi}} \left\{ \int\limits_0^\infty \Phi \left(2 a \omega \mid \bar{t} \right) e^{-\omega^2} d\omega - \int\limits_0^\infty \Phi \left(2 a \omega \mid t \right) e^{-\omega^2} d\omega \right\} = 0.$

Hieran knüpfen wir eine wichtige Bemerkung. Wie aus Kap. VI, § 6 (S. 181) hervorgeht, braucht die in unsern Formeln unter dem Integral auftretende Funktion $\Phi(x)$ an sich keineswegs eine überall stetige Funktion zu sein. Ein solcher Fall ist aber auch praktisch realisierbar. Denken wir uns z. B. die Versuchsanordnung so, daß wir zwei Stäbe von unendlicher Länge so im Nullpunkt zusammenstoßen lassen, daß der eine nach links, der andere nach rechts geht, so können wir den Versuch offenbar z. B. so einrichten, daß wir die Anfangstemperatur jedes der beiden Stücke konstant wählen, aber doch die eine von der andern verschieden. Dann ist $\Phi(x)$ für positives x konstant und ebenso für negatives, während es für $x = 0$ einen Sprung hat.

Diese Bemerkung gestattet uns, die vorstehenden Entwickelungen weiter auszudehnen. Wir gehen dazu wieder von einem einseitig unendlichen Stab aus, der eine beliebige Anfangstemperatur $\Phi(x)$ haben möge, denken wieder das bei $x = 0$ liegende freie Ende auf der konstanten Temperatur 0^0 erhalten, lassen aber jetzt die Bedingung fallen, daß $\Phi(0) = 0$ sei (indem wir z. B. $\Phi(x) =$ konst. annehmen)[1]. Wir fragen nun, ob sich an unsern Schlüssen dadurch etwas ändert. Dies ist, wie man leicht erkennt, nicht der Fall. Einerseits sieht man, daß man auch jetzt noch die Funktion $\Phi(x)$ gemäß Gleichung 2) für jedes negative x definieren und auf Grund davon die Gleichung 4) ableiten kann. Andererseits läßt sich aber auch direkt zeigen — und dies ist als Beweis schon ausreichend — daß das in 4) enthaltene Integral wirklich den gegebenen Anfangs- und Grenzbedingungen genügt, und daher die diesen Bedingungen entsprechende Funktion u darstellt. Denn aus 4) lassen sich genau wie oben die Gleichungen 5) und 6) folgern; es ist also wieder $u_0 = \Phi(x)$, und es hat überdies für jedes t die Temperatur an der Grenzstelle den Wert $u = 0$.

Hiervon machen wir einige Anwendungen, zuerst die folgende:

---

[1] Es liegt hier also in bezug auf die Stelle $x = 0$ und den Zeitpunkt $t = 0$ eine Art formaler Widerspruch zwischen den Anfangs- und Grenzbedingungen vor; er ist es, der die obigen Erörterungen veranlaßt.

2. Die Wärmeleitung in einem unendlichen Stab von konstanter Anfangstemperatur, dessen Grenzfläche auf der Temperatur 0^0 erhalten wird.

Die Bedingungen sind

$u =$ konst. für $t = 0$ und $u = 0$ für $x = 0$ und jedes t.

Gemäß dem Vorstehenden erhalten wir die Lösung unmittelbar, indem wir in Gleichung 4) $\Phi =$ konst. $= C$ setzen; es wird

$$7) \quad u = \frac{C}{\sqrt{\pi}} \left\{ \int_{-\xi}^{\infty} e^{-\omega^2} d\omega - \int_{+\xi}^{\infty} e^{-\omega^2} d\omega \right\}.$$

Nun ist für jede Funktion $f(x)$

$$\int_{-\xi}^{\infty} f(x)\, dx = \int_{-\xi}^{\xi} f(x)\, dx + \int_{\xi}^{\infty} f(x)\, dx,$$

also folgt

$$8) \quad u = \frac{C}{\sqrt{\pi}} \int_{-\xi}^{\xi} e^{-\omega^2} d\omega$$

oder, da $e^{-\omega^2}$ eine gerade Funktion ist, gemäß S. 180 schließlich

$$9) \quad u = \frac{2C}{\sqrt{\pi}} \int_{0}^{\xi} e^{-\omega^2} d\omega = \frac{2C}{\sqrt{\pi}} \int_{0}^{\frac{x}{2a\sqrt{t}}} e^{-\omega^2} d\omega.$$

Auch hier verifiziert man wieder leicht, daß für $x = 0$ und beliebiges t sich $u = 0$ ergibt, und für $t = 0$ wieder $u = C$.

Für das hier auftretende Integral, das die Bezeichnung Gaußsches Fehlerintegral führt, existieren Tabellen, so daß man aus ihnen den Wert von u für gegebenes x und t unmittelbar entnehmen kann[1].

Außer $\dfrac{2}{\sqrt{\pi}} \displaystyle\int_0^{\xi} e^{-\omega^2} d\omega$ wird im folgenden häufiger

$\dfrac{2}{\sqrt{\pi}} \displaystyle\int_{\xi}^{\infty} e^{-\omega^2} d\omega$ vorkommen. Da nach S. 178 und S. 191

$$\frac{2}{\sqrt{\pi}} \int_{0}^{\xi} \cdots + \frac{2}{\sqrt{\pi}} \int_{\xi}^{\infty} \cdots = \frac{2}{\sqrt{\pi}} \int_{0}^{\infty} e^{-\omega^2} d\omega = 1$$

ist, genügt es, in nebenstehender Tabelle einige Werte

ξ	$J(\xi)$
0,000	0,0000
0,010	0,0113
0,100	0,1125
0,500	0,5205
1,000	0,8427
1,500	0,9661
2,00	0,9953
2,50	0,9996
∞	1,0000

---

[1] Vgl. die »Funktionentafeln« von E. Jahnke und F. Emde (Leipzig bei Teubner 1923), S. 33 ff.

von $J(\xi) = \dfrac{2}{\sqrt{\pi}} \displaystyle\int_0^{\xi} e^{-\omega^2} d\omega$ zu geben, aus denen man durch Zeichnen

der Kurve leicht für andere Werte von ξ den Wert von $J(\xi)$ finden kann.

3. Ein einseitig unendlicher Stab von beliebiger Anfangstemperatur werde an der Grenzfläche auf konstanter Temperatur erhalten. Die Bedingungen sind

$$u = \Phi(x) \text{ für } t = 0 \text{ und } u = \text{konst. für } x = 0 \text{ und jedes } t.$$

Die Lösung ergibt sich hier, indem wir die gesuchte Funktion u, wie in §3, durch Superposition bilden, sie also als lineare Verbindung zweier anderen ansehen, die einfacheren Bedingungen genügen. Wir setzen

$$10)\quad u = u_1 + u_2$$

und wollen u_1 und u_2 folgenden Bedingungen unterwerfen:

$$u_1 = \Phi(x) \text{ für } t = 0; \quad u_1 = 0 \text{ für } x = 0 \text{ und jedes } t.$$
$$u_2 = 0 \qquad \text{ für } t = 0; \quad u_2 = C \text{ für } x = 0 \text{ und jedes } t.$$

Es ist klar, daß dann $u_1 + u_2$ den vorgeschriebenen Bedingungen entspricht.

Die Funktion u_1 haben wir bereits oben unter 1. bestimmt; wir benutzen sie in der durch Gleichung 3) gegebenen Form, setzen also

$$10\,\mathrm{a})\quad u_1 = \frac{1}{2a\sqrt{\pi t}} \int_0^{\infty} \Phi(\lambda)\, d\lambda \left\{ e^{-\frac{(\lambda - x)^2}{4 a^2 t}} - e^{-\frac{(\lambda + x)^2}{4 a^2 t}} \right\}.$$

Es ist daher nur noch u_2 zu bestimmen. Hierzu gelangen wir durch folgende Überlegung. Zunächst sieht man leicht, daß sowohl

$$11)\quad u' = \frac{2C}{\sqrt{\pi}} \int_0^{\infty} e^{-\omega^2} d\omega, \text{ wie } u'' = \frac{2C}{\sqrt{\pi}} \int_0^{\xi} e^{-\omega^2} d\omega \left(\xi = \frac{x}{2a\sqrt{t}} \right)$$

Integrale unserer Differentialgleichung sind. Das zweite entspricht unmittelbar der Gleichung 9) und für das erste folgt es noch einfacher. Denn gemäß S. 191 ist

$$\int_0^{\infty} e^{-\omega^2} d\omega = \frac{\sqrt{\pi}}{2}, \text{ also } u' = \frac{2C}{\sqrt{\pi}} \cdot \frac{\sqrt{\pi}}{2} = C,$$

und eine Konstante ist evidentermaßen ein Integral unserer Differentialgleichung.

Wir wenden nun den Satz an, daß jede lineare Verbindung von u' und u'' ebenfalls ein Integral ist; bilden wir ihre Differenz, so ist also auch sie ein Integral. Nun wird (S. 178)

$$11\,\mathrm{a)} \quad u' - u'' = \frac{2\,C}{\sqrt{\pi}} \left\{ \int_0^\infty e^{-\omega^2}\,d\omega - \int_0^\xi e^{-\omega^2}\,d\omega \right\}$$

$$= \frac{2\,C}{\sqrt{\pi}} \int_\xi^\infty e^{-\omega^2}\,d\omega = \frac{2\,C}{\sqrt{\pi}} \int_{\frac{x}{2a\sqrt{t}}}^\infty e^{-\omega^2}\,d\omega,$$

und dies ist, wie wir sehen werden, bereits unser gesuchtes Integral u_2. Wir haben nur zu zeigen, daß die Grenzbedingungen erfüllt sind. In der Tat erhalten wir $u' - u'' = 0$ für $t = 0$ und jedes x, und für $x = 0$ und jedes t folgt $u' - u'' = C$. Damit ist nun auch u selbst bestimmt; gemäß 10) erhalten wir

$$12) \quad u = \frac{1}{2\,a\sqrt{\pi\,t}} \int_0^\infty \Phi(\lambda)\,d\lambda \left\{ e^{-\frac{(\lambda-x)^2}{4\,a^2\,t}} - e^{-\frac{(\lambda+x)^2}{4\,a^2\,t}} \right\} + \frac{2\,C}{\sqrt{\pi}} \int_{\frac{x}{2a\sqrt{t}}}^\infty e^{-\omega^2}\,d\omega.$$

Ist insbesondere $\Phi(x) = \mathrm{Konst.} = C_1$, so wird einfacher gemäß Gleichung 9)

$$13) \quad u = \frac{2\,C_1}{\sqrt{\pi}} \int_0^{\frac{x}{2a\sqrt{t}}} e^{-\omega^2}\,d\omega + \frac{2\,C}{\sqrt{\pi}} \int_{\frac{x}{2a\sqrt{t}}}^\infty e^{-\omega^2}\,d\omega.$$

4. Wir gehen endlich zu einem Fall von periodischem Charakter über.

Integrale, die einem periodischen Zustand entsprechen, kann man folgendermaßen bilden. Wie wir in Kap. XII, § 5 sahen, geht eine Exponentialfunktion in eine periodische über, wenn in den Exponenten imaginäre Größen eingehen. Dies wenden wir auf diejenige Exponentialfunktion an, die gemäß § 3 Gleichung 1) ein Integral unserer Differentialgleichung ist, und denken uns in ihr für den Exponenten eine komplexe Größe gesetzt. Sie wird sich dann ebenfalls in einen reellen und einen imaginären Bestandteil spalten, und es wird jeder von ihnen ein Integral sein.

Diese allgemeine Überlegung führt bei exakter Durchführung zu folgendem Ansatz. Wir versuchen in den Funktionen

$$e^{\gamma x} \cos(\alpha x + \beta t) \quad \text{und} \quad e^{\gamma x} \sin(\alpha x + \beta t)$$

die Konstanten α, β, γ so zu bestimmen, daß diese Funktionen Integrale werden. Wir führen es für

$$u = e^{\gamma x} \cos(\alpha x + \beta t)$$

aus und finden leicht

$$\frac{\partial u}{\partial t} = - e^{\gamma x} \sin(\alpha x + \beta t) \cdot \beta,$$

$$a^2 \frac{\partial^2 u}{\partial x^2} = - a^2 e^{\gamma x} \cos(\alpha x + \beta t)(\alpha^2 - \gamma^2) - 2\alpha\gamma a^2 e^{\gamma x} \sin(\alpha x + \beta t).$$

Sollen nun diese Werte der Differentialgleichung genügen, so müssen sowohl die mit sinus als auch die mit cosinus multiplizierten Glieder für sich verschwinden, und wir finden so die Gleichungen

$$\alpha^2 - \gamma^2 = 0, \qquad \beta = 2\alpha\gamma a^2.$$

Diesen können wir genügen durch

$$\gamma = \alpha = \pm \sqrt{\frac{\beta}{2 a^2}}.$$

Dieselben Relationen ergeben sich für $u = e^{\gamma x} \sin(\alpha x + \beta t)$. Aus physikalischen Gründen (Analogie zur gedämpften Schwingung, S. 332), wählen wir γ, also auch α, negativ und schreiben nun für beide Konstanten $-\alpha$. Ersetzen wir weiter β durch n und fügen noch die Konstante C hinzu, so findet sich also, daß

$$u = C e^{-\alpha x} \cos(n t - \alpha x) \quad \text{und}$$

$$u = C e^{-\alpha x} \sin(n t - \alpha x), \quad \alpha = \sqrt{\frac{n}{2 a^2}}$$

Integrale unserer Gleichung sind. Übrigens geht das zweite in das erste über, wenn wir t durch $t - \pi/_{2n}$ ersetzen, was nur auf Verlegung des Zeitpunktes $t = 0$ hinausläuft. Wir beschränken uns daher auf das erste Integral und wollen den ihm entsprechenden physikalischen Vorgang näher erörtern.

Zunächst haben wir für $x = 0$

$$u = C \cos nt;$$

der Zustand im Querschnitt $x = 0$ ist also in der Tat eine periodische Funktion der Zeit; gemäß Kap. XII, § 5 hat die ganze Periode den Wert

$$T = \frac{2\pi}{n}.$$

Das gleiche gilt aber auch für jeden andern Querschnitt, d. h. für jeden einzelnen festen Wert von x, wie unmittelbar ersichtlich ist.

Endlich ist der dieser Lösung entsprechende Anfangszustand, dem Wert $t = 0$ entsprechend, gegeben durch die Gleichung

14) $\quad \varphi(x) = C e^{-\alpha x} \cos \alpha x = C e^{-\sqrt{\frac{n}{2 a^2}} \cdot x} \cos \left(\sqrt{\frac{n}{2 a^2}} \cdot x \right)$.

5. Wir lösen endlich noch folgende spezielle Aufgabe: Das Integral zu finden, das folgenden Bedingungen entspricht:

Für $x = 0$ sei $u = C \cos nt$ und für $t = 0$ sei $u = \Phi(x)$,

wo $\Phi(x)$ wieder ein beliebiger Anfangszustand sein kann.

Wir bilden das Integral wieder durch Superposition, setzen also

$$u = u' + u'',$$

und unterwerfen u' und u'' folgenden Bedingungen. Das Integral u' soll mit der eben gefundenen Lösung übereinstimmen, es ist also

$$u' = C \cos nt \text{ für } x = 0 \text{ und } u' = \varphi(x) \text{ für } t = 0,$$

wo $\varphi(x)$ die in 14) enthaltene Funktion ist, und u'' soll folgendermaßen bestimmt sein. Es sei

$$u'' = 0 \text{ für } x = 0 \text{ und } u'' = \Phi(x) - \varphi(x) = \Phi_1(x) \text{ für } t = 0.$$

Offenbar genügt dann $u = u' + u''$ den gegebenen Bedingungen.

Das Integral u'' können wir aber gemäß Gleichung 3) unmittelbar hinschreiben; es ist

$$u'' = \frac{1}{2 a \sqrt{\pi t}} \int_0^\infty \Phi_1(\lambda) \left\{ e^{-\frac{(\lambda - x)^2}{4 a^2 t}} - e^{-\frac{(\lambda + x)^2}{4 a^2 t}} \right\} d\lambda.$$

Damit ist also auch u gefunden, und zwar

15) $\quad u = C e^{-\sqrt{\frac{n}{2 a^2}} x} \cdot \cos \left(nt - \sqrt{\frac{n}{2 a^2}} \cdot x \right)$

$$+ \frac{1}{2 a \sqrt{\pi t}} \int_0^\infty \Phi_1(\lambda) \left\{ e^{-\frac{(\lambda - x)^2}{4 a^2 t}} - e^{-\frac{(\lambda + x)^2}{4 a^2 t}} \right\} d\lambda.$$

Man beachte noch, daß das zweite Glied für große Werte von t kleiner und kleiner wird.

Nach genügend langer Zeit ergibt sich also für die Temperaturverteilung unabhängig vom Anfangszustand

15a) $\quad u = C \cdot e^{-\sqrt{\frac{n}{2 a^2}} x} \cdot \cos \left(nt - \sqrt{\frac{n}{2 a^2}} \cdot x \right)$.

Um den praktischen Wert derartiger Lösungen klar zu machen, wollen wir zeigen, daß Gleichung 15a) eine Lösung des Problems der Temperaturänderungen in den oberen Erdschichten darstellt.

Die Erdoberfläche erfährt annähernd periodische Temperaturschwankungen, wobei sich zwei Periodizitäten, nämlich eine tägliche und eine jährliche, überlagern. Unsere Gleichung 15a) erfüllt nun die Grenzbedingung, daß an der Oberfläche ($x = 0$) eine periodische Temperaturänderung stattfindet; nach dem Prinzip der Superposition derartiger Lösungen (vgl. S. 397) erhält man für den Fall, daß sich an der Oberfläche zwei Periodizitäten überlagern, als Lösung eine Summe von zwei derartigen Ausdrücken, die sich nur durch den Wert der Amplitude C und der Frequenz $n:2\pi$ unterscheiden. Die so erweiterte Lösung 15a) gibt uns also die Temperaturverteilung in den oberen Erdschichten.

Es folgt daraus zunächst, daß in beliebiger Tiefe unter der Erdoberfläche (beliebiger Wert von x) eine Temperaturschwankung mit denselben Perioden stattfindet, wobei jedoch die Amplituden mit wachsender Tiefe entsprechend der Exponentialfunktion abnehmen, um so schneller, je größer die Frequenz der Schwankung ist; die jährlichen Schwankungen dringen also erheblich tiefer in den Erdboden ein als die täglichen, z. B. werden Kellerräume von letzteren kaum mehr erreicht.

Weiterhin erhält man die Geschwindigkeit, mit der sich diese Wärmewellen ins Erdinnere hinein fortpflanzen, durch die Überlegung, daß die zusammengehörigen Änderungen von x und t so zu wählen sind, daß die Phase der Temperatur, also $nt - \sqrt{\dfrac{n}{2\,a^2}}\,x$ konstant bleibt. Daraus folgt für die Fortpflanzungsgeschwindigkeit $\dfrac{dx}{dt} = \sqrt{n \cdot 2\,a^2}$. Für die Wellenlänge (Abstand zweier Punkte gleicher Phase) folgt $\lambda = 2\,\pi\sqrt{\dfrac{2\,a^2}{n}}$. Die halbe Wellenlänge der jährlichen Schwankungen hat man im Felsen zu 8 m gefunden, wenn also z. B. an der Oberfläche die größte Kälte herrscht, so hat man in 4 m Tiefe noch die mittlere Jahrestemperatur. Da n bekannt ist, erhält man aus λ die Größe a und somit nach S. 395 die Wärmeleitfähigkeit des Erdbodens. Ein erheblicher Unterschied dieser Wärmewellen gegenüber den gewöhnlichen elastischen Wellen besteht darin, daß ihre Fortpflanzungsgeschwindigkeit und Wellenlänge von der Frequenz abhängt.

§ 5. Gleichungen der Diffusion.

Ähnlich wie vermöge der Wärmeleitung die Wärme von Orten höherer zu solchen niederer Temperatur strömt, wandert in einer

Lösung der gelöste Stoff von Orten höherer Konzentration zu solchen niederer Konzentration, und zwar nach einem gleichen Gesetze, wie es Gleichung 2), § 2 ausdrückt:

$$1) \quad S = \frac{qk}{l}(c_2 - c_1);$$

darin bedeutet S die Salzmenge, die in der Zeiteinheit durch den Querschnitt q des Diffusionszylinders wandert, wenn zwei in einem Abstand l befindliche Grenzflächen konstant die Konzentrationen c und c_1 behalten; k ist der **Diffusionskoeffizient**.

Wir betrachten nun einen Diffusionszylinder mit in jedem Querschnitt konstanter, sonst aber veränderlicher Konzentration c und wollen letztere für alle Stellen der Abszisse x, die wir uns in die Achse des Diffusionszylinders gelegt denken, und für alle Zeiten t berechnen, d. h. wiederum die Funktion

$$2) \quad c = u(x, t)$$

ermitteln. Wenden wir 1) auf zwei unendlich benachbarte Querschnitte an, so erhalten wir dadurch zunächst die Salzmenge σ, die in der Zeit dt durch den an der Stelle x befindlichen Querschnitt q strömt, und zwar ergibt sich analog zur Gleichung 4) von § 2

$$\sigma = -kq\,dt\,\frac{\partial c}{\partial x}.$$

Diese Formel haben wir nun auf die Grenzflächen eines unendlich kleinen Zylinders der Länge dx anzuwenden, dessen Grenzflächen den Werten x und $x + dx$ entsprechen. Hierfür ist die Rechnung in § 2 enthalten. Sind σ_x und σ_{x+dx} die Salzmengen, die die Querschnitte x und $x + dx$ passieren, so ergibt sich in Analogie zur dortigen Gleichung 5) für die Salzzunahme im Volumen $q\,dx$ in der Zeit dt der Wert

$$\sigma_x - \sigma_{x+dx} = kq\,dt\,\frac{\partial^2 c}{\partial x^2}\,dx,$$

und entsprechend steigt daselbst die Konzentration (d. h. die Salzmenge in der Volumeinheit) in der Zeit dt um

$$kq\,\frac{\partial^2 c}{\partial x^2}\,dx\,dt : q\,dx = k\,\frac{\partial^2 c}{\partial x^2}\,dt.$$

Das Ansteigen dieser Konzentration können wir aber auch durch $dc = \dfrac{\partial c}{\partial t}\,dt$ messen; es wird also an der Stelle x

$$3) \quad \frac{\partial c}{\partial t} = k \frac{\partial^2 c}{\partial x^2},$$

und dies ist eine mathematisch mit der Gleichung der Wärmebewegung (Gleichung 6), § 2) identische Formel. So verschieden also an sich auch dem Wesen nach der Wärmefluß von der Diffusion ist, in der rechnerischen Behandlung unterliegen c und u genau denselben Gleichungen, und so können wir die Ergebnisse der vorhergehenden Paragraphen unverändert auf das vorliegende Problem übertragen, wenn wir die dort auftretende Konstante a^2 hier durch k ersetzen.

Denken wir uns z. B. auf den Boden eines unendlich hohen Diffusionszylinders etwas festes Salz gebracht, so bleibt daselbst die Konzentration konstant gleich der Sättigungskonzentration c_0, solange festes Salz vorhanden ist; bleibt diese Bedingung während der ganzen Zeit der Versuche erfüllt, so haben wir also die Grenzbedingungen

$$c = c_0 \text{ für } x = 0 \text{ und für alle } t;$$
$$c = 0 \text{ für alle } x \text{ und für } t = 0.$$

Dies sind dieselben Bedingungen, denen die auf S. 407 bestimmte Funktion u_2 genügt; aus Formel 11a) S. 407 folgt daher unmittelbar die Lösung dieses Falles zu

$$4) \quad c = \frac{2 c_0}{\sqrt{\pi}} \int_{\frac{x}{2\sqrt{kt}}}^{\infty} e^{-\omega^2} d\omega \,{}^1).$$

Es ist vielleicht nützlich, auch in diesem speziellen Fall noch einmal die Richtigkeit der Gleichung 4) nachträglich zu kontrollieren. Daß sie die beiden Grenzbedingungen erfüllt, geht daraus hervor, daß erstens für $x = 0$ (S. 191) der Wert des Integrals $\frac{\sqrt{\pi}}{2}$ und somit $c = c_0$ wird, und daß zweitens für $t = 0$ der Wert des Integrals verschwindet; daß ferner die Lösung 4) der partiellen Differentialgleichung 3) genügt, lehrt die Ausführung der betreffenden Differentiationen, bei welchen die auf S. 400, Anmerkung enthaltene Gleichung 3a) zu benutzen ist; und zwar ist $b\ (= \infty)$ hier konstant, während

$$a = \frac{x}{2\sqrt{kt}}$$

---

¹) Die numerische Berechnung von c als Funktion von x und t kann nach den Erörterungen auf S. 405 mit Hilfe der dortigen Tabelle vorgenommen werden.

ist. Es folgt so

$$\frac{\sqrt{\pi}}{2\,c_0}\cdot\frac{\partial c}{\partial x} = -e^{-\frac{x^2}{4kt}}\frac{1}{2\sqrt{kt}}\;;\quad k\frac{\sqrt{\pi}}{2\,c_0}\cdot\frac{\partial^2 c}{\partial x^2} = e^{-\frac{x^2}{4kt}}\frac{x}{4\sqrt{k}}t^{-\frac{3}{2}}\;;$$

$$\frac{\sqrt{\pi}}{2\,c_0}\frac{\partial c}{\partial t} = e^{-\frac{x^2}{4kt}}\frac{x}{4\sqrt{k}}t^{-\frac{3}{2}}\,,$$

woraus unmittelbar die Gültigkeit der Gleichung 3) abzulesen ist.

Da es in der Natur der Versuchsanordnung liegt, daß c eine eindeutige Funktion von x und t ist, so folgt, daß die oben gefundene Lösung die einzig richtige ist.

Für die numerische Auswertung obiger und ähnlicher Lösungen vgl. besonders Stefan, Sitzungsberichte der Wiener Akad. II, Bd. **79** (1879). — Ein mechanisches Modell, welches den Vorgang der Diffusion und ähnliche Prozesse sehr anschaulich wiedergibt und zugleich zur numerischen Berechnung dienen kann, hat Lapicque beschrieben (Compt. rend. **149**, 871, 1909; Journ. d. Physiologie 1909, Paris).

§ 6. Theorie der galvanischen Polarisation.

Wir betrachten zwei gleiche Metallelektroden, die in die Lösung eines Salzes des betreffenden Metalls eintauchen; die Potentialdifferenz zwischen Metall und Lösung hängt dann nur von der Konzentration der Salzlösung ab. Wenn durch die beiden Elektroden ein Strom hindurchgeschickt wird, so läßt sich die Veränderung, welche die Lösung dadurch erfährt, so ausdrücken, daß an der einen Elektrode eine der Strommenge proportionale Salzmenge verschwindet, an der anderen auftritt.

Wir wollen nun annehmen, die Lösung bilde einen Zylinder, dessen beide Endflächen die Elektroden sind, und zwar sei der Zylinder so lang, daß die mittleren Schichten in ihren Konzentrationen ungeändert bleiben, daß mit anderen Worten die beiden Elektroden sich nicht gegenseitig beeinflussen.

Der Ausgleich der Konzentrationsverschiedenheiten, welche der Strom erzeugt, erfolgt durch Diffusion (bei Ausschluß von Konvektionsströmen), so daß also, wenn wir als Abszisse x wiederum die Zylinderachse wählen, die Gleichung 3) des vorigen Abschnittes gilt

$$1)\qquad \frac{\partial c}{\partial t} = k\,\frac{\partial^2 c}{\partial x^2}.$$

An der Elektrode muß nun in jedem Augenblick ebensoviel Salz (je nach der Stromrichtung) hinzu- oder fortwandern wie durch den Strom transportiert wird, weil andernfalls unmittelbar an der Elektrode unendlich große oder unendlich kleine Konzentrationen auftreten müßten, was durch die Diffusion ja eben verhindert wird. Somit haben wir als die für den vorliegenden Fall charakteristische Grenzbedingung

$$k\left(\frac{\partial c}{\partial x}\right)_{x=0} dt = \nu i dt \, ;$$

die linke Seite ist die Salzmenge, die pro Flächeneinheit der Elektrode durch Diffusion an die Grenzfläche wandert; die rechte Seite ist die Salzmenge, die der Strom von der Dichte i pro Flächeneinheit der unmittelbar an die Elektrode grenzenden Schicht entzieht, beide Größen bezogen auf das Zeitmoment dt. Als Nullpunkt der Abszisse ist die betrachtete Elektrode gewählt. Es wird somit

$$k\left(\frac{\partial c}{\partial x}\right)_{x=0} = \nu i \, ;$$

der Proportionalitätsfaktor ν bedeutet offenbar die Salzmenge, die ein Strom von der Dichte eins pro Zeiteinheit der Elektrodenschicht entzieht. Somit haben wir die Grenzbedingungen

$$c = c_0 \text{ für } t = 0 \text{ und alle } x; \left(\frac{\partial c}{\partial x}\right)_{x=0} = \frac{\nu i}{k} \text{ für alle } t.$$

Obwohl die Differentialgleichung 1) die gleiche ist wie bei den in den vorhergehenden Paragraphen behandelten Aufgaben, können wir wegen der Eigenart der zweiten Grenzbedingung, die nicht die Konzentration, sondern das Konzentrationsgefälle für $x = 0$ festlegt, die früheren Lösungen nicht ohne weiteres verwenden. Folgender Kunstgriff liefert aber einen Anschluß an die früheren Ergebnisse.

Wenn wir Gleichung 1) nach x) differenzieren und

$$1\,a) \quad m = \frac{\partial c}{\partial x}$$

als neue Variable einführen, so folgt aus 1)

$$\frac{\partial^2 c}{\partial x \partial t} = k \frac{\partial^3 c}{\partial x^3} \text{ oder } \frac{\partial m}{\partial t} = k \frac{\partial^2 m}{\partial x^2} \, ;$$

es unterliegt also m derselben Differentialgleichung wie vorher c, und zwar gelten für m die Grenzbedingungen

für $t = 0$ und alle x gilt $m = 0$,
für $x = 0$ und alle t gilt $m = m_0 = \nu i / k$.

So sind wir also in den Stand gesetzt, m genau so zu berechnen wie früher c (bzw. u), wenn die den Anfangszustand charakterisierende Größe $v i/k$ analog festgelegt wird wie früher c_0 (bzw. u_0).

Ist so m als Funktion von x und t gefunden, so haben wir zwei Wege zur Berechnung der gesuchten Konzentration c selber. Erstens folgt aus 1a) durch Übergang zum bestimmten Integral, wenn c_∞ die Konzentration im Unendlichen bedeutet,

$$\int_x^\infty m\, dx = c_\infty - c,$$

und dies gilt für jeden Wert von t. Da aber in unendlicher Entfernung von der Elektrode die Anfangskonzentration erhalten bleibt, so ist $c_\infty = c_0$, und es ist für jede Zeit t

$$2)\quad c_0 = c + \int_x^\infty m\, dx.$$

Sodann ist offenbar auch zur Zeit t

$$c = c_0 + \int_0^t \frac{\partial c}{\partial t}\, dt,$$

und zwar gilt diese Beziehung für jeden beliebig herausgegriffenen Wert von x; mit Berücksichtigung von 1) folgt hieraus

$$3)\quad c = c_0 + k \int_0^t \frac{\partial m}{\partial x}\, dt.$$

Wir wollen zwei spezielle Fälle berechnen:

1. **Konstanter Strom.** Hier gilt

$$m_0 = \frac{v}{k} i = \text{const.}$$

Für m gelten also die gleichen Bedingungen wie für c in dem S. 412 betrachteten Beispiel; somit haben wir entsprechend

$$4)\quad m = \frac{2 m_0}{\sqrt{\pi}} \int_{\frac{x}{2\sqrt{kt}}}^\infty e^{-\omega^2}\, d\omega.$$

Führen wir wieder (S. 403)

$$4\text{a})\quad \xi = \frac{x}{2\sqrt{kt}}$$

als Hilfsvariable ein, so wird

4b) $\quad m = \dfrac{2\,m_0}{\sqrt{\pi}} \int\limits_{\xi}^{\infty} e^{-\omega^2}\, d\,\omega = m_0 \cdot J_1(\xi),\ \text{ wo }\ J_1(\xi) = \dfrac{2}{\sqrt{\pi}} \int\limits_{\xi}^{\infty} e^{-\omega^2}\, d\,\omega$

ist [1]).

Mit Hilfe von 4b) und 4a) folgt dann aus 2)

5) $\quad c_0 - c = \int\limits_{x}^{\infty} m\, d\,x = 2\,m_0 \sqrt{k\,t} \int\limits_{\xi}^{\infty} J_1(\xi)\, d\,\xi^2).$

Nun ist, wie durch partielle Integration zu finden und auch nachträglich leicht zu verifizieren ist [3]),

$$\int\limits_{\xi}^{\infty} J_1(\xi)\, d\,\xi = \frac{1}{\sqrt{\pi}}\, e^{-\xi^2} - \xi \cdot J_1(\xi)$$

und somit

$$\int\limits_{0}^{\infty} J_1(\xi)\, d\,\xi = \frac{1}{\sqrt{\pi}}\ .$$

Für die galvanische Polarisation ist nun aber nur der Wert der Konzentration an der Elektrode maßgebend; für $x = 0$ und somit auch für $\xi = 0$ folgt also

6) $\quad c_0 - c = 2\,m_0 \sqrt{\dfrac{k\,t}{\pi}} = \dfrac{2\,v\,i}{\sqrt{k\,\pi}}\ \sqrt{t}\,;$

es wächst hiernach oder sinkt (je nach der Stromrichtung) die Konzentration der Quadratwurzel aus der Zeit proportional.

2. **Wechselstrom.** Hier gilt die Grenzbedingung:

$$m_0 = \left(\frac{\partial c}{\partial x}\right)_{x=0} = \frac{a\,v}{k}\cos n\,t \ \text{ für alle }\ t;$$

n ist darin das 2π-fache der ganzen Stromwechsel pro Sekunde, a die Amplitude des Wechselstroms. Die Lösung liefert uns Gleichung 15) in § 4, worin, wie schon ebenda bemerkt, der zweite Aus-

---

[1]) Nach S. 405 unten ist $J_1(\xi) = 1 - J(\xi)$, wo $J(\xi)$ das dort tabellarisch gegebene Gaußsche Fehlerintegral bedeutet.

[2]) Man beachte, daß die unteren Grenzen x und ξ der beiden in 5) enthaltenen Integrale nur die Integrationsvariablen bedeuten. Die Werte, die die untere Grenze ξ für spezielle Werte von x annimmt, berechnen sich selbstverständlich auf Grund von Gleichung 4a). Vgl. auch die Ausführungen von Kap. VI, § 7.

[3]) Die Ermittelung von $dJ_1(\xi)$ geschieht wieder nach S. 400 (Gleichung 3a); sie liefert $dJ_1(\xi) = -\dfrac{2}{\sqrt{\pi}}\, e^{-\xi^2} d\xi.$

druck nach kurzer Zeit, d. h. nach einigen Dutzend Stromwechseln, verschwindend klein wird. Dies bedeutet, daß sich dann ein stationärer Zustand eingestellt hat, der gegeben ist durch

$$m = \frac{a\,v}{k}\left[e^{-x\sqrt{\frac{n}{2\,k}}}\cos\left(n\,t - x\sqrt{\frac{n}{2\,k}}\right)\right].$$

Durch Integration nach 2) oder einfacher nach 3) folgt dann[1])

$$c = c_0 - \frac{a\,v}{\sqrt{n\,k}}\,e^{-x\sqrt{\frac{n}{2\,k}}}\left\{\sin\left(n\,t - x\sqrt{\frac{n}{2\,k}} + \frac{\pi}{4}\right) - \sin\left(\frac{\pi}{4} - x\sqrt{\frac{n}{2\,k}}\right)\right\}.$$

Dieser Ausdruck lehrt, daß es sich um Konzentrationswellen handelt, die in unmittelbarer Nähe der Elektrode die größte Amplitude haben und in das Innere der Lösung hinein rasch abklingen. (Vgl. die ausführlichen Erörterungen über die analogen Wärmewellen S. 410.) Für $x = 0$ finden wir die an der Elektrode herrschende Konzentration, die für die Polarisation maßgebend ist, zu

$$c = c_0 - \frac{a\,v}{\sqrt{n\,k}}\left\{\sin\left(n\,t + \frac{\pi}{4}\right) - \sin\frac{\pi}{4}\right\}.$$

Anwendungen dieser Gleichungen siehe z. B. bei H. F. Weber, Annalen d. Physik (3) **7**, (1879), Warburg ibid. **67**, 493 (1899), Nernst und Riesenfeld ibid. (4) **8**, 600 (1902). — Macht man die Annahme, daß der physiologische Reiz galvanischer Ströme ebenfalls durch Konzentrationsänderungen elektrolytischer Art hervorgerufen wird, so wird man zu analogen Gleichungen geführt; vgl. Nernst, Pflügers Archiv **122**, 275 (1908).

---

[1]) Dies beruht auf der Gleichung $\cos x - \sin x = \sqrt{2}\,\sin\,(\pi/4 - x)$.

Übungsaufgaben.

§ 1. Aufgaben zur analytischen Geometrie.

1. Die Koordinaten des Halbierungspunktes der Strecke $P_1 P_2$ sind

$$\xi = \frac{x_1 + x_2}{2}, \quad \eta = \frac{y_1 + y_2}{2},$$

wenn x_1, y_1 die Koordinaten von P_1, x_2, y_2 diejenigen von P_2 sind.

2. Die Koordinaten ξ, η des Punktes, der die Verbindungslinie zweier Punkte P_1 (x_1, y_1) und P_2 (x_2, y_2) im Verhältnisse $m : n$ teilt, sind

$$\xi = \frac{m\, x_2 + n\, x_1}{m + n}, \quad \eta = \frac{m\, y_2 + n\, y_1}{m + n}.$$

3. Die Gleichung der Kurve zu bestimmen, für deren Punkte das Produkt ihrer Abstände von zwei festen Punkten F_1 und F_2 einen konstanten Wert m^2 hat. Die Gleichung lautet

$$(x^2 + y^2 + a^2)^2 - 4 a^2 x^2 = m^4,$$

falls die Gerade $F_1 F_2$ als x-Achse, ihr Halbierungspunkt als Anfangspunkt gewählt und die Strecke $F_1 F_2$ mit $2a$ bezeichnet wird. Ist $m^2 = a^2$, so heißt die Kurve Lemniskate und geht zweimal durch den Anfangspunkt. In Polarkoordinaten hat sie die Gleichung $r^2 = 2 a^2 \cos 2 \vartheta$.

4. Zu beweisen, daß

$$x \cos \alpha + y \sin \alpha - p = 0$$

die Gleichung einer Geraden ist, wenn das vom Anfangspunkt auf sie gefällte Lot die Länge p hat und mit der x-Achse den Winkel α bildet.

Man gelangt zu dieser Gleichung auch auf Grund davon, daß, wenn $P(x, y)$ ein Punkt des Orts ist, die Projektion von OP auf p gleich der Projektion des Streckenzuges OQP ist (für $OQ = x$ und $QP = y$).

5. Zu zeigen, daß die Kurve

$$y - y_0 = a\, (x - x_0) + b\, (x - x_0)^2$$

eine Parabel ist, deren Hauptachse zur y-Achse parallel ist (vgl.
S. 314). Man setze dazu (Kap. I, § 14)

$$x = \xi + \alpha, \; y = \eta + \beta$$

und bestimme die Größen α und β so, daß die Kurvengleichung
die Form $\eta = b\xi^2$ annimmt. Durch Einsetzen folgt

$$\eta + \beta - y_0 = a(\xi + \alpha - x_0) + b\{\xi^2 + 2\xi(\alpha - x_0) + (\alpha - x_0)^2\}.$$

Damit diese Gleichung in $\eta = b\xi^2$ übergeht, hat man zu setzen

$$\beta - y_0 = a(\alpha - x_0) + b(\alpha - x_0)^2 \text{ und}$$
$$a + 2b(\alpha - x_0) = 0$$

und aus diesen beiden Gleichungen α und β zu berechnen. Für die
so bestimmten Werte α und β wird dann unsere Gleichung in $\eta = b\xi^2$
übergehen.

6. Man zeichne die Kurve, die durch die Gleichung

$$y = a \cos 2\pi \left(\frac{t}{T} + \lambda \right)$$

in y und t als Koordinaten dargestellt wird. Sie ist eine Wellenlinie, die das Bild einer periodischen Schwingung mit der Schwingungsdauer T und der Amplitude a ist. Der zur Zeit $t = 0$ stattfindende
Ausschlag (Phase der Schwingung) ist durch λ bestimmt.

7. Man zeichne nach demselben Prinzip, d. h. in s und t als
rechtwinkligen Koordinaten die Kurven, die durch die Gleichung der
gedämpften Schwingungen (S. 332)

$$s = A \cdot e^{-\alpha t} \sin \delta t$$

für verschiedene Werte des Verhältnisses der Konstanten α und δ
bestimmt werden.

8. Man zeichne die Kurve $y^2 = m x^3$ und bestimme in jedem
Punkt ihre Tangente. Die Kurve besteht aus zwei Zweigen, die
symmetrisch zur x-Achse liegen und im Anfangspunkte die x-Achse
sowie einander berühren. Man nennt daher den Anfangspunkt
eine Spitze.

9. Man zeichne die durch die Gleichung $y = e^{-x^2}$ dargestellte
Kurve, die in der Wahrscheinlichkeitsrechnung eine wichtige Rolle
spielt (S. 290). Sie liegt symmetrisch zur y-Achse und schmiegt
sich nach beiden Seiten mehr und mehr der x-Achse an. Die gesamte Kurvenfläche hat den Inhalt $\sqrt{\pi}$ (S. 191).

10. Man zeichne die Kurve $r = a\varphi$, wo a eine positive Konstante ist (archimedische Spirale). Wie in Kap. II, § 3 soll

φ die Länge des Bogens auf dem Einheitskreis bedeuten, also beliebig großer Werte fähig sein. Um ein erstes Bild der Kurve zu gewinnen, bestimme man die Werte von r, die zu den Bogen der Länge

$$\pi/_4, \ \pi/_2, \ 3\pi/_4, \ \pi, \ 5\pi/_2, \ 2\pi, \ 7\pi/_2, \ 3\pi, \ldots$$

gehören. Man erkennt so, daß die Kurve den Anfangspunkt unendlich oft umzieht. Dies geschieht nach folgendem Gesetz. Seien P_1 und P_2 zwei solche Punkte der Spirale, deren zwei Bogen φ_1 und φ_2 sich um 2π unterscheiden ($\varphi_2 = \varphi_1 + 2\pi$), so liegen sie auf einer und derselben von O ausgehenden Geraden. Für sie ist

$$r_2 - r_1 = a\,(\varphi_2 - \varphi_1) = a \cdot 2\pi.$$

Setzen wir diese Betrachtung fort, so finden wir, daß auf unserer Graden unzählig viele Punkte $P_1, P_2, P_3, P_4 \ldots$ liegen, zu den Werten

$$\varphi_1, \ \varphi_2 = \varphi_1 + 2\pi, \ \varphi_3 = \varphi_1 + 4\pi, \ \varphi_4 = \varphi_1 + 6\pi \ldots$$

gehörig, so daß

$$r_2 - r_1 = r_3 - r_2 = r_4 - r_3 = \ldots = 2\,a\,\pi$$

ist. Dies gilt für jede von O ausgehende Richtung; die Spirale besteht daher aus unendlich vielen Windungen, die im Abstand $2a\pi$ umeinander herumlaufen.

11. Man zeichne die Kurve $r = Ce^{\lambda\varphi}$, in der C und λ beliebige Konstanten sind (Logarithmische Spirale). Seien, wie im vorigen Beispiel, φ_1 und φ zwei Bogen, die sich um 2π unterscheiden, so daß $\varphi_1 = \varphi + 2\pi$ ist, so folgt

$$\frac{r_1}{r} = e^{2\lambda\pi}, \quad \ln r_1 - \ln r = 2\,\lambda\,\pi.$$

Analog zur Archimedischen Spirale umwindet also die logarithmische Spirale den Nullpunkt unendlich oft, und die sämtlichen Schnittpunkte, die irgendein vom Nullpunkte ausgehender Strahl mit der logarithmischen Spirale bestimmt, liegen so, daß der Quotient der Entfernungen je zweier benachbarter Punkte vom Nullpunkte eine Konstante ist, nämlich $e^{2\lambda\pi}$.

Einen zeichnerisch einfachen Fall erhält man, wenn man $e^{2\lambda\pi} = 2$ annimmt (wodurch nur λ bestimmt wird). Ist dann P irgendein Punkt der logarithmischen Spirale, so liegen auf dem Strahl OP die weiteren Punkte $P_1, P_2 \ldots$ resp. $P', P'' \ldots$, so daß $\ldots OP'' = \frac{1}{4}OP$, $OP' = \frac{1}{2}OP$, $OP_1 = 2OP$, $OP_2 = 4OP \ldots$ ist. Die wichtigste geometrische Eigenschaft dieser Spirale lautet, daß der Winkel, den OP mit der Tangente in P bildet, für alle Kurvenpunkte derselbe ist, und zwar ist die Kotangente dieses Winkels gleich λ.

12. Man beweise, daß die Gleichung einer Ebene in die Form

$$x \cos \alpha + y \cos \beta + z \cos \gamma - \delta = 0$$

gesetzt werden kann, in der δ die Länge des von O auf die Ebene gefällten Lotes bedeutet und α, β, γ seine Winkel mit den Achsen. Man erhält diese Gleichung auf Grund davon, daß, wenn P ein Punkt der Ebene ist, die Projektion von OP auf δ gleich der Projektion des aus x, y, z bestehenden Streckenzuges ist (vgl. Fig. 34, S. 43).

Sind a, b, c die Abschnitte, die die Ebene auf den Achsen abschneidet, so hat man auch

$$\frac{x}{a} + \frac{y}{b} + \frac{z}{c} = 1,$$

wie sich durch Division der obigen Gleichung durch δ leicht ergibt.

Man folgert noch, daß jede Gleichung der Form

$$A x + B y + C z + D = 0$$

eine Ebene darstellt (vgl. auch S. 15).

13. Die Projektionen einer Strecke AB auf die Achsen haben die Werte

$$x_2 - x_1, \; y_2 - y_1, \; z_2 - z_1,$$

wenn x_1, y_1, z_1 die Koordinaten von A und x_2, y_2, z_2 die von B sind. Dies folgt leicht daraus, daß man die Projektionen eines Punktes auf die Achsen sowohl dadurch erhält, daß man von ihm die Lote auf die Achsen fällt, als auch so, daß man durch ihn die zu den Achsen senkrechten Ebenen legt.

Sind α, β, γ die Winkel, die AB mit den Achsen bildet, und ist $AB = r$, so ist noch

$$x_2 - x_1 = r \cos \alpha, \qquad y_2 - y_1 = r \cos \beta, \qquad z_2 - z_1 = r \cos \gamma$$
$$r^2 = (x_2 - x_1)^2 + (y_2 - y_1)^2 + (z_2 - z_1)^2.$$

§ 2. Differentiation entwickelter Funktionen.

1) $y = (x + 1)^2 (2x - 3)$ $\dfrac{dy}{dx} = 6x^2 + 2x - 4$

2) $y = \dfrac{5 + x}{5 - x}$ $\dfrac{dy}{dx} = \dfrac{10}{(5 - x)^2}$

3) $y = \dfrac{a^2 - x^2}{a^2 + x^2}$ $\dfrac{dy}{dx} = -\dfrac{4a^2 x}{(a^2 + x^2)^2}$

4) $y = \dfrac{5 + 3\,x + x^2}{5 - 3\,x + x^2}$ $\qquad$ $\dfrac{d\,y}{d\,x} = \dfrac{6\,(5 - x^2)}{(5 - 3\,x + x^2)^2}$

5) $y = \dfrac{1}{a^2 - a\,x + x^2}$ $\qquad$ $\dfrac{d\,y}{d\,x} = \dfrac{a - 2\,x}{(a^2 - a\,x + x^2)^2}$

6) $y = x^2\,\sqrt{1 + x^2}$ $\qquad$ $\dfrac{d\,y}{d\,x} = \dfrac{3\,x^3 + 2\,x}{\sqrt{x^2 + 1}}$

7) $y = \dfrac{x}{\sqrt{a^2 - x^2}}$ $\qquad$ $\dfrac{d\,y}{d\,x} = \dfrac{a^2}{\sqrt{(a^2 - x^2)^3}}$

8) $y = \dfrac{x}{x + \sqrt{1 + x^2}}$ $\qquad$ $\dfrac{d\,y}{d\,x} = \dfrac{(\sqrt{1 + x^2} - x)^2}{\sqrt{1 + x^2}}$

9) $y = \dfrac{\sqrt{1 + x} - \sqrt{1 - x}}{\sqrt{1 + x} + \sqrt{1 - x}}$ $\qquad$ $\dfrac{d\,y}{d\,x} = \dfrac{1 - \sqrt{1 - x^2}}{x^2\,\sqrt{1 - x^2}}$

10) $y = \dfrac{\sqrt{1 + x^2} + x}{\sqrt{1 + x^2} - x}$ $\qquad$ $\dfrac{d\,y}{d\,x} = \dfrac{2\,(\sqrt{1 + x^2} + x)^2}{\sqrt{1 + x^2}}$

11) $y = \left(\dfrac{1}{\sqrt{x}} + 2\right)(x - \sqrt{x})$ $\qquad$ $\dfrac{d\,y}{d\,x} = 2 - \dfrac{1}{2\,\sqrt{x}}$

12) $y = \ln\,(1 + x^2)$ $\qquad$ $\dfrac{d\,y}{d\,x} = \dfrac{2\,x}{1 + x^2}$

13) $y = \ln\,\dfrac{x}{1 - x^2}$ $\qquad$ $\dfrac{d\,y}{d\,x} = \dfrac{1 + x^2}{x\,(1 - x^2)}$

14) $y = \ln\,\sqrt{\dfrac{5\,x^2 + 3}{5\,x^2 - 3}}$ $\qquad$ $\dfrac{d\,y}{d\,x} = -\dfrac{30\,x}{9 - 25\,x^4}$

15) $y = (1 + x)\,\ln\,(1 + x)$ $\qquad$ $\dfrac{d\,y}{d\,x} = 1 + \ln\,(1 + x)$

16) $y = e^x\,x^n$ $\qquad$ $\dfrac{d\,y}{d\,x} = e^x\,x^{n-1}\,(n + x)$

17) $y = \operatorname{tg} x + \dfrac{1}{3}\,\operatorname{tg}^3 x$ $\qquad$ $\dfrac{d\,y}{d\,x} = \dfrac{1}{\cos^4 x}$

18) $y = \operatorname{tg} x - \operatorname{ctg} x - 2$ $\qquad$ $\dfrac{d\,y}{d\,x} = \dfrac{1}{\sin^2 x \cdot \cos^2 x}$

19) $y = \dfrac{\sin x}{a + b\,\cos x}$ $\qquad$ $\dfrac{d\,y}{d\,x} = \dfrac{a\,\cos x + b}{(a + b\,\cos x)^2}$

20) $y = \sin\,(p\,x + q)$ $\qquad$ $\dfrac{d\,y}{d\,x} = p\,\cos\,(p\,x + q)$

21) $y = \ln (\cos x + \sin x)$ $\dfrac{dy}{dx} = \dfrac{\cos x - \sin x}{\cos x + \sin x}$

22) $y = \ln \sqrt{\dfrac{a^2 - x^2}{a^2 + x^2}}$ $\dfrac{dy}{dx} = -\dfrac{2 a^2 x}{a^4 - x^4}$

23) $y = \ln (x + \sqrt{1 + x^2})$ $\dfrac{dy}{dx} = \dfrac{1}{\sqrt{1 + x^2}}$

24) $y = e^{a x} (a \sin x - \cos x)$ $\dfrac{dy}{dx} = (a^2 + 1) e^{a x} \sin x$

25) $y = \arcsin \dfrac{1 - x^2}{1 + x^2}$ $\dfrac{dy}{dx} = -\dfrac{2}{1 + x^2}$

26) $y = \arctan \dfrac{2 x}{1 - x^2}$ $\dfrac{dy}{dx} = \dfrac{2}{1 + x^2}$

27) $y = (\ln u)^n$ $dy = \dfrac{n (\ln u)^{n-1} d u}{u}$

28) $y = \ln (\ln u)$ $dy = \dfrac{d u}{u \cdot \ln u}$

29) $y = \ln \sin (a u + b)$ $dy = a \operatorname{ctg} (a u + b) d u$

30) $y = e^{\sin u}$ $dy = e^{\sin u} \cos u\, d u.$

§ 3. Höhere Differentialquotienten, Differentiation der unentwickelten Funktionen und der Funktionen mehrerer Variablen.

1) $y = (a + x^2)^2$;
  $y' = 4 x (a + x^2),\ y'' = 4 (a + 3 x^2),\ y''' = 24 x,\ y'''' = 24.$

2) $y = \ln (a + b x)$;
  $y' = \dfrac{b}{a + b x},\ y'' = -\dfrac{b^2}{(a + b x)^2},\ y''' = \dfrac{1 \cdot 2 b^3}{(a + b x)^3},\ y'''' = \dfrac{1 \cdot 2 \cdot 3 b^4}{(a + b x)^4}.$

3) $y = \sqrt{x}$;
  $y' = \dfrac{1}{2 \sqrt{x}},\ y'' = -\dfrac{1}{4 \sqrt{x^3}} \dots y^{(n)} = (-1)^{n-1} \dfrac{1 \cdot 3 \cdot 5 \dots 2n - 3}{2^n \sqrt{x^{2n-1}}}.$

4) $y = (\alpha + \beta x)^{\lambda}$;
  $y^{(n)} = \lambda (\lambda - 1) \dots (\lambda - n + 1) \beta^n (\alpha + \beta x)^{\lambda - n}.$

5) $y = e^{a z} + e^{-a z}$;
  $y^{(n)} = a^n (e^{a z} \pm e^{-a z}).$

(Das positive oder negative Zeichen gilt, je nachdem n gerade oder ungerade ist).

6) Ist $y = uv$, wo u und v Funktionen von x sind, so ist

$$y^{(n)} = u^{(n)}v + \frac{n}{1}u^{(n-1)}v' + \frac{n(n-1)}{1 \cdot 2}u^{(n-2)}v'' + \dots + \frac{n}{1}u'v^{(n-1)} + uv^{(n)},$$

so daß diese Formel der Binomialformel (S. 74) ganz analog ist.

7) $x^2 + y^2 - a^2 = 0$[1]); $\dfrac{dy}{dx} = -\dfrac{x}{y}$.

8) $A x^2 + 2 B x y + C y^2 + 2 D x + 2 E y + F = 0$[2]);

$$\frac{dy}{dx} = -\frac{A x + B y + D}{B x + C y + E}.$$

9) $(x^2 + y^2)^2 - 2 c^2 (x^2 - y^2) = 0$[3]);

$$\frac{dy}{dx} = -\frac{x (x^2 + y^2 - c^2)}{y (x^2 + y^2 + c^2)}.$$

10) $\dfrac{y}{x} = \text{arc tg } \dfrac{x}{y}$; $\dfrac{dy}{dx} = \dfrac{y}{x}$.

11) $y^5 - 5 a x y + x^5 = 0$; $\dfrac{dy}{dx} = \dfrac{a y - x^4}{y^4 - a x}$.

12) $u = \dfrac{1}{(x^2 + y^2)^2}$; $d u = -\dfrac{4 (x d x + y d y)}{(x^2 + y^2)^3}$.

13) $u = y \ln x$; $d u = \dfrac{y}{x} d x + \ln x \, d y$.

14) $u = \sin (x + y)$; $d u = \cos (x + y) (d x + d y)$.

15) $u = \text{arc tg } \dfrac{x}{y}$; $d u = \dfrac{y d x - x d y}{x^2 + y^2}$.

16) $u = \ln \dfrac{x + y}{x - y}$; $d u = 2 \dfrac{x d y - y d x}{x^2 - y^2}$.

17) $u = \text{arc tg } \dfrac{x - y}{x + y}$; $d u = \dfrac{y d x - x d y}{x^2 + y^2}$.

§ 3 a. Höhere Differentiale.

Ist   1) $y = f(u)$, $u = \varphi(t)$,

so daß y eine Funktion von u und u wieder eine Funktion von t ist, so erfahren die Formeln von Kap. VII, § 5 gewisse Veränderungen.

---

[1]) Gleichung des Kreises.
[2]) Gleichung eines Kegelschnittes; vgl. S. 30.
[3]) Gleichung der Lemniskate (S. 418).

Das Differential dx stellt den Zuwachs der Veränderlichen x dar. Es entspricht einer einfachen differentiellen Denkweise, wenn wir es für alle Werte einer unabhängigen Veränderlichen x gleich groß annehmen. Es wird dann für die Differentiation eine Konstante. Diese Auffassung liegt den Formeln von Kap. VII stillschweigend zugrunde.

Dagegen finden wir für die obige Funktion y

$$2)\quad dy = f'(u)\,du;\quad du = \varphi'(t)\,dt,$$

und hieraus folgt zunächst weiter

$$d^2 y = d\{f'(u)\,du\} = f''(u)\,du^2 + f'(u)\,d^2 u$$
$$3)\quad d^3 y = d\{f''(u)\,du^2 + f'(u)\,d^2 u\}$$
$$= f'''(u)\,du^3 + 3f''(u)\,du\,d^2 u + f'(u)\,d^3 u,$$

und zwar haben $d^2 u$, $d^3 u$ gemäß Kap. VII den Wert

$$d^2 u = \varphi''(t)\,dt^2,\quad d^3 u = \varphi'''(t)\,dt^3\ \text{usw.}$$

In dem Auftreten der Glieder mit den Faktoren $d^2 u$, $d^3 u$ besteht der Unterschied gegen die früheren Formeln. Ist u eine unabhängige Variable, also du konstant, so ist $d^2 u = 0$, $d^3 u = 0$, und wir erhalten wieder die Formeln von Kap. VII.

Handelt es sich um einzelne rechnerisch gegebene Funktionen, so geschieht die Berechnung der höheren Differentiale am besten auf direktem Wege, gemäß Kap. VII. Haben wir z. B.

$$y = e^u,\quad u = \alpha t^2 + \beta,$$

so haben wir nach den vorstehenden Formeln

$$dy = e^u du;\quad d^2 y = e^u du^2 + e^u d^2 u;$$

setzen wir dagegen in e^u den Wert von u ein, so folgt direkt

$$y = e^{\alpha t^2 + \beta},$$
$$dy = e^{\alpha t^2 + \beta} \cdot 2\alpha t \cdot dt,$$
$$d^2 y = e^{\alpha t^2 + \beta} \cdot 4\alpha^2 t^2 dt^2 + e^{\alpha t^2 + \beta} \cdot 2\alpha\,dt^2,$$

und man bestätigt leicht, daß die zuerst abgeleiteten Ausdrücke in die direkt gewonnenen übergehen, wenn man du und $d^2 u$ durch ihre Werte ersetzt. Die Formeln 3) sind also nur im Fall allgemeiner Funktionszeichen heranzuziehen.

§ 4. Transformation der Variablen.

1. Funktionen einer Variablen.

Es ist wichtig, die Einführung neuer Variablen auch dann rechnerisch ausführen zu können, wenn keine speziellen Funktionen den Gegenstand der Rechnung bilden, wenn also mit allgemeinen Funktionsbezeichnungen operiert wird. Wir gehen dazu aus von der in Kap. III, § 13 abgeleiteten Gleichung

$$\frac{dy}{dx} = \frac{dy}{du} \cdot \frac{du}{dx},$$

die in etwas modifizierter Schreibweise

$$\text{a)} \quad \frac{d}{dx}(y) = \frac{d}{du}(y) \cdot \frac{du}{dx}$$

lautet. Um hieraus den zweiten Differentialquotienten von y nach x, also

$$\frac{d^2 y}{dx^2} = \frac{d}{dx}\left(\frac{dy}{dx}\right)$$

zu erhalten, haben wir offenbar die in a) enthaltene Differentiationsvorschrift statt auf y auf dy/dx anzuwenden; wir erhalten so

$$\text{b)} \quad \frac{d^2 y}{dx^2} = \frac{d}{dx}\left(\frac{dy}{dx}\right) = \frac{d}{du}\left(\frac{dy}{dx}\right) \cdot \frac{du}{dx}$$

und können dies analog auf höhere Ableitungen ausdehnen. Wir geben einige Beispiele:

1. $\dfrac{dy}{dx}$ und $\dfrac{d^2 y}{dx^2}$ zu finden, wenn man $x = e^u$ setzt. Es wird gemäß a) und b)

$$\frac{dy}{dx} = \frac{dy}{du} \cdot \frac{du}{dx} = \frac{dy}{du} : \frac{dx}{du} = e^{-u} \cdot \frac{dy}{du};$$

$$\frac{d^2 y}{dx^2} = \frac{d}{du}\left(e^{-u}\frac{dy}{du}\right) \cdot \frac{du}{dx} = e^{-2u}\frac{d^2 y}{du^2} - e^{-2u}\frac{dy}{du}.$$

2. Dasselbe für $x = \cos t$. Es ist

$$\frac{dy}{dx} = \frac{-1}{\sin t} \cdot \frac{dy}{dt}; \quad \frac{d^2 y}{dx^2} = \frac{1}{\sin^2 t} \cdot \frac{d^2 y}{dt^2} - \frac{\cos t}{\sin^3 t} \cdot \frac{dy}{dt}.$$

3. Die Gleichung

$$x + y\frac{dy}{dx} = 0$$

durch die Substitution $x = e^u$ zu transformieren. Bei Anwendung der Formeln von 1. wird

$$e^u + e^{-u}\frac{dy}{du}y = 0.$$

4. Mittels derselben Substitution zu transformieren

$$x^2 \frac{d^2 y}{dx^2} + ax\frac{dy}{dx} + by = 0.$$

Lösung: $\dfrac{d^2 y}{d u^2} + (a - 1)\dfrac{d y}{d u} + b y = 0.$

5. Mittelst der Substitution $x = \cos t$ die Gleichung

$$(1 - x^2)\dfrac{d^2 y}{d x^2} - x\dfrac{d y}{d x} + n^2 y = 0$$

zu transformieren. Gemäß 2. findet man

$$\dfrac{d^2 y}{d t^2} + n^2 y = 0.$$

2. Funktionen mehrerer Variablen.

Für Funktionen mehrerer Variablen sind die grundlegenden Gleichungen in Kap. VII § 11 abgeleitet worden; sie lassen sich schreiben, wenn z die Funktion ist,

c)
$$\dfrac{\partial z}{\partial u} = \dfrac{\partial z}{\partial x} \cdot \dfrac{\partial x}{\partial u} + \dfrac{\partial z}{\partial y} \cdot \dfrac{\partial y}{\partial u}$$

$$\dfrac{\partial z}{\partial v} = \dfrac{\partial z}{\partial x} \cdot \dfrac{\partial x}{\partial v} + \dfrac{\partial z}{\partial y} \cdot \dfrac{\partial y}{\partial v}.$$

Diese Formeln drücken die Differentialquotienten nach u und v durch die nach x und y aus; sie entsprechen der Tatsache, daß man z sowohl als Funktion von x und y wie auch als Funktion von u und v anzusehen hat. Beide Gruppen von Variablen sind aber offenbar **gleichberechtigt**; man hat daher auch

d)
$$\dfrac{\partial z}{\partial x} = \dfrac{\partial z}{\partial u} \cdot \dfrac{\partial u}{\partial x} + \dfrac{\partial z}{\partial v} \cdot \dfrac{\partial v}{\partial x}$$

$$\dfrac{\partial z}{\partial y} = \dfrac{\partial z}{\partial u} \cdot \dfrac{\partial u}{\partial y} + \dfrac{\partial z}{\partial v} \cdot \dfrac{\partial v}{\partial y}.$$

Vielfach wird es bei den rechnerischen Umformungen nötig sein, die letzten beiden Gleichungen zu benutzen.

1. Sei gegeben

$$z = x y;\quad x = u + v,\ y = u v;$$

man soll die Differentialquotienten $\dfrac{\partial z}{\partial u}$ und $\dfrac{\partial z}{\partial v}$ berechnen.

$$\dfrac{\partial z}{\partial u} = y + x v = 2 u v + v^2,$$

$$\dfrac{\partial z}{\partial v} = y + x u = 2 u v + u^2.$$

2. $z = \ln xy = \ln x + \ln y;$

$$x = u + v, \ y = u - v.$$

$$\frac{\partial z}{\partial u} = \frac{1}{x} + \frac{1}{y} = \frac{2u}{u^2 - v^2}, \quad \frac{\partial z}{\partial v} = \frac{1}{x} - \frac{1}{y} = \frac{-2v}{u^2 - v^2}.$$

3. Die Differentialquotienten

$$\frac{\partial F}{\partial x} \quad \text{und} \quad \frac{\partial F}{\partial y}$$

von $F(xy)$ in Polarkoordinaten zu transformieren. Wir benutzen die Gleichungen d) und fügen dazu die Gleichungen

$$x = r \cos \varphi, \quad y = r \sin \varphi, \text{ resp.}$$

$$r = \sqrt{x^2 + y^2}, \quad \varphi = \text{arc tg} \frac{y}{x}.$$

Daraus folgt zunächst

$$\frac{\partial r}{\partial x} = \frac{x}{r}, \quad \frac{\partial r}{\partial y} = \frac{y}{r}, \quad \frac{\partial \varphi}{\partial x} = -\frac{y}{r^2}, \quad \frac{\partial \varphi}{\partial y} = \frac{x}{r^2},$$

also wird gemäß d)

$$\frac{\partial F}{\partial x} = \frac{x}{r}\frac{\partial F}{\partial r} - \frac{y}{r^2}\frac{\partial F}{\partial \varphi} = \cos \varphi \frac{\partial F}{\partial r} - \frac{\sin \varphi}{r}\frac{\partial F}{\partial \varphi}$$

$$\frac{\partial F}{\partial y} = \frac{y}{r}\frac{\partial F}{\partial r} + \frac{x}{r^2}\frac{\partial F}{\partial \varphi} = \sin \varphi \frac{\partial F}{\partial r} + \frac{\cos \varphi}{r}\frac{\partial F}{\partial \varphi}.$$

4. Den Ausdruck

$$x\frac{\partial F}{\partial y} - y\frac{\partial F}{\partial x}$$

in Polarkoordinaten zu transformieren. Gemäß 3. findet man dafür $\dfrac{\partial F}{\partial \varphi}$.

5. In Polarkoordinaten zu transformieren die Gleichung

$$\frac{\partial^2 F}{\partial x^2} + \frac{\partial^2 F}{\partial y^2} = 0.$$

Lösung: $\quad \dfrac{\partial^2 F}{\partial r^2} + \dfrac{1}{r^2}\dfrac{\partial^2 F}{\partial \varphi^2} + \dfrac{1}{r}\dfrac{\partial F}{\partial r} = 0.$

6. Die Berechnung von 3. beruht darauf, daß man die Transformationsgleichungen

$$x = r \cos \varphi, \ y = r \sin \varphi$$

nach den neuen Variablen r und φ auflöst. Ist diese Auflösung nicht möglich, so kann man in anderer Weise vorgehen; es genüge, diese Methode an dem Beispiel durchzuführen. Die vorstehenden

Gleichungen differenzieren wir zunächst nur nach x und finden die Gleichungen

$$1 = \cos\varphi \frac{\partial r}{\partial x} - r\sin\varphi \frac{\partial \varphi}{\partial x},$$

$$0 = \sin\varphi \frac{\partial r}{\partial x} + r\cos\varphi \frac{\partial \varphi}{\partial x},$$

aus denen man die Werte von $\frac{\partial r}{\partial x}$ und $\frac{\partial \varphi}{\partial x}$ durch Auflösen entnimmt. Ebenso folgt durch Differentiation nach y

$$0 = \cos\varphi \frac{\partial r}{\partial y} - r\sin\varphi \frac{\partial \varphi}{\partial y},$$

$$1 = \sin\varphi \frac{\partial r}{\partial y} + r\cos\varphi \frac{\partial \varphi}{\partial y},$$

und hieraus ergeben sich die Werte von $\frac{\partial r}{\partial y}$ und $\frac{\partial \varphi}{\partial y}$. Das weitere ergibt sich wie oben.

§ 5. Werte, die unter unbestimmter Form erscheinen.

1) $u = \dfrac{x^3 - 1}{x^3 - 2x^2 + 2x - 1}$; für $x = 1$ ist $u = 3$.

2) $u = \dfrac{x^3 + x^2 - 4x - 4}{x^4 + 2x^3 - 3x^2 - 8x - 4}$.

Für $x = -1, 2, -2$ ist $u = \pm\infty, \frac{1}{3}, -1$.

3) $u = \dfrac{\sqrt{x} - \sqrt{a} + \sqrt{x-a}}{\sqrt{x^2 - a^2}}$; für $x = a$ ist $u = \dfrac{1}{\sqrt{2a}}$.

4) $u = \dfrac{1 - \sin x + \cos x}{\sin 2x - \cos x}$; für $x = \dfrac{\pi}{2}$ ist $u = 1$.

5) $u = \dfrac{\sin x - x\cos x}{\sin^2 x}$; für $x = 0$ ist $u = \dfrac{1}{3}$.

6) $u = \dfrac{e^x - e^{-x}}{\sin x}$; für $x = 0$ ist $u = 2$.

7) $u = \dfrac{\sin x - \sin a}{x - a}$; für $x = a$ ist $u = \cos a$.

8) $u = \dfrac{e^x + e^{-x} - 2}{\cos x - 1}$; für $x = 0$ ist $u = -2$.

9) $u = \dfrac{\ln(x^2 - 3)}{x - 2}$; für $x = 2$ ist $u = 4$.

10) $u = \dfrac{\ln(1 + x) - \sin x}{x^2}$; für $x = 0$ ist $u = -\dfrac{1}{2}$.

11) $u = \dfrac{\text{tg}\, x - \sin x}{x - \sin x};$ für $x = 0$ ist $u = 3$.

12) $u = \dfrac{\ln(1 + x) - \ln(1 - x)}{x}$ für $x = 0$ ist $u = 2$.

13) $u = \dfrac{\ln x}{\text{ctg}\, x};$ für $x = 0$ ist $u = 0$.

14) $u = (x - a)\,[\ln(x - a)]^2;$ für $x = a$ ist $u = 0$.

15) $u = \left(x - \dfrac{\pi}{2}\right)\text{tg}\, x;$ für $x = \dfrac{\pi}{2}$ ist $u = -1$.

16) $u = (1 - x)\ln(1 - x);$ für $x = 1$ ist $u = 0$.

17) $u = \dfrac{x^2 - 1}{x^2}\,\text{tg}\,\dfrac{\pi}{2}\,x;$ für $x = 1$ ist $u = \dfrac{-4}{\pi}$.

18) $u = \dfrac{1}{x} - \dfrac{1}{\sin x};$ für $x = 0$ ist $u = 0$.

19) $u = \dfrac{1}{\ln x} - \dfrac{1}{x - 1};$ für $x = 1$ ist $u = \dfrac{1}{2}$.

20) $u = \dfrac{1}{\sin^2 x} - \dfrac{1}{x^2};$ für $x = 0$ ist $u = \dfrac{1}{3}$.

21) $u = \dfrac{2}{1 - x^2} - \dfrac{3}{1 - x^3};$ für $x = 1$ ist $u = -\dfrac{1}{2}$.

§ 6. Unbestimmte Integrale.

1) $\displaystyle\int \dfrac{x\,dx}{x^2 - a^2} = \dfrac{1}{2}\ln(x^2 - a^2) + C$ [1])

2) $\displaystyle\int (x^2 - 5x)(2x - 5)\,dx = \dfrac{1}{2}(x^2 - 5x)^2 + C$

3) $\displaystyle\int (2x + 1)^3\,dx = \dfrac{1}{8}(2x + 1)^4 + C$

4) $\displaystyle\int (3x^2 + 5x - 1)^n (6x + 5)\,dx = \dfrac{(3x^2 + 5x - 1)^{n+1}}{n + 1} + C$

5) $\displaystyle\int \dfrac{3x^2\,dx}{a^3 + x^3} = \ln(a^3 + x^3) + C$

---

[1]) Die Beispiele 1—10 suche man so zu behandeln, daß die unter dem $\int$ stehenden Ausdrücke durch Multiplikation mit geeigneten Zahlenkoeffizienten direkt in bekannte Differentialausdrücke übergehen.

6) $\int \dfrac{x^3\, d\,x}{a^4 + x^4} = \dfrac{1}{4}\ln\left(a^4 + x^4\right) + C$

7) $\int \dfrac{(5 + x)\, d\,x}{(10\,x + x^2)} = \dfrac{1}{2}\ln\left(10\,x + x^2\right) + C$

8) $\int \dfrac{2\,x\, d\,x}{\sqrt{a^2 - x^2}} = -\,2\sqrt{a^2 - x^2} + C$

9) $\int \cos^2 x \sin x\, d\,x = -\,\dfrac{\cos^3 x}{3} + C$

10) $\int \sin^2 x \cos x\, d\,x = \dfrac{\sin^3 x}{3} + C$

11) $\int \dfrac{d\,x}{a^2 + x^2} = \dfrac{1}{a}\operatorname{arc\,tg}\dfrac{x}{a} + C$

12) $\int \dfrac{d\,x}{a^2 + b^2\,x^2} = \dfrac{1}{a\,b}\operatorname{arc\,tg}\dfrac{b}{a}\,x + C$

13) $\int \dfrac{d\,x}{\sqrt{a^2 - x^2}} = \operatorname{arc\,sin}\dfrac{x}{a} + C$

14) $\int \dfrac{d\,x}{a^2 - x^2} = \dfrac{1}{2\,a}\ln\dfrac{a + x}{a - x} + C$

15) $\int \left(x^2 - \dfrac{1}{x}\right) d\,x = \dfrac{x^3}{3} - \ln x + C$

16) $\int \dfrac{d\,x}{x^2 - 6\,x + 5} = -\,\dfrac{1}{4}\ln\dfrac{x - 1}{5 - x} + C$

17) $\int \dfrac{d\,x}{2\,x - 3\,x^2} = \dfrac{1}{2}\ln\dfrac{x}{2 - 3\,x} + C$

18) $\int \dfrac{(3\,x + 2)\, d\,x}{x^2 - x - 2} = \dfrac{8}{3}\ln\left(x - 2\right) + \dfrac{1}{3}\ln\left(x + 1\right) + C$

19) $\int \dfrac{x^2 + 1}{x^3 - x}\, d\,x = \ln\dfrac{x^2 - 1}{x} + C$

20) $\int \dfrac{4\,x^2 - 48\,x + 90}{(x-3)\,(x+3)\,(x-6)}\, dx = \ln(x-3) - 2\ln(x-6) + 5\ln(x+3) + C$

$$= \ln\dfrac{(x - 3)\,(x + 3)^5}{(x - 6)^2} + C$$

21) $\int \dfrac{d\,x}{x^2 + 4\,x + 2} = \dfrac{1}{2\sqrt{2}}\ln\dfrac{x + 2 - \sqrt{2}}{x + 2 + \sqrt{2}} + C$

22) $\displaystyle\int \frac{x\,dx}{1+\sqrt{1+x}} = (1+x)\left(\frac{2}{3}\sqrt{1+x}-1\right)+C$

23) $\displaystyle\int \sqrt{a^2+x^2}\,dx = \frac{1}{2}\,x\sqrt{a^2+x^2} + \frac{1}{2}\,a^2 \ln\left(x+\sqrt{a^2+x^2}\right)+C$

24) $\displaystyle\int \sqrt{a^2-x^2}\,dx = \frac{1}{2}\,x\sqrt{a^2-x^2} + \frac{1}{2}\,a^2 \arcsin\frac{x}{a}+C$ [1])

25) $\displaystyle\int \frac{x\,dx}{\sqrt{(1-x^2)^5}} = \frac{1}{3}\cdot\frac{1}{\sqrt{(1-x^2)^3}}+C$

26) $\displaystyle\int \cos(px+q)\,dx = \frac{1}{p}\sin(px+q)+C$

27) $\displaystyle\int \sin(px+q)\,dx = -\frac{1}{p}\cos(px+q)+C$

28) $\displaystyle\int \cos^2 x\,dx = \frac{1}{4}\sin 2x + \frac{1}{2}x+C$

29) $\displaystyle\int \sin^2 x\,dx = -\frac{1}{4}\sin 2x + \frac{1}{2}x+C$

30) $\displaystyle\int \frac{x\,dx}{\cos^2 x} = x\,\mathrm{tg}\,x + \ln\cos x + C$

31) $\displaystyle\int \frac{x\,dx}{\sin^2 x} = -x\,\mathrm{ctg}\,x + \ln\sin x + C$

32) $\displaystyle\int \frac{\cos x\,dx}{\sqrt{\sin x}} = 2\sqrt{\sin x}+C$

33) $\displaystyle\int \cos^3 x\,dx = \sin x - \frac{\sin^3 x}{3}+C$

34) $\displaystyle\int \frac{dx}{x\ln x} = \ln(\ln x)+C$

35) $\displaystyle\int (\ln x)^2\,dx = x(\ln x)^2 - 2x\ln x + 2x + C.$

§ 7. Bestimmte Integrale.

1) $\displaystyle\int_0^a \frac{dx}{x^2+a^2} = \frac{\pi}{4a}$

3) $\displaystyle\int_0^a \frac{dx}{\sqrt{a^2-x^2}} = \frac{\pi}{2}$

2) $\displaystyle\int_0^1 \frac{x\,dx}{\sqrt{1-x^2}} = 1$

4) $\displaystyle\int_0^1 e^x\,dx = e-1$

---

[1]) Man setze $x = a\sin\varphi$ (vgl. S. 142).

5) $\displaystyle\int_0^1 x\,e^x\,d\,x = 1$

6) $\displaystyle\int_1^e \frac{d\,x}{x} = 1$

7) $\displaystyle\int_{-\frac{\pi}{2}}^{\frac{\pi}{2}} \cos x\,d\,x = 2$

8) $\displaystyle\int_{-\frac{\pi}{2}}^{\frac{\pi}{2}} \sin x\,d\,x = 0$

9) $\displaystyle\int_{-\frac{\pi}{2}}^{\frac{\pi}{2}} \cos^2 x\,d\,x = \frac{\pi}{2}$ [1])

10) $\displaystyle\int_{-\frac{\pi}{2}}^{\frac{\pi}{2}} \sin^2 x\,d\,x = \frac{\pi}{2}$ [1])

11) $\displaystyle\int_0^{\frac{\pi}{4}} \operatorname{tg} x\,d\,x = \frac{1}{2}\ln 2$

12) $\displaystyle\int_e^{e^2} \frac{d\,x}{x \ln x} = \ln 2$

13) $\displaystyle\int_0^{\infty} \frac{d\,x}{x^2 + a^2} = \frac{1}{a}\cdot\frac{\pi}{2}.$

Oft hat man ein bestimmtes Integral in der Weise auszuwerten, daß man eine neue Variable einführt. Handelt es sich z. B. um

$$J = \int_0^{\pi/2} \frac{\sin x\,d\,x}{1 + \cos^2 x},$$

so kann man zunächst setzen

$$\cos x = u, \text{ also } -\sin x\,d\,x = d\,u$$

und erhält

$$J = -\int_1^0 \frac{d\,u}{1 + u^2} = \Big|_0^1 \operatorname{arctg} u = \pi/4.$$

Die Grenzen des transformierten Integrals sind, wie man sieht, diejenigen Werte von u, die den Werten 0 und $\pi/2$ von x entsprechen. Dies läßt sich folgendermaßen als richtig erweisen.

Liege ein unbestimmtes Integral

$$1) \quad F(x) = \int f(x)\,d\,x$$

_____

[1]) Die einfachste Methode der Berechnung der Integrale 9) und 10) ist folgende: Man sieht leicht, daß dieselben gleich sind. Addiert man sie, so ist ihre Summe (wegen $\cos^2 x + \sin^2 x = 1$) gleich π, jedes also $\pi/2$.

vor. Man substituiere nun

$$2) \quad x = \varphi(y),$$

also

$$f(x)\, dx = f\{\varphi(y)\}\, \varphi'(y)\, dy = \psi(y)\, dy,$$

dann folgt durch Integration

$$3) \quad \int f(x)\, dx = \int \psi(y)\, dy = \Phi(y) + C,$$

wo C eine gewisse Konstante ist. Gemäß Gleichung 1) folgt also

$$4) \quad F(x) = \Phi(y) + C.$$

Sind nun x_1, y_1 und ebenso x_2, y_2 Werte von x und y, die einander gemäß Gleichung 2) entsprechen, so ist auch

$$F(x_1) = \Phi(y_1) + C, \quad F(x_2) = \Phi(y_2) + C$$

und daher auch

$$5) \quad F(x_2) - F(x_1) = \Phi(y_2) - \Phi(y_1),$$

und dies läßt sich in die Form setzen

$$\int_{x_1}^{x_2} f(x)\, dx = \int_{y_1}^{y_2} \varphi(y)\, dy.$$

Unser Verfahren bedarf aber näherer Erörterung und Verschärfung. Sollen die einander entsprechenden Werte x_1, y_1 und x_2, y_2 völlig durcheinander bestimmbar sein, so darf die in 2) enthaltene Beziehung zwischen x und y nur eine eineindeutige sein; wenigstens innerhalb der Wertintervalle, denen die Grenzen der Integrale angehören. Zweitens müssen für sie naturgemäß alle Eigenschaften erfüllt sein, die an sich dem Integrieren anhaften.

Daß man bei Vernachlässigung dieser Vorschriften Fehlern ausgesetzt sein kann, zeigt folgendes Beispiel. Es handele sich um

$$J = \int_0^{\pi} \frac{dx}{a \cos^2 x + b \sin^2 x}; \quad a > 0,\ b > 0.$$

Setzt man hier $\operatorname{tg} x = u$, so geht das Integral rechnerisch in

$$\int_0^0 \frac{du}{a + b u^2}$$

über, also in ein Integral, das den Wert Null hat. Das gegebene Integral kann aber unmöglich gleich Null sein. Ein bestimmtes Integral ist kurz gesprochen gleich der Summe seiner Differentiale, und da $a > 0$ und $b > 0$ ist, so ist jedes dieser Differentiale eine positive Größe; also hat auch ihre Summe einen positiven Wert.

Der Fehler liegt daran, daß für $x = \pi/2$ u einen unendlich großen Wert annimmt. Man kommt aber durch geringe Abänderung des Verfahrens doch zum Ziele. Man teile das gegebene Integral in eine Summe von zwei andern, indem man setzt

$$\int\limits_0^\pi = \int\limits_0^{\pi/2} + \int\limits_{\pi/2}^\pi.$$

Nun kann man auf das erste Integral die oben benutzte Substitution anwenden und erhält zunächst

$$\int\limits_0^{\pi/2} \frac{dx}{a\cos^2 x + b\sin^2 x} = \int\limits_0^\infty \frac{du}{a + b u^2}.$$

Das zweite Integral führt man durch die Substitution $\pi - x = y$ auf das vorstehende zurück; in der Tat findet man

$$\int\limits_{\pi/2}^\pi = -\int\limits_{\pi/2}^0 \frac{dy}{a\cos^2 y + b\sin^2 y} = \int\limits_0^{\pi/2},$$

so daß sich für das Gesamtintegral ergibt:

$$J = 2 \int\limits_0^\infty \frac{du}{a + b u^2} = \frac{\pi}{\sqrt{ab}}.$$

Beispiele aus der Geometrie und Mechanik.

1. Um das Volumen eines Rotationsellipsoides zu berechnen, denke man sich in Fig. 36 einen zur z-Achse senkrechten Schnitt gelegt. Ist ϱ sein Radius, so wird (S. 176)

$$V = \int\limits_{-c}^{+c} \pi \varrho^2\, dz.$$

Gemäß S. 45 hat man aber

$$\varrho^2 = x^2 + y^2 = b^2 \left(1 - \frac{z^2}{c^2}\right),$$

also wird

$$V = \pi b^2 \int\limits_{-c}^{+c} \left(1 - \frac{z^2}{c^2}\right) dz = \frac{4\pi}{3} b^2 c.$$

Man findet in ähnlicher Weise, daß das Volumen des allgemeinen Ellipsoides den Wert

$$V = \frac{4\pi}{3} a b c$$

hat; man zerlegt es in differentielle Schichten der Höhe dz, deren Fläche eine Ellipse ist.

2. Rotiert ein vertikal liegender Kreis k um die in seiner Ebene außerhalb seiner Fläche liegende vertikale z-Achse, so entsteht eine Ringfläche. Eine zur z-Achse senkrechte Ebene möge die z-Achse in Z und den Kreis k in R_1 und R_2 schneiden; sie schneidet dann aus unserer Fläche einen Kreisring aus, dessen Radien $r_2 = Z R_2$ und $r_1 = Z R_1$ sind. Ist ϱ der Radius des Kreises k, M sein Mittelpunkt, d der Abstand des Punktes M von der z-Achse und h seine Höhe über der xy-Ebene, so hat man

$$r_2 = d + \sqrt{\varrho^2 - (z-h)^2}, \quad r_1 = d - \sqrt{\varrho^2 - (z-h)^2}$$

und findet

$$V = \pi \int_{h-\varrho}^{h+\varrho} (r_2{}^2 - r_1{}^2)\, dz = 2\,\pi^2\,\varrho^2\,d.$$

Man erhält dies am einfachsten, indem man als neue Variable den Winkel φ einführt, den die Gerade $M R_2$ mit dem horizontalen Durchmesser des Kreises k bildet; man hat dann

$$r_2 = d + \varrho \cos \varphi, \quad r_1 = d - \varrho \cos \varphi.$$

3. Nach einem bekannten Satz der Kräftelehre sind zwei parallele Kräfte P_1 und P_2, die in zwei Punkten A_1 und A_2 einer starren Geraden wirken, einer Einzelkraft R äquivalent, die gleich ihrer Summe ist ($R = P_1 + P_2$) und in einem Punkte C angreift, so daß

$$1) \quad A_1 C : A_2 C = P_2 : P_1$$

ist. Sind P_1 und P_2 insbesondere die Anziehungen, die die Erde auf zwei in A_1 und A_2 befindliche Massen m_1 und m_2 ausübt (Schwerkraft), so hat man $P_1 = m_1 g$ und $P_2 = m_2 g$, und es ist

$$2) \quad R = (m_1 + m_2) g \quad \text{und} \quad A_1 C : A_2 C = m_2 : m_1.$$

Der Punkt C heißt Schwerpunkt. Denkt man sich in ihm eine Masse der Größe $m_1 + m_2$, so ist diese Massenbelegung (bezüglich der Schwerkraftwirkung) den Massen m_1 und m_2 in A_1 und A_2 äquivalent.

Sind x_1, x_2, x die Abszissen von A_1, A_2 und C, so hat man gemäß Aufgabe 2) von § 1

$$x = \frac{m_1 x_1 + m_2 x_2}{m_1 + m_2}.$$

Wird jetzt im Punkt A_3 der Geraden eine Masse m_3 angebracht, so kann man den Schwerpunkt für A_1, A_2, A_3 dem vorigen gemäß so bestimmen, daß man den Schwerpunkt von C und A_3 sucht, und zwar hat man sich in C die Masse $m_1 + m_2$ zu denken. Ist S der Schwerpunkt und ξ seine Abszisse, so findet man ebenso

$$\xi = \frac{(m_1 + m_2)\, x + m_3\, x_3}{m_1 + m_2 + m_3} = \frac{m_1 x_1 + m_2 x_2 + m_3 x_3}{m_1 + m_2 + m_3}.$$

Die Formel läßt sich offenbar auf beliebig viele in der Geraden liegende Massenpunkte ausdehnen; man hat

$$\xi = \frac{m_1 x_1 + m_2 x_2 + \ldots + m_n x_n}{m_1 + m_2 + \ldots + m_n} = \frac{\varSigma\, m\, x}{\varSigma\, m}.$$

Denkt man sich endlich eine kontinuierlich mit Masse belegte Gerade, so zerlegt man sie in differentielle Teile der Länge $d\,x$, für die man die Massenbelegung als konstant ansieht. Ist μ die der bezüglichen Längeneinheit entsprechende Masse, so ist $\mu\, d\, x$ die Masse des Elements, und man hat analog

$$\xi = \frac{\int\limits_a^b \mu\, x\, d\, x}{\int\limits_a^b \mu\, d\, x},$$

wo a und b die Abszissen für den Anfangspunkt und Endpunkt der Geraden sind.

Man bestimme in dieser Weise den Schwerpunkt für eine Strecke der Länge l, deren Massenbelegung der Entfernung von einem Endpunkt proportional ist. Wählt man diesen Endpunkt als Anfangspunkt O, so ist $\mu = \lambda x$, wo λ offenbar die Massenbelegung im Abstand 1 ist, und es wird

$$\xi = \frac{\int\limits_0^l \lambda\, x^2\, d\, x}{\int\limits_0^l \lambda\, x\, d\, x} = \frac{2}{3}\, l.$$

4. Die Massenbelegung sei dem reziproken Wert des Abstands von dem außerhalb der Strecke gelegenen Anfangspunkt O proportional. Haben a und b die obige Bedeutung, so wird

$$\xi = \frac{b - a}{\ln b - \ln a}.$$

5. Wir nehmen jetzt an, daß die Punkte A_1, A_2, A_3 irgendwie in eine Ebene fallen, die wir sofort als xy-Ebene wählen. Dann bleibt die obige geometrische Darlegung sowohl für den Punkt C

wie auch für den Punkt S ohne weiteres bestehen, also auch die Gleichung 1) und 2). Gemäß Aufgabe 2) von § 1 tritt daher nur die Änderung ein, daß zu den für die x-Koordinaten abgeleiteten Gleichungen die nämlichen Gleichungen für die y-Koordinaten kommen. Sind also jetzt ξ und η die Koordinaten von S, so folgt

$$\xi = \frac{\Sigma\, m\, x}{\Sigma\, m}, \qquad \eta = \frac{\Sigma\, m\, y}{\Sigma\, m},$$

wenn es sich um einzelne diskrete Massenpunkte handelt, und bei einer kontinuierlich mit der Masse μ pro Flächeneinheit belegten Fläche hat man

$$\xi = \frac{\iint \mu\, x\, d\omega}{\iint \mu\, d\omega}, \qquad \eta = \frac{\iint \mu\, y\, d\omega}{\iint \mu\, d\omega},$$

wenn $d\omega$ das differentielle Flächenelement ist und die Grenzen des Doppelintegrals durch die Fläche bedingt sind.

Hat man es insbesondere mit einer homogenen Belegung zu tun, so ist μ konstant, und man erhält die einfacheren Formeln

$$\xi = \frac{\iint x\, d\omega}{\iint d\omega}, \qquad \eta = \frac{\iint y\, d\omega}{\iint d\omega},$$

wo der Nenner offenbar den Inhalt des Flächenstücks bedeutet.

Um in dieser Weise z. B. den Schwerpunkt eines homogenen Kreissektors zu bestimmen, führt man Polarkoordinaten ein, wählt den Kreismittelpunkt als Anfangspunkt und die Symmetrielinie des Sektors als Achse. Dann ist

$$x = r \cos \varphi, \qquad y = r \sin \varphi, \qquad d\omega = r\, d r\, d \varphi,$$

also wird, wenn $2\,\alpha$ der Öffnungswinkel, ϱ der Radius, also $\varrho^2 \alpha$ der Inhalt des Sektors ist,

$$\xi = \frac{\int\limits_{-\alpha}^{\alpha}\int\limits_{0}^{\varrho} r \cos \varphi\, r\, d r\, d \varphi}{\varrho^2 \alpha} = \frac{2}{3}\, \frac{\sin \alpha}{\alpha}\, \varrho$$

$$\eta = \frac{\int\limits_{-\alpha}^{\alpha}\int\limits_{0}^{\varrho} r \sin \varphi\, r\, d r\, d \varphi}{\varrho^2 \alpha} = 0.$$

Die letzte Gleichung ist übrigens eine unmittelbare Folge der Symmetrie des Sektors in bezug auf die x-Achse. Man hat noch, wenn b die Länge des Kreisbogens ist und s die Sehne, $\sin \alpha : \alpha = s : b$, also

$$\xi = \frac{2}{3}\, \frac{s\,\varrho}{b}.$$

6. Den Schwerpunkt eines Parabelsegments zu bestimmen, das durch eine zur Achse normale Gerade abgeschnitten wird, die die Entfernung d von O hat.

Auch hier ist aus Symmetriegründen $\eta = 0$, und es wird

$$\xi = \frac{\int\limits_0^d\int\limits_0^y x\,dx\,dy}{\int\limits_0^d\int\limits_0^y dx\,dy}.$$

Integriert man zuerst nach y und beachtet die Parabelgleichung, so erhält man

$$\xi = \frac{\int\limits_0^d y\,x\,dx}{\int\limits_0^d y\,dx} = \frac{\int\limits_0^d \sqrt{2\,p\,x^{1/2}}\cdot dx}{\int\limits_0^d \sqrt{2\,p\,x^{1/2}}\,dx} = \frac{3}{5}\,d.$$

7. Den Schwerpunkt eines Rechtecks zu finden, von dem zwei Seiten in die Koordinatenachsen fallen, wenn die Massenbelegung dem Produkt aus den Abständen von diesen Seiten proportional ist. Hier hat man

$$\mu = \lambda x y, \quad d\omega = dx\,dy$$

und erhält, wenn das Rechteck die Seitenlängen a und b hat (S. 184),

$$\xi = \frac{\int\limits_0^b\int\limits_0^a \lambda\,x\,y\,x\,dx\,dy}{\int\limits_0^b\int\limits_0^a \lambda\,x\,y\,dx\,dy} = \frac{\int\limits_0^a x^2\,dx\int\limits_0^b y\,dy}{\int\limits_0^a x\,dx\int\limits_0^b y\,dy} = \frac{2}{3}\,a,$$

$$\eta = \frac{\int\limits_0^b\int\limits_0^a \lambda\,x\,y\,y\,dx\,dy}{\int\limits_0^b\int\limits_0^a \lambda\,x\,y\,dx\,dy} = \frac{\int\limits_0^a x\,dx\int\limits_0^b y^2\,dy}{\int\limits_0^a x\,dx\int\limits_0^b y\,dy} = \frac{2}{3}\,b.$$

8. Der Schwerpunkt einer homogenen Kreisfläche ist offenbar ihr Mittelpunkt. Schreibt man das Resultat von 2. in der Form

$$V = \pi\varrho^2 \cdot 2\,\pi d,$$

so stellt $2\,\pi d$ die Peripherie desjenigen Kreises dar, den der Schwerpunkt der Kreisfläche bei der Rotation um die z-Achse beschreibt. Das Volumen V ist daher das Produkt aus diesem Weg in den Inhalt der rotierenden Kreisfläche. Dies ist ein spezieller Fall eines allgemeinen von Guldin gefundenen Satzes (Guldinsche Regel).

§ 8. Maxima und Minima.

1)
$$y = \frac{x^2 - 7x + 6}{x - 10};$$

Maximum $x = 4$, Minimum $x = 16$.

2)
$$y = x + \frac{a^2}{x} \quad (a \text{ positiv});$$

Maximum $x = -a$, Minimum $x = +a$.

Kurve zeichnen!

3)
$$y = x + \sqrt{1 - x};$$

Maximum $x = \frac{3}{4}$.

4)
$$y = x^x;$$

Minimum $x = \frac{1}{e}$.

5)
$$y = x^{\frac{1}{x}};$$

Maximum $x = e$.

6) Auf einer Horizontalebene sind zwei Punkte A und B und ihre Entfernung a gegeben. Es fragt sich, in welcher Höhe h senkrecht über A ein leuchtender Punkt S angebracht werden muß, damit in B ein Maximum der Lichtstärke eintritt.

Die Lichtstärke ist dem Quadrat der Entfernung SB umgekehrt und dem Sinus des Winkels des auffallenden Strahles SB direkt proportional zu setzen.

Lösung: $h = \frac{a}{2}\sqrt{2}$.

7) Aus einem zylindrischen Baumstamm vom Durchmesser d einen Balken von rechtwinkligem Querschnitt und von möglichst großer Tragfähigkeit herauszuschneiden.

Der Querschnitt des Balkens bildet ein Rechteck, das dem kreisförmigen Querschnitt des Baumstamms eingeschrieben ist. Nach empirischen Gesetzen ist die Tragfähigkeit proportional dem Produkt aus der Breite b und dem Quadrat der Höhe h des Rechtecks.

Lösung: $b = \frac{d}{3}\sqrt{3}$, $h = \frac{d}{3}\sqrt{6}$.

8) In der Horizontalebene soll man einen Punkt P so bestimmen, daß von ihm aus ein vertikal stehender Gegenstand AB möglichst groß erscheint, d. h. unter möglichst großem Gesichtswinkel gesehen wird.

Sind a und b die Entfernungen der Punkte A und B von der Horizontalebene und x der Abstand des gesuchten Punktes P vom Fußpunkte O der Vertikalen AB, so ist

$$x = \sqrt{ab}.$$

Diese Aufgabe bestimmt den günstigsten Standort für die Betrachtung vertikal stehender Gegenstände.

9) In ein gegebenes Dreieck das größte Rechteck einzuschreiben, das mit einer Seite in die Grundlinie des Dreiecks fällt.

Lösung: Die Höhe des Rechtecks ist gleich der Hälfte der Dreieckshöhe.

10) Dasjenige Rechteck zu bestimmen, das a) bei gegebenem Umfang einen größten Inhalt, b) bei gegebenem Inhalt einen kleinsten Umfang besitzt.

Lösung zu a) und b): Das Quadrat.

11) Eine Strecke der Länge a so in drei Teile zu zerlegen, daß das aus ihnen gebildete rechtwinklige Parallelepipedon einen größten Inhalt hat. Man hat die Funktion

$$xyz + \lambda(x + y + z - a)$$

zum Maximum zu machen, und findet (S. 281)

$$x = y = z.$$

12) Das rechtwinklige Parallelepipedon zu finden, das bei gegebenem Inhalt J die kleinste Oberfläche hat. Man hat die Funktion

$$yz + zx + xy + \lambda(xyz - J)$$

zum Minimum zu machen und findet wieder

$$x = y = z.$$

§ 9. Differentialgleichungen.

1) $ydx + xdy = 0.$

Lösung: Man schreibe dafür

$$\frac{dx}{x} + \frac{dy}{y} = 0$$

und erhält durch Integration

$$\ln x + \ln y = C$$

oder durch Übergang zur Exponentialfunktion[1]

$$xy = c.$$

---

[1] Vgl. den Schluß von § 2 der Formelsammlung.

Die zunächst vorgenommene Umformung der gegebenen Differentialgleichung bezweckt die **Trennung der Variablen.** Ist dies möglich, so ist es auch immer möglich, die Differentialgleichung zu **integrieren,** d. h. von ihr zu einer Gleichung überzugehen, die nur noch die Variablen selbst enthält.

Die Gleichung $xy = c$ stellt, den verschiedenen Werten der beliebig wählbaren Konstanten c entsprechend, eine Schar von gleichseitigen Hyperbeln mit denselben Asymptoten dar (S. 31).

2) Alle Kurven zu finden, bei denen die Normalen[1]) aller Punkte durch ein festes Zentrum laufen. Das feste Zentrum O wählen wir als Anfangspunkt und legen die Achsen im übrigen beliebig. Ist P ein Kurvenpunkt, T der Schnitt der in P gezogenen Kurventangente mit der x-Achse, so sagt die Aufgabe, daß OPT ein rechter Winkel ist. Es folgt daraus leicht, wenn die Tangente mit der x-Achse den Winkel τ bildet,

$$\operatorname{tg}(\pi - \tau) = \frac{x}{y}; \quad \text{d. h.} \quad \frac{dy}{dx} = -\frac{x}{y}.$$

Dies ist die Differentialgleichung der Kurvenschar. Durch Beseitigung der Nenner folgt

$$2) \quad y\,dy + x\,dx = 0$$

und hieraus durch Integration

$$\frac{y^2}{2} + \frac{x^2}{2} = \text{Konst.}$$

Die gesuchten Kurven sind also keine andern, als die Kreise um O als Zentrum.

$$3) \quad y\,dx - x\,dy = 0.$$

Analog wie für 1) folgt zunächst

$$\frac{dx}{x} - \frac{dy}{y} = 0; \quad \text{resp.} \quad \frac{x}{y} = \text{Konst.};$$

die zur Differentialgleichung gehörigen Kurven sind also die geraden Linien durch den Anfangspunkt.

Eine zweite Methode besteht darin, die Gleichung 3) mit y^2 zu dividieren. Dann folgt

$$0 = \frac{y\,dx - x\,dy}{y^2} = d\left(\frac{x}{y}\right),$$

woraus sofort

$$\text{Konst.} = \frac{x}{y}$$

---

[1]) D. h. die auf den Tangenten errichteten Lote.

folgt. Diese Methode ist von großer Wichtigkeit. Sie besteht, allgemein zu reden, darin, die Differentialgleichung so mit einem **Multiplikator** zu versehen, daß die linke Seite das **vollständige Differential** einer Funktion von x und y ist[1]).

$$4)\quad (1 + x^2)y\,dx - (1 - y^2)\,x\,dy = 0.$$

Die Trennung der Variablen ist möglich und liefert

$$(1 + x^2)\frac{d\,x}{x} = (1 - y^2)\frac{d\,y}{y},$$

woraus durch Integration

$$\ln x + \frac{x^2}{2} = \ln y - \frac{y^2}{2} + C$$

folgt.

$$5)\quad x\,d\,x + y\,d\,y = m\,y\,d\,x.$$

Bei dieser Gleichung führt keine der vorstehenden Methoden zum Ziel. Auf Grund davon, daß alle Glieder dieser Gleichung in x, y, $d\,x$ und $d\,y$ von derselben Ordnung sind, hat folgende Methode den gewünschten Erfolg. Setzt man

$$\frac{y}{x} = z, \quad d\,y = z\,d\,x + x\,d\,z,$$

so folgt die Gleichung

$$d\,x\,(mz - z^2 - 1) = x\,z\,dz,$$

in der sich die Variablen trennen lassen. Man findet

$$\frac{d\,x}{x} = \frac{z\,d\,z}{m\,z - z^2 - 1}.$$

Solche Differentialgleichungen heißen **homogen**. Setzen wir z. B. $m = 2$, so wird

$$\int \frac{d\,x}{x} = -\int \frac{z\,d\,z}{(z-1)^2} = -\int \left\{ \frac{1}{(z-1)^2} + \frac{1}{z-1} \right\} d\,z,$$

also

$$\ln x = \frac{1}{z-1} - \ln(z-1) + \text{Konst.},$$

$$x = \frac{c}{z-1} \cdot e^{\frac{1}{z-1}},$$

$$y = \frac{c\,z}{z-1} \cdot e^{\frac{1}{z-1}}.$$

---

[1]) Vgl. S. 213 sowie die Ableitung von Gleichung 3) S. 353.

ANHANG.

Formelsammlung.

§ 1. Potenzen und Wurzeln.

1) $(a + b)(a - b) = a^2 - b^2$

2) $(a + b)^2 = a^2 + 2ab + b^2$

$(a + b + c)^2 = a^2 + b^2 + c^2 + 2ab + 2ac + 2bc$

3) $(a - b)^2 = a^2 - 2ab + b^2$

4) $(a + b)^3 = a^3 + 3a^2b + 3ab^2 + b^3$

5) $(a - b)^3 = a^3 - 3a^2b + 3ab^2 - b^3$

6) $a^m \cdot a^n = a^{m+n}$

7) $a^m : a^n = a^{m-n}$

8) $(a^m)^n = a^{mn}$

9) $\sqrt[n]{a}\,\sqrt[n]{b} = \sqrt[n]{ab}$

10) $\sqrt[n]{a} : \sqrt[n]{b} = \sqrt[n]{a:b}$

11) $\sqrt[n]{\sqrt[m]{a}} = \sqrt[mn]{a}$

12) $\left(\sqrt[n]{a}\right)^m = \sqrt[n]{a^m}$

13) Unter a^{-m} versteht man $\dfrac{1}{a^m}$; unter a^0 versteht man 1.

14) Unter $a^{\frac{1}{q}}$ versteht man $\sqrt[q]{a}$.

15) Unter $a^{\frac{p}{q}}$ versteht man $\sqrt[q]{a^p} = \left(\sqrt[q]{a}\right)^p$.

Division algebraischer Ausdrücke durcheinander. Algebraische Ausdrücke, die nach einer Variablen geordnet sind, kann man genau wie Zahlen durcheinander dividieren, indem man das erste Glied des Dividendus durch das erste Glied des Divisors dividiert, dann das Produkt aus dem so erhaltenen Quotienten und dem Divisor von dem Dividendus subtrahiert und nun den Rest ebenso behandelt wie den ursprünglichen Dividendus. Dies wird

so lange fortgesetzt, bis entweder die Division aufgeht oder ein Rest
bleibt, der eine weitere Division nicht gestattet.

1. Beispiel. $x^3 - 6x^2 + 11x - 6 : x - 1 = x^2 - 5x + 6$
$$\underline{x^3 - x^2}$$
$$-5x^2 + 11x - 6$$
$$\underline{-5x^2 + 5x}$$
$$6x - 6$$
$$\underline{6x - 6}$$

Die Division geht also auf und der Quotient hat den Wert
$x^2 - 5x + 6$; d. h. es ist

$$\frac{x^3 - 6x^2 + 11x - 6}{x - 1} = x^2 - 5x + 6.$$

2. Beispiel. $3x^4 - 8x^2 + 2 : x^2 - 4 = 3x^2 + 4$
$$\underline{3x^4 - 12x^2}$$
$$4x^2 + 2$$
$$\underline{4x^2 - 16}$$
$$18$$

Die Division läßt den Rest 18, es ist also

$$\frac{3x^4 - 8x^2 + 2}{x^2 - 4} = 3x^2 + 4 + \frac{18}{x^2 - 4}.$$

§ 2. Die Logarithmen.

Zu den gewöhnlichen Logarithmen, deren Basis 10 ist, gelangt
man bekanntlich dadurch, daß man alle Zahlen als Potenzen von
10 auffaßt. Der zugehörige Exponent heißt alsdann der Logarithmus der Zahl. Der Logarithmus gibt also an, die wievielte Potenz
von 10 die bezügliche Zahl ist. So ist, wenn

$$10^3 = 1000, \quad 10^{0,30103\ldots} = 2$$

ist, der Exponent 3 der Logarithmus von 1000, der Exponent 0,30103..
der Logarithmus von 2, und dies schreibt man unter Anwendung
des Zeichens $\overset{10}{\log}$ in der Form

$$3 = \overset{10}{\log} 1000, \quad 0,30103\ldots = \overset{10}{\log} 2.$$

Das nämliche gilt, wenn man die Basis 10 durch irgendeine andere
Basis α ersetzt. Wählt man als Basis die Zahl $e = 2,7182818284\ldots$,

so nennt man die zugehörigen Logarithmen **natürliche Logarithmen**; das System der natürlichen Logarithmen läuft also darauf hinaus, alle Zahlen als Potenzen von e zu betrachten. Ist daher die Zahl a die α^{te} Potenz von e, d. h. ist

$$e^{\alpha} = a,$$

so heißt α der natürliche Logarithmus von a, und man schreibt

$$\alpha = \overset{e}{\log}\, a = \ln a.$$

Aus dieser Definition erhält man sofort, wenn man in einer der beiden Gleichungen α resp. a durch ihre Werte aus der andern Gleichung ersetzt,

16) $\quad e^{\ln a} = a$

17) $\quad \ln e^{\alpha} = \alpha,$

im besonderen, für $\alpha = 1$

18) $\quad \ln e = 1.$

Ist β die Basis irgendeines Logarithmensystems und ist

$$\beta^{x} = a, \quad \beta^{y} = b,$$

oder, anders geschrieben,

$$x = \overset{\beta}{\log}\, a, \quad y = \overset{\beta}{\log}\, b,$$

so folgt daraus durch Multiplikation resp. Division

$$\beta^{x+y} = ab, \quad \beta^{x-y} = a{:}b,$$

oder

$$x + y = \overset{\beta}{\log}\,(ab), \quad x - y = \overset{\beta}{\log}\,(a{:}b).$$

Hieraus ergeben sich die Gleichungen

19) $\quad \log(ab) = \log a + \log b$ [1])

20) $\quad \log(a{:}b) = \log a - \log b.$

Analog beweist man folgende Formeln:

21) $\quad \log(a^{n}) = n \log a$

22) $\quad \log \sqrt[n]{a} = \dfrac{1}{n} \log a$

---

[1]) Die Basis β der Logarithmen kann jede beliebige Zahl sein; deshalb ist sie in dieser und den folgenden Formeln weggelassen worden. — Um die **Briggschen** Logarithmen in natürliche zu verwandeln, müssen wir jene mit 2,3026 multiplizieren. Das Genauere vgl. S. 93.

23) $\overset{\beta}{\log}\beta = 1,\ \overset{\beta}{\log} 1 = 0$

24) $\log \dfrac{1}{a} = -\log a.$

Nämlich $\log \dfrac{1}{a} = \log 1 - \log a = -\log a.$

Häufig ist es nötig, von einer Gleichung, die Logarithmen enthält, zu einer Gleichung ohne Logarithmen überzugehen. Hat man z. B.

$$y = uv,$$

so folgt daraus

$$\ln y = \ln u + \ln v;$$

ebenso gelangt man umgekehrt von der letzten Gleichung zur ersten zurück. Das formale Mittel besteht darin, jede Seite der Gleichung so zu schreiben, daß sie Exponent einer Potenz mit der Basis e wird, d. h.

$$e^{\ln y} = e^{\ln u + \ln v} = e^{\ln u} \cdot e^{\ln v},$$

was nach 16) unmittelbar zur Ausgangsgleichung führt.

Beispiel. Aus

$$\ln u = A \ln x - B \ln y + C x + D$$

folgt

$$u = \dfrac{x^A}{y^B} \cdot e^{Cx + D}.$$

§ 3. Die trigonometrischen Formeln.

Nach den auf S. 77 gegebenen Definitionen und Festsetzungen definiert man in der höheren Mathematik die trigonometrischen Funktionen mit Hilfe eines Kreises, dessen Radius gleich der Längeneinheit ist. Aus diesen Definitionen ergeben sich (vgl. auch Fig. 45, S. 77) unmittelbar die nachfolgenden Formeln:

25) $\sin\left(\dfrac{\pi}{2} - x\right) = \cos x,$ $\qquad \cos\left(\dfrac{\pi}{2} - x\right) = \sin x,$

$\quad\ \ \operatorname{tg}\left(\dfrac{\pi}{2} - x\right) = \operatorname{ctg} x,$ $\qquad \operatorname{ctg}\left(\dfrac{\pi}{2} - x\right) = \operatorname{tg} x.$

26) $\sin\left(\dfrac{\pi}{2} + x\right) = \cos x,$ $\qquad \cos\left(\dfrac{x}{2} + x\right) = -\sin x,$

$\quad\ \ \operatorname{tg}\left(\dfrac{\pi}{2} + x\right) = -\operatorname{ctg} x,$ $\qquad \operatorname{ctg}\left(\dfrac{\pi}{2} + x\right) = -\operatorname{tg} x.$

27) $\sin\left(\pi - x\right) = \sin x,$ $\qquad \cos\left(\pi - x\right) = -\cos x.$

28) $\operatorname{tg}(\pi - x) = -\operatorname{tg} x,$ $\operatorname{ctg}(\pi - x) = -\operatorname{ctg} x.$

29) $\sin(-x) = -\sin x,$ $\cos(-x) = \cos x.$

30) $\operatorname{tg}(-x) = -\operatorname{tg} x,$ $\operatorname{ctg}(-x) = -\operatorname{ctg} x.$

Wegen $BC:OC = TA:OA$ (Fig. 45, S. 77) ist ferner

$$31) \quad \operatorname{tg} x = \frac{\sin x}{\cos x}, \quad \operatorname{ctg} x = \frac{\cos x}{\sin x},$$

und aus dem rechtwinkligen Dreieck OBC folgt

$$32) \quad \sin^2 x + \cos^2 x = 1,$$

woraus sich unmittelbar

$$33) \quad \sin x = \sqrt{1 - \cos^2 x}, \quad \cos x = \sqrt{1 - \sin^2 x}$$

ergibt. Aus 31) erhält man, indem man gemäß 33) $\cos x$ durch $\sin x$, bezüglich $\sin x$ durch $\cos x$ ausdrückt und dann die entstehende Gleichung nach $\sin x$ resp. $\cos x$ auflöst,

$$34) \quad \sin x = \frac{\operatorname{tg} x}{\sqrt{1 + \operatorname{tg}^2 x}}, \quad \cos x = \frac{1}{\sqrt{1 + \operatorname{tg}^2 x}}.$$

Mittels einfacher geometrischer Betrachtungen[1]) beweist man leicht die Richtigkeit der folgenden Formeln:

35) $\sin(x + y) = \sin x \cos y + \cos x \sin y,$

36) $\sin(x - y) = \sin x \cos y - \cos x \sin y,$

37) $\cos(x + y) = \cos x \cos y - \sin x \sin y,$

38) $\cos(x - y) = \cos x \cos y + \sin x \sin y,$

woraus sich ferner für $x = y$

39) $\sin 2x = 2 \sin x \cos x,$

$\cos 2x = \cos^2 x - \sin^2 x = 2\cos^2 x - 1 = 1 - 2\sin^2 x,$

39a) $\sin x = 2 \sin \dfrac{x}{2} \cos \dfrac{x}{2},$

$\cos x = 2 \cos^2 \dfrac{x}{2} - 1 = 1 - 2 \sin^2 \dfrac{x}{2}$

---

[1]) Wird in Fig. 23 (S. 29) OP gezogen und $POR = \beta$ gesetzt, so hat man z. B. gemäß den Gleichungen von S. 30

$PQ = OP \sin(\alpha + \beta)$ und
$PQ = PS + RT = \eta \cos \alpha + \xi \sin \alpha$
$\quad\quad = OP (\sin \beta \cdot \cos \alpha + \cos \beta \cdot \sin \alpha),$

woraus die Formel 35) folgt.

ergibt. Durch Addition und Subtraktion folgt aus obigen Formeln, indem man noch

$$x + y = \alpha, \quad x - y = \beta, \quad \text{also} \quad x = \frac{\alpha + \beta}{2}, \quad y = \frac{\alpha - \beta}{2}$$

setzt und dann für α und β wieder x und y schreibt,

$$40) \quad \sin x + \sin y = 2 \sin \frac{x + y}{2} \cos \frac{x - y}{2},$$

$$41) \quad \sin x - \sin y = 2 \cos \frac{x + y}{2} \sin \frac{x - y}{2},$$

$$42) \quad \cos x + \cos y = 2 \cos \frac{x + y}{2} \cos \frac{x - y}{2},$$

$$43) \quad \cos x - \cos y = - 2 \sin \frac{x + y}{2} \sin \frac{x - y}{2}.$$

Endlich folgt aus den Formeln 35) ff. durch Division

$$44) \quad \operatorname{tg}(x + y) = \frac{\operatorname{tg} x + \operatorname{tg} y}{1 - \operatorname{tg} x \cdot \operatorname{tg} y},$$

$$45) \quad \operatorname{tg}(x - y) = \frac{\operatorname{tg} x - \operatorname{tg} y}{1 + \operatorname{tg} x \cdot \operatorname{tg} y},$$

$$46) \quad \operatorname{tg} 2x = \frac{2 \operatorname{tg} x}{1 - \operatorname{tg}^2 x}.$$

Löst man die zweite der Gleichungen 39 a) nach $\cos \frac{x}{2}$ resp. $\sin \frac{x}{2}$ auf, so folgt

$$47) \quad \cos \frac{x}{2} = \sqrt{\frac{1 + \cos x}{2}},$$

$$48) \quad \sin \frac{x}{2} = \sqrt{\frac{1 - \cos x}{2}},$$

und aus ihnen durch Division

$$49) \quad \operatorname{tg} \frac{x}{2} = \sqrt{\frac{1 - \cos x}{1 + \cos x}},$$

§ 4. Reihen und Summenformeln.

Die Reihe, deren Glieder

$$a, \quad a + d, \quad a + 2d, \quad a + 3d, \ldots$$

sind, heißt **arithmetische Reihe**. Die Summe s_n ihrer ersten n Glieder ist

$$50) \quad s_n = \frac{n}{2}(2a + [n - 1]d).$$

Das erste und letzte, das zweite und vorletzte Glied usw. geben nämlich als Summe übereinstimmend $2a + (n — 1)\,d$; das n-fache hiervon ist also gleich $2\,s_n$.

Ist nun besonders $a = 1$, $d = 1$, so geht die obige Reihe in die Reihe der Zahlen

$$1,\ 2,\ 3,\ 4,\ \ldots$$

über, die Summe der ersten n Zahlen ist daher

$$51)\quad 1 + 2 + \ldots + n = \frac{n\,(n + 1)}{2}.$$

Die Reihe

$$a,\ ae,\ ae^2,\ ae^3 \ldots\ldots$$

heißt geometrische Reihe. Die Summe s_n ihrer ersten n-Glieder ist

$$52)\quad s_n = \frac{a\,(e^n — 1)}{e — 1} = \frac{a\,(1 — e^n)}{1 — e}.$$

Man erhält diese Formel durch Subtraktion der beiden Gleichungen

$$s_n = a + ae + ae^2 + \ldots + ae^{n-1}$$
$$es_n = \quad\ \ ae + ae^2 + \ldots + ae^{n-1} + ae^n$$

voneinander.

Im besonderen folgt, wenn $a = 1$ ist,

$$53)\quad 1 + e + e^2 + \ldots + e^{n-1} = \frac{1 — e^n}{1 — e}.$$

Setzt man in dieser Gleichung für e den Wert $b : a$, so erhält man nach Multiplikation mit a^{n-1}

$$54)\quad a^{n-1} + a^{n-2}\,b + \ldots + a\,b^{n-2} + b^{n-1} = \frac{a^n — b^n}{a — b}$$

oder auch

$$55)\quad a^n — b^n = (a — b)\,(a^{n-1} + a^{n-2}\,b + \ldots + a\,b^{n-2} + b^{n-1}).$$

Im besonderen ist also

$$56)\quad a^2 — b^2 = (a — b)\,(a + b)$$
$$57)\quad a^3 — b^3 = (a — b)\,(a^2 + ab + b^2)$$
$$58)\quad a^4 — b^4 = (a — b)\,(a^3 + a^2 b + ab^2 + b^3)$$
$$\text{usw.}$$

Die Formel für die Summe der n ersten Quadrate

$$1^2 + 2^2 + 3^2 + \ldots + n^2$$

ergibt sich folgendermaßen. Es ist offenbar

$$(2a — 1) + (2a + 1) = 4a$$

oder, wie durch Multiplikation mit $2a$ folgt,

$$(2a - 1)\, 2a + 2a\, (2a + 1) = 8a^2.$$

Setzt man in dieser Gleichung für a der Reihe nach 1, 2, 3 ... n, so erhält man

$$1 \cdot 2 + 2 \cdot 3 = 8 \cdot 1^2$$
$$3 \cdot 4 + 4 \cdot 5 = 8 \cdot 2^2$$
$$5 \cdot 6 + 6 \cdot 7 = 8 \cdot 3^2$$
$$\cdot \cdot \cdot \cdot \cdot \cdot \cdot \cdot \cdot \cdot \cdot \cdot \cdot \cdot$$
$$(2n - 1)\, 2n + 2n\, (2n + 1) = 8 \cdot n^2$$

und hieraus durch Addition zunächst

$$1 \cdot 2 + 2 \cdot 3 + 3 \cdot 4 + \ldots + 2n\,(2n + 1) = 8\,(1^2 + 2^2 + \ldots + n^2).$$

Ferner folgt aus der leicht zu verifizierenden Gleichung

$$\frac{a + 2}{1 \cdot 2 \cdot 3} - \frac{a - 1}{1 \cdot 2 \cdot 3} = \frac{3}{1 \cdot 2 \cdot 3} = \frac{1}{1 \cdot 2}$$

durch Multiplikation mit $a\,(a + 1)$

$$\frac{a\,(a + 1)\,(a + 2)}{1 \cdot 2 \cdot 3} - \frac{(a - 1)\,a\,(a + 1)}{1 \cdot 2 \cdot 3} = \frac{a\,(a + 1)}{1 \cdot 2},$$

und wenn man für a wieder der Reihe nach 1, 2, 3 .. n setzt,

$$\frac{1 \cdot 2 \cdot 3}{1 \cdot 2 \cdot 3} - 0 = \frac{1 \cdot 2}{1 \cdot 2}$$
$$\frac{2 \cdot 3 \cdot 4}{1 \cdot 2 \cdot 3} - \frac{1 \cdot 2 \cdot 3}{1 \cdot 2 \cdot 3} = \frac{2 \cdot 3}{1 \cdot 2}$$
$$\frac{3 \cdot 4 \cdot 5}{1 \cdot 2 \cdot 3} - \frac{2 \cdot 3 \cdot 4}{1 \cdot 2 \cdot 3} = \frac{3 \cdot 4}{1 \cdot 2}$$
$$\cdot \cdot \cdot \cdot \cdot \cdot \cdot \cdot \cdot \cdot \cdot \cdot \cdot \cdot \cdot \cdot \cdot \cdot$$
$$\frac{n\,(n + 1)\,(n + 2)}{1 \cdot 2 \cdot 3} - \frac{(n - 1)\,n\,(n + 1)}{1 \cdot 2 \cdot 3} = \frac{n\,(n + 1)}{1 \cdot 2}.$$

Hieraus folgt durch Addition

$$\frac{n\,(n + 1)\,(n + 2)}{1 \cdot 2 \cdot 3} = \frac{1 \cdot 2 + 2 \cdot 3 + 3 \cdot 4 + \ldots + n\,(n + 1)}{1 \cdot 2}.$$

Mit Benutzung dieser Formel ergibt sich nunmehr

$$8\,(1^2 + 2^2 + 3^2 + \ldots + n^2) = \frac{2n\,(2n + 1)\,(2n + 2)}{3}$$

und hieraus

$$59) \quad 1^2 + 2^2 + 3^2 + \ldots + n^2 = \frac{n\,(n + 1)\,(2n + 1)}{6}.$$

§ 5. Permutationen.

Die Zahl Z aller Permutationen von n Elementen ist

60) $Z = 1 \cdot 2 \cdot 3 \ldots n = n!$

Denn zwei Elemente a und b können zwei verschiedene Permutationen bilden, nämlich ab und ba. Ein drittes Element c, das
hinzutritt, kann in jeder Permutation drei verschiedene Stellen ein-
nehmen, nämlich resp. die dritte, zweite und erste. Aus den zwei
Permutationen ab und ba entstehen daher $2 \cdot 3 = 1 \cdot 2 \cdot 3$, deren
Elemente a, b, c sind, nämlich

abc, acb, cab und bac, bca, cba.

Ein viertes Element d, das hinzutritt, läßt aus jeder dieser sechs
Permutationen vier neue hervorgehen, je nachdem es an die erste
zweite, dritte, vierte Stelle tritt; für vier Elemente haben wir daher
$1 \cdot 2 \cdot 3 \cdot 4$ Permutationen usw.

Sind unter den n Elementen gleiche vorhanden, und zwar α
gleiche von der einen, β gleiche von einer andern Art, so ist die Zahl
Z aller Permutationen

61) $Z = \dfrac{n!}{\alpha!\,\beta!} \cdot$

Nehmen wir z. B. an, daß fünf Elemente vorhanden sind, unter
denen drei resp. zwei einander gleich sind, also die Elemente $aaabb$,
so wollen wir zunächst die drei Elemente a und die zwei Elemente
b dadurch verschieden machen, daß wir ihnen die Indizes 1, 2, 3
resp. 1, 2 anhängen. Alsdann erhalten wir fünf verschiedene Elemente, nämlich $a_1\,a_2\,a_3\,b_1\,b_2$. Die Zahl ihrer Permutationen ist 5!
Eine von ihnen sei $a_1\,a_2\,b_1\,a_3\,b_2$. Aus ihr entstehen — sie selbst mit-
gerechnet — dadurch, daß wir die Elemente a_1, a_2, a_3 vertauschen, 3!
Diese werden aber sämtlich einander gleich, wenn wir die Indizes
wieder tilgen; d. h. von den 5! werden, wenn wir a_1, a_2, a_3 durch
aaa ersetzen, je 3! einander gleich, so daß nur noch 5!:3! übrig
bleiben. Tilgt man nun noch die Indizes von b_1 und b_2, so bleiben
schließlich nur 5!:3!$\cdot$2! verschiedene Permutationen.

§ 5a. Wahrscheinlichkeitsrechnung.

Die Wahrscheinlichkeitsrechnung bezieht sich auf Ereignisse,
deren Gesetzmäßigkeit man nicht kennt, von denen man auch sagt,
daß sie vom Zufall abhängen, wie z. B. das Herausziehen einer
Kugel bestimmter Farbe, einer geraden oder ungeraden Nummer

aus einem Beutel usw. Je größer die Zahl der Fälle ist, um so mehr pflegen die tatsächlichen Verhältnisse dem Inhalt der mathemati schen Formeln zu entsprechen. (Gesetz der großen Zahlen.)

Mathematisch definiert man als Wahrscheinlichkeit eines Ereignisses denjenigen Quotienten, dessen Zähler die Zahl aller dem Ereignis »günstigen« Fälle darstellt, während der Nenner die Zahl aller möglichen Fälle angibt. Enthält z. B. ein Beutel m weiße und n schwarze Kugeln, so kann man beim Herausziehen in m Fällen eine weiße und in n Fällen eine schwarze Kugel fassen; ist also u die Wahrscheinlichkeit, die weiße Kugel herauszuziehen, und v die Wahrscheinlichkeit für eine schwarze, so ist demgemäß

$$u = \frac{m}{m+n}, \quad v = \frac{n}{m+n}.$$

Die Wahrscheinlichkeit ist also ein echter Bruch. Wird sie gleich 1, so wird sie zur Gewißheit; was nur eintritt, wenn alle über haupt möglichen Fälle zugleich günstige Fälle sind. Es folgt noch

$$u + v = 1.$$

Diese Gleichung drückt nur die evidente Tatsache aus, daß die Zahl der Fälle, die der einen und der andern Möglichkeit entsprechen, mit der Zahl aller möglichen Fälle identisch ist.

Eine gerade Strecke werde in n gleiche Intervalle $\delta_1, \delta_2, \ldots \delta_n$ geteilt, und es möge N mal derselbe Körper oder Punkt S auf sie fallen. Sei für diesen Versuch μ_λ die Zahl der Fälle, bei denen er in das Intervall δ_λ hineinfällt; man hat dann zunächst

$$\mu_1 + \mu_2 + \ldots + \mu_n = N.$$

Ist ferner v_λ die dem Intervall δ_λ zugehörige Wahrschein lich keit, d. h. also die Wahrscheinlichkeit, daß der Körper bei irgend einem Versuch gerade auf δ_λ fällt, so hat man dem obigen gemäß

$$v_\lambda = \frac{\mu_\lambda}{N},$$

und man hat also auch hier

$$61\,\text{a)} \quad v_1 + v_2 + \ldots + v_n = 1,$$

entsprechend der oben für $u + v$ abgeleiteten Gleichung.

Beispiel. Die Wahrscheinlichkeit ändere sich für die einzelnen Inter valle so, daß sie für das Intervall δ_λ das λ fache ist wie für δ_1, so daß

$$v_\lambda = \lambda v_1$$

ist; man erhält dann aus den obigen Gleichungen die Werte

$$v_1 = \frac{1}{1+2+\ldots+n} \ldots, \quad v_\lambda = \frac{\lambda}{1+2+\ldots+n} \ldots$$

Geht man zur differentiellen Betrachtung über, denkt sich also die Strecke in unendlich kleine Teilintervalle dx geteilt, so wird die einem jeden Intervall dx zukommende Wahrscheinlichkeit notwendig ebenfalls eine differentielle Größe dv sein. Liegt die Strecke auf der x-Achse, so wird dv eine Funktion von x und hat offenbar die Form

$$dv = f(x)\,dx,$$

wo $f(x)$ eine von der Natur des Prozesses abhängige Funktion darstellt, während die Gleichung 61a) in

$$61\,\text{b)} \quad \int_{x_0}^{x_1} f(x)\,dx = 1$$

übergeht, wenn x_0 und x_1 die Endpunkte unserer Strecke sind. Man nennt $f(x)$ auch den dem Punkt x zukommenden **Wahrscheinlichkeitskoeffizienten**.

Derjenige Punkt x, für den $f(x)$ den größten Wert hat, wird als der **wahrscheinlichste** Punkt des Auffallens bezeichnet.

Ist v die Wahrscheinlichkeit für das Eintreten eines gewissen Ereignisses, w diejenige für das Eintreten eines zweiten, so ist

$$61\,\text{c)} \quad u = v \cdot w$$

die Wahrscheinlichkeit, daß beide Ereignisse zugleich resp. nacheinander eintreten (**zusammengesetzte** Wahrscheinlichkeit).

Wenn man z. B. im Fall des Beutels mit den m weißen und n schwarzen Kugeln zweimal hintereinander eine Kugel zieht, kann es beidemal eine weiße, erst eine weiße, dann eine schwarze, oder eine schwarze und eine weiße, oder endlich beidemal eine schwarze Kugel sein. Sind u_1, u_2, u_3, u_4 die bezüglichen Wahrscheinlichkeiten, so ist

$$u_1 = \frac{m^2}{(m+n)^2}, \quad u_2 = u_3 = \frac{mn}{(m+n)^2}, \quad u_4 = \frac{n^2}{(m+n)^2}$$

und es ist auch hier

$$u_1 + u_2 + u_3 + u_4 = 1,$$

analog zu Gleichung 61a).

§ 6. Auflösung der quadratischen Gleichung und der Gleichungen ersten Grades mit zwei Unbekannten.

Lautet die **quadratische Gleichung**

$$x^2 + ax + b = 0,$$

so haben die Wurzeln x_1 und x_2 die Werte

$$62) \quad x_1 = -\frac{a}{2} + \sqrt{\frac{a^2}{4} - b}$$

$$63) \quad x_2 = -\frac{a}{2} - \sqrt{\frac{a^2}{4} - b}.$$

Aus ihnen folgt durch Addition resp. Multiplikation

$$64) \quad x_1 + x_2 = -a$$
$$65) \quad x_1 \, x_2 = b.$$

Setzt man diese Werte für a und b in die gegebene Gleichung ein, so ergibt sich

$$66) \quad x^2 + a\,x + b = x^2 - (x_1 + x_2)\, x + x_1 \, x_2,$$
$$= (x - x_1) \, (x - x_2).$$

Hat das Glied x^2 nicht den Koeffizienten 1, lautet also die Gleichung

$$\alpha\, x^2 + \beta\, x + \gamma = 0,$$

so führt man ihre Lösung dadurch auf die vorstehende zurück, daß man

$$67) \quad \alpha\, x^2 + \beta\, x + \gamma = \alpha \left(x^2 + \frac{\beta}{\alpha}\, x + \frac{\gamma}{\alpha} \right)$$

schreibt. Sind dann x_1 und x_2 die Wurzeln der Gleichung

$$x^2 + \frac{\beta}{\alpha}\, x + \frac{\gamma}{\alpha} = 0,$$

so ist nach 66)

$$x^2 + \frac{\beta}{\alpha}\, x + \frac{\gamma}{\alpha} = (x - x_1) \, (x - x_2),$$

und wenn man dies in 67) einsetzt, so ergibt sich

$$68) \quad \alpha\, x^2 + \beta\, x + \gamma = \alpha \, (x - x_1) \, (x - x_2)\,[1]).$$

Lauten zwei Gleichungen mit zwei Unbekannten

$$A\, x + B\, y = C$$
$$A_1 x + B_1 y = C_1,$$

so erhält man, indem man der Reihe nach die erste mit B_1, die zweite mit $-B$ multipliziert und dann addiert, resp. die erste mit $-A_1$ und die zweite mit A,

$$69) \quad x = \frac{C B_1 - C_1 B}{A B_1 - A_1 B}, \quad y = \frac{C_1 A - C A_1}{A B_1 - A_1 B}\,[2]).$$

§ 7. Formeln für Flächen und Körper.

70) Inhalt des Dreiecks (g Grundlinie, h Höhe): $\frac{1}{2}\, g h$.

70a) Inhalt des Dreiecks (α der von a und b eingeschlossene Winkel): $\frac{1}{2}\, a b \sin \alpha$.

---

[1]) Vgl. auch die allgemeinen Entwickelungen von S. 303.
[2]) Vgl. auch § 12.

71)   Inhalt des Parallelogramms (g Grundlinie, h Höhe): gh.

71a) Inhalt des Parallelogramms (α der von a und b eingeschlossene Winkel): $ab \sin \alpha$.

72)   Inhalt des Trapezes (g_1 und g_2 Grundlinien, h Höhe): $\dfrac{g_1 + g_2}{2} h$.

73)   Umfang des Kreises (r Radius): $2r\pi$.

74)   Inhalt des Kreises (r Radius): $r^2\pi$.

75)   Inhalt des Kreissektors (φ Bogenzahl): $\frac{1}{2} r^2 \varphi$.

76)   Inhalt der Ellipse (a und b Halbachsen): $ab\pi$.

77)   Inhalt des Prismas (G Grundfläche, h Höhe): Gh.

78)   Inhalt der Pyramide (G Grundfläche, h Höhe): $\frac{1}{3} Gh$.

79)   Inhalt des Zylinders (r Radius, h Höhe): $r^2 \pi h$.

80)   Oberfläche des Zylindermantels (r Radius, h Höhe): $2r\pi h$.

81)   Inhalt des Kegels (r Radius, h Höhe): $\frac{1}{3} r^2 \pi h$.

82)   Mantel des Kegels (r Radius, s Seite): $r\pi s$.

83)   Mantel des Kegelstumpfs (r und ϱ Radien, s Seite): $(r + \varrho)\pi s$.

84)   Inhalt der Kugel (r Radius): $\frac{4}{3} r^3 \pi$.

84a) Inhalt des Ellipsoids (a, b, c Achsen): $\frac{4}{3} abc\pi$.

85)   Oberfläche der Kugel (r Radius): $4r^2\pi$.

85a) Kugelkalotte (r Radius, h Höhe): $2r\pi h$.

Ein Raumwinkel entsteht durch Rotation eines Winkels um einen seiner Schenkel; er mißt also den bei der Rotation überstrichenen Raum. Legt man um seinen Scheitelpunkt eine Kugel mit dem Radius 1, so kann der Raumwinkel (analog zu S. 78) durch den von ihm herausgeschnittenen Teil der Kugeloberfläche (d. h. eine Kugelkalotte) gemessen werden. Ist φ der rotierende Winkel, so hat gemäß 85a) der Raumwinkel W den Wert

$$85b) \quad W = 4\pi \sin^2 \frac{\varphi}{2}.$$

Das Differential eines solchen Raumwinkels (vgl. S. 342) ist daher

$$85c) \quad dW = 2\pi \sin \varphi\, d\varphi.$$

Formeln über das reguläre Tetraeder.

Bezeichnet man die Kante des regulären Tetraeders mit a, die Höhe mit h, die Höhe einer Seitenfläche mit k, die Entfernung des Mittelpunktes von den Ecken mit r, den Winkel zweier Seitenflächen gegeneinander mit φ, den Winkel, den irgend zwei der vier vom Zentrum nach den Ecken laufenden Geraden miteinander bilden, mit ψ, so bestehen folgende Relationen.

Für die in der Grundfläche liegende Höhe k folgt

$$k^2 = a^2 - \frac{a^2}{4} = \frac{3}{4}\,a^2$$

und hieraus, da die Tetraederhöhe h durch denjenigen Punkt von k geht, der k im Verhältnis $2:1$ teilt,

$$h^2 = a^2 - \left(\frac{2}{3}\,k\right)^2 = a^2 - \frac{1}{3}\,a^2 = \frac{2}{3}\,a^2,$$

$$86)\quad h = a\sqrt{\frac{2}{3}}.$$

Nun teilt der Mittelpunkt des Tetraeders die Höhe h im Verhältnis $3:1$, also folgt

$$87)\quad \sin\frac{\psi}{2} = \frac{1}{2}\,a : \frac{3}{4}\,h;\quad \psi = 109^0\,28' \ldots$$

Um den Neigungswinkel φ zu erhalten, legt man durch eine Kante a eine Ebene senkrecht zur gegenüberliegenden Kante; diese schneidet das Tetraeder in einem gleichschenkligen Dreieck mit a als Basis und k als Schenkel und φ als Winkel an der Spitze. Daher ist

$$88)\quad \sin\frac{\varphi}{2} = \frac{a}{2} : k;\quad \varphi = 70^0\,32' \ldots$$

§8. Näherungsregeln für das Rechnen mit kleinen Größen.

In den folgenden Formeln sind $\alpha,\ \beta,\ \gamma \ldots$ im Vergleich zu 1 kleine Größen.

$$89)\quad (1+\alpha)(1+\beta) = 1 + \alpha + \beta$$

$$90)\quad (1+\alpha)(1-\beta) = 1 + \alpha - \beta$$

$$91)\quad (1+\alpha)^2 = 1 + 2\alpha$$

$$92)\quad \sqrt{1+\alpha} = 1 + \frac{\alpha}{2}$$

$$93)\quad (1+\alpha)^n = 1 + n\alpha$$

$$94)\quad \frac{1}{1+\alpha} = 1 - \alpha$$

$$95)\quad \frac{1}{\sqrt{1+\alpha}} = 1 - \frac{\alpha}{2}$$

$$96)\quad \frac{(1+\alpha)(1+\beta)}{(1+\gamma)(1+\delta)} = 1 + \alpha + \beta - \gamma - \delta$$

$$97)\quad e^\alpha = 1 + \alpha$$

$$98)\quad \ln(1+\alpha) = \alpha$$

$$99) \quad \sin \alpha \; = \alpha$$
$$100) \quad \operatorname{tg} \alpha \; = \alpha$$
$$101) \quad \cos \alpha = 1.$$

Die Formeln 89) bis 91) findet man durch Ausmultiplizieren, 92) bis 101) durch Reihenentwicklung (§ 11), wobei stets die höheren Potenzen oder Produkte der kleinen Größen neben den ersten Potenzen vernachlässigt werden.

§ 9. Die einfachsten Formeln der Differentialrechnung.

$$102) \quad d\,x^n = n\,x^{n-1}\,d\,x.$$

$$103) \quad d\,\frac{1}{x} = -\,\frac{d\,x}{x^2}, \; d\,\sqrt{x} = \frac{d\,x}{2\,\sqrt{x}}.$$

$$104) \quad d\,\sin x = \cos x\,d\,x, \; d\,\cos x = -\sin x\,d\,x.$$

$$105) \quad d\,\operatorname{tg} x = \frac{d\,x}{\cos^2 x}, \; d\,\operatorname{ctg} x = -\,\frac{d\,x}{\sin^2 x}.$$

$$106) \quad d\,\ln x = \frac{d\,x}{x}.$$

$$107) \quad d\,e^x = e^x\,d\,x, \; d\,a^x = a^x\,\ln a\,d\,x.$$

$$108) \quad d\,(u \pm v \pm w) = d\,u \pm d\,v \pm d\,w.$$

$$109) \quad d\,(u\,v) = v\,d\,u + u\,d\,v.$$

$$110) \quad d\left(\frac{u}{v}\right) = \frac{v\,d\,u - u\,d\,v}{v^2}.$$

$$111) \quad d\,F\,(u) = F'\,(u)\,d\,u.$$

§ 10. Die einfachsten Formeln der Integralrechnung.

$$112) \quad \int x^n\,d\,x = \frac{x^{n+1}}{n+1} + C, \qquad \int (x+a)^n\,d\,x = \frac{(x+a)^{n+1}}{n+1} + C.$$

$$113) \quad \int \cos x\,d\,x = \sin x + C, \qquad \int \sin x\,d\,x = -\cos x + C.$$

$$114) \quad \int \frac{d\,x}{\cos^2 x} = \operatorname{tg} x + C, \qquad \int \frac{d\,x}{\sin^2 x} = -\operatorname{ctg} x + C.$$

$$115) \quad \int e^x\,d\,x = e^x + C, \qquad \int \frac{d\,x}{x} = \ln x + C.$$

$$116) \quad \int \frac{d\,x}{\sqrt{1-x^2}} = \arcsin x + C, \qquad \int \frac{d\,x}{\sqrt{x}} = 2\sqrt{x}.$$

117) $\int \dfrac{dx}{1+x^2} = \text{arc tg } x + C.$

118) $\int \dfrac{dx}{a+x} = \ln(a+x) + C.$

119) $\int \dfrac{dx}{a-x} = -\ln(a-x) + C = \ln \dfrac{1}{a-x} + C.$

120) $\int \dfrac{dx}{(a-x)(b-x)} = \dfrac{1}{b-a} \ln \dfrac{b-x}{a-x} + C.$

121) $\int (du \pm dv) = \int du \pm \int dv.$

122) $\int u\,dv = uv - \int v\,du.$

§ 11. Reihenentwicklungen.

123) $f(x) = f(0) + \dfrac{x}{1} f'(0) + \dfrac{x^2}{1\cdot 2} f''(0) + \dfrac{x^3}{1\cdot 2\cdot 3} f'''(0) + \cdots$

124) $f(x+h) = f(x) + \dfrac{h}{1} f'(x) + \dfrac{h^2}{1\cdot 2} f''(x) + \dfrac{h^3}{1\cdot 2\cdot 3} f'''(x) + \cdots$

124a) $\Delta y = \dfrac{dy}{1} + \dfrac{d^2 y}{1\cdot 2} + \dfrac{d^3 y}{1\cdot 2\cdot 3} + \cdots$

124b) $u(x+h, y, \ldots) = u(x, y, \ldots) + h \cdot \dfrac{\partial u}{\partial x} + \dfrac{h^2}{1\cdot 2} \cdot \dfrac{\partial^2 u}{\partial x^2} + \cdots$

125) $f(x-h) = f(x) - \dfrac{h}{1} f'(x) + \dfrac{h^2}{1\cdot 2} f''(x) - \dfrac{h^3}{1\cdot 2\cdot 3} f'''(x) + \cdots$

126) $e^x = 1 + \dfrac{x}{1} + \dfrac{x^2}{1\cdot 2} + \dfrac{x^3}{1\cdot 2\cdot 3} + \cdots$

127) $\sin x = \dfrac{x}{1} - \dfrac{x^3}{3!} + \dfrac{x^5}{5!} - \dfrac{x^7}{7!} + \cdots$

128) $\cos x = 1 - \dfrac{x^2}{2!} + \dfrac{x^4}{4!} - \dfrac{x^6}{6!} + \cdots$

129) $\text{tg } x = \dfrac{x}{1} + \dfrac{x^3}{3} + \dfrac{2 x^5}{15} + \cdots$

130) $\ln(1+x) = \dfrac{x}{1} - \dfrac{x^2}{2} + \dfrac{x^3}{3} - \dfrac{x^4}{4} + \cdots$

131) $\ln(1-x) = -\dfrac{x}{1} - \dfrac{x^2}{2} - \dfrac{x^3}{3} - \dfrac{x^4}{4} - \cdots$

132) $\ln \dfrac{1+x}{1-x} = 2\left(\dfrac{x}{1} + \dfrac{x^3}{3} + \dfrac{x^5}{5} + \cdots \right)$

133) $\quad \operatorname{arc\,tg} x = \dfrac{x}{1} - \dfrac{x^3}{3} + \dfrac{x^5}{5} - \dfrac{x^7}{7} + \cdots$

134) $\quad \operatorname{arc\,sin} x = x + \dfrac{x^3}{6} + \dfrac{3\,x^5}{40} + \cdots$

135) $\quad (1+x)^n = 1 + \dfrac{n}{1} x + \dfrac{n\,(n-1)}{1\cdot 2} x^2 + \dfrac{n\,(n-1)\,(n-2)}{1\cdot 2\cdot 3} x^3 + \cdots$

136) $\quad (1-x)^n = 1 - \dfrac{n}{1} x + \dfrac{n\,(n-1)}{1\cdot 2} x^2 - \dfrac{n\,(n-1)\,(n-2)}{1\cdot 2\cdot 3} x^3 + \cdots$

§ 12. Determinanten [1]).

Um die beiden linearen Gleichungen [2]) mit zwei Unbekannten

$$1) \qquad \begin{aligned} a_1 x + b_1 y + c_1 &= 0 \\ a_2 x + b_2 y + c_2 &= 0 \end{aligned}$$

zu lösen, multiplizieren wir sie, um y zu eliminieren, mit b_2 resp. $-b_1$, und um x zu eliminieren, mit $-a_2$ resp. a_1, und erhalten so durch Addition die neuen Gleichungen

$$\begin{aligned} (a_1 b_2 - a_2 b_1)\, x + b_2 c_1 - b_1 c_2 &= 0, \\ (a_1 b_2 - a_2 b_1)\, y + c_2 a_1 - c_1 a_2 &= 0 \end{aligned}$$

und daraus

$$2) \qquad x = \frac{b_1 c_2 - b_2 c_1}{a_1 b_2 - a_2 b_1}, \qquad y = \frac{c_1 a_2 - c_2 a_1}{a_1 b_2 - a_2 b_1}.$$

Die formale Analogie, die Zähler und Nenner beider Brüche zeigen, hat den Anstoß zur Einführung des Determinanten-begriffs gegeben. Man sieht unmittelbar, daß die Nenner überein-stimmen und daß die Zähler aus den Nennern entstehen, indem man a, b durch b, c resp. c, a ersetzt. Bezeichnet man also vorläufig den Nenner durch das Symbol (ab), so hat man die Zähler durch (bc) resp. (ca) zu bezeichnen; d. h. man hat

$$3) \qquad (ab) = a_1 b_2 - a_2 b_1, \quad (bc) = b_1 c_2 - b_2 c_1, \quad (ca) = c_1 a_2 - c_2 a_1,$$

also

$$x = \frac{(bc)}{(ab)}, \qquad y = \frac{(ca)}{(ab)}.$$

Geometrisch bedeutet die Auflösung der Gleichungen 1) die Bestimmung des Schnittpunktes der durch sie dargestellten Geraden

---

[1]) Ausführlicheres findet man in Salmon Fiedler, Vorlesungen über Algebra sowie in Mansion, Elemente der Theorie der Determinanten sowie besonders bei E. Netto, Die Determinanten, Leipzig, 1910.

[2]) Man nennt diese Gleichungen linear, da sie geometrisch gerade Linien darstellen.

(S. 20). Sind zwei Geraden nur durch ihre Gleichungen gegeben, so sind für ihre Lage drei Möglichkeiten vorhanden; sie haben entweder einen im Endlichen gelegenen Schnittpunkt, oder sie sind parallel, oder sie fallen zusammen. Wir behaupten, daß es nur von den Werten der eben eingeführten Symbole abhängt, welcher dieser Fälle eintritt. Sollen nämlich die Geraden parallel sein, so kann sich für x und y kein endlicher Wert ergeben, es müssen also die Nenner in 2) verschwinden, während die Zähler endlich bleiben, d. h. es ist alsdann

$$4)\quad (ab) = a_1 b_2 - a_2 b_1 = 0\,[1]).$$

Sollen anderseits beide Gleichungen dieselbe Gerade darstellen, so muß die eine Gleichung aus der andern durch Multiplikation mit irgendeinem Zahlenfaktor hervorgehen, d. h. es muß sich

$$5)\quad a_1 : b_1 : c_1 = a_2 : b_2 : c_2$$

verhalten, und diese Proportion ist gleichwertig mit

$$6)\quad (ab) = 0,\ (bc) = 0,\ (ca) = 0.$$

Das Vorstehende läßt sich formal noch dadurch vervollkommnen, daß wir statt x und y die Quotienten

$$x = \frac{\xi}{\zeta}, \quad y = \frac{\eta}{\zeta}$$

einführen. Dann gehen die Gleichungen 1) in

$$1a)\quad \begin{aligned} a_1 \xi + b_1 \eta + c_1 \zeta &= 0 \\ a_2 \xi + b_2 \eta + c_2 \zeta &= 0 \end{aligned}$$

über, und als Lösung folgt

$$2a)\quad \xi : \eta : \zeta = (bc) : (ca) : (ab),$$

was die formale Symmetrie noch deutlicher zeigt. Man nennt die Gleichungen 1a), in denen ein konstantes Glied nicht mehr vorkommt, homogene lineare Gleichungen.

Die vorstehend benutzten Größen (ab), (bc), (ca) sind die einfachsten Typen von Determinanten; man hat für sie folgende allgemein übliche Bezeichnung eingeführt:

$$7)\quad \begin{aligned} (bc) &= b_1 c_2 - b_2 c_1 = \begin{vmatrix} b_1 & c_1 \\ b_2 & c_2 \end{vmatrix} \\ (ca) &= c_1 a_2 - c_2 a_1 = \begin{vmatrix} c_1 & a_1 \\ c_2 & a_2 \end{vmatrix} \\ (ab) &= a_1 b_2 - a_2 b_1 = \begin{vmatrix} a_1 & b_1 \\ a_2 & b_2 \end{vmatrix}, \end{aligned}$$

---

[1]) Dies geht auch aus Gleichung 3) S. 20 hervor.

so daß man auch

$$8) \quad \xi : \eta : \zeta = \begin{vmatrix} b_1 c_1 \\ b_2 c_2 \end{vmatrix} : \begin{vmatrix} c_1 a_1 \\ c_2 a_2 \end{vmatrix} : \begin{vmatrix} a_1 b_1 \\ a_2 b_2 \end{vmatrix}$$

erhält. Jedes dieser Determinantensymbole bedeutet also die Differenz seiner diagonalen Produkte. Ihre Form läßt sich am einfachsten so verstehen, daß man von dem Schema

$$9) \quad \begin{vmatrix} a_1 b_1 c_1 \\ a_2 b_2 c_2 \end{vmatrix}$$

ausgeht, das aus den Koeffizienten der Gleichung 2) gebildet ist. Aus diesem Schema (Matrix)[1] entstehen die drei Determinanten 7) so, daß man der Reihe nach die erste, zweite, dritte Vertikale tilgt. Dabei ist jedoch zu beachten, daß die Buchstaben a, b, c stets in der nämlichen (zyklischen) Reihenfolge auftreten, d. h. wie b auf a und c auf b folgt, so soll auf c wieder a folgen.

Beispiel.

$$5x + 4y - 1 = 0,$$
$$3x - y + 7 = 0.$$

Es wird

$$\xi : \eta : \zeta = \begin{vmatrix} 4, & -1 \\ -1, & 7 \end{vmatrix} : \begin{vmatrix} -1, & 5 \\ 7, & 3 \end{vmatrix} : \begin{vmatrix} 5, & 4 \\ 3, & -1 \end{vmatrix}$$

$$= 27 : -38 : -17,$$

also

$$x = -\frac{27}{17}, \quad y = \frac{38}{17}.$$

Für die Gleichungen 1) gibt es einen Spezialfall von besonderem Interesse, nämlich den, daß $c_1 = 0$ und $c_2 = 0$ ist, so daß sie die Form haben

$$10) \quad a_1 x + b_1 y = 0, \quad a_2 x + b_2 y = 0.$$

In diesem Fall heißen die beiden Gleichungen, wie die Gleichungen 1a) auf S. 461 homogene Gleichungen. Die durch sie dargestellten Geraden gehen alsdann durch den Anfangspunkt. Die beiden Gleichungen werden jedenfalls durch $x = 0$, $y = 0$ befriedigt; es fragt sich aber, ob es noch andere Wertepaare x, y geben kann, die beiden Gleichungen genügen. Dies ist wieder nur dann der Fall, wenn beide Gerade identisch sind, d. h. wenn

$$a_1 : b_1 = a_2 : b_2$$

ist, was mit $a_1 b_2 - a_2 b_1 = 0$, d. h. mit

$$11) \quad \begin{vmatrix} a_1 b_1 \\ a_2 b_2 \end{vmatrix} = 0$$

---

[1] Matrix bedeutet in Anlehnung an »mater« das erzeugende Schema.

gleichwertig ist. Man sagt daher, daß zwei homogene lineare Gleichungen mit zwei Unbekannten nur dann von Null verschiedene Lösungen besitzen, wenn ihre Determinante Null ist. Zugleich folgt, daß es alsdann unendlich viele solcher Lösungen gibt.

Drei lineare Gleichungen mit zwei Unbekannten

$$12) \quad \begin{aligned} a_1 x + b_1 y + c_1 &= 0, \\ a_2 x + b_2 y + c_2 &= 0, \\ a_3 x + b_3 y + c_3 &= 0 \end{aligned}$$

stellen geometrisch drei gerade Linien dar. Im allgemeinen bilden sie ein Dreieck und haben keinen gemeinsamen Punkt. Es kann aber der Fall eintreten, daß sie sich in dem nämlichen Punkt schneiden, so daß es ein Wertepaar x, y gibt, das die drei Gleichungen zugleich befriedigt. Um dieses Wertepaar zu bestimmen, wollen wir wieder

$$x = \frac{\xi}{\zeta}, \quad y = \frac{\eta}{\zeta}$$

setzen, so daß die Gleichungen 12) in

$$13) \quad \begin{aligned} a_1 \xi + b_1 \eta + c_1 \zeta &= 0, \\ a_2 \xi + b_2 \eta + c_2 \zeta &= 0, \\ a_3 \xi + b_3 \eta + c_3 \zeta &= 0 \end{aligned}$$

übergehen. Berechnen wir das gesuchte Wertepaar aus der zweiten und dritten Gleichung, so folgt gemäß 8)

$$14) \quad \xi : \eta : \zeta = \begin{vmatrix} b_2 c_2 \\ b_3 c_3 \end{vmatrix} : \begin{vmatrix} c_2 a_2 \\ c_3 a_3 \end{vmatrix} : \begin{vmatrix} a_2 b_2 \\ a_3 b_3 \end{vmatrix},$$

und da dieses Wertepaar auch der ersten Gleichung genügen soll, so folgt durch Einsetzen

$$a_1 \begin{vmatrix} b_2 c_2 \\ b_3 c_3 \end{vmatrix} + b_1 \begin{vmatrix} c_2 a_2 \\ c_3 a_3 \end{vmatrix} + c_1 \begin{vmatrix} a_2 b_2 \\ a_3 b_3 \end{vmatrix} = 0,$$

wofür wir auch

$$15) \quad a_1 (b_2 c_3 - b_3 c_2) + b_1 (c_2 a_3 - c_3 a_2) + c_1 (a_2 b_3 - a_3 b_2) = 0$$

schreiben können. Diese Gleichung stellt also die Bedingung dar, unter der die drei Geraden 12) durch den nämlichen Punkt gehen.

Beispiel. Die drei Geraden

$$\begin{aligned} 5x + 9y - 1 &= 0, \\ 2x + 6y + 10 &= 0, \\ 2x + 3y - 3 &= 0 \end{aligned}$$

gehen durch den Punkt

$$\xi : \eta : \zeta = -48 : +26 : -6,$$

d. h. durch

$$x = \frac{-48}{-6} = 8, \quad y = \frac{26}{-6} = -\frac{13}{3}.$$

Den Ausdruck 15) nennt man die **Determinante** D der Gleichungen 12) und bezeichnet ihn durch

$$16) \quad D = \begin{vmatrix} a_1\,b_1\,c_1 \\ a_2\,b_2\,c_2 \\ a_3\,b_3\,c_3 \end{vmatrix},$$

also wieder durch ein Schema, das nur die Koeffizienten der Gleichungen 12) enthält; die Determinante heißt insbesondere eine **drei-reihige**, während die früheren **zweireihig** heißen. Wie bildet man aber den Ausdruck 15) aus dem Determinantenschema 16)? Hierfür gibt es folgende einfache Vorschrift. Das Produkt der Glieder der von links oben nach rechts unten gelesenen Diagonale ($\searrow$) $a_1 b_2 c_3$ ist das erste Glied von 15); denkt man sich, daß auf die dritte Vertikale wieder die erste folgt usw., so gibt es zwei dieser Diagonalrichtung ($\searrow$) parallele Glieder $a_3 b_1 c_2$ und $a_2 b_3 c_1$, sie sind mit $a_1 b_2 c_3$ die drei **positiven** Produkte von 15). Ebenso liefert das Produkt der in der Richtung ($\nearrow$) genommenen Diagonalglieder $a_3 b_2 c_1$ nebst den ihm parallelen Gliedern $a_1 b_3 c_2$ und $a_2 b_1 c_3$ die drei **negativen** Produkte von 15). Nach diesem einfachen Verfahren kann man also aus dem Determinantenschema 16) den wirklichen Wert 15) der Determinante unmittelbar hinschreiben.

Beispiele:

1) $\begin{vmatrix} 7, & 3, 1 \\ 2, & 5, 0 \\ 3, & -1, 6 \end{vmatrix} = 7 \cdot 5 \cdot 6 + 3 \cdot 0 \cdot 3 + 1 \cdot 2 \cdot (-1) - 3 \cdot 5 \cdot 1 - (-1) \cdot 0 \cdot 7 - 6 \cdot 2 \cdot 3$
$= 210 - 2 - 15 - 36 = 157.$

2) $\begin{vmatrix} 1\,a\,a^2 \\ 1\,b\,b^2 \\ 1\,c\,c^2 \end{vmatrix} = b\,c^2 + a\,b^2 + c\,a^2 - b\,a^2 - c\,b^2 - a\,c^2.$

3) $\begin{vmatrix} a\,x\,y \\ 0\,x_1\,y_1 \\ 0\,x_2\,y_2 \end{vmatrix} = a\,(x_1 y_2 - x_2 y_1).$

Man sieht leicht, daß das Auftreten einer Null sofort den Wegfall von zwei Gliedern der Determinante nach sich zieht.

4) $\begin{vmatrix} 0\,a\,b \\ a\,0\,c \\ b\,c\,0 \end{vmatrix} = 2\,a\,b\,c,$ 5) $\begin{vmatrix} 0 & a\,b \\ -a & 0\,c \\ -b & -c\,0 \end{vmatrix} = 0,$

6) $\begin{vmatrix} a\,f\,e \\ f\,b\,d \\ e\,d\,c \end{vmatrix} = a\,b\,c - a\,d^2 - b\,e^2 - c\,f^2 + 2\,d\,e\,f.$

Die Determinanten 4) und 6) heißen **symmetrisch**, weil sie sich gegen die Diagonale formal symmetrisch verhalten.

Die homogenen linearen Gleichungen 13) werden offenbar stets durch $\xi = 0$, $\eta = 0$, $\zeta = 0$ befriedigt. Schneiden sich die drei Geraden in einem Punkt, so gibt es Lösungen ξ, η, ζ, die nicht sämtlich Null sind. Für diese Gleichungen nimmt also der obige Satz die folgende vielfach nützliche Form an.

Die Bedingung, daß drei homogene, lineare Gleichungen durch Werte der Unbekannten befriedigt werden, die nicht sämtlich Null sind, besteht darin, daß ihre Determinante Null ist.

Offenbar ist es gleichgültig, aus welchen beiden der drei Gleichungen man den Schnittpunkt der drei Geraden bestimmt. Man erhält demgemäß für die zugehörigen Werte ξ, η, ζ auch

$$17) \quad \begin{aligned} \xi : \eta : \zeta &= \begin{vmatrix} b_3 c_3 \\ b_1 c_1 \end{vmatrix} : \begin{vmatrix} c_3 a_3 \\ c_1 a_1 \end{vmatrix} : \begin{vmatrix} a_3 b_3 \\ a_1 b_1 \end{vmatrix}, \\ &= \begin{vmatrix} b_1 c_1 \\ b_2 c_2 \end{vmatrix} : \begin{vmatrix} c_1 a_1 \\ c_2 a_2 \end{vmatrix} : \begin{vmatrix} a_1 b_1 \\ a_2 b_2 \end{vmatrix}, \end{aligned}$$

so daß also die Verhältnisse der je drei Determinanten in 14) und 17) einander gleich sind. Diese neun Determinanten lassen sich so charakterisieren, daß jede von ihnen einem der neun Elemente der Determinante 16) auf die gleiche Art zugeordnet ist. Streicht man nämlich diejenige Horizontale und Vertikale von 16) aus, die a_1 enthält, so bilden die übrigbleibenden Glieder die erste Determinante in 14), die deshalb auch Unterdeterminante von a_1 heißt; in derselben Weise sind die übrigen Determinanten von 14) und 17) die Unterdeterminanten der andern Elemente der Determinante, und zwar treten sie in diesen Gleichungen in derselben Anordnung auf, wie die Elemente der Determinante selbst in 16) auftreten. Man hat nur zu beachten, daß auch hier für a, b, c, sowie die Zahlen 1, 2, 3 die zyklische Anordnung maßgebend sein soll. Mit Benutzung dieser Terminologie sprechen wir die oben gefundene Tatsache, daß die Determinanten von 14) und 17) einander proportional sind, dahin aus:

Hat die Determinante 16) den Wert Null, so sind die Unterdeterminanten der Elemente der einen Horizontalen denen der andern proportional.

Beispiel. Für das letzte Beispiel haben die Unterdeterminanten die proportionalen Werte:

$$\begin{array}{rrr} -48 & 26 & -6 \\ 24 & -13 & 3 \\ 96 & -52 & 12. \end{array}$$

Übrigens ist ausdrücklich zu bemerken, daß die vorstehenden Schlüsse nur gelten, wenn die Gleichungen 12) drei verschiedene Geraden darstellen. Sind etwa zwei der Geraden identisch, so verlieren sie ihre Gültigkeit. Tritt dies z. B. für die zweite und dritte Gerade ein, so sind, wie aus dem Früheren folgt, alle drei in 14) stehenden Unterdeterminanten Null.

Der Vorteil der Einführung der Determinanten besteht einerseits in der Übersichtlichkeit der an sie anknüpfenden Resultate, andererseits darin, daß sie sehr einfachen formalen Gesetzen gehorchen, von denen wir zunächst das Hauptsächlichste folgen lassen. Es lautet, daß eine Determinante ihren Wert nicht ändert, wenn man die Horizontalen und Vertikalen miteinander vertauscht. Es wird also behauptet, daß

$$\begin{vmatrix} a_1\,b_1 \\ a_2\,b_2 \end{vmatrix} = \begin{vmatrix} a_1\,a_2 \\ b_1\,b_2 \end{vmatrix} \text{ und}$$

$$\begin{vmatrix} a_1\,b_1\,c_1 \\ a_2\,b_2\,c_2 \\ a_3\,b_3\,c_3 \end{vmatrix} = \begin{vmatrix} a_1\,a_2\,a_3 \\ b_1\,b_2\,b_3 \\ c_1\,c_2\,c_3 \end{vmatrix}$$

ist. Der Beweis folgt unmittelbar, wenn wir die rechts stehenden Determinanten nach der obigen Vorschrift ausrechnen; es ergibt sich beidemal derselbe Wert wie für die links stehenden. Als Wert der Determinante D, Gleichung 16), erhalten wir also auch

$$D = a_1\,(b_2 c_3 - b_3 c_2) + a_2\,(b_3 c_1 - b_1 c_3) + a_3\,(b_1 c_2 - b_2 c_1)$$

$$18) \quad = a_1 \begin{vmatrix} b_2\,c_2 \\ b_3\,c_3 \end{vmatrix} + a_2 \begin{vmatrix} b_3\,c_3 \\ b_1\,c_1 \end{vmatrix} + a_3 \begin{vmatrix} b_1\,c_1 \\ b_2\,c_2 \end{vmatrix}.$$

Der vorstehende Satz ist von großer Tragweite; er zeigt, daß alle Gesetze, die für die Vertikalen bewiesen sind, auch für die Horizontalen gelten, und umgekehrt. Insbesondere folgt z. B., daß für die Determinante 16) auch die Unterdeterminanten der Vertikalen einander proportional sind, falls die Determinante selbst Null ist (vgl. das letzte Beispiel).

Ebenso beweist man durch direkte Ausrechnung, daß

$$\begin{vmatrix} a_1\,b_1 \\ a_2\,b_2 \end{vmatrix} = - \begin{vmatrix} b_1\,a_1 \\ b_2\,a_2 \end{vmatrix},$$

$$\begin{vmatrix} a_1\,b_1\,c_1 \\ a_2\,b_2\,c_2 \\ a_3\,b_3\,c_3 \end{vmatrix} = - \begin{vmatrix} b_1\,a_1\,c_1 \\ b_2\,a_2\,c_2 \\ b_3\,a_3\,c_3 \end{vmatrix} \text{ usw.}$$

ist. Es besteht also der Satz, daß eine Determinante in ihren entgegengesetzten Wert übergeht, wenn man zwei Horizontalen oder Vertikalen miteinander vertauscht. Dagegen ist, wie ebenfalls die Ausrechnung direkt ergibt und wie aus dem letzten Satz folgt, wenn man zweimal eine Vertikale oder Horizontale gegen eine andere vertauscht,

$$19) \quad \begin{vmatrix} a_1 b_1 c_1 \\ a_2 b_2 c_2 \\ a_3 b_3 c_3 \end{vmatrix} = \begin{vmatrix} b_1 c_1 a_1 \\ b_2 c_2 a_2 \\ b_3 c_3 a_3 \end{vmatrix} = \begin{vmatrix} c_1 a_1 b_1 \\ c_2 a_2 b_2 \\ c_3 a_3 b_3 \end{vmatrix},$$

d. h. eine dreireihige Determinante bleibt dem Werte nach ungeändert, wenn man ihre Vertikalen resp. Horizontalen zyklisch vertauscht.

Die praktische Folge dieser Sätze ist wiederum die, daß alle Gesetze, die für eine Horizontale oder Vertikale einer Determinante bewiesen sind, für jede Horizontale oder Vertikale gültig sind. Aus der Gleichung 15) folgt z. B. sofort, daß die Determinante

$$D = \begin{vmatrix} 0 & 0 & 0 \\ a_2 b_2 c_2 \\ a_3 b_3 c_3 \end{vmatrix} = 0$$

ist, und damit folgt, daß eine Determinante Null ist, falls irgendeine Vertikale oder Horizontale lauter Nullen enthält. Eine fernere wichtige Folgerung des vorletzten Satzes besagt, daß die Determinante

$$20) \quad \begin{vmatrix} a_1 a_1 c_1 \\ a_2 a_2 c_2 \\ a_3 a_3 c_3 \end{vmatrix} = 0$$

ist, die zwei gleiche Vertikalen enthält. Vertauscht man nämlich die erste und zweite Vertikale dieser Determinante, so bleibt sie offenbar unverändert, anderseits soll sie nach dem vorletzten Satz in ihren entgegengesetzten Wert übergehen; dies ist aber nur möglich, wenn sie gleich Null ist. D. h.:

Eine Determinante ist Null, falls in ihr zwei Horizontalen oder Vertikalen einander gleich sind.

Ein weiterer wichtiger Satz, den wir anführen, lautet, daß

$$21) \quad \begin{vmatrix} \varrho\, a_1, & b_1, & c_1 \\ \varrho\, a_2, & b_2, & c_2 \\ \varrho\, a_3, & b_3, & c_3 \end{vmatrix} = \varrho \begin{vmatrix} a_1 b_1 c_1 \\ a_2 b_2 c_2 \\ a_3 b_3 c_3 \end{vmatrix}$$

ist. Setzt man nämlich den Wert der Determinante links in die Form 15), so haben alle Glieder den Faktor ϱ; setzt man ϱ heraus, so ist der zugehörige Faktor genau die Determinante rechts. Also:

Um eine Determinante mit einem Faktor zu multiplizieren, hat man alle Elemente einer Horizontalen oder Vertikalen mit diesem Faktor zu multiplizieren, und umgekehrt.

Diesen Satz wendet man vorteilhaft an, um die in einer Determinante auftretenden Zahlen möglichst zu verkleinern. So ist

$$\begin{vmatrix} 9, & 18, & 12 \\ 4, & 12, & -8 \\ 2, & 6, & 4 \end{vmatrix} = 3 \cdot 4 \cdot 2 \begin{vmatrix} 3, & 6, & 4 \\ 1, & 3, & -2 \\ 1, & 3, & 2 \end{vmatrix} = 3 \cdot 4 \cdot 2 \cdot 3 \cdot 2 \begin{vmatrix} 3, & 2, & 2 \\ 1, & 1, & -1 \\ 1, & 1, & 1 \end{vmatrix}.$$

Endlich geben wir noch folgende Formel, die aus 18) unmittelbar folgt, es ist

$$22) \quad \begin{vmatrix} a_1 + \alpha_1, & b_1, & c_1 \\ a_2 + \alpha_2, & b_2, & c_2 \\ a_3 + \alpha_3, & b_3, & c_3 \end{vmatrix} = \begin{vmatrix} a_1, & b_1, & c_1 \\ a_2, & b_2, & c_2 \\ a_3, & b_3, & c_3 \end{vmatrix} + \begin{vmatrix} \alpha_1, & b_1, & c_1 \\ \alpha_2, & b_2, & c_2 \\ \alpha_3, & b_3, & c_3 \end{vmatrix}.$$

Nämlich die Determinante links entsteht aus 18), indem man in 18) a_1, a_2, a_3 resp. durch $a_1 + \alpha_1, a_2 + \alpha_2, a_3 + \alpha_3$ ersetzt. Multipliziert man jede der drei so entstehenden Klammern $a_1 + \alpha_1, a_2 + \alpha_2, a_3 + \alpha_3$ aus und ordnet, so erhält man direkt die Summe der rechten Seite. Da alle Horizontalen und Vertikalen gleichwertig sind, so gilt das gleiche für beliebige Horizontale oder Vertikale.

Hier kann man in Verbindung mit Gleichung 20) und 21) eine wichtige praktische Folgerung ziehen. Sie lautet:

Der Wert einer Determinante bleibt ungeändert, wenn man zu den Elementen einer Zeile dasselbe Vielfache der Elemente einer Parellelzeile addiert resp. subtrahiert.

In der Tat ist zunächst

$$23) \quad \begin{vmatrix} a_1 + \varrho b_1 b_1 c_1 \\ a_2 + \varrho b_2 b_2 c_2 \\ a_3 + \varrho b_3 b_3 c_3 \end{vmatrix} = \begin{vmatrix} a_1 b_1 c_1 \\ a_2 b_2 c_2 \\ a_3 b_3 c_3 \end{vmatrix} + \begin{vmatrix} \varrho b_1 b_1 c_1 \\ \varrho b_2 b_2 c_2 \\ \varrho b_3 b_3 c_3 \end{vmatrix}.$$

Die letzte Determinante verändern wir nun so, daß wir ϱ heraussetzen, dann bleibt eine Determinante mit zwei gleichen Vertikalen übrig, die Null ist, und unser Satz ist bewiesen.

Man benutzt diesen Satz, um die Zahlen einer Determinante möglichst zu verkleinern und, wenn möglich, in Null zu verwandeln.

Beispiele:

$$\begin{vmatrix} 4, & 1, & 7 \\ 3, & 6, & -2 \\ 5, & 1, & 8 \end{vmatrix} = \begin{vmatrix} -3, & 1, & 7 \\ 5, & 6, & -2 \\ -3, & 1, & 8 \end{vmatrix} = \begin{vmatrix} 0, & 0, & -1 \\ 5, & 6, & -2 \\ -3, & 1, & 8 \end{vmatrix} = -1 \begin{vmatrix} 5, & 6 \\ -3, & 1 \end{vmatrix} = -23.$$

$$\begin{vmatrix} 5, & 9, & -1 \\ 2, & 6, & 10 \\ 2, & 3, & -3 \end{vmatrix} = \begin{vmatrix} 1, & 3, & 5 \\ 2, & 6, & 10 \\ 2, & 3, & -3 \end{vmatrix} = 2 \begin{vmatrix} 1, & 3, & 5 \\ 1, & 3, & 5 \\ 2, & 3, & -3 \end{vmatrix} = 0.$$

$$\begin{vmatrix} 1 & 1 & 1 \\ a & b & c \\ a^2 & b^2 & c^2 \end{vmatrix} = \begin{vmatrix} 1, & 0 & 0 \\ a, & b-a, & c-a \\ a^2, & b^2-a^2, & c^2-a^2 \end{vmatrix} = \begin{vmatrix} b-a, & c-a \\ b^2-a^2, & c^2-a^2 \end{vmatrix}$$

$$= (b-a)(c-a) \begin{vmatrix} 1 & 1 \\ b+a, & c+a \end{vmatrix} = (b-a)(c-a)(c-b).$$

Als letzte Anwendung der Determinanten geben wir die Auflösung von drei nicht homogenen linearen Gleichungen, nämlich

$$24) \quad \begin{aligned} a_1 x + b_1 y + c_1 z &= d_1 \\ a_2 x + b_2 y + c_2 z &= d_2 \\ a_3 x + b_3 y + c_3 z &= d_3. \end{aligned}$$

Um x zu bestimmen, wollen wir versuchen, die Gleichungen so mit Zahlengrößen A_1, A_2, A_3 zu multiplizieren, daß die Glieder mit y und z zugleich wegfallen. Es ergibt sich dann

$$25) \quad x(a_1 A_1 + a_2 A_2 + a_3 A_3) = d_1 A_1 + d_2 A_2 + d_3 A_3,$$

und zwar sind A_1, A_2, A_3 so zu wählen, daß

$$\begin{aligned} b_1 A_1 + b_2 A_2 + b_3 A_3 &= 0, \\ c_1 A_1 + c_2 A_2 + c_3 A_3 &= 0 \end{aligned}$$

ist. Dies sind zwei homogene lineare Gleichungen für A_1, A_2, A_3 als Unbekannte, und wir haben daher sofort [gemäß 8)]

$$A_1 : A_2 : A_3 = \begin{vmatrix} b_2 b_3 \\ c_2 c_3 \end{vmatrix} : \begin{vmatrix} b_3 b_1 \\ c_3 c_1 \end{vmatrix} : \begin{vmatrix} b_1 b_2 \\ c_1 c_2 \end{vmatrix}.$$

Da es nur auf die Verhältnisse der A ankommt, so setzen wir A_1, A_2, A_3 direkt gleich den bezüglichen Determinanten und erhalten, wie aus 18) unmittelbar folgt,

$$a_1 A_1 + a_2 A_2 + a_3 A_3 = \begin{vmatrix} a_1 b_1 c_1 \\ a_2 b_2 c_2 \\ a_3 b_3 c_3 \end{vmatrix},$$

$$d_1 A_1 + d_2 A_2 + d_3 A_3 = \begin{vmatrix} d_1 b_1 c_1 \\ d_2 b_2 c_2 \\ d_3 b_3 c_3 \end{vmatrix};$$

die Gleichung 25) geht daher über in

$$26) \quad x \cdot \begin{vmatrix} a_1\,b_1\,c_1 \\ a_2\,b_2\,c_2 \\ a_3\,b_3\,c_3 \end{vmatrix} = \begin{vmatrix} d_1\,b_1\,c_1 \\ d_2\,b_2\,c_2 \\ d_3\,b_3\,c_3 \end{vmatrix}.$$

Vertauscht man in den Gleichungen einerseits x, y, z, anderseits die a, b, c zyklisch und beachtet die Formel 19), so erhält man sofort

$$y \begin{vmatrix} a_1\,b_1\,c_1 \\ a_2\,b_2\,c_2 \\ a_3\,b_3\,c_3 \end{vmatrix} = \begin{vmatrix} a_1\,d_1\,c_1 \\ a_2\,d_2\,c_2 \\ a_3\,d_3\,c_3 \end{vmatrix}, \quad z \begin{vmatrix} a_1\,b_1\,c_1 \\ a_2\,b_2\,c_2 \\ a_3\,b_3\,c_3 \end{vmatrix} = \begin{vmatrix} a_1\,b_1\,d_1 \\ a_2\,b_2\,d_2 \\ a_3\,b_3\,d_3 \end{vmatrix}.$$

Die Auflösung von drei Gleichungen mit drei Unbekannten führt ebenso zu besonderen Fällen, wie die oben erörterte Auflösung der zwei Gleichungen 1) mit zwei Unbekannten; alle auftretenden Bedingungen knüpfen sich auch hier an die vorstehenden Determinanten und deren Unterdeterminanten. Insbesondere folgt, daß die drei Gleichungen stets dann ein bestimmtes endliches Lösungssystem besitzen, wenn die Determinante

$$27) \quad D = \begin{vmatrix} a_1\,b_1\,c_1 \\ a_2\,b_2\,c_2 \\ a_3\,b_3\,c_3 \end{vmatrix} \gtrless 0$$

ist. Zur Veranschaulichung der zulässigen Möglichkeiten diene folgendes Beispiel. Schreiben wir zur Abkürzung die Gleichungen 26) in der Form

$$D\,x = D_1, \quad D\,y = D_2, \quad D\,z = D_3,$$

so folgt für die Gleichungen

$$5\,x + 9\,y - \quad z = 1,$$
$$x + 3\,y + 5\,z = 2,$$
$$2\,x + 3\,y - 3\,z = 0,$$
$$D = 0, \quad D_1 = 24, \quad D_2 = -13, \quad D_3 = 3,$$

es gibt also kein endliches Wertsystem x, y, z, das diese Gleichungen befriedigt. Ersetzen wir jedoch die rechte Seite der ersten Gleichung durch 2, betrachten also die Gleichungen

$$5\,x + 9\,y - \quad z = 2,$$
$$x + 3\,y + 5\,z = 2,$$
$$2\,x + 3\,y - 3\,z = 0,$$

so folgt außer $D = 0$ auch

$$D_1 = 0, \quad D_2 = 0, \quad D_3 = 0.$$

Man kann dies auch so ausdrücken, daß jede dreireihige Determinante der Matrix (S. 462)

$$\begin{Vmatrix} a_1\,b_1\,c_1\,d_1 \\ a_2\,b_2\,c_2\,d_2 \\ a_3\,b_3\,c_3\,d_3 \end{Vmatrix}$$

den Wert Null hat; diese dreireihigen Determinanten sind nämlich D, D_1, D_2, D_3.

In diesem Fall bedarf es einer genaueren Untersuchung. Man sieht nun leicht, daß die drei Gleichungen nicht unabhängig sind, denn wenn man das Doppelte der letzten zur zweiten addiert, so erhält man die erste. Die erste besagt also nichts Neues, und wir ändern die Aufgabe nicht, wenn wir die erste Gleichung ganz beiseite lassen. Dann kann man aus den zwei letzten Gleichungen x und y durch z ausdrücken, man erhält

$$x = 8z - 2, \quad 3y = 4 - 13z,$$

und wie man jetzt auch z wählt, so gibt es stets ein zugehöriges Wertepaar x, y. Den Gleichungen wird daher durch unendlich viele Wertetripel x, y, z genügt.

Geometrisch stellen die Gleichungen gemäß S. 421 drei Ebenen dar, im vorliegenden Fall drei Ebenen, die sich in derselben Geraden schneiden. Die geometrische Interpretation lehrt zugleich, daß die Besonderheiten, die sich bei der Lösung von drei linearen Gleichungen ergeben können, den besonderen Lagen von drei Ebenen zueinander entsprechen[1]).

§ 13. Bezeichnung großer Zahlen.

Das Wort »Million« bedeutet in allen Sprachen dasselbe, nämlich $10^6 = 1\,000\,000$. Für die höheren Zahlen weichen die französischen Bezeichnungen von denen der anderen Hauptsprachen ab, wie folgende Tabelle zeigt:

Deutsch, Englisch, Italienisch	Französisch
10^9 Milliarde	billion oder milliard
10^{12} Billion	trillion
10^{15} Tausend Billionen	quadrillion
10^{18} Trillion	million de trillions.

---

[1]) Für die weitere Theorie der Determinanten und der Auflösung linearer Gleichungen sei auf S. 460 Anm. verwiesen.

Sachregister.

www.ingramcontent.com/pod-product-compliance
Lightning Source LLC
Chambersburg PA
CBHW031429180326
41458CB00002B/497